站在巨人的肩上
Standing on Shoulders of Giants

TURING
图灵教育

iTuring.cn

TURING 图灵程序设计丛书

Modern Python Cookbook

Python
经典实例

[美] 史蒂文·F.洛特◎著　　闫兵◎译

人民邮电出版社

北　京

图书在版编目（CIP）数据

Python经典实例 / （美）史蒂文·F.洛特
(Steven F. Lott) 著；闫兵译. -- 北京 ：人民邮电出
版社，2019.3
（图灵程序设计丛书）
ISBN 978-7-115-50717-4

Ⅰ. ①P… Ⅱ. ①史… ②闫… Ⅲ. ①软件工具－程序
设计 Ⅳ. ①TP311.561

中国版本图书馆CIP数据核字(2019)第022886号

内 容 提 要

本书是 Python 经典实例解析，采用基于实例的方法编写，每个实例都会解决具体的问题和难题。主要内容有：数字、字符串和元组，语句与语法，函数定义，列表、集、字典，用户输入和输出等内置数据结构，类和对象，函数式和反应式编程，Web 服务，等等。

本书适合 Python 初中级程序员阅读。

◆ 著　　　　[美] 史蒂文·F.洛特
　　译　　　　闫　兵
　　责任编辑　张海艳
　　责任印制　周昇亮

◆ 人民邮电出版社出版发行　　北京市丰台区成寿寺路11号
　　邮编　100164　　电子邮件　315@ptpress.com.cn
　　网址　http://www.ptpress.com.cn
　　三河市祥达印刷包装有限公司印刷

◆ 开本：800×1000　1/16
　　印张：32.75
　　字数：774千字　　　　　　　2019年3月第1版
　　印数：1 – 2 500册　　　　　2019年3月河北第1次印刷
　　著作权合同登记号　图字：01-2017-8644号

定价：139.00元
读者服务热线：(010)51095186转600　印装质量热线：(010)81055316
反盗版热线：(010)81055315
广告经营许可证：京东工商广登字 20170147 号

前　　言

Python 是全球的开发人员、工程师、数据科学家和编程爱好者的首选语言。它是杰出的脚本语言，可以为你的应用程序注入动力，提供出色的速度、安全性和可扩展性。通过一系列简单的实例剖析 Python，你可以在特定的情境中深入了解其具体的语言特性。明确的情境有助于理解语言或标准库的特性。

本书采用基于实例的方法编写，每个实例都会解决具体的问题和难题。

本书内容

第 1 章主要讨论不同类型的数字、字符串、元组和 Python 的基本内置类型，以及如何充分利用 Unicode 字符集的强大功能。

第 2 章首先介绍创建脚本文件的基础知识，然后讨论一些复杂的语句，包括 `if`、`while`、`for`、`try`、`with` 和 `raise`。

第 3 章主要介绍一些定义函数的技巧以及 Python 3.5 的 `typing` 模块，并演示如何利用 `typing` 模块为函数创建更正式的注释。

第 4 章概述 Python 拥有的各种数据结构以及它们解决了哪些问题。这一章将详细介绍列表、字典和集合，以及一些与 Python 处理对象引用方式相关的高级主题。

第 5 章解释如何利用 `print()` 函数的多个功能，并介绍其他用于提供用户输入的函数。

第 6 章将创建一些实现大量统计公式的类。

第 7 章进一步深入探索 Python 的类，并结合一些已经介绍过的功能来创建更复杂的对象。

第 8 章介绍如何编写简洁明了的数据转换函数。你还将了解反应式编程的概念，也就是说，当输入变得可用或者发生改变时，执行处理规则。

第 9 章主要介绍如何处理不同的文件格式，如 JSON、XML 和 HTML。

第 10 章介绍一些可以使用 Python 内置库和数据结构实现的基本统计计算，并讨论相关性、随机性和零假设等话题。

第 11 章详细说明 Python 使用的不同的测试框架。

第 12 章介绍一系列创建 RESTful Web 服务以及提供静态内容或动态内容的实例。

第 13 章针对更大规模、更复杂的复合应用程序介绍一些设计方法，并分析复合应用程序可能出现的复杂性，以及需要集中的一些功能，如命令行解析。

阅读须知

运行本书的示例代码仅需要一台安装有较新 Python 版本的计算机。虽然示例代码都使用 Python 3 编写，但是仅需简单修改就可适用于 Python 2。

读者对象

本书适合 Web 开发人员、程序员、工程师和大数据从业者阅读。如果你是初学者，本书将带领你入门。如果你经验丰富，本书将扩展你的知识储备。了解程序设计的基础知识有助于阅读本书。

排版约定

本书使用多种不同的文本样式来区分不同种类的信息。下面是各类格式的示例及其所表示的含义。

正文中的代码、数据库表名、用户输入等采用如下样式："我们可以使用 include 指令包含其他上下文。"

代码段的样式如下所示：

```
if distance is None:
    distance = rate * time
elif rate is None:
    rate = distance / time
elif time is None:
    time = distance / rate
```

命令行输入或输出采用如下样式：

```
>>> circumference_diameter_ratio = 355/113
>>> target_color_name = 'FireBrick'
>>> target_color_rgb = (178, 34, 34)
```

新术语和重点强调的文字以黑体字表示。

此图标表示警告或重要的注意事项。

此图标表示提示和小窍门。

读者反馈

欢迎读者提交反馈，内容可以是你对本书的看法，喜欢哪些部分，不喜欢哪些部分。这些反馈至关重要，有助于我们创作出真正对读者有所裨益的内容。

如果反馈一般性信息，可以发送电子邮件到 feedback@packtpub.com，并在邮件标题中注明书名。如果你擅长某个主题，并有兴趣写本书或者为某本书做出贡献，请访问 www.packtpub.com/authors 参阅我们的作者指南。

客户支持

现在你已经拥有了这本由 Packt 出版的图书，为了让你的付出得到最大的回报，本书还为你提供了其他诸多方面的服务。

下载示例代码

你可以使用自己的账户从 http://www.packtpub.com 下载本书的示例代码文件。[①]如果你是通过其他方式购买本书的，可以访问 http://www.PacktPub.com/support 并注册，我们将通过邮件的方式发送给你。

可以通过以下步骤下载代码文件：

(1) 使用你的电子邮箱和密码登录或者注册我们的网站；

(2) 把鼠标悬停在网站上方的 SUPPORT 选项卡上；

(3) 点击 Code Downloads & Errata；

(4) 在搜索框中输入书名；

(5) 选择你要下载代码文件的图书；

(6) 从下拉菜单中选择你购书的途径；

(7) 点击 Code Download。

文件下载成功后，请确保使用以下最新版本的软件进行解压缩：

❑ WinRAR / 7-Zip（Windows）

❑ Zipeg / iZip / UnRarX（Mac）

❑ 7-Zip / PeaZip（Linux）

本书的代码包也托管在 GitHub 上，网址为 https://github.com/PacktPublishing/Modern-Python-Cookbook。Packt 的其他图书和视频中代码包的存放网址为 https://github.com/PacktPublishing/。赶快去看看吧！

勘误

虽然我们已经竭尽全力保证本书内容的准确性，但错误仍在所难免。如果你发现了本书的任何错误，无论是文本错误还是代码错误，都请报告给我们，对此我们感激不尽。这样不仅能消除其他读者的疑虑，也有助于改进本书的后续版本。如果需要提交勘误，请访问 http://www.packtpub.com/support，选择相应的书名，单击 errata submission form 链接，登记你的勘误详情。[②]一旦勘误得到确认，我们将接受你的提交，同时勘误内容也将上传到我们的网站，或者添加到对应书目勘误区的现有勘误表中。

---

① 读者也可以到图灵社区本书页面下载代码文件，网址是 http://ituring.cn/book/1938。——编者注

② 本书中文版勘误请到 http://ituring.cn/book/1938 查看和提交。——编者注

要查询之前提交的勘误，请访问 http://www.packtpub.com/support，并在搜索框中输入书名，所需信息就会显示在勘误区。

侵权

所有正版内容在互联网上都面临的一个问题就是侵权。Packt 非常重视对版权和授权的保护。如果你在网上发现 Packt 图书的任何形式的盗版，请立即为我们提供网址或网站名称，以便我们采取补救措施。

如果发现可疑盗版材料，请通过 copyright@packtpub.com 联系我们。

非常感谢你帮助我们保护作者权益，我们将竭诚为读者提供有价值的内容。

其他问题

如果你对本书某方面存在疑问，请通过 questions@packtpub.com 联系我们，我们将尽力解决。

电子书

如需购买本书电子版，请扫描以下二维码。

目　　录

第1章　数字、字符串和元组 ····················· 1

1.1　引言 ························· 1

1.2　创建有意义的名称和使用变量 ···· 2

1.3　使用大整数和小整数 ··········· 5

1.4　在浮点数、小数和分数之间选择 ···· 8

1.5　在真除法和 floor 除法之间选择 ······· 13

1.6　重写不可变的字符串 ··········· 15

1.7　使用正则表达式解析字符串 ······· 19

1.8　使用"template".format()创建复杂
的字符串 ··················· 22

1.9　通过字符列表创建复杂的字符串 ······· 25

1.10　使用键盘上没有的 Unicode 字符 ····· 27

1.11　编码字符串——创建 ASCII 和 UTF-8
字节 ····················· 29

1.12　解码字节——如何根据字节获得正确
的字符 ···················· 31

1.13　使用元组 ·················· 33

第2章　语句与语法 ····················· 36

2.1　引言 ························ 36

2.2　编写 Python 脚本和模块文件——语法
基础 ····················· 37

2.3　编写长行代码 ··············· 40

2.4　添加描述和文档 ············· 44

2.5　在文档字符串中编写 RST 标记 ···· 48

2.6　设计复杂的 if...elif 链 ······· 51

2.7　设计正确终止的 while 语句 ······ 54

2.8　避免 break 语句带来的潜在问题 ···· 58

2.9　利用异常匹配规则 ············ 61

2.10　避免 except:子句带来的潜在问题 ·····64

2.11　使用 raise from 语句链接异常 ·······65

2.12　使用 with 语句管理上下文 ·······67

第3章　函数定义 ·····················70

3.1　引言 ························70

3.2　使用可选参数设计函数 ·········70

3.3　使用灵活的关键字参数 ·········75

3.4　使用*分隔符强制使用关键字参数 ·····77

3.5　编写显式的函数参数类型 ········80

3.6　基于偏函数选择参数顺序 ········84

3.7　使用 RST 标记编写清晰的文档字符串 ···87

3.8　围绕 Python 栈限制设计递归函数 ·····91

3.9　根据脚本/库转换规则编写可重用脚本 ···94

第4章　内置数据结构——列表、集、
字典 ···················98

4.1　引言 ························98

4.2　选择数据结构 ···············99

4.3　构建列表——字面量、append()和
解析式 ··················· 102

4.4　切片和分割列表 ············· 106

4.5　从列表中删除元素——del 语句、
remove()、pop()和 filter() ······· 109

4.6　反转列表的副本 ············· 114

4.7　使用 set 方法和运算符 ········ 116

4.8　从集中移除元素——remove()、pop()
和差集 ··················· 120

4.9　创建字典——插入和更新 ········ 122

4.10 从字典中移除元素——pop()方法
和 del 语句 ················ 126
4.11 控制字典键的顺序 ············· 128
4.12 处理 doctest 示例中的字典和集 ··· 130
4.13 理解变量、引用和赋值 ········· 132
4.14 制作对象的浅副本和深副本 ····· 134
4.15 避免可变默认值作为函数参数 ··· 137

第 5 章 用户输入和输出 ·············141

5.1 引言 ······················· 141
5.2 使用 print()函数的功能 ········ 141
5.3 使用 input()和 getpass()收集用户
输入 ······················ 145
5.4 使用"format".format_map(vars())
进行调试 ··················· 150
5.5 使用 argparse 模块获取命令行
输入 ······················ 151
5.6 使用 cmd 模块创建命令行应用程序····· 156
5.7 使用操作系统环境设置··········· 161

第 6 章 类和对象的基础知识 ·········165

6.1 引言 ······················· 165
6.2 使用类封装数据和操作 ········· 166
6.3 设计操作类 ················· 169
6.4 设计数据类 ················· 174
6.5 使用__slots__优化对象 ········ 177
6.6 使用更复杂的集合 ············· 180
6.7 扩展集合——统计数据的列表 ··· 183
6.8 使用特性计算惰性属性 ········· 186
6.9 使用可设置的特性更新及早属性··· 190

第 7 章 高级类设计 ···············195

7.1 引言 ······················· 195
7.2 在继承和扩展之间选择——is-a
问题 ······················ 195
7.3 通过多重继承分离关注点 ······· 201
7.4 利用 Python 的鸭子类型 ········ 205

7.5 管理全局单例对象 ············· 208
7.6 使用更复杂的结构——列表映射 ··· 212
7.7 创建具有可排序对象的类 ······· 214
7.8 定义有序集合 ················ 218
7.9 从映射列表中删除元素 ········· 223

第 8 章 函数式编程和反应式编程 ····228

8.1 引言 ······················· 228
8.2 使用 yield 语句编写生成器函数··· 229
8.3 使用生成器表达式栈 ··········· 234
8.4 将转换应用于集合 ············· 241
8.5 选择子集——三种过滤方式 ····· 244
8.6 汇总集合——如何归约 ········· 248
8.7 组合映射和归约转换 ··········· 252
8.8 实现 there exists 处理 ········· 257
8.9 创建偏函数 ················· 260
8.10 使用不可变数据结构简化复杂算法 ··· 265
8.11 使用 yield from 语句编写递归
生成器函数 ················· 269

第 9 章 输入/输出、物理格式和逻辑
布局 ···················274

9.1 引言 ······················· 274
9.2 使用 pathlib 模块处理文件名 ········ 275
9.3 使用上下文管理器读取和写入文件··· 281
9.4 替换文件，同时保留以前的版本 ··· 284
9.5 使用 CSV 模块读取带分隔符的文件··· 287
9.6 使用正则表达式读取复杂格式 ··· 291
9.7 读取 JSON 文档 ·············· 295
9.8 读取 XML 文档 ·············· 301
9.9 读取 HTML 文档 ············· 305
9.10 将 CSV 模块的 DictReader 更新为
namedtuple 读取器 ········· 310
9.11 将 CSV 模块的 DictReader 更新为
namespace 读取器 ·········· 314
9.12 使用多个上下文读取和写入文件··· 317

第 10 章　统计编程和线性回归 ·············322

10.1　引言 ·····································322

10.2　使用内置统计库 ················322

10.3　计算 Counter 对象中值的平均值 ·····329

10.4　计算相关系数 ····················332

10.5　计算回归参数 ····················336

10.6　计算自相关 ·······················339

10.7　确认数据是随机的——零假设 ·····344

10.8　查找异常值 ·······················348

10.9　通过一次遍历分析多个变量 ·····353

第 11 章　测试 ·······························359

11.1　引言 ·····································359

11.2　使用文档字符串进行测试 ·······360

11.3　测试抛出异常的函数 ············365

11.4　处理常见的 doctest 问题 ·········368

11.5　创建单独的测试模块和包 ·······372

11.6　组合 unittest 测试和 doctest
　　　测试 ····································378

11.7　涉及日期或时间的测试 ·········381

11.8　涉及随机性的测试 ···············385

11.9　模拟外部资源 ····················388

第 12 章　Web 服务 ························398

12.1　引言 ·····································398

12.2　使用 WSGI 实现 Web 服务 ······400

12.3　使用 Flask 框架实现 RESTful API ······408

12.4　解析请求中的查询字符串 ···········414

12.5　使用 urllib 发送 REST 请求 ·········418

12.6　解析 URL 路径 ·······················424

12.7　解析 JSON 请求 ······················433

12.8　实施 Web 服务认证 ·················441

第 13 章　应用程序集成 ···················455

13.1　引言 ·····································455

13.2　查找配置文件 ·······················456

13.3　使用 YAML 编写配置文件 ·········462

13.4　使用 Python 赋值语句编写配置
　　　文件 ····································468

13.5　使用 Python 类定义编写配置文件 ·····470

13.6　设计可组合的脚本 ·················475

13.7　使用 logging 模块监控和审计
　　　输出 ····································481

13.8　将两个应用程序组合为一个复合
　　　应用程序 ····························488

13.9　使用命令设计模式组合多个应用
　　　程序 ····································494

13.10　管理复合应用程序中的参数和
　　　　配置 ·································497

13.11　包装和组合 CLI 应用程序 ·········501

13.12　包装程序并检查输出 ···············506

13.13　控制复杂的步骤序列 ···············509

## 第 1 章

数字、字符串和元组

本章将通过以下实例介绍 Python 的基本数据类型。

❑ 创建有意义的名称和使用变量
❑ 使用大整数和小整数
❑ 在浮点数、小数和分数之间选择
❑ 在真除法和 floor 除法①之间选择
❑ 重写不可变的字符串
❑ 使用正则表达式解析字符串
❑ 使用"template".format()创建复杂的字符串
❑ 通过字符列表创建复杂的字符串
❑ 使用键盘上没有的 Unicode 字符
❑ 编码字符串——创建 ASCII 和 UTF-8 字节
❑ 解码字节——如何根据字节获得正确的字符
❑ 使用元组

1.1 引言

本章将介绍 Python 对象的一些核心类型。我们将讨论不同类型的数字以及字符串和元组的使用方法。它们是最简单的 Python 数据类型，因此会首先介绍。后面的章节将探讨数据集合。

本章大部分实例假定你对 Python 3 有基本的了解，主要介绍如何使用 Python 提供的数字、字符串和元组等基本内置类型。Python 拥有丰富的数字类型和两个除法运算符，因此需要仔细研究它们之间的区别。

使用字符串时，有几个常见的操作非常重要。本章将探讨操作系统文件所使用的字节和 Python 所使用的字符串之间的区别，以及如何充分利用 Unicode 字符集的强大功能。

本章将在 Python 的交互式解释器中演示实例，这种模式有时也称为 REPL（read-eval-print loop，"读取–求值–输出"循环）。后面的章节将仔细研究脚本文件的编写。这样做的目的是鼓励交互式探索，因为它是学习语言的极佳方式。

———————————
① floor 除法就是向下取整除法。向上取整除法是 ceiling。——译者注

1.2   创建有意义的名称和使用变量

如何确保程序易于理解呢？要编写富有表现力的代码，一个核心要素就是使用**有意义的**名称。但什么是有意义的呢？在本实例中，我们将回顾一些创建有意义的 Python 名称的通用规则。

我们还将介绍 Python 的一些不同形式的赋值语句，如用同一条语句为多个变量赋值。

1.2.1   准备工作

创建名称的核心问题是：**被命名的是什么**？对于软件，我们需要一个描述被命名对象的名称。显然，像 x 这样的名称不是很有描述性，它似乎并不指向实际的事物。

模糊的非描述性名称在一些程序设计中很常见，令人十分痛苦。当使用它们时，无助于其他人理解我们的程序。描述性名称则一目了然。

在命名时，区分解决方案域和问题域（真正想要解决的问题）也很重要。解决方案域包括 Python、操作系统和互联网的技术细节。不需要深入的解释，任何人在阅读代码时都可以看到解决方案。然而，问题域可能因技术细节而变得模糊。我们的任务是使问题清晰可见，而精心挑选的名称将对此有所帮助。

1.2.2   实战演练

首先看看如何命名，然后再学习如何为对象分配名称。

1. 明智地选择名称

在纯技术层面上，Python 名称必须以字母开头。它们可以包括任意数量的字母、数字和下划线。因为 Python 3 基于 Unicode，所以字母不限于拉丁字母。虽然通常使用拉丁字母 A~Z，但这不是必须遵循的规定。

当创建一个描述性变量时，我们需要创建既具体又能表达程序中事物之间关系的名称。一种广泛使用的命名技巧就是创建"从特殊到一般"这种风格的长名称。

选择名称的步骤如下。

(1) 名称的最后一部分是事物的广义概要。有时候，仅此一部分就能满足命名的需要，靠上下文提供其余的信息。稍后将介绍一些典型的广义概要的类别。

(2) 在应用程序或问题域周围使用前缀限定名称。

(3) 如有必要，使用更精确和专用的前缀，以阐明它与其他类、模块、包、函数和其他对象的区别。对前缀有疑问时，回想一下域名的工作原理。例如，mail.google.com 这个名称表明了从特殊到一般的三个级别。三个级别的命名并不罕见，我们经常采用这种命名方法。

(4) 根据在 Python 中的使用方法来命名。需要命名的事物有三大类，如下所示。

❑ 类：类的名称能够概述类中的所有对象。这些名称通常使用**大驼峰命名法**（Capitalized-CamelCase）。类名的第一个字母大写，强调它是一个类，而不是类的实例。类通常是一个通用的概念，很少用于描述有形的事物。

❏ **对象**：对象的名称通常使用**蛇底命名法**（snake_case）。名称全部小写，单词之间使用多个下划线连接。在 Python 中，一切皆是对象，包括变量、函数、模块、包、参数、对象的属性、类的方法等。

❏ **脚本和模块文件**：这些文件是 Python 看到的真正的操作系统资源。因此，文件名应遵循 Python 对象的约定，使用字母、下划线并以 .py 扩展名结尾。单从技术上说，你可天马行空地设置文件名。但是，不遵循 Python 规则的文件名可能难以用作模块或包的名称。

如何选择名称中广义类别的那一部分呢？通用类别取决于讨论的是事物还是事物的属性。虽然世界上有很多事物，但我们仍然可以创建一些有用的广义分类，例如文档、企业、地点、程序、产品、过程、人、资产、规则、条件、植物、动物、矿物等。

然后可以用修饰语来限定这些名称：

```
FinalStatusDocument
ReceivedInventoryItemName
```

第一个示例是 Document 类，我们通过添加一个前缀对其进行了略微的限定，即 StatusDocument，又通过将其命名为 FinalStatusDocument 来进一步限定。第二个示例是 Name 类，我们通过详细说明它是一个 ReceivedInventoryItemName 来对其进行限定。该示例需要一个 4 个级别的名称来阐明。

对象通常具有特性（property）或者属性（attribute）。它们应当是完整名称的一部分，可以根据其表示的信息类型进行分解，如数量、代码、标识符、名称、文本、日期、时间、日期时间、图片、视频、声音、图形、值、速率、百分比、尺寸等。

命名的思路就是把狭义、详细的描述放在最前面，把宽泛的信息放在最后：

```
measured_height_value
estimated_weight_value
scheduled_delivery_date
location_code
```

在第一个示例中，height 限定了更一般的表示术语 value，而 measured_height_value 做了进一步限定。通过这个名称，可以思考一下其他与 hight 相关的变体。类似的思想也适用于 weight_value、delivery_date 和 location_code。这些名称都有一个或者两个限定前缀。

需要避免的情况

切勿使用经过编码的前缀或后缀去描述详细的技术信息。不要使用 f_measured_height_value 这样的名称，其中 f 可能指的是浮点数。这种命名方法通常被称为**匈牙利命名法**（Hungarian Notation）。像 measured_height_value 这样的变量可以是任意数字类型，Python 会做所有必要的转换。技术性修饰对于代码阅读者并没有多大帮助，因为类型说明可能造成误导甚至错误。

不要浪费太多的精力使名称看起来属于哪个类别。不要使用 SpadesCardSuit、ClubsCardSuit 这样的名称。Python 有许多种命名空间，包括包、模块和类，命名空间对象会把相关的名称收集起来。如果将这些名称添加到 CardSuit 类中，就可以使用 CardSuit.Spades，以类作为命名空间来区分其他相似的名称。

2. 为对象分配名称

Python 没有使用静态变量定义。当把名称分配给对象时，就会创建变量。把对象看作处理过程的核心非常重要，变量有点像标识对象的标签。使用基本赋值语句的方法如下。

(1) 创建对象。在许多示例中，对象以字面量的形式创建。我们使用 355 或 113 作为 Python 中整数对象的字面量表示，也可以使用 FireBrick 表示字符串，或使用(178,34,34)表示元组。

(2) 编写如下类型的语句：**变量 = 对象**。例如：

```
>>> circumference_diameter_ratio = 355/113
>>> target_color_name = 'FireBrick'
>>> target_color_rgb = (178, 34, 34)
```

我们创建了一些对象并把它们赋值给了变量。第一个对象是数值计算的结果，接下来的两个对象是简单的字面量。对象通常由包含函数或类的表达式创建。

上面的基本赋值语句并不是唯一的赋值方式，还可以使用链式赋值的方式，将一个对象分配给多个变量，例如：

```
>>> target_color_name = first_color_name = 'FireBrick'
```

上例为同一个字符串对象创建了两个名称。可以通过检查 Python 使用的内部 ID 值来确认这两个对象是否为同一个对象：

```
>>> id(target_color_name) == id(first_color_name)
True
```

结果表明，这两个对象的内部 ID 值是相同的。

 相等测试使用==，简单赋值使用=。

随后介绍数字和集合时将会说明结合运算符进行赋值的方法。例如：

```
>>> total_count = 0
>>> total_count += 5
>>> total_count += 6
>>> total_count
11
```

我们通过运算符进行了增量赋值。total_count + = 5 与 total_count = total_count + 5 是等价的。增量赋值的优点在于简化了表达式。

1.2.3　工作原理

本实例创建名称的方法遵循如下模式：狭义的、更具体的限定符放在前面，更宽泛的、不太特定的类别放在最后。这种方法遵守用于域名和电子邮件地址的通用约定。

例如，域名 mail.google.com 包括特定的服务、更通用的企业和最后的非常通用的域，这遵循了从窄到宽的原则。

又如，service@packtpub.com 以具体的用户名开始，然后是更通用的企业，最后是非常通用的域。

甚至用户名（PacktPub）也是一个具有两部分的名称，包括限定的企业名称（Packt），以及更广泛的行业［Pub，"Publishing"（出版）的简写，而不是"Public House"（酒吧）的简写］。

赋值语句是为对象命名的唯一途径。通过前面的实例，我们注意到，同一个底层对象可以有两个名称，但现在还不清楚这种特性有什么用处。第 4 章将介绍为一个对象分配多个名称的一些有趣后果。

1.2.4 补充内容

我们将在所有实例中使用描述性名称。

> 没有遵循这种模式的现有软件应当保持现状。一般而言，最好与遗留软件保持一致，而不是强加新规则，即使新规则更好。

几乎每个示例都涉及变量赋值。变量赋值是有状态的面向对象编程的核心。

第 6 章将讨论类和类名，第 13 章将讨论模块。

1.2.5 延伸阅读

描述性命名是一个正在研讨的主题，涉及两个方面——语法和语义。Python 语法的设想起始于著名的 PEP-8（Python Enhancement Proposal number 8）。PEP-8 建议使用 `CamelCase` 和 `snake_case` 命名风格。

此外，务必进行以下操作：

```
>>> import this
```

这有助于领悟 Python 的设计哲学。

> 有关语义的信息，请参阅遗留的 UDEF 和 NIEM 命名和设计规则标准（http://www.opengroup.org/udefinfo/AboutTheUDEF.pdf）。有关元数据和命名的详细信息，请参阅 ISO11179（https://en.wikipedia.org/wiki/ISO/IEC_11179）。

1.3 使用大整数和小整数

许多编程语言区分整数、字节和长整数，有些编程语言还存在**有符号整数**和**无符号整数**的区别。如何将这些概念与 Python 联系起来呢？

答案是"不需要"。Python 以统一的方式处理所有类型的整数。对于 Python，从几个字节到数百位的巨大数字，都是整数。

1.3.1 准备工作

假设我们需要计算一些非常大的数字，例如，计算一副 52 张的扑克牌的排列数。52! = 52 × 51× 50 × … × 2 × 1，这是一个非常大的数字。可以在 Python 中实现这个运算吗？

1.3.2 实战演练

别担心！Python 表现得好像有一个通用的整数类型，涵盖了所有整数，从几个字节到填满所有内存的整数。正确使用整数的步骤如下。

(1) 写下你需要的数字，比如一些小数字：355，113。实际上，数字的大小没有上限。

(2) 创建一个非常小的值——单个字节，如下所示：

```
>>> 2
2
```

或者使用十六进制：

```
>>> 0xff
255
```

后面的实例中将讨论只含有一个值的字节序列：

```
>>> b'\xfe'
b'\xfe'
```

严格说来，这不是一个整数。它有一个前缀 b'，这表明它是一个一字节序列（1-byte sequence）。

(3) 通过计算创建一个很大的数字。例如：

```
>>> 2 ** 2048
323...656
```

该数字有 617 个数位，这里并没有完全显示。

1.3.3 工作原理

Python 内部使用两种数字，两者之间的转换是无缝且自动的。

对于较小的数字，Python 通常使用 4 字节或 8 字节的整数值。细节隐藏在 CPython 的内核中，并依赖于构建 Python 的 C 编译器。

对于超出 sys.maxsize 的较大数字，Python 将其切换到大整数——数字（digit）序列。在这种情况下，一位数字通常意味着 30 位（bit）的值。

一副 52 张的扑克牌有多少种排列方法？答案是 $52! \approx 8 \times 10^{67}$。我们将使用 math 模块的 factorial 函数计算这个大整数，如下所示：

```
>>> import math
>>> math.factorial(52)
80658175170943878571660636856403766975289505440883277824000000000000
```

这些巨大的数字工作得非常完美！

计算 52! 的第一部分（从 $52 \times 51 \times 50 \times \cdots$一直到约 42）可以完全使用较小的整数来执行。在此之后，其余的计算必须切换到大整数。我们看不到切换过程，只能看到结果。

通过下面的示例可以了解整数内部的一些细节。

```
>>> import sys
>>> import math
>>> math.log(sys.maxsize, 2)
```

```
63.0
>>> sys.int_info
sys.int_info(bits_per_digit = 30, sizeof_digit = 4)
```

sys.maxsize 的值是小整数中的最大值。我们通过计算以 2 为底的对数来说明这个数字需要多少位。

通过计算可知，Python 使用 63 位值来表示小整数。小整数的范围是从-2^{64}到$2^{63}-1$。在此范围之外，使用大整数。

通过 sys.int_info 的值可知，大整数是使用 30 位的数字序列，每个数字占用 4 字节。

像 52! 这样比较大的值，由 8 个上述 30 位的数字组成。一个数字需要 30 位来表示可能有些令人困惑。以用 10 个符号表示十进制（base 10）的数字为例，我们需要 2**30 个不同的符号来表示这些大数字的每位数。

涉及多个大整数值的计算可能会消耗相当大的内存空间。小数字怎么办呢？Python 如何跟踪大量的小数字，如 1 和 0？

对于常用的数字（–5 到 256），Python 实际上创建了一个私有的对象池来优化内存管理。你可以在检查整数对象的 id() 值时得到验证。

```
>>> id(1)
4297537952
>>> id(2)
4297537984
>>> a = 1 + 1
>>> id(a)
4297537984
```

我们显示了整数 1 和整数 2 的内部 id。当计算 a 的值时，结果对象与对象池中的整数 2 对象是同一个对象。

当你练习这个示例时，id() 值可能跟示例不同。但是，在每次使用值 2 时，将使用相同的对象。在我的笔记本电脑上，对象 2 的 id 等于 4297537984。这种机制避免了在内存里大量存放对象 2 的副本。

这里有个小技巧，可以看出一个数字到底有多大。

```
>>> len(str(2 ** 2048))
617
```

通过一个计算得到的数字创建一个字符串，然后查询字符串的长度。结果表明，这个数字有 617 个数位。

1.3.4 补充知识

Python 提供了一组丰富的算术运算符：+、–、*、/、//、%和**。/和//用于除法，1.5 节将讨论这些运算符。**将执行幂运算。

对于位处理，还有其他一些运算符，比如&、^、|、<<和>>。这些运算符在整数的内部二进制表示上逐位操作。它们分别计算**二进制与**、**二进制异或**、**二进制或**、**左移**和**右移**。

　　虽然这些运算符也同样适用于大整数，但是逐位操作对于大整数来说并没有实际意义。一些二进制文件和网络协议会要查看数据的单个字节中的位。

　　可以通过 bin() 函数查看应用这些运算符的运行结果。示例如下：

```
>>> xor = 0b0011 ^ 0b0101
>>> bin(xor)
'0b110'
```

　　先使用 0b0011 和 0b0101 作为两个位串。这有助于准确说明数字的二进制表示。然后将异或(^)运算符应用于这两个位序列。最后使用 bin() 函数查看位串形式的结果。可以通过结果仔细观察各个位，了解操作符的实际功能。

　　可以把一个字节分解为若干部分。假设我们要将最左边的 2 个位与其他 6 个位分开，其中一种方法是使用位操作（bit-fiddling）表达式，例如：

```
>>> composite_byte = 0b01101100
>>> bottom_6_mask = 0b00111111
>>> bin(composite_byte >> 6)
'0b1'
>>> bin(composite_byte & bottom_6_mask)
'0b101100'
```

　　这里先定义了一个 composite_byte，其中最高有效的 2 位为 01，最低有效的 6 位为 101100。再使用>>移位运算符将 composite_byte 的值右移 6 个位置，去除最低有效位并保留 2 个最高有效位。然后使用&运算符和掩码来进行操作。掩码中值为 1 的位，在结果中保留对应位置的值；掩码中值为 0 的位，结果中对应位置的值被设置为 0。

1.3.5　延伸阅读

　　❑ 1.5 节将讨论 Python 的两个除法运算符。
　　❑ 1.4 节将讨论其他类型的数字。
　　❑ 关于整数操作的详细信息，请参阅 https://www.python.org/dev/peps/pep-0237/。

1.4　在浮点数、小数和分数之间选择

　　Python 提供了多种处理有理数和无理数近似值的方法。3 种基本选择如下：
　　❑ 浮点数
　　❑ 小数
　　❑ 分数
　　有这么多种选择，那么怎样选择才合适呢？

1.4.1　准备工作

　　确定我们的核心数学期望值很重要。如果不确定已拥有的数据类型或者想要得到的结果，真的不应该开始编码。我们需要退一步，用铅笔和纸来演算一下。

除了整数，在数学中涉及的数字还有 3 种。

(1) 货币：如美元、美分或欧元。货币通常具有固定的小数位数。另外还有很多舍入规则，例如，可以用这些规则确定 \$2.95 的 7.25% 是多少美分。[①]

(2) 有理数或分数：使用美制单位的英尺和英寸，或在烹饪中使用杯和盎司进行测量时，经常需要使用分数。把一个 8 人量的食谱缩减为 5 人量时，要用 5/8 作为缩放因子进行分数运算。如何将这种方法应用到 2/3 杯米，并得到适用于厨房量具的测量值呢？

(3) 无理数：包括所有其他类型的计算。必须注意，数字计算机只能逼近这些无理数，而我们偶尔会看到近似值的一些奇怪现象。浮点近似值运算非常快，但有时会出现截断问题。

当计算涉及前两种数字时，应当避免使用浮点数。

1.4.2 实战演练

本实例将分别讨论这 3 种数字。首先讨论货币值计算。然后讨论有理数计算，以及无理数或浮点数计算。最后讨论这些类型之间的显式转换。

1. 货币值计算

在处理货币值时，应当坚持使用 decimal 模块。如果使用 Python 内置的浮点数，将会遇到数字的舍入和截断问题。

(1) 为了处理货币值，首先从 decimal 模块导入 Decimal 类。

```
>>> from decimal import Decimal
```

(2) 从字符串或整数创建 Decimal 对象。

```
>>> from decimal import Decimal
>>> tax_rate = Decimal('7.25')/ Decimal(100)
>>> purchase_amount = Decimal('2.95')
>>> tax_rate * purchase_amount
Decimal('0.213875')
```

tax_rate 由两个 Decimal 对象构建，其中一个基于字符串，另一个基于整数。我们可以直接使用 Decimal('0.0725')，而不显式地执行除法。

结果稍微大于 \$0.21，因为我们计算出了小数位的全部数字。

(3) 如果通过浮点数创建 Decimal 对象，那么将得到异常的浮点近似值。应当避免混用 Decimal 和 float。为了舍入到最近的便士（penny），创建一个 penny 对象。

```
>>> penny = Decimal('0.01')
```

(4) 使用 penny 对象量化数据。

```
>>> total_amount = purchase_amount + tax_rate * purchase_amount
>>> total_amount.quantize(penny)
Decimal('3.16')
```

上述示例演示了如何使用默认的 ROUND_HALF_EVEN 舍入规则。

---

① 货币的最小单位一般为 0.01 元。——译者注

舍入规则有很多种，`Decimal` 模块提供了所有舍入规则。例如：

```
>>> import decimal
>>> total_amount.quantize(penny, decimal.ROUND_UP)
Decimal('3.17')
```

本示例显示了使用另一种不同的舍入规则的结果。

2. 分数计算

当计算中含有精确分数值时，可以使用 `fractions` 模块。该模块提供了便于使用的有理数。处理分数的流程如下。

(1) 从 `fractions` 模块导入 `Fraction` 类。

```
>>> from fractions import Fraction
```

(2) 由字符串、整数或整数对创建 `Fraction` 对象。如果由浮点数创建 `Fraction` 对象，可能会遇到浮点近似值的异常现象。当分母是 2 的幂时，一切正常。

```
>>> from fractions import Fraction
>>> sugar_cups = Fraction('2.5')
>>> scale_factor = Fraction(5/8)
>>> sugar_cups * scale_factor
Fraction(25, 16)
```

我们从字符串 2.5 创建了第一个分数，从浮点计算 5/8 创建了第二个分数。因为分母是 2 的幂，所以计算结果非常准确。

25/16——结果是一个看起来很复杂的分数，那么它的最简分数是多少呢？

```
>>> Fraction(24, 16)
Fraction(3, 2)
```

结果表明，我们使用大约一杯半的米就可以完成 5 人量的食谱。

3. 浮点近似值

Python 的内置浮点（`float`）类型能够表示各种各样的值。对于是否使用浮点值，选择的关键在于浮点值通常涉及近似值。在某些情况下，特别是在做涉及 2 的幂的除法时，结果是一个精确的分数。在其他情况下，浮点值和分数值之间可能存在细小的差异，这反映了浮点数的实现与无理数的数学理想之间的差异。

(1) 要使用浮点数，经常需要舍入值来使它们看起来合理。所有浮点计算的结果都是近似值。

```
>>>(19/155) * (155/19)
0.9999999999999999
```

(2) 上面的值在数学上应该为 1。由于 `float` 使用的是近似值，所以结果并不精确。虽然这个结果与 1 相差不多，但仍然错了。当进行适当的舍入时，这个值会更有意义。

```
>>> answer =(19/155) * (155/19)
>>> round(answer, 3)
1.0
```

(3) 认识误差项。在本例中，我们知道确切的答案，所以可以将计算结果与已知的正确答案进行比较。下面的示例给出的通用误差项适用于所有浮点数。

```
>>> 1-answer
1.1102230246251565e-16
```

对于大多数浮点误差，典型值约为 10^{-16}。Python 有一些聪明的规则，有时通过自动舍入隐藏这个错误。但是，对于本示例，错误并没有隐藏。

这是一个非常重要的推论。

 不要比较浮点值是否完全相等。

在浮点数之间使用精确的==测试时，如果近似值相差一个位，代码就会出现问题。

4. 数字的类型转换

可以使用 float() 函数从其他类型的值创建一个 float 值。例如：

```
>>> float(total_amount)
3.163875
>>> float(sugar_cups * scale_factor)
1.5625
```

在第一个示例中，我们将 Decimal 值转换为 float 值。在第二个示例中，我们将 Fraction 值转换为 float 值。

正如刚刚看到的，我们永远不想将 float 转换为 Decimal 或 Fraction：

```
>>> Fraction(19/155)
Fraction(8832866365939553, 72057594037927936)
>>> Decimal(19/155)
Decimal('0.12258064516129031640279123394066118635237216949462890625')
```

在第一个示例中，我们在整数之间进行计算，创建了一个具有已知截断问题的 float 值。当我们从截断的 float 值创建一个 Fraction 时，得到的是一些暴露了截断问题的数字。

类似地，第二个示例从 float 创建了 Decimal 值。

1.4.3 工作原理

对于数字类型，Python 提供了多种运算符：+、-、*、/、//、%和**。这些运算符用于加法、减法、乘法、真除法、截断除法、取模和幂运算。1.5 节将讨论其中的两个除法运算符。

Python 擅长各种数字类型之间的转换。我们可以混合使用整数（int）和浮点数（float），整数将被转换为浮点数，以提供最准确的答案。类似地，还可以混合使用整数（int）和分数（Fraction），结果将是分数（Fractions）。我们也可以混合使用整数（int）和小数（Decimal）。但是，不能随便混合使用小数（Decimal）与浮点数（float），或小数（Decimal）与分数（Fraction），在这样操作之前，需要进行显式转换。

必须注意的是，float 值是真正的近似值。虽然 Python 语法允许将数字写为小数值，但它们在 Python 内部并不是按小数处理的。

我们可以使用普通的十进制数值在 Python 中编写如下值：

```
>>> 8.066e + 67
8.066e + 67
```

在内部使用的实际值将包含上述十进制值的一个二进制近似值。

该示例（8.066e + 67）中的内部值为：

```
>>> 6737037547376141/2 ** 53 * 2 ** 226
8.066e + 67
```

分子是一个大数字，6737037547376141；分母总是 2^{53}。由于分母是固定的，因而所得到的分数只能有 53 位有意义的数据。由于 53 位之外的位不可用，因此值可能会被截断。这导致了我们的理想化抽象和实际数字之间的微小差异。指数（2^{226}）需要将分数缩放到适当的范围。

在数学上，即 $6737037547376141 * 2^{226}/2^{53}$。

可以使用 math.frexp() 查看数字的内部细节：

```
>>> import math
>>> math.frexp(8.066E + 67)
(0.7479614202861186, 226)
```

结果的两个部分分别称为尾数（mantissa）和指数（exponent）。如果将尾数乘以 2^{53}，那么将得到一个整数，这个整数是二进制分数的分子。

前面提到的误差项与该值非常地匹配：$10^{-16} \approx 2^{-53}$。

与内置的 float 不同，Fraction 是两个整数值的精确比率。正如 1.3 节所示，Python 中的整数可能非常大。我们可以创建包含具有大量数位的整数的比率，并且不受固定分母的限制。

类似地，Decimal 值基于非常大的整数值和用于确定小数点位置的缩放因子。这些数字可以是巨大的，不会有特殊的表示问题。

为什么要使用浮点数？原因有两个
并不是所有可计算的数字都可以表示为分数。这就是数学家引入（或者可能是发现）无理数的原因。内置的 float 类型与无理数的数学抽象非常接近。例如，像 $\sqrt{2}$ 这样的值就不能表示为分数。
此外，浮点值运算非常快。

1.4.4　补充知识

Python 的 math 模块包含许多用于处理浮点值的专用函数。该模块包括了常用的函数，如平方根、对数和各种三角函数，还包括其他一些函数，如伽玛函数、阶乘函数和高斯误差函数。

math 模块也包含了一些可以精确计算浮点数的函数。例如，math.fsum()函数将比内置 sum()
函数更加周密地计算浮点和。math.fsum()函数很少出现近似值问题。

还可以使用 math.isclose()函数比较两个浮点值是否接近相等：

```
>>> (19/155)*(155/19) == 1.0
False
>>> math.isclose((19/155)*(155/19), 1)
True
```

该函数提供了一种正确比较浮点数的方法。

Python 还提供了复数数据类型。复数由实部和虚部组成。在 Python 中，3.14 + 2.78j 代表复

数 $3.14 + 2.78\sqrt{-1}$。Python 可以在浮点数和复数之间进行轻松的转换。Python 提供了一组常用的复数

运算符。

为了更好地支持复数，Python 内置了 cmath 包。例如，cmath.sqrt()函数将返回一个复数值，
而不是在求负数的平方根时抛出异常。示例如下：

```
>>> math.sqrt(-2)
Traceback (most recent call last):
  File "<stdin>", line 1, in <module>
ValueError: math domain error
>>> cmath.sqrt(-2)
1.4142135623730951j
```

在操作复数时，离不开 cmath 包。

1.4.5　延伸阅读

❑ 1.5 节将详细讨论浮点数和分数。
❑ 请参阅 https://en.wikipedia.org/wiki/IEEE_floating_point。

1.5　在真除法和 floor 除法之间选择

Python 提供了两种除法运算符。本实例将介绍这两种运算符以及它们适用的情景，还将介绍
Python 除法规则以及如何对整数值进行除法运算。

1.5.1　准备工作

除法运算有几种常见的使用场景。
❑ div-mod 对：我们需要两部分值——商和余数。当对数值进行数制转换时，或者把秒数转换为
　小时、分钟和秒时，会执行 div-mod 除法。我们不想要确切的小时数，只是想要一个截断的小
　时数，余数转换为分钟和秒。
❑ 真实（true）值：典型的浮点值——商的良好近似值。例如，如果计算一些测量数据的平均值，
　那么我们通常希望结果是浮点值，即使输入值都是整数。

❑ 合理的分数值:当我们使用英尺、英寸和杯等美国单位时,常常需要这种值。为此,应当使用 Fraction 类。当使用 Fraction 对象时,总是得到确切的答案。

我们首先需要确定适用哪种情况,然后就知道该使用哪种除法运算符了。

1.5.2　实战演练

我们将分别讨论这三种情况。首先讨论截断的 floor 除法,然后讨论真正的浮点除法,最后讨论分数的除法。

1. floor 除法

在做 div-mod 类计算时,可以使用 floor 除法运算符 (//) 和取模运算符 (%)。或者也可以使用 divmod() 函数。

(1) 将秒数除以 3600 得到小时数,模数或余数可以分别转换为分钟数和秒数。

```
>>> total_seconds = 7385
>>> hours = total_seconds//3600
>>> remaining_seconds = total_seconds % 3600
```

(2) 将步骤(1)剩余的秒数除以 60 得到分钟数,余数是小于 60 的秒数。

```
>>> minutes = remaining_seconds//60
>>> seconds = remaining_seconds % 60
>>> hours, minutes, seconds
(2, 3, 5)
```

使用 divmod() 函数的示例如下。

(1) 同时计算商和余数。

```
>>> total_seconds = 7385
>>> hours, remaining_seconds = divmod(total_seconds, 3600)
```

(2) 再次计算商和余数。

```
>>> minutes, seconds = divmod(remaining_seconds, 60)
>>> hours, minutes, seconds
(2, 3, 5)
```

2. 真除法

真值除法计算的结果是浮点近似值。例如,7386 秒是多少小时?使用真除法运算符进行除法运算:

```
>>> total_seconds = 7385
>>> hours = total_seconds / 3600
>>> round(hours, 4)
2.0514
```

 我们提供了两个整数值,但得到了一个精确的浮点数结果。与以前使用浮点值的实例相一致,我们取整了结果,以避免出现微小的误差值。

这种真除法是 Python 3 的特性,本实例随后的部分将介绍 Python 2 的除法运算符。

3. 有理分数计算

可以用 Fraction 对象和整数做除法。这将使结果是一个数学上精确的有理数。

(1) 创建至少一个 Fraction 值。

```
>>> from fractions import Fraction
>>> total_seconds = Fraction(7385)
```

(2) 在计算中使用 Fraction 值，任何整数都将被提升到分数。

```
>>> hours = total_seconds / 3600
>>> hours
Fraction(1477, 720)
```

(3) 如有必要，将确切分数转换为浮点近似值。

```
>>> round(float(hours),4)
2.0514
```

我们首先为总秒数创建了一个 Fraction 对象。在对分数做算术运算时，Python 会把所有整数都转换为分数，这种转换意味着数学运算是尽可能精确地完成的。

1.5.3 工作原理

Python 3 有两个除法运算符。

❑ 真除法运算符/总是试图产生一个浮点数结果，即使这两个操作数是整数。从这个角度来看，真除法运算符是一个不寻常的运算符。其他所有运算符都试图保留数据的类型。当应用于整数时，真除法运算会产生浮点数结果。

❑ 截断除法运算符//总是试图产生截断的结果。对于两个整数操作数，结果是截断商。对于两个浮点数操作数，结果是一个截断的浮点数结果。

```
>>> 7358.0 // 3600.0
2.0
```

默认情况下，Python 2 只有一个除法运算符。对于仍在使用 Python 2 的程序员来说，可以通过以下方法使用这些新运算符：

```
>>> from __future__ import division
```

这个导入将会引入 Python 3 的除法规则。

1.5.4 延伸阅读

❑ 有关浮点数和小数之间的选择，请参阅 1.4 节。
❑ 请参阅 https://www.python.org/dev/peps/pep-0238/。

1.6 重写不可变的字符串

如何重写不可变的字符串？字符串中的字符不可更改，例如：

```
>>> title = "Recipe 5: Rewriting, and the Immutable String"
>>> title[8]= ''
Traceback (most recent call last):
  File "<stdin>", line 1, in <module>
TypeError: 'str' object does not support item assignment
```

上面的方法并不能修改字符串，那么怎么才能更改字符串呢?

1.6.1   准备工作

假设有一个字符串:

```
>>> title ="Recipe 5: Rewriting, and the Immutable String"
```

我们想做以下两个转换:

❑ 移除:之前的那部分字符串;

❑ 把标点符号替换为_，将所有字符转换为小写。

因为不能直接替换字符串对象中的字符，所以必须找到一些替代方法。常见的替代方法如下所示。

❑ 通过切片字符串和连接字符串来创建新的字符串。

❑ 使用 partition() 方法缩短字符串。

❑ 使用 replace() 方法替换某个字符或子字符串。

❑ 将字符串扩展为字符列表，然后再连接为一个字符串。这种方法是 1.9 节的主题。

1.6.2   实战演练

因为不能在原位更新一个字符串，所以必须用每个修改后的结果替换字符串变量中对应的对象。语句如下所示:

```
some_string = some_string.method()
```

甚至可以使用:

```
some_string = some_string[:chop_here]
```

我们将讨论关于这个常见主题的一些具体变化。比如，切片字符串，替换字符串中的单个字符，或者应用整体转换 (blanket transformation)，例如将字符串转换为小写。我们还将研究如何删除字符串中多余的下划线。

1. 切片字符串

通过切片缩短字符串的方法如下。

(1) 查找边界。

```
>>> colon_position = title.index(':')
```

index 函数定位了特定的子字符串并返回该子字符串的位置。如果该子字符串不存在，那么将会抛出异常。title[colon_position] == ':'的结果始终为 true。

(2) 选择子字符串。

```
>>> discard_text, post_colon_text = title[:colon_position], title[colon_position+1:]
>>> discard_text
'Recipe 5'
>>> post_colon_text
' Rewriting, and the Immutable String'
```

使用切片符号来显示需要选择的字符串的 `start:end`。利用多重赋值方法，将两个表达式分别赋值给变量 discard_text 和 post_colon_text。

我们也可以使用 partition() 和手动切片来切片字符串。查找边界并分割字符串。

```
>>> pre_colon_text, _, post_colon_text = title.partition(':')
>>> pre_colon_text
'Recipe 5'
>>> post_colon_text
' Rewriting, and the Immutable String'
```

partition 函数返回三项内容：指定字符串左边的子字符串、指定字符串和指定字符串右边的子字符串。我们使用多重赋值将每个对象赋给不同的变量。我们把指定的字符串赋值给_变量，因为这部分结果将被忽略。对于那些必须提供变量的地方，这是一个常见的习惯用法，但我们并不关心如何使用这个对象。

2. 使用替换更新字符串

可以使用 replace() 删除标点符号。使用 replace() 替换标点符号时，把结果保存回原始变量。在这个示例中原始变量为 post_colon_text。

```
>>> post_colon_text = post_colon_text.replace(' ', '_')
>>> post_colon_text = post_colon_text.replace(',', '_')
>>> post_colon_text
'_Rewriting__and_the_Immutable_String'
```

上述代码使用_替换了两种标点符号。利用将在第 2 章中介绍的 for 语句，可以把这种方法应用到所有标点符号。

我们可以迭代所有标点符号：

```
>>> from string import whitespace, punctuation
>>> for character in whitespace + punctuation:
...     post_colon_text = post_colon_text.replace(character, '_')
>>> post_colon_text
'_Rewriting__and_the_Immutable_String'
```

当各种标点符号都已经被替换时，再把最终的字符串赋给变量 post_colon_text。

3. 使字符串全部小写

另一个转换步骤是将字符串更改为全部小写。与前面的示例一样，我们把结果赋给原始变量。使用 lower() 方法，然后将结果赋给原始变量：

```
>>> post_colon_text = post_colon_text.lower()
```

4. 删除多余的标点符号

在许多情况下，可能还需要一些额外的步骤。例如，可以使用 strip() 删除开头和结尾的_：

```
>>> post_colon_text = post_colon_text.strip('_')
```

在某些情况下，因为有多个连在一起的标点符号，所以将会有多个连续的_。最后一步将是清理多个连续的_：

```
>>> while '__' in post_colon_text:
...     post_colon_text = post_colon_text.replace('__', '_')
```

该示例是修改字符串的另一个示例，依赖于将在第 2 章介绍的 while 语句。

1.6.3 工作原理

严格来讲，我们无法原位修改字符串，因为字符串的数据结构是不可变的。但是，可以将一个新的字符串赋值给原始变量。这种技术的行为与原位修改字符串相同。

当变量的值被替换时，之前的值不再具有任何引用并且被垃圾回收。可以通过 id() 函数来追踪每个字符串对象：

```
>>> id(post_colon_text)
4346207968
>>> post_colon_text = post_colon_text.replace('_','-')
>>> id(post_colon_text)
4346205488
```

你在实际操作时的 ID 号可能与示例不同。重要的是，原来赋给 post_colon_text 的字符串对象有一个 ID 号，而赋给 post_colon_tex 的新字符串对象的 ID 号与原来的不同。这说明它是一个新的字符串对象。

当旧的字符串不再被引用时，将在内存中被自动删除。

我们利用**切片符号**（slice notation）分解字符串。切片有两部分：[start:end]。切片始终包含起始索引，从不包含结束索引。字符串索引总是以 0 作为第一个元素的索引。

 切片中元素的索引从 start 到 end-1，这有时被称为**半开区间**。

切片也可以理解为：所有字符的索引 i 都在 start ≤ i < end 范围内。

我们可以省略起始索引或结束索引，实际上可以同时省略两者。各种可用的切片符号如下。

❑ title[colon_position]：对于单个元素，可以使用 title.index(':') 找到：。

❑ title[:colon_position]：省略起始索引的切片。从第一个索引开始，索引为 0。

❑ title[colon_position+1:]：省略结束索引的切片。它结束于字符串的末端，或者说第 len(title) 个索引。

❑ title[:]：由于同时省略了起始索引和结束索引，因此这个切片表示整个字符串。实际上，这个切片是整个字符串的一个**副本**（copy）。这是一种快速简单的复制字符串的方法。

1.6.4 补充知识

在 Python 中，可以索引像字符串这样的集合（collection）的功能还有很多种。正常的索引从字符串的左端开始索引，0 为起始索引。另一种索引方法采用从字符串右端起始的负索引。

❑ title[-1]为 title 的最后一个字符 g。
❑ title[-2]为 title 的倒数第二个字符 n。
❑ title[-6:]为 title 的最后 6 个字符 String。

在 Python 中，还有很多方法可以从字符串中选取部分内容。

Python 提供了许多种修改字符串的方法。"Python 标准库" 的 4.7 节说明了多种变换方法。字符串方法有三大类：查找字符串、解析字符串和转换字符串。例如，isnumeric()方法可以显示一个字符串是否全部为数字。示例如下：

```
>>> 'some word'.isnumeric()
False
>>> '1298'.isnumeric()
True
```

解析字符串的方法如本节介绍的 partition()方法，转换字符串的方法如本节介绍的 lower()方法。

1.6.5 延伸阅读

❑ 1.9 节将介绍按列表方式修改字符串的方法。
❑ 有时数据只是一个字节流。为了使其有意义，需要将其转换为字符。1.12 节将讨论这个主题。

1.7 使用正则表达式解析字符串

如何分解复杂的字符串？如果有复杂、棘手的标点符号怎么办？或者更糟，没有标点符号，但必须依靠数字的模式来找到有意义的信息，该怎么办？

1.7.1 准备工作

分解复杂字符串最简单的方法是将字符串归纳为模式（pattern），然后编写描述该模式的正则表达式。

正则表达式能够描述的模式是有限的。当遇到 HTML、XML 或 JSON 等深层嵌套的文档时，可能就不能够正常使用正则表达式了。

re 模块包含了创建和使用正则表达式所需的各种类和函数。

假设我们想分离某个食谱网站中的文本。每行内容如下所示：

```
>>> ingredient = "Kumquat: 2 cups"
```

我们想分离原料和度量。

1.7.2 实战演练

编写和使用正则表达式的步骤如下。

(1) 概括示例。示例信息可以概括为：

```
(ingredient words): (amount digits) (unit words)
```

我们用摘要替换了文本，摘要分为两个部分：信息的含义和信息的表示形式。例如，原料用文字表示，数量用数字表示。

(2) 导入 re 模块。

```
>>> import re
```

(3) 把模式改写为**正则表达式**（regular expression，RE）标记。

```
>>> pattern_text =r'(?P<ingredient>\w+):\s+(?P<amount>\d+)\s+(?P<unit>\w+)'
```

我们替换了模式中的表示形式。例如，用\w+替换 words，用\d+替换 digits；用\s+替换单个**空格**，这样可以将一个或多个空格用作标点符号。我们没有处理冒号，因为在正则表达式中，冒号匹配其本身。

对于模式中的每个字段，使用?P<name>作为名称来标识需要提取的数据。我们没有在冒号或空格周围做类似操作，因为不想要这些字符。

正则表达式使用了大量\字符。为了能够在 Python 中正常工作，我们总是使用**原始**字符串。r'前缀使 Python 忽略\，而不是把它们替换为键盘上没有的特殊字符。

(4) 编译模式。

```
>>> pattern = re.compile(pattern_text)
```

(5) 使用模式匹配输入文本。如果输入文本匹配模式，将获得一个匹配对象，匹配对象显示了匹配的详细信息。

```
>>> match = pattern.match(ingredient)
>>> match is None
False
>>> match.groups()
('Kumquat', '2', 'cups')
```

我们从字符串中提取了一个包含不同字段的元组。1.13 节将讨论元组的使用方法。

(6) 从匹配对象中提取已命名的分组。

```
>>> match.group('ingredient')
'Kumquat'
>>> match.group('amount')
'2'
>>> match.group('unit')
'cups'
```

正则表达式中的(?P<name>...)标识了每个分组。

1.7.3　工作原理

正则表达式可以描述多种字符串模式。

前面已经介绍了一些字符类：

- □ \w 匹配任意字母或数字（a 到 z，A 到 Z，0 到 9）；
- □ \d 匹配任意十进制数字；
- □ \s 匹配任意空格或制表符。

这些类还有相反的类：

- □ \W 匹配任意不是字母或数字的字符；
- □ \D 匹配任意不是数字的字符；
- □ \S 匹配任意不是某种空格或制表符的字符。

许多字符匹配自己。然而，某些字符具有特殊意义，因此我们使用\来区分那些特殊意义。

- □ +作为后缀表示匹配一个或多个前面的模式。\d+表示匹配一个或多个数字。要匹配一个普通的+字符，需要使用\+。
- □ *作为后缀表示匹配零个或多个前面的模式。\w*表示匹配零个或多个字符。要匹配一个*字符，需要使用*。
- □ ?作为后缀表示匹配零个或一个前面的表达式。这个字符还在其他地方使用，并且具有略微不同的含义。在(?P<name>...)中，它在()里面，用于定义分组的特殊属性。
- □ .表示匹配任意单个字符。要匹配具体的.需要使用\.。

可以使用[]将集合中的元素括起来，创建我们自己独特的字符集：

```
(?P<name>\w+)\s*[=:]\s*(?P<value>.*)
```

这个表达式使用\w+来匹配任意数量的字母或数字字符。这些字符将被收集到一个名为 name 的组中。

这个表达式使用\s*来匹配一个可选的空格序列。

这个表达式匹配[=:]集中的任何字符。这个集中的两个字符之一必须存在。

这个表达式再次使用\s*来匹配一个可选的空格序列。

最后，它使用.*匹配字符串中的其他内容。这些内容将被收集到一个名为 value 的组中。

可以用这个表达式来解析字符串：

```
size = 12
weight: 14
```

通过灵活地使用标点符号，可以使程序更易用。我们可以处理任意数量的空格，将=或:作为分隔符。

1.7.4　补充知识

复杂的正则表达式可读性较差。可以使用一种 Python 风格的技巧来提高正则表达式的可读性：

```
>>> ingredient_pattern = re.compile(
... r'(?P<ingredient>\w+):\s+'   # 原料名称直到 ":" 为止
... r'(?P<amount>\d+)\s+'        # 数量，所有数字直到空格为止
... r'(?P<unit>\w+)'             # 单位，字母数字字符
... )
```

该技巧利用了 3 个语法规则：

- 直到 `()` 字符匹配，语句才结束；
- 相邻的字符串字面量自动连接为一个长字符串；
- `#` 与该行结尾之间的内容为注释，代码运行时将忽略注释。

我们在正则表达式的重要子句后面编写了 Python 注释。这样有助于了解代码的功能，也有助于随后诊断问题。

1.7.5   延伸阅读

- 1.12 节。
- 关于正则表达式和 Python 正则表达式的图书非常多，比如 *Mastering Python Regular Expressions*。

1.8   使用 `"template".format()` 创建复杂的字符串

创建复杂字符串与解析复杂字符串在许多方面是截然相反的。通常使用模板以及替换规则将数据转换为更复杂的格式。

1.8.1   准备工作

假设我们有一些需要转换为正确格式的消息数据。原始数据如下所示：

```
>>> id = "IAD"
>>> location = "Dulles Intl Airport"
>>> max_temp = 32
>>> min_temp = 13
>>> precipitation = 0.4
```

目标数据格式如下所示：

```
IAD : Dulles Intl Airport : 32 / 13 / 0.40
```

1.8.2   实战演练

(1) 根据预期结果创建模板字符串，将所有数据项替换为 `{}` 占位符。在每个占位符内，放置数据项的名称。

```
'{id} : {location} : {max_temp} / {min_temp} / {precipitation}'
```

(2) 在模板字符串每个数据项的占位符中添加 `:data type` 信息。基本数据类型代码如下：

- `s` 为字符串
- `d` 为十进制数
- `f` 为浮点数

添加类型代码后的模板字符串如下所示：

```
'{id:s}  : {location:s} : {max_temp:d} / {min_temp:d} / {precipitation:f}'
```

（3）添加必要的长度信息。长度信息不是必须的，在某些情况下，甚至不需要长度信息。然而，在本例中，长度信息确保每个消息具有一致的格式。长度信息添加在类型代码之前。对于字符串和十进制数字，长度信息的格式如 `19s` 或 `3d`。对于浮点数，长度信息的格式如 `5.2f`，该长度信息指定了两部分内容：总长度为 5 个字符，其中 2 个在小数点的右边。整个模板字符串如下所示：

```
'{id:3d}  : {location:19s} : {max_temp:3d} / {min_temp:3d} / {precipitation:5.2f}'
```

（4）使用字符串的 `format()` 方法创建最终的字符串。

```
>>> '{id:3s}  : {location:19s} :  {max_temp:3d} / {min_temp:3d} /
{precipitation:5.2f}'.format(
... id=id, location=location, max_temp=max_temp,
... min_temp=min_temp, precipitation=precipitation
... )
'IAD  : Dulles Intl Airport :   32 /  13 / 0.40'
```

我们通过模板字符串的 `formate()` 方法按照名称提供所有变量。在某些情况下，可能需要使用变量构建一个字典对象。这时，可以使用 `format_map()` 方法：

```
>>> data = dict(
... id=id, location=location, max_temp=max_temp,
... min_temp=min_temp, precipitation=precipitation
... )
>>> '{id:3s}  : {location:19s} :  {max_temp:3d} / {min_temp:3d} /
{precipitation:5.2f}'.format_map(data)
'IAD  : Dulles Intl Airport :   32 /  13 / 0.40'
```

第 4 章将讨论字典。

内置的 `vars()` 函数可以构建一个所有局部变量的字典：

```
>>> '{id:3s}  : {location:19s} :  {max_temp:3d} / {min_temp:3d} /
{precipitation:5.2f}'.format_map(
...      vars()
... )
'IAD  : Dulles Intl Airport :   32 /  13 / 0.40'
```

`vars()` 函数可以便捷地自动构建字典。

1.8.3　工作原理

字符串的 `format()` 方法和 `format_map()` 方法都可以组装相对复杂的字符串。

这些方法的基本功能是根据关键字参数的名称或字典中的键将数据插入到字符串中。当然，变量也可以按位置插入字符串，可以使用位置编号替代名称，例如，使用类似 `{0:3s}` 的格式规范作为 `format()` 方法的第一个位置参数。

前面已经介绍了 `s`、`d`、`f` 等三种格式规范，除此之外，还有很多其他格式规范，详细信息请参阅 "Python 标准库" 的 6.1.3 节。常用的格式规范如下。

❑ `b` 用于二进制数，基数为 2。

❑ `c` 用于 Unicode 字符。值必须是已经转换为字符的数字。通常用十六进制数来表示，例如 `0x2661`

到 0x2666[①]。

- ❑ d 用于十进制数。
- ❑ E 和 e 用于科学记数法。使用 6.626E-34 还是 6.626e-34 取决于使用的是 E 字符还是 e 字符。
- ❑ F 和 f 用于浮点数。对于非数字，f 格式显示为小写 nan，F 格式显示为大写 NAN。
- ❑ G 和 g 为通用格式。该格式自动在 E 和 F（或 e 和 f）之间切换，以保持输出在给定的大小范围内。格式 20.5G 表示最多 20 位数字使用 F 格式显示。较大的数字将使用 E 格式。
- ❑ n 用于特定语言环境的十进制数。根据当前的区域设置插入 , 或 .。默认语言环境可能没有定义千位分隔符。更多信息请参阅 locale 模块。
- ❑ o 用于八进制数，基数为 8。
- ❑ s 用于字符串。
- ❑ X 和 x 用于十六进制数，基数为 16。数字包括大写 A-F 和小写 a-f，具体取决于使用的是 X 格式符还是 x 格式符。
- ❑ % 用于百分比。数字乘以 100，并包含 %。

另外，还有许多可以用于这些格式规范的前缀。最常见的前缀是长度，例如，使用 {name:5d} 放入一个 5 位的数字。其他前缀如下。

- ❑ **填充和对齐**：可以指定一个特定的填充字符（默认值为空格）和对齐方式。数字通常右边齐，字符串通常左对齐。还可以使用 < 、 > 或 ^ 来改变对齐方式，这些符号将强制左对齐、右对齐或居中对齐。特殊的 = 对齐方式在一个前导符号后进行填充。
- ❑ **符号**：默认规则是在需要的位置前置一个负号。可以用 + 在所有数字前添加一个符号，用 - 仅在负数前添加一个符号，用空格在正数前添加一个空格而不是加号。在科学记数法格式的输出中，必须使用 {value: 5.3f}。空格确保为符号留下空间，保证所有小数点整齐排列。
- ❑ **替换形式**：可以使用 # 获得替换形式。我们可能将前缀 {0:#x}、{0:#o}、{0:#b} 用于十六进制、八进制或二进制值。带前缀的数字的形式如 0xnnn 、 0onnn 或 0bnnn。默认省略两个字符前缀。
- ❑ **前导零**：可以用 0 在数字前填充前导零。例如，{code:08x} 将产生一个十六进制值，并通过前导零将其填补为 8 个字符。
- ❑ **宽度和精度**：对于整数值和字符串，只提供了宽度。对于浮点值，通常提供 width.precision。

有时候，我们将不使用 {name:format} 规范。有时候，我们需要使用 {name!conversion} 规范。可用的转换只有三种。

- ❑ {name!r} 显示由 repr(name) 生成的表示（representation）。
- ❑ {name!s} 显示由 str(name) 生成的字符串值。
- ❑ {name!a} 显示由 ascii(name) 生成的 ASCII 值。

在第 6 章中，我们将充分利用 {name!r} 格式规范来简化相关对象信息的显示。

---

① 扑克牌的花色图案。——译者注

1.8.4　补充知识

一种方便的调试工具如下所示：

```
print("some_variable={some_variable!r}".format_map(vars()))
```

不带任何参数的 vars() 函数收集所有局部变量并转换为一个映射。我们把该映射作为参数提供给 format_map()。格式模板使用大量的{variable_name!r}来显示局部变量的各种对象的细节。

在类定义中，可以使用类似 vars(self) 的技术。下面的示例使用了第 6 章的相关知识。

```
>>> class Summary:
...     def __init__(self, id, location, min_temp, max_temp, precipitation):
...         self.id= id
...         self.location= location
...         self.min_temp= min_temp
...         self.max_temp= max_temp
...         self.precipitation= precipitation
...     def __str__(self):
...         return '{id:3s}  : {location:19s} :  {max_temp:3d} / {min_temp:3d} /
{precipitation:5.2f}'.format_map(
...             vars(self)
...         )
>>> s= Summary('IAD', 'Dulles Intl Airport', 13, 32, 0.4)
>>> print(s)
IAD  : Dulles Intl Airport :   32 /  13 /  0.40
```

类定义中包含一个 __str__() 方法，该方法依靠 vars(self) 创建一个对象的属性字典。

1.8.5　延伸阅读

❏ 字符串格式化方法的细节请参阅"Python 标准库"的 6.1.3 节。

1.9　通过字符列表创建复杂的字符串

如何对不可变的字符串进行复杂的更改？可以用单个独立的字符组装字符串吗？

在大多数情况下，前面的实例已经为我们提供了一系列创建和修改字符串的工具。不过解决字符串操作问题的方法还有很多，本实例将介绍使用列表对象创建字符串的方法。这种方法与第 4 章的一些实例相吻合。

1.9.1　准备工作

需要重新排列的字符串如下：

```
>>> title = "Recipe 5: Rewriting an Immutable String"
```

字符串需要进行以下两个转换：

❏ 移除:之前的那部分字符串；

❏ 把标点符号替换为_，将所有字符转换为小写。

本实例需要使用 string 模块：

```
>>> from string import whitespace, punctuation
```

string 模块有两个重要的常量。

❑ string.whitespace 列出了所有常用的空白字符，包括空格和制表符。

❑ string.punctuation 列出了常见的 ASCII 标点符号。Unicode 拥有大量标点符号，可以根据区域设置来进行配置。

1.9.2 实战演练

字符串可以分解为列表。第 4 章将更深入地介绍列表。

(1) 将字符串分解为列表对象。

```
>>> title_list = list(title)
```

(2) 查找分割字符。列表的 index() 方法与字符串的 index() 方法具有相同的语义，它根据给定的值找到相应的位置。

```
>>> colon_position = title_list.index(':')
```

(3) 删除不再需要的字符。del 语句可以从列表中移除元素。列表是可变的数据结构。

```
>>> del title_list[:colon_position+1]
```

我们不需要仔细处理原始字符串中的有用部分。可以从列表中删除元素。

(4) 逐个位置替换标点符号。在本示例中，使用 for 语句来访问字符串的各个索引。

```
>>> for position in range(len(title_list)):
...     if title_list[position] in whitespace+punctuation:
...         title_list[position]= '_'
```

(5) 表达式 range(len(title_list)) 生成从 0 到 len(title_list)-1 的所有整数。这样就可以确保 position 的值是列表中的每个值的索引。连接字符列表，创建新字符串。在连接字符串时，使用长度为 0 的字符串''作为分隔符看起来似乎有些奇怪。但是，这种方法十分有效。

```
>>> title = ''.join(title_list)
>>> title
'_Rewriting_an_Immutable_String'
```

我们把结果字符串赋值给了原始变量。我们不再需要原始变量引用的原始字符串对象，该对象将从内存中删除。新的字符串对象替换了原始变量的值。

1.9.3 工作原理

这是一种表示形式上的变化。由于字符串是不可变的，因此我们不能更新它。但是，可以将其转换为可变形式，本实例中的字符串被转换为了列表。我们可以对可变的列表对象进行任何更改。更改完成后，可以将表示形式由列表改回字符串。

字符串提供了许多列表没有的功能。例如，我们不能根据将字符串转换为小写的方法直接将列表转换为小写。

字符串与列表的区别如下。

- ❑ 字符串是不可变的，所以操作速度非常快。字符串专注于 Unicode 字符。可以使用字符串作为映射中的键和集中的元素，因为字符串的值是不可变的。
- ❑ 列表是可变的，操作较慢。列表可以容纳任何类型的元素。不能使用列表作为映射中的键或集中的元素，因为值可能会改变。

字符串和列表都是特殊类型的序列。因此，它们具有许多共同的特征，比如共享基本的元素索引和切片功能。类似于字符串，列表同样支持字符串使用的负索引值，list[-1]表示一个列表对象中的最后一个元素。

第 4 章将讨论可变数据结构。

1.9.4 补充知识

一旦使用字符列表代替了字符串，就不能再使用字符串处理方法。许多列表处理技术都可以使用。除了能够从列表中删除元素之外，还可以添加元素，或者使用另一个列表扩展列表，或者向列表中插入字符。

我们也可以稍微改变视角，讨论一下用字符串列表替代字符列表。''.join(list)不但支持字符列表，也支持字符串列表。例如：

```
>>> title_list.insert(0, 'prefix')
>>> ''.join(title_list)
'prefix_Rewriting_an_Immutable_String'
```

title_list 对象变成了一个包含字符串 prefix 和 30 个独立字符的列表。

1.9.5 延伸阅读

- ❑ 使用字符串的内置方法处理字符串的实例，请参阅 1.6 节。
- ❑ 创建字符串并将其转换为字节的实例，请参阅 1.11 节。
- ❑ 将字节转换为字符串的实例，请参阅 1.12 节。

1.10 使用键盘上没有的 Unicode 字符

一个键盘可能有将近 100 个独立按键，其中字母、数字和标点符号按键不到 50 个，还有至少 12 个功能键。另外，键盘还有各种修饰键，它们需要与其他按键结合使用。常见的修饰键有 Shift、Ctrl、Option 和 Command。

大多数操作系统都支持简单的组合键，这些组合键可以创建 100 个左右的字符，更复杂的组合键可能会创建另外 100 个不常见的字符，但这离覆盖世界上的数百万字符还差得很远。而且，在计算机字体里还有图标、表情符号和装饰符号，又如何得到这些符号呢？

1.10.1　准备工作

Python 默认支持 Unicode。可用的独立 Unicode 字符有几百万个。

有关所有可用的 Unicode 字符，请参阅 https://en.wikipedia.org/wiki/List_of_Unicode_characters 和 http://www.unicode.org/charts/。

我们需要 Unicode 字符的编码，也希望得到 Unicode 字符的名称。

很多计算机中的字体可能在设计时就没有考虑提供这些字符，特别是 Windows 计算机中的字体可能无法显示这些 Unicode 字符。有时使用 Windows 命令来修改为内码表（codepage）65001 是很有必要的：

```
chcp 65001
```

Linux 和 Mac OS X 几乎没有关于 Unicode 字符的问题。

1.10.2　实战演练

Python 使用**转义序列**（escape sequence）扩展普通字符。通过转义序列我们可以输入海量的 Unicode 字符。转义序列以\开始，下一个字符说明 Unicode 字符如何表示。找到所需的字符，获取名称或编码。编码总是以十六进制形式出现，例如 U+2680。这个编码的名称可能是 DIE FACE-1。可以使用 \unnnn 格式将编码填充为 4 位数，或者使用可拼写的名称\N{name}。如果编码超过 4 位数，可以使用 \Unnnnnnnn 格式将编码扩展为 8 位数。

```
>>> 'You Rolled \u2680'
'You Rolled □ '
>>> 'You drew \U0001F000'
'You drew 东 '
>>> 'Discard \N{MAHJONG TILE RED DRAGON}'
'Discard 中 '
```

如上例所示，我们可以在 Python 输出中包含各种字符。但是，在字符串中添加\时，需要使用\\。例如，在使用 Windows 文件名时，可能需要采用这种方式处理\。

1.10.3　工作原理

Python 内置使用 Unicode。我们可以直接使用键盘输入的约 128 个字符都有便于使用的 Unicode 内部编码。

在输入'HELLO'时，Python 将其视为下列代码的简写：

```
'\u0048\u0045\u004c\u004c\u004f'
```

如果想使用那些键盘上没有的字符，那么只能通过它们的编码来进行标识。

当字符串被 Python 编译时，\uxx、\Uxxxxxxxx 和\N{name}都将被适当的 Unicode 字符所代替。如果其中有一些语法错误，例如 \N{name 没有使用}闭合，那么 Python 内部语法检查会立即报错。

在 1.7 节中，我们注意到正则表达式使用了大量的\，我们不希望 Python 编译器对它们进行处理，所以在正则表达式字符串中使用 r' 前缀来防止 \ 被当作转义符，进而被转化为其他字符。

如果需要在正则表达式中使用 Unicode 怎么办？为了解决这个问题需要在正则表达式中使用 \\，例如 '\\w+[\u2680\u2681\u2682\u2683\u2684\u2685]\\d+'。我们省略了字符串前面的 r' 前缀，在正则表达式中多用了一倍的 \。我们使用的 \uxxxx 格式是 Unicode 字符模式的一部分。Python 编译器将 \uxxxx 替换为 Unicode 字符，将 \\ 替换为 \。

> Python 将以规范形式显示 >>> 提示符中的字符串。虽然可以使用 ' 或 " 作为字符串分隔符，但是 Python 更喜欢使用 '。Python 通常不显示原始字符串，而是将所有必要的转义序列转换为字符串：
>
> ```
> >> r"\w+"
> '\\w+'
> ```
>
> 我们提供了一个原始形式的字符串，但是 Python 将其显示为规范形式。

1.10.4 延伸阅读

- ❑ 1.11 节和 1.12 节将讨论如何把 Unicode 字符转换为字节序列以便写入文件，也将讨论如何把文件中或从网站下载的字节转换为 Unicode 字符，以便对它们进行处理。
- ❑ 如果对历史感兴趣，可以了解一下 ASCII、EBCDIC 以及其他传统的字符编码，请参阅 http://www.unicode.org/charts/。

1.11 编码字符串——创建 ASCII 和 UTF-8 字节

计算机上的文件都是由字节组成的，当我们在网上上传或下载文件时，通信也是基于字节的。一个字节只有 256 个不同的值，而 Python 字符是 Unicode 字符，Unicode 字符的数量远不止 256 个。

如何将 Unicode 字符映射到用于写入文件或传输文件的字节呢？

1.11.1 准备工作

以前，一个字符占用一个字节。Python 中的字节（byte）使用 ASCII 编码方案，这样有时容易混淆字节和 Unicode 字符串。

Unicode 字符通常被编码为字节序列。这些字符中既有很多标准编码，也有很多非标准编码。

另外，还有一些编码只适用于 Unicode 字符的某个小子集。应当尽量避免这种情况，但是在一些特殊情况下，需要使用编码子集方案。

除非有特殊的需求，否则应当一直使用 UTF-8 编码 Unicode 字符。这种方法的主要优点在于，它是英语和许多欧洲语言中的拉丁字母的简洁表现形式。

有时候，某些互联网协议需要使用 ASCII 字符编码。这是一个需要注意的特殊情况，因为 ASCII 编码只能处理一小部分 Unicode 字符。

1.11.2　实战演练

　　Python 通常使用操作系统的默认编码处理文件和互联网通信，每个操作系统的处理细节各不相同。

　　(1) 使用 PYTHONIOENCODING 环境变量进行通用设置。在 Python 之外设置这个变量可以保证在操作系统范围内使用特定的编码。环境变量的设置方法如下：

```
export PYTHONIOENCODING=UTF-8
```

　　(2) 运行 Python。

```
python3.5
```

　　(3) 有时候在脚本中打开文件需要一些特殊设置。第 9 章将再次讨论这个问题。以给定的编码方式打开文件、读取文件或者向文件中写入 Unicode 字符。

```
>>> with open('some_file.txt', 'w', encoding='utf-8') as output:
...     print( 'You drew \U0001F000', file=output )
>>> with open('some_file.txt', 'r', encoding='utf-8') as input:
...     text = input.read()
>>> text
'You drew 🀀'
```

　　我们也可以手动编码字符。在极少数的情况下，需要以字节模式打开一个文件；如果使用 wb 模式，那么需要使用手动编码。

```
>>> string_bytes = 'You drew \U0001F000'.encode('utf-8')
>>> string_bytes
b'You drew \xf0\x9f\x80\x80'
```

　　字节序列（\xf0\x9f\x80\x80）被用来编码 Unicode 字符 U+1F000，即东。

1.11.3　工作原理

　　Unicode 定义了许多编码方案，其中 UTF-8 是最流行的，其他编码方案还有 UTF-16 和 UTF-32。编码方案名称中的数字是该方案中每个字符的位数。一个包含 1000 个 UTF-32 编码字符的文件将有 4000 字节。一个包含 1000 个 UTF-8 编码字符的文件可能只有 1000 字节，具体的字节数取决于字符的精确组合，因为在 UTF-8 编码方案中，字符编码大于 U+007F 的字符需要使用多个字节表示。

　　不同的操作系统有各自的编码方案，Mac OS X 文件通常使用 MacRoman 或 latin-1 编码，Windows 文件可能使用 CP1252 编码。

　　这些编码方案的关键在于可以映射到 Unicode 字符的字节序列。另一种方法是把每个 Unicode 字符映射到一个或多个字节。理想情况下，所有的 Unicode 字符都被编码。实际上，其中一些编码方案是不完整的。编码方案最棘手的问题在于避免写入多余的字节。

　　古老的 ASCII 编码只能将大约 250 个 Unicode 字符表示为字节。创建一个不能使用 ASCII 方案编码的字符串非常容易。

```
>>> 'You drew \U0001F000'.encode('ascii')
Traceback (most recent call last):
  File "<stdin>", line 1, in <module>
```

1

```
UnicodeEncodeError: 'ascii' codec can't encode character '\U0001f000' in position 9:
ordinal not in range(128)
```

当我们无意中选择错误的编码方式打开文件时，就可以看到类似上面的错误。在遇到这样的错误时，需要改变处理过程，选择一个更适当的编码。理想情况下使用 UTF-8。

1.11.4 延伸阅读

- ❑ 创建字符串的方法有许多种。创建复杂的字符串请参阅 1.8 节和 1.9 节，其思路是先创建一个复杂的字符串，然后将字符串编码为字节。
- ❑ UTF-8 编码的更多信息，请参阅 https://en.wikipedia.org/wiki/UTF-8。
- ❑ Unicode 编码的更多信息，请参阅 http://unicode.org/faq/utf_bom.html。

1.12 解码字节——如何根据字节获得正确的字符

如何处理没有正确编码的文件？如何处理使用 ASCII 编码的文件？

从互联网上下载的文件几乎都是以字节而不是字符为单位的。如何从字节流中解码字符呢？

另外，在使用 subprocess 模块时，操作系统命令的结果也是以字节为单位的。如何把字节流转换为正确的字符呢？

本实例的大部分内容与第 9 章相关。之所以在本章介绍这个实例，是因为它是 1.11 节中实例的反例。

1.12.1 准备工作

假设我们对近海海洋天气预报感兴趣，或许是因为自己拥有一艘大帆船，或许是因为好朋友有一艘大帆船，为了躲避台风正在离开加勒比海的切萨皮克湾。

弗吉尼亚韦克菲尔德的国家气象服务办公室（National Weather Services）有什么特别的警报吗？

警报信息显示在 http://www.nws.noaa.gov/view/national.php?prod=SMW&sid=AKQ 上。

可以通过 Python 的 urllib 模块下载这些警报信息：

```
>>> import urllib.request
>>> warnings_uri= 'http://www.nws.noaa.gov/view/national.php?prod=SMW&sid=AKQ'
>>> with urllib.request.urlopen(warnings_uri) as source:
...     warnings_text= source.read()
```

或者使用 curl 或 wget 等程序获取这些信息：

```
curl -O http://www.nws.noaa.gov/view/national.php?prod=SMW&sid=AKQ
mv national.php\?prod\=SMW AKQ.html
```

但是 curl 生成了一个看起来很别扭的文件名，我们需要重命名这个文件。

forecast_text 的值是字节流，而不是字符串。forecast_text 的起始部分如下所示：

```
>>> warnings_text[:80]
b'<!DOCTYPE html PUBLIC "-//W3C//DTD XHTML 1.0 Transitional//EN" "http://www.w3.or'
```

因为 forecast_text 起始于 b' 前缀，所以它是字节而不是 Unicode 字符。forecast_text 可能使用 UTF-8 编码，这意味着一些字符可能显示为怪异的 \ xnn 转义序列而不是字符，而我们需要的结果通常是正确的字符。

字节和字符串

字节通常使用可打印字符显示。

b'hello' 是一个五字节值的缩写。字母选择使用旧的 ASCII 编码方案。从 0x20 到 0xfe 的许多字节值将显示为字符。

这让人很困惑。b' 前缀提示我们关注的是字节，而不是相应的 Unicode 字符。

通常，字节的行为有点类似于字符串。有时我们可以直接处理字节，但是大多数情况下，我们希望解码字节并创建正确的 Unicode 字符。

1.12.2   实战演练

(1) 尽可能确定编码方案。为了解码字节并创建正确的 Unicode 字符，需要知道字节采用的编码方案。例如，XML 文档就给出了提示：

```
<?xml version="1.0" encoding="UTF-8"?>
```

浏览网页时，首部（header）通常包含如下信息：

```
Content-Type: text/html; charset=ISO-8859-4
```

有时 HTML 页面可能包含如下信息：

```
<meta http-equiv="Content-Type" content="text/html; charset=utf-8">
```

在其他情况下，我们只能猜测编码方案。在美国天气数据示例中，首先猜测 UTF-8 编码是一种较好的选择，其他常见的编码包括 ISO-8859-1。在某些情况下，编码的猜测取决于内容使用的语言。

(2) "Python 标准库"的 7.2.3 节列出了所有可用的标准编码。解码数据：

```
>>> document = forecast_text.decode("UTF-8")
>>> document[:80]
'<!DOCTYPE html PUBLIC "-//W3C//DTD XHTML 1.0 Transitional//EN" "http://www.w3.or'
```

b' 前缀没有了，我们从字节流中创建了一个由 Unicode 字符组成的正确的字符串。

(3) 如果上述步骤失败，并抛出异常，就说明猜错了编码。我们需要尝试另一种编码。最后，解析结果文档。

因为示例是一个 HTML 文档，所以应当使用 Beautiful Soup 处理。Beautiful Soup 的相关信息请参阅 http://www.crummy.com/software/BeautifulSoup/。

但是，我们还可以在不完全解析 HTML 的情况下从这个文档中提取一块信息：

```
>>> import re
>>> title_pattern = re.compile(r"\<h3\>(.*?)\</h3\>")
>>> title_pattern.search( document )
<_sre.SRE_Match object; span=(3438, 3489), match='<h3>There are no products active at
this time.</h>
```

这个示例说明：目前没有警报。这并不意味着一帆风顺，而是不存在会导致灾难的天气系统。

1.12.3 工作原理

关于 Unicode 以及将 Unicode 字符编码为字节流的不同方式的更多信息，请参阅 1.11 节。

在操作系统中，文件和网络连接是建立在字节基础上的。软件通过解码字节来发现内容。这些内容可能是字符、图像或声音。在某些情况下，默认的假设是错误的，我们需要自己解码。

1.12.4 延伸阅读

❑ 将字节恢复为字符串数据后，解析或重写字符串的方法有很多。更多解析复杂字符串的示例请参阅 1.7 节。

❑ 关于编码的更多信息，请参阅 https://en.wikipedia.org/wiki/UTF-8 和 http://unicode.org/faq/utf_bom.html。

1.13 使用元组

表示简单的(x, y)值和(r, g, b)值的最好方法是什么？如何将纬度和经度之类的对象保存在一起？

1.13.1 准备工作

有一种有趣的数据结构 1.7 节没讲。

假设数据如下所示：

```
>>> ingredient = "Kumquat: 2 cups"
```

使用正则表达式将以上数据解析为有意义的数据，如下所示：

```
>>> import re
>>> ingredient_pattern = re.compile(r'(?P<ingredient>\w+):\s+(?P<amount>\d+)\s+
(?P<unit>\w+)')
>>> match = ingredient_pattern.match( ingredient )
>>> match.groups()
('Kumquat', '2', 'cups')
```

结果是一个含有三个数据的元组对象。在很多场合，这种分组的数据能够派上用场。

1.13.2 实战演练

本实例关注两个方面：把数据放入元组，以及从元组中取出数据。

1. 创建元组

Python 的很多内置模块都使用了元组结构。1.7.1 节展示了使用正则表达式的匹配对象从字符串创建元组的示例。

我们也可以自己创建元组，步骤如下。

(1) 把数据用 () 括起来。

(2) 用,把元素隔开。

```
>>> from fractions import Fraction
```

```
>>> my_data = ('Rice', Fraction(1/4), 'cups')
```

元组有一个重要的特例——元组或单例元组。即使元组只有一个元素，也必须包含一个额外的，。

```
>>> one_tuple = ('item', )
>>> len(one_tuple)
1
```

() 并不是必须的，某些情况下可以省略。但最好不要省略。在值后面添加一个额外的逗号时，可以看到有趣的现象：

```
>> 355,
(355,)
```

355 后的逗号将字面量 355 转换为一个单元素元组。

2. 从元组中提取元素

元组是一种容器，其中包含一些由问题域固定的元素，例如 (red, green, blue) 颜色数字，其元素的数量总是三个。

前面的示例已经得到了由原料、数量和单位组成的数据。这是一个三元集合，可以通过两种方式来查看元素。

❑ 通过索引位置。索引从最左边的位置开始编号，以 0 为起始值：

```
>>> my_data[1]
Fraction(1, 4)
```

❑ 使用多重赋值：

```
>>> ingredient, amount, unit = my_data
>>> ingredient
'Rice'
>>> unit
'cups'
```

与字符串类似，元组是不可变的。不能改变一个元组中的元素。若想保持数据不变，可以使用元组。

1.13.3　工作原理

元组属于更通用的序列（Sequence）。我们可以对序列执行一系列操作。

待处理的示例元组如下：

```
>>> t = ('Kumquat', '2', 'cups')
```

可以对元组执行的操作如下。

❑ 获得 t 的元素数量：

```
>>> len(t)
3
```

❑ 获得特定值在 t 中的出现次数：

```
>>> t.count('2')
1
```

❑ 获得特定值的位置：

```
>>> t.index('cups')
2
>>> t[2]
'cups'
```

❑ 当访问不存在的元素时抛出异常：

```
>>> t.index('Rice')
Traceback (most recent call last):
  File "<stdin>", line 1, in <module>
ValueError: tuple.index(x): x not in tuple
```

❑ 测试特定值是否存在：

```
>>> 'Rice' in t
False
```

1.13.4 补充知识

字符串是字符的序列，而元组是元素的序列，而且元组是多种对象的序列。因为字符串和元组都是序列，所以它们有一些共同的特性。如前所示，我们可以通过索引位置选择个别元素，也可以使用 index() 方法找到一个元素的位置。

以上是两者的相似之处，两者之间还有很多不同之处。字符串具有多种创建新字符串的方法，新字符串是原有字符串的转换。除此之外，字符串还具有解析字符串的方法，以及确定字符串内容的方法。元组没有这些附加特性。元组可能是 Python 最简单的数据结构。

1.13.5 延伸阅读

❑ 1.9 节讨论了另一种序列——列表。
❑ 第 4 章将讨论多种序列。

第 2 章

语句与语法

本章主要介绍以下实例。

- ❑ 编写 Python 脚本和模块文件
- ❑ 编写长行代码
- ❑ 添加描述和文档
- ❑ 在文档字符串中编写 RST 标记
- ❑ 设计复杂的 `if...elif` 链
- ❑ 设计正确终止的 `while` 语句
- ❑ 避免 `break` 语句带来的潜在问题
- ❑ 利用异常匹配规则
- ❑ 避免 `except:` 子句带来的潜在问题
- ❑ 使用 `raise from` 语句链接异常
- ❑ 使用 `with` 语句管理上下文

2.1　引言

Python 的语法非常简单，规则很少，本章将通过讨论一些常用的语句来理解这些规则。只介绍规则而没有具体的例子很容易让人疑惑。

本章将首先介绍一些创建脚本文件的基础知识，然后讨论一些常用的语句。Python 只有大约 20 个不同的命令式语句，第 1 章已经使用了其中两种：赋值语句和表达式语句。

例如：

```
>>> print("hello world")
hello world
```

该例实际上执行了一个对 `print()` 函数求值的语句。这种对函数或者对象的方法求值的语句是很常见的。

另一种之前使用过的语句是赋值语句。Python 拥有丰富多样的赋值语句。在大多数情况下，我们为一个变量赋一个值。但是，有时候可能会同时给两个变量赋值，例如：

```
quotient, remainder = divmod(355, 113)
```

本章将讨论一些更复杂的语句，包括 if、while、for、try、with 和 raise。后续章节将涉及其他常用语句。

2.2 编写 Python 脚本和模块文件——语法基础

为了实现真实的功能，需要编写 Python 脚本文件。当然，可以在交互命令行下进行试验，但是对于实际工作，还是需要创建文件。编写软件的目的是为数据创建可重复的处理过程。

怎样才能避免语法错误并确保代码符合常规用法？我们需要了解一些常见的编码风格——如何使用空白让设计更加清晰。

本节也会介绍一些技术方面的注意事项。例如，确保文件保存为 UTF-8 编码。虽然 Python 仍然支持 ASCII 编码，但是对于现代编程来说这不是一个好的选择。我们还需要确保用空格代替制表符。尽量使用 Unix 换行符会避免很多问题。

大多数文本编辑工具都能正常处理 Unix（换行）行尾符和 Windows 或 DOS（回车–换行）行尾符，应当避免使用不能同时支持这两种行尾符的文本编辑工具。

2.2.1 准备工作

我们需要一个优秀的编程文本编辑器来编辑 Python 脚本。Python 附带提供了一个方便的编辑器——IDLE，它非常实用，可以让我们在文件和交互命令行之间来回切换，但它算不上是一个极好的编程编辑器。

优秀的编程编辑器非常非常多，下面就推荐几种常用的编辑器。

ActiveState 拥有非常精妙的 Komodo IDE。Komodo Edit 是免费的，功能和完整版的 Komodo IDE 一样。Komodo Edit 可以在所有常见的操作系统中运行，而且无论在哪个操作系统中编写代码都能保证一致性，因此是一个不错的首选编辑器。

对于使用 Windows 的开发人员而言，Notepad++不错。

对于使用 Mac OS X 的开发人员而言，BBEdit 是非常好的选择。

对于使用 Linux 的开发人员而言，Linux 内置了很多编辑器，包括 VIM、gedit 和 Kate。这些编辑器都很好用。因为 Linux 对开发者更加友好，所以 Linux 中的编辑器都适合编写 Python。

更重要的是，我们在工作时经常会打开两个窗口。

- ❑ 正在处理的脚本或文件。
- ❑ Python 交互命令行（可能来自 shell 或者 IDLE）。我们在交互命令行中试验代码是否可以运行。
  我们也可能在 Notepad++中创建脚本，但是使用 IDLE 试验数据结构和算法。

本节实际上有两个实例。首先，为编辑器设置一些默认值。然后，当编辑器正确设置后，为脚本文件创建一个通用的模板。

2.2.2 实战演练

首先，完成编辑器的常用设置。虽然本实例以 Komodo 为例，但是基本原则适用于所有编辑器。

设置完编辑偏好后，就可以创建脚本文件了。

(1) 打开编辑器，查看偏好（preferences）页。

(2) 找到首选文件编码设置，设置为 UTF-8。Komodo Edit 的偏好设置在**国际化**（internationalization）选项卡上。

(3) 找到缩进设置。如果有用空格代替制表符选项，就选中该选项。对于 Komodo Edit，实际上做的是相反操作——取消选中**空格优先于制表符**（prefer spaces over tabs）选项。

 　　规则：使用**空格**，而不是**制表符**。

同时，设置每个缩进为 4 个空格。这是 Python 代码的典型设置，可以让代码包含多个级别的缩进，始终保持代码非常紧凑。

确定文件保存为 UTF-8 编码，以及缩进使用的是空格而不是制表符之后，就可以创建一个示例脚本文件了。

(1) 大多数 Python 脚本文件的第一行如下所示：

```
#!/usr/bin/env python3
```

该行代码建立了 Python 和正在编写的文件之间的关联。

对于 Windows，文件名与应用程序的关联是通过一个 Windows 控制面板中的某个设置完成的。在"默认程序"控制面板中，有个"设置关联"面板。在这个控制面板中可以看到 .py 文件绑定到了 Python 程序上。文件关联通常由安装程序设定，很少需要更改或手动设置。

 　　Windows 开发者可以随意编写这个序言行（shabang 行）。当 Mac OS X 和 Linux 使用者从 GitHub 下载项目时，他们会非常高兴。

(2) 序言行之后，应该有一个三引号括起来的文本块。这是要创建的文件的**文档字符串**（docstring）。文档字符串不是代码，只是用来解释文件的。

```
'''
A summary of this script.
'''
```

由于 Python 三引号字符串的长度可以无限大，因此可以根据需要随意编写。文档字符串应当是描述脚本或库模块的主要载体。文档字符串甚至可以包含说明脚本或模块使用方法的示例。

(3) 编写脚本的核心处理，即确实执行的那一部分。在这一部分中，我们可以编写所有用于完成处理的语句。但是目前我们不会实现所有语句，而是先使用以下语句作为占位符：

```
print('hello world')
```

通过上述语句，我们的脚本实现了一些简单的处理。随后的实例将介绍其他常用语句，这些语句通常用于创建函数和类定义，以及编写语句来使用函数和类。

在脚本的顶层，所有的语句都从左边开始，并且必须在一行内完成。有一些复杂的语句包含嵌套的语句块。这些内部的语句块必须缩进。通常，可以按 Tab 键来缩进，因为我们设置缩进为 4 个空格。

通过上述步骤创建的示例脚本如下：

```
#!/usr/bin/env python3
'''
My First Script: Calculate an important value.
'''

print(355/113)
```

2.2.3 工作原理

与其他语言不同，Python 中的**样板代码**（boilerplate）很少，只有一行**固定内容**（overhead），甚至连 `# !/usr/bin/env python3` 行都是可选的。

为什么要把编码设置为 UTF-8？整个语言其实只使用原始的 128 ASCII 字符就可以工作。

但是，我们经常会发现 ASCII 编码的限制。将编辑器设置为使用 UTF-8 编码会更容易处理各种情况。通过这个设置，可以简单地使用任何有意义的字符。如果以 UTF-8 编码保存项目，就可以使用像 μ 这样的字符作为 Python 变量。

如果文件以 UTF-8 编码保存，那么下面的代码在 Python 中就是合法的：

```
π=355/113
print(π)
```

> 在 Python 中，选择使用空格或者制表符，并保持一致是很重要的。它们或多或少都是不可见的，混合使用很容易导致混乱。建议使用空格。

若编辑器使用 4 个空格的缩进，可以使用键盘上的 Tab 键插入 4 个空格。代码将正确地对齐，缩进能够展示出语句之间的嵌套关系。

最开始的 #! 行是一个注释：# 和行尾之间的所有内容都会被忽略。像 bash 和 ksh 这样的操作系统 shell 程序将检查文件的第一行，以查看文件包含的内容。前几个字节有时被称为**魔术**（magic），因为 shell 正在监视它们。shell 程序查找 #! 的两个字符序列，以识别负责此数据的程序。我们更喜欢使用 /usr/bin/env 来启动 Python 程序。我们可以利用这个特性通过 env 程序设定特定的 Python 的环境配置。

2.2.4 补充内容

"Python 标准库"的文档部分来源于模块文件中的文档字符串。在模块中编写复杂的文档字符串是常见的做法。像 Pydoc 和 Sphinx 这样的工具可以将模块的文档字符串重新格式化为优雅的文档。我们将在不同的实例中进行讨论。

另外，单元测试用例也可以包含在文档字符串中。类似 doctest 的工具可以从文档字符串中提取示例，并执行代码以查看文档中的答案是否与运行代码所找到的答案相符。本书大部分示例代码都是通过 doctest 验证的。

3 个引号括起来的文档字符串优于 # 注释。# 和行尾之间的文本即为注释，每行注释都需加上 #，使用时需谨慎。文档字符串中间的文本不限制行数，所以用得更多。

在 Python 3.5 中，有时在脚本文件中会看到如下代码：

```
color = 355/113 # type: float
```

类型推断系统可以通过注释 `# type: float` 确定程序实际执行时可以出现的各种数据类型。更多信息请参阅 PEP 484（Python Enhancement Proposal 484，https://www.python.org/dev/peps/pep-0484/）。

有时，文件还包含另外一些固定内容。VIM 编辑器允许在文件中保留编辑偏好，这通常被称为模式行（modeline），我们常常必须通过在 ~/.vimrc 文件中包含 `set modeline` 设置来启用模式行。

一旦启用了模式行，就可以在文件末尾加入一个特殊的 `# vim` 注释来配置 VIM。

下面是一个典型的用于 Python 的模式行：

```
# vim: tabstop=8 expandtab shiftwidth=4 softtabstop=4
```

根据这个设置，当敲击 Tab 键时，Unicode u+0009 TAB 字符将转换为 8 个空格，我们将移动 4 个空格。这个设置是文件中携带的，不必再做任何 VIM 设置。

2.2.5　延伸阅读

- ❏ 2.4 节和 2.5 节将介绍如何编写有用的文档字符串。
- ❏ 有关编码风格的更多信息，请参阅 https://www.python.org/dev/peps/pep-0008/。

2.3　编写长行代码

在很多情况下，我们需要编写长行代码，这种代码阅读体验比较差。许多人喜欢将一行代码的长度限制为不超过 80 个字符，因为这种做法符合众所周知的平面设计原则：短代码可读性强。关于每行的长度众说纷纭，但 65 个字符通常被认为是最理想的。参见 http://webtypography.net/2.1.2。

虽然较短的行阅读起来更容易，但长短全凭个人喜好。长语句是一个常见的问题。怎样才能把很长的 Python 语句分解为更易管理的部分？

2.3.1　准备工作

冗长而又难以处理的长语句很常见。例如：

```
>>> import math
>>> example_value = (63/25) * (17+15*math.sqrt(5)) / (7+15*math.sqrt(5))
>>> mantissa_fraction, exponent = math.frexp(example_value)
>>> mantissa_whole = int(mantissa_fraction*2**53)
>>> message_text = 'the internal representation is
{mantissa:d}/2**53*2**{exponent:d}'.format(mantissa=mantissa_whole,
exponent=exponent)
>>> print(message_text)
the internal representation is 7074237752514592/2**53*2**2
```

上述代码包含一个很长的公式和一个需要注入值的长格式字符串，在纸书上看起来很糟糕，在计算机屏幕上看起来也很烦琐。

　　我们不能简单地将 Python 语句分解成块。语法规则清楚地表明，语句必须在单个**逻辑**（logical）行上完成。

　　术语"逻辑行"提示了应该如何解决长语句问题。Python 区分逻辑行和物理行，我们可以利用这些语法规则分解长语句。

2.3.2　实战演练

为了提高长语句的可读性，Python 提供了多种包装长语句的方法。

❑ 可以在行的结尾使用\续行。

❑ 根据 Python 的语法规则，语句可以跨越多个物理行，因为()、[]和{}字符必须平衡。除了使用()和\，还可以利用 Python 自动连接相邻字符串字面量的方式来创建一个更长的字面量，("a" "b")和"ab"是一样的。

❑ 在某些情况下，可以通过将中间结果赋给单独的变量来分解语句。

本实例的各个部分将详细介绍上述方法。

1. 使用反斜杠将长语句分解为逻辑行

这种技术的背景信息如下：

```
>>> import math
>>> example_value = (63/25) * (17+15*math.sqrt(5)) / (7+15*math.sqrt(5))
>>> mantissa_fraction, exponent = math.frexp(example_value)
>>> mantissa_whole = int(mantissa_fraction*2**53)
```

Python 允许使用\断行。

(1) 将整个语句写在一个长行上，即使很混乱。

```
>>> message_text = 'the internal representation is
{mantissa:d}/2**53*2**{exponent:d}'.format(mantissa=mantissa_whole,
exponent=exponent)
```

(2) 在**逻辑**中断的位置插入\。有时候可能并没有真正完美的逻辑中断。

```
>>> message_text = 'the internal representation is \
... {mantissa:d}/2**53*2**{exponent:d}'.\
... format(mantissa=mantissa_whole, exponent=exponent)
>>> message_text
'the internal representation is 7074237752514592/2**53*2**2'
```

为此，\必须是行内的最后一个字符。\之后甚至不能有空格。空格是很难察觉到的，因此不鼓励使用\。

　　尽管这种技术存在一定的缺陷，但\总是非常有效的。我们可以将其视为使一行代码更具可读性的最后手段。

2. 使用()字符将长语句分解为合理的部分

(1) 整个语句写在一行，即使看起来很混乱。

```
>>> import math
>>> example_value1 = (63/25) * (17+15*math.sqrt(5)) /
(7+15*math.sqrt(5))
```

(2) 添加额外的()字符并不会改变语句的值，但允许将表达式分成多行。

```
>>> example_value2 = (63/25) * ( (17+15*math.sqrt(5)) /
(7+15*math.sqrt(5)) )
>>> example_value2 == example_value1
True
```

(3) 在()字符内打断行。

```
>>> example_value3 = (63/25) * (
...        (17+15*math.sqrt(5))
...      / ( 7+15*math.sqrt(5))
... )
>>> example_value3 == example_value1
True
```

匹配()字符的技术是相当强大的，适用于各种情况，所以使用广泛，值得强烈推荐。

添加额外的()字符很容易实现。在极少数情况下，无法添加()字符，或者添加()字符不能改进语句，这时可以转而使用\将语句分成段。

3. 使用字符串字面量连接合并

我们可以使用组合字符串字面量的另一个规则组合()字符。这对于很长而又复杂的格式字符串特别有效。

(1) 在()字符中包裹一个长字符串值。

(2) 将字符串拆分为子字符串。

```
>>> message_text = (
... 'the internal representation '
... 'is {mantissa:d}/2**53*2**{exponent:d}'
... ).format(
... mantissa=mantissa_whole, exponent=exponent)
>>> message_text
'the internal representation is 7074237752514592/2**53*2**2'
```

长的字符串很容易被分成相邻的部分。一般来说，当片段被()字符包围时，这是最有效的。然后可以使用尽可能多的物理换行符。这种方法仅限于有特别长的字符串值的情况。

4. 将中间结果赋值给单独的变量

这种技术的背景信息如下：

```
>>> import math
>>> example_value = (63/25) * (17+15*math.sqrt(5)) / (7+15*math.sqrt(5))
```

可以把这个语句分成三个中间值。

(1) 识别整个表达式中的子表达式，将它们赋给变量。

```
>>> a = (63/25)
>>> b = (17+15*math.sqrt(5))
>>> c = (7+15*math.sqrt(5))
```

这个步骤通常很简单，可能需要注意代数运算，以便于确定合理的子表达式。

(2) 用创建好的变量替换子表达式。

```
>>> example_value = a * b / c
```

这个步骤是用变量对原始复杂子表达式所做的必要的文本替换。

这些变量没有被赋予描述性名称。在某些情况下，子表达式包含一些可以捕获有意义名称的语义。在这个例子中，我们没有很好地理解表达式，以提供非常有意义的名称，而是选择了短的、随意的标识符。

2.3.3　工作原理

Python 语言参考手册区分了逻辑行和物理行。逻辑行包含一个完整的语句，它可以通过**行连接**（line joining）技术跨越多个物理行。Python 语言参考手册称这种技术为**显式行连接**（explicit line joining）和**隐式行连接**（implicit line joining）。

使用\的显式行连接有时非常有用。但是因为很容易忽视\后面的不可见字符，所以一般不鼓励使用这种方法。这是行连接最后的备用方法。

使用()的隐式行连接适用于许多情况。这种技术通常符合表达式的结构，所以鼓励使用。()字符也可以是必需的语法的一部分，例如，()字符已经是 print()函数语法的一部分。利用()字符分解长语句的示例如下：

```
>>> print(
...     'several values including',
...     'mantissa =', mantissa,
...     'exponent =', exponent
... )
```

2.3.4　补充内容

表达式广泛应用于 Python 语句。任何表达式都可以添加()字符，很灵活。

然而有时候可能会遇到并不具体包含一个表达式的长语句。最显著的例子就是 import 语句，它可以变得很长很长，但是并不使用任何带括号的表达式。

语言设计者允许使用()字符，这样就可以把一长串名称分为多个逻辑行：

```
>>> from math import (sin, cos, tan,
...     sqrt, log, frexp)
```

在这个例子中，()字符显然不是表达式，它只是一种语法，使该语句与其他语句相一致。

2.3.5　延伸阅读

❑ 隐式行连接也适用于匹配[]字符和{}字符，可用于第 4 章将介绍的集合（collection）数据结构。

2.4 添加描述和文档

对于有用的脚本，通常要写注释，说明脚本的功能、工作原理和使用场景。

文档清晰明了非常重要，这也有现成的实例可参考。本实例还包含一个推荐性的大纲，以便使文档非常全面。

2.4.1 准备工作

如果使用 2.2 节的实例构建脚本文件，应首先在脚本文件中添加一个简单的文档字符串，随后再扩展这个文档字符串。

另外，其他一些地方也应该使用文档字符串。第 3 章和第 6 章将介绍这些需要追加文档字符串的位置。

应当编写摘要文档字符串的通用模块有两种。

❑ **库模块**：这些文件通常主要包含函数定义以及类定义。在这种情况下，文档字符串摘要专注于模块的定义而不是模块的功能。文档字符串可以提供有关模块中定义的函数和类的使用方法的示例。第 3 章和第 6 章将更加详细地介绍函数或类的包的概念。

❑ **脚本**：这些文件通常是我们期望做一些实际工作的文件。在这种情况下，我们更关注脚本的功能而不是它的定义。文档字符串应该描述脚本的功能和使用方法。选项、环境变量和配置文件是这种文档字符串的重要部分。

有时我们会创建两种模块都有的文件。只有通过仔细权衡，才能在功能与定义之间找到适当的平衡。在大多数情况下，我们同时提供这两种类型的文档。

2.4.2 实战演练

对于库模块和脚本，编写文档的第一步是相同的。

编写脚本或模块的定义或功能的简短摘要。摘要不需要深入挖掘脚本或模块的工作原理。就像报纸文章中的**导语**（lede），给出了模块的何人（who）、何事（what）、何时（when）、何地（where）、如何（how）以及何因（why）。详细信息将会出现在文档字符串的主体中。

信息由 Sphinx 和 pydoc 等工具显示，这种方式提供了特定的样式提示。在这些工具的输出中，上下文非常清楚，因此在摘要句中省略主题是很常见的。句子通常以动词开始。

例如，摘要"This script downloads and decodes the current Special Marine Warning (SMW) for the area AKQ"，其中有一个不必要的"This script"。可以删除这部分内容，从动词短语"Downloads and decodes..."开始。

模块文档字符串的开头可能如下所示：

```
'''
Downloads and decodes the current Special Marine Warning (SMW)
for the area 'AKQ'.
'''
```

我们将根据模块的常见重点分解其他步骤。

1. 为脚本编写文档字符串

编写脚本时，需要关注脚本使用者的需求。

(1) 从前面的例子开始，创建一个摘要句。

(2) 草拟剩下的文档字符串的大纲。本实例将使用 ReStructuredText（RST）标记编写文档字符串。将主题写在一行上，然后在主题下面添加一行=，使它们成为一个正确的章节标题。记得在每个主题之间要留一个空行。

主题可能包括如下几种。

- ❏ **概要**（SYNOPSIS）：脚本运行方法的摘要。如果脚本使用 argparse 模块处理命令行参数，那么 argparse 产生的帮助文本就是理想的摘要文本。
- ❏ **描述**（DESCRIPTION）：脚本功能的更完整的解释。
- ❏ **选项**（OPTION）：如果使用了 argparse，那么就在这个主题中添加每个参数的详细信息。我们经常会重复 argparse 帮助参数。
- ❏ **环境**（ENVIRONMENT）：如果使用了 os.environ，那么就在这个主题中描述环境变量及其含义。
- ❏ **文件**（FILE）：由脚本创建或读取的文件的名称是非常重要的信息。
- ❏ **示例**（EXAMPLE）：脚本使用方法的示例总是有用的。
- ❏ **参阅**（SEE ALSO）：任何相关的脚本或者背景信息。

其他可能感兴趣的主题包括退出状态、作者、错误、报告错误、历史或版权。在某些情况下，关于报告错误的建议并不真正属于模块的文档字符串，而是应该出现在项目的 GitHub 或 SourceForge 页面等其他地方。

(3) 填充每个主题的详细信息。准确非常重要。由于我们将文档与代码嵌入同一个文件中，因此很容易在模块的其他位置进行检查，以确保内容的正确性和完整性。

(4) 对于代码示例，可以使用非常棒的 RST 标记。回想一下，所有元素由空行分隔。在单独的一个段落中，直接使用::。在接下来的段落中，代码示例缩进 4 个空格。

脚本文档字符串的示例如下：

```
'''
Downloads and decodes the current Special Marine Warning (SMW)
for the area 'AKQ'

SYNOPSIS
========

::

    python3 akq_weather.py

DESCRIPTION
===========
```

```
Downloads the Special Marine Warnings

Files
=====

Writes a file, ``AKW.html``.

EXAMPLES
========

Here's an example::

    slott$ python3 akq_weather.py
    <h3>There are no products active at this time.</h3>

'''
```

在概要部分，使用::作为一个单独的段落。在示例部分，在段落的末尾使用::。这两种写法都是 RST 处理工具的提示，后面缩进的部分应该排版为代码。

2. 为库模块编写文档字符串

编写库模块文档时，需要关注使用模块的程序员的需要。

(1) 草拟剩下的文档字符串的大纲。本实例将使用 RST 标记编写文档字符串。将主题写在一行上，然后在主题下面添加一行=，使它们成为一个正确的章节标题。记得在每段之间要留一个空行。

(2) 根据前面的步骤，创建一个摘要句。

❑ 描述（DESCRIPTION）：概述模块包含什么，以及为什么模块是有用的。

❑ 模块内容（MODULE CONTENT）：模块中定义的类和函数。

❑ 示例（EXAMPLE）：使用该模块的示例。

(3) 为每个主题填充详细信息。模块的内容可能是一长串类或函数的定义。详细信息应当是一个摘要。在每个类或函数中建立一个单独的文档字符串，其中包含该类或函数的详细信息。

(4) 有关代码示例请参见前面的示例。使用::作为一个单独的段落或一个段落的结束。代码示例缩进 4 个空格。

2.4.3　工作原理

经过几十年的演变，**操作说明**（man page）概要包含了一个有用的 Linux 命令摘要。这种编写文档的通用方法已被证明是有用的且有弹性的。我们可以利用这些经验，遵照手册页面模型结构化文档。

这两个用于描述软件的实例是总结了许多独立文档页面后写出的。我们的目的是利用众所周知的主题集，使模块文档遵循通用实践。

我们想要准备可供 Python 文档生成器 Sphinx 使用的模块文档字符串。Sphinx 用于生成 Python 的文档文件。Sphinx 中的 `autodoc` 扩展将读取模块、类和函数的文档字符串来生成最终的文档，就像 Python 生态系统中的其他模块一样。

2.4.4　补充内容

RST 有一个简单的语法规则：用空行区分段落。

这个规则让文档变得容易编写，我们可以使用各种 RST 处理工具检查并重新格式化文档，使文档看起来非常友好。

想添加代码块时，可能会用到一些特殊的段落。

❏ 用空行将代码与文本分开。

❏ 用 4 个空格缩进代码。

❏ 使用::前缀。可以将其作为单独的段落，或者作为导入段（lead-in paragragh）末尾的特殊双冒号。

```
Here's an example::
    more_code()
```

❏ ::用于导入段。

软件开发中的很多环节都富有艺术性和挑战性。文档并不是真正的挑战，精妙的算法和复杂的数据结构才真正具有挑战性。

 对于只想使用软件的用户来说，独特的声音或新奇的演示并不是很有趣。在调试时，美观的样式没有任何帮助。文档应当实而不华并遵循惯例。

编写良好的软件文档不太容易。过少的信息和简单概括代码的文档完全是两码事。但可以让文档尽量简洁。重要的是，要关注那些不太了解软件或其工作原理的用户的需求。最好为这种一知半解的用户提供他们需要的信息，描述软件的功能及使用方法。

在许多情况下，文档要包括两个部分：

❏ 软件的用途；

❏ 定制或扩展软件的方法。

这些文档可能有两种不同的受众：用户和开发人员。用户的需求可能不同于开发人员。每种受众都具有独特的视角，文档的不同部分需要注意这两种视角。

2.4.5　延伸阅读

❏ 2.5 节将介绍另外一些编写文档字符串的技术。

❏ 2.2 节介绍了在脚本文件中添加文档字符串的方法。第 3 章和第 6 章将介绍如何在函数或类中添加文档字符串。

❏ 更多有关 Sphinx 的信息，请参阅 http://www.sphinx-doc.org/en/stable/。

❏ 操作说明的背景信息请参阅 https://en.wikipedia.org/wiki/Man_page。

2.5　在文档字符串中编写 RST 标记

对于有用的脚本，经常需要留下注释，说明脚本的功能、工作原理和使用场景。用于生成文档的工具非常多，比如使用 RST 标记的 Docutils。如何使用 RST 功能使文档更具可读性呢？

2.5.1　准备工作

2.4 节介绍了在模块中添加一组基本文档的方法，这个实例是编写文档的起点。RST 包含大量格式化规则，本实例将介绍一些对于创建具有良好可读性的文档非常重要的规则。

2.5.2　实战演练

(1) 编写要点提纲。我们需要通过创建 RST 章节标题来组织内容。章节标题是一个两行的段落，即标题行后面紧跟一行下划线，下划线可以使用=、-、^、~或 Docutils 使用的其他下划线字符。

章节标题如下所示：

```
Topic
=====
```

标题文本在第一行，下划线字符在第二行。整个标题必须被空行包围。下划线字符可以多于标题字符，但不能少于标题字符。

RST 工具可以自动推断出下划线字符的模式。只要一致地使用某种下划线字符，用于匹配下划线字符和期望标题的算法将检测到该模式。这种匹配算法的关键在于一致性和对章节、小节的清晰理解。

在刚刚接触 RST 时，制作一个下面这样的提示表格将会有所帮助。

符　号	级　别
=	1
-	2
^	3
~	4

(2) 填充不同的段落。用空行分隔段落（包括章节标题），额外的空行没有任何影响。如果省略空行，RST 解析器将认为这些段落是一个单独的长段落，这可能跟我们的预想有所差别。

可以使用内联标记表示强调、着重强调、代码、超链接和行内公式等。如果计划使用 Sphinx，那么我们就可以使用更大的文本角色集合。本实例随后将介绍文本角色。

(3) 如果编程编辑器具备拼写检查器，请使用拼写检查器。令人沮丧的是，经常会有一些代码示例包含可能无法进行拼写检查的缩写。

2.5.3　工作原理

Docutils 转换程序将检查文档，寻找节和主体元素。节由标题标识。下划线用于将节组织为正确嵌套的层次结构。推断层次关系的算法相对简单，具有以下规则。

- □ 如果下划线字符已经出现过，那么级别是已知的。
- □ 如果下划线字符没有出现过，那么这个层次必须降低一个级别，以低于前面的大纲级别。
- □ 如果前面没有任何级别，那么这个层次就是级别一。

正确嵌套的文档可能包含以下下划线字符序列：

```
====
-----
^^^^^^
^^^^^^
-----
^^^^^^
~~~~~~~~
^^^^^^
```

在这个下划线字符序列中，第一个大纲字符=表示一级标题。下一个字符-是未知的，但是它出现在一级标题之后，所以它必须表示二级标题。第三个标题包含^，这个字符也是未知的，所以它必须表示三级标题。下一个^仍然表示三级标题。接下来的-和^分别表示二级标题和三级标题。

当出现新字符~时，由于是在三级标题下面，因此它必须表示四级标题。

 通过这个概述可以发现，不一致将会导致混乱。

如果中途改变下划线字符级别，那么这个算法是无法检测到的。假如由于莫名其妙的原因，想跳过一个级别直接在二级标题部分添加一个四级标题，这种操作是无法完成的。

RST 解析器可以识别多种不同类型的主体元素，前面已经遇到了一些，更完整的主题元素列表如下。

- □ **文本段落**（paragraphs of text）：这些元素可能使用内联标记用于不同种类的强调或突出显示。
- □ **字面量块**（literal block）：这些元素通过::和空格缩进引入，也可以通过`.. parsed-literal::`指令引入。doctest 块缩进 4 个空格，包括 `Python >>>` 提示。
- □ **列表、表格和块引用**（list, table and block quote）：我们随后再介绍这些元素。这些元素可以包含其他主体元素。
- □ **脚注**（footnote）：这些元素是可以放在页面底部或章节结尾的特殊段落。它们可以包含其他主体元素。
- □ **超链接目标、替代定义和 RST 注释**（hyperlink target, substitution definition, and RST comment）：这些元素都是专门的文本条目。

2.5.4　补充内容

为了保持完整性，这里要指出，RST 的段落由空行分隔。除了这个核心规则，RST 还有其他一些规则。2.4 节介绍了以下几种主体元素。

- □ **文本段落**：由空行包裹的文本块。在其内部可以使用内联标记来强调单词，或者使用字体来表明引用了代码中的元素。下面的"使用内联标记"实例将介绍内联标记。

❑ **列表**：这些元素是以看起来像数字或项目符号的东西开头的段落。对于项目符号，使用简单的-或*，也可以使用其他字符，但这些字符是最常见的。例如：

It helps to have bullets because：

■ They can help clarify

■ They can help organize

❑ **有序列表**：可识别的有序列表样式有很多种。

常见的有序列表有 4 种类型。

■ 数字后紧跟标点符号.或)。

■ 字母后紧跟标点符号.或)。

■ 罗马数字后紧跟标点符号。

■ #后紧跟标点符号将继续前面段落中的编号。

❑ **字面量块**:代码示例必须按字面量显示。为此,必须缩进文本。我们还需要在代码前面添加::。::字符必须是一个单独的段落或代码示例导入段的末尾。

❑ **指令**：一个指令就是一个段落，通常类似.. directive::。指令可能包含一些缩进的内容，例如：

```
..  important::
    Do not flip the bozo bit.
```

..important::段落是一个指令。这个段落之后紧跟着一个在指令内缩进的短文本段落。这个示例创建了一个单独的段落，其中包含**重要**警告。

1. 使用指令

Docutils 具有很多内置指令。Sphinx 添加了大量具有各种功能的指令。

最常用的一些指令是警告指令，主要包括 attention、caution、danger、error、hint、important、note、 tip、warning 以及通用的 admonition。这些指令是复合主体元素，因为在它们内部可以包含多个段落和嵌套指令。

提供适当强调的指令如下所示：

```
..  note:: Note Title

    We need to indent the content of an admonition.
    This will set the text off from other material.
```

另一个常见的指令是 parsed-literal 指令。

```
..  parsed-literal::

    any text
        *almost* any format
    the text is preserved
        but **inline** markup can be used.
```

这个指令可以方便地提供代码示例，其中一部分代码是突出显示的。这样的字面量是一种简单的主体元素，它的内部只能包含文本，不能包含列表或其他嵌套结构。

2. 使用内联标记

在段落中可以使用的内联标记技术如下。

- ❑ 可以使用*包裹一个单词或短语来表示强调。
- ❑ 可以使用**包裹一个单词或短语来表示加粗。
- ❑ 用单反引号（`）包裹引用。链接后面跟一个_。使用`section title`_可以引用文档中的特定部分。通常不需要在网址周围添加任何字符。Docutils 工具能够识别这些标记。有时我们想显示单词或短语并隐藏网址，例如：

  `the Sphinx documentation <http://www.sphinx-doc.org/en/stable/>`_

- ❑ 可以用双反引号（``）包裹代码相关的单词，例如，``code``。

另外还有一种更通用的技术叫作文本角色。角色比简单地用*字符包裹一个单词或短语要复杂一些。我们使用:word:作为角色名称，后面紧跟一个用`包裹的适用单词或短语。文本角色的示例如:strong:`this`。

标准角色名称有许多种，包括::emphasis:、:literal:、:code:、:math:、:pep-reference:、:rfc-reference:、:strong:、:subscript:、:superscript:和:title-reference:，其中一些角色可以使用更简单的标记，如*emphasis*或**strong**。其余角色仅作为显式角色。

此外，可以使用简单的指令定义新角色。如果需要执行非常复杂的处理，可以为 Docutils 提供用于处理角色的类定义，这样就可以调整文档的处理方式了。Sphinx 添加了大量角色，用于支持函数、方法、异常、类和模块之间的交叉引用。

2.5.5　延伸阅读

- ❑ 关于 RST 语法的更多信息，请参阅 http://docutils.sourceforge.net。该网页包含 Docutils 工具的描述。
- ❑ 关于 Python 文档生成器 Sphinx 的信息，请参阅 http://www.sphinx-doc.org/en/stable/。
- ❑ Sphinx 工具向基本定义添加了许多其他指令和文本角色。

2.6　设计复杂的 `if...elif` 链

在大多数情况下，脚本涉及大量选择。有时这些选择很简单，我们一眼就能判断出设计的质量。有时这些选择非常复杂，不容易确定 if 语句是否正确处理了所有条件。

在最简单的情况下，假设有一个条件 C 和它的相反条件$\neg C$。它们是 if...else 语句的两个条件，其中一个条件$\neg C$声明在 if 子句中，另一个条件隐含在 else 子句中。

本实例将使用 $p \vee q$ 来表示 Python 的 **OR** 运算符。我们可以称这两个条件**完备**，因为：

$$C \vee \neg C = \mathbf{T}$$

之所以称之为完备，是因为不存在其他条件，没有第三种选择，这就是**排中律**（law of excluded

middle)。这也是 else 子句背后的工作原理。要么执行 if 语句,要么执行 else 语句,没有第三种选择。

在实际编程中,经常存在复杂的选择。假设有一组条件,$C = \{C_1, C_2, C_3, \cdots, C_n\}$。

我们不想简单地假设:

$$C_1 \vee C_2 \vee C_3 \vee \cdots \vee C_n = \mathbf{T}$$

可以使用 $\bigvee\limits_{c \in C} c$ 来表示与 any(C) 或者 any([C_1, C_2, C_3, ..., C_n] 相似的含义。我们需要证明 $\bigvee\limits_{c \in C} c = \mathbf{T}$,而不能臆断该公式的结果为 true。

我们可能遗漏了条件 C_{n+1},然后逻辑就乱了。遗漏这个条件意味着程序在这种情况下将无法正常工作。

怎样才能确保没有遗漏条件呢?

2.6.1　准备工作

首先,来看一个 if...elif 链的具体例子。在赌场游戏双骰子(Craps)中,有多种适用于一次掷两个骰子的规则。以下规则适用于游戏的出场(come out)掷。

❏ 2、3 或者 12 是双骰,输掉所有过线注。

❏ 7 或 11,赢下所有过线注。

❏ 剩下的数字建立一个点数(point)。

许多玩家把赌注放在**过线**(pass line)。另外还有一种不常用的**不过线**(don't pass line)。我们将以上面这三个条件为例来介绍本实例,因为这三个条件中有一个潜在的不明确的条件。

2.6.2　实战演练

在编写 if 语句时,即使语句看起来不重要,也需要确保覆盖所有条件。

(1) 枚举已知的选择。本实例有三个规则:(2, 3, 12)、(7, 11)、剩余不明确的数字。

(2) 确定所有可能存在的条件域。在本例中,条件域中有 11 个条件:从 2 到 12 之间的数字。

(3) 对比已知的选择和条件域。条件集 C 和条件域 U 之间的比较可能有 3 种结果。

已知的选择比条件域更多,即 $C \supset U$。设计有很大问题,需要重新思考。

已知条件和所有条件的条件域之间有一个分歧:$U \setminus C \neq \varnothing$。在某些情况下,很明显还没有覆盖所有条件。在其他情况下,需要仔细推理。我们需要用更准确的定义术语来替换任何模糊或不明确的术语。

本例有一个模糊的术语,我们可以将其替换为更具体的内容。术语**剩下的数字**似乎是值(4, 5, 6, 8, 9, 10)的列表。提供这个列表可以消除任何可能的分歧和怀疑。

已知选择与可能的选择域匹配,即 $U \equiv C$。两种常见的情况如下。

❏ 像 $C \vee \neg C$ 这样简单的情况,可以使用一个 if...else 语句,不需要使用本实例,因为很容易就可以推断出 $\neg C$。

❑ 更复杂的情况。因为我们知道整个条件域，即 $\bigvee_{c\in C} c = \mathbf{T}$，所以需要使用本实例来编写一个 if
语句和 elif 语句的逻辑链，一个条件一个子句。

然而，区别并不总是清晰的。在本例中，我们没有为其中一个条件制定详细的规范，但条件**多半**是明确的。如果我们认为遗漏的条件是显而易见的，那么可以使用一个 else 子句，而不是显式地写出来。如果我们认为遗漏的条件可能会被误解，那么应该认为它是含混不清的，并使用这个实例。

(1) 编写覆盖所有已知条件的 if...elif...elif 链。对于本例，如下所示：

```
dice = die_1 + die_2
if dice in (2, 3, 12):
    game.craps()
elif dice in (7, 11):
    game.winner()
elif dice in (4, 5, 6, 8, 9, 10):
    game.point(die)
```

(2) 添加抛出异常的 else 子句，如下所示：

```
else:
    raise Exception('Design Problem Here: not all conditions accounted for')
```

额外的 else 崩溃条件为我们提供了一种可以在发现逻辑问题时积极地识别的方法。可以确信任何错误都会引发明显问题。

2.6.3　工作原理

我们的目标是确保程序一直正常工作。虽然可以借助于测试，但是在设计用例和测试用例时仍然可能出现错误假设。

虽然严格的逻辑是必不可少的，但是我们仍然会犯错误。此外，其他人也可能尝试调整我们的代码，并导致错误。更令人尴尬的是，我们在改变自己的代码时，也可能导致故障。

else 冲突选项迫使我们明确每个条件，没有任何假设。正如前面提到的，在抛出异常时，任何逻辑上的错误都将暴露。

else 冲突选项并没有显著的性能影响。一个简单的 else 子句比一个带条件的 elif 语句略快。如果我们认为应用程序的性能取决于单个表达式的开销，那么就需要解决更严重的设计问题。计算单个表达式的开销极少会成为一个算法中开销最大的部分。

在出现设计问题时，通过异常引发崩溃是明智的行为，而遵循设计模式向日志中写入警告消息并没有多大意义。如果出现这样的逻辑分歧，那么程序将会出现致命错误，尽快找到并解决这个问题很重要。

2.6.4　补充知识

在许多情况下，在程序处理的某个时刻，可以从对所需后置条件的检查中派生出一个 if...elif...elif 链。例如，我们需要一个语句来表示 m 为 a 或 b 中较大的值。

（为了符合逻辑，避免使用 m = max(a, b)。）

规范化后的最终条件为:

$$(m = a \lor m = b) \land m > a \land m > b$$

可以从最终条件倒推,将最终目标编写为 assert 语句:

```
# 执行某些处理
assert (m = a or m = b) and m > a and m > b
```

在规定了目标之后,就可以识别出达到该目标的语句了。类似 m = a 和 m = b 这样明确的赋值语句是恰当的,但是只能在一定的条件下使用。

上述每个语句都是解决方案的一部分,我们可以推导出一个前置条件,说明应该如何使用语句。赋值语句的前置条件是 if 和 elif 表达式。当 a >= b 时,需要使用 m = a;当 b >= a 时,需要使用 m = b。把逻辑重新编排成为代码,如下所示:

```
if a >= b:
    m = a
elif b >= a:
    m = b
else:
    raise Exception( 'Design Problem')
assert (m = a or m = b) and m > a and m > b
```

请注意,条件域 $U = \{a \geq b, b \geq a\}$ 是完备的,没有其他可能的关系。另外还需要注意,在 a = b 的边界情况下,我们实际上并不关心使用哪个赋值语句,Python 将按顺序处理决策,并将执行 m = a。事实上,这种选择是一致的,不应该对 if...elif...elif 链的设计产生任何影响。我们应该总是先编写条件,而不考虑子句的执行顺序。

2.6.5 延伸阅读

- □ 本实例类似于**空悬 else**(dangling else)语法问题,请参阅 https://en.wikipedia.org/wiki/Dangling_else。
- □ Python 的缩进解决了空悬 else 语法问题,但是解决不了在复杂的 if...elif...elif 链中正确说明所有条件的语义问题。
- □ 此外,请参阅 https://en.wikipedia.org/wiki/Predicate_transformer_semantics。

2.7 设计正确终止的 while 语句

在大部分情况下,Python 的 for 语句能够提供需要的所有迭代控制。在许多情况下,可以使用像 map()、filter() 和 reduce() 这样的内置函数来处理数据集合。

但是在某些情况下,需要使用 while 语句,其中一些情况涉及不能创建迭代器来遍历元素的数据结构。另外有些数据涉及用户交互,直到获取用户的输入时我们才有数据。

2.7.1　准备工作

假设我们将提示用户输入密码。本实例将使用 getpass 模块，这样就不会显示回显。

此外，为了确保用户正确地输入密码，我们将提示用户输入两次密码并比较结果。在这种情况下，一个简单的 for 语句不能很好地解决问题。虽然可以勉强使用 for 语句，但是由此产生的代码看起来很奇怪：for 语句有明确的上限，但是提示用户输入并不具有上限。

2.7.2　实战演练

设计这种迭代算法的核心处理过程可以大致分为 6 步。简单的 for 语句不能解决问题时，可用这种迭代算法。

(1) 定义完成条件。本例有两个密码的副本——password_text 和 confirming_password_text。循环后必须为 true 的条件是 password_text = = confirming_password_text。理想情况下，从用户或文件读取信息是一种有界的活动。最终，用户会输入一对匹配值。在他们输入这对匹配值之前，无限迭代。

当然，还存在其他边界条件。例如，文件结束或者让用户返回到先前的提示符。在 Python 中，通常使用异常来处理这些边界条件。

当然，还可以将这些附加条件添加到之前的完成条件的定义中。我们可能需要一个复杂的终止条件，如文件结束或 Password_text = = confirming_password_text。

本例将选择异常处理，并假设使用了 try:语句块。这种方法极大简化了设计，使终止条件只有一个子句。

该循环的概要如下所示：

```
# 初始化某些条件
while # 当不满足终止条件时:
    # 执行某些处理
assert password_text == confirming_password_text
```

我们将完成条件的定义编写为最后的 assert 语句，并为其余的迭代添加了注释，具体内容将在后续步骤中填充。

(2)定义一个在循环迭代时为 true 的条件，这就是所谓的**不变式**（invariant），因为它在循环处理的开始和结束时始终为 true。通常通过泛化后置条件或引入另一个变量来创建不变式。

当从用户（或文件）读取内容时，有一个隐含的状态变化，这个状态变化是不变式的重要组成部分，可以称之为**获取下一个输入状态**（get the next input）的变化。通常须清楚地表明，循环将从输入流获取下一个值。

无论 while 语句的循环体有多么复杂的逻辑，都必须保证循环正常得到下一个元素。有的条件实际上并没有得到下一个输入，这是一种常见的错误，将导致程序**挂起**——在 while 语句循环体的 if 语句中，逻辑路径没有状态变化。不变式没有正确地重置，或者在设计循环时不变式没有正确地连接。

在本例中，不变式将使用概念性的 new-input() 条件。当使用 getpass() 函数读取一个新值时，这个条件为 true。经过扩展的循环设计如下所示：

```
# 初始化某些条件
# 断言不变式 new-input(password_text)
# 和 new-input(confirming_password_text)
while  #  当不满足终止条件时:
    # 执行某些处理
    # 断言不变式 new-input(password_text)
    # 和 new-input(confirming_password_text)
assert password_text == confirming_password_text
```

(3) 定义退出循环的条件。需要确保这个条件依赖于不变式为 true。还需要确保，当这个终止条件最终为 false 时，目标状态将变为 true。

在大多数情况下，循环条件是目标状态的逻辑否定。经过扩展的设计如下所示：

```
# 初始化某些条件
# 断言不变式 new-input(password_text)
# 和 new-input(confirming_password_text)
while password_text != confirming_password_text:
    # 执行某些处理
    # 断言不变式 new-input(password_text)
    # 和 new-input(confirming_password_text)
assert password_text == confirming_password_text
```

(4) 定义初始化语句，确保不变式为 true 而且可以测试终止条件。本例需要为两个变量获取值。循环如下所示：

```
password_text= getpass()
confirming_password_text= getpass("Confirm: ")
# 断言 new-input(password_text)
# 和 new-input(confirming_password_text)
while password_text != confirming_password_text:
    # 执行某些处理
    # 断言 new-input(password_text)
    # 和 new-input(confirming_password_text)
assert password_text == confirming_password_text
```

(5) 编写循环体，将不变式重置为 true。我们需要编写最少的语句来完成该步骤。对于本示例循环，最少的语句很明显，即初始化语句。更新后的循环如下所示：

```
password_text= getpass()
confirming_password_text= getpass("Confirm: ")
# 断言 new-input(password_text)
# 和 new-input(confirming_password_text)
while password_text != confirming_password_text:
    password_text= getpass()
    confirming_password_text= getpass("Confirm: ")
    # 断言 new-input(password_text)
    # 和 new-input(confirming_password_text)
assert password_text == confirming_password_text
```

(6) 确定一个计时器，即一个单调递减函数，表明循环的每次迭代都越来越接近终止条件。

在收集用户输入时，我们不得不假设最终用户将输入一对匹配值。每次循环都将更加接近这对匹配值。为了更好地形式化，可以假定在遇到匹配值之前会有 n 个输入，那么程序就必须表明每次循环之后，n 的值都变小了。

在复杂的情况下，可能需要将用户输入视为值列表。对于本示例，可以认为用户输入是一对值的序列：$[(p_1, q_1),(p_2, q_2),(p_3, q_3),\cdots,(p_n, q_n)]$。根据这个有限的列表，我们更容易推断循环是否更加接近终止条件。

因为我们基于目标最终条件构建循环，所以可以绝对确定循环满足了设计要求。如果逻辑是合理的，那么循环将终止，并且以预期的结果终止。这是所有程序设计的目标：给定一些初始状态，使机器达到预期状态。

删除注释后的循环如下所示：

```
password_text= getpass()
confirming_password_text= getpass("Confirm: ")
while password_text != confirming_password_text:
    password_text= getpass()
    confirming_password_text= getpass("Confirm: ")
assert password_text == confirming_password_text
```

最后的后置条件是 assert 语句。对于复杂的循环，assert 语句既是内置的测试，也可解释循环如何工作。

这种设计通常会产生一个循环，类似于我们基于直觉可能开发的循环。对于凭借直觉开发的设计，一步一步地论证并没有错。经过多次练习后，就可以更有信心地使用循环了，因为我们可以证明设计的合理性。

在本例中，循环体和初始化语句恰好是相同的代码。如果这是一个问题，那么我们可以定义一个只有两行的函数，以避免重复的代码。第 3 章将会讨论这个问题。

2.7.3 工作原理

我们首先阐明了循环的目标，并且所做的一切将确保代码会实现目标。实际上，这是所有软件设计背后的动机——总是试图编写最少的语句来实现给定的目标状态。我们经常从目标**反推**初始化。推理链中的每一步实际上都说明了产生预期结果条件的某个语句 S 的最弱前置条件。

根据给定的后置条件，我们试图得出一个语句和前置条件。模式如下：

```
assert pre-condition
S
assert post-condition
```

后置条件是循环的完成条件。我们需要假设一个产生完成条件的语句 S，以及该语句的前置条件。可以选择的语句有无数个，我们关注最弱的前置条件——具有最少假设的前置条件。

在某些情况下，通常在编写初始化语句时，前置条件只为 true：任何初始状态都将作为语句的前置条件。这就是程序可以从任意初始状态开始并按预期完成的原因。这种情况是最理想的。

当设计 while 语句时，循环体内部有一个嵌套的上下文。循环体应当始终处于将不变式条件重置为 true 的处理过程中。在本例中，这意味着读取更多用户输入。在其他示例中，我们可能正在处理字符串中的另一个字符，或一组数字中的另一个数字。

我们需要证明当不变式为 true 且循环条件为 false 时，最终目标就实现了。当从最终目标开始，并根据最终目标创建不变式和循环条件时，这种证明会更容易一些。

更重要的是耐心地完成每一步，这样推理才是可靠的。我们需要证明循环能够正常运行，然后就可以放心地运行单元测试了。

2.7.4 延伸阅读

- ❏ 2.8 节将讨论高级循环设计的其他方面内容。
- ❏ 2.6 节也将讨论这个概念。
- ❏ 关于这个主题的一篇经典文章是 David Gries 的 "A note on a standard strategy for developing loop invariants and loops"。
- ❏ 算法设计是一个很大的主题。Skiena 的《算法设计手册》是很好的入门介绍。

2.8 避免 break 语句带来的潜在问题

通常 for 语句可以理解为：该语句创建一个 for all 条件。在语句结束时，可以肯定已经对集合中的所有元素进行了某些处理。

但是，这并不是 for 语句唯一的语义。当 for 语句的循环体中引入了 break 语句时，for 语句的语义将变为 "there exists"（存在）。当 break 语句跳出 for（或 while）语句时，我们只能断言存在至少一个导致语句结束的元素。

这里有一个小问题。如果循环结束而不执行 break 语句怎么办？甚至没有一个元素触发 break 语句。**德摩根定律**（De Morgan's laws）表明，一个不存在的条件可以重新作为 for all 条件：$\neg\exists_x B(x) \equiv \forall_x \neg B(x)$。在该公式中，$B(x)$ 是含有 break 的 if 语句的条件。如果从未找到 $B(x)$，则对于所有元素 $\neg B(x)$ 为 true。该定律显示了在典型的 **for all** 循环和包含 break 的 **there exists** 循环之间的一些相似性。

在离开 for 语句或 while 语句时为 true 的条件可能是模糊的。它是否正常终止？它是否执行了 break 语句？这些问题都不能轻易地回答，因此，我们将通过一个实例来提供一些设计指导。

当代码包含多个 break 语句，而且每个 break 语句都有自己的条件时，这种情况可能会成为一个更大的问题。如何最大限度地减少由于复杂的 break 条件而产生的问题？

2.8.1 准备工作

假设需要在一个字符串中找到第一次出现的:或=。这是一个将 for 语句修改为 there exists 语义的好例子。我们并不想处理所有字符，只想知道最左边的:或=的位置。

```
>>> sample_1 = "some_name = the_value"
>>> for position in range(len(sample_1)):
...     if sample_1[position] in '=:':
...         break
>>> print('name=', sample_1[:position],
```

```
...         'value=', sample_1[position+1:])
name= some_name  value=  the_value
```

能够覆盖边界情况吗？

```
>>> sample_2 = "name_only"
>>> for position in range(len(sample_2)):
...     if sample_2[position] in '=:':
...         break
>>> print('name=', sample_2[:position],
...       'value=', sample_2[position+1:])
name= name_onl value=
```

上述示例尴尬地出错了。错误的原因是什么？

2.8.2　实战演练

2.7 节指出，每个语句都建立了一个后置条件。在设计循环时，需要明确说明后置条件。本实例并没有正确地表达后置条件。

理想情况下，后置条件只是类似 text[position] in '=:' 的简单表达式，但是，如果给定的文本中没有=或:，那么这种简单的后置条件就没有任何逻辑意义。当不存在匹配标准的字符时，就不能对不存在的字符的位置做出任何断言。

(1) 编写显而易见的后置条件。有时称之为**主流程**（happy path）条件，因为它是没有异常发生时为 true 的条件。

```
text[position] in '=:'
```

(2) 为边界情况添加后置条件。本示例有两个附加条件。

❑ 字符串中没有=或:。

❑ 字符串没有任何字符。len() 为零，实际上根本就没有运行循环。在这种情况下，根本就不会创建变量 position。

```
(len(text) == 0
or not('=' in text or ':' in text)
or text[position] in '=:')
```

(3) 如果使用 while 语句，请考虑重新设计以具备完备条件。这样就可以不使用 break 语句。

(4) 如果使用 for 语句，请确保进行了正确的初始化，并在循环之后的语句中添加各种终止条件。在 x = 0 后面添加 for x = ...显得有些多余，但是，对于不执行 break 语句的循环来说，这是必需的。

```
>>> position = -1 # 如果长度为 0
>>> for position in range(len(sample_2)):
...     if sample_2[position] in '=:':
...         break
...
>>> if position == -1:
...     print("name=", None, "value=", None)
... elif not(text[position] == ':' or text[position] == '='):
```

```
...        print("name=", sample_2, "value=", None)
... else:
...        print('name=', sample_2[:position],
...        'value=', sample_2[position+1:])
name= name_only value= None
```

在 for 之后的语句中,我们显式地枚举了所有终止条件。最后的输出 name= name_only value= None 说明正确地处理了示例文本。

2.8.3 工作原理

这种方法迫使我们仔细研究后置条件,确保了解循环终止的所有原因。

在包含多个 break 语句的复杂循环中,很难完全得到后置条件。循环的后置条件必须包括离开循环的所有原因:正常原因以及所有 break 条件。

在许多情况下,可以重构循环,将处理添加至循环体。不是简单地断言 position 是=或:字符的索引,而是添加了下一个处理步骤,为 name 和 value 赋值。示例代码如下所示:

```
if len(sample_2) > 0:
    name, value = sample_2, None
else:
    name, value = None, None
for position in range(len(sample_2)):
    if sample_2[position] in '=:':
        name, value = sample_2[:position], sample2[position:]
print('name=', name, 'value=', value)
```

这个版本的代码基于前面的完备后置条件集把一些处理提前了。这种重构是很常见的。

这种方法放弃了所有假设或直觉。稍微经过练习,我们就可以确定任何语句的后置条件。

事实上,对后置条件的思考越多,软件就越精确。必须明确软件的目标,并通过最简单的语句实现目标。

2.8.4 补充知识

我们还可以在 for 语句中使用 else 子句来确定循环是否正常完成或者是否执行了 break 语句。示例代码如下所示:

```
for position in range(len(sample_2)):
    if sample_2[position] in '=:':
        name, value = sample_2[:position], sample_2[position+1:]
        break
else:
    if len(sample_2) > 0:
        name, value = sample_2, None
    else:
        name, value = None, None
```

else 条件有时会令人困惑,因此不推荐使用。目前还不清楚这种方法是否比其他替代方案都好。因为很少执行 else 条件,所以其执行原因很容易被忘记。

2.8.5 　 延伸阅读

- 关于本主题的一篇经典文章是 David Gries 的 "A note on a standard strategy for developing loop invariants and loops"。

2.9 　 利用异常匹配规则

`try` 语句可以捕获异常。当抛出异常时，有很多种处理方法。

- **忽略异常**：如果忽略异常，那么程序将终止。解决方法有两种，即从一开始就不使用 `try` 语句，或者 `try` 语句中没有匹配的 `except` 子句。
- **记录异常**：写入消息，然后继续传播异常，这种处理方法通常将终止程序。
- **从异常中恢复**：可以编写 `except` 子句执行某些恢复操作，撤消 `try` 子句中仅部分完成的某些代码的影响。还可以更进一步，将 `try` 语句包装在 `while` 语句中，持续重试直到成功运行为止。
- **静默异常**：如果不处理异常（即 `pass`），那么将在 `try` 语句之后恢复处理。这样就会静默异常。
- **重写异常**：可以抛出另一个不同的异常。原始异常变为新抛出异常的上下文。
- **链接异常**：将另一个不同的异常链接到原始异常。2.11 节将介绍这种方法。

在嵌套的上下文中，内部的 `try` 语句可以忽略异常，异常可以通过外部上下文处理。每个 `try` 语句上下文的基本选项集都是相同的。软件的总体行为依赖于嵌套的定义。

`try` 语句的设计依赖于 Python 异常形成类层次结构的方式。相关详细信息，请参阅 "Python 标准库" 5.4 节。例如，`ZeroDivisionError` 是 `ArithmeticError`，也是 `Exception`。再如，`FileNot-FoundError` 是 `OSError`，也是 `Exception`。

如果试图同时处理详细异常以及通用异常，那么这种层次结构可能导致混乱。

2.9.1 　 准备工作

假设我们只是简单地使用 `shutil` 将文件从一个地方复制到另一个地方。大部分可能抛出的异常都表明问题非常严重。然而，在罕见的 `FileExistsError` 事件中，可以尝试恢复操作。

代码的简要大纲如下所示：

```
from pathlib import Path
import shutil
import os
source_path = Path(os.path.expanduser(
    '~/Documents/Writing/Python Cookbook/source'))
target_path = Path(os.path.expanduser(
    '~/Dropbox/B05442/demo/'))
for source_file_path in source_path.glob('*/*.rst'):
    source_file_detail = source_file_path.relative_to(source_path)
    target_file_path = target_path / source_file_detail
    shutil.copy( str(source_file_path), str(target_file_path
```

本实例使用了两个路径，`source_path` 和 `target_path`。我们已经找到了 `source_path` 路径下含有 *.rst 文件的所有目录。

表达式 `source_file_path.relative_to(source_path)` 提供了文件名的尾部，即基本目录之后的部分，我们使用它在 `target` 目录下建立一个新的路径。

虽然可以使用 `pathlib.Path` 对象进行大量的路径处理，但在 Python 3.5 中，类似 `shutil` 的模块接受字符串文件名而不是 `Path` 对象，所以需要显式地转换 `Path` 对象。我们只能希望 Python 3.6 能够改变这一点。

在处理 `shutil.copy()` 函数抛出的异常时可能会出现问题。我们需要一个 `try` 语句，以便可以从某种类型的错误中恢复。如果尝试运行代码，将会看到以下错误：

```
FileNotFoundError: [Errno 2]
    No such file or directory:    '/Users/slott/Dropbox/B05442/demo/ch_01_
numbers_strings_and_tuples/index.rst'
```

如何创建按正确顺序处理异常的 `try` 语句？

2.9.2 实战演练

(1) 编写 `try` 语句块中需要使用的语句。

```
try:
    shutil.copy( str(source_file_path), str(target_file_path) )
```

(2) 首先添加最具体的异常类。在本例中，具体的 `FileNotFoundError` 和更通用的 `OSError` 具有不同的响应。

```
try:
    shutil.copy( str(source_file_path), str(target_file_path) )
except FileNotFoundError:
    os.makedir( target_file_path.parent )
    shutil.copy( str(source_file_path), str(target_file_path) )
```

(3) 稍后添加更通用的异常。

```
try:
    shutil.copy( str(source_file_path), str(target_file_path) )
except FileNotFoundError:
    os.makedirs( str(target_file_path.parent) )
    shutil.copy( str(source_file_path), str(target_file_path) )
except OSError as ex:
    print(ex)
```

我们首先匹配了最具体的异常，随后匹配了更通用的异常。

我们通过创建缺失的目录处理了 `FileNotFoundError`。然后再次使用 `copy()`，知道它现在将正常工作。

我们静默了 `OSError` 类的其他异常。例如，如果出现权限问题，那么该错误只是简单地被记录下来。我们的目标是尝试复制所有文件，任何出现问题的文件都将被记录下来，但是仍然继续进行复制处理。

2.9.3 工作原理

Python 的异常匹配规则很简单。

- 按顺序处理 except 子句。
- 匹配实际异常与异常类（或异常类的元组）。如果匹配，则表示实际异常对象（或异常对象的任何基类）属于 except 子句中的给定类。

这些规则说明了首先放置最具体的异常类，最后放置更通用的异常类的原因。像 Exception 这样的通用异常类将匹配几乎所有类型的异常。我们不希望先匹配通用异常类，因为这样将不会检查其他子句。必须始终把通用异常类放在最后。

BaseException 类是一个更通用的异常类。没有理由使用这个类处理异常。如果 BaseException 类处理异常，那么将捕获 SystemExit 异常和 KeyboardInterrupt 异常，干扰杀死行为异常的应用程序的能力。我们仅在定义正常异常层次之外的新异常类时，才将 BaseException 类作为超类使用。

2.9.4 补充知识

本实例包含了一个嵌套的上下文，其中第二个异常可以被抛出。思考一下这个 except 语句：

```
except FileNotFoundError:
    os.makedirs( str(target_file_path.parent) )
    shutil.copy( str(source_file_path), str(target_file_path) )
```

如果 os.makedirs() 或 shutil.copy() 函数抛出另一个异常，那么 try 语句根本不会处理该异常。这两个函数抛出的任何异常都会使整个程序崩溃。处理该问题的方法有两种，这两种方法都包含嵌套的 try 语句。

可以重写示例代码，在恢复处理时添加一个嵌套的 try 语句：

```
try:
    shutil.copy( str(source_file_path), str(target_file_path) )
except FileNotFoundError:
    try:
        os.makedirs( str(target_file_path.parent) )
        shutil.copy( str(source_file_path), str(target_file_path) )
    except OSError as ex:
        print(ex)
except OSError as ex:
    print(ex)
```

在本例中，有两个地方重复了 OSError 处理。在嵌套的上下文中，我们将记录异常并继续传播异常，这样可能会终止程序。在外层上下文中，执行相同的处理。

可能终止程序是因为上述代码可以在处理这些异常的 try 语句中使用。如果没有其他的 try 语句上下文，那么这些未处理的异常将终止程序。

还可以重写所有语句，使用嵌套的 try 语句将两种异常处理策略分离为局部和全局两个部分。如下所示：

```
try:
    try:
```

```
        shutil.copy( str(source_file_path), str(target_file_path) )
    except FileNotFoundError:
        os.makedirs( str(target_file_path.parent) )
        shutil.copy( str(source_file_path), str(target_file_path) )
except OSError as ex:
    print(ex)
```

在内部的 `try` 语句中使用 `makedirs` 进行处理的副本仅处理 `FileNotFoundError` 异常。任何其他异常都将传播到外部的 `try` 语句中。在本例中，我们嵌套了异常处理，以便通用异常处理包装具体异常处理。

2.9.5　延伸阅读

❑ 2.10 节将介绍设计异常时的其他一些注意事项。
❑ 2.11 节将介绍如何链接异常。通过链接异常，一个异常类可以包装多个不同的具体异常。

2.10　避免 `except:` 子句带来的潜在问题

在异常处理中有一些常见的错误，这些错误可能导致程序无响应。

最常见的一种错误就是 `except:` 子句使用不当。如果不谨慎处理现有异常，那么可能还会出现其他错误。

本实例将介绍一些可以避免的常见异常处理错误。

2.10.1　准备工作

2.9 节介绍了设计异常处理时的一些注意事项。该实例不鼓励使用 `BaseException`，因为可能会干扰终止行为异常的 Python 程序。

本实例将扩展**不该做什么**（what not to do）思想。

2.10.2　实战演练

使用 `except Exception:` 语句作为最通用的异常管理。

处理过多的异常可能会干扰终止行为异常的 Python 程序的能力。当按下 Ctrl + C，或通过 `kill -2` 发送 `SIGINT` 信号时，我们通常希望终止程序，而不是让程序写入消息并继续运行，或者完全停止响应。

其他应当谨慎处理的异常类包括：

❑ `SystemError`
❑ `RuntimeError`
❑ `MemoryError`

这些异常通常意味着 Python 内核的某个地方出现了问题。与其静默这些异常或尝试恢复，不如终止程序，找到根本原因，并解决问题。

2.10.3   工作原理

在处理异常时应当注意以下两个问题。

❑ 不要捕获 BaseException 类。

❑ 不要使用不指明异常类的 except: 语句。except: 语句将匹配所有异常，包括应当避免处理的异常。

使用 except BaseException 或不指明特定类的 except 语句可能导致程序在需要终止时变得无响应。

退一步讲，如果捕获了所有异常，那么还可以干扰这些内部异常的处理方式：

❑ SystemExit

❑ KeyboardInterrupt

❑ GeneratorExit

如果静默、包装或重写这些异常，那么就可能引入新问题，甚至将一个简单的问题复杂化。

 编写从不崩溃的程序是崇高的理想。干扰 Python 的某些内部异常并不会创建更可靠的程序。相反，明显的错误被掩盖了，这些错误变成了**难解之谜**。

2.10.4   延伸阅读

❑ 2.9 节介绍了设计异常处理时的一些注意事项。

❑ 2.11 节将介绍如何链接异常。通过链接异常，一个异常类可以包装多个不同的具体异常。

2.11   使用 raise from 语句链接异常

在某些情况下，我们需要将一些看似不相关的异常合并为一个通用异常。对于复杂的模块来说，定义一个通用的 Error 异常是很常见的，该异常适用于模块中可能出现的多种情况。

在大多数情况下，通用异常都是必须的。如果抛出模块的 Error 异常，那么程序的某些功能将不能正常运行。

在极少数情况下，出于调试或监控的目的，我们希望得到异常的详细信息。我们也许想将这些详细信息写入日志，或者包含在电子邮件中。在这种情况下，我们需要提供放大或扩展通用异常的详细信息。可以通过将通用异常链接到**根源异常**来实现这种功能。

2.11.1   准备工作

假设我们正在编写一些复杂的字符串处理，希望将多种不同类型的详细异常视为一个通用异常，以便隔离软件用户与实施细节。我们可以将详细异常附加到通用异常。

2.11.2   实战演练

(1) 创建一个新的异常，如下所示：

```
class Error(Exception):
    pass
```

新的异常类就定义好了。

(2) 在处理异常时，可以使用 raise from 语句链接异常类，如下所示：

```
try:
    something
except (IndexError, NameError) as exception:
    print("Expected", exception)
    raise Error("something went wrong") from exception
except Exception as exception:
    print("Unexpected", exception)
    raise
```

第一个 except 子句匹配了两种类型的异常类。无论捕获到哪种类型的异常，都会从模块的通用 Error 异常类中抛出一个新的异常。新的异常将链接到根源异常。第二个 except 子句匹配了通用的 Exception 类。我们首先写入了一个日志消息，然后重新抛出了异常。第二个 except 子句没有链接异常，而是在另一个上下文中继续异常处理。

2.11.3　工作原理

Python 异常类的 __cause__ 属性可以记录异常的原因。可以使用 raise Exception from Exception 语句来设置 __cause__ 属性。

抛出这种异常时的详细信息如下所示：

```
>>> class Error(Exception):
...     pass
>>> try:
...     'hello world'[99]
... except (IndexError, NameError) as exception:
...     raise Error("index problem") from exception
...
Traceback (most recent call last):
  File "<doctest default[0]>", line 2, in <module>
    'hello world'[99]
IndexError: string index out of range
```

上述异常是以下异常的直接原因：

```
Traceback (most recent call last):
  File "/Library/Frameworks/Python.framework/Versions/3.4/lib/python3.4/
doctest.py", line 1318, in __run
    compileflags, 1), test.globs)
  File "<doctest default[0]>", line 4, in <module>
    raise Error("index problem") from exception
Error: index problem
```

上述示例展示了一个**相互链接的异常**。Traceback 消息中的第一个异常是 IndexError 异常，这是直接原因。Traceback 中的第二个异常是通用 Error 异常，这是一个链接到原始原因的通用汇总异常。

应用程序将在 `try:` 语句中抛出 `Error` 异常。代码如下所示：

```
try:
    some_function()
except Error as exception:
    print(exception)
    print(exception .__cause__)
```

这个示例包含了一个名为 `some_function()` 的函数，它可以抛出通用的 `Error` 异常。如果该函数确实抛出异常，则 `except` 子句将匹配通用的 `Error` 异常。我们可以打印异常的消息 `exception`，以及异常的根本原因 `exception.__cause__`。在许多应用程序中，`exception.__cause__` 值可能会被写入调试日志，而不是显示给用户。

2.11.4 补充知识

如果在异常处理代码中抛出异常，那么也会创建一种异常链接关系。这是一种**上下文**（context）关系，而不是**原因**（cause）关系。

上下文消息看起来都很相似，只是消息略有不同。这说明在处理上一个异常时，发生了另一个异常。第一个 `Traceback` 显示了原始异常。第二个消息是未使用显式连接抛出的异常。

通常，上下文是无计划的，只是表示 `except` 异常处理块中出现错误。例如：

```
try:
    something
except ValueError as exception:
    print("Some message", exceotuib)
```

上述示例通过 `ValueError` 异常的上下文抛出一个 `NameError` 异常。`NameError` 异常源于异常变量被错误地拼写为 `exceotuib`。

2.11.5 延伸阅读

❑ 2.9 节介绍了设计异常处理时的一些注意事项。
❑ 2.10 节介绍了设计异常处理时的其他一些注意事项。

2.12 使用 with 语句管理上下文

在许多情况下，脚本需要使用外部资源，最常见的例子就是磁盘文件和与外部主机的网络连接。没有及时断开外部资源的绑定，导致资源无法释放是一种常见的 bug。这种 bug 有时被称为**内存泄漏**，因为每次打开一个新文件时都不关闭以前使用的文件，所以导致可用内存减少。

我们想隔离资源的绑定，确保正确获取和释放资源，其中一种解决方法就是创建脚本使用外部资源的上下文。在上下文结束时，程序不再与资源绑定，我们希望确保资源被释放。

2.12.1 准备工作

假设我们想向一个 CSV 格式的文件写入几行数据。完成写入后，想要确保文件关闭，并释放各种操作系统资源（包括缓冲区和文件句柄）。上下文管理器可以实现这个设想，它可以确保文件正确关闭。

因为需要处理 CSV 文件，所以可以使用 csv 模块处理格式化的细节：

```
>>> import csv
```

另外还需要使用 pathlib 模块查找待处理的文件：

```
>>> import pathlib
```

为了模拟写入，我们还准备了虚拟的数据源：

```
>>> some_source = [[2,3,5], [7,11,13], [17,19,23]]
```

上述代码提供了一个了解 with 语句的情景。

2.12.2 实战演练

(1) 通过打开文件或使用 urllib.request.urlopen() 创建网络连接创建上下文。其他常见的上下文包括 zip 文件和 tar 文件。

```
target_path = pathlib.Path('code/test.csv')
with target_path.open('w', newline='') as target_file:
```

(2) 添加所有处理过程，确保在 with 语句内缩进。

```
target_path = pathlib.Path('code/test.csv')
with target_path.open('w', newline='') as target_file:
    writer = csv.writer(target_file)
    writer.writerow(['column', 'data', 'headings'])
    for data in some_source:
        writer.writerow(data)
```

(3) 在使用文件作为上下文管理器时，文件将在缩进的上下文代码块执行结束后自动关闭。即使出现异常，文件仍然正常关闭。在关闭上下文并释放资源后，继续执行上下文代码块下面的处理。

```
target_path = pathlib.Path('code/test.csv')
with target_path.open('w', newline='') as target_file:

    writer = csv.writer(target_file)
    writer.writerow(['column', 'headings'])
    for data in some_source:
        writer.writerow(data)

print('finished writing', target_path)
```

with 上下文之外的语句将在上下文关闭后执行，由 target_path.open() 打开的文件将正确关闭。

即使在 with 语句内部抛出异常，文件仍然正确关闭。虽然上下文管理器已经得到了异常信息，但是它仍然可以关闭文件并允许传播异常。

2.12.3 工作原理

代码通知上下文管理器退出的方式有两种：

❑ 没有异常，正常退出；

❑ 抛出异常。

在任何情况下，上下文管理器都将程序与外部资源分开，可以关闭文件、删除网络连接、提交或回滚数据库事务，以及释放锁。

可以通过在 with 语句内添加手动异常来进行验证。下面的代码可以证明文件正确关闭：

```
try:
    target_path = pathlib.Path('code/test.csv')
    with target_path.open('w', newline='') as target_file:
        writer = csv.writer(target_file)
        writer.writerow(['column', 'headings'])
        for data in some_source:
            writer.writerow(data)
            raise Exception("Just Testing")
except Exception as exc:
    print(target_file.closed)
    print(exc)
print('finished writing', target_path)
```

在本例中，核心处理包装在 try 语句中。因此，在第一次写入 CSV 文件之后就可以抛出异常。抛出异常时，可以打印输出异常。此时，文件也将被关闭。输出如下所示：

```
True
Just Testing
finished writing code/test.csv
```

这个例子说明了文件被正确关闭，另外还展示了异常相关的消息，以确认该异常是我们手动抛出的异常。输出文件 test.csv 只有从变量 some_source 中获取的第一行数据。

2.12.4　补充知识

Python 提供了多种上下文管理器。打开的文件是一种上下文管理器，由 urllib.request.urlopen()创建的网络连接同样也是一种上下文管理器。

对于所有文件操作和网络连接，都应该通过 with 语句用作上下文管理器。我们很难找到关于这一规则的一种例外情况。

实际上，因为 decimal 模块使用了上下文管理器，所以允许对小数运算的方法进行局部修改。可以使用 decimal.localcontext()函数作为上下文管理器，改变由 with 语句隔离的舍入规则或精度。

还可以自定义上下文管理器。contextlib 模块包含很多函数和装饰器，可以帮助我们根据资源创建上下文管理器，而不是显式地提供资源。

当使用锁时，with 上下文管理器是获取和释放锁的理想方式。关于 threading 模块创建的锁对象与上下文管理器之间的关系，请参阅 https://docs.python.org/3/library/threading.html#with-locks。

2.12.5　延伸阅读

关于 with 语句的起源，请参阅 https://www.python.org/dev/peps/pep-0343/。

第 3 章

函数定义

本章主要介绍以下实例。
- ❑ 使用可选参数设计函数
- ❑ 使用灵活的关键字参数
- ❑ 使用 * 分隔符强制使用关键字参数
- ❑ 编写显式的函数参数类型
- ❑ 基于偏函数选择参数顺序
- ❑ 使用 RST 标记编写清晰的文档字符串
- ❑ 围绕 Python 栈限制设计递归函数
- ❑ 根据脚本/库转换规则编写可重用脚本

3.1 引言

函数定义是一种将较大问题分解为较小问题的方法。几个世纪以来,数学家们一直采用这种方法。这种方法也可以将 Python 程序打包为更易管理的块。

本章将介绍一些函数定义技术,包括处理灵活参数的方法以及基于某些高级设计原则组织参数的方法。

本章还将介绍 Python 3.5 的 typing 模块,以及如何为函数创建更正式的注释。我们可以使用 mypy 项目对数据类型做出更正式的断言。

3.2 使用可选参数设计函数

定义函数时,通常需要可选参数。可选参数让我们能够编写更灵活、应用更广泛的函数。

我们也可以认为这是一种创建一系列密切相关的函数的方法,所有函数都共享相同的名称,但是每个函数的参数集合都稍有不同,这些参数集合称为**签名**(signature)。多个函数共享相同的名称,这可能有点令人困惑。因此,我们将更多地关注可选参数。

int() 函数是可选参数的一个典型示例,它有两种形式。

❑ int(str)：例如，int('355')的值为 355。本示例没有为可选的 base 参数提供值，而是使用了默认值 10。

❑ int(str, base)：例如，'int('0x163', 16)的值为 355。本示例指定了 base 参数值。

3.2.1 准备工作

许多游戏都依赖于骰子的集合。赌场游戏 *Craps* 使用 2 个骰子，*Zilch*、*Greed* 或 *Ten Thousand* 等游戏使用 6 个骰子。这些游戏的变化形式可能使用更多的骰子。

编写一个可以处理各种骰子游戏变体的掷骰子函数是很方便的。如何编写一个适用于任何数量骰子并将 2 个骰子作为默认值的骰子模拟器呢？

3.2.2 实战演练

设计具有可选参数的函数有两种方法。

❑ **从一般到特殊**：从设计最通用的解决方案开始，为最常见的情况提供便捷的默认值。

❑ **从特殊到一般**：从设计多个相关的函数开始，然后将它们合并为一个覆盖所有情况的通用函数，选择其中一个原始函数作为默认值。

1. 从一般到特殊的设计方法

当遵循从一般到特殊的策略时，应当首先确定所有需求。通常通过根据需求引入变量来实现这一点。

(1) 总结掷骰子的需求。

❑ *Craps*：2 个骰子。

❑ *Zonk* 的第一掷：6 个骰子。

❑ *Zonk* 的随后掷：1 到 6 个骰子。

上述需求列表说明了掷 *n* 个骰子的通用主题。

(2) 使用显式的参数替换所有字面值来重写需求。用参数 *n* 替换所有数字，并显示引入的这个新参数的值。

❑ *Craps*：*n* 个骰子，$n = 2$。

❑ *Zonk* 的第一掷：*n* 个骰子，$n = 6$。

❑ *Zonk* 的后续掷：*n* 个骰子，$1 \leq n \leq 6$。

该步骤的目标是确保所有变量都能用一个字母来表示。在更复杂的问题中，看起来相似的事物可能没有共同的规范。

我们同样需要确保已经正确地参数化了每个函数。在更复杂的情况下，可能存在不需要真正参数化的值，它们可以保持为常量。

(3) 编写符合通用模式的函数。

```
>>> def dice(n):
...     return tuple(die() for x in range(n))
```

在第三种需求中，我们标识了一种约束，$1 \leq n \leq 6$。我们需要确定该约束是否是 dice() 函数的一部分，或者是否使用 dice() 函数的模拟应用程序对骰子施加了该约束。

在本例中，约束是不完整的。Zonk 规则要求未被掷出的骰子形成某种得分模式。不仅要约束骰子的数量在 1 和 6 之间，还应约束游戏状态。似乎没有充足的理由将 dice() 函数与游戏状态绑定。

(4) 为最常见的用例提供默认值。如果最频繁模拟的游戏是 Craps，代码可以这样写。

```
>>> def dice(n=2):
...     return tuple(die() for x in range(n))
```

现在，对于 Craps 游戏，可以简单地使用 dice()。对于 Zonk 游戏，则需要使用 dice(6)。

2. 从特殊到一般的设计方法

当遵循从特殊到一般的策略时，首先应当设计多个独立的函数，并寻找它们共同的特征。

(1) 编写函数的一个版本。首先从 Craps 游戏开始，因为它看起来最简单。

```
>>> import random
>>> def die():
...     return random.randint(1,6)
>>> def craps():
...     return (die(), die())
```

我们定义了一个辅助函数 die()，该函数封装了一个有时被称为"标准骰子"的基本事实。有 5 种正多面体可以作为标准骰子，可以产生四面、六面、八面、十二面和二十面的骰子。六面骰子历史悠久，最早用羊踝骨（astragali）制作，因为它很容易修剪为六边形立方体。

基础的 die() 函数的示例如下：

```
>>> random.seed(113)
>>> die(), die()
(1, 6)
```

我们掷了 2 个骰子，并显示这些值是如何组合起来的。

为 Craps 游戏设计的函数运行结果如下：

```
>>> craps()
(6, 3)
>>> craps()
(1, 4)
```

该示例显示了一些一次掷 2 个骰子的 Craps 游戏的结果。

(2) 编写函数的另一个版本。

```
>>> def zonk():
...     return tuple(die() for x in range(6))
```

我们使用生成器表达式创建了一个包含 6 个骰子的元组对象。第 8 章将深入介绍生成器表达式。

生成器表达式中有一个被忽略的变量 x。该表达式通常被写为 tuple(die() for _ in range(6))。变量_是一个有效的 Python 变量名，该名称可以作为一个提示，说明我们不希望看到这个变量的值。

使用 zonk() 函数的示例如下所示：

```
>>> zonk()
(5, 3, 2, 4, 1, 1)
```

该示例显示了一次掷 6 个骰子的游戏结果。结果里有一个短顺子（1 到 5）以及一对 1。在 *Craps* 游戏的某些版本里，这是一个高分结果。

（3）找到两个函数的共同功能。这个步骤可能需要重写各种函数来找到一个通用设计。在许多情况下，我们会引入额外的变量来代替常量或其他假设。

在本例中，我们可以泛化两元组的创建方法。可以引入一个基于 range(2) 的生成器表达式，计算两次 die() 函数，而不是硬绑定 die() 函数的两次求值结果。

```
>>> def craps():
...     return tuple(die() for x in range(2))
```

对于解决特定的双骰子问题，这种方法看起来需要更多的代码。从长远来看，使用通用函数意味着可以消除许多特定的函数。

（4）合并这两个函数。这个步骤通常涉及暴露以前是常量或者其他硬绑定假设的变量。

```
>>> def dice(n):
...     return tuple(die() for x in range(n))
```

该示例提供了一个涵盖 *Craps* 和 *Zonk* 需求的通用函数。

```
>>> dice(2)
(3, 2)
>>> dice(6)
(5, 3, 4, 3, 3, 4)
```

（5）确定最常见的用例，将其设置为参数的默认值。如果最频繁模拟的游戏是 *Craps*，那么可以进行如下设计。

```
>>> def dice(n=2):
...     return tuple(die() for x in range(n))
```

现在，对于 *Craps* 游戏，可以简单地使用 dice()。对于 *Zonk* 游戏，则需要使用 dice(6)。

3.2.3 工作原理

Python 提供参数值的规则非常灵活，很多规则可以确保每个参数都有一个参数值。提供参数值的规则归纳如下。

（1）将每个参数设置为所提供的默认值。

（2）对于没有名称的参数，按位置将参数值赋给参数。

（3）对于有名称的参数，例如 dice(n = 2)，使用名称分配参数值。同时按位置和名称为一个参数赋值是错误的。

（4）如果参数没有参数值，那么这明显是错误的。

这些规则允许我们根据需要提供默认值，还允许混合位置参数值与命名参数值。默认值是参数可选的根本原因。

使用可选参数源于两个方面的考虑。

❑ 可以参数化处理过程吗？

❑ 该参数最常见的参数值是什么？

将参数引入处理的定义可能具有挑战性。在某些情况下，它有助于编写代码，我们可以用参数替换字面值（例如 2 或 6）。

然而，在某些情况下，字面值不需要替换为参数，保留字面值即可。并非所有场合都需用参数替换字面值。例如，die()函数使用字面值 6，因为我们只对标准的立方骰子感兴趣，没有必要做一个通用类型的骰子。

3.2.4 补充内容

如果想要考虑得非常周全，那么可以编写更专用的函数。这些函数可以简化应用程序：

```
>>> def craps():
...     return dice(2)
>>> def zonk():
...     return dice(6)
```

craps()和 zonk()依赖于通用函数 dice()，dice()函数又依赖于另一个函数 die()。3.6 节将重新讨论这种设计。

这个依赖关系栈中的每一层都引入了一个便捷的抽象，使我们不必理解太多的细节。分层抽象的思想有时也称为**组块**（chunking），这是一种通过隔离细节来管理复杂度的方法。

这种设计模式的常见扩展是在函数的层次结构中提供多个级别的参数。如果想参数化 die()函数，那么应同时为 dice()函数和 die()函数提供参数。

对于这种更复杂的参数化，需要在层次结构中引入更多具有默认值的参数。首先为 die()添加一个参数，该参数必须具有默认值，这样就不会破坏现有的测试用例：

```
>>> def die(sides=6):
...     return random.randint(1,6)
```

在抽象依赖关系栈的底部引入该参数之后，需要将该参数提供给更高级别的函数：

```
>>> def dice(n=2, sides=6):
...     return tuple(die(sides) for x in range(n))
```

现在，使用 dice()函数的方法有许多种。

❑ 函数的参数全部为默认值：dice()很好地覆盖了 *Craps* 游戏的需求。

❑ 函数的参数全部为位置参数：dice(6, 6)将覆盖 *Zonk* 游戏的需求。

❑ 函数的参数混合使用位置参数和命名参数：必须首先提供位置参数值，因为参数的顺序很重要。例如，dic(2, sides = 8)将覆盖使用 2 个八面骰子的游戏需求。

❑ 函数的参数全部为命名参数：dice(sides=4, n=4)函数将处理模拟掷 4 个四面骰子的情况。当函数参数全部使用命名参数时，参数的顺序无关紧要。

在本示例中，函数调用栈只有两层。在更复杂的应用中，可能需要在层次结构中引入多个层次的参数。

3.2.5 延伸阅读

❏ 3.6 节将扩展本实例中的一些设计。

❏ 本实例使用了涉及不可变对象的可选参数，其中使用的不可变对象主要是数字。第 4 章将讨论具有可改变的内部状态的可变对象。4.15 节将介绍在设计以可变对象为可选参数的函数时，需要注意的一些重要事项。

3.3 使用灵活的关键字参数

某些设计问题涉及用已知值求解未知值的方程式。例如，速度、时间和距离有一个简单的线性关系，在给定任意两个值的情况下，可以求出另外一个值。

❏ $d = r \times t$

❏ $r = d / t$

❏ $t = d / r$

例如，在设计电路时，基于欧姆定律使用一组类似的方程。在这种情况下，这些方程式把电阻、电流和电压联系在一起。

在某些情况下，我们希望提供一个简单的、高性能的软件实现，可以基于已知条件和未知条件执行三个不同计算中的任意一个。我们不想使用一个通用代数框架，而是想把三种方案组合为一个简单、高效的函数。

3.3.1 准备工作

本实例将构建一个函数，它可以通过包含给定任意两个已知值求一个未知值的三个求解方案，来解决 Rate-Time-Distance（RTD）计算。只需稍微改变一下变量名称，该函数就可以适用于大量的现实问题。

本实例的目的不是简单地获取一个值。因此，可以通过创建一个包含这三个值的 Python 字典来泛化这个问题。第 4 章将进一步讨论字典。

当出现问题时，本实例将使用 warnings 模块而不是抛出异常：

```
>>> import warnings
```

有时产生一个值得怀疑的结果比停止处理更有帮助。

3.3.2 实战演练

求解方程中的每一个未知数。前面已经说明了 RTD 的计算方法：$d = r \times t$。

(1) 该计算可以推导出三个独立的表达式。

❏ distance = rate * time

❏ rate = distance / time

❏ time = distance / rate

(2) 当某个值未知时，就设定该值为 None。根据这个原则将各个表达式包装在 if 语句中。

```
if distance is None:
    distance = rate * time
elif rate is None:
    rate = distance / time
elif time is None:
    time = distance / rate
```

(3) 参考 2.6 节设计复杂的 if...elif 链。添加 else 崩溃选项的变体。

```
else:
    warnings.warning( "Nothing to solve for" )
```

(4) 构建作为结果的字典对象。在简单情况下，可以只使用 vars() 函数把所有局部变量都放入一个结果字典。在某些情况下，我们可能不想把有些局部变量放入结果字典，那么这就需要显式地构建字典。

```
return dict(distance=distance, rate=rate, time=time)
```

(5) 使用关键字参数把所有语句包装为一个函数。

```
def rtd(distance=None, rate=None, time=None):
    if distance is None:
        distance = rate * time
    elif rate is None:
        rate = distance / time
    elif time is None:
        time = distance / rate
    else:
        warnings.warning( "Nothing to solve for" )
    return dict(distance=distance, rate=rate, time=time)
```

最终的函数如下所示：

```
>>> def rtd(distance=None, rate=None, time=None):
...     if distance is None:
...         distance = rate * time
...     elif rate is None:
...         rate = distance / time
...     elif time is None:
...         time = distance / rate
...     else:
...         warnings.warning( "Nothing to solve for" )
...     return dict(distance=distance, rate=rate, time=time)
>>> rtd(distance=31.2, rate=6)
{'distance': 31.2, 'time': 5.2, 'rate': 6}
```

上述示例表明以每小时 6 海里的速度行驶 31.2 海里需要 5.2 小时。

以下操作可以使输出格式更加美观：

```
>>> result= rtd(distance=31.2, rate=6)
>>> ('At {rate}kt, it takes '
... '{time}hrs to cover {distance}nm').format_map(result)
'At 6kt, it takes 5.2hrs to cover 31.2nm'
```

为了拆分长字符串，我们参考了 2.3 节的实例。

3.3.3　工作原理

因为本实例为所有参数提供了默认值，所以可以只为三个参数中的两个参数提供参数值，函数将会求出第三个参数。这样就避免了编写三个不同的函数。

对于本实例，返回一个字典对象作为最终结果并不是至关重要的。但是，这种方法很方便，无论已经提供了哪些参数值，都可以获得一个统一的结果。

3.3.4　补充知识

对于本实例，还有一种更灵活的方法。Python 函数有一个**所有其他关键字**（all other keywords）参数，使用**作为前缀。示例如下所示：

```
def rtd2(distance, rate, time, **keywords):
    print(keywords)
```

使用 **keywords 参数会把任何其他关键字参数值收集到一个字典中。可以使用额外的参数调用这个函数。示例如下：

```
rtd2(rate=6, time=6.75, something_else=60)
```

keywords 参数的值是一个值为{'something_else':60}的字典对象。可以使用典型的字典处理技术处理该字典对象。该字典中的键和值就是在函数被调用时提供的参数名称和参数值。

可以利用这个特性使用 keywords 提供所有参数值。

```
def rtd2(**keywords):
    rate= keywords.get('rate', None)
    time= keywords.get('time', None)
    distance= keywords.get('distance', None)
    etc.
```

该版本的函数使用字典的 get()方法查找字典中给定的键。如果键不存在，返回默认值 None。（返回默认值 None 是 get()方法的默认行为。本示例中包含一些用于说明处理过程的冗余信息。对于一些非常复杂的情况，可以提供 None 之外的默认值。）

这种方法的优点在于更灵活，而缺点在于实际的参数名称很难辨别。

我们还可以根据 3.7 节的实例提供一个良好的文档字符串。尽管如此，显式提供参数名称似乎比通过文档隐式说明更好。

3.3.5　延伸阅读

3.7 节将讨论函数的文档。

3.4　使用*分隔符强制使用关键字参数

在某些情况下，函数拥有大量的位置参数。或许我们遵循了 3.2 节中的实例，设计了一个具有非常多参数的函数，很容易让人混淆。

实际上，有三个以上参数的函数就容易让人混淆。当参数太多时，人们很难记住参数的顺序。

3.4.1   准备工作

本节讨论一个具有许多参数的函数。我们将使用一个函数编写一个风寒表，并把数据写入一个 CSV 格式的输出文件。

该函数需要提供多个参数：一个温度范围、一个风速范围和待创建的输出文件的信息。

基本公式如下：

$T_{wc}(T_a, V) = 13.12 + 0.6215T_a - 11.37V^{0.16} + 0.3965T_aV^{0.16}$

风寒温度 T_{wc} 基于空气温度 T_a（单位为摄氏度）和风速 V（单位为 KPH）。

对于美国人，这个公式需要做一些转换。

- ❑ 把℉转换为℃：$C = 5(F - 32) / 9$
- ❑ 把风速 V_m（MPH）转换为 V_k（KPH）：$V_k = V_m \times 1.609\,344$
- ❑ 结果需要从℃转换回℉：$F = 32 + C(9/5)$

本实例不会解决这些问题，这些问题将作为练习留给读者。

一种创建风寒表的方法如下所示：

```python
import pathlib

def Twc(T, V):
    return 13.12 + 0.6215*T - 11.37*V**0.16 + 0.3965*T*V**0.16

def wind_chill(start_T, stop_T, step_T,
    start_V, stop_V, step_V, path):
    """Wind Chill Table."""
    with path.open('w', newline='') as target:
        writer= csv.writer(target)
        heading = [None]+list(range(start_T, stop_T, step_T))
        writer.writerow(heading)
        for V in range(start_V, stop_V, step_V):
            row = [V] + [Twc(T, V)
                for T in range(start_T, stop_T, step_T)]
            writer.writerow(row)
```

按 2.12 节实例所示，我们使用 with 上下文打开了一个输出文件。在该上下文中，向 CSV 输出文件中写入内容。第 9 章将深入讨论 CSV 文件。

我们使用表达式[None]+list(range(start_T, stop_T, step_T))创建了一个标题行。该表达式包括一个列表字面量和一个能够生成列表的生成器表达式。第 4 章将讨论列表，第 8 章将讨论生成器表达式。

类似地，生成器表达式[Twc(T, V) for T in range(start_T, stop_T, step_T)]构建了表格的每个单元格。这个表达式是一个构建列表对象的解析式。列表由风寒函数 Twc()计算出的值组成。我们根据表中的行提供风速，根据表中的列提供温度。

虽然有些细节后文才会讲，但能够看出 def 行有问题：看起来很复杂。

问题就在于 wind_chill() 函数有 7 个位置参数。在使用该函数时，可能会看到以下代码：

```
import pathlib
p=pathlib.Path('code/wc.csv')
wind_chill(0,-45,-5,0,20,2,p)
```

这些数字代表什么含义？怎样才能说明这段代码的功能？

3.4.2　实战演练

当参数太多时，使用关键字参数代替位置参数更有帮助。

Python 3 有一种强制使用关键字参数的技术。可以使用*作为两组参数之间的分隔符。

(1) 在*之前，参数值可以按位置提供或者以关键字命名。本示例没有这种参数。

(2) 在*之后，参数值必须以关键字的形式提供。在本示例中，所有参数都属于这种参数。

对于本示例，最终的函数如下所示：

```
def wind_chill(*, start_T, stop_T, step_T, start_V, stop_V, step_V, path):
```

在该函数中使用令人混淆的位置参数时，将会出现以下提示：

```
>>> wind_chill(0,-45,-5,0,20,2,p)
Traceback (most recent call last):
  File "<stdin>", line 1, in <module>
TypeError: wind_chill() takes 0 positional arguments but 7 were given
```

该函数的正确调用方式如下所示：

```
wind_chill(start_T=0, stop_T=-45, step_T=-5,
    start_V=0, stop_V=20, step_V=2,
    path=p)
```

使用强制关键字参数迫使我们在每次使用这个复杂函数时都需要编写一个清晰的语句。

3.4.3　工作原理

*字符在函数定义中有两层含义。

❑ 作为特殊参数的前缀，接收所有未匹配的位置参数。通常使用 *args 收集所有位置参数，并把这些参数打包为一个名为 args 的参数。

❑ 单独使用，作为可以按位置提供的参数和必须以关键字提供的参数之间的分隔符。

print() 函数就是典型的例证，该函数有三个强制关键字参数：输出文件、字段分隔字符串和行结束字符串。

3.4.4　补充知识

当然，还可以将这种技术以及各种参数的默认值结合起来。例如，可以按如下方式修改函数：

```
import sys
def wind_chill(*, start_T, stop_T, step_T, start_V, stop_V, step_V, output=sys.
stdout):
```

修改函数后，使用函数的方式有两种。

❑ 在控制台上打印表格。

```
wind_chill(
    start_T=0, stop_T=-45, step_T=-5,
    start_V=0, stop_V=20, step_V=2)
```

❑ 写入文件。

```
path = pathlib.Path("code/wc.csv")
with path.open('w', newline='') as target:
    wind_chill(output=target,
        start_T=0, stop_T=-45, step_T=-5,
        start_V=0, stop_V=20, step_V=2)
```

相对于更通用的函数设计方法，上述示例根据 3.2 节的实例改变了设计方法。

3.4.5   延伸阅读

❑ 该技术的另一个应用请参阅 3.6 节。

3.5   编写显式的函数参数类型

Python 语言可以编写对各种数据类型完全通用的函数或类，以如下函数为例：

```
def temperature(*, f_temp=None, c_temp=None):
    if c_temp is None:
        return {'f_temp': f_temp, 'c_temp': 5*(f_temp-32)/9}
    elif f_temp is None:
        return {'f_temp': 32+9*c_temp/5, 'c_temp': c_temp}
    else:
        raise Exception("Logic Design Problem")
```

该函数遵循了前面介绍的三个实例，分别见 3.3 节、3.4 节和 2.6 节。

该函数适用于任意数字类型的参数值。事实上，该函数适用于任何能够实现+、-、*和/运算符的数据结构。

有时候，我们不希望函数是完全通用的。在某些情况下，我们希望更明确地指明数据类型。虽然有时候我们关心数据类型，但是尽量不要采用下面的方法：

```
from numbers import Number
def c_temp(f_temp):
    assert isinstance(F, Number)
    return 5*(f_temp-32)/9
```

这个函数引入了一个额外的 assert 语句的性能开销，还将程序与一个通常应该明确重申的语句混在了一起。

此外，文档字符串还不能用于测试，一般用法如下所示：

```
def temperature(*, f_temp=None, c_temp=None):
    """Convert between Fahrenheit temperature and
    Celsius temperature.
```

```
:key f_temp: Temperature in °F.
:key c_temp: Temperature in °C.
:returns: dictionary with two keys:
    :f_temp: Temperature in °F.
    :c_temp: Temperature in °C.
"""
```

文档字符串不允许用任何自动化测试来确认文档是否与代码真正匹配。代码和文档之间可能不匹配。

本实例的目的是创建可用于测试和确认的数据类型的提示，但前提是这些提示不能干扰性能。如何提供有意义的类型提示呢？

3.5.1 准备工作

本实例将实现另一个版本的 temperature() 函数。要提供关于参数和返回值的数据类型的提示，需要两个模块。

```
from typing import *
```

首先选择从 typing 模块导入所有名称。我们希望提供简洁的类型提示。typing.List[str]这种写法太笨拙，最好省略模块名称。

其次需要安装最新版本的 mypy。该项目正处于高速发展中。相对于使用 pip 程序从 PyPI 中获得副本，最好直接从 GitHub 库（https://github.com/JukkaL/mypy）中下载最新版本。

mypy 的安装说明指出，目前 PyPI 上的 mypy 版本与 Python 3.5 不兼容。如果使用 Python 3.5 环境，请直接从 git 安装。

```
$ pip3 install git+git://github.com/JukkaL/mypy.git
```

mypy 工具可以用于分析 Python 程序，从而确定类型提示是否与实际的代码相匹配。

3.5.2 实战演练

Python 3.5 引入了类型提示。类型提示可以在函数参数、函数返回值和类型提示注释这三个地方使用。

(1) 为各种数字定义一个便捷的类型。

```
from decimal import Decimal
from typing import *
Number = Union[int, float, complex, Decimal]
```

理想情况下，我们使用 numbers 模块中的抽象 Number 类。目前，该模块还没有一个可用的类型规范，所以我们将自定义 Number 类。该定义是多种数字类型的联合体。理想情况下，未来版本的 mypy 或者 Python 将包含必要的定义。

(2) 注释函数的参数值。

```
def temperature(*,
```

```
    f_temp: Optional[Number]=None,
    c_temp: Optional[Number]=None):
```

我们添加了:和一个类型提示作为参数的一部分。本示例使用自定义的 Number 类型定义来规定允许使用的数字类型。使用 Optional[] 类型操作包裹 Number 类型定义，来规定实际参数值要么是 Number 要么是 None。

(3) 注释函数的返回值。

```
def temperature(*,
    f_temp: Optional[Number]=None,
    c_temp: Optional[Number]=None) -> Dict[str, Number]:
```

我们为函数的返回值添加了->和一个类型提示。本示例规定结果是一个字典对象，其中键为字符串 str，值为使用 Number 类型定义的数字。

typing 模块引入了像 Dict 这样的类型提示名称，我们可以使用类型提示名称来解释函数的结果。该名称不同于实际构建对象的 dict 类。typing.Dict 仅仅是一个提示。

(4) 如果有必要，可以在赋值语句和 with 语句中添加类型提示作为注释。这种需求极为少见，但是可以阐明一系列冗长、复杂的语句。添加类型提示作为注释的示例如下。

```
result = {'c_temp': c_temp,
    'f_temp': f_temp} # type: Dict[str, Number]
```

该示例为构建最终结果字典对象的语句添加了注释# type: Dict[str, Number]。

3.5.3   工作原理

本实例添加的类型信息叫作**提示**（hint）。Python 编译器不检查提示，运行时也不检查。

类型提示由单独的 mypy 程序使用。要获取更多相关信息，请参见 http://mypy-lang.org。

mypy 检查包括类型提示在内的 Python 代码。mypy 应用形式推理和推断技术来确定各种类型提示是否对 Python 程序能够处理的任何数据有效。

对于更大、更复杂的程序，mypy 的输出将包括警告和提示，说明代码本身或者修饰代码的类型提示的潜在问题。

例如，我们经常容易犯这样一个错误：假定函数返回一个数字，但是，return 语句与期望并不相符。

```
def temperature_bad(*,
    f_temp: Optional[Number]=None,
    c_temp: Optional[Number]=None) -> Number:

    if c_temp is None:
        c_temp = 5*(f_temp-32)/9
    elif f_temp is None:
        f_temp = 32+9*c_temp/5
    else:
        raise Exception( "Logic Design Problem" )
    result = {'c_temp': c_temp,
        'f_temp': f_temp} # type: Dict[str, Number]
    return result
```

在运行 mypy 时将看到以下错误消息：

```
ch03_r04.py: note: In function "temperature_bad":
ch03_r04.py:37: error: Incompatible return value type:
    expected Union[builtins.int, builtins.float, builtins.complex, decimal.Decimal],
    got builtins.dict[builtins.str,
    Union[builtins.int, builtins.float, builtins.complex, decimal.Decimal]]
```

在错误消息中，Number 类型名称被扩展为 Union[builtins.int, builtins.float, builtins. complex, decimal.Decimal]。更重要的是，错误消息显示第 37 行的 return 语句与函数定义不匹配。

由于这个错误，我们需要修复 return 语句或类型定义，以确保预期类型与实际类型相匹配。说不清楚哪种方案是恰当的，要根据需要选择其中一种方案。

❑ 计算并返回一个值：这意味着根据被计算的值可能需要两个 return 语句。在这种情况下，没有理由构建 result 字典对象。

❑ 返回字典对象：这意味着需要修正 def 语句来获得适当的返回类型。这种方法可能会影响到其他期望 temperature 返回一个 Number 实例的函数。

类型提示作为用于参数和返回值的附加语法对运行时没有实际影响。当源代码第一次被编译为字节码时，只有一个很小的开销——毕竟它们只是提示。

3.5.4　补充知识

通常可以使用内置数据类型创建复杂的结构。例如，可以构建一个字典，将由三个整数组成的元组映射到字符串列表。

```
a = {(1, 2, 3): ['Poe', 'E'],
    (3, 4, 5): ['Near', 'a', 'Raven'],
    }
```

如果该字典对象是一个函数的结果，那么应当如何描述？

我们将创建一个复杂的类型表达式，然后使用该表达式总结数据结构的每一层。

```
Dict[Tuple[int, int, int], List[str]]
```

我们通过归纳得到了一个字典，其中 Tuple[int, int, int] 类型作为键，另一种类型 List[str] 作为值。该示例说明了组合多个内置类型来构建复杂数据结构的方法。

在该示例中，我们把由三个整数组成的元组作为一个匿名元组。在许多情况下，它不仅仅是一个通用的元组，实际上可能是一个被建模为元组的 RGB 颜色。也许字符串列表实际上是一个根据空格被分割为单词的较长文档的一行。

在这种情况下，可以按照上述示例定义以下结构：

```
Color = Tuple[int, int, int]
Line = List[str]
Dict[Color, Line]
```

创建特定于应用程序的类型名称，可以清晰地说明使用内置集合类型执行的处理过程。

3.5.5 延伸阅读

❑ 更多关于类型提示的信息，请参阅 https://www.python.org/dev/peps/pep-0484/。
❑ 当前的 `mypy` 项目，请参阅 https://github.com/JukkaL/mypy。
❑ 关于如何在 Python 3 中使用 `mypy` 的文档，请参阅 http://www.mypy-lang.org。

3.6 基于偏函数选择参数顺序

当讨论复杂函数时，有时会牵扯到使用函数的方式。例如，在多次执行某函数时，我们可能会使用一些由上下文固定的参数值，其他参数值则随处理的细节而变化。

如果我们的设计反映了这个问题，那么就可以简化程序设计。我们希望提供一种方法使常见参数比不常见参数更容易使用，也想避免重复作为更大上下文一部分的参数。

3.6.1 准备工作

本实例的背景信息是某种版本的半正矢（haversine）公式。该公式使用点的经纬度坐标计算地球表面点与点之间的距离。

$$a = \sin^2\left(\frac{lat_2 - lat_1}{2}\right) + \cos(lat_1)\cos(lat_2)\sin^2\left(\frac{lon_2 - lon_1}{2}\right)$$
$$c = 2\arcsin(\sqrt{a})$$

基本计算生成了两点之间的圆心角 c，该角的测量单位为弧度。通过将该角乘以某种单位的地球平均半径，我们将角度转换为距离。如果将角度 c 乘以半径 3959 英里，那么就可以把距离的单位由角度转换为英里。

该函数的具体实现如下所示，其中已经添加了类型提示：

```
from math import radians, sin, cos, sqrt, asin

MI= 3959
NM= 3440
KM= 6372

def haversine(lat_1: float, lon_1: float,
    lat_2: float, lon_2: float, R: float) -> float:
    """Distance between points.

    R is Earth's radius.
    R=MI computes in miles. Default is nautical miles.

>>> round(haversine(36.12, -86.67, 33.94, -118.40, R=6372.8), 5)
2887.25995
    """
    Δ_lat = radians(lat_2) - radians(lat_1)
    Δ_lon = radians(lon_2) - radians(lon_1)
    lat_1 = radians(lat_1)
```

```
lat_2 = radians(lat_2)

a = sin(Δ_lat/2)**2 + cos(lat_1)*cos(lat_2)*sin(Δ_lon/2)**2
c = 2*asin(sqrt(a))

return R * c
```

关于 doctest 示例的提示如下。

doctest 示例在使用地球半径时，用了一个在其他地方不使用的额外的小数点。这是为了匹配网上的其他示例。

地球不是球形的。从赤道处测得的半径为 6378.1370 千米。从两极测得的半径为 6356.7523 千米。我们通常使用常见的近似常量。

通常情况下 R 值是相同的。如果我们在海洋环境中工作，那么 R = NM 表示半径单位为海里。让参数值一致的常用方法有两种。

3.6.2　实战演练

在某些情况下，整个上下文将为参数创建一个变量。这个值很少改变。有几种常见的方法可以为参数提供一个一致的值，这些方法涉及在另一个函数中包装函数。常见方法如下。

- 在新函数中包装函数。
- 创建偏函数。这种方法有两种改进。
    - 提供关键字参数。
    - 提供位置参数。

本实例将逐个讨论这些方法。

1. 包装函数

我们可以通过在特定于上下文的包装函数中包装一般函数来提供上下文值。

(1) 区分位置参数和关键字参数。我们希望上下文特征（即几乎不变的参数）作为关键字参数，而频繁改变的参数应当作为位置参数。我们可以遵循 3.4 节的实例来进行处理，按如下形式修改基础半正矢函数。

```
def haversine(lat_1: float, lon_1: float,
    lat_2: float, lon_2: float, *, R: float) -> float:
```

我们插入*把参数分为两组，第一组参数可以通过位置或关键字提供参数值，第二组参数（即 R）必须以关键字形式提供参数值。

(2) 编写一个包装函数，该函数将应用所有未修改的位置参数值，还将提供附加关键字参数作为长期运行上下文的一部分。

```
def nm_haversine(*args):
    return haversine(*args, R=NM)
```

我们在函数声明中构造了 *args 结构，使用一个元组 args 来收集所有位置参数值。在对 haversine()

函数求值时，使用 *args 将元组扩展到该函数的所有位置参数值。

2. 使用关键字参数创建偏函数

偏函数是一种已经提供某些参数值的函数。当我们执行偏函数时，将混合先前提供的参数和附加参数，其中一种方法是使用关键字参数，类似于包装函数。

(1) 可以遵循 3.4 节的实例。我们可能会按如下形式修改基础半正矢函数。

```
def haversine(lat_1: float, lon_1: float,
    lat_2: float, lon_2: float, *, R: float) -> float:
```

(2) 使用关键字参数创建偏函数。

```
from functools import partial
    nm_haversine = partial(haversine, R=NM)
```

partial() 函数根据现有函数和一组具体的参数值构建了一个新的函数。nm_haversine() 函数在构造偏函数时为 R 提供了一个特定值。

可以像使用任何其他函数一样使用该偏函数。

```
>>> round(nm_haversine(36.12, -86.67, 33.94, -118.40), 2)
1558.53
```

我们得到一个以海里为单位的结果。有了这种方法，在做与航海相关的计算时，就不必每次都耐心地检查 haversine() 函数是否使用 R=NM 作为参数值。

3. 使用位置参数创建偏函数

创建偏函数的另一种方法是使用位置参数。

如果尝试使用带位置参数值的 partial() 函数，那么就需要在偏函数定义中提供最左侧的参数值。这导致我们将函数的前几个参数看作被偏函数或包装函数隐藏的候选项。

(1) 我们可能会按如下形式修改基础半正矢函数。

```
def haversine(R: float, lat_1: float, lon_1: float,
    lat_2: float, lon_2: float) -> float:
```

(2) 使用位置参数创建一个偏函数。

```
from functools import partial
    nm_haversine = partial(haversine, NM)
```

partial() 函数根据现有函数和一组具体的参数值构建了一个新的函数。nm_haversine() 函数在构造偏函数时为第一个参数 R 提供了一个特定值。

可以像使用任何其他函数一样使用该偏函数。

```
>>> round(nm_haversine(36.12, -86.67, 33.94, -118.40), 2)
1558.53
```

我们得到了一个以海里为单位的结果，有了这种方法，在做与航海相关的计算时，就不必每次都耐心地检查 haversine() 函数是否使用 R=NM 作为参数值。

3.6.3　工作原理

偏函数本质上等同于包装函数。虽然只节省了一行代码，但是还有一个更重要的目的。我们可以在其他更复杂的程序中自由地构建偏函数，不需要再使用一个 def 语句。

注意，在讨论位置参数的顺序时，创建偏函数需考虑以下问题。

❑ 当使用 *args 时，它一定在参数列表的最后，这是 Python 语言的要求。这意味着前面的参数可以明确地识别出来，其余的参数则成为匿名参数，可以**一起传递**到包装函数。

❑ 在创建偏函数时，最左边的位置参数最容易提供一个参数值。

以上两点考虑导致我们将最左边的参数更多地看作上下文：这些参数预计很少改变。最右边的参数提供细节，并且频繁地变化。

3.6.4　补充知识

第三种包装函数的方法是创建一个 lambda 对象。这种方法同样有效。

```
nm_haversine = lambda *args: haversine(*args, R=NM)
```

注意，lambda 对象是去除函数名和函数体的函数，它简化到只含两个要素：

❑ 参数列表；

❑ 一个作为结果的表达式。

lambda 不能有任何语句。如果需要语句，那么就要使用 def 语句创建一个函数定义，这个函数定义包括函数名称和具有多个语句的函数体。

3.6.5　延伸阅读

❑ 3.9 节将会进一步扩展本实例的设计。

3.7　使用 RST 标记编写清晰的文档字符串

怎样才能清晰地记录函数的作用？能提供示例吗？当然可以，而且十分必要。在 2.4 节和 2.5 节中，我们介绍了一些基础的文档技术。这两个实例为模块的文档字符串引入了 RST。

本节将扩展这些技术，使用 RST 编写函数的文档字符串。当使用像 Sphinx 这样的工具时，函数的文档字符串将成为一个优雅的描述函数功能的文档。

3.7.1　准备工作

在 3.4 节中，我们介绍了一个拥有大量参数的函数和一个只有两个参数的函数。

本实例将讨论一个与那些函数稍有不同的 Twc() 函数：

```
>>> def Twc(T, V):
...     """Wind Chill Temperature."""
...     if V < 4.8 or T > 10.0:
```

```
...         raise ValueError("V must be over 4.8 kph, T must be below 10℃ ")
...         return 13.12 + 0.6215*T - 11.37*V**0.16 + 0.3965*T*V**0.16
```

我们需要更完整的文档来注释这个函数。

理想情况下，我们已经安装了 Sphinx 来查看劳动成果。详见 http://www.sphinx-doc.org。

3.7.2　实战演练

为了描述一个函数，通常需要编写以下内容。

❏ 概要（synopsis）

❏ 描述（description）

❏ 参数（parameter）

❏ 返回值（returns）

❏ 异常（exception）

❏ 测试用例（test case）

❏ 其他似乎有意义的内容

为函数创建漂亮文档的秘诀如下所示。可以将这种方法应用于函数，甚至模块。

(1) 编写概要：不需要适当的主语。我不会这样写："This function computes..."，而是直接以 "Computes..." 开头。没有理由特别强调上下文环境。

```
def Twc(T, V):
    """Computes the wind chill temperature."""
```

(2) 详细编写描述。

```
def Twc(T, V):
    """Computes the wind chill temperature

    The wind-chill, :math:`T_{wc}`, is based on
    air temperature, T, and wind speed, V.
    """
```

本例在描述中使用了一点数学公式。:math:说明文本对象使用 LaTeX 数学公式排版样式。如果安装了 LaTeX，那么 Sphinx 将会使用它为数学公式准备一个小小的 .png 文件。如果需要，Sphinx 可以使用 MathJax 或者 JSMath 来创建 JavaScript 数学公式，以代替创建 .png 文件。

(3) 描述参数：对于位置参数，通常使用:param name: description。Sphinx 可以兼容很多种变化形式，但是这种用法是最常见的。

对于必须为关键字参数的参数，通常使用:key name: description。用 key 代替 param，说明这是一个强制关键字参数。

```
def Twc(T: float, V: float):
    """Computes the wind chill temperature

    The wind-chill, :math:`T_{wc}`, is based on
    air temperature, T, and wind speed, V.
```

```
    :param T: Temperature in °C
    :param V: Wind Speed in kph
    """
```

添加类型信息的方法有两种：

❑ 使用 Python 3 的类型提示；

❑ 使用 RST `:type name:` 标记。

我们通常不会同时使用这两种技术。类型提示是一种比 RST `:type name:` 标记更好的方法。

(4) 使用 `:returns:` 描述返回值。

```
def Twc(T: float, V: float) -> float:
    """Computes the wind chill temperature

    The wind-chill, :math:`T_{wc}`, is based on
    air temperature, T, and wind speed, V.

    :param T: Temperature in °C
    :param V: Wind Speed in kph
    :returns: Wind-Chill temperature in °C
    """
```

包含返回值类型信息的方法有两种：

❑ 使用 Python 3 的类型提示；

❑ 使用 RST `:rtype:` 标记。

我们通常不会同时使用这两种技术。类型提示已经取代了 RST `:type name:` 标记。

(5) 识别可能会抛出的重要异常。使用 `:raises exception:` 推理标记。标记的变化形式可能有很多种，`:raises exception:` 似乎最流行。

```
def Twc(T: float, V: float) -> float:
    """Computes the wind chill temperature

    The wind-chill, :math:`T_{wc}`, is based on
    air temperature, T, and wind speed, V.

    :param T: Temperature in °C
    :param V: Wind Speed in kph
    :returns: Wind-Chill temperature in °C
    :raises ValueError: for wind speeds under over 4.8 kph or T above 10°C
    """
```

(6) 如果可能的话，添加一个 doctest 测试用例。

```
def Twc(T: float, V: float) -> float:
    """Computes the wind chill temperature

    The wind-chill, :math:`T_{wc}`, is based on
    air temperature, T, and wind speed, V.

    :param T: Temperature in °C
    :param V: Wind Speed in kph
    :returns: Wind-Chill temperature in °C
```

```
:raises ValueError: for wind speeds under over 4.8 kph or T above 10°C

>>> round(Twc(-10, 25), 1)
-18.8

"""
```

(7) 编写任意附加的注释和有用的信息。可以在文档字符串中添加以下信息。

```
See https://en.wikipedia.org/wiki/Wind_chill

..  math::

    T_{wc}(T_a, V) = 13.12 + 0.6215 T_a - 11.37 V^{0.16} + 0.3965 T_a V^{0.16}
```

我们添加了一个 Wikipedia 网页的引用，该网页概述了风寒计算，并含有更详细信息的链接。

为了在函数中使用 LaTeX 公式，我们还添加了一个 ..math:: 指令。这将使排版非常友好，提高了代码的可读性。

3.7.3 工作原理

更多关于文档字符串的信息，请参阅 2.4 节。虽然 Sphinx 很流行，但它并不是唯一能够从文档字符串注释中创建文档的工具。Python 标准库中的 pydoc 工具包也可以从文档字符串注释中生成美观的文档。

Sphinx 工具依赖于 docutils 包中 RST 处理过程的核心特性。更多信息请参阅 https://pypi.python.org/pypi/docutils。

RST 规则相对简单，本实例中大多数的附加功能都利用了 RST 的**解释文本角色**（interpreted text role）。:param T:、:returns:和:raises ValueError:等标记都是一个独立的文本角色。RST 处理器可以使用这些信息来决定样式以及内容结构。样式通常包括独特的字体。上下文可能是一个 HTML **定义列表格式**。

3.7.4 补充知识

在许多情况下，还需要添加函数与类之间的交叉引用。例如，假设我们有一个生成风寒表的函数，该函数的文档又包含了 Twc() 函数的引用。

Sphinx 使用特殊的 :func: 文本角色来生成这些交叉引用：

```
def wind_chill_table():
    """Uses :func:`Twc` to produce a wind-chill
    table for temperatures from -30°C to 10°C and
    wind speeds from 5kph to 50kph.
    """
```

我们在 RST 文档中使用:func:`Twc`来交叉引用另一个不同的函数。Sphinx 将把它们转化为适当的超链接。

3.7.5　延伸阅读

❑ 关于 RST 工作原理的其他实例,请参阅 2.4 节和 2.5 节。

3.8　围绕 Python 栈限制设计递归函数

某些函数使用递归公式定义会更加清晰简洁。常见的例子有两个。

阶乘函数:

$$n! = \begin{cases} 1 & n = 0 \\ n \times (n-1)! & n > 0 \end{cases}$$

斐波那契数计算规则:

$$F_n = \begin{cases} 1 & n = 0 \ \ n = 1 \\ F_{n-1} + F_{n-2} & n > 1 \end{cases}$$

这两个例子都涉及具有简单定义值的情况和基于相同函数的其他值来计算函数值的情况。

关键问题在于,Python 对这些类型的递归函数定义的上限设置了限制。虽然 Python 整数可以轻松地表示 1000!,但是由于栈限制,我们不能随意地实现递归。

计算斐波那契数 F_n 还涉及另外一个问题。如果不小心,就会多次计算大量值。

$$F_5 = F_4 + F_3$$
$$F_5 = (F_3 + F_2) + (F_2 + F_1)$$

等等。

为了计算 F_5,我们将计算两次 F_3,计算三次 F_2,开销非常大。

3.8.1　准备工作

许多递归函数定义遵循由阶乘函数设定的模式。这种模式有时被称为**尾递归**(tail recursion),因为递归情况可以写在函数体的尾部。

```
def fact(n: int) -> int:
    if n == 0:
        return 1
    return n*fact(n-1)
```

函数中的最后一个表达式引用具有不同参数值的函数。

重申一下,避免 Python 中的递归限制。

3.8.2　实战演练

尾递归也可以描述为**规约**(reduction)。我们将从一组值开始,然后将它们归约为一个值。

(1) 展开规则,显示所有详细信息。

$n! = n \times (n-1) \times (n-2) \times (n-3) \times \cdots \times 1$

(2) 编写一个循环，枚举所有值。

$N = \{n, n-1, n-2, \cdots, 1\}$

在 Python 中，这可以简写为 range(1, n+1)。在某些情况下，我们必须对基值应用一些转换函数。

$N = \{f(i): 1 \leqslant i < n+1\}$

如果必须执行某种变换，那么在 Python 中的代码如下所示：

```
N = (f(i) for i in range(1,n+1))
```

(3) 结合规约函数。在本实例中，我们正在使用乘法计算一个很大的乘积。可以使用 $\prod x$ 标记来进行归纳。对于本示例，我们只对乘积中计算的值强加一个简单的边界：

$$\prod\nolimits_{1 \leqslant x \leqslant n+1} x$$

Python 中的一个实现如下所示：

```
def prod(int_iter):
    p = 1
    for x in int_iter:
        p *= x
    return p
```

可以用高阶函数来重新说明一下这个解决方案：

```
def fact(n):
    return prod(range(1, n+1))
```

这个函数能够正常工作。我们优化了第一个解决方案，把 prod() 函数和 fact() 函数组合为一个函数。事实证明，这种优化实际上并没有减少多少运行时间。

使用 timeit 模块对两个方案进行比较的结果如下。

原始方案	4.6901
优化后	4.7766

性能提升了大约 2%，变化不是很大。

注意，Python 3 的 range 对象是**惰性的**（lazy）——它并不创建一个很大的**列表**对象，而是会按照 prod() 函数的要求返回值。这不同于 Python 2，Python 2 中的 range() 函数为所有值创建了一个很大的列表对象，而 xrange() 函数是**惰性的**。

3.8.3　工作原理

尾递归定义很方便，简单易记。数学家喜欢这种方式，因为它有助于说明函数的意义。

许多静态编译语言的优化方式类似于我们所展示的技术。这种优化包括两个部分。

❑ 使用相对简单的代数规则来重新排序语句，以便递归子句是实际上的最后一个语句。if 语句可以重新组织成不同的物理顺序，以确保 return fact(n-1) * n 排在最后。这种重新排列对于如下代码是必要的。

```
def ugly_fact(n):
    if n > 0:
        return fact(n-1) * n
    elif n == 0:
        return 1
    else:
        raise Exception("Logic Error")
```

❑ 向虚拟机字节码或实际机器码中注入特殊指令，重新计算函数，而不创建新的栈帧。Python 没有这个特性。实际上，这个特殊指令将递归转换为一种 while 语句。

```
p = n
while n != 1:
    n = n-1
    p *= n
```

这种纯粹的机械转换导致代码相当难看。在 Python 中，运行速度也可能非常慢。在其他语言中，特殊字节码指令可以加快代码的运行速度。

我们不喜欢做这种机械优化，它会让代码看起来很乱。更重要的是，在 Python 中，它往往会创建比上面开发的代码更慢的代码。

3.8.4 补充知识

斐波那契问题涉及两个递归。如果我们简单地将其写为一个递归，那么代码可能如下所示：

```
def fibo(n):
    if n <= 1:
        return 1
    else:
        return fibo(n-1)+fibo(n-2)
```

很难通过简单的机械将其转换为尾递归。像这样的多次递归问题需要更仔细的设计。

有两种降低计算复杂度的方法：

❑ 使用备忘；

❑ 重述问题。

备忘（memoization）技术很容易在 Python 中应用。可以使用 functools.lru_cache() 作为装饰器，该函数会缓存先前计算的值。这意味着我们只用计算一次值；每隔一段时间，lru_cache 将返回先前计算的值。

代码如下：

```
from functools import lru_cache

@lru_cache(128)
def fibo(n):
    if n <= 1:
        return 1
    else:
        return fibo(n-1)+fibo(n-2)
```

添加装饰器是优化更复杂的**多路递归**的简单方法。

重述问题意味着从新的角度来看待问题。在本例中，可以考虑计算所有斐波那契数，直到包括 F_n。我们只需要该序列中的最后一个值。我们计算了所有的中间值，因为这样做更高效。实现该方法的生成器函数如下所示：

```
def fibo_iter():
    a = 1
    b = 1
    yield a
    while True:
        yield b
        a, b = b, a+b
```

该函数是斐波那契数的无限迭代。该函数使用了 Python 的 `yield` 语句，以便以惰性方式生成值。当客户端函数使用此迭代器时，序列中的下一个数字将被计算，每个数字都将被使用。

下面是一个使用值的函数，该函数对无限迭代器设置了上限：

```
def fibo(n):
    """
    >>> fibo(7)
    21
    """
    for i, f_i in enumerate(fibo_iter()):
        if i == n: break
    return f_i
```

该函数使用了 `fibo_iter()` 迭代器中的每个值。当达到所需的数字时，`break` 语句结束 `for` 语句。

当回顾 2.7 节中的实例时，我们注意到带有 `break` 的 `while` 语句有多重终止条件。在本实例中，终止 `for` 语句的方法只有一种。

可以总是断言当 i == n 时循环结束，这简化了函数的设计。

3.8.5　延伸阅读

请参阅 2.7 节。

3.9　根据脚本/库转换规则编写可重用脚本

创建可以组合成更大脚本的小脚本是很常见的。我们不想复制和粘贴代码，想将核心代码留在一个文件中，并在多个地方使用。我们通常需要组合来自多个文件的元素来创建更复杂的脚本。

棘手的问题在于，当我们导入一个脚本时，实际上就运行了这个脚本。这通常不是我们期望的结果。当导入脚本时，我们更希望对其进行重用。

如何从文件导入函数（或类），而不使脚本开始执行某些操作呢？

3.9.1　准备工作

假设我们有一个便捷的半正矢距离计算函数 haversine()，它包含在文件 ch03_r08.py 里。

最初，文件 ch03_r08.py 可能如下所示：

```
import csv
import pathlib
from math import radians, sin, cos, sqrt, asin
from functools import partial


MI= 3959
NM= 3440
KM= 6373


def haversine( lat_1: float, lon_1: float,
    lat_2: float, lon_2: float, *, R: float ) -> float:
    ... and more ...


nm_haversine = partial(haversine, R=NM)


source_path = pathlib.Path("waypoints.csv")
with source_path.open() as source_file:
    reader= csv.DictReader(source_file)
    start = next(reader)
    for point in reader:
        d = nm_haversine(
            float(start['lat']), float(start['lon']),
            float(point['lat']), float(point['lon'])
            )
        print(start, point, d)
        start= point
```

因为 3.6 节中已经介绍过了 haversine() 函数，所以我们省略了 haversine() 函数的函数体，仅显示为 ... and more ...。我们关注的是函数在 Python 脚本中的上下文，它打开了文件 wapypoints.csv，并对该文件进行了一些处理。

如何导入这个模块，而不打印 wapypoints.csv 文件中路径点之间的距离显示呢？

3.9.2　实战演练

Python 脚本编写起来很简单。事实上，创建一个工作脚本往往也很简单。将简单的脚本转换为可重用库的方法如下。

(1) 识别执行脚本处理的语句：区分**定义**（definition）和**动作**（action）。例如，import、def、class 等语句明显属于定义性语句，它们支持处理，但并不直接执行处理。几乎其他所有语句都执行动作。

在我们的示例中，赋值语句有 4 个，应该算定义语句而非执行语句。这种区分只是一个目的。所有的语句都根据定义执行动作。但是，这些动作更像是 def 语句的动作，而不像脚本后面的 with 语句的动作。

一般的定义性语句如下：

```
MI= 3959
NM= 3440
```

```
KM= 6373

def haversine( lat_1: float, lon_1: float,
    lat_2: float, lon_2: float, *, R: float ) -> float:
    ... and more ...

nm_haversine = partial(haversine, R=NM)
```

其他的语句明确地执行动作来生成输出结果。

(2) 将动作包含在一个函数中。

```
def analyze():
    source_path = pathlib.Path("waypoints.csv")
    with source_path.open() as source_file:
        reader= csv.DictReader(source_file)
        start = next(reader)
        for point in reader:
            d = nm_haversine(
                float(start['lat']), float(start['lon']),
                float(point['lat']), float(point['lon'])
                )
            print(start, point, d)
            start= point
```

(3) 在可能的情况下，提取字面量并把它们转化为参数。通常把字面量简单地转换为参数的默认值。

转换前的函数：

```
def analyze():
    source_path = pathlib.Path("waypoints.csv")
```

转换后的函数：

```
def analyze(source_name="waypoints.csv"):
    source_path = pathlib.Path(source_name)
```

以上转换使得脚本可以重用，因为源文件的路径现在是一个参数而不是一个假设值。

(4) 在脚本文件中包含以下内容作为唯一的高级操作语句。

```
if __name__ == "__main__":
    analyze()
```

我们把脚本执行的动作打包成了一个函数。顶层操作脚本现在包装在一个 if 语句中，这样在导入期间脚本就不会执行。

3.9.3　工作原理

Python 最重要的规则是：导入一个模块等同于将模块作为一个脚本运行。文件中的语句按照从上到下的顺序执行。

当我们导入文件时，通常对执行 def 和 class 语句感兴趣，也可能对某些赋值语句感兴趣。

当 Python 运行脚本时，它会设置一些内置的特殊变量。__name__ 是其中的一个变量，该变量具有两个不同的值，具体值取决于执行文件的上下文。

❑ 顶层脚本，从命令行执行。在这种情况下，内置特殊名称 __name__ 的值被设置为 __main__。

❑ 由于 import 语句而执行的文件。在这种情况下，__name__ 的值为正在创建的模块的名称。

　　__main__ 的标准名称乍听起来有点古怪。为什么不在所有情况下使用文件名呢？指定这个特殊名称是因为 Python 脚本可以从多个来源中读取。它既可以从文件中读取，也可以从 stdin 管道中读取，甚至还可以在 Python 命令行中使用 -c 选项提供。

　　然而，当一个文件被导入时，__name__ 的值被设为模块的名称，而不是 __main__。在这个示例中，在导入过程中 __name__ 的值将是 ch03_r08。

3.9.4　补充知识

　　我们现在可以使用可重用的库构建有用的工作。可以编写以下文件：

trip_1.py 文件

```
from ch03_r08 import analyze
analyze('trip_1.csv')
```

甚至更复杂一些的文件：

all_trips.py 文件

```
from ch03_r08 import analyze
for trip in 'trip_1.csv', 'trip_2.csv':
    analyze(trip)
```

　　我们的目标是将实用解决方案分解为两个功能集合：

❑ 类和函数的定义；

❑ 一个非常小的面向操作的脚本，它使用定义来做有用的工作。

　　为了达到这个目的，我们经常会从一个将这两个功能集合合并在一起的脚本开始。这种脚本可以被看作是一个**试探性解决方案**（spike solution）。我们的试探性解决方案应该在我们确定它有效时，向更精细的解决方案发展。

　　岩钉（spike 或 piton）是一种可移动的登山装备，它并不能使我们爬得更高，但可以让我们安全地攀爬。

3.9.5　延伸阅读

❑ 第 6 章将介绍另一种广泛使用的定义性语句——类的定义。

## 第 4 章

内置数据结构——列表、集、字典

本章主要介绍以下实例。

- 选择数据结构
- 构建列表——字面量、append() 和解析式
- 切片和分割列表
- 从列表中删除元素——del 语句、remove()、pop() 和 filter()
- 反转列表的副本
- 使用 set 方法和运算符
- 从集中移除元素——remove()、pop() 和差集
- 创建字典——插入和更新
- 从字典中移除元素——pop() 方法和 del 语句
- 控制字典键的顺序
- 处理 doctest 示例中的字典和集
- 理解变量、引用和赋值
- 制作对象的浅副本和深副本
- 避免可变默认值作为函数参数

4.1 引言

Python 拥有丰富的内置数据结构。很多有用的应用程序都是由这些内置结构构建的。这些集合（collection）覆盖了各种常见情况。

本章将概述各种可用的数据结构以及它们解决的问题，同时将详细介绍列表（list）、字典（dic）和集（set）。

请注意，我们设定内置的元组（tuple）结构和字符串（string）结构不同于列表结构。它们之间有一些重要的相似之处，但是也有一些差异。在第 1 章中，我们强调了字符串和元组的行为方式更像不可变的数字，而不是可变的集合。

本章还将介绍一些与 Python 处理对象引用的方法相关的高级主题，也将讨论一些与这些数据结构的可变性相关的问题。

4.2　选择数据结构

Python 提供了许多内置数据结构来帮助我们处理数据集合。我们可能很难确定哪种数据结构适合于某种场景。

如何选择使用哪种结构？列表、集合和字典的功能是什么？为什么会出现元组和冻结集合？

4.2.1　准备工作

在将数据放入集合之前，需要考虑如何收集数据，以及收集数据后如何处理，其中最大的问题是如何在集合中识别特定的元素。

本实例将讨论几个必须回答的关键问题。

4.2.2　实战演练

(1) 成员测试是程序设计的重点吗？有效输入值的集合就是一个示例。当用户输入集合中的内容时，其输入有效，否则无效。

简单的成员测试建议使用集（set）。

```
valid_inputs = {"yes", "y", "no", "n"}
answer = None
while answer not in valid_inputs:
    answer = input("Continue? [y, n] ").lower()
```

集在没有特定顺序的状态下保持元素不变。如果元素是集的成员，那么就不能再向该集中添加该元素。

```
>>> valid_inputs = {"yes", "y", "no", "n"}
>>> valid_inputs.add("y")
>>> valid_inputs
{'no', 'y', 'n', 'yes'}
```

我们创建了一个具有 4 个不同字符串元素的集——valid_inputs。我们不能再向已经含有 y 的集中添加另外一个 y。集的内容不可更改。

请注意，集中元素的顺序并不完全是我们初始提供的顺序。集不能对元素保持任何特定的顺序，它只能确定集中是否存在某个元素。

(2) 是否可以根据元素在集合中的位置来标识它们？输入文件中的行就是一个相关示例，行号就是行在集合中的位置。

当必须使用索引或者位置来识别元素时，必须使用列表（list）。

```
>>> month_name_list = ["Jan", "Feb", "Mar", "Apr",
...     "May", "Jun", "Jul", "Aug",
...     "Sep", "Oct", "Nov", "Dec"]
```

```
>>> month_name_list[8]
"Sep"
>>> month_name_list.index("Feb")
1
```

我们创建了一个具有 12 个字符串元素的列表——month_name_list。可以通过提供其位置来选择一个元素,还可以使用 index() 方法来查找元素在列表中的索引。

Python 中列表的位置始终从 0 开始,对于元组和字符串也是如此。

如果集合中的元素数量是固定的,例如,RGB 颜色有三个值,那么就可能需要使用元组而不是列表。如果元素的数量会增长和变化,那么列表是比元组更好的选择。

(3) 是否可以用元素的键而不是位置来标识集合中的元素?示例可能包括字符字符串(即单词)与表示这些单词频率的整数之间的映射,也可能是颜色名称和该颜色的 RGB 元组之间的映射。

当必须使用非位置键来识别元素时,建议使用某种映射。内置的映射就是字典(dict)。可以通过扩展添加更多的特性。

```
>>> scheme = {"Crimson": (220, 14, 60),
... "DarkCyan": (0, 139, 139),
... "Yellow": (255, 255, 00)}
>>> scheme['Crimson']
(220, 14, 60)
```

我们在字典 scheme 中添加了从颜色名称到 RGB 颜色元组的映射。当使用一个键时,例如 "Crimson",可以检索绑定到该键的值。

(4) 仔细考虑集中的元素以及字典中键的可变性。集中的每个元素必须是不可变的对象。数字、字符串和元组都是不可变的,它们可以被收集到集中。由于列表、字典或集是可变的,因此它们不能被用作集的元素。例如,不可能构建一个以列表为元素的集。

我们可以将每个列表转换为元组,而不是创建一个以列表为元素的集。我们可以创建以不可变的元组为元素的集。

类似地,字典的键也必须是不可变的。可以使用数字、字符串或元组作为字典的键,不可以使用列表、集或者其他可变的映射作为字典的键。

4.2.3 工作原理

Python 的每种内置集合都提供了一组独特的功能。这些集合还提供了大量重叠的功能。识别每个集合独特的功能,对于 Python 新手来说是一个挑战。

实际上,collections.abc 模块通过内置集合提供了一种指南。collections.abc 模块定义了支持具体类的**抽象基类**(abstract base class,ABC)。我们将通过这组定义中的名称来了解这些结构的功能。

根据抽象基类可以将集合分为 6 类。

- ❏ 集:独特的功能是元素成员测试。这意味着集不能保存重复的元素。
  - 可变集:set 集合。
  - 不可变集:frozenset 集合。

❑ **序列**：独特的功能是为元素提供索引位置。
  ■ **可变序列**：`list` 集合。
  ■ **不可变序列**：`tuple` 集合。
❑ **映射**：独特的功能是每个元素都有一个指向一个值的键。
  ■ **可变映射**：`dict` 集合。
  ■ **不可变映射**：有趣的是没有内置的冻结映射。

Python 的库提供了这些核心集合类型的大量附加实现，具体可以参考"Python 标准库"。`collections` 模块包含内置集合的许多变体。

❑ `namedtuple`：元组。可以为元组中的每个元素提供名称。使用 `rgb_color.red` 要比 `rgb_color[0]` 稍微清晰一些。
❑ `deque`：双端队列。这是一种可变序列，增加了从每一端推入和弹出的优化。列表可以实现相似的功能，但是 `deque` 的效率更高。
❑ `defaultdict`：字典。可以为缺失键提供默认值。
❑ `Counter`：字典。用于计算键的出现次数。有时也叫作多重集（multiset）或包（bag）。
❑ `OrderedDict`：字典。保留键创建时的顺序。
❑ `ChainMap`：字典。将多个字典组合为单个映射。

"Python 标准库"中还有更多类似的结构。我们也可以使用 `heapq` 模块定义优先级队列。`bisect` 模块包含非常快速地搜索排序列表的方法，可以使列表具有更接近字典快速查找的性能。

4.2.4 补充知识

可以通过 https://en.wikipedia.org/wiki/List_of_data_structures 来了解数据结构。

在这个巨大的数据结构索引中，有一些重要的总结。文章的不同部分提供了略有不同的数据结构的总结。数据结构可以简要地划分为 4 类。

❑ **数组（array）**：不同的实现提供类似的功能。Python 的列表结构是典型的数组，并提供与数组的链表实现类似的性能。
❑ **树（tree）**：通常，树结构可用于创建集、顺序列表或键值映射。可以将树视为一种实现技术，而不是具有独特功能集的数据结构。
❑ **散列（hash）**：Python 使用散列来实现字典和集，虽然速度快，但内存消耗较大。
❑ **图（graph）**：Python 没有内置的图数据结构。但是，可以轻松地用字典表示图结构，其中每个节点都有相邻节点的列表。

在 Python 中几乎可以实现任何类型的数据结构，要么内置结构具有相应的本质特征，要么可以找到一个勉强能够使用的内置结构。

4.2.5 延伸阅读

❑ 关于高级图结构操作的更多信息，请参阅 https://networkx.github.io。

4.3 构建列表——字面量、`append()`和解析式

列表是一种**使用元素位置**的集合，构建列表结构的方法有很多。本实例将介绍多种由单独的元素构建列表对象的方法。

在某些情况下，需要使用列表，因为列表允许重复的值。许多统计操作不需要知道元素的位置。对于这种需求，多重集非常适合，但是多重集不是一种内置的结构，通常使用列表代替多重集。

4.3.1 准备工作

假设需要对某些文件的大小进行统计分析，提供文件大小的简短脚本如下所示：

```
>>> import pathlib
>>> home = pathlib.Path('source')
>>> for path in home.glob('*/index.rst'):
...     print(path.stat().st_size, path.parent)
2353 source/ch_01_numbers_strings_and_tuples
2889 source/ch_02_statements_and_syntax
2195 source/ch_03_functions
3094 source/ch_04_built_in_data_structures_list_tuple_set_dict
725 source/ch_05_user_inputs_and_outputs
1099 source/ch_06_basics_of_classes_and_objects
690 source/ch_07_more_advanced_class_design
1207 source/ch_08_functional_programming_features
926 source/ch_09_input_output_physical_format_logical_layout
758 source/ch_10_statistical_programming_and_linear_regression
615 source/ch_11_testing
521 source/ch_12_web_services
1320 source/ch_13_application_integration
```

以上示例使用了 `pathlib.Path` 对象来表示文件系统中的目录。`glob()`方法扩展了匹配给定模式的所有名称，在本示例中，模式为`'*/index.rst'`。可以使用 `for` 语句显示文件的 `stat` 数据中的文件大小。

我们想累计一个包含各个文件大小的列表对象。通过这个列表对象，可以计算文件的总大小和平均大小，也可以查找看起来太大或太小的文件。

创建列表对象的方法有 4 种。

❑ 使用由`[]`字符包围起来的值序列创建列表的字面量显示，例如`[value, ... ]`。Python需要匹配`[`和`]`来识别一个完整的逻辑行，因此，列表的字面量表示可以跨越物理行。更多相关信息，请参阅 2.3 节。

```
[2353, 2889, 2195, 3094, 725,
1099, 690, 1207, 926, 758,
615, 521, 1320]
```

❑ 使用 `list()` 函数将其他数据集合转换为列表。可以转换集、字典的键或字典的值。4.4 节将介绍更复杂的相关示例。

❑ 使用列表的方法一次一个元素地构建一个列表。这些方法包括 `append()`、`extend()`和 `insert()`。4.3.2 节的 "使用 `append()`方法构建列表" 部分将讨论 `append()`方法，4.3.4 节将讨论其他方法。

❑ 使用生成器表达式构建列表对象。列表解析式就是一种生成器表达式。

4.3.2 实战演练

1. 使用 append() 方法构建列表

(1) 创建一个空列表[]。

```
>>> file_sizes = []
```

(2) 迭代某些源数据。使用 append() 方法将元素追加到列表中。

```
>>> home = pathlib.Path('source')
>>> for path in home.glob('*/index.rst'):
...     file_sizes.append(path.stat().st_size)
>>> print(file_sizes)
[2353, 2889, 2195, 3094, 725, 1099, 690,
1207, 926, 758, 615, 521, 1320]
>>> print(sum(file_sizes))
18392
```

我们使用路径的 glob() 方法来查找匹配给定模式的所有文件。路径的 stat() 方法提供了操作系统的 stat 数据结构，其中包含以字节为单位的文件大小 st_size。

在打印列表时，Python 显示其字面量符号。如果需要将列表复制粘贴到另一个脚本中，这种方法非常方便。

请注意，append() 方法不返回值。append() 方法更改了列表对象，并且不返回任何内容。

> 通常，改变对象的方法都没有返回值。像 append()、extend()、sort()、reverse() 等方法都没有返回值。这些方法调整了列表对象自身的结构。
>
> append() 方法不返回值，它改变了列表对象。
>
> 以下错误代码是很常见的：
>
> ```
> a = ['some', 'data']
> a = a.append('more data')
> ```
>
> 这是非常明显的错误，a 将被设置为 None。
> 正确的方法是使用如下语句，没有任何额外的赋值：
>
> ```
> a.append('more data')
> ```

2. 编写列表解析式

列表解析式的目的是创建一个对象，该对象具有类似列表字面量的语法角色。

(1) 编写围绕列表对象的包装括号[]。

(2) 编写数据源。这将包括目标变量。请注意，语句尾部没有:，因为我们并不是在编写一个完整的语句。

```
for path in home.glob('*/index.rst')
```

(3) 在步骤(2)的语句前面增加计算目标变量的每个值的表达式。同样，由于这是一个简单的表达式，因此我们不能在这里使用复杂语句。

```
path.stat().st_size
    for path in home.glob('*/index.rst')
```

在某些情况下，我们需要添加一个过滤器，即 `for` 语句之后的一个 `if` 语句，这样生成器表达式
将变得相当复杂。

整个列表对象如下所示：

```
>>> [path.stat().st_size
...     for path in home.glob('*/index.rst')]
[2353, 2889, 2195, 3094, 725, 1099, 690, 1207, 926, 758, 615, 521, 1320]
```

现在我们创建了一个列表对象，可以将其赋值给一个变量，并对数据进行其他计算和汇总。

列表解析式包括一个生成器表达式，它在语言手册中被称为**解析式**（comprehension）。生成器表
达式是附加到 `for` 子句的数据表达式。由于生成器是一个表达式，而不是一个完整的语句，因此在功
能上会有一些限制。数据表达式可以被重复计算，并由 `for` 子句控制。

3. 在生成器表达式上使用 `list` 函数

本实例将创建一个使用生成器表达式的 `list` 函数。

(1) 编写围绕生成器表达式的 `list()` 包装函数。

(2) 重用列表解析式版本中的步骤 (2) 和步骤 (3) 来创建生成器表达式。生成器表达式如下所示：

```
path.stat().st_size
    for path in home.glob('*/index.rst')
```

整个列表对象如下所示：

```
>>> list(path.stat().st_size
...     for path in home.glob('*/index.rst'))
[2353, 2889, 2195, 3094, 725, 1099, 690, 1207, 926, 758, 615, 521, 1320]
```

4.3.3 工作原理

Python 的列表对象具有动态大小。当追加或插入列表元素，或者使用另一个列表扩展列表时，会
调整数组的边界。类似地，当弹出或删除列表元素时，会收缩数组的边界。我们可以快速访问任意列
表元素，访问速度不依赖于列表的大小。

在极少数情况下，我们可能希望创建给定初始大小的列表，然后单独设置列表元素的值。可以用
列表解析式来实现，示例如下所示：

```
some_list = [None for i in range(100)]
```

上述表达式创建了一个包含 100 个元素的列表，其中每个元素都是 `None`。但是通常没有必要这
么做，因为列表可以根据需要调整大小。

列表解析式语法和 `list()` 函数都将使用生成器中的列表元素，并通过追加这些元素来创建新的
列表对象。

4.3.4 补充知识

本实例创建列表对象的目标是能够对它们进行汇总。很多 Python 函数都可以实现对列表的汇总，
示例如下：

```
>>> sizes = list(path.stat().st_size
...     for path in home.glob('*/index.rst'))
>>> sum(sizes)
18392
>>> max(sizes)
3094
>>> min(sizes)
521
>>> from statistics import mean
>>> round(mean(sizes), 3)
1414.769
```

我们使用了内置的 sum()、min() 以及 max() 来产生这些文档大小的一些描述性统计。哪个索引文件最小？我们想知道值列表中最小值的位置。可以使用 index() 方法来实现：

```
>>> sizes.index(min(sizes))
11
```

我们找到了最小值，然后使用 index() 方法查找了该最小值的位置。回想一下，索引值从 0 开始，所以最小的文件是第 12 个元素。

扩展列表的其他方法

我们可以扩展列表，也可以在列表的中间或开头插入元素。扩展列表的方法有两种：使用+运算符或者 extend() 方法。创建两个列表并使用+将它们合并在一起的示例如下：

```
>>> ch1 = list(path.stat().st_size
...     for path in home.glob('ch_01*/*.rst'))
>>> ch2 = list(path.stat().st_size
...     for path in home.glob('ch_02*/*.rst'))
>>> len(ch1)
13
>>> len(ch2)
12
>>> final = ch1 + ch2
>>> len(final)
25
>>> sum(final)
104898
```

我们创建了一个名称类似 ch_01*/*.rst 的文档大小的列表。然后，创建了另一个具有稍微不同的名称模式 ch_02*/*.rst 的文档大小的列表。最后，将这两个列表合并成一个最终列表。

还可以使用 extend() 方法。我们将再次使用上例中的两个列表并构建一个新的列表。

```
>>> final_ex = []
>>> final_ex.extend(ch1)
>>> final_ex.extend(ch2)
>>> len(final_ex)
25
>>> sum(final_ex)
104898
```

append() 没有返回值，extend() 也不返回值。extend() 方法改变了列表对象。

我们也可以在列表的任意位置之前插入一个值。insert() 方法接受一个元素的位置，新值将插在给定的位置之前。

```
>>> p = [3, 5, 11, 13]
>>> p.insert(0, 2)
>>> p
[2, 3, 5, 11, 13]
>>> p.insert(3, 7)
>>> p
[2, 3, 5, 7, 11, 13]
```

我们向列表对象中插入了两个新值。与 append() 和 extend() 一样，insert() 也不返回值，它改变了列表对象。

4.3.5　延伸阅读

□ 有关复制列表和从列表中选择子列表的方法，请参阅 4.4 节。

□ 有关从列表中删除元素的其他方法，请参阅 4.5 节。

□ 4.6 节将介绍翻转列表的方法。

□ 有篇文章提供了一些关于 Python 集合如何在内部工作的见解，详见 https://wiki.python.org/moin/ TimeComplexity。在查看表格时，请注意，$O(1)$ 意味着开销基本上是恒定的，而 $O(n)$ 表示开销随着我们尝试处理的元素的索引而变化，这意味着开销随着集合规模的增长而增长。

4.4　切片和分割列表

很多时候，我们需要从列表中选择元素。最常见的处理方式之一就是将列表的第一个元素视为特殊情况。这种处理方式是一种**首尾**（head-tail）处理，首尾处理对待列表头部元素的方式与列表尾部元素不同。

我们也可以使用这些技术制作列表的副本。

4.4.1　准备工作

假设我们有一个记录大型帆船燃料消耗的电子表格，其内容如下。

date	engine on	fuel height
	engine off	
	Other notes	
10/25/2013	08:24	29
	13:15	27
	calm seas—anchor solomon's island	
10/26/2013	09:12	27
	18:25	22
	choppy—anchor in jackson's creek	

燃料高度（fuel height）？是的。我们没有能够估算油箱中燃油量的浮球传感器，所以使用**观测计**（sight-gauge）直接观测燃料。观测计以英寸深度校准。出于实际考虑，油箱是长方形的，所以深度可以轻易地转换为体积，31 英寸深大约是 75 加仑。

重要的是电子表格的数据没有正确归一化。理想情况下，每行数据都遵循第一范式，即每行都具有一致的内容，每个单元格都只有原子值。

我们的数据没有正确归一化，数据包含 4 行标题。csv 模块无法直接处理这些数据。我们需要通过切片移除 other notes 以上的行，还需要组合每天 2 行的航行记录，以便更容易计算航行所用时间和使用的燃料英寸数。

读取数据的过程如下所示：

```
>>> from pathlib import Path
>>> import csv
>>> with Path('code/fuel.csv').open() as source_file:
...     reader = csv.reader(source_file)
...     log_rows = list(reader)
>>> log_rows[0]
['date', 'engine on', 'fuel height']
>>> log_rows[-1]
['', "choppy -- anchor in jackson's creek", '']
```

我们使用了 csv 模块来读取日志的详细信息。csv.reader() 是一个可迭代对象。为了将元素收集到一个单独的列表中，我们应用了 list() 函数。最后查看列表中的第一个和最后一个元素，以确认是否成功创建了一个由列表组成的列表结构。

原始 CSV 文件中的每行都是一个列表，每个子列表都具有 3 个元素。

本实例将使用列表索引表达式的扩展形式从列表中切分元素。切片类似于索引，以 [] 形式跟随在列表对象之后。Python 提供了切片表达式的多种变体。切片可以包含由:字符分隔的 2 个值或 3 个值。可以使用:stop、start:、start:stop、start:stop:step 或其他变体。默认步长（step）值为 1。默认起始值（start）是列表的第一个索引值，默认终止值（end）是列表的最后一个索引值。

如何切片和分割原始列表来选择我们需要的行？

4.4.2 实战演练

(1) 首先，从行的列表中删除 4 行标题。使用 2 个切片表达式在列表的第四行分割列表。

```
>>> head, tail = log_rows[:4], log_rows[4:]
>>> head[0]
['date', 'engine on', 'fuel height']
>>> head[-1]
['', '', '']
>>> tail[0]
['10/25/13', '08:24:00 AM', '29']
>>> tail[-1]
['', "choppy -- anchor in jackson's creek", '']
```

我们使用 log_rows[:4] 和 log_rows[4:] 将列表切分为 2 个部分。变量 head 包含 4 行标题。

我们不想对表头做任何处理，所以忽略了这个变量。变量 tail 具有我们实际需要的工作表的行。

(2) 使用带步长的切片选择我们感兴趣的行。[start::step]形式的切片表达式根据步长值分组选择行。本例将使用两个切片，一个切片从第 0 行开始，另一个切片从第 1 行开始。

从第 0 行开始的每个第 3 行的切片如下所示：

```
>>> tail[0::3]
[['10/25/13', '08:24:00 AM', '29'],
 ['10/26/13', '09:12:00 AM', '27']]
```

从第 1 行开始的每个第 3 行的切片如下所示：

```
>>> tail[1::3]
[['', '01:15:00 PM', '27'], ['', '06:25:00 PM', '22']]
```

(3) 将这两个切片打包在一起。

```
>>> list( zip(tail[0::3], tail[1::3]) )
[(['10/25/13', '08:24:00 AM', '29'], ['', '01:15:00 PM', '27']),
 (['10/26/13', '09:12:00 AM', '27'], ['', '06:25:00 PM', '22'])]
```

将列表分为两个相似的分组。

❑ [0::3]切片从第 0 行开始，每隔 3 行取 1 行，即第 0、3、6、9 行等。
❑ [1::3]切片从第 1 行开始，每隔 3 行取 1 行，即第 1、4、7、10 行等。

使用 zip()函数来组合这两个来自列表的序列，最终生成一个由元组组成的序列。

(4) 展平（flatten）结果。

```
>>> paired_rows = list( zip(tail[0::3], tail[1::3]) )
>>> [a+b for a,b in paired_rows]
[['10/25/13', '08:24:00 AM', '29', '', '01:15:00 PM', '27'],
 ['10/26/13', '09:12:00 AM', '27', '', '06:25:00 PM', '22']]
```

我们使用了 4.3 节中的列表解析式来组合元组中的两个元素，以创建单个行。现在可以将日期和时间转换成 datetime 值。然后，可以通过计算时间差获得帆船的航行时间，通过燃料的高度差来估算燃料的消耗量。

4.4.3　工作原理

切片操作符的常见形式如下。

❑ [:]：起始和终止是隐含的。表达式 S[:]将复制序列 S。
❑ [:stop]：得到从列表起始到 stop 值之前的新列表。
❑ [start:]：得到从给定的 start 值到序列结尾的新列表。
❑ [start:stop]：从起始索引 start 开始选择一个子列表，并在终止索引 stop 之前停止。Python 的索引范围为半开区间，包含起始元素，不包含终止元素。
❑ [::step]：起始和终止是隐含的，包括整个序列。步长 step 一般不等于 1，这意味着从一开始就使用该步长跳过列表。对于给定的步长 s 和列表的大小 $|L|$，索引值为 $i \in \left\{ s \times n : 0 \leqslant n < \dfrac{|L|}{s} \right\}$。

❏ [start::step]: 起始索引 start 是给定的，但终止索引 stop 是隐含的。起始索引 start 是一个偏移量，将步长 step 应用于该偏移量。对于给定的起始索引 a、步长 s 和列表的大小 $|L|$，索引值为 $i \in \left\{ a + s \times n : 0 \leqslant n < \dfrac{|L| - a}{s} \right\}$。

❏ [:stop:step]: 用于防止处理列表中最后几个元素。由于给出了步长 step，因此处理从索引值为 0 的元素开始。

❏ [start:stop:step]: 从序列的子集中选择元素。起始索引 start 之前和终止索引 stop 之后的元素不会用到。

切片技术适用于列表、元组、字符串和其他任何类型的序列。切片技术不会更改对象，而是制作元素的副本。

4.4.4 补充知识

4.6 节将介绍一种切片表达式的复杂用法。

该副本被称为浅副本（shallow copy），因为我们将拥有两个包含对相同底层对象的引用的集合。4.14 节将详细介绍浅副本。

对于本实例，还可以使用生成器函数将多行数据重组为单行数据。第 8 章将介绍函数式编程技术。

4.4.5 延伸阅读

❏ 有关创建列表的方法，请参阅 4.3 节。
❏ 有关从列表中删除元素的其他方法，请参阅 4.5 节。
❏ 4.6 节将讨论如何反转列表。

4.5 从列表中删除元素——**del** 语句、**remove()**、**pop()**和 **filter()**

很多时候需要从列表中移除元素。可以先从列表中删除元素，然后再处理剩下的元素。

移除不需要的元素和使用 filter() 创建所需元素的副本具有相似的效果。两者的区别在于，过滤列表得到的副本将比从列表中删除元素使用更多的内存。本实例将展示两种从列表中移除不需要的元素的技术。

4.5.1 准备工作

假设我们有一个记录大型帆船燃料消耗的电子表格，其内容如下。

date	engine on	fuel height
	engine off	
	Other notes	
10/25/2013	08:24	29
	13:15	27
	calm seas—anchor solomon's island	
10/26/2013	09:12	27
	18:25	22
	choppy—anchor in jackson's creek	

有关该表格的更多背景信息，请参阅 4.4 节。

读取数据的过程如下所示：

```
>>> from pathlib import Path
>>> import csv
>>> with Path('code/fuel.csv').open() as source_file:
...     reader = csv.reader(source_file)
...     log_rows = list(reader)
>>> log_rows[0]
['date', 'engine on', 'fuel height']
>>> log_rows[-1]
['', "choppy -- anchor in jackson's creek", '']
```

我们使用了 csv 模块来读取日志的详细信息。csv.reader() 是一个可迭代的对象。为了将元素收集到一个单独的列表中，我们应用了 list() 函数。最后查看了列表中的第一个元素和最后一个元素，以确认是否成功创建了一个由列表组成的列表结构。

原始 CSV 文件中的每一行都是一个列表，每个列表都具有 3 个元素。

4.5.2　实战演练

本实例将介绍 4 种从列表中移除内容的方法：

❑ del 语句；

❑ remove() 方法；

❑ pop() 方法；

❑ 使用 filter() 函数创建去除选择行的列表副本。

1. 从列表中删除元素

可以使用 del 语句从列表中移除元素。

为了便于在交互式提示符下按照示例演练，我们将复制该列表。因为如果从原始的 log_rows 列表中删除行，那么后续示例可能会很难继续运行。在实际的程序中，我们不会再创建这个额外的副本。我们也可以用 log_rows[:] 来复制原始列表。

```
>>> tail = log_rows.copy()
```

del 语句的使用方法如下所示：

```
>>> del tail[:4]
>>> tail[0]
['10/25/13', '08:24:00 AM', '29']
>>> tail[-1]
['', "choppy -- anchor in jackson's creek", '']
```

del 语句从 tail 中移除了标题行，留下了真正需要处理的行。随后可以使用 4.4 节中的实例来组合和汇总这些行。

2. remove()方法

可以使用 remove()方法从列表中移除元素。该方法将从列表中移除匹配的元素。示例列表如下：

```
>>> row = ['10 / 25/13', '08: 24: 00 AM', '29', '', '01: 15: 00 PM', '27']
```

列表中有一个无用的''字符串。

```
>>> row.remove('')
>>> row
['10/25/13', '08:24:00 AM', '29', '01:15:00 PM', '27']
```

请注意，remove()方法没有返回值，它将原位更改列表。这是一个适用于可变对象的重要特质。

remove()方法没有返回值。

remove()方法更改了列表对象。

如下所示的错误代码是非常常见的：

```
a = ['some', 'data']
a = a.remove('data')
```

上述代码明显是错误的，a 将被设置为 None。

3. pop()方法

可以使用 pop()方法从列表中移除元素。该方法根据索引从列表中移除元素。示例列表如下：

```
>>> row = ['10 / 25/13', '08: 24: 00 AM', '29', '', '01: 15: 00 PM', '27']
```

列表中有一个无用的''字符串。

```
>>> target_position = row.index('')
>>> target_position
3
>>> row.pop(target_position)
''
>>> row
['10/25/13', '08:24:00 AM', '29', '01:15:00 PM', '27']
```

请注意，pop()方法对列表有两种影响：

❑ 更改列表对象；
❑ 返回被移除的值。

4. filter()函数

还可以通过构建副本来移除元素，这个副本通过所需的元素并拒绝不需要的元素。本实例中

filter()函数的实现方法如下。

（1）识别希望通过或拒绝的元素的特征。filter()函数接受通过数据的规则，该函数的相反逻辑将拒绝数据。

本例所需的行在第二列中有一个数值。可以用一个辅助函数检测该值。

（2）编写过滤测试函数。如果函数规模较小，可以使用lambda对象。否则，编写一个单独的函数。

```
>>> def number_column(row, column=2):
...     try:
...         float(row[column])
...         return True
...     except ValueError:
...         return False
```

我们使用了内置的float()函数来确定给定的字符串是否是正确的数字。如果float()函数没有抛出异常，那么数据是有效的数字，该行将通过。如果抛出异常，那么数据不是数字，该行将被拒绝。

（3）在filter()函数中使用过滤测试函数（或lambda）以及原始数据。

```
>>> tail_rows = list(filter(number_column, log_rows))
>>> len(tail_rows)
4
>>> tail_rows[0]
['10/25/13', '08:24:00 AM', '29']
>>> tail_rows[-1]
['', '06:25:00 PM', '22']
```

我们提供了测试函数number_column()和原始数据log_rows。filter()函数的输出是可迭代的。为了从迭代结果创建一个列表，这里将使用list()函数。结果只有我们想要的4行，其余的行被拒绝了。

我们并没有真正删除这些行，而是创建了一个忽略这些行的副本。无论删除还是忽略，最终的结果是一样的。

4.5.3　工作原理

因为列表是可变对象，所以可以从列表中移除元素。这种技术不适用于元组或字符串。这3种集合都是序列，但是只有列表是可变的。

我们只能移除具有列表中存在的索引的元素。如果尝试移除索引超出允许范围的元素，那么将得到一个IndexError异常。例如：

```
>>> row = ['', '06:25:00 PM', '22']
>>> del row[3]
Traceback (most recent call last):
  File "<pyshell#38>", line 1, in <module>
    del row[3]
IndexError: list assignment index out of range
```

4.5.4 补充知识

在某些情况下，这些技术无法正常工作。例如，如果在 `for` 语句中使用列表，则无法从列表中删除元素。

假设我们想从列表中移除所有偶数值元素。无法正常工作的示例如下：

```
>>> data_items = [1, 1, 2, 3, 5, 8, 10,
...     13, 21, 34, 36, 55]
>>> for f in data_items:
...     if f%2 == 0: data_items.remove(f)
>>> data_items
[1, 1, 3, 5, 10, 13, 21, 36, 55]
```

结果显然是不正确的。为什么一些偶数值元素仍然留在列表里？

可以观察一下，当处理值为 8 的元素时，会发生什么情况。运行 `remove()` 方法，8 将被移除，并且所有后续值将向前滑动一个位置，10 将移动到先前 8 所在的位置。列表的内部索引将向前移动到下一个位置，即 13 所在的位置。10 将永远不会被处理。

如果向列表中间插入 `for` 循环中的驱动迭代，那么也会发生错误。在这种情况下，元素将被处理两次。

避免 skip-when-delete 问题的方法有两种。

❏ 创建列表的副本。

```
for f in data_items[:]:
```

❏ 使用手动索引的 `while` 循环。

```
>>> data_items = [1, 1, 2, 3, 5, 8, 10,
...     13, 21, 34, 36, 55]
>>> position = 0
>>> while position != len(data_items):
...     f= data_items[position]
...     if f%2 == 0:
...         data_items.remove(f)
...     else:
...         position += 1
>>> data_items
[1, 1, 3, 5, 13, 21, 55]
```

我们设计了一个循环，只有当元素是奇数时，它才会递增位置。如果元素是偶数，那么它将被移除，而其他元素将在列表中向前移动一个位置。

4.5.5 延伸阅读

❏ 关于创建列表的方法，请参阅 4.3 节。
❏ 关于复制列表和从列表中选择子列表的方法，请参阅 4.4 节。
❏ 4.6 节将介绍如何反转列表。

4.6　反转列表的副本

我们有时需要反转列表中元素的顺序。例如，一些算法以相反的顺序产生结果。本实例将关注数字转换为特定基数的方法，通常按从最不重要的数字到最重要的数字的顺序生成。我们通常希望首先显示最重要的数字，这导致需要反转列表中的数字序列。

反转列表的方法有两种，第一种是 reverse() 方法，第二种是一个便捷的诀窍。

4.6.1　准备工作

假设我们在数字基数之间进行转换。首先了解一下用基数表示数字的方法，以及计算数字的基数表示的方法。

任意值 v 可以定义为以给定基数 b 表示的每位数字 d_n 的多项式函数。

$$v = d_n \times b^n + d_{n-1} \times b^{n-1} + d_{n-2} \times b^{n-2} + \cdots + d_1 \times b + d_0$$

有理数的位数是有限的，无理数的位数是无限的。

例如，数字 0xBEEF 是基数为 16 的值。每位数字的关系为 $\{B=11, E=14, F=15\}$，基数 $b=16$。

$$48\,879 = 11 \times 16^3 + 14 \times 16^2 + 14 \times 16 + 15$$

可以用一种更高效的计算形式来重新说明该方法。

$$v = (\cdots((d_n \times b + d_{n-1}) \times b + d_{n-2}) \times b + \cdots + d_1) \times b + d_0$$

在许多情况下，基数不是某个数的一致幂。例如，ISO 日期格式具有混合基数，包括每周 7 天、每天 24 小时、每小时 60 分钟和每分钟 60 秒。

给定周数、星期数、小时数、分钟数和秒数，根据给定的年份，可以计算出一个以秒为单位的时间戳 t_s。

$$t_s = (((w \times 7 + d) \times 24 + h) \times 60 + m) \times 60 + s$$

例如：

```
>>> week = 13
>>> day = 2
>>> hour = 7
>>> minute = 53
>>> second = 19
>>> t_s = (((week*7+day)*24+hour)*60+minute)*60+second
>>> t_s
8063599
```

如何反转这个计算过程？如何从时间戳中获取各个字段的值？

我们需要使用 divmod 风格的除法。相关背景信息，请参阅 1.5 节。

把以秒为单位的时间戳 t_s 转换为单独的周数、星期数和时间字段的算法如下。

$$t_m, s \leftarrow t_s / 60, t_s \bmod 60$$
$$t_h, m \leftarrow t_m / 60, t_m \bmod 60$$
$$t_d, h \leftarrow t_h / 60, t_h \bmod 24$$
$$w, d \leftarrow t_d / 60, t_d \bmod 7$$

如下代码可以简洁地实现上述算法，结果以逆序生成各项字段值：

```
>>> t_s = 8063599
>>> fields = []
>>> for b in 60, 60, 24, 7:
...     t_s, f = divmod(t_s, b)
...     fields.append(f)
>>> fields.append(t_s)
>>> fields
[19, 53, 7, 2, 13]
```

我们应用了 divmod() 函数 4 次，从以秒为单位的时间戳提取了秒数、分钟数、小时数、星期数和周数。它们的顺序是错误的，如何反转顺序？

4.6.2　实战演练

反转列表的副本有两种方法：使用 reverse() 方法或者 [::-1] 切片表达式。reverse() 方法的示例如下：

```
>>> fields_copy1 = fields.copy()
>>> fields_copy1.reverse()
>>> fields_copy1
[13, 2, 7, 53, 19]
```

我们首先创建了一个原始列表的副本，以便保留未更改的副本来比较已更改的副本。这样更容易理解这些示例。然后应用 reverse() 方法反转列表的副本。

该方法将更改列表。与其他会更改对象的方法一样，该方法不会返回有用的值。使用 a = b.reverse() 这样的语句是错误的，a 的值永远为 None。

负值步长的切片表达式如下所示：

```
>>> fields_copy2 = fields[::-1]
>>> fields_copy2
[13, 2, 7, 53, 19]
```

本例创建了一个 [::-1] 切片，其中起始值和终止值为隐含的，步长为 -1。该切片将以相反的顺序选择列表中的所有元素来创建一个新列表。

该切片操作明显**没有**更改原始的列表，而是创建了一个副本。检查 fields 变量的值将会发现，它没有改变。

4.6.3　工作原理

正如 4.4 节中所提到的，切片标记相当复杂。使用负步长的切片将创建一个副本（或子集），创建过程中将以从右到左的顺序处理元素，而不是默认的从左到右的顺序。

区分 reverse() 和 [::-1] 这两种方法很重要。

- ❑ reverse() 方法修改列表 list 对象本身。类似于 append() 和 remove() 方法，这种方法没有返回值。它更改列表，所以并不返回值。
- ❑ [::-1] 切片表达式创建一个新的列表。该列表是顺序反转的原始列表的浅副本。

4.6.4 延伸阅读

❑ 关于浅副本和深副本的详细信息，请参阅 4.14 节。

❑ 关于创建列表的方法，请参阅 4.3 节。

❑ 关于复制列表以及从列表中选择子列表的方法，请参阅 4.4 节。

❑ 关于从列表中删除元素的其他方法，请参阅 4.5 节。

4.7 使用 set 方法和运算符

构建集（set）的方法有很多。可以使用 set() 函数将现有的集合转换为集，也可以使用 add() 方法把元素放入集中，还可以使用 update() 方法和并集运算符 | 从其他集创建一个较大的集。

本实例将使用一个集来说明我们是否从统计数据池中看到了一个完整的值域。在扫描样本时，本实例将构建一个集。

在进行探索性数据分析时，我们需要回答一个问题：**数据是否随机？** 许多数据集合在具有普通噪声的数据中存在差异。不在复杂的建模和随机数分析上浪费时间非常重要。

对于离散或连续的数值数据，比如以米为单位的水深或以字节为单位的文件大小，可以使用平均值和标准差来确定给定的数据集合是否是随机的。我们期望样本的平均值与标准差测量范围内的平均值相匹配。

对于分类数据，比如客户 ID 号码或电话号码，我们无法计算平均值或标准差。这些值必须以不同的方式进行计算。

优惠券收集测试（coupon collector's test）是一种用于确定分类数据随机性的技术。通过该测试，我们将看到在找到一整套**优惠券**之前，需要检查多少项。客户访问序列是否随机？还是访问序列有一些其他分布？如果数据不是随机的，那么可以对这些原因进行更多的研究。

集是这种技术的核心。我们将向一个集中添加元素，直到每个客户都出现一次。

如果客户随机到访，那么可以在客户到访至少一次之前，预测预期的访问次数。整个域的总体预计到达次数是域中每个客户到达次数的总和。这等于客户的数量 n 乘以第 n 个谐波次数（harmonic number）H_n：

$$E = n \times H_n = n \times ((1/1) + (1/2) + (1/3) + (1/n))$$

这是在所有客户到访之前预期的平均访问次数。如果实际的平均到访次数符合所有客户正在访问的期望值，那么就不需要再浪费时间研究符合我们期望的数据。如果实际的平均水平不符合预期，一些客户不像其他客户那样频繁访问，那么我们就需要深入研究其原因。

4.7.1 准备工作

本实例将使用一个 Python 集来表示优惠券的集合。我们需要一组可能（或可能没有）适当分布的优惠券数据。假设一组有 8 个客户。

模拟客户以随机顺序到访的函数如下所示。客户以数字的形式表示为半开区间[0, n]，所有的客户

c 符合规则 $0 \leqslant c < n$。

```
>>> import random
>>> def arrival1(n=8):
...     while True:
...         yield random.randrange(n)
```

arrival1() 函数将产生无穷的值序列。函数名称中的 arrival 之后有一个 1。这个名称可能看起来像拼写错误，但是我们使用 1 后缀以便创建替代实现。

我们需要对生成的值的数量加上一个上限。有样本数量上限的函数如下：

```
>>> def samples(limit, generator):
...     for n, value in enumerate(generator):
...         if n == limit: break
...         yield value
```

该生成器函数使用另一个生成器作为元素的来源。我们将使用 arrival1() 函数。samples() 函数枚举来自较大集合的元素，并在收集到足够的元素时停止。由于 arrival1() 函数能够生成无限个元素，因此这个边界至关重要。

使用这些函数模拟客户到访情况的方法如下。我们将生成一个客户 ID 号码序列。

```
>>> random.seed(1)
>>> list(samples(10, arrival1()))
[2, 1, 4, 1, 7, 7, 7, 6, 3, 1]
```

强制随机数生成器具有特定的种子值，以便产生一个已知的测试序列。将 samples() 函数应用于 arrival1() 函数，以产生 10 个客户访问的序列。客户 7 似乎有很多重复的业务，客户 0 和客户 5 没有出现。

这只是一个数据模拟。企业将使用销售收据来确定客户访问情况。网站可能会在数据库中记录访问数据，或者抓取 Web 日志来确定实际值的顺序。

在所有 8 个客户到访之前，预期的访问次数是多少？

```
>>> from fractions import Fraction
>>> def expected(n=8):
...     return n * sum(Fraction(1,(i+1)) for i in range(n))
```

该函数创建一系列分数，从 $1/1$、$1/2$，一直到 $1/n$。将它们相加并乘以 n。

```
>>> expected(8)
Fraction(761, 35)
>>> round(float(expected(8)))
22
```

平均 22 次访问之后，我们才能看到所有的 8 个客户。

在所有 8 个客户到访之前，如何使用集创建实际访问次数的统计数据？

4.7.2　实战演练

遍历每个客户的访问时，我们将客户 ID 放入一个集中。集不会保存重复项，一旦一个客户 ID 是该集的成员，那么再次添加该值并不会改变这个集。我们将在本实例中总结步骤，然后显示完整的函数。

(1) 从一个空集和一个零计数器开始。

(2) 使用一个 for 循环来访问所有数据元素。

(3) 将下一个元素添加到集中，计数器加 1。

(4) 如果集的元素添加完成，那么就可以产生计数。这个计数就是获取完整的集所需的客户数量。产生计数后，清空集并将计数器初始化为零，准备统计下一个客户。

函数如下所示：

```
def coupon_collector(n, data):
    count, collection = 0, set()
    for item in data:
        count += 1
        collection.add(item)
        if len(collection) == n:
            yield count
            count, collection = 0, set()
```

该函数将 count 设置为 0 并创建一个空集 collection，我们将在 collection 中收集客户 ID。我们将逐个访问源数据值序列 data 中的每个元素。count 值表示有多少访问者。变量 collection 的值是不同访问者的集。

集的 add() 方法将更改集，添加一个与集中原有元素不同的值。如果该值已经在集中，则集的内容不会发生变化。

当 collection 的大小符合目标大小时，我们将获得一套完整的优惠券。我们可以生成 count 的值，也可以重置访问次数，并为优惠券集合创建一个新的空集。

4.7.3　工作原理

由于 coupon_collector() 函数是一个生成器，因此需要通过从结果中创建一个列表对象来捕获数据。使用 coupon_collector() 函数的方法如下所示：

```
from statistics import mean
expected_time = float(expected(n))
data = samples(100, arrival1())
wait_times = list(coupon_collector(n, data))
average_time = mean(wait_times)
```

我们计算了所有 n 个客户到访的预期次数，使用 samples(100,arrival1()) 作为一个模拟，创建了具有一个访问序列的变量 data。在现实生活中，我们会分析销售收据来收集这个访问序列。

我们将优惠券收集测试应用于数据，最终产生了一个值序列，显示了有多少客户到访才能创建一整套**优惠券**或客户 ID。该计数序列应当接近预期的访问次数。我们已将此序列赋值给变量 wait_times，因为已经测量了在看到样本集中的所有客户之前需要等待的时间。

我们可以轻松地比较实际数据和预期数据。前面展示的 arrival1() 函数产生了与预期值相当接近的平均值。由于输入数据是随机的，因此模拟值不会精确匹配期望值。

优惠券收集测试依赖于收集一个优惠券的集。在这种情况下，术语**集**最能代表数据的精确数学形式。

给定的元素要么是一个集的成员，要么不是。我们不能把一个元素多次添加到同一个集中。例如，可以手动创建一个集，并向其中添加一个元素。

```
>>> collection = set()
>>> collection.add(1)
>>> collection
{1}
```

当尝试再次添加该元素时，集的值不会改变。

```
>>> collection.add(1)
>>> collection
{1}
>>> 1 in collection
True
```

集是优惠券收集测试的完美数据表示。

请注意，add()方法不返回值。它更改集对象，类似于列表方法的工作方式。通常，更改集合的方法不会返回值。唯一的例外是 pop()方法，该方法更改集对象并返回被删除的值。

4.7.4 补充知识

向集添加元素的方法有很多种。

❑ 使用 add()方法。它适用于添加单个元素。

❑ 使用 union()方法。就像一个运算符，它创建一个新的结果集，不会更改任何一个操作集。

❑ 使用|并集运算符计算两个集的并集。

❑ 使用 update()方法用一个集中的元素更新另一个集。这种方法会更改集，并且不返回值。

对于以上大多数方法，需要根据待添加的元素创建一个单例集。通过把单个元素转换为一个单例集，将单个元素 3 添加到一个集中的示例如下：

```
>>> collection
{1}
>>> item = 3
>>> collection.union( {item} )
{1, 3}
>>> collection
{1}
```

本例根据 item 变量的值创建了一个单例集{item}。然后，使用 union()方法计算一个新集——collection 和{item}的并集。

请注意，union()方法返回一个结果对象，并保持原始 collection 集不变。我们需要使用 collection = collection.union({item})来更新 collection 对象。

另一种方法如下，使用并集运算符|：

```
>>> collection = collection | {item}
>>> collection
{1, 3}
```

该示例类似于通用的数学标记$\{1,3\} \cup \{3\} \equiv \{1,3\}$。

还可以使用 update() 方法：

```
>>> collection.update( {4} )
>>> collection
{1, 3, 4}
```

update 方法将更改集对象。因为更改了集，所以不返回值。

Python 有大量的集合运算符。在复杂表达式中常用的集合运算符如下。

- ❏ |，并集，经常排版为 $A \cup B$。
- ❏ &，交集，经常排版为 $A \cap B$。
- ❏ ^，对称差，经常排版为 $A \Delta B$。
- ❏ -，差集，经常排版为 $A - B$。

4.7.5　延伸阅读

- ❏ 4.8 节将介绍如何通过移除或替换元素来更新集。

4.8　从集中移除元素——remove()、pop()和差集

Python 提供了多种从集中移除元素的方法。我们可以使用 remove() 方法移除特定的元素，也可以使用 pop() 方法移除任意元素。

此外，还可以使用交集、差集和对称差运算符&、–和^来获得一个新集。这些运算将产生一个新集，新集是给定输入集的子集。

4.8.1　准备工作

我们的日志文件中行的格式有时可能复杂多样。下面是一个复杂日志的片段：

```
>>> log = '''
... [2016-03-05T09:29:31-05:00] INFO: Processing ruby_block[print IP] action run
(@recipe_files::/home/slott/ch4/deploy.rb line 9)
... [2016-03-05T09:29:31-05:00] INFO: Installed IP: 111.222.111.222
... [2016-03-05T09:29:31-05:00] INFO: ruby_block[print IP] called
...
...   - execute the ruby block print IP
... [2016-03-05T09:29:31-05:00] INFO: Chef Run complete in 23.233811181 seconds
...
... Running handlers:
... [2016-03-05T09:29:31-05:00] INFO: Running report handlers
... Running handlers complete
... [2016-03-05T09:29:31-05:00] INFO: Report handlers complete
... Chef Client finished, 2/2 resources updated in 29.233811181 seconds
... '''
```

我们需要在日志中找到类似 IP: 111.222.111.222 的行。实现方法如下所示：

```
>>> import re
>>> pattern = re.compile(r"IP: \d+\.\d+\.\d+\.\d+")
```

```
>>> matches = set( pattern.findall(log) )
>>> matches
{'IP: 111.222.111.222'}
```

比较大的日志文件的问题在于，只有一些目标行有真正的信息，这些行与看起来相似的行混合在一起。我们也会找到类似 `IP: 1.2.3.4` 的行，但是这是不相关的输出。实际上，我们想忽略这些不相关的行。

对于这种情况，交集（set intersection）和差集（set subtraction）是非常有帮助的。

4.8.2　实战演练

(1) 创建一个需要忽略的元素的集。

```
>>> to_be_ignored = {'IP: 0.0.0.0', 'IP: 1.2.3.4'}
```

(2) 收集日志的所有条目。如前面所示，本例将使用 `re` 模块。假设数据包括正确的地址以及日志其他部分的虚拟地址和占位符地址。

```
>>> matches = {'IP: 111.222.111.222', 'IP: 1.2.3.4'}
```

(3) 使用差集的形式从匹配的集中删除元素，示例如下。

```
>>> matches - to_be_ignored
{'IP: 111.222.111.222'}
>>> matches.difference(to_be_ignored)
{'IP: 111.222.111.222'}
```

请注意，这两个运算符都返回新集作为结果。这两者都不会更改底层的集对象。

这些运算符的示例如下：

```
>>> valid_matches = matches - to_be_ignored
>>> valid_matches
{'IP: 111.222.111.222'}
```

生成的集将被赋给一个新的变量 `valid_matches`，以便可以对这个新集进行所需的处理。

在这种情况下，如果元素不在集中，那么不会抛出 `KeyError` 异常。

4.8.3　工作原理

集对象只跟踪成员资格。元素要么在集中，要么不在集中。我们指定要移除的元素。移除元素不依赖于索引位置或键值。

因为可以使用集合运算符，所以可以从目标集中移除一个集的任意元素。我们不需要单独处理这些元素。

4.8.4　补充知识

从集中移除元素的方法有很多。

❑ 本例使用了 `difference()` 方法和 `-` 运算符。`difference()` 方法的行为类似于一个运算符，

　　并创建一个新的集。

- □ 可以使用 `difference_update()` 方法。该方法将原位更改集。它也没有返回值。
- □ 可以使用 `remove()` 方法移除单个元素。
- □ 也可以使用 `pop()` 方法移除任意元素。这种方法不太适用于这个例子，因为我们无法控制哪个元素被弹出。

`difference_update()` 方法的示例如下：

```
>>> valid_matches = matches.copy()
>>> valid_matches.difference_update( to_be_ignored )
>>> valid_matches
{'IP: 111.222.111.222'}
```

　　首先，我们创建了原始 `matches` 集的副本，把新集赋值给了 `valid_matches` 集。然后，应用 `difference_update()` 方法从该集合中移除不需要的元素。

　　由于集已被更改，因此不会返回任何值。此外，由于该集是一个副本，因此不会修改原始的 `matches` 集。

　　`remove()` 方法的使用方法如下所示。请注意，如果集中不存在该元素，那么 `remove()` 方法将抛出异常。

```
>>> valid_matches = matches.copy()
>>> for item in to_be_ignored:
...     if item in valid_matches:
...         valid_matches.remove(item)
>>> valid_matches
{'IP: 111.222.111.222'}
```

　　在尝试移除元素之前，我们测试了该元素是否在 `valid_matches` 集中。这是避免引发 `KeyError` 异常的一种方法。另一种方法是使用 `try:` 语句静默异常。

　　`pop()` 方法可以移除任意项，它将更改该集并返回被移除的元素。如果尝试从一个空集中弹出元素，那么将抛出 `KeyError` 异常。

4.8.5　延伸阅读

- □ 4.7 节介绍了创建集的其他方法。

4.9　创建字典——插入和更新

　　字典是一种 Python 映射。内置类型 `dict` 类提供了许多常见功能。`collections` 模块定义了这些功能的一些常见变体。

　　4.2 节指出，当需要将键映射到给定值时，应当使用字典。例如，我们可能希望把单词映射到该单词的长而复杂的定义，或者把值映射到该值在数据集中出现的次数。

　　键和计数型字典是很常见的。我们将通过一个详细的实例来说明初始化字典并更新计数器的方法。

4.7 节讨论了一个企业的客户到访情况。在那个实例中，我们使用了集来确定企业在收集完整的访问之前需要多少次访问。

4.9.1 准备工作

本实例将创建一个直方图来说明每个客户的访问次数。为了创建一些有趣的数据，本实例将修改另一个实例中使用的样本生成器。

4.7 节使用了一个简单的均匀随机数生成器来选择客户的序列。本实例将使用另一种选择客户的方法，生成具有不同分布的随机数。

```
>>> def arrival2(n=8):
...     p = 0
...     while True:
...         step = random.choice([-1,0,+1])
...         p += step
...         yield abs(p) % n
```

该方法使用**随机游走**（random walk）技术来生成下一个客户的 ID 号码。从 0 开始，然后从三个选择中选择一个。这种方法可以使用相同的客户编号或者两个相邻客户编号中的一个。使用表达式 abs(p) % n 可以计算任意整数值，并将数字 p 映射到范围 $0 \leqslant p < n$。

模拟客户到达情况的数据生成工具如下所示：

```
>>> import random
>>> from ch04_r06 import samples, arrival2
>>> random.seed(1)
>>> list( samples(10, arrival2(8)) )
[1, 0, 1, 1, 2, 2, 2, 2, 1, 1]
```

该示例说明了 arrival2() 函数如何模拟倾向聚集在客户 0 的起始值的客户。如果对该数据使用 4.7 节中的优惠券收集测试，那么该样本数据将不能通过测试。大量的来访次数意味着，在收集所有 8 个不同的客户之前，我们必须看到非常多的客户。

直方图对每个客户的出现次数计数，我们将使用字典把客户 ID 映射到客户出现的次数。

4.9.2 实战演练

(1) 使用 {} 创建一个空字典，也可以使用 dict() 来创建。由于我们要创建一个直方图来计算每个客户的到达次数，因此把字典命名为 histogram。

```
histogram = {}
```

(2) 对于每个客户编号，如果是新客户，那么添加一个空列表到字典。可以用 if 语句或者字典的 setdefault() 方法来实现。我们将首先演示 if 语句版本，稍后演示 setdefault() 优化版本。

(3) 增加字典中的值。

计算字典中客户出现次数的循环如下所示。它创建并更新元素。

```
for customer in source:
    if customer not in histogram:
        histogram[customer]= 0
    histogram[customer] += 1
```

循环结束后，我们将得到每个客户的模拟访问计数。

我们可以把计数转换为条形图来比较频率，还可以计算一些包括平均值和标准差的基本的描述性统计数据，来查看是否有客户出现的次数过多或过少。

4.9.3   工作原理

字典的核心功能是从不可变值到任何类型对象的映射。本实例使用了一个不可变的数字作为键，另一个数字作为值。在计数的同时，替换了与键相关联的值。

以下写法看起来有些不太常用：

```
histogram[customer] += 1
```

或者写为：

```
histogram[customer] = histogram[customer] + 1
```

仔细思考字典中被**替换**的值。当编写一个类似 histogram[customer] + 1 的表达式时，我们从另外两个整数对象计算得到了一个新的整数对象。这个新对象替换了字典中的旧值。

字典的键对象不可变，这一点极其重要。不能使用列表、集或者字典作为一个字典映射的键，但是可以把列表转换为不可变的元组或者把集转换为 frozenset，这样就可以使用这些更复杂的对象作为键。

4.9.4   补充知识

我们不必使用 if 语句来添加缺失的键。可以使用字典的 setdefault()方法。修改后的循环如下所示：

```
histogram = {}
for customer in source:
    histogram.setdefault(customer, 0)
    histogram[customer] += 1
```

如果 customer 键不存在，则提供默认值。如果键确实存在，则 setdefault()方法不执行任何操作。

collections 模块提供了许多可以替代默认 dict 映射的其他映射。

❑ defaultdict：这种集合可以让我们不必显式地编写本实例中的第二个步骤。我们提供一个初始化函数作为创建 defaultdict 的一部分。稍后将演示这种集合的使用方法。

❑ OrderedDict：这种集合按照键最初创建的顺序保存键。4.11 节将会对此做详细介绍。

❑ Counter：这种集合在创建时执行 key-and-count 算法。稍后也会演示这种集合。

使用 defaultdict 类的版本如下所示：

```
from collections import defaultdict
def summarize_3(source):
    histogram = defaultdict(int)
    for item in source:
        histogram[item] += 1
    return histogram
```

我们创建了一个 defaultdict 实例，它将使用 int() 函数初始化任何未知键的值。我们将 int 函数对象提供给 defaultdict 构造函数。defaultdict 将执行给定函数对象来创建默认值。

这使我们能够简单地使用 histogram[item] += 1。如果 item 属性的值在字典中，则它将被递增。如果 item 属性的值不在字典中，则会执行 int 函数，结果将成为默认值。

上述示例的另一种解决方法是创建一个 Counter 对象。需要导入 Counter 类，以便从原始数据中构建 Counter 对象。

```
>>> from collections import Counter
>>> def summarize_4(source):
...     histogram = Counter(source)
...     return histogram
```

当我们从数据源创建一个 Counter 对象时，Counter 类将扫描数据并计算不同元素的出现次数，该类实现了整个实例。

结果如下所示：

```
>>> import random
>>> from pprint import pprint
>>> random.seed(1)
>>> histogram = summarize_4(samples(1000, arrival2(8)))
>>> pprint(histogram)
Counter({1: 150, 0: 130, 2: 129, 4: 128, 5: 127, 6: 118, 3: 117, 7: 101})
```

请注意，Counter 对象以计数值的降序显示字典的元素。OrderedDict 对象将以键创建的顺序来显示字典的元素。字典元素是没有固定顺序的。

对键强制排序的方法如下所示：

```
>>> for key in sorted(histogram):
...     print(key, histogram[key])
0 130
1 150
2 129
3 117
4 128
5 127
6 118
7 101
```

4.9.5　延伸阅读

❑ 4.10 节将介绍如何通过移除元素来修改字典。

❑ 4.11 节将介绍如何控制字典中键的顺序。

4.10　从字典中移除元素——pop()方法和 del 语句

关联存储（associative store）是字典的一种常见用途，字典可以保持键和值对象之间的关联。这意味着可以对字典中的元素进行任何 CRUD 操作。

- ❑ 创建（create）新的键值对
- ❑ 检索（retrieve）与键关联的值
- ❑ 更新（update）与键关联的值
- ❑ 删除（delete）字典中的键和值

字典有两种常见的变体。

- ❑ 内存中（in-memory）的字典 dict 以及 collections 模块中的其他变体。这些集合仅在程序运行时才存在。
- ❑ shelve 和 dbm 模块中的持久性存储。数据集合是文件系统中的持久文件。

这些变体非常相似，shelf.Shelf 和 dict 对象之间的区别很小。这允许我们尝试在不对程序进行剧烈更改的情况下，把一个 dict 切换为一个 Shelf。

服务器进程通常有多个并发会话。创建会话时，可以将它们放入 dict 或 shelf。会话退出时，元素被删除或存档。

本实例将模拟处理多个请求的服务。我们将定义一个在模拟环境中以单线程工作的服务，避免考虑并发和多进程。

4.10.1　准备工作

在赌场游戏 *Craps* 中，玩家可以经常在游戏过程中创建和移除多个赌注。虽然 *Craps* 的规则可能非常复杂，但核心概念主要包括玩家可能会做出的 4 种投注。

- ❑ **过线**（pass line）注：游戏的初始赌注。
- ❑ **过线赔率**（pass line odds）注：这种赌注没有明确地标识在赌桌上，但它的确是一种赌注。这种赌注的赔率不同于过线注，并且具有某些统计学优势。[①]它也可以被去除。
- ❑ **来线**（come line）注：这种赌注可以在游戏过程中投注。
- ❑ **来线赔率**（come line odds）注：这种赌注同样可以在游戏过程中投注，也可以取回。

模拟游戏和玩家是了解所有这些投注选择的最佳方式。游戏需要跟踪玩家的所有投注，我们可以通过字典实现赌注的插入、去除，或者模拟用户取回赌注、终止游戏。

为了更专注于如何正确使用字典，我们将简化游戏的模拟部分。本实例最好通过类定义实现，这样我们就可以正确地将赌注和游戏规则从玩家规则中分离出来。有关类设计的更多信息，请参阅第 6 章。

4.10.2　实战演练

(1) 创建一个总体字典对象。

---

① 过线注赔率仅为 1∶1。——译者注

```
working_bets = {}
```

(2) 定义我们插入字典的每个对象的键和值。例如，键可能是下注的描述：come、pass、come odds 或 pass odds，值可能是下注金额。下注金额通常避免使用货币计量，而是以赌桌上最低的下注为单位计算。通常是简单的整数的倍数，最常见的是用整数值 1 来表示最小的下注。

(3) 投注时输入值。

```
working_bets[bet_name] = bet_amount
```

具体的示例如 working_bets["pass"] = 1。

(4) 赌注付清或取消时，移除值。可以使用 del 语句或者字典的 pop()方法。

```
del working_bets ['come odds']
```

如果不存在该键，则会抛出 KeyError 异常。

pop()方法改变字典并返回与该键相关联的值。如果键不存在，则会抛出 KeyError 异常。

```
amount = working_bets.pop('come odds')
```

实际上，pop()方法可以给定一个默认值。如果键不存在，则不会抛出异常，而是返回默认值。

4.10.3 工作原理

因为字典是可变对象，所以可以从字典中移除键。这将同时删除键以及与该键相关联的值对象。如果试图删除不存在的键，则会抛出 KeyError 异常。

可以用如下语句替换字典中的对象：

```
working_bets["come"] = 1
working_bets["come"] = None
```

键 come 仍然在字典中，原来的值 1 将被替换为新的值 None。这种操作与删除元素不同。

4.10.4 补充知识

我们只能删除字典的键。如前所述，可以将值设置为 None 来删除值，并把对应的键留在字典中。在 for 语句中使用字典时，目标变量将被赋值为字典的键值。例如：

```
for bet_name in working_bets:
    print(bet_name, working_bets[bet_name])
```

本例将打印所有的键值 bet_name 以及与 working_bets 字典中的赌注相关联的下注金额。

4.10.5 延伸阅读

❑ 4.9 节研究了如何创建字典以及如何为字典添加键和值。
❑ 4.11 节将研究如何控制字典中键的顺序。

4.11 控制字典键的顺序

4.9 节介绍了创建字典对象的基础知识。在许多情况下，我们会把元素放入字典，并从字典中单独获取元素，几乎就没有考虑过为键排序的问题。

在某些情况下，我们可能想显示字典的内容，这时通常会希望键按照某种顺序排列。例如，在使用 Web 服务时，消息通常是以 JSON 格式编码的字典。在许多情况下，我们希望键保持特定的顺序，这样消息在调试日志中显示时，就更容易理解了。

再如，在使用 csv 模块读取数据时，电子表格中的每一行都可以表示为字典。在这种情况下，我们几乎总是希望键保持给定的顺序，以便字典遵循源文件的结构。

4.11.1 准备工作

字典是电子表格行的良好模型，在电子表格具有列标题的标题行时，字典尤其适用。假设我们在电子表格中收集了一些数据，如下所示。

final	least	most
5	0	6
−3	−4	0
−1	−3	1
3	0	4

该表格显示了玩家最终的收入、玩家的最低金额以及玩家的最高金额。可以使用 csv 模块读取这些数据并做进一步的分析。

```
>>> from pathlib import Path
>>> import csv
>>> data_path = Path('code/craps.csv')
>>> with data_path.open() as data_file:
...     reader = csv.DictReader(data_file)
...     data = list(reader)
>>> for row in data:
...     print(row)
{'most': '6', 'least': '0', 'final': '5'}
{'most': '0', 'least': '-4', 'final': '-3'}
{'most': '1', 'least': '-3', 'final': '-1'}
{'most': '4', 'least': '0', 'final': '3'}
```

虽然每个电子表格行都是字典，但是行中键的顺序与原始 .csv 文件中键的顺序不一致。

为什么会这样呢？默认字典结构 dict 不保证键的顺序。如果想要按照特定的顺序显示键，该怎么办？

4.11.2 实战演练

强制对字典的键排序的方法有两种。

❑ 创建 OrderedDict：按照键创建的顺序排列。

❑ 对键使用 `sorted()`：按照排序顺序排列。

大多数情况下，可以简单地使用 `OrderedDict` 替代 `dict()` 或 `{}` 来创建一个空字典。这将允许我们以所需的顺序创建键。

然而，在某些情况下，不能轻易地用一个 `OrderedDict` 实例替换 `dict` 实例。选择这个例子就是因为我们不能简单地替换由 `csv` 模块创建的 `dict` 类。

强制行的 `dict` 键按照原始 .csv 文件中列的顺序排列，方法如下。

(1) 获取键的首选顺序。对于 `DictReader`，`reader` 对象的 `fieldnames` 属性包含正确的顺序信息。

(2) 使用生成器表达式按顺序创建字段。代码如下所示。

```
((name, raw_row[name]) for name in reader.fieldnames)
```

(3) 由生成器创建一个 `OrderedDict`。整个过程如下所示。

```
>>> from collections import OrderedDict
>>> with data_path.open() as data_file:
...     reader = csv.DictReader(data_file)
...     for raw_row in reader:
...         column_sequence = ((name, raw_row[name])
...             for name in reader.fieldnames)
...         good_row = OrderedDict(column_sequence)
...         print(good_row)
OrderedDict([('final', '5'), ('least', '0'), ('most', '6')])
OrderedDict([('final', '-3'), ('least', '-4'), ('most', '0')])
OrderedDict([('final', '-1'), ('least', '-3'), ('most', '1')])
OrderedDict([('final', '3'), ('least', '0'), ('most', '4')])
```

该示例构建了键按照特定顺序排列的字典。

作为优化，可以将两个步骤组合成一个步骤。

```
OrderedDict((name, raw_row[name]) for name in reader.fieldnames)
```

该示例将构建有序版本的 `raw_row` 对象。

4.11.3 工作原理

`OrderedDict` 类保持键创建时的顺序。这个类便于确保结构保持更容易理解的顺序。

当然，这种方法有一定的性能开销。默认的 `dict` 类为每个键计算一个散列值，散列值用于定位字典中的一个空间。`dict` 往往会使用更多的内存，但执行速度非常快。

`OrderedDict` 使用额外的存储空间来保持键的顺序。当键被创建时，需要一些额外的时间。如果算法侧重于键的创建，那么执行速度可能有所减缓。如果设计倾向于键的查找，那么使用 `OrderedDict` 时不会有太大的变化。

4.11.4 补充知识

在某些包中有一些替代的有序字典实现，例如 `pymongo`。

请参阅 https://api.mongodb.org/python/current/api/bson/son.html。

`bson.son` 模块包含一个非常便捷的有序字典类——SON 类。该类主要专注于 Mongo 数据库的需求，但对其他应用程序也非常适用。

4.11.5　延伸阅读

❑ 4.9 节讨论了如何创建字典。
❑ 4.10 节讨论了如何通过删除元素来修改字典。

4.12　处理 `doctest` 示例中的字典和集

本实例将介绍一些关于正确编写测试的知识。第 11 章将全面介绍测试。在涉及编写正确的测试时，本章中的字典和集数据结构都存在着一定的复杂性。

由于 `dict` 键（和 `set` 成员）没有顺序，因此测试结果也将出现问题。测试需要可重复的结果，但是这些数据结构没有办法保证集合的顺序，这可能导致测试结果不符合我们的预期。

假设测试预期的集为{`"Poe"`, `"E"`, `"Near"`, `"A"`, `"Raven"`}。由于集没有确定的顺序，因此Python 可以以任意顺序显示该集。

```
>>> {"Poe", "E", "Near", "A", "Raven"}
{'E', 'Poe', 'Raven', 'Near', 'A'}
```

这些元素都是相同的，但是 Python 的输出并不相同。`doctest` 包要求示例的文本输出与 Python 的 REPL 生成的输出**完全相同**。

如何确定 `doctest` 示例真正有效？

4.12.1　准备工作

下面是一个涉及 `set` 对象的示例：

```
>>> words = set(
... '''Beautiful is better than ugly.
... Explicit is better than implicit.
... Simple is better than complex.
... Complex is better than complicated.
... '''.replace('.', ' ').split())
>>> words
{'complicated', 'Simple', 'ugly', 'implicit', 'Beautiful',
'complex', 'is', 'Explicit', 'better', 'Complex', 'than'}
```

该示例非常简单。然而，这个示例每次的处理结果往往会不同。实际上，在涉及安全的算法中，变化的顺序是很重要的。该问题被称为**散列随机化**（hash randomization）问题：当散列值可预测时，可能会成为安全漏洞。

当使用 `doctest` 模块时，需要完全一致的示例。就像我们将在第 11 章看到的那样，`doctest` 模块擅长查找示例，但是并不擅长确保实际结果与预期结果相匹配。

这种问题主要局限于集和字典。这两种结构都是集合，但是由于随机散列化问题，两者无法保证键的排序。

4.12.2　实战演练

当需要确保集或字典中的元素具有特定的顺序时，可以将集合转换为有序序列。

转换选择有两种：

❑ 将集转换为有序序列；

❑ 将字典转换为(key, value)二元组的有序序列。

这两个实例非常相似。强制将集转换为规范化结构的方法如下所示：

```
>>> list(sorted(words))
['Beautiful', 'Complex', 'Explicit', 'Simple', 'better',
'complex', 'complicated', 'implicit', 'is', 'than', 'ugly']
```

对于字典，常用方法如下所示：

```
list(sorted(some_dictionary.items()))
```

这种方法将字典中的每个元素提取为(key, value)二元组，这些二元组将按键的顺序排列。将最终得到的序列转换为列表，以便与预期结果进行比较。

4.12.3　工作原理

对于不能强制排序的集合，必须找到一个包含以下两个特性的集合：

❑ 相同的内容；

❑ 某种一致的顺序。

Python 的内置结构是以下三种类型的变体：

❑ 序列；

❑ 集；

❑ 映射。

由于序列是唯一保证顺序的数据结构，因此可以将集和映射转换为序列。事实证明，使用 sorted() 函数可以轻易解决这个问题。

对于集，我们将对元素排序。对于映射，我们将对(key, value)二元组排序。这样就可以确保示例的输出符合预期。

4.12.4　延伸阅读

第 11 章将介绍另外几种数据的测试：

❑ 浮点数；

❑ 日期；

❑ 对象 ID 和追溯；

❑ 随机序列。

这些数据都需要放在具有可预测输出的上下文中，以便重复测试。集和字典数据结构是本章的主题。相关章节将介绍其他变体。

4.13   理解变量、引用和赋值

变量是如何工作的？把一个可变对象赋值给两个变量会产生什么后果？创建两个共享一个通用对象引用的变量非常容易，但是当共享对象可变时，可能会导致潜在的混乱结果。规则很简单，后果通常也很明显。

本实例专注于此规则：**Python 只共享引用，并不复制数据。**

我们需要了解这个关于引用共享的规则的实际意义。

本实例将创建两个数据结构，一个可变，一个不可变。虽然可以使用两种集做类似的事情，但是我们将使用两种序列。

```
>>> mutable = [1, 1, 2, 3, 5, 8]
>>> immutable = (5, 8, 13, 21)
```

可变数据结构是可以更改的，也是可以共享的。不可变数据结构也是可以共享的，但是很难说明它们正在被共享。

由于 Python 不提供简便的不可变映射，因此无法简便地在本实例中使用映射。

4.13.1   实战演练

(1) 将各个集合分别赋值给另外一个变量。这将创建另外两个指向原有数据结构的引用。

```
>>> mutable_b = mutable
>>> immutable_b = immutable
```

我们现在有两组引用，一组是两个指向列表[1, 1, 2, 3, 5, 8]的引用，另一组是两个指向元组(5, 8, 13, 21)的引用。

可以使用 is 运算符来验证我们的结论，只需确认两个变量是否引用相同的底层对象。

```
>>> mutable_b is mutable
True
>>> immutable_b is immutable
True
```

(2) 修改每组引用的其中一个引用。对于可变数据结构，可以使用类似 append()或 add()的方法。

```
>>> mutable + = [mutable [-2] + mutable [-1]]
```

对于列表结构，+=赋值实际上是 extend()方法的内部调用。

我们也可以对不可变结构执行类似操作。

```
>>> immutable += (immutable[-2] + immutable[-1],)
```

由于元组没有类似 extend()的方法，因此+=将构建一个新的元组对象，并用新对象替换不可变的值。

(3) 查看对应数据结构的另一个引用。

```
>>> mutable_b
[1, 1, 2, 3, 5, 8, 13]
>>> mutable is mutable_b
True
>>> immutable_b
(5, 8, 13, 21)
>>> immutable
(5, 8, 13, 21, 34)
```

变量 mutable 和变量 mutable_b 引用了相同的底层对象。因此，我们可以使用任意一个变量来更改对象，并查看另一个变量的值所反映的变化。

变量 immutable_b 和变量 immutable 刚开始的时候引用了同一个对象。因为该对象不能原位更改，所以修改其中一个变量意味着把一个新对象赋值给该变量。另一个变量仍然引用原始对象。

4.13.2　工作原理

在 Python 中，变量是附加到对象的标签。我们可以把变量看作色彩明亮的便签，暂时把它们贴在对象上。

变量是对底层对象的引用。把对象赋给变量，就相当于为底层对象的引用起了一个名字。在表达式中使用变量时，Python 将会找到该变量引用的对象。

对于可变对象，对象的方法可以修改对象的状态。引用对象的所有变量将反映状态变化，这是因为变量只是一个引用，而不是对象完整的副本。

在赋值语句中使用变量时，可能有两种操作。

❏ 对于可变对象，为适当的赋值运算符提供定义，比如+=，赋值运算符将转换为特殊方法。在本例中，特殊方法为__iadd__。特殊方法会改变对象的内部状态。

❏ 对于不可变对象，不提供类似+=的赋值运算符定义，+=将转换为=和+。一个新的对象由+运算符构建，变量名被附加到这个新的对象上。之前引用原始对象的其他变量不受影响，它们将继续引用旧的对象。

Python 跟踪对象的引用次数。当引用次数为零时，任何地方都不再使用该对象，那么就可以从内存中删除该对象。

4.13.3　补充知识

像 C++或 Java 这样的语言除了对象之外，还有基本数据类型。在这些语言中，+=语句利用硬件指令或 Java 虚拟机的特性来调整基本数据类型的值。

Python 没有这种优化。数字是不可变的对象。当我们执行如下操作时，不会调整对象 355 的内部状态。

```
>>> a = 355
>>> a + = 113
```

上述示例不依赖于内部的 __iadd__ 特殊方法，它的行为与以下语句相同。

```
>>> a = a + 113
```

执行表达式 a + 113，并创建一个新的不可变的整数对象。这个新对象被赋给了标签 a，以前赋给 a 的旧值将被替换。

4.13.4　延伸阅读

❑ 4.14 节将介绍复制可变结构的方法。

4.14　制作对象的浅副本和深副本

本章其他实例讨论了赋值语句如何共享对象的引用。Python 通常不复制对象。例如：

a = b

现在有两个指向相同底层对象的引用。如果 b 是一个列表，那么 a 和 b 都是指向相同的、可变的列表的引用。

正如 4.13 节介绍的，改变变量 a 将改变 a 和 b 共同引用的列表对象。

大多数情况下，这种行为是我们想要的行为。在一些罕见的情况下，我们实际上希望从一个原始对象创建两个独立的对象。

当两个变量引用相同的底层对象时，断开连接的方法有两种：

❑ 制作结构的浅副本（shallow copy）;
❑ 制作结构的深副本（deep copy）。

4.14.1　准备工作

我们必须做出特别的安排来制作对象的副本。前面已经介绍了几种相关的语法。

❑ **序列**——list 和 tuple：可以使用表达式 sequence[:]复制序列，也可以使用 sequence.copy()制作一个名为 sequence 的变量副本。

❑ **映射**——dict：可以使用 mapping.copy()复制一个名为 mapping 的字典。

❑ **集合**——set 和 frozenset：可以使用 someset.copy()复制一个名为 someset 的集。

这些都是**浅副本**。

浅表示两个集合包含对相同底层对象的引用。如果底层对象是不变的数字或字符串，那么这种区别并不重要。当无法更改集合中的元素时，这些元素只是被简单地替换了。

对于 a = [1, 1, 2, 3]，不能执行对 a[0]的更改。a[0]中的数字 1 没有内部状态，只能替换该对象。

但是，对于涉及可变对象的集合，这种方法会出现问题。首先创建一个对象，然后再创建一个副本。

```
>>> some_dict = {'a': [1, 1, 2, 3]}
>>> another_dict = some_dict.copy()
```

我们必须制作一个字典的浅副本。两个副本看起来相似，这是因为它们都包含指向相同对象的引用——一个指向不可变字符串 a 的共享引用和一个指向可变列表[1, 1, 2, 3]的共享引用。可以显示 another_dict 的值，来查看其是否与 some_dict 相同。

```
>>> another_dict
{'a': [1, 1, 2, 3]}
```

当更新字典副本中的共享列表时，结果如下：

```
>>> some_dict['a'].append(5)
>>> another_dict
{'a': [1, 1, 2, 3, 5]}
```

我们改变了两个 dict 对象（some_dict 和 another_dict）之间共享的 list 对象。

可以使用 id() 函数确认元素是否被共享。

```
>>> id(some_dict['a']) == id(another_dict['a'])
True
```

因为这两个 id() 值是相同的，所以它们的底层对象是相同的。some_dict 和 another_dict 中与键 a 关联的值都是同一个可变列表，也可以使用 is 运算符来确认它们是否是相同的对象。

这种影响也适用于包含其他列表作为列表元素的列表。

```
>>> some_list = [[2, 3, 5], [7, 11, 13]]
>>> another_list = some_list.copy()
>>> some_list is another_list
False
>>> some_list[0] is another_list[0]
True
```

我们制作了一个对象的副本 some_list，并将其赋给变量 another_list。顶层的 list 对象是不同的，但是这些列表中的元素是共享引用的。示例中使用了 is 运算符来表明每个列表中的第一个元素都是指向相同底层对象的引用。

因为不能创建一个可变的对象的集，所以不需要考虑制作共享元素的集的浅副本。

如果想要完全断开两个副本的连接，该怎么办？如何制作深副本来代替浅副本？

4.14.2 实战演练

Python 通常通过共享引用来工作。共享引用只是勉强地制作对象的副本。默认行为是制作一个浅副本，共享集合中元素的引用。制作深副本的方法如下。

(1) 导入 copy 库。

```
>>> import copy
```

(2) 使用 copy.deepcopy() 函数复制对象和该对象中包含的所有可变元素。

```
>>> some_dict = {'a': [1, 1, 2, 3]}
>>> another_dict = copy.deepcopy(some_dict)
```

这种方法将创建没有共享引用的副本。修改副本内部的可变元素不会影响其他对象。

```
>>> some_dict['a'].append(5)
>>> some_dict
{'a': [1, 1, 2, 3, 5]}
>>> another_dict
{'a': [1, 1, 2, 3]}
```

我们更新了 some_dict 中的一个元素,但是对 another_dict 中的副本没有任何影响。使用 id()
函数可以看出这些对象是不同的。

```
>>> id(some_dict['a']) == id(another_dict['a'])
False
```

由于 id()值不同,因此这些对象是不同的对象。我们也可以使用 is 运算符来验证它们是不同的
对象。

4.14.3　工作原理

制作浅副本相对容易。可以使用生成器表达式编写自定义版本的算法。

```
>>> copy_of_list = [item for item in some_list]
>>> copy_of_dict = {key:value for key, value in some_dict.items()}
```

对于列表,新列表的元素引用源列表中的元素。类似地,对于字典,键和值是对源字典的键和值
的引用。

deepcopy()函数使用递归算法来访问每个可变集合的内容。

列表的深副本概念算法如下:

```
immutable = (numbers.Number, tuple, str, bytes)
def deepcopy_list(some_list):
    copy = []
    for item in some_list:
        if isinstance(item, immutable):
            copy.append(item)
        else:
            copy.append(deepcopy(item))
```

当然,实际代码与该算法不同,处理每个不同的 Python 类型的方法可能更聪明一些。但是,该算
法提供了一些关于 deepcopy()函数工作原理的提示。

实际上,还有一些其他的注意事项,其中最重要的注意事项就是包含对自身引用的对象。例如:

```
a = [1, 2, 3]
a.append(a)
```

这是一个令人疑惑但技术上有效的 Python 构造。当尝试编写一个简单的递归操作来访问列表中的
所有元素时,它会出现问题。为了克服该问题,可以使用内部缓存使元素只被复制一次。随后,可以
在缓存中找到内部引用。

4.14.4　延伸阅读

❑ 4.13 节介绍了 Python 喜欢创建对象的引用的原因。

4.15 避免可变默认值作为函数参数

第 3 章介绍了 Python 函数定义的许多知识。3.2 节介绍了可选参数的处理方法。当时，我们并没有讨论指向可变数据结构的引用作为默认值的问题。本节将仔细研究可变默认值作为函数参数的后果。

4.15.1 准备工作

假设有一个创建或更新可变的 `Counter` 对象的 `gather_stats()` 函数。

理想情况下，函数如下所示：

```
>>> from collections import Counter
>>> from random import randint, seed
>>> def gather_stats(n, samples=1000, summary=Counter()):
...     summary.update(
...         sum(randint(1,6) for d in range(n))
...             for _ in range(samples))
...     return summary
```

上述代码是一个包含两个用户故事的**糟糕**设计。第一个用户故事没有提供参数集合。该函数创建并返回一个统计信息集合。该用户故事的示例如下：

```
>>> seed(1)
>>> s1 = gather_stats(2)
>>> s1
Counter({7: 168, 6: 147, 8: 136, 9: 114, 5: 110, 10: 77, 11: 71, 4: 70, 3: 52, 12: 29,
2: 26})
```

第二个用户故事提供了一个明确的参数值，以便统计信息更新一个给定的对象。该用户故事的示例如下：

```
>>> seed(1)
>>> mc = Counter()
>>> gather_stats(2, summary=mc)
Counter...
>>> mc
Counter({7: 168, 6: 147, 8: 136, 9: 114, 5: 110, 10: 77, 11: 71, 4: 70, 3: 52, 12: 29,
2: 26})
```

我们设置了随机数种子，以确保两个随机值序列相同。如果提供 `Counter` 对象或使用默认的 `Counter` 对象，那么就很容易确认结果是一样的。第二个示例提供了一个明确的名为 `mc` 的 `Counter` 对象。

`gather_stats()` 函数返回了一个值。在编写脚本时，将忽略返回的值。在 Python 的交互式 REPL 中，输出打印显示。示例用 `Counter...` 代替了冗长的输出。

完成上述两个操作后，在做以下操作时会出现问题。

```
>>> seed(1)
>>> s3 = gather_stats(2)
>>> s3
Counter({7: 336, 6: 294, 8: 272, 9: 228, 5: 220, 10: 154, 11: 142, 4: 140, 3: 104, 12:
58, 2: 52})
```

请注意，计数值增加了一倍。代码的某些地方出问题了。因为只有多次使用默认的故事时才会出现问题，所以该函数可能通过了单元测试套件并显示正确。

正如 4.14 节介绍的，Python 更喜欢共享引用。共享的后果如下所示：

```
>>> s1 is s3
True
```

这说明变量 s1 和 s2 是指向相同底层对象的引用，看起来我们已经更新了一些共享的集合。

这是否说明 s1 的值被改变了？

```
>>> s1
Counter({7: 336, 6: 294, 8: 272, 9: 228, 5: 220, 10: 154, 11: 142, 4: 140, 3: 104, 12: 58, 2: 52})
```

是的，gather_stats() 函数的默认用法看似正在共享同一个对象。如何避免这种情况？

4.15.2   实战演练

解决该问题的方法有两种：

❑ 提供不可变的默认值；

❑ 改变设计方案。

首先看一下不可变的默认值。改变设计方案通常是更好的方法。为了说明为什么改变设计更好，我们将展示纯粹的技术解决方案。

在为函数提供默认值时，默认对象一次创建并永久共享。第一种方法的步骤如下。

(1) 用 None 替换任何可变的默认参数值。

```
def gather_stats(n, samples=1000, summary=None):
```

(2) 添加 if 语句来检查参数值 None，并用新的可变对象替换 None。

```
if summary is None: summary = Counter()
```

这将确保每次执行没有参数值的函数时，将创建一个新的可变对象，避免了反复共享同一个可变对象。

可变对象作为函数的默认值的好处并不多。在大多数情况下，应该考虑改变设计，而不是使用可变对象作为参数的默认值。在极少数情况下，如果有一个可以更新对象或创建新对象的复杂算法，那么应该考虑定义两个单独的函数。

重构后的函数如下所示：

```
def create_stats(n, samples=1000):
    return update_stats(n, samples, Counter())
def update_stats(n, samples=1000, summary):
    summary.update(
        sum(randint(1,6) for d in range(n))
            for _ in range(samples))
```

我们创建了两个独立的函数。这将分开两个故事，以免混乱。可选的可变参数压根就不是一个好主意。

4.15.3 工作原理

如前所述，Python 更喜欢共享引用，而很少创建对象的副本。因此，函数参数的默认值将是共享对象。在 Python 中创建全新的对象并不容易。

下面的规则非常重要，对 Python 不熟悉的程序员常常对此很困惑。

> 函数的参数不要使用可变默认值。
> 可变对象（set、list、dict）不应该作为函数参数的默认值。

这个规则适用于核心语言，却不适用于整个标准库。在某些情况下，还有一些好的替代方法。

4.15.4 补充知识

在标准库中，一些技术的示例说明了如何创建新的默认对象。在 defaultdict 集合中，有一个广泛使用的例子。在创建一个 defaultdict 时，将提供一个无实参的函数，用来创建新的字典条目。

当字典中缺失一个键时，对给定函数进行求值以计算新的默认值。在使用 defaultdict(int) 时，使用 int() 函数来创建不可变对象。如前所述，默认值为不可变对象不会引起任何问题，这是因为不可变对象没有内部状态。

当使用 defaultdict(list) 或 defaultdict(set) 时，才能体会到这种设计模式的真正威力。当缺失一个键时，将创建一个新的、空的 list（或 set）。

defaultdict 所使用的 evaluate-a-function 模式并不适用于函数本身的操作方式。大多数情况下，为函数参数提供的默认值是不可变对象，比如数字、字符串或者元组。使用 lambda 包装不可变对象肯定是可行的，但是这种方法过于烦琐，并不是最佳实践。

为了利用这种技术，需要修改函数的设计。我们将不再更新该函数中现有的 counter 对象，而是始终创建一个全新的对象。可以修改创建对象的类。

以下是允许插入一个不同的类的函数，因为我们不希望使用默认的 Counter 类。

```
>>> def gather_stats(n, samples=1000, summary_func=lambda x:Counter(x)):
...     summary = summary_func(
...         sum(randint(1,6) for d in range(n))
...             for _ in range(samples))
...     return summary
```

我们把初始值定义为只有一个参数的函数。默认值将把这个单参数函数应用于随机样本的生成函数。可以使用另一个收集数据的单参数函数来覆盖这个函数。这将使用任意可以收集数据的对象来构建一个全新的对象。

使用 list() 的示例如下：

```
>>> seed(1)
>>> gather_stats(2, 12, summary_func=list)
[7, 4, 5, 8, 10, 3, 5, 8, 6, 10, 9, 7]
```

在本例中，list() 函数用于创建包含独立随机样本的列表。

没有 summary_func 参数值的示例如下。该示例将创建一个 Counter 对象。

```
>>> seed(1)
>>> gather_stats(2, 12)
Counter({5: 2, 7: 2, 8: 2, 10: 2, 3: 1, 4: 1, 6: 1, 9: 1})
```

本例使用了默认值。函数通过随机样本创建了一个 Counter() 对象。

4.15.5　延伸阅读

❑ 4.9 节介绍了 defaultdict 的工作原理。

第 5 章

用户输入和输出

本章主要介绍以下实例。
- 使用 print() 函数的功能
- 使用 input() 和 getpass() 收集用户输入
- 使用 "format".format_map(vars()) 进行调试
- 使用 argparse 模块获取命令行输入
- 使用 cmd 模块创建命令行应用程序
- 使用操作系统环境设置

5.1 引言

软件的核心价值在于产生有用的输出。结果的文本显示就是一种简单的输出。Python 通过 print() 函数支持这种输出。

input() 函数与 print() 函数具有明显的相似性。input() 函数从控制台读取文本,可以为程序提供不同的值。

提供输入的常用方法有很多种。解析命令行对于许多应用程序都有用。我们有时需要使用配置文件来提供有用的输入。数据文件和网络连接提供了多种形式的输入。这些方法各不相同,需要分别讨论。本章重点介绍 input() 和 print() 的基本功能。

5.2 使用 print() 函数的功能

在大多数情况下,print() 函数是我们学习的第一个函数。我们的第一个脚本通常类似于以下代码:

```
print("Hello world.")
```

我们很快就会学到,print() 函数可以显示多个值,值与值之间将包含一个空格,示例如下:

```
>>> count = 9973
>>> print("Final count", count)
Final count 9973
```

从上述示例可知,print() 函数添加了一个空格来分隔这两个值。此外,通常由 \n 字符表示的换行符将输出在函数提供的值之后。

可以控制这种格式吗？可以改变提供的额外字符吗？

实际上，print()函数还有很多其他功能。

5.2.1　准备工作

假设我们有一个用于记录大型帆船燃油消耗的电子表格，其内容如下。

Date	10/25/13	10/26/13	10/28/13
Engine on	08:24:00	09:12:00	13:21:00
Fuel height on	29	27	22
Engine off	13:15:00	18:25:00	06:25:00
Fuel height off	27	22	14

有关上述表格的详细信息，请参阅 4.4 节和 4.8 节。油箱内部没有液位计，燃料的深度必须通过油箱侧面的观察镜进行读取，这就是用深度来表示燃料容量的原因。油箱的完整深度约为 31 英寸，容量约为 72 加仑，将深度转换成容量是很方便的。

使用 CSV 数据的示例如下。该函数读取文件并返回由每行内容构建的字段列表。

```
>>> from pathlib import Path
>>> import csv
>>> from collections import OrderedDict
>>> def get_fuel_use(source_path):
...     with source_path.open() as source_file:
...         rdr= csv.DictReader(source_file)
...         od = (OrderedDict(
...             [(column, row[column]) for column in rdr.fieldnames])
...             for row in rdr)
...         data = list(od)
...     return data
>>> source_path = Path("code/fuel2.csv")
>>> fuel_use= get_fuel_use(source_path)
>>> fuel_use
[OrderedDict([('date', '10/25/13'), ('engine on', '08:24:00'),
    ('fuel height on', '29'), ('engine off', '13:15:00'),
    ('fuel height off', '27')]),
OrderedDict([('date', '10/26/13'), ('engine on', '09:12:00'),
    ('fuel height on', '27'), ('engine off', '18:25:00'),
    ('fuel height off', '22')]),
OrderedDict([('date', '10/28/13'), ('engine on', '13:21:00'),
    ('fuel height on', '22'), ('engine off', '06:25:00'),
    ('fuel height off', '14')])]
```

我们使用了 pathlib.Path 对象来定义原始数据的位置。我们还定义了 get_fuel_use()函数，它将通过给定的路径打开并读取文件。该函数根据源电子表格创建一个行的列表。每行数据都表示为一个 OrderedDict 对象。

该函数首先创建 csv.DictReader 对象来解析原始数据。csv.DictReader 对象通常返回一个

内置的 `dict` 对象，`dict` 对象默认不对键排序。为了实现键排序，该函数使用生成器表达式为每行创建了一个 `OrderedDict` 对象。`rdr` 的 `fieldnames` 属性用于对列进行排序。生成器表达式使用一对嵌套的循环：内部循环用于处理行的每个字段，外部循环用于处理数据的每一行。

结果是一个包含 `OrderedDict` 对象的列表对象。这个对象是我们可以用于打印的一致数据源，每行基于第一行中的列名称分为 5 个字段。

5.2.2　实战演练

控制 `print()` 函数输出格式的方法有两种：

❑ 设置字段分隔符 `sep`，默认值为一个空格；

❑ 设置行尾结束符 `end`，默认值为 `\n` 字符。

本实例将展示几个修改 `sep` 和 `end` 的示例。每个示例都是一种单步实例。

默认情况如下所示，该示例没有改变 `sep` 或 `end`。

```
>>> for leg in fuel_use:
...     start = float(leg['fuel height on'])
...     finish = float(leg['fuel height off'])
...     print("On", leg['date'],
...     'from', leg['engine on'],
...     'to', leg['engine off'],
...     'change', start-finish, 'in.')
On 10/25/13 from 08:24:00 to 13:15:00 change 2.0 in.
On 10/26/13 from 09:12:00 to 18:25:00 change 5.0 in.
On 10/28/13 from 13:21:00 to 06:25:00 change 8.0 in.
```

由输出结果可知，每个数据项之间都插入了一个空格。每个数据项集合末尾的 `\n` 字符意味着每个 `print()` 函数产生一个单独的行。

在准备数据时，我们可能希望使用与逗号分隔值类似的格式，使用的列分隔符或许不是一个简单的逗号。使用 | 做为分隔符的示例如下：

```
>>> print("date", "start", "end", "depth", sep=" | ")
date | start | end | depth
>>> for leg in fuel_use:
...     start = float(leg['fuel height on'])
...     finish = float(leg['fuel height off'])
...     print(leg['date'], leg['engine on'],
...     leg['engine off'], start-finish, sep=" | ")
10/25/13 | 08:24:00 | 13:15:00 | 2.0
10/26/13 | 09:12:00 | 18:25:00 | 5.0
10/28/13 | 13:21:00 | 06:25:00 | 8.0
```

在本例中，每列都使用了给定的分隔符。因为 `end` 设置没有任何变化，所以每个 `print()` 函数都会产生一个单独的行。

我们通常想完全控制分隔符，这样就可以良好地控制输出。

通过更改默认标点符号来强调字段名称和值的示例如下所示。该例修改了 `end` 设置。

```
>>> for leg in fuel_use:
...     start = float(leg['fuel height on'])
...     finish = float(leg['fuel height off'])
...     print('date', leg['date'], sep='=', end=', ')
...     print('on', leg['engine on'], sep='=', end=', ')
...     print('off', leg['engine off'], sep='=', end=', ')
...     print('change', start-finish, sep="=")
date=10/25/13, on=08:24:00, off=13:15:00, change=2.0
date=10/26/13, on=09:12:00, off=18:25:00, change=5.0
date=10/28/13, on=13:21:00, off=06:25:00, change=8.0
```

由于行尾结束字符串已修改为，，因此在最后一个使用 end 默认值的 print() 函数之前，每次使用 print() 函数都不会换行。

显然，对于更复杂的情况，使用这种技术将变得相当烦琐。对于一些简单的输出，可以调整分隔符或者行尾结束符。对于更复杂的输出，最好使用字符串的 format() 方法。

5.2.3   工作原理

一般情况下，print() 函数是 stdout.write() 的一个简易包装。这种关系是可以改变的，随后将介绍如何改变。

假设 print() 的定义如下所示：

```
def print(*args, *, sep=None, end=None, file=sys.stdout):
    if sep is None: sep = ' '
    if end is None: end = '\n'
    arg_iter= iter(args)
    first = next(arg_iter)
    sys.stdout.write(repr(first))
    for value in arg_iter:
        sys.stdout.write(sep)
        sys.stdout.write(repr(value()))
    sys.stdout.write(end)
```

该定义说明了在 print() 函数的输出中添加分隔符和行尾结束符的实现方法。如果没有提供分隔符和行尾结束符，则默认值为空格和新行。函数遍历参数值，将第一个值视为特殊值，这是因为它没有分隔符。这种方法确保分隔符 sep 出现在各个值之间。

行尾结束符 end 出现在所有值之后。行尾结束符默认为 \n，可以将其设置为空字符串，从而有效地关闭它。

5.2.4   补充知识

sys 模块定义了两个用于输出的标准文件：sys.stdout 和 sys.stderr。

除标准输出文件外，还可以使用 file= 关键字参数写入标准错误文件。

```
import sys
print("Red Alert!", file=sys.stderr)
```

访问标准错误文件需要导入 sys 模块。通过这种方法，我们写入了一个不属于标准输出流的消息。

通常，应当尽量避免在一个程序中打开过多的输出文件。虽然在达到操作系统的限制之前足以打开许多文件，但是，当程序创建大量文件时，可能会造成混乱。

操作系统文件重定向技术通常非常有效。程序的主要输出可以写入 sys.stdout，这在操作系统级别很容易重定向，示例如下：

```
python3 myapp.py <input.dat> output.dat
```

该示例将提供 input.dat 文件作为 sys.stdin 的输入。当 Python 程序写入 sys.stdout 时，输出将被操作系统重定向到 output.dat 对象。

在某些情况下，可能需要打开其他文件，示例如下：

```
from pathlib import Path
target_path = Path("somefile.dat")
with target_path.open('w', encoding='utf-8') as target_file:
    print("Some output", file=target_file)
    print("Ordinary log")
```

在本例中，我们打开了一个特定的输出路径，并使用 with 语句把已打开的文件赋值给了 target_file。然后，用 target_file 作为 print()函数的 file= 参数值写入文件。因为文件是上下文管理器，所以 with 语句意味着文件将正确关闭，所有操作系统资源将从应用程序中释放。所有文件操作都应包含在 with 语句上下文中，以确保资源正确释放。

5.2.5 延伸阅读

❑ 请参阅 5.4 节。
❑ 关于本实例的输入数据的更多相关信息，请参阅 4.4 节和 4.8 节。
❑ 关于常用文件操作的更多相关信息，请参阅第 9 章。

5.3 使用 `input()`和 `getpass()`收集用户输入

某些 Python 脚本依赖于收集用户输入。收集用户输入的方法有很多种，其中一种流行的技术就是使用控制台提示用户输入。

相对常见的情况有两种。

❑ **普通输入**：通常使用 input()函数。输入字符时将提供回显（echo）。
❑ **没有回显的输入**：通常用于密码。不显示输入的字符，提供一定程度的隐私保护。通常使用 getpass 模块中的 getpass()函数。

input()函数和 getpass()函数是两种从控制台读取数据的实现方式。实际上，获取字符串只是用户输入处理的第一步，我们还需要不同层次的设计。

(1) 与控制台的初步交互。该层次是写入提示符和读取输入的基础，必须正确处理数据以及键盘事件，例如编辑输入时使用的退格键。该层次也需要适当地处理文件结束符。

(2) 验证输入，判断输入是否属于预期的值域。预期值可能包括数字、yes/no 值或星期中的天数。

在大多数情况下，验证层可分为两个部分。

  ❑ 检查输入是否符合常用域，例如数字。

  ❑ 检查输入是否符合更具体的子域。例如，检查数字是否大于或等于 0。

(3) 在更复杂的情景中验证输入，确保与其他输入一致。例如，检查用户的出生日期是否在今天之前。

除了这些技术之外，5.5 节还将介绍其他获取用户输入的方法。

5.3.1   准备工作

本实例将首先介绍一种读取用户输入的复杂结构的技术，我们将使用年、月和日作为单独的数据项来创建完整的日期。

省略所有验证考虑的简单示例如下：

```
from datetime import date

def get_date():
    year = int(input("year: "))
    month = int(input("month [1-12]: "))
    day = int(input("day [1-31]: "))
    result = date(year, month, day)
    return result
```

该示例说明了 input() 函数的易用性。我们经常需要将 input() 函数包装在其他处理过程中来实现更实用的功能。关于日期的处理很复杂，例如 2 月 32 日，如果不提示用户这不是正确的日期，那么可能会造成极大的逻辑错误。

5.3.2   实战演练

(1) 检查输入是否是密码或者其他同样需要修订的内容。如果是，那么就需要使用 getpass.getpass() 函数。因此，需要导入 getpass.getpass() 函数。

```
from getpass import getpass
```

如果不需要修订输入，则使用 input() 函数。

(2) 确定使用哪种提示符。提示符可能是简单的>>>或者更复杂的内容。在某些情况下，我们可能会提供大量的背景信息。

在本示例中，我们提供了一个字段名称和一个预期数据类型的提示作为提示字符串。提示字符串是 input() 函数或者 getpass() 函数的参数。

```
year = int(input("year: "))
```

(3) 确定独立验证日期数据每个字段的方法。在最简单的情况下，数据只是一个值，一个规则就可以覆盖所有数据。在更复杂的情况下，比如本例，数据是复合数据，每个数据项都是一个范围约束的数字。稍后的步骤将说明如何验证复合数据。

(4) 重新组织输入，如下所示。

```
month = None
while month is None:
    month_text = input("month [1-12]: ")
    try:
        month = int(month_text)
        if 1 <= month <= 12:
            pass
        else:
            raise ValueError("Month of range 1-12")
    except ValueError as ex:
        print(ex)
        month = None
```

上述步骤对输入应用了两个验证规则：

❏ 使用 int()函数检查月份是否为有效整数；

❏ 使用抛出 ValueError 异常的 if 语句检查整数是否在[1, 12]范围内。

针对错误输入抛出异常通常是最简单的处理方法。这种处理方法非常灵活。我们可以使用其他异常类，包括定义自定义的数据验证异常。

由于对复杂对象的每个字段使用的循环几乎都是相同的，因此需要重构输入并将验证序列改为验证单独的函数。这个函数名为 get_integer()，具体信息如下。

(1) 验证复合对象。在本例中，这也意味着需要重构整个输入，以便在输入错误时进行重试。

```
input_date = None
while input_date is None:
    year = get_integer("year: ", 1900, 2100)
    month = get_integer("month [1-12]: ", 1, 12)
    day = get_integer("day [1-31]: ", 1, 31)
    try:
        result = date(year, month, day)
    except ValueError as ex:
        print(ex)
        input_date = None
# 坚持认为 input_date 是用户输入的有效日期
```

while 循环实现了复合日期对象的更高级的验证。

实际上，只要给定年份和月份，就可以将天数的范围设置的更窄一些，其中比较复杂的问题是，不仅每个月份之间存在不同的天数（从 28 到 31 不等），而且随着年份类型的变化，二月份也存在不同的天数。

(2) 与模拟每月天数的规则相比，使用 datetime 模块计算两个相邻月份的第一天的方法更简单，如下所示。

```
day_1_date = date(year, month, 1)
if month == 12:
    next_year, next_month = year+1, 1
else:
    next_year, next_month = year, month+1
day_end_date = date(next_year, next_month, 1)
```

该示例正确地计算了给定月份的持续天数。首先计算给定年份和月份的第一天，然后计算下个月的第一天，两个日期之间的天数就是给定月份的持续天数。可以使用表达式 `(day_end_date - day_1_date).days` 从 `timedelta` 对象中提取天数。

该示例正确地处理了年份的过渡，这样 `year+1` 的一月份可以紧跟着 `year` 的十二月份。

5.3.3　工作原理

我们需要将输入问题分解成几个独立而又密切相关的问题。用户的初始交互是验证处理层次中的最底层。处理初始交互的常用方法有两种。

- `input()`：提供提示符，读取输入。
- `getpass.getpass()`：提供提示符，读取不带回显的密码。

我们希望能够使用 Backspace 字符来编辑当前的输入行。在某些环境中，可以使用更复杂的编辑器，例如 Python 的 `readline` 模块。该模块可以在准备输入行时添加大量的校订，例如自动补全、使用删除键等。该模块的另一个主要功能是实现操作系统级的输入历史，可以使用向上箭头键恢复以前的任何输入。

为了说明验证有效输入的程序设计，可以将输入验证分解为多个层次。

- **通用域**验证应该使用简单的转换函数，例如 `int()` 或 `float()`。对于无效数据，这些函数倾向于抛出异常。使用转换函数和异常处理比编写匹配有效数值的正则表达式要简单得多。
- **子域**验证必须使用 `if` 语句来确定输入值是否符合所有附加约束（比如范围）。为了保持一致性，如果数据无效，也应当抛出异常。

很多约束种类都可能用于输入值验证。例如，我们可能只想要有效的操作系统进程 ID（PID）。对于 Nanny Linux 系统，需要检查 /proc/<pid>路径。

对于基于 BSD 的系统（比如 Mac OS X），不存在 /proc 文件系统。因此，需要完成以下操作来确定 PID 是否有效：

```
import subprocess
status = subprocess.check_output(
    ['ps',PID])
```

对于 Windows 系统，操作如下所示：

```
status = subprocess.check_output(
    ['tasklist', '/fi', '"PID eq {PID}"'.format(PID=PID)])
```

这两个函数中的每一个都应当是输入验证的一部分，以确保用户输入了正确的 PID 值。该操作只有在确保输入通过最早的整数域验证时才能使用。

最后，整体输入函数也应当抛出无效输入异常。但是，这种需求可能会带来相当大的复杂性。我们只是在示例中创建了一个简单的日期对象。在其他情况下，可能需要更多的处理才能确定复杂的输入是否有效。

5.3.4　补充知识

用户输入的解决方案还有很多种，本节将详细介绍其中的两种方法。

❑ 解析输入字符串：这种方法涉及 input()的简单使用以及巧妙的解析。

❑ 通过 cmd 模块进行交互：这种方法涉及一个更复杂的类以及一些简单的解析。

1. 解析输入字符串

一个简单的日期值需要 3 个独立的字段。更复杂的日期时间值，例如，包含 UTC 时区偏离值的日期时间值将涉及 7 个独立的字段。读取和解析字符串可以改善用户体验。

对于简单的日期输入，可以使用以下处理方法：

```
raw_date_str = input("date [yyyy-mm-dd]: ")
input_date = datetime.strptime(raw_date_str, '%Y-%m-%d').date()
```

我们使用了 strptime()函数来解析给定格式的时间字符串。在 input()函数提供的提示符中，已经强调了预期的日期格式。

这种输入风格需要用户输入更复杂的字符串。由于只需要一个包含所有日期详细信息的字符串，因此很多人认为这种方法更容易、更友好。

请注意，收集各个字段和处理复杂字符串这两种技术均依赖于底层的 input()函数。

2. 通过 cmd 模块进行交互

cmd 模块包含可用于构建交互式界面的 Cmd 类。这种方法与用户交互的概念截然不同。它不依赖于 input()的显式使用。

5.6 节将详细介绍 cmd 模块。

5.3.5　延伸阅读

在 Oracle 的 SunOS 操作系统参考资料中，有一组命令可以提示不同类型的用户输入：

https://docs.oracle.com/cd/E19683-01/816-0210/6m6nb7m5d/index.html

具体来说，这些以 ck 开头的命令都可以用于收集和验证用户输入，也可以用于定义输入验证规则的模块。

❑ ckdate：提示输入并验证日期。

❑ ckgid：提示输入并验证组 ID。

❑ ckint：显示提示符，验证并返回整数值。

❑ ckitem：构建菜单，提示选择并返回菜单项。

❑ ckkeywd：提示输入并验证关键字。

❑ ckpath：显示提示符，验证并返回路径名。

❑ ckrange：提示输入并验证整数。

❑ ckstr：显示提示符，验证并返回字符串答复。

❑ cktime：显示提示符，验证并返回一天中的时间。

❑ ckuid: 提示输入并验证用户 ID。

❑ ckyorn: 提示并验证是/否。

5.4 使用"format".format_map(vars())进行调试

print()函数是 Python 最重要的调试和设计工具之一。print()函数有多种可用的格式化选项，5.2 节介绍了相关内容。

如果需要更灵活的输出怎么办？"format".format_map()方法可以提供更灵活的输出。但是这还不是最重要的，我们还可以将其与 vars()函数相结合，创造出一些令人赞叹的用法！

5.4.1 准备工作

本实例主要讨论一个涉及复杂计算的多步骤处理。首先计算一些样本数据的平均值和标准差，然后通过这些值，可以找到所有超过平均值一个标准差以上的数据。

```
>>> import statistics
>>> size = [2353, 2889, 2195, 3094,
... 725, 1099, 690, 1207, 926,
... 758, 615, 521, 1320]
>>> mean_size = statistics.mean(size)
>>> std_size = statistics.stdev(size)
>>> sig1 = round(mean_size + std_size, 1)
>>> [x for x in size if x > sig1]
[2353, 2889, 3094]
```

该示例包含多个变量。变量 mean_size、std_size 和 sig1 都显示过滤 size 列表的列表解析式的元素。如果出现令人困惑甚至不正确的结果，那么了解计算的中间步骤是很有帮助的。在本例中，因为它们都是浮点值，所以通常希望对结果进行舍入，从而使数据更有意义。

5.4.2 实战演练

(1) vars()函数从各种来源构建一个字典结构。

(2) 如果没有给出参数，那么在默认情况下，vars()函数将扩展所有局部变量。这会创建一个映射，这个映射可以用于模板字符串的 format_map()方法。

(3) 使用映射可以利用变量名称将变量注入格式模板。如下所示。

```
>>> print(
...     "mean={mean_size:.2f}, std={std_size:.2f}"
...     .format_map(vars())
... )
mean=1414.77, std=901.10
```

可以把任意局部变量放入格式化字符串。不需要更复杂的方法来选择要显示的变量，使用format_map(vars())就足够了。

5.4.3 工作原理

vars() 函数从各种来源构建一个字典结构。

❏ vars() 表达式将扩展所有局部变量,创建可以用于 format_map() 方法的映射。

❏ vars(object) 表达式将扩展对象 __dict__ 属性中的所有元素。这种方法允许我们暴露类定义和对象的属性。第 6 章将介绍如何利用这种技术。

format_map() 方法只需要一个映射类型的参数值。格式化字符串使用{name}引用映射中的键。可以使用{name:format}提供格式规范,也可以使用{name!conversion}提供使用 repr()、str() 或 ascii() 函数的转换函数。

有关格式化选项的详细背景,请参阅 1.8 节。

5.4.4 补充知识

format_map(vars()) 技术是一种显示变量值的简便方法。format(**vars()) 技术是另一种显示变量值的方法,这种方法可以提供更大的灵活性。

例如,可以使用这种更灵活的格式来添加计算过程,而不仅仅是局部变量。

```
>>> print(
...     "mean={mean_size:.2f}, std={std_size:.2f},"
...     " limit2={sig2:.2f}"
...     .format(sig2=mean_size+2*std_size, **vars())
... )
mean=1414.77, std=901.10, limit2=3216.97
```

我们计算了一个新值 sig2,它只出现在格式化输出中。

5.4.5 延伸阅读

❏ 关于 format() 方法的更多信息,请参阅 1.8 节。

❏ 关于其他格式选项的相关信息,请参阅 5.2 节。

5.5 使用 argparse 模块获取命令行输入

有时,我们希望在没有大量交互的情况下,从操作系统命令行获取用户输入。我们更愿意解析命令行参数值,执行处理或者报告错误。

例如,在操作系统级运行以下程序:

```
slott$ python3 ch05_r04.py -r KM 36.12,-86.67 33.94,-118.40
From (36.12, -86.67) to (33.94, -118.4) in KM = 2887.35
```

操作系统的提示符是 slott$。我们输入了 python3 ch05_r04.py 命令。该命令有一个可选的参数 -r KM 以及两个位置参数 36.12,-86.67 和 33.94,-118.40。

这个程序解析命令行参数并将结果写入控制台。这种方法可以实现简单的用户交互,简化了应用程序。用户可以编写一个 shell 脚本来调用程序，或者将程序与其他 Python 程序合并来创建一个更高级的程序。

如果用户输入错误，则交互可能如下所示：

```
slott$ python3 ch05_r04.py -r KM 36.12,-86.67 33.94,-118asd
usage: ch05_r04.py [-h] [-r {NM,MI,KM}] p1 p2
ch05_r04.py: error: argument p2: could not convert string to float: '-118asd'
```

无效的参数值 -118asd 导致错误消息。程序停止运行并显示错误状态码。在大多数情况下，用户可以按上箭头键来获取前一个命令行，进行更改，然后再次运行程序。交互被委托给了操作系统命令行。

程序的名称 ch05_r04 没有提供太多深入的信息。我们也许可以做得更好。位置参数是两个 (纬度, 经度) 对。输出信息以给定单位显示两点之间的距离。

如何从命令行解析参数值？

5.5.1   准备工作

首先，重构代码，创建两个独立的函数。

❑ 从命令行获取参数的函数。根据 argparse 模块的工作原理，该函数几乎总是返回一个 argparse.Namespace 对象。

❑ 执行基本计算的函数。应当仔细设计该函数，使其不以任何方式引用命令行选项。这样该函数就可以在各种上下文中重用。

执行**基本计算**的函数 display() 如下所示：

```
from ch03_r05 import haversine, MI, NM, KM
def display(lat1, lon1, lat2, lon2, r):
    r_float = {'NM': NM, 'KM': KM, 'MI': MI}[r]
    d = haversine( lat1, lon1, lat2, lon2, r_float )
    print( "From {lat1},{lon1} to {lat2},{lon2}"
            "in {r} = {d:.2f}".format_map(vars()))
```

我们从另一个模块导入了核心计算 haversine()，并为该函数提供了参数值，然后使用 format() 函数显示最终的结果消息。

该计算基于 3.6 节中的示例：

$$\alpha = \sin^2\left(\frac{lat_2 - lat_1}{2}\right) + \cos(lat_1)\cos(lat_2)\sin^2\left(\frac{lon_2 - lon_1}{2}\right)$$

$$c = 2\arcsin\left(\sqrt{a}\right)$$

基本计算产生以 (lat_1, lon_1) 和 (lat_2, lon_2) 形式给出的两点之间的中心角 c。角度以弧度为单位。通过将角度乘以某种单位的地球平均半径，把角度换算成距离。如果用角度 c 乘以半径 3959 英里，那么将获得以英里为单位的角度所表示的距离。

请注意，我们希望以字符串形式提供距离转换因子 r。然后，将字符串映射到实际的浮点值。

关于 format() 方法的详细信息，请参阅 5.4 节。

在 Python 中使用该函数的过程如下所示：

```
>>> from ch05_r04 import display
>>> display(36.12, -86.67, 33.94, -118.4, 'NM')
From 36.12,-86.67 to 33.94,-118.4 in NM = 1558.53
```

该函数有两个重要的功能设计。第一个功能设计是避免引用由参数解析创建的 `argparse.Namespace` 对象的功能。我们的目标是拥有一个可以在多个上下文中重用的函数。需要保持用户界面的输入和输出元素是分离的。

第二个功能设计是该函数显示由另一个函数计算得到的值。该功能非常有用，因为可以分解问题。我们已经分离了用户体验和基本计算。

5.5.2　实战演练

(1) 定义参数解析函数。

```
def get_options():
```

(2) 创建 `parser` 对象。

```
parser = argparse.ArgumentParser()
```

(3) 向 `parser` 对象添加各种类型的参数。有时这样做很困难，因为我们仍在改进用户体验。很难想象用户使用程序的所有方式以及他们可能遇到的所有问题。

本例有两个强制性的位置参数和一个可选参数：

❑ 点 1 的纬度和经度；

❑ 点 2 的纬度和经度；

❑ 可选的距离。

可以使用海里作为方便的默认值，以便船员得到需要的结果。

```
parser.add_argument('-r', action='store',
        choices=('NM', 'MI', 'KM'), default='NM')
parser.add_argument('p1', action='store', type=point_type)
parser.add_argument('p2', action='store', type=point_type)
```

我们添加了两种参数。第一种是 `-r` 参数，以-开头表示该参数为可选参数，有时--与较长的参数名字一起使用。在某些情况下，会同时提供两种选择，如下所示：

```
add_argument('--radius', '-r'....)
```

该语句执行后将存储在命令行上跟随 `-r` 的值。我们列出了 3 个可能的选择，并提供了一个默认值。如果输入不是这 3 个值之一，那么 paser 将验证输入并写入适当的错误。

强制参数不带-前缀。我们使用的 action 是 store，这是默认的 action，不需要说明。作为 type 参数提供的函数用于将源字符串转换为适当的 Python 对象。这也是验证复杂输入值的理想方式。本节将介绍 `point_type()` 验证函数。

(4) 执行步骤 (2) 中创建的 `parser` 对象的 `parse_args()` 方法。

```
options = parser.parse_args()
```

默认情况下，该方法使用来自 sys.argv 的值，即用户输入的命令行参数值。如果需要以某种方式修改用户提供的命令行，那么可以提供一个明确的参数。

最终的函数如下所示：

```
def get_options():
    parser = argparse.ArgumentParser()
    parser.add_argument('-r', action='store',
            choices=('NM', 'MI', 'KM'), default='NM')
    parser.add_argument('p1', action='store', type=point_type)
    parser.add_argument('p2', action='store', type=point_type)
    options = parser.parse_args()
    return options
```

该函数依赖于 point_type() 验证函数，这是因为默认输入类型是由 str() 函数定义的。这样可以确保参数的值为字符串对象。我们提供了 type 参数，以便可以注入一个类型转换，例如，可以使用 type = int 或 type = float 将字符串转换为数字。

本实例曾经使用 point_type() 将一个字符串转换为了 (纬度, 经度) 二元组：

```
def point_type(string):
    try:
        lat_str, lon_str = string.split(',')
        lat = float(lat_str)
        lon = float(lon_str)
        return lat, lon
    except Exception as ex:
        raise argparse.ArgumentTypeError from ex
```

该函数用于解析输入值。首先，根据 , 字符将输入值分为两个值。然后，尝试对每个值进行浮点转换。如果 float() 函数都有效，那么将获得作为一对浮点值返回的有效的纬度和经度二元组。

如果转换出现问题，则将会抛出异常。将从该异常抛出 ArgumentTypeError 异常。argparse 模块通过这种方法向用户报告错误。

组合选项解析器和输出显示函数的主脚本如下所示：

```
if __name__ == "__main__":
    options = get_options()
    lat_1, lon_1 = options.p1
    lat_2, lon_2 = options.p2
    r = {'NM': NM, 'KM': KM, "MI": MI}[options.r]
    display(lat_1, lon_1, lat_2, lon_2, r)
```

主脚本用于连接用户输入和输出显示。

(1) 解析命令行选项。命令行选项都在 options 对象中。

(2) 展开 p1 和 p2，将这 2 个 (纬度, 经度) 二元组分为 4 个独立的变量。

(3) 执行 display() 函数。

5.5.3　工作原理

参数解析可以分为 3 个阶段。

(1) 通过创建一个作为 ArgumentParser 实例的 parser 对象，定义整个上下文。我们可以提供整体程序描述等信息，也可以提供格式化选项和其他选项。

(2) 使用 add_argument() 方法添加每个参数。这些参数包括可选参数以及必需的参数。每个参数都可以提供不同类型的语法。下一节将介绍其中一些方案。

(3) 解析实际的命令行输入。parser 的 parse() 方法将自动使用 sys.argv。可以提供一个明确的值替代 sys.argv 值。提供覆盖值的最常见原因是为了进行更完整的单元测试。

某些简单的程序只有少量可选参数，复杂一些的程序可能会有许多可选参数。

文件名作为位置参数是很常见的。当程序读取一个或多个文件时，文件名在命令行上提供，如下所示：

```
python3 some_program.py *.rst
```

我们使用了 Linux shell 的 **globbing** 功能，*.rst 字符串被扩展为一个与命名规则匹配的所有文件的列表。处理该文件列表的参数定义如下所示：

```
parser.add_argument('file', nargs='*')
```

命令行上所有不以-开头的名称将被收集到由 parser 构建的对象的 file 值中。

file 的使用方式如下所示：

```
for filename in options.file:
    process(filename)
```

上述代码将处理命令行中给出的每个文件。

对于 Windows 程序，shell 没有 globbing 功能，应用程序必须处理具有通配符模式的文件名。Python 的 glob 模块可以提供 globbing 功能。此外，pathlib 模块可以创建具有 globbing 功能的 Path 对象。

有时候我们可能需要设计更复杂的参数解析选项。复杂的应用程序可能有几十个单独的命令。例如，git 版本控制程序使用 git clone、git commit 或 git push 等几十个单独的命令。每个命令都有独特的参数解析要求。可以使用 argparse 创建这些命令的复杂层次结构以及这些命令独有的参数集。

5.5.4 补充知识

我们可以处理哪些种类的参数？常用的参数样式有很多种，这些参数样式都是使用 parser 的 add_argument() 方法定义的。

❑ **简单选项**：通常使用 -o 或 --option 参数来启用或禁用程序的功能。通常用 add_argument() 的 action='store_true', default=False 参数实现。有时如果应用程序使用 action='store_false', default=True，则实现会更简单。默认值和存储值的选择可以简化程序设计，但不会改变用户的体验。

❑ **使用复杂对象的简单选项**：用户可以视其为简单的 -o 或 --option 参数。我们可能想使用一个更复杂的对象来实现，而不是一个简单的布尔常量。可以使用 action='store_const', const=some_object, default=another_object。由于模块、类和函数也是对象，因此可以使用很多先进的技术。

□ **带值的选项**：显示 `-r unit` 为一个参数，它接受要使用的单元的字符串名称。可以通过 `action='store'` 存储用户提供的字符串值，还可以使用 `type=function` 选项来提供验证输入或转换输入的函数。

□ **增加计数器的选项**：一种常见的技术是使调试日志具有多个细节级别。可以使用 `action='count'`，`default=0` 计算给定参数的出现次数。用户可以为详细的输出提供 `-v` 参数，为非常详细的输出提供 `-vv` 参数。参数解析器将 `-vv` 参数视为 `-v` 的两个实例，这意味着值将从初始值 0 增加到 2。

□ **累积列表的选项**：这种选项用于一个用户提供多个值的情况。例如，当我们提供了一个距离值列表，并将参数定义为 `action='append'`，`default=[]` 时，用户就可以使用 `-r NM -r KM`，同时以海里和公里为单位显示结果。当然，`display()` 函数需要进行重大修改来处理集合中的多种单位。

□ **显示帮助文本**：如果什么也不做，那么 `-h` 和 `--help` 将显示帮助消息并退出。这种选项将为用户提供有用的信息。如果需要，可以禁用该参数或更改参数字符串。因为这种方案是一种广泛使用的惯例，所以最好不要做任何更改。

□ **显示版本号**：通常使用 `--Version` 参数显示版本号并退出。我们使用 `add_argument("--Version", action="version", version="v 3.14")` 来实现这种选项。我们提供了一个动作 `version` 和一个设置显示版本的附加关键字参数。

上述列表涵盖了命令行参数处理的大多数常见情况。一般来说，在编写应用程序时，我们将尝试利用这些常见的参数样式。如果使用简单的、广泛使用的参数样式，那么用户将更有可能了解应用程序的工作原理。

有些 Linux 命令具有很复杂的命令行语法。有些 Linux 程序具有 `argparse` 难以处理的参数，比如 `find` 或者 `expr`。对于这些极端情况，需要直接使用 `sys.argv` 值来编写自定义的解析器。

5.5.5　延伸阅读

□ 5.3 节介绍了获取交互式用户输入的方法。
□ 5.7 节将介绍一种增加本实例灵活性的方法。

5.6　使用 cmd 模块创建命令行应用程序

创建交互式应用程序的方法有很多种。5.3 节介绍了 `input()` 函数和 `getpass.getpass()` 函数。5.5 节展示了使用 `argparse` 创建用户与操作系统命令行交互的应用程序的方法。

使用 cmd 模块是创建交互式应用程序的另一种方法。cmd 模块将提示用户输入，然后调用我们提供的类的特定方法。

这种方法使用了第 7 章中的内容。我们将在类定义中添加功能，来创建一个唯一的子类。

交互过程如下所示，我们已经把用户输入标记为类似 `"help"` 的样式。

```
Starting with 100
Roulette> help

Documented commands (type help <topic>):
========================================
bet    help

Undocumented commands:
======================
done   spin   stake
Roulette> help bet
Bet <name> <amount>
        Name is one of even, odd, red, black, high, or low

Roulette> bet black 1
Roulette> bet even 1
Roulette> spin
Spin ('21', {'red', 'high', 'odd'})
Lose even
Lose black
... more interaction ...
Roulette> done
Ending with 93
```

上述内容是一段应用程序的介绍性信息。它显示了玩家的起始赌本，也就是玩家必须投注的金额。应用程序显示了提示符 Roulette>。然后用户可以输入 5 个可用命令中的任意一个。

当输入 help 命令时，将显示所有可用命令。只有 2 个命令有文档，其余 3 个命令没有更多有用的细节信息。

当输入 help bet 时，将显示 bet 命令的详细文档。此文档说明可以提供 6 个可选的下注名称中的其中一个名称和一个下注金额。

接着我们创建了 2 个投注——black 1 和 even 1，然后输入 spin 命令来旋转轮盘。获胜的结果为 21（red、high 或 odd）。我们的 2 个投注都输了。

本示例省略了一些互动。当输入 done 命令时，显示了最终的赌本。如果更详细地模拟，则可以显示关于掷骰子次数、赢和输的汇总统计数据。

5.6.1 准备工作

cmd.Cmd 应用的核心功能是"读取–求值–输出"循环。在具有大量的单独状态变化以及大量的命令使这些状态发生变化时，这种应用程序运行良好。

本实例将模拟**轮盘赌**的一个子集作为一个简单的示例。该示例允许用户创建一个或多个投注，然后旋转模拟的轮盘赌轮。虽然真正的轮盘赌的投注类型令人眼花缭乱，但是本实例只关注以下 6 种：

❑ red, black

❑ even, odd

❑ high, low

一个美式轮盘赌轮有 38 个箱子。数字从 1 到 36 的箱子为红色（red）和黑色（black）。还有另外

2 个都是绿色的箱子——0 和双 0。这 2 个额外的箱子被定义为既不是偶数（even）也不是奇数（odd），既不高（high）也不低（low）。只有少数几种方式可以押注 0，押注数字的方式有很多种。

我们将使用一些辅助函数来表示轮盘赌轮，这些函数构建了一个箱子集合。每个箱子都有一个显示箱子数字和一组获胜的下注名称的字符串。

可以用一些简单的规则来定义一个通用箱子，以确定哪些投注在获胜的集合中。

```python
red_bins = (1, 3, 5, 7, 9, 12, 14, 16, 18,
    21, 23, 25, 27, 28, 30, 32, 34, 36)

def roulette_bin(i):
    return str(i), {
        'even' if i%2 == 0 else 'odd',
        'low'  if 1 <= i < 19 else 'high',
        'red'  if i in red_bins else 'black'
    }
```

roulette_bin() 函数返回一个二元组，其中包含箱子编号的字符串表示和一组获胜的投注名称。0 和 00 需要使用不同的函数。

```python
def zero_bin():
    return '0', set()

def zerozero_bin():
    return '00', set()
```

zero_bin() 函数返回箱子编号的字符串和一个空集。zerozero_bin() 函数返回一个显示为 00 的特殊字符串，以及表示没有一个定义的投注获胜的空集。

可以组合这 3 个函数的结果来创建一个完整的轮盘赌轮。整个转轮将被建模为一个元素为箱子元组的列表。

```python
def wheel():
    b0 = [zero_bin()]
    b00 = [zerozero_bin()]
    b1_36 = [
        roulette_bin(i) for i in range(1,37)
    ]
    return b0+b00+b1_36
```

我们构建了一个简单的列表，其中包含整个箱子集合：0、双 0，以及从 1 到 36 的数字。现在可以使用 random.choice() 函数随机选择一个箱子。这个箱子将说明哪些投注获胜了，哪些投注输了。

5.6.2 实战演练

(1) 导入 cmd 模块。

```python
import cmd
```

(2) 定义一个 cmd.Cmd 的扩展。

```python
class Roulette(cmd.Cmd):
```

（3）定义 preloop() 方法中所需的初始化。

```
def preloop(self):
    self.bets = {}
    self.stake = 100
    self.wheel = wheel()
```

preloop() 方法只在处理过程开始时执行一次，用于初始化投注和玩家赌本的一个字典。我们还创建了一个轮盘集合的实例。self 参数是类的方法的基本要求，这是一个简单的必需语法。第 6 章将更加详细地研究这些内容。

请注意，该方法在 class 语句中是缩进的。

还可以在 __init__() 方法中初始化，但是这种方法有些复杂，这是因为必须使用 super() 来确保 Cmd 类的初始化是首先完成的。

（4）为每个命令创建一个 do_command() 方法。方法的名称是以 do_ 为前缀的命令名称。命令之后的用户输入文本将作为方法的参数值。bet 命令和 spin 命令的示例如下。

```
def do_bet(self, arg_string):
    pass
def do_spin(self, arg_string):
    pass
```

（5）解析并验证每个命令的参数。命令后面的用户输入将作为方法的第一个位置参数的值。

如果参数无效，那么此方法将打印消息并返回。如果参数有效，此方法则会继续进行验证步骤。

在本例中，spin 命令不需要任何输入。我们可以忽略参数字符串。为了使程序更加完善，如果字符串不为空，则应该显示一个错误。

但是，bet 命令有一个投注参数，而且必须是 6 个有效的投注名称之一。我们可能想检查重复的投注以及缩写的投注名称。6 个投注都有一个独特的首字母。

作为延伸，投注也可以有一个**数额**。1.7 节介绍了解析字符串的方法。本例将简单地处理投注名称。

```
def do_spin(self, arg_string):
    if len(self.bets) == 0:
        print("No bets have been placed")
        return
    # 主流程，更多处理应当放在这里

BET_NAMES = set(['even', 'odd', 'high', 'low', 'red', 'black'])

def do_bet(self, arg_string):
    if arg_string not in BET_NAMES:
        print("{0} is not a valid bet".format(arg_string))
        return
    # 主流程，更多处理应当放在这里
```

（6）为每个命令编写主流程（happy path）处理。在本例中，spin 命令将解析投注。bet 命令将累积另一个投注。do_bet() 方法的主流程如下。

```
    self.bets[arg_string] = 1
```

我们将用户的投注以及投注数额添加到了 self.bets 映射中。本例把所有的投注都视为具有相同的最小数额。

(7) 处理所有投注的 do_spin() 方法的主流程如下。

```
self.spin = random.choice(self.wheel)
print("Spin", self.spin)
label, winners = self.spin
for b in self.bets:
    if b in winners:
        self.stake += self.bets[b]
        print("Win", b)
    else:
        self.stake -= self.bets[b]
        print("Lose", b)
self.bets= {}
```

首先，我们旋转赌轮获得了一个获胜的投注。然后，检查了每个玩家的投注，看看哪些匹配获胜的投注组合。如果玩家的投注 b 在获胜的投注集合中，那么我们将增加他们的赌本。否则，减少他们的赌本。

本例中所有投注的赔率均为 1∶1。如果想将本例扩展到其他类型的投注，则必须为各种投注提供适当的赔率。

(8) 编写主脚本。创建一个 Roulette 类的实例并执行 cmdloop() 方法。

```
if __name__ == "__main__":
    r = Roulette()
    r.cmdloop()
```

我们创建了一个 Roulette 类的实例，Roulette 类是 Cmd 类的子类。当执行 cmdloop() 方法时，该类将写入已提供的介绍性消息，然后写入提示符，再读取命令。

5.6.3　工作原理

Cmd 模块包含大量内置功能，可用于显示提示符，从用户读取输入，然后根据用户的输入找到适当的方法。

例如，当输入 bet black 时，超类 Cmd 的内置方法将从输入中剥离第一个单词 bet，并添加前缀 do_，然后执行实现命令的方法。

如果没有 do_bet() 方法，则命令处理器会写入一个错误消息。这是自动完成的，根本不需要编写任何代码。

由于我们编写了一个 do_bet() 方法，因此该方法将被调用。在本例中，black 命令之后的文本将作为位置参数值。

某些方法已经是应用程序的一部分，例如 do_help()。这些方法将汇总其他 do_* 方法。当其中一个方法包含文档字符串时，这些文档字符串可以通过内置的帮助功能来显示。

Cmd 类依赖于 Python 的自省功能。该类的实例可以检查方法名称，来查找所有以 do_ 开头的方法。它们在类级的 __dict__ 属性中可用。自省（introspection）是一个高级主题，第 7 章将讨论一个相关的话题。

5.6.4 补充知识

Cmd 类还有其他一些可以添加交互功能的方法。

□ 可以定义 help_*() 方法，使其成为繁杂的帮助主题的一部分。

□ 当 do_* 方法返回值时，循环将终止。可以添加一个以 return True 作为方法代码的 do_quit() 方法。该方法将结束命令处理循环。

□ 可以提供名为 emptyline() 的方法来响应空白行。一种选择就是什么也不做，另一种常见的选择是在用户不输入命令时执行默认操作。

□ 当用户的输入与所有 do_* 方法都不匹配时，执行 default() 方法。这种功能可以用于更高级的输入解析。

□ 可以使用 postloop() 方法在循环完成后进行一些处理。这将是编写摘要的好地方。这种功能也需要返回非 False 值的 do_* 方法来结束命令循环。

另外，Cmd 类还有许多属性可以设置。这些属性是与方法定义同级的类级变量。

□ prompt 属性是提示输入的提示符字符串，示例如下。

```
class Roulette(cmd.Cmd):
    prompt="Roulette> "
```

□ intro 属性是介绍性消息。

□ 可以通过设置 doc_header、undoc_header、misc_header 和 ruler 属性来定制帮助输出。这些属性都会改变帮助输出的外观。

我们的目标是能够创建一个**整洁**（tidy）的类，以简单灵活的方式处理用户交互。该类创建了一个与 Python 的 REPL 有很多相同功能的应用程序，它还具有与许多提示用户输入的命令行程序相同的功能。

Linux 中的命令行 FTP 客户端是交互式应用程序的一个典型示例，它有一个 ftp> 提示符，能够解析几十个单独的 FTP 命令。输入 help 将显示作为 FTP 交互的一部分的所有内部命令。

5.6.5 延伸阅读

□ 第 6 章和第 7 章将介绍类的定义。

5.7 使用操作系统环境设置

用户输入的时间跨度有很多种。

□ 交互数据：由用户以**当前**时间跨度提供。

□ 程序启动时提供的命令行参数：这些值通常贯穿于程序的一个完整的执行过程。

□ 在操作系统级设置的环境变量：可以在命令行中设置，这样就与启动应用程序的命令一样具有交互性。

 ■ 以 .bashrc 文件或 .profile 文件形式配置。这种方法比在命令行中设置更持久，但是交互性稍差。

- 在 Windows 中，有一些**高级设置**（advanced setting）选项允许设置长期配置。这些设置通常用于程序需要多次执行的输入。

❑ 配置文件设置：因应用程序而异。这种方法通过编辑一个文件，使这些选项或参数可以长时间使用。

这些设置适用于多个用户，甚至适用于所有用户。配置文件通常具有最长的时间跨度。

5.5 节和 5.6 节介绍了用户的交互。5.5 节介绍了处理命令行参数的方法。第 13 章将介绍配置文件。

环境变量可以通过 os 模块获得。如何根据这些操作系统级的设置来配置应用程序？

5.7.1   准备工作

我们可能希望通过操作系统设置向程序提供各种类型的信息。但是，这里有一个很严重的局限：操作系统设置只能是字符串值。这意味着许多类型的设置需要某些代码来解析值，并从字符串中创建正确的 Python 对象。

在使用 argparse 模块解析命令行参数时，该模块可以执行一些数据转换。在使用 os 模块处理环境变量时，必须自定义转换。

5.5 节将 haversine() 函数包装在一个解析命令行参数的简单应用程序中。

在操作系统级别，我们创建了一个程序，如下所示：

```
slott$ python3 ch05_r04.py -r KM 36.12,-86.67 33.94,-118.40
From (36.12, -86.67) to (33.94, -118.4) in KM = 2887.35
```

使用应用程序一段时间后，我们发现，经常需要使用海里计算船只航行的距离。我们希望为其中一个输入点以及 -r 参数设置默认值。

由于船只可以停泊的位置非常多，因此需要在不修改实际代码的情况下更改默认值。

我们将设置一个操作系统环境变量 UNITS 来代表距离单位，设置另一个变量 HOME_PORT 来代表起始点。我们希望能够实现以下操作：

```
slott$ UNITS=NM
slott$ HOME_PORT=36.842952,-76.300171
slott$ python3 ch05_r06.py 36.12,-86.67
From 36.12,-86.67 to 36.842952,-76.300171 in NM = 502.23
```

单位和起始点的值通过操作系统环境提供给应用程序。这些值可以在配置文件中设置，以便我们进行简单的更改。这些值也可以手动设置，如示例所示。

5.7.2   实战演练

(1) 导入 os 模块。通过该模块可以使用操作系统环境。

```
import os
```

(2) 导入应用程序所需的其他类或对象。

```
from ch03_r05 import haversine, MI, NM, KM
```

(3) 定义一个函数，这个函数将使用环境值作为可选命令行参数的默认值。需要解析的默认参数集来自 sys.argv，因此，导入 sys 模块也非常重要。

```
def get_options(argv=sys.argv):
```

(4) 从操作系统环境设置收集默认值，包括必要的验证。

```
default_units = os.environ.get('UNITS', 'KM')
if default_units not in ('KM', 'NM', 'MI'):
    sys.exit("Invalid value for UNITS, not KM, NM, or MI")
default_home_port = os.environ.get('HOME_PORT')
```

sys.exit() 函数很好地进行了错误处理。它将打印消息并以非零状态退出。

(5) 创建 parser 属性。为相关参数提供默认值。该步骤依赖于 argparse 模块，因此也必须导入 argparse 模块。

```
parser = argparse.ArgumentParser()
parser.add_argument('-r', action='store',
    choices=('NM', 'MI', 'KM'), default=default_units)
parser.add_argument('p1', action='store', type=point_type)
parser.add_argument('p2', nargs='?', action='store', type=point_type,
    default=default_home_port)
options = parser.parse_args(argv[1:])
```

(6) 进行其他验证，确保正确设置参数。在本例中，HOME_PORT 可能没有值，也可能没有为第二个命令行参数提供任何值。该步骤需要使用 if 语句并调用 sys.exit()。

```
if options.p2 is None:
    sys.exit("Neither HOME_PORT nor p2 argument provided.")
```

(7) 返回包含有效参数集的 options 对象。

```
return options
```

-r 参数和第二个点是完全可选的。如果在命令行中省略这些值，则参数解析器将使用配置信息来提供默认值。

5.5 节介绍了处理 get_options() 函数创建的选项的方法。

5.7.3 工作原理

我们使用操作系统环境变量创建了可以被命令行参数覆盖的默认值。如果设置了环境变量，那么环境变量将作为参数定义的默认值。如果没有设置环境变量，则使用应用程序级的默认值。

在 UNITS 变量的实例中，应用程序使用公里作为默认值，如果不是，则设置操作系统环境变量。这个过程有三层交互。

❑ 可以在 .bashrc 文件中定义一个设置。或者，使用 Windows 高级设置选项进行持久性更改，该值将在每次登录或创建新的命令窗口时使用。

❑ 可以在命令行上交互地设置操作系统环境。只要会话持续，环境变量的值将持续下去。当注销或关闭命令窗口时，环境变量的值将丢失。

❑ 每次运行程序时，可以通过命令行参数提供唯一的值。

请注意，没有针对从环境变量得到的值的内置验证或自动验证。我们需要验证这些字符串，确保它们有意义。

另外请注意，我们在多个地方重复了有效单位的列表。这违反了 DRY（Don't Repeat Yourself）原则。使用该列表的全局变量是一个很好的改进。

5.7.4　补充知识

5.5 节展示了处理来自 `sys.argv` 的默认命令行参数的方法。第一个参数是正在执行的 Python 应用程序的名称，通常与参数解析无关。

`sys.argv` 的值是一个字符串列表，如下所示：

```
['ch05_r06.py', '-r', 'NM', '36.12,-86.67']
```

我们必须在处理 `sys.argv[0]` 的过程中跳过初始值。跳过初始值的时机有两个选择。

❑ 在本实例中，我们在解析过程中尽可能晚地丢弃多余的元素。在把 `sys.argv[1:]` 提供给解析器时，跳过了第一个元素。

❑ 在前面的例子中，我们在处理过程中较早地丢弃了初始值。`main()` 函数使用了 `options = get_options(sys.argv[1:])` 为解析器提供较短的列表。

通常，这两种方法之间唯一相关的区别在于单元测试的数量和复杂性。本实例需要一个包含初始参数字符串的单元测试，该字符串将在解析过程中丢弃。

5.7.5　延伸阅读

❑ 第 13 章将介绍多种处理配置文件的方法。

第 6 章
类和对象的基础知识 6

本章主要介绍以下实例。

- ❏ 使用类封装数据和操作
- ❏ 设计操作类
- ❏ 设计数据类
- ❏ 使用__slots__优化对象
- ❏ 使用更复杂的集合
- ❏ 扩展集合——统计数据的列表
- ❏ 使用特性计算惰性属性
- ❏ 使用可设置的特性更新及早属性

6.1 引言

计算的目的是处理数据。即使是在构建交互式游戏的过程中，游戏状态和玩家的行为也都是数据，处理过程计算下一个游戏状态和显示更新。

某些游戏可能具有比较复杂的内部状态。例如，具有多个玩家和复杂图形的控制台游戏就会出现复杂的实时状态变化。

像 Craps 这样的赌场游戏，其游戏状态则非常简单。游戏可能没有建立点数，也可能建立了值是4、5、6、8、9 或 10 其中一个的点数。转换相对简单，并且通常用赌桌上的移动标记和筹码来表示。数据包括游戏的当前状态、玩家动作和掷骰子。处理过程就是游戏的规则。

像二十一点这样的游戏，在收到每张牌时会有更加复杂的内部状态变化。在手牌可以拆分的游戏中，游戏的状态会变得相当复杂。数据包括游戏的当前状态、玩家的命令和从牌堆中发出来的牌。处理由游戏规则定义，但是每家赌场都可以修改规则。

在 Craps 游戏中，玩家可以投注。有趣的是，玩家的输入对游戏状态没有影响。游戏对象的内部状态完全由下一次掷出的骰子决定。在这种情况下，类设计很容易可视化。

本章将创建实现多个统计公式的类。一说起统计公式，可能有点令人生畏。不过几乎所有统计都基于一系列值的总和，通常显示为 $\sum x$。在许多情况下，这可以使用 Python 的 sum() 函数实现。

6.2　使用类封装①数据和操作

计算的基本思想是处理数据。这一点在我们编写处理数据的函数时已经证实。第 3 章介绍了函数的相关知识。

我们通常希望有大量密切相关的函数适用于一种常见的数据结构。这个概念是面向对象编程的核心。类定义会包含许多方法，这些方法控制对象的内部状态。

类定义背后的统一概念通常被视为分配给类的职责的总结。如何有效地实现这种概念？如何设计类？

6.2.1　准备工作

本实例主要讨论一个简单的有状态对象——一对骰子，相应的情景是一个模拟赌场游戏 *Craps* 的应用程序。目标是使用模拟结果来帮助创造更好的游戏策略。这样在我们尝试削弱庄家优势时，才不会失去真正的金钱。

类的定义和类的实例之间有一个重要区别，叫作**对象**（object）。这种思想也叫作**面向对象编程**（object-oriented programming）。本实例重点关注编写类定义。整个应用程序将创建类的实例。从实例的协作中产生的行为是设计过程的总体目标。

大多数设计工作都集中在类定义上。因此，名称"面向对象编程"可能会造成误导。

突现行为（emergent behavior）是面向对象编程的重要组成部分。我们不直接指定程序的每个行为，而是把程序分解为对象，并通过对象的类来定义对象的状态和行为。可以根据职责和协作将程序设计分解为类定义。

对象应该被看作事物——名词。类的行为应该被看作动词。这对应当如何设计有效工作的类给出了提示。

在涉及有形的现实世界的事物时，面向对象的设计通常是最容易理解的。编写模拟纸牌游戏的软件通常比创建实现**抽象数据类型**（abstract data type，ADT）的软件更容易。

本实例将模拟掷骰子。某些游戏使用两个骰子，比如赌场游戏 *Craps*。因此，需要定义一个对一对骰子建模的类。为了使示例更加生动具体，本实例将在模拟赌场游戏的情景中为一对骰子建模。

6.2.2　实战演练

(1) 用简单的语句描述类实例的功能，可以称之为问题陈述。着重使用短句，强调名词和动词。

❑ *Craps* 游戏有两个标准骰子。

❑ 每个骰子有 6 个面，面上的点数从 1 到 6。

❑ 骰子由玩家掷出。

❑ 两个骰子的总点数会改变 *Craps* 游戏的状态。然而，这些规则与骰子是分离的。

---

① 在面向对象编程的概念中一般用"封装"（encapsulate），但是 Python 里一般用"包装"（wrap）。这里用"包装"对于已经学习过面向对象概念的读者来说可能有点别扭。——译者注

❑ 如果两个骰子点数一样，那么这个数字就是 hard way。如果两个骰子点数不一样，那么这个
数字就是 easy way。某些赌注依赖于这种区别。

(2) 识别语句中的所有名词。名词可以识别不同类的对象，它们是**协作者**（collaborator），如玩家
和游戏。名词也可以识别对象的属性，如面和点数。

(3) 识别语句中的所有动词。动词通常是类的方法，如掷出和匹配。有时，它们是其他类的方法，
其中一个例子就是改变状态，适用于 *Craps*。

(4) 识别语句中的所有形容词。形容词是阐明名词的单词或短语。在许多情况下，某些形容词显
然是对象的属性。在其他情况下，形容词描述对象之间的关系。在本例中，诸如**骰子的总点数**（the total
of the dice）之类的短语是介词短语充当形容词的一个例子。短语 the total of 修饰名词 dice。总点数是
一对骰子的属性。

(5) 用 class 语句编写类。

```
class Dice:
```

(6) 在 __init__ 方法中初始化对象的属性。

```
def __init__(self):
    self.faces = None
```

我们将使用 self.faces 属性对骰子的内部状态建模。需要用变量 self 确保我们引用给定类实
例的属性。我们通过实例变量 self 的值来标识对象。

我们也可以在这里添加一些其他特性。另一种选择是将特性实现为单独的方法，6.8 节将详细说
明这种设计决策。

(7) 根据各种动词定义对象的方法。在本例中，必须定义的方法有以下几种。

❑ 实现玩家掷骰子的方法。

```
def roll(self):
    self.faces = (random.randint(1,6), random.randint(1,6))
```

我们通过设置 self.faces 属性更新了骰子的内部状态。同样，self 变量对于标识待更新的对
象是至关重要的。

请注意，这个方法会更改对象的内部状态。我们选择了不返回值。这使得我们的方法有点类似于
Python 内置集合类的方法。任何更改对象的方法都不会返回值。

❑ 计算骰子总点数的方法，该方法有助于实现通过骰子的总点数改变 *Craps* 游戏的状态。

```
def total(self):
    return sum(self.faces)
```

下面两种方法有助于说明 hard way 和 easy way 的实际意义。

```
def hardway(self):
    return self.faces[0] == self.faces[1]
def easyway(self):
    return self.faces[0] != self.faces[1]
```

在赌场游戏中，具有简单相反逻辑的规则很罕见。更常见的情况是有一种罕见的第三种选择，这

种选择的收益规则非常糟糕。在本例中，可以定义 easyway 返回 not self.hardway()。

使用该类的示例如下。

(1) 首先，为随机数生成器设置固定的种子值，以便获得固定的结果序列。这是为该类创建单元测试的一种方法。

```
>>> import random
>>> random.seed(1)
```

(2) 创建一个 Dice 对象 d1。然后可以使用 roll()方法设置它的状态。接着，通过 total()方法获得骰子的总点数。通过查看 faces 属性检查对象的状态。

```
>>> from ch06_r01 import Dice
>>> d1 = Dice()
>>> d1.roll()
>>> d1.total()
7
>>> d1.faces
(2, 5)
```

(3) 创建第二个 Dice 对象 d2。然后可以使用 roll()方法设置它的状态。接着，获得 total()方法以及 hardway()方法的结果。通过查看 faces 属性检查对象的状态。

```
>>> d2 = Dice()
>>> d2.roll()
>>> d2.total()
4
>>> d2.hardway()
False
>>> d2.faces
(1, 3)
```

(4) 由于这两个对象都是 Dice 类的独立实例，因此修改 d2 不影响 d1。

```
>>> d1.total()
7
```

6.2.3　工作原理

本实例的核心思想是使用常用的语法规则——名词、动词和形容词——来识别类的基本特征。名词代表事物。良好的描述性语句应该重点关注有形的现实世界的事物，而不是想法或抽象事物。

在本例中，骰子是真实的事物。我们试图避免使用抽象术语，比如随机数生成器或事件生成器。首先描述真实事物的有形特征，然后找到一个提供有形特征的抽象实现，这样设计会更容易一些。

掷骰子是可使用方法定义进行建模的一个物理动作。显然，这个动作改变了对象的状态。在极少数情况下（1/36 的概率），下一个状态恰好匹配前一个状态。

形容词常常有可能导致混淆。关于形容词最常见用法的描述如下。

❑ 某些形容词只有一个简单的解释，比如第一、最后、最少、最多、下一个、前一个，等等。
　这些形容词可以通过惰性（lazy）实现用作方法，或通过及早（eager）实现用作属性值。

- 某些形容词是更复杂的短语，例如骰子的总点数（the total of the dice）。这是一个由名词（total）和一个介词（of）构建的形容词短语。这些短语也可以看作一种方法或属性。
- 某些形容词涉及软件中其他地方出现的名词。例如 *Craps* 游戏的状态（the state of the *Craps* game），其中 state of 修饰另一个对象 *Craps*。这显然只与骰子本身相关。这些词反映了骰子和游戏之间的关系。
- 我们可以在问题陈述中添加一个语句，比如骰子是游戏的一部分（dice are part of the game）。这有助于说明游戏和骰子之间存在一种关系。介词短语（比如 are part of）总是可以倒过来，以从另一个对象的角度来创建语句，例如，游戏中包含骰子（the game contains dice）。这有助于说明对象之间的关系。

在 Python 中，对象的属性默认是动态的。我们不指定固定的属性列表，而是可以在类定义的 __init__()方法中初始化一些或全部属性。由于属性不是静态的，因此我们的设计具有很大的灵活性。

6.2.4　补充知识

捕获必要的内部状态和导致状态变化的方法是良好的类设计的第一步。我们可以使用首字母缩写 S.O.L.I.D 来总结一些有用的设计原则。

- **单一职责原则**（Single Responsibility Principle）：一个类应该有一个明确定义的职责。
- **开/关原则**（Open/Closed Principle）：类应该可以通过继承进行扩展，但不可修改。应该优化类设计，这样就不需要修改代码来添加或修改功能。
- **里氏替换原则**（Liskov Substitution Principle）：需要设计继承，这样就可以使用子类替代超类。
- **接口隔离原则**（Interface Segregation Principle）：在编写问题陈述时，要确保协作类的依赖尽可能地少。在许多情况下，依据该原则，通常要将大问题分解成许多小的类定义。
- **依赖性反转原则**（Dependency Inversion Principle）：一个类直接依赖其他类是不理想的。如果一个类依赖于一个抽象，那么最好用一个具体的实现类替换抽象类。

我们的目标是创建具有正确行为并且遵循设计原则的类。

6.2.5　延伸阅读

- 6.9 节将讨论及早属性和惰性特性之间的选择。
- 第 7 章将更深入地研究类的设计方法。
- 第 11 章将讨论如何为类编写正确的单元测试。

6.3　设计操作类

在大多数情况下，对象包含定义其内部状态的所有数据，但是也存在例外情况。在某些情况下，类并不真正需要保存数据，而是用于保存处理过程。

统计处理算法是这种设计的主要示例，这些算法通常与被分析的数据分离。数据可能在一个 list

或 Counter 对象中，而算法可能是一个单独的类。

当然，在 Python 中，这种处理通常使用函数实现。更多关于函数的信息，请参阅第 3 章。在某些语言中，所有代码都必须采用类的形式，这导致了额外的复杂性。

如何设计使用 Python 复杂内置集合的类？

6.3.1　准备工作

在第 4 章，特别是 4.7 节中，我们讨论了**优惠券收集测试**这种统计处理。优惠券收集测试的思想是，每当执行一些处理时，就保存一张优惠券来描述该处理的某个方面或参数。那么在收集到一整套优惠券之前，需要执行多少次处理？

如果根据购买习惯将顾客分配到不同的分组中，那么在每组都有顾客之前，需要做多少在线销售？如果这些分组的大小相同，那么很容易预测在获得一整套优惠券之前，我们遇到的平均顾客数量。如果这些分组的大小不同，那么计算收集一整套优惠券预计所需的时间会比较复杂一些。

假设我们已经使用 Counter 对象收集了数据。有关各种集合的详细信息，请参阅第 4 章，特别是 4.7 节和 4.15 节。在本例中，顾客被分为成员数量大致相同的 8 个类别。数据如下所示：

```
Counter({15: 7, 17: 5, 20: 4, 16: 3, ... etc., 45: 1})
```

数据中的键是获得一整套优惠券所需的访问次数，值是给定访问次数出现的次数。在上述数据中，15 次访问出现了 7 次，17 次访问出现了 5 次，这是一个长尾分布。仅有一次，收集一整套 8 张优惠券需要 45 次访问。

我们想计算 Counter 的一些统计数据。为此，总体策略有以下两种。

❑ **扩展**（extend）：可以扩展 Counter 类定义来添加统计处理。其复杂性因引入的处理类型而有所不同。6.7 节和第 7 章将详细介绍这种策略。

❑ **包装**（wrap）：可以将 Counter 对象包装在另一个类中，仅提供我们需要的功能。这种策略经常会暴露其他一些方法，虽然这些方法是 Python 的重要组成部分，但是对于我们的应用程序来说并不重要。第 7 章将详细讨论这种策略。

包装策略有一种变体，它使用统计计算对象包装内置集合中的对象。这是一种优雅的包装方案。设计处理的方案有两种，对于两种架构来说，它们都适用。

❑ **及早**：尽可能早地计算统计数据。计算得到的值随后可以成为类的属性。虽然这种方案可以提高性能，但是也意味着对数据集合的任何更改都将导致原来计算得到的值无效。必须检查整个上下文，确定是否会发生这种情况。

❑ **惰性**：直到需要时，才通过方法函数或特性（property）来进行计算。6.8 节将详细介绍这种设计方案。

这两种设计方案的基本数学原理是相同的，唯一的区别在于执行计算的时间。

我们使用预期值的总和来计算均值。预期值等于值乘以该值的频率。均值 μ 的计算公式如下：

$$\mu = \sum_{k \in C} f_k \times k$$

其中 k 是来自 Counter（C）的键，f_k 是 Counter 中给定键的频率值。

标准差 σ 取决于均值 μ。计算标准差时还需计算所有值的总和，其中每个值都利用频率加权。公式如下：

$$\sigma = \sqrt{\frac{\sum_{k \in C} f_k \times (k - \mu)^2}{C + 1}}$$

其中 k 是来自 Counter（C）的键，f_k 是 Counter 中给定键的频率值。Counter 中元素的总数是 $C = \sum_{k \in C} f_k$，即频率之和。

6.3.2 实战演练

(1) 用描述性名称定义类。

```
class CounterStatistics:
```

(2) 编写 __init__ 方法，添加该对象即将与之连接的对象。

```
def __init__(self, raw_counter:Counter):
    self.raw_counter = raw_counter
```

我们定义了一个方法函数，它将 Counter 对象作为参数值。该 Counter 对象被保存为 Counter_Statistics 实例的一部分。

(3) 初始化其他可能有用的局部变量。由于需要尽可能早地计算值，因此最早的可能时间是创建对象时。编写一些尚未定义的函数的引用。

```
self.mean = self.compute_mean()
self.stddev = self.compute_stddev()
```

我们已经及早计算出 Counter 对象的均值和标准差，并将它们保存在两个实例变量中。

(4) 为各种统计值定义所需的方法。计算均值的方法如下所示。

```
def compute_mean(self):
    total, count = 0, 0
    for value, frequency in self.raw_counter.items():
        total += value*frequency
        count += frequency
    return total/count
```

(5) 计算标准差的方法如下所示。

```
def compute_stddev(self):
    total, count = 0, 0
    for value, frequency in self.raw_counter.items():
        total += frequency*(value-self.mean)**2
        count += frequency
    return math.sqrt(total/(count-1))
```

请注意，该计算要求首先计算均值。self.mean 实例变量在前面已经创建过了。

另外，该计算使用了 math.sqrt()。请确保在 Python 文件中添加 import math 语句。

创建样本数据的方法如下所示：

```
>>> from ch04_r06 import *
>>> from collections import Counter
>>> def raw_data(n=8, limit=1000, arrival_function=arrival1):
...     expected_time = float(expected(n))
...     data = samples(limit, arrival_function(n))
...     wait_times = Counter(coupon_collector(n, data))
...     return wait_times
```

我们从 ch04_r06 模块导入了相关函数，比如 expected()、arrival1() 和 coupon_collector()。另外，还从标准库的 collections 模块导入了 Counter 集合。

我们定义了 raw_data() 函数，该函数将生成许多顾客访问记录。默认为 1000 次访问，范围为 8 个不同类别的顾客，其中每个类别的成员人数相同。我们将使用 coupon_collector() 函数逐步遍历数据，生成收集一整套 8 张优惠券所需的访问次数。

然后使用该数据创建一个 Counter 对象。Counter 对象将获得收集一整套优惠券所需的顾客数量。每个顾客数量还有一个频率，显示了该访问次数出现的频率。

分析 Counter 对象的方法如下所示：

```
>>> import random
>>> from ch06_r02 import CounterStatistics
>>> random.seed(1)
>>> data = raw_data()
>>> stats = CounterStatistics(data)
>>> print("Mean: {0:.2f}".format(stats.mean))
Mean: 20.81
>>> print("Standard Deviation: {0:.3f}".format(stats.stddev))
Standard Deviation: 7.025
```

首先，我们导入了 random 模块，以便可以选择已知的种子值。这样更便于测试和演示应用程序，因为随机数序列是一致的。我们还从 ch06_r02 模块导入了 CounterStatistics 类。

定义完所有元素之后，可以将 seed 设置为一个已知的值，并生成优惠券收集测试结果。raw_data() 函数将生成一个 Counter 对象，我们称之为 data。

我们将使用该 Counter 对象创建一个 CounterStatistics 类实例，并将该实例赋给 stats 变量。创建该实例时还将计算一些汇总统计值。这些值可以作为 stats.mean 属性和 stats.stddev 属性。

对于一套 8 张的优惠券，理论上平均需要 21.7 次访问才能集齐。raw_data() 的结果似乎显示了与随机访问的预期一致的行为。这有时被称为零假设（null hypothesis），即数据是随机的。

6.3.3　工作原理

该类封装了两个复杂的算法，但是不包含任何改变状态的数据。这种类不需要保留大量的数据，而是尽可能早地执行所有计算。

首先，为处理过程编写一个高级规范，并将其放在 __init__() 方法中。然后，编写方法来实现指定的处理步骤。可以按需设置很多属性，所以这种方法非常灵活。

这种设计的优点在于属性值可以重复使用。只用计算一次，之后每次使用属性值时，都不需要进一步计算。

这种设计的缺点在于修改底层的 `Counter` 对象会废弃 `CounterStatistics` 对象。通常，在 `Counter` 不会改变的情况下使用这种设计。本实例创建了一个用于创建 `CounterStatistics` 对象的静态 `Counter`。

6.3.4 补充知识

如果需要有状态的对象，那么可以添加改变 `Counter` 对象的更新方法。例如，可以通过将任务委托给关联的 `Counter`，引入一个方法来添加另一个值。设计模式将从计算和集合之间的简单连接转变为集合的包装器。

该方法如下所示：

```
def add(self, value):
    self.raw_counter[value] += 1
    self.mean = self.compute_mean()
    self.stddev = self.compute_stddev()
```

首先，该方法更新了 `Counter` 的状态。然后，重新计算了所有派生值。这种处理方式可能会产生巨大的计算开销。每个值发生改变后，需要有充分的理由才能重新计算均值和标准差。

除此之外，还有很多更高效的解决方案。例如，如果保存两个中间和以及一个中间计数，那么就可以通过高效地计算均值和标准差来更新和和计数。

为此，可能需要改变 `__init__()` 方法，如下所示：

```
def __init__(self, counter:Counter=None):
    if counter:
        self.raw_counter = counter
        self.count = sum(self.raw_counter[k] for k in self.raw_counter)
        self.sum = sum(self.raw_counter[k]*k for k in self.raw_counter)
        self.sum2 = sum(self.raw_counter[k]*k**2 for k in self.raw_counter)
        self.mean = self.sum/self.count
        self.stddev = math.sqrt((self.sum2-self.sum**2/self.count)/(self.count-1))
    else:
        self.raw_counter = Counter()
        self.count = 0
        self.sum = 0
        self.sum2 = 0
        self.mean = None
        self.stddev = None
```

该方法可以使用 `Counter`，也可以不使用 `Counter`。如果没有提供数据，则使用空集合，并将各种和设置为零值。当计数 count 为零时，均值和标准差没有任何有意义的值，因此设置为 None。

如果提供了 `Counter`，则计算 count、sum 和平方和。这些值可以轻松地逐步调整，快速地重新计算 mean 和标准差。

当添加单个新值时，以下方法将逐步地重新计算各个派生值：

```
def add(self, value):
    self.raw_counter[value] += 1
    self.count += 1
    self.sum += value
    self.sum2 += value**2
    self.mean = self.sum/self.count
    if self.count > 1:
        self.stddev = math.sqrt(
            (self.sum2-self.sum**2/self.count)/(self.count-1))
```

显然需要更新 Counter 对象、count、sum 和平方和，以确保 count、sum 以及平方和的值在任何时候都匹配 self.raw_counter 集合。因为 count 的值至少为 1，所以均值很容易计算。标准差至少需要两个值，通过 sum 以及平方和来计算。

标准差公式的变体如下所示：

$$\sigma = \sqrt{\dfrac{\sum\limits_{k \in C} f_k \times k^2 - \dfrac{\left(\sum\limits_{k \in C} f_k \times k\right)^2}{C}}{C-1}}$$

这个公式涉及两个和，其中一个是频率与值的平方的乘积之和，另一个是频率与值的乘积之和。C 代表值的总数，即频率之和。

6.3.5　延伸阅读

❑ 6.7 节将介绍另一种不同的设计方法，该实例将使用函数扩展类定义。
❑ 6.8 节将介绍另一种不同的方法。该实例将使用特性，并根据需要计算属性。
❑ 6.4 节将讨论一个没有实际操作的类。该类与本实例的类正好相反。

6.4　设计数据类

在某些情况下，对象是复杂数据的容器，但是并没有真正对该数据进行很多处理。实际上，在许多情况下，可以设计仅依赖于 Python 内置功能的类，不需要任何独特的方法函数。

在许多情况下，Python 的内置容器类几乎可以覆盖所有用例。但是还有一个小问题，字典或列表的语法不像对象属性的语法那么优雅。

如何创建可使用 object.attribute 语法替代 object['attribute'] 的类？

6.4.1　准备工作

类的设计其实只有两种情况。
❑ 它是无状态的？它是否包含了很多从不改变的属性？
❑ 它是有状态的？各种属性会有状态变化吗？
有状态的类设计更常见一些。在有状态的类设计方案中，可以在不改变原有对象的情况下支持无状态对象。但是，使用真正的无状态对象具有显著的存储优势和性能优势。

本实例将使用两种类来说明这两种设计方案。

❑ **无状态**：我们将定义一个类来描述具有牌面大小和花色的简单扑克牌。由于纸牌的牌面大小和花色不会改变，因此我们将为此创建一个无状态类。

❑ **有状态**：我们将定义一个类来描述玩家在二十一点游戏中的当前状态，包括庄家的手牌、玩家的手牌以及一个可选的保险赌注。每手牌都会有大量的状态变化。

6.4.2 实战演练

本实例将首先介绍无状态对象，然后介绍有状态对象。对于没有方法的有状态对象，有两种选择：使用一个新类，或者利用一个现有的类。由于存在这些选择，本实例将演示三个子例。

1. 无状态对象

(1) 本实例的无状态对象基于 collections.namedtuple。

```
from collections import namedtuple
```

(2) 定义类的名称，这个名称将使用两次。

```
Card = namedtuple('Card',
```

(3) 定义对象的属性。

```
Card = namedtuple('Card', ('rank', 'suit'))
```

使用该类定义创建 Card 对象的过程如下所示：

```
>>> from collections import namedtuple
>>> Card = namedtuple('Card', ('rank', 'suit'))
>>> eight_hearts = Card(rank=8, suit='\N{White Heart Suit}')
>>> eight_hearts
Card(rank=8, suit='♡')
>>> eight_hearts.rank
8
>>> eight_hearts.suit
'♡'
>>> eight_hearts[0]
8
```

我们创建了一个名为 Card 的新类，它有两个属性名称：rank 和 suit。定义类之后，可以创建类的一个实例。我们构建了一个纸牌对象 eight_hearts，它的牌面大小（rank）为 8，花色（suit）为♡。

可以使用属性的名称或者属性在元组中的位置来引用该对象的属性。当使用 eight_hearts.rank 或者 eight_hearts[0] 时，将得到 rank 属性，因为它在属性名称序列中是最先定义的。

这种类定义比较罕见。该类具有固定的、已定义的属性集。通常，Python 的类定义具有动态属性。此外，该对象是不可变的。尝试修改实例属性的示例如下：

```
>>> eight_hearts.suit = '\N{Black Spade Suit}'
Traceback (most recent call last):
```

```
    File
"/Library/Frameworks/Python.framework/Versions/3.4/lib/python3.4/doctest.py", line
1318, in __run
    compileflags, 1), test.globs)
  File "<doctest default[0]>", line 1, in <module>
    eight_hearts.suit = '\N{Black Spade Suit}'
AttributeError: can't set attribute
```

我们尝试修改对象的 suit 属性，但是抛出了一个 AttributeError 异常。

2. 使用新类的有状态对象

(1) 定义一个新类。

```
class Player:
    pass
```

(2) 我们编写了一个空类定义，该类的实例很容易创建，如下所示。

```
p = Player()
```

然后，可以为对象添加属性。

```
p.stake = 100
```

虽然这种方法能够正常工作，但是在类定义中添加更多功能通常是有帮助的。一般来说，我们会在类定义中添加方法（包括 __init__() 方法）来初始化对象的实例变量。

3. 使用现有类的有状态对象

除了定义一个空类，还可以使用标准库中的模块。例如，可以使用 argparse 模块或 types 模块。

(1) 导入模块。

argparse 模块包含 Namespace 类，可用来代替空类定义。

```
from argparse import Namespace
```

还可以使用 types 模块的 SimpleNamespace。

```
from types import SimpleNamespace
```

(2) 创建引用 SimpleNamespace 或 Namespace 的类。

```
Player = SimpleNamespace
```

6.4.3 工作原理

上面的这些方法都定义了一个可以有无限个属性的类。但是，SimpleNamespace 的构造器比定义自定义的类更灵活。

```
>>> from types import SimpleNamespace
>>> Player = SimpleNamespace
>>> player_1 = Player(stake=100, hand=[], insurance=None, bet=None)
>>> player_1.bet = 10
>>> player_1.stake -= player_1.bet
>>> player_1.hand.append( eight_hearts )
>>> player_1
```

```
namespace(bet=10, hand=[Card(rank=8, suit='♡')], insurance=None, stake=90)
```

我们创建了一个名为 Player 的新类，但是没有提供属性列表，因为属性是动态的。

在构建 player_1 对象时，我们提供了一个属性列表，这些属性是该对象的一部分。创建对象后，可以修改对象的状态。我们设置了 player_1.bet 的值，更新了 player_1.stake 和 player_1.hand。

当显示对象时，也会显示所有属性。属性通常按字母顺序提供，这样编写单元测试示例会更容易一些。

当使用 namedtuple() 函数时，我们创建了一个类对象。我们以字符串形式提供了一个类名以及属性名称，这些属性名称构成了一个元组。最终得到的对象需要赋给一个变量，最好的做法就是确保作为参数值提供给 nametuple() 函数的类名和变量名是一致的。

通过 namedtuple() 创建的类对象和通过 class 语句创建的类对象是同一种类对象。实际上，可以使用 print(Card._source) 来查看究竟是如何创建类的。

namedtuple 类本质上是具有命名属性这一附加功能的元组。与其他所有元组对象一样，它是不可变的，即一旦构建，就不能改变。

在使用 SimpleNamespace 时，我们使用了一个非常简单的类定义，它几乎没有方法。因为属性通常是动态的，所以可以自由地设置、获取和删除该类的属性。

不是 tuple 子类的类或者使用 __slots__ 的类（6.5 节的主题）都是非常灵活的。另外还有一些非常先进的技术可以用来改变属性的行为方式，这些技术都需要对 Python 特殊方法名称的工作原理有深入的了解。

6.4.4 补充知识

在许多情况下，应用程序处理过程可以分解为两种类定义。

❑ **数据——集合和项**：我们将使用内置集合类、标准库中的集合，甚至可能是基于 namedtuple()、SimpleNamespace 或其他专注于通用数据集合的类定义的项。

❑ **操作**：我们将以类似于 6.3 节的方式来定义类。操作类通常依赖于数据对象。

将数据从操作中分离的思想符合某些 S.O.L.I.D. 设计原则，特别是单一职责原则、开/闭原则和接口隔离原则。我们可以创建重点突出的类，使得通过子类扩展进行改变非常简单。

6.4.5 延伸阅读

❑ 6.3 节研究了一个几乎全是操作而没有数据的类。该类与本实例的类正好相反。

6.5 使用__slots__优化对象

一般情况下，对象支持动态的属性集合，集合中的每个属性都有一个动态值。基于 tuple 类的不可变对象是一种特殊情况。6.4 节详细研究了这两种情况。

存在一个中间地常——对象具有固定数量的属性，但属性的值可以更改。通过将类的无限的属性集合（collection）改为固定的属性集（set）还可以节省内存和处理时间。

如何创建具有固定属性集的优化类？

6.5.1   准备工作

首先了解下赌场游戏二十一点中一手牌（hand）的概念 。一手牌包含两个部分：

❏ 纸牌（card）

❏ 投注（bet）

两者都具有动态值。通常可以获得更多的纸牌，也可以通过加倍来提高投注。

分牌（split）将创建额外的手牌。每个分出来的手牌都是一个单独的对象，该对象具有一个不同的纸牌集合和一个唯一的赌注。

6.5.2   实战演练

本实例在创建类时将利用特殊名称 __slots__。

(1) 使用描述性名称定义类。

```
class Hand:
```

(2) 定义属性名称列表。

```
__slots__ = ('hand', 'bet')
```

这标识了类实例可使用的两个属性，添加任何其他属性都会抛出 AttributeError 异常。

(3) 添加初始化方法。

```
def __init__(self, bet, hand=None):
    self.hand= hand or []
    self.bet= bet
```

一般来说，每手牌都从投注开始，然后庄家分发两张初始牌作为手牌。在某些情况下，我们可能希望从一系列 Card 实例中重建一个 Hand 对象。我们使用了 or 运算符的一个功能。如果左侧的操作数不是假值（即 None），那么它就是 or 表达式的值。如果左侧的操作数为假值，则对右侧操作数求值。关于这种功能的详细信息，请参阅 3.2 节。

(4) 添加更新集合的方法。我们称之为 deal，因为它用于向 Hand 分发一张新牌。

```
def deal(self, card):
    self.hand.append(card)
```

(5) 添加 __repr__() 方法，以便于打印输出。

```
def __repr__(self):
    return "{class_}({bet}, {hand})".format(
        class_= self.__class__.__name__,
        **vars(self)
    )
```

使用该类构建一手牌的过程如下所示。我们将基于 6.4 节中的示例来定义 Card 类。

```
>>> from ch06_r04 import Card, Hand
>>> h1 = Hand(2)
>>> h1.deal(Card(rank=4, suit='♠'))
>>> h1.deal(Card(rank=8, suit='♡'))
>>> h1
Hand(2, [Card(rank=4, suit='♠'), Card(rank=8, suit='♡')])
```

我们导入了 Card 类和 Hand 类的定义，然后构建了一个 Hand 实例 h1，投注为最小赌注的两倍。接着又通过 Hand 类的 deal() 方法向手牌 h1 中添加了两张牌。上述代码说明可以更改 h1.hand 的值。

上述示例还显示了 h1 实例来说明投注和纸牌序列。__repr__() 方法生成 Python 语法格式的输出。

当玩家加倍时，也可以替换 h1.bet 的值。

```
>>> h1.bet *= 2
>>> h1
Hand(4, [Card(rank=4, suit='♠'), Card(rank=8, suit='♡')])
```

在显示 Hand 对象 h1 时，可以发现 bet 属性已经改变。

创建一个新属性的结果如下所示：

```
>>> h1.some_other_attribute = True
Traceback (most recent call last):
  File
"/Library/Frameworks/Python.framework/Versions/3.4/lib/python3.4/doctest.py", line
1318, in __run
    compileflags, 1), test.globs)
  File "<doctest default[0]>", line 1, in <module>
    h1.some_other_attribute = True
AttributeError: 'Hand' object has no attribute 'some_other_attribute'
```

我们尝试为 Hand 对象 h1 创建一个名为 some_other_attribute 的属性，结果抛出了 Attribute-Error 异常。使用__slots__意味着无法向该对象添加新的属性。

6.5.3 工作原理

在创建类定义时，object 类和 type() 函数定义了一部分行为。另外，类还被隐含地分配了一个特殊的 __new__() 方法，用来处理创建新对象所需的内部工作。

在创建类定义时，Python 有三种基本行为。

❑ 默认行为，在每个对象中构建一个__dict__属性。因为对象的属性保存在一个字典中，所以可以自由地添加、修改和删除属性。这种灵活性需要使用较多内存来存储字典对象。

❑ __slots__行为，可以避免使用__dict__属性。因为对象只具有在__slots__序列中标识的属性，所以不能随意地添加和删除属性。只能更改定义好的属性值。这种灵活性上的欠缺意味着每个对象都使用较少的内存。

❑ tuple 子类行为。这些子类是不可变对象。创建它们的最简单方法就是使用 namedtuple()。一旦构建，就不能改变。在测量内存使用时，这些子类是所有对象中内存使用量最小的。

__slots__优化在 Python 中使用的频率并不高。默认的类行为提供了最大的灵活性，使得类很容易修改。然而，在某些情况下，大型应用程序可能会受内存使用量的限制，而使用__slots__可以显著提高性能。

6.5.4　补充知识

我们可以自定义 __new__()方法的工作方式，将默认的__dict__属性替换为其他类型的字典。这是一种相当先进的技术，因为它暴露了更多的类和对象的内部工作方式。

Python 依赖元类来创建类的实例。默认的元类是 type 类。元类提供了多个用于创建对象的功能。一旦创建了空对象，那么类的 __init__()方法将初始化空对象。

通常，如果需要自定义命名空间对象，那么元类将提供一个 __new__()定义或者 __prepare__()定义。在 Python 语言参考文档中有一个广泛使用的示例，该示例演示了如何调整用于创建类的命名空间。

更多详细信息，请参阅 https://docs.python.org/3/reference/datamodel.html#metaclass-example。

6.5.5　延伸阅读

❑ 关于不可变对象和可变对象的更多常见示例，请参阅 6.4 节。

6.6　使用更复杂的集合

Python 具有种类丰富的内置集合。第 4 章详细介绍了内置集合。4.2 节提供了一种决策树来帮助我们从可用数据结构中找到适当的数据结构。

除了内置集合，Python 还具有强大的标准库，所以我们有了更多的选择，当然也需要做更多的决定。如何选择适当的数据结构？

6.6.1　准备工作

将数据放入集合之前，需要考虑如何收集数据，以及如何处理集合。在这个过程中，最大的问题就是如何识别集合中的特定元素。本实例将讨论几个关键问题，帮助我们选择满足需求的集合。

替代集合包含在三个模块中，概述如下。

collections 模块包含许多内置集合的变体，包括以下集合。

❑ deque：双端队列。这是一个可变序列，优化了从每一端的推入和弹出操作。请注意，类名以小写字母开头，这对于 Python 来说是非典型的。

❑ defaultdict：可以为缺失键提供默认值的映射。请注意，类名以小写字母开头，这对于 Python来说是非典型的。

❑ Counter：用于计算键出现次数的映射。有时也被称为多重集（multiset）或包（bag）。

❑ OrderedDict：保留键的创建顺序的映射。

❑ ChainMap：将多个字典组合为单个映射的映射。

`heapq` 模块包含一个优先级队列实现，这个实现是按顺序维护元素的特殊序列。

`bisect` 模块包含搜索有序列表的方法，有序列表混合了字典和列表的功能。

6.6.2　实战演练

我们需要回答一些问题来决定是否需要用标准库数据集合替代内置集合。

(1) 该结构是生产者和消费者之间的缓冲区吗？算法的一部分生产数据元素，另一部分消费数据元素？

一种常用的简单方法是生产者在列表中累积元素，然后消费者从列表中处理元素。这种方法往往会构建一个大型的中间数据结构。关注点的变化可能会使生产和消费交错，从而减少内存的使用量。

- ❏ 队列用于**先入先出**（FIFO）处理。元素从一端插入并从另一端消费。虽然 `collections.deque` 会更高效，但是我们可以使用 `list.append()` 和 `list.pop(0)` 来模拟，也可以使用 `deque.append()` 和 `deque.popleft()`。

- ❏ 栈用于**后进先出**（LIFO）处理。元素从同一端插入和消费。虽然 `collections.deque` 会更高效，但是我们可以使用 `list.append()` 和 `list.pop()` 来模拟，也可以使用 `deque.append()` 和 `deque.pop()`。

- ❏ 优先级队列（或堆队列）使队列按某种顺序排列，而不同于插入顺序。这通常用于优化，包括图形搜索算法。我们可以通过使用 `list.append()`、`list.sort(key=lambda x:x.priority)` 和 `list.pop(-1)` 来模拟，但是因为每次插入后都要排序，所以效率非常低。使用 `heapq` 模块效率更高。

(2) 如何处理字典中的缺失键？

- ❏ 抛出异常。这是内置 `dict` 类的工作方式。

- ❏ 创建一个默认元素。这是 `defaultdict` 的工作方式。我们必须提供一个返回默认值的函数。常见的例子包括 `defaultdict(int)` 和 `defaultdict(float)`，使用默认值零。我们还可以使用 `defauldict(list)` 和 `defauldict(set)` 创建**列表-字典**（dictionary-of-list）或**集-字典**（dictionary-of-set）结构。

- ❏ 在某些情况下，我们需要提供不同的字面量作为默认值。

  ```
  lookup = defaultdict(lambda:"N/A")
  ```

上述示例使用 `lambda` 对象定义了一个非常小的函数，它没有名字，并且始终返回字符串 `N/A`。这个示例将为缺失键创建一个默认元素 `N/A`。

用来为元素计数的 `defaultdict(int)` 很常见，`Counter` 类也实现了相同功能。

(3) 如何处理字典中键的顺序？

- ❏ 顺序无关紧要，我们总是根据键来设置和获取元素。这是内置 `dict` 类的行为。键的排列顺序取决于散列随机化，因此是不可预测的。

- ❏ 我们希望保留插入顺序以及使用键快速查找元素。`OrderedDict` 类提供了这种独特的功能组合。它的接口与内置 `dict` 类相同，但保留了键的插入顺序。

❑ 我们希望按适当的顺序排列键。当有序列表执行此操作时，给定键的查找速度相当慢。可以使用 bisect 模块快速访问有序列表中的元素，这需要三个步骤。

　　a. 通过 append() 或 extend() 构建列表。

　　b. 使用 list.sort() 对列表排序。

　　c. 使用 bisect 模块检索有序列表。

(4) 如何构建字典？

❑ 在已经具有创建元素的简单算法的情况下，内置的 dict 可能就足够了。

❑ 在读取配置文件时可能需要合并多个字典。例如，我们可能需要合并用户配置、系统范围的配置和默认应用程序配置。

```
import json
user = json.load('~/app.json')
system = json.load('/etc/app.json')
application = json.load('/opt/app/default.json')
```

(5) 如何组合这些字典？

```
from collections import ChainMap
config = ChainMap(user, system, application)
```

最终得到的 config 对象将按顺序搜索各个字典，它将在用户、系统和应用程序字典中搜索给定键。

6.6.3　工作原理

数据处理过程中有两个主要的资源限制：

❑ 存储；

❑ 时间。

所有程序设计都受到这两种限制。在大多数情况下，两者是对立的：为减少存储使用所做的任何事情都会增加处理时间，而为缩短处理时间所做的任何事情都会增加存储使用。

时间可以通过复杂度指标形式化。算法复杂度的分析指标有很多种。

❑ 复杂度为 $O(1)$ 的操作需要的时间是恒定的。在这种情况下，复杂度不会随着数据量的变化而变化。对于一些集合，实际的总体长期平均值几乎为 $O(1)$，但是也有少量例外。列表的 append 操作就是一个例子：它们的复杂度大致相同。但是内存管理操作偶尔会增加一些时间。

❑ 复杂度为 $O(n)$ 的操作所需的时间是线性的。随着数据量的增长，开销会增加。查找列表中的元素具有这种复杂度。查找字典中元素的复杂度更接近于 $O(1)$，因为它的复杂度几乎一样低，无论字典有多大。

❑ 复杂度为 $O(n \log n)$ 的操作，其开销的增长比数据量的增长更加迅速。bisect 模块包括具有这种复杂度的搜索算法。

❑ 还有更糟糕的情况：一些算法具有 $O(n^2)$ 甚至 $O(n!)$ 的复杂度。我们希望通过聪明的设计和更智能的数据结构来避免这些复杂度。

各种数据结构反映了时间和存储之间的权衡。

6.6.4 补充知识

作为一个具体且极端的例子，本实例将搜索 Web 日志文件中的特定事件序列。本实例有两个总体设计策略。

- ❑ 使用类似 `file.read().splitlines()` 的方式，把所有事件读取到列表结构中。然后，可以使用一个 `for` 语句遍历列表来查找事件的组合。虽然初始读取可能需要一些时间，但是搜索会非常快，因为日志全部在内存中。
- ❑ 从日志文件中读取每个事件。如果事件是模式的一部分，则只保存该事件。我们可以使用 `defaultdict`，IP 地址作为键，事件列表作为值。虽然读取日志需要更长时间，但是内存中生成的结构将会小得多。

第一种方法将所有内容读入内存，这往往是非常不切实际的。在大型 Web 服务器中，日志可能包含数百 GB 甚至数百 TB 的数据，任何计算机的内存都放不下。

第二种方法有许多种备选实现。

- ❑ **单进程**：本书中大多数 Python 实例采用的常用方法，是假设我们正在创建一个作为单进程运行的应用程序。
- ❑ **多进程**：可以使用 `multiprocessing` 或 `concurrent` 包将逐行搜索扩展为多进程应用程序。我们将创建一系列工作进程，每个进程都可以处理可用数据的一个子集，并将结果返回给合并结果的消费者。在现代多处理器、多核计算机上，这种方法可以非常有效地利用资源。
- ❑ **多主机**：极端情况下需要多个服务器，每个服务器都处理数据的一个子集。这需要在主机之间进行更加精细的协调来共享结果集。通常，这种处理需要 Hadoop 这样的框架。

我们经常将大型搜索分解为 map 和 reduce 处理。map 阶段对集合中的每个元素应用一些处理或过滤。reduce 阶段将 map 阶段的结果合并到汇总或聚合对象中。在许多情况下，MapReduce 操作的复杂层次结构会应用于前一个 MapReduce 操作的结果。

6.6.5 延伸阅读

- ❑ 关于选择数据结构的基本决策集，请参阅 4.2 节。

6.7 扩展集合——统计数据的列表

6.3 节讨论了一种区分复杂算法和集合的方法，其实例展示了如何将算法和数据分别封装到不同的类中。

另一种设计策略是扩展集合，整合有用的算法。

如何扩展 Python 的内置集合？

6.7.1 准备工作

本实例将创建一个复杂的列表，它可以计算列表元素的总和和均值。根据本实例的设计目标，应用程序只能向列表添加数字，否则会抛出 ValueError 异常。

6.7.2 实战演练

(1) 为执行简单统计的列表选择一个名称。将类定义为内置列表类 list 的扩展。

```
class StatsList(list):
```

上述代码显示了为内置类定义扩展的语法。如果提供一个仅由 pass 语句组成的类体，那么新的 StatsList 类可以在任何使用 list 类的地方使用。

在本例中，list 类被称为 StatsList 的超类。

(2) 将附加处理定义为新的方法。self 变量将是一个继承了超类的所有属性和方法的对象。sum() 方法如下所示。

```
def sum(self):
    return sum(v for v in self)
```

我们使用生成器表达式清楚地表明，sum() 函数被应用于列表中的每个元素。使用生成器表达式可以非常容易地进行计算或引入过滤器。

(3) 经常应用于列表的另一种方法如下所示。

```
def count(self):
    return sum(1 for v in self)
```

该方法将对列表中的元素进行计数。在实现方法时，我们选择使用生成器表达式，而不是使用 len() 函数，以防将来需要添加过滤功能。

(4) mean 方法如下所示。

```
def mean(self):
    return self.sum() / self.count()
```

(5) 其他方法如下所示。

```
def sum2(self):
    return sum(v**2 for v in self)
def variance(self):
    return (self.sum2() - self.sum()**2/self.count())/(self.count()-1)
def stddev(self):
    return math.sqrt(self.variance())
```

sum2() 方法计算列表中值的平方和。平方和用于计算方差，然后方差用于计算列表中值的标准差。

StatsList 对象继承了 list 对象的所有功能，并通过我们添加的方法实现扩展。使用该集合的示例如下：

```
>>> from ch06_r06 import StatsList
>>> subset1 = StatsList([10, 8, 13, 9, 11])
>>> data = StatsList([14, 6, 4, 12, 7, 5])
>>> data.extend(subset1)
```

我们通过字面量列表对象创建了两个 `StatsList` 对象，然后使用 `extend()` 方法组合了这两个对象。结果对象如下：

```
>>> data
[14, 6, 4, 12, 7, 5, 10, 8, 13, 9, 11]
```

使用该对象其他方法的示例如下：

```
>>> data.mean()
9.0
>>> data.variance()
11.0
```

上述示例显示了 `mean()` 方法和 `variance()` 方法的结果。当然，内置 `list` 类的所有功能都出现在了扩展类中。

```
>>> data.sort()
>>> data[len(data)//2]
9
```

我们使用了内置的 `sort()` 方法，并使用索引功能从列表中提取了一个元素。因为列表中元素的个数为奇数，所以该元素就是中位数。请注意，`sort()` 方法会更改 `list` 对象，它改变了元素的顺序。这种方法不是该算法的最佳实现。

6.7.3　工作原理

继承的概念是类定义的基本特征之一。当创建超类–子类关系时，子类继承了超类的所有功能。这种关系有时也被称为泛化–特化关系。超类是更通用的类，而子类更加专用，因为它添加或修改了功能。

所有内置类都可以通过扩展添加功能。在本例中，我们添加了一些统计处理，创建了一个子类，它是一种专用的列表。

两种设计策略难分优劣。

❑ 扩展：在本例中，我们扩展了一个类来添加功能。这些功能与这种数据结构紧密结合，不能轻易地将它们用于不同类型的序列。

❑ 包装：在设计具有大量处理的类时，我们将处理和集合分离开来。这导致在处理两个对象时更加复杂。

很难说哪一种设计策略在本质上更好。在许多情况下，我们会发现包装可能具有优势，因为它似乎更符合 S.O.L.I.D. 设计原则。但是，在某些情况下，显然更适合扩展一个内置的集合。

6.7.4　补充知识

泛化可以产生抽象的超类。抽象类是不完整的，需要通过子类进行扩展并提供缺少的实现细节。我们不能生成一个抽象类的实例，因为它缺少使它有用的功能。

正如 4.2 节中提到的，所有内置集合都有抽象超类。我们也可以从一个抽象基类开始设计，而不

是从一个具体的类开始。例如:

```
from collections.abc import Mapping
class MyFancyMapping(Mapping):
etc.
```

为了使这个类更加完备,需要为一些特殊方法提供实现:

- ❑ __getitem__()
- ❑ __setitem__()
- ❑ __delitem__()
- ❑ __iter__()
- ❑ __len__()

这些方法都是抽象类所缺少的,它们在 Mapping 类中没有具体的实现。在为每个方法提供了可行的实现之后,就可以创建新子类的实例了。

6.7.5 延伸阅读

- ❑ 6.3 节采用了不同的处理方法,把复杂的算法放在了一个单独的类中。

6.8 使用特性计算惰性属性

在 6.3 节中,我们定义了一个类,这个类及早地计算了集合中数据的大量属性。这种设计方案的思想是尽早计算值,这样属性就不会产生进一步的计算开销。

我们将这种处理称为**及早**处理,因为尽可能早地完成了工作。另一种方法是**惰性**处理,即尽可能晚地完成工作。

如果一些值很少使用,并且计算开销非常大,应该怎么办?怎样才能最小化前期计算,只在真正需要时才计算值?

6.8.1 准备工作

假设我们已经使用 Counter 对象收集了数据。在本例中,顾客被分为成员数量大致相同的 8 个类别。数据如下所示:

```
Counter({15: 7, 17: 5, 20: 4, 16: 3, ... etc., 45: 1})
```

在这个集合中,键是获得一整套优惠券所需的访问次数,值是给定访问次数出现的次数。在上述数据中,访问次数 15 出现了 7 次,访问次数 17 出现了 5 次,这是一个长尾分布。仅有一次,收集一整套 8 张优惠券需要 45 次访问。

我们需要计算 Counter 的一些统计数据。为此,总体策略有两种。

- ❑ **扩展**:6.7 节已经详细讨论了这个问题,第 7 章将继续讨论。
- ❑ **包装**:可以将 Counter 对象包装在另一个类中,仅提供我们需要的功能。第 7 章将会讨论这个问题。

包装策略的一个常见变体使用一个统计计算对象和一个单独的数据集合对象，这是一种优雅的解决方案。

无论选用哪种类架构，这种处理都有两种设计方案。

❑ **及早**：尽可能早地计算统计数据。6.3 节介绍过这种方法。

❑ **惰性**：直到需要时，才会通过方法函数或特性来进行计算。在 6.7 节中，我们给集合类添加了方法，这些方法是惰性计算的示例。仅在需要时才计算统计数据的值。

这两种设计方案的基本数学原理是相同的，唯一的区别在于执行计算的时间。

均值 μ 的计算公式如下：

$$\mu = \sum_{k \in C} f_k \times k$$

其中 k 是来自 Counter（C）的键，f_k 是 Counter 中给定键的频率值。

标准差 σ 取决于均值 μ。公式如下：

$$\sigma = \sqrt{\frac{\sum_{k \in C} f_k \times (k - \mu)^2}{C + 1}}$$

其中 k 是来自 Counter（C）的键，f_k 是 Counter 中给定键的频率值。Counter 中元素的总数是 $C = \sum_{k \in C} f_k$。

6.8.2　实战演练

(1) 用描述性名称定义类。

```
class LazyCounterStatistics:
```

(2) 编写初始化方法，添加该对象即将与之连接的对象。

```
def __init__(self, raw_counter:Counter):
    self.raw_counter = raw_counter
```

我们定义了一个方法函数，它将 Counter 对象作为参数值。Counter 对象被保存为 Counter_Statistics 实例的一部分。

(3) 定义一些有用的辅助方法。这些方法都使用了 @property 装饰器，这样它们的行为就像一个简单的属性。

```
@property
def sum(self):
    return sum(f*v for v, f in self.raw_counter.items())
@property
def count(self):
    return sum(f for v, f in self.raw_counter.items())
```

(4) 为各种统计值定义所需的方法。计算均值的方法如下所示。该方法也使用了 @property 装饰器。其他方法可以像属性一样被引用，即使它们是正确的方法函数。

```
@property
def mean(self):
    return self.sum / self.count
```

(5) 计算标准差的方法如下所示。

```
@property
def sum2(self):
    return sum(f*v**2 for v, f in self.raw_counter.items())
@property
def variance(self):
    return (self.sum2 - self.sum**2/self.count)/(self.count-1)
@property
def stddev(self):
    return math.sqrt(self.variance)
```

请注意，该计算使用了 `math.sqrt()`，请确保在 Python 文件中添加 `import math` 语句。

(6) 创建样本数据的方法如下所示。

```
>>> from ch04_r06 import *
>>> from collections import Counter
>>> def raw_data(n=8, limit=1000, arrival_function=arrival1):
...     expected_time = float(expected(n))
...     data = samples(limit, arrival_function(n))
...     wait_times = Counter(coupon_collector(n, data))
...     return wait_times
```

我们从 ch04_r06 模块导入了相关函数，比如 `expected()`、`arrival1()` 和 `coupon_collector()`。另外还从标准库的 collections 模块导入了 Counter 集合。

我们定义了 `raw_data()` 函数，该函数将生成许多顾客访问记录。默认为 1000 次访问，范围为 8 个不同类别的顾客，其中每个类别的成员人数相同。然后使用 `coupon_collector()` 函数遍历数据，生成收集一整套 8 张优惠券所需的访问次数。

最后使用该数据创建一个 Counter 对象。Counter 对象将获得收集一整套优惠券所需的顾客数量。每个顾客数量还有一个频率，显示了该访问次数出现的频率。

(7) 分析 Counter 对象的方法如下所示。

```
>>> import random
>>> from ch06_r07 import Lazy Counter Statistics
>>> random.seed(1)
>>> data = raw_data()
>>> stats = Lazy Counter Statistics(data)
>>> print("Mean: {0:.2f}".format(stats.mean))
Mean: 20.81
>>> print("Standard Deviation: {0:.3f}".format(stats.stddev))
Standard Deviation: 7.025
```

首先，我们导入了 random 模块，以便可以选择已知的种子值。这样更便于测试和演示应用程序，因为随机数是一致的。我们还从 ch06_r07 模块导入了 LazyCounterStatistics 类。

定义完所有元素之后，可以将 seed 设置为一个已知的值，并生成优惠券收集测试结果。Raw_data() 函数将生成一个 Counter 对象，我们称之为 data。

我们将使用该 Counter 对象创建 LazyCounterStatistics 类的一个实例,并将其赋给 stats 变量。在打印 stats.mean 特性和 stats.stddev 特性的值时,会调用这些方法对各种值进行适当的计算。

对于一套 8 张的优惠券,理论上平均需要 21.7 次访问才能集齐。raw_data() 的结果似乎显示了与随机访问的预期一致的行为。这有时被称为零假设,即数据是随机的。

在本例中,数据确实是随机的。我们已经验证了本实例所使用的方法,现在可以将该软件用于现实世界中的数据,并且可以确信该软件能够正常工作。

6.8.3 工作原理

当值很少被使用时,惰性计算可以很好地解决问题。在本例中,在计算方差和标准差的过程中,计数被计算了两次。

这表明在某些情况下,简单地使用惰性计算并不是最理想的。这个问题通常很好解决,我们总是可以创建局部变量来保存中间结果。

为了使这个类看起来像执行及早计算的类,我们使用了 @property 装饰器。这样方法函数看起来就像一个属性,但是这只适用于没有参数值的方法函数。

在所有情况下,及早计算的属性都可以用惰性特性替换。创建及早属性变量的主要原因是为了优化计算开销。在值很少被使用的情况下,惰性特性可以避免开销较大的计算。

6.8.4 补充知识

在某些情况下,可以进一步优化特性来限制重新计算的次数。在实施优化之前,需要仔细分析使用情景,了解底层数据更新的模式。

在先加载数据再执行分析的情况下,可以缓存结果,以免重复计算。

代码如下所示:

```
def __init__(self, raw_counter:Counter):
    self.raw_counter = raw_counter
    self._count = None
@property
def count(self):
    if self._count is None:
        self._count = sum(f for v, f in self.raw_counter.items())
    return self._count
```

这种技术使用属性来保存计数计算的副本。这个值只用计算一次,然后根据需要多次返回,避免了重新计算的开销。

只有当 raw_counter 对象的状态从不改变时,这种优化才有用。在更新底层 Counter 的应用程序中,缓存的值将会过期。每次更新 Counter 时,这种应用程序需要重新创建 LazyCounterStatistics。

6.8.5 延伸阅读

❑ 6.3 节定义了一个及早计算了许多属性的类,其实例代表了另一种管理计算开销的策略。

6.9 使用可设置的特性更新及早属性

前面的几个实例研究了及早计算和惰性计算之间的重要区别。关于及早计算的示例，请参阅 6.4 节。关于惰性计算的示例，请参阅 6.8 节。

如果对象是有状态的，那么属性值在对象的生命周期中必须发生改变。通常使用方法尽可能早地计算属性的变化，但这并不是必须的。

有状态对象的属性值的设置方式有以下几种。

❑ 通过方法设置属性值。

■ 及早计算结果，并把结果放在属性中。

■ 惰性计算结果，使用语法类似于简单属性的特性。

❑ 通过属性设置值。

■ 如果通过特性惰性计算结果，那么新状态可以反映在这些计算中。

如果想使用类似于属性的语法设置值，同时还想执行及早计算，应该怎么办？

可以利用特性设置器（property setter）来使用类似于属性的语法。这种方法还可以及早计算出结果。

例如，有一个相当复杂的对象，它具有多个从其他属性派生的属性。如何从属性的变化中及早计算出值？

6.9.1 准备工作

假设有一个代表一段航程的类，它有三个主要特征——速度、时间和距离。通常可以从其中两个值的变化中及早计算出另一个值。

我们可以添加功能，使这个类更加复杂。例如，如果从纬度和经度计算距离，那么必须简单修改一般的方法。如果使用特定的点而不是更灵活的距离，那么距离的计算可能涉及速度、时间、起点和方位等。这涉及两个互锁的计算。本实例不会做这么复杂的计算，而是使用简单的速度–时间–距离计算。

由于必须设置两个属性来计算第三个属性，因此对象的内部状态集相当复杂。

❑ 没有设置属性：一切都是未知的。

❑ 设置了一个属性：还不能执行计算。

❑ 设置了两个不同的属性：可以计算第三个属性。

此后，支持附加属性更改是非常理想的。基本规则是根据最近的两个不同的变化来计算适当的新值。

❑ 如果最后修改了速度 r 和时间 t，则计算距离 d。使用 $d = r \times t$。

❑ 如果最后修改了速度 r 和距离 d，则计算时间 t。使用 $t = d / r$。

❑ 如果最后修改了时间 t 和距离 d，则计算速度 r。使用 $r = d / t$。

对象的预期行为如下所示：

```
leg_1 = Leg()
leg_1.rate = 6.0  # 单位为海里/小时
leg_1.distance = 35.6  # 单位为海里
print("Cover {leg.distance:.1f}nm at {leg.rate:.2f}kt = {leg.time:.2f}hr".
    format(leg=leg_1))
```

这种设计有一个非常明显的优点，就是为 leg 对象提供了一个非常简单的接口。应用程序只需设置任意两个属性，而且计算及早进行，从而为剩余属性提供值。

6.9.2 实战演练

本实例分为两部分。首先概述可设置（settable）的特性的定义，然后详细说明如何跟踪状态变化。

(1) 使用有意义的名称定义类。

(2) 提供隐藏属性。这些隐藏属性将被暴露为特性。

```
class Leg:
def __init__(self):
    self._rate= rate
    self._time= time
    self._distance= distance
```

(3) 为每个可获取的特性提供一个计算特性值的方法。在许多情况下，特性与隐藏的属性类似。

```
@property
def rate(self):
    return self._rate
```

(4) 为每个可设置的特性提供一个设置特性值的方法。

```
@rate.setter
def rate(self, value):
    self._rate = value
    self._calculate('rate')
```

setter 方法具有一个基于 getter 方法名称的特殊的特性装饰器。在本例中，rate() 方法上的 @property 装饰器也创建了一个 rate.setter 装饰器，可以用于定义该属性的 setter 方法。

注意，getter 和 setter 的方法的名称是相同的。@property 装饰器和 @rate.setter 装饰器可以用来区分这两种方法。

在本例中，我们将值保存在隐藏属性 self._rate 中。然后，如果可能的话，使用 _calculate() 方法及早计算所有隐藏的属性。

(5) 可以对其他所有特性重复上述过程。在本例中，时间和距离的代码是相似的。

```
@property
def time(self):
    return self._time
@time.setter
def time(self, value):
    self._time = value
    self._calculate('time')
@property
def distance(self):
```

```
        return self._distance
    @distance.setter
    def distance(self, value):
        self._distance = value
        self._calculate('distance')
```

跟踪状态变化的细节依赖于 collections.deque 类的一个功能。计算规则可以实现为不同变化的两元素有界队列。随着每个不同字段的变化，可以将字段名插入队列。队列中两个不同的名称是最后变更的两个字段，第三个字段可以通过集合减法来确定。

(1) 导入 deque 类。

```
from collections import deque
```

(2) 在 __init__() 方法中初始化队列。

```
self._changes= deque(maxlen=2)
```

(3) 将每个不同的变化插入队列，确定队列中缺少的字段，并计算该字段。

```
def _calculate(self, change):
if change not in self._changes:
    self._changes.append(change)
compute = {'rate', 'time', 'distance'} - set(self._changes)
if compute == {'distance'}:
    self._distance = self._time * self._rate
elif compute == {'time'}:
    self._time = self._distance / self._rate
elif compute == {'rate'}:
    self._rate = self._distance / self._time
```

如果最新的更改不在队列中，那么它将被追加到队列中。由于队列的大小是固定的，因此最旧的元素（也就是最近最少更改的元素）将被静默地弹出，以保持队列大小不变。

可用特性集与最近更改的特性集之间的差集是一个特性名称。这个名称是最近最少设定的特性名称，这个特性的值可以由最近设置的另外两个特性值计算得出。

6.9.3　工作原理

这种设计方案之所以可行，是因为 Python 使用了一种称为**描述符**（descriptor）的类来实现特性。描述符类可以具有获取值、设置值和删除值的方法。根据上下文，其中一个方法是隐式使用的。

❑ 当在表达式中使用描述符对象时，将使用__get__方法。

❑ 当描述符位于赋值语句的左侧时，将使用__set__方法。

❑ 当描述符位于 del 语句中时，将使用__delete__方法。

@property 装饰器做了三项工作。

❑ 修改在描述符对象中包装的方法。紧跟描述符的方法被修改为描述符的__get__方法。在表达式中使用时，它将计算值。

❑ 添加 method.setter 装饰器。这个装饰器将紧随其后的方法修改为描述符的__set__方法。当在赋值语句的左侧使用该名称时，将执行给定的方法。

❑ 添加 method.deleter 装饰器。这个装饰器将紧随其后的方法修改为描述符的 __delete__ 方法。当在 del 语句中使用该名称时，将执行给定的方法。

描述符可以构建用于提供值、设置值甚至删除值的属性名称。

6.9.4　补充知识

我们还可以对这个类再做一些改进。下面将介绍两种用于初始化和计算的高级技术。

1. 初始化
我们可以提供一种方法来用某些值正确初始化实例。这个更改让我们可以执行以下操作：

```
>>> from ch06_r08 import Leg
>>> leg_2 = Leg(distance=38.2, time=7)
>>> round(leg_2.rate, 2)
5.46
>>> leg_2.time=6.5
>>> round(leg_2.rate, 2)
5.88
```

本例说明了规划帆船航程的方法。如果航程是 38.2 海里，目标是在 7 小时内完成，那么帆船的速度必须达到每小时 5.46 海里。如果想缩短半个小时，那么速度必须达到每小时 5.88 海里。

为此，需要修改 __init__()方法。必须立即构建内部的 dequeue 对象。在设置每个属性时，必须使用内部的 _calculate()方法来跟踪设置。

```
class Leg:
    def __init__(self, rate=None, time=None, distance=None):
        self._changes= deque(maxlen=2)
        self._rate= rate
        if rate: self._calculate('rate')
        self._time= time
        if time: self._calculate('time')
        self._distance= distance
        if distance: self._calculate('distance')
```

首先创建 dequeue 函数。随着每个单独的字段值都被设置，更改将被记录到已更改属性的队列中。如果设置了两个字段，则会计算第三个字段。

如果所有三个字段都被设置了，那么最后更改的两个字段（在本例中即时间和距离）将计算另一个字段（即速度）值。这将覆盖之前提供的值。

2. 计算
目前，各种计算都隐藏在 if 语句中。这样修改起来非常困难，因为子类不得不提供整个方法，而不是简单地修改计算。

可以使用内省（introspection）技术删除 if 语句。使用显式的计算方法，整个设计会更好：

```
def calc_distance(self):
    self._distance = self._time * self._rate
def calc_time(self):
    self._time = self._distance / self._rate
def calc_rate(self):
```

```
        self._rate = self._distance / self._time
```

以下版本的 _calculate() 将使用上述方法:

```
def _calculate(self, change):
    if change not in self._changes:
        self._changes.append(change)
    compute = {'rate', 'time', 'distance'} - set(self._changes)
    if len(compute) == 1:
        name = compute.pop()
        method = getattr(self, 'calc_'+name)
        method()
```

当计算的值是一个单例集时,使用 pop() 方法从集中提取一个值。在该值前面加上 calc_,为计算预期值的方法提供名称。

getattr() 函数查找 self 对象请求的方法,然后作为一个绑定函数执行。它可以根据预期的结果更新属性。

将计算重构为单独的方法会使得类更易于扩展。我们现在可以创建一个子类,这个子类包含了修改版的计算,而且还保留了父类的全部功能。

6.9.5   延伸阅读

❏ 有关集的详细信息,请参阅 4.7 节。

❏ dequeue 实际上是一个为追加和弹出操作高度优化的列表,请参阅 4.5 节。

第 7 章

高级类设计

本章主要介绍以下实例。

- ❏ 在继承和扩展之间选择——is-a 问题
- ❏ 通过多重继承分离关注点
- ❏ 利用 Python 的鸭子类型
- ❏ 管理全局单例对象
- ❏ 使用更复杂的结构——列表映射
- ❏ 创建具有可排序对象的类
- ❏ 定义有序集合
- ❏ 从映射列表中删除元素

7.1 引言

第 6 章介绍了一些关于类设计基础知识的实例。本章将深入研究 Python 中的类。

6.3 节和 6.8 节讨论了面向对象编程的核心设计方案——包装与扩展。可以通过扩展将功能添加到类中，也可以创建包装现有类的新类来添加新功能。Python 的扩展技术有多种，提供了很多备选方案。

Python 类可以从多个超类中继承功能。这可能会导致混乱，但是简单的 mixin 设计模式可以防止出现问题。

大型应用程序可能需要许多类或模块共享一些全局数据。这些全局对象可能很难管理。但是，我们可以使用模块来管理全局对象并创建一个简单的解决方案。

第 4 章研究了核心的内置数据结构。本章将扩展内置数据结构，组合某些功能来创建更复杂的对象。

7.2 在继承和扩展之间选择——is-a 问题

5.6 节和 6.7 节讨论了扩展类的方法。在这两个实例中，扩展的类都是内置类的子类。
扩展有时被称为泛化–特化（generalization-specialization）关系，有时也被称为 is-a 关系。
另外还有一个重要的语义问题可以概括为**包装与扩展问题**。

- 子类是父类的一个示例吗？其实这就是 is-a 关系。例如，Python 内置的 Counter 类扩展了基类 dict。
- 或者子类和父类之间存在其他关系？也许有一种关联，有时被称为 has-a 关系。例如，在 6.3 节中，CounterStatistics 包装了一个 Counter 对象。

如何区分这两种技术？

7.2.1   准备工作

这个问题是有点抽象的哲学问题，侧重于**本体论**（ontology）思想。本体论是定义存在范畴的一种方法。

在扩展对象时，必须先思考以下问题：

"这是对象的新类，还是对象现有类的混合？"

例如，模拟一副纸牌的方法有两种：

- 作为对象的新类，扩展了内置的 list 类；
- 作为包装器，组合了内置的 list 类以及其他功能。

一副牌是纸牌的集合，核心元素就是底层的 Card 对象。可以使用 namedtuple()简单地实现 Card 的定义。

```
>>> from collections import namedtuple
>>> Card = namedtuple('Card', ('rank', 'suit'))
>>> SUITS = '\u2660\u2661\u2662\u2663'
>>> Spades, Hearts, Diamonds, Clubs = SUITS
>>> Card(2, Spades)
Card(rank=2, suit='♣')
```

我们使用 namedtuple()创建了具有 rank 属性和 suit 属性的 Card 类定义。

我们还用变量 SUITS 定义了各种花色，SUITS 是一个 Unicode 字符串。为了更容易创建特定花色的纸牌，我们将该字符串分解为了 4 个只有一个字符的子字符串。如果交互式环境没有正确地显示 Unicode 字符，那么就会遇到问题。可能需要将操作系统环境变量 PYTHONIOENCODING 设置为 UTF-8，这样就正确地设置了编码。

\u2660 是一个 Unicode 字符，可以通过 len(SUITS) == 4 来确认；如果长度不是 4，请检查是否有多余的空格。

本实例的其余部分将使用 Card 类。某些纸牌游戏使用一副 52 张的纸牌，而其他游戏中可能使用牌盒（shoe）。牌盒是一个便于发牌的盒子，允许庄家混洗多副（deck）纸牌。

重要的是，各种类型的集合（一副牌、牌盒、内置列表）在支持的功能种类上有相当大的重叠。它们是否或多或少都有所关联？或者它们本质上是不同的？

7.2.2   实战演练

本实例将包装 6.2 节的实例。

(1) 使用用户故事或问题描述中的名词和动词来识别所有类。

(2) 寻找各种类的功能集中的重叠部分。在许多情况下，关系直接来自问题描述本身。在前面的例子中，游戏可以从一副牌中发牌，也可以从牌盒中发牌。

- ❑ 牌盒是一副特殊的牌，包含多副 52 张牌。
- ❑ 一副牌是牌盒的特殊情况，即只有一副牌的牌盒。

(3) 创建本体来说明类之间的关系。关系有很多种。

有些类是相互独立的，它们为了实现用户故事而联系在一起。在本例中，Card 对象引用了一个表示花色的字符串，两个对象彼此独立。许多纸牌对象将共享一个通用的花色字符串。这些情况只是对象之间的普通引用，没有特别的设计考虑。

- ❑ 聚合（aggregation）：某些对象被绑定在集合中，但是对象仍然是独立的。Card 对象可能会聚合到一个 Hand 集合中。当游戏结束时，可以删除 Hand 对象，但是 Card 对象将继续存在。我们还可能会创建一个引用内置 list 的 Deck 对象。
- ❑ 组合（composition）：某些对象被绑定在集合中，但是对象不是独立存在的。在纸牌游戏中，手牌（Hand）不能没有玩家（Player），也可以说 Player 对象是 Hand 的一部分。如果 Player 从游戏中消除，那么也必须删除 Hand 对象。虽然这种关系对于理解对象之间的关系非常重要，但是本节不再详细说明，下一节将介绍一些实际的注意事项。
- ❑ is-a 或继承（is-a or inheritance）：这表示一个 Shoe 是具有一个或两个额外功能的 Deck。这种关系是设计的核心。本实例的"扩展——继承"部分将详细研究这种关系。

我们已经发现了实现关联的几种途径。聚合和组合都是包装技术，继承是扩展技术。下面将分别讨论包装技术（聚合和组合）和扩展技术。

1. 包装——聚合和组合

包装是理解集合（collection）的一种方式。集合可能是一个聚合独立对象的类，也可能是一个包装现有列表的组合，这意味着 List 集合和 Deck 集合将共享底层的 Card 对象。

(1) 定义独立的集合。该集合可能是一个内置集合，例如集（set）、列表（list）或字典（dict）。本例中的集合是一个包含 Card 的列表。

```
domain = [Card(r+1,s) for r in range(13) for s in SUITS]
```

(2) 定义聚合类。本例中，类的名称具有 _W 后缀，但是不推荐这种命名方法，这里使用此方法只是为了使类定义之间的区别更加清晰。稍后将介绍与这种设计略有不同的变体。

```
class Deck_W:
```

(3) 使用该类的 __init__() 方法作为提供底层集合对象的一种方法。该方法也将初始化任何有状态的变量。我们可以创建一个迭代器来发牌。

```
def __init__(self, cards:List[Card]):
    self.cards = cards.copy()
    self.deal_iter = iter(cards)
```

该步骤使用了一个类型提示 List[Card]。typing 模块提供了 List 的必要定义。

(4) 如果需要，提供其他方法替换集合或更新集合。在 Python 中很少这样操作，因为可以直接访问底层的 cards 属性。但是，提供替换 self.cards 值的方法可能会更有用。

(5) 提供适合聚合对象的方法。

```
def shuffle(self):
    random.shuffle(self.cards)
    self.deal_iter = iter(self.cards)
def deal(self) -> Card:
    return next(self.deal_iter)
```

shuffle()方法随机化了内部列表对象 self.cards，deal()对象创建了一个可用于遍历 self.cards 列表的迭代器。我们为 deal()添加了一个类型提示，以说明它返回一个 Card 实例。

使用该类的步骤如下所示。我们将共享一个 Card 对象列表。在本例中，domain 变量由一个列表解析式创建，该列表解析式生成了由 13 个牌面大小和 4 种花色组成的全部 52 个组合。

```
>>> domain = list(Card(r+1,s) for r in range(13) for s in SUITS)
>>> len(domain)
52
```

可以使用 domain 集合中的元素来创建共享相同底层 Card 对象的第二个聚合对象。我们将从 domain 变量中的对象列表构建 Deck_W 对象。

```
>>> import random
>>> from ch07_r01 import Deck_W
>>> d = Deck_W(domain)
```

创建 Deck_W 对象之后，就可以使用它的独特功能了。

```
>>> random.seed(1)
>>> d.shuffle()
>>> [d.deal() for _ in range(5)]
[Card(rank=13, suit='♡'),
Card(rank=3, suit='♡'),
Card(rank=10, suit='♡'),
Card(rank=6, suit='◊'),
Card(rank=1, suit='◊')]
```

我们设置了固定的随机数生成器种子值，使纸牌具有特定的顺序。这样才能使用单元测试。随后，根据随机种子对这副牌进行混洗。一旦确定种子，结果将是一致不变的，这便于进行单元测试。我们可以从一副牌中分发 5 张纸牌，这说明了 Deck_W 对象 d 如何与 domain 列表共享一个对象池。

我们可以删除 Deck_W 对象 d，并从 domain 列表中创建一个新的 deck（一副牌）。这是因为 Card 对象不是组合的一部分。Card 对象可以脱离 Deck_W 集合而独立存在。

2. 扩展——继承

定义扩展对象集合的类的方法如下所示。我们将定义一个 Deck，作为包装现有列表的聚合。列表和 Deck 将共享底层的 Card 对象。

(1) 将扩展类定义为一个内置集合的子类。对于本例，名称具有 _x 后缀。我们不推荐这种命名方法，这里使用此方法只是为了使类定义之间的区别更加清晰。

```
class Deck_X(list):
```

该语句清晰而正式地说明：Deck 是一个列表。

（2）使用从 list 类继承的 __init__() 方法。该步骤不需要再输入该方法的代码。

（3）使用 list 类的其他方法添加、更改或删除 Deck 中的元素。该步骤也不需要再输入对应的方法代码。

（4）为扩展过的对象提供适当的方法。

```
def shuffle(self):
    random.shuffle(self)
    self.deal_iter = iter(self)
def deal(self) -> Card:
    return next(self.deal_iter)
```

shuffle() 方法将 self 对象作为一个整体进行随机化，因为它是列表的扩展。deal() 对象创建了一个可用于遍历 self.cards 列表的迭代器。我们为 deal() 添加了一个类型提示，说明它返回一个 Card 实例。

使用该类的步骤如下。首先，构建一副牌。

```
>>> from ch07_r01 import Deck_X
>>> d2 = Deck_X(Card(r+1,s) for r in range(13) for s in SUITS)
>>> len(d2)
52
```

我们使用生成器表达式构建了 Card 对象。我们可以按照使用 list() 类函数的方式使用 Deck_X() 类函数。在本例中，我们从生成器表达式构建了一个 Deck_X 对象，同样，也可以构建一个 list。我们没有提供内置 __len__() 方法的实现。我们从 list 类继承了该方法，因此不用再重复实现。Deck_X 实现特定功能的结果看起来与另一个实现 Deck_W 一样。

```
>>> random.seed(1)
>>> d2.shuffle()
>>> [d2.deal() for _ in range(5)]
[Card(rank=13, suit='♡'),
 Card(rank=3, suit='♡'),
 Card(rank=10, suit='♡'),
 Card(rank=6, suit='◊'),
 Card(rank=1, suit='◊')]
```

我们设置了随机数生成器种子值，洗牌，然后分发了 5 张牌。扩展方法适用于 Deck_X，也适用于 Deck_W。shuffle() 方法和 deal() 方法也都能正常执行。

7.2.3 工作原理

Python 查找方法（或属性）的机制如下。

（1）在类中搜索方法或属性。

（2）如果当前类中没有定义该名称，则在所有父类中搜索方法或属性。

这就是 Python 实现继承的方式。搜索父类可以确保两点：

❑ 任何父类中定义的方法都可用于所有子类；

❑ 任何子类都可以覆盖一个方法来替换一个超类方法。

因此，list 类的子类继承了父类的所有功能，它是内置 list 类的一种特殊变体。

这也意味着所有方法都可能被子类覆盖。某些语言可以锁定方法，防止其被扩展，例如，C ++和 Java 等语言使用的 private 关键词。Python 没有相关机制，子类可以覆盖任何方法。

如果需要显式地引用超类的方法，那么可以使用 super()函数强制搜索超类。该函数允许子类通过包装方法的超类版本来添加功能。super()函数的使用方法如下所示：

```
def some_method(self):
    # 执行其他操作
    super().some_method()
```

在本例中，some_method()对象会执行一些其他操作，然后执行该方法的超类版本。这使我们可以方便地扩展类的某个方法。我们可以保留超类的功能，同时添加子类特有的功能。

7.2.4 补充知识

设计类时，必须在以下几种基本技术之间进行选择。

❑ 包装：这种技术创建一个新类。所有必需的方法都必须定义。定义所需的方法可能需要大量的代码。包装可以分解为两种实现方式。

■ 聚合：被包装的对象独立于包装器。Deck_W 示例显示了 Card 对象和纸牌列表如何独立于类。当任意 Deck_W 对象被删除时，底层列表将继续存在。

■ 组合：被包装的对象不是独立存在的，它们是组合的重要组成部分。由于 Python 的引用计数，这涉及一个微妙的困难。稍后将详细介绍引用计数。

❑ 通过继承扩展：这是一种 is-a 关系。当扩展一个内置的类时，可以从超类中获得很多方法。Deck_X 示例通过创建一个 Deck 作为内置 list 类的扩展展示了这种技术。

在研究对象的独立存在性时，有一个重要的考虑因素。我们并不是真正地从内存中删除对象。相反，Python 使用引用计数这种技术来跟踪对象的使用次数。例如，del deck 语句并没有真正地删除 deck 对象，只是删除了 deck 变量，这样就减少了底层对象的引用计数。如果引用计数为零，那么对象将不再被使用，也就可以删除该对象了。

请思考以下示例：

```
>>> c_2s = Card(2, Spades)
>>> c_2s
Card(rank=2, suit='♣')
>>> another = c_2s
>>> another
Card(rank=2, suit='♣')
```

此示例包含一个 Card(2, Spades)对象以及两个引用 Card(2, Spades)对象的变量 c_2s 和 another。

如果使用 del 语句删除其中一个变量，那么另一个变量仍然有一个指向底层对象的引用。在删除这两个变量之前，无法从内存中删除 Card(2, Spades)对象。

由于引用计数技术，对于 Python 程序员来说，聚合和组合之间的区别是无关紧要的。在不使用自动垃圾回收或引用计数器的语言中，组合很重要，因为对象可能会被意外地清除掉。而在 Python 中，对象不会被意外地清除掉。我们通常更关注聚合，因为不再使用的对象是自动删除的。

7.2.5　延伸阅读

❑ 第 4 章介绍了内置集合。第 6 章讨论了如何定义简单集合。
❑ 6.3 节使用了一个单独的处理有关处理详细信息的类来包装另一个类。作为对比，6.8 节将复杂的计算作为特性（property）放入类中，这种设计依赖于扩展。

7.3　通过多重继承分离关注点

7.2 节讨论了 Deck 类的定义，Deck 类是纸牌对象 Card 的组合。在该节实例中，我们设定每个 Card 对象只有 rank 属性和 suit 属性。这就带来了一些小问题。

❑ 纸牌总是显示数字形式的牌面大小。我们没有看到常规纸牌上的 J、Q 或 K，而是看到了 11、12 和 13。同样，Ace 显示为 1 而不是 A。
❑ 许多纸牌游戏，如二十一点（*Blackjack*）和 *Cribbage*，为每个牌面大小都分配了点数。一般来说，花牌为 10 点。在二十一点中，Ace 有两个不同的点数，可以是 1 点，也可以是 10 点，具体取决于手牌中其他牌的总点数。

如何处理纸牌游戏规则的所有变体呢？

7.3.1　准备工作

Card 类是两组功能的混合。

❑ 基本功能，如牌面大小（rank）和花色（suit）。
❑ 游戏特定的功能，如点数。对于 *Cribbage* 游戏，不管在任何情况下，点数始终是不变的。然而对于二十一点，Hand（手牌）和 Hand 中的 Card 对象之间存在某种关系。

Python 允许一个类具有多个父类。一个类可以同时具有 Card 超类和 GameRules 超类。

为了理解这种设计，经常将各种类层次结构分为两组功能。

❑ **基本功能**：包括 rank 和 suit。
❑ **mixin 功能**：这些功能混合到了类定义中。

一个有效的类定义应当同时具有基本功能和 mixin 功能。

7.3.2　实战演练

(1) 定义基本类。

```python
class Card:
    __slots__ = ('rank', 'suit')
    def __init__(self, rank, suit):
```

```
        super().__init__()
        self.rank = rank
        self.suit = suit
    def __repr__(self):
        return "{rank:2d} {suit}".format(
            rank=self.rank, suit=self.suit
        )
```

我们定义了一个适合牌面大小为 2 到 10 的通用 Card 类，并通过 super().__init__() 添加了对所有超类初始化的显式调用。

(2) 定义子类来处理特殊情况。

```
class AceCard(Card):
    def __repr__(self):
        return " A {suit}".format(
            rank=self.rank, suit=self.suit
        )
class FaceCard(Card):
    def __repr__(self):
        names = {11: 'J', 12: 'Q', 13: 'K'}
        return " {name} {suit}".format(
            rank=self.rank, suit=self.suit,
            name=names[self.rank]
        )
```

我们定义了 Card 类的两个子类。AceCard 类处理 Ace 的特殊格式规则，FaceCard 类处理 J、Q 和 K 的格式规则。

(3) 定义一个 mixin 超类，标识将要添加的附加功能。在某些情况下，mixin 类将从一个常见的抽象类继承功能。本例将使用一个具体的类来处理从 Ace 到 10 的规则。

```
class CribbagePoints:
    def points(self):
        return self.rank
```

对于 *Cribbage* 游戏，大多数牌的点数等于牌面大小。

(4) 为各种功能定义具体的 mixin 子类。

```
class CribbageFacePoints(CribbagePoints):
    def points(self):
        return 10
```

对于花牌的三种牌面大小，点数总是 10。

(5) 创建组合基本类和 mixin 类的类定义。虽然从技术上来说可以添加独特的方法定义，但往往会导致混乱。我们的目标是拥有两个独立的功能集，它们被简单地合并在一起来创建最终的类定义。

```
class CribbageAce(AceCard, CribbagePoints):
    pass

class CribbageCard(Card, CribbagePoints):
    pass

class CribbageFace(FaceCard, CribbageFacePoints):
```

```
        pass
```

(6) 创建工厂函数（或工厂类），以根据输入参数创建适当的对象。

```
def make_card(rank, suit):
    if rank == 1: return CribbageAce(rank, suit)
    if 2 <= rank < 11: return CribbageCard(rank, suit)
    if 11 <= rank: return CribbageFace(rank, suit)
```

(7) 可以使用该函数创建一副牌（deck）。

```
>>> from ch07_r02 import make_card, SUITS
>>> import random
>>> random.seed(1)
>>> deck = [make_card(rank+1, suit) for rank in range(13) for suit in SUITS]
>>> random.shuffle(deck)
>>> len(deck)
52
>>> deck[:5]
[ K ♡,  3 ♡, 10 ♡,  6 ◇,  A ◇]
```

我们为随机数生成器设定了固定的种子值，确保每次使用 shuffle() 函数时结果都是一样的。这样操作之后才可能进行单元测试。

我们使用列表解析式生成了一个包含所有 13 个牌面大小和 4 种花色的纸牌列表。该列表是一个拥有 52 个独立对象的集合。每个对象都属于两个类层次结构。每个对象既是 Card 类的子类，又是 CribbagePoints 类的子类。这意味着两个功能集都可用于所有对象。

例如，可以对每个 Card 对象的 points() 方法求值。

```
>>> sum(c.points() for c in deck[:5])
30
```

这手牌有一张花牌，再加上 3、10、6 和 Ace，所以总点数为 30。

7.3.3　工作原理

Python 查找方法（或属性）的机制如下。

(1) 在类中搜索方法或属性。

(2) 如果当前类中没有定义该名称，则在所有父类中搜索方法或属性。父类的搜索依照**方法解析顺序**（method resolution order，MRO）。

在创建类时，计算方法解析顺序。计算所使用的算法被称为 C3。更多信息请参阅 https://en.wikipedia.org/wiki/C3_linearization。该算法确保每个父类都被搜索一次，还确保将超类的相对顺序保存起来，以便所有子类都在它们的父类之前被搜索。

可以使用类的 mro() 方法查看方法解析顺序，示例如下：

```
>>> c = deck[5]
>>> c
10 ◇
>>> c.__class__.__name__
'CribbageCard'
```

```
>>> c.__class__.mro()
[<class 'ch07_r02.CribbageCard'>, <class 'ch07_r02.Card'>,
<class 'ch07_r02.CribbagePoints'>, <class 'object'>]
```

我们从一副牌中挑了一张牌 c。纸牌 c 的 __class__ 属性是对类的引用。在本例中，类的名称为 CribbageCard。该类的 mro() 方法显示了用于解析名称的顺序。

(1) 首先搜索 CribbageCard 类本身。

(2) 如果没有找到，那么搜索 Card 类。

(3) 如果还没有找到，则接着搜索 CribbagePoints 类。

(4) 最后搜索 object 类。

类定义通常使用内置的 dict 对象来存储方法定义。这意味着搜索是非常快的哈希查找（hash lookup）。相对于搜索 Card 来说，搜索 object（在前面的任何一个类中都没有发现）的时间开销大约会多 3%。

如果执行了一百万次操作，那么可能会看到如下结果：

```
Card.__repr__ 1.4413
object.__str__ 1.4789
```

我们比较了查找定义在 Card 中的 __repr__() 的时间和查找定义在 object 中的 __str__() 的时间，重复一百万次的额外时间开销为 0.03 秒。

这种额外开销可以忽略不计，因此方法顺序解析功能是构建类层次结构设计的重要途径。

7.3.4　补充知识

关注点有很多种，可以进行如下分离。

- **状态的持久性和状态的表示**：可以通过添加方法来管理向一致外部表示的转换。
- **安全性**：可能涉及执行一致的授权检查的 mixin 类。
- **日志记录**：在可能被定义的多个类中创建一致的日志记录器的 mixin 类。
- **事件信号和更改通知**：在这种情况下，可能会产生生成状态更改通知的对象以及订阅这些通知的对象。这种方式有时被称为观察者设计模式。GUI 控件可以观察对象的状态，当对象发生改变时，将会通知 GUI 控件刷新显示。

例如，可以添加一个 mixin 类来引入日志记录。我们首先定义这个类，以便第一个提供给超类列表。由于在 MRO 列表中顺序靠前，因此 super() 函数将在类列表中找到稍后定义的方法。

该类将向每个类添加 logger 属性：

```
class Logged:
    def __init__(self, *args, **kw):
        self.logger = logging.getLogger(self.__class__.__name__)
        super().__init__(*args, **kw)
    def points(self):
        p = super().points()
        self.logger.debug("points {0}".format(p))
        return p
```

请注意，我们使用 super().__init__() 执行 MRO 中定义的任何其他类的 __init__() 方法。正如刚刚指出的，这通常是用一个类定义一个对象的基本功能的最简单方法，而其他所有 mixin 类只是为该对象添加功能。

我们为 points() 提供了一个定义。因此，将在 MRO 列表中搜索其他类的 points() 实现，然后记录通过另一个类的方法计算得到的结果。

以下是一些包含 Logged mixin 功能的类：

```
class LoggedCribbageAce(Logged, AceCard, CribbagePoints):
    pass
class LoggedCribbageCard(Logged, Card, CribbagePoints):
    pass
class LoggedCribbageFace(Logged, FaceCard, CribbageFacePoints):
    pass
```

每个类都是由三个单独的类定义构建的。由于 Logged 类是首先提供的，因此可以确信所有类都具有一致的日志记录,还可以确信 Logged 中的任何方法都可以使用 super()在类定义中遵循 Logged 的超类列表中找到一个实现。

使用这些类之前，还需要稍微修改一下应用程序：

```
def make_logged_card(rank, suit):
    if rank == 1: return LoggedCribbageAce(rank, suit)
    if 2 <= rank < 11: return LoggedCribbageCard(rank, suit)
    if 11 <= rank: return LoggedCribbageFace(rank, suit)
```

我们需要使用上述函数替代 make_card()。该函数将使用另一组类定义。

使用该函数构建一副牌的实例的示例如下：

```
deck = [make_logged_card(rank+1, suit)
    for rank in range(13)
        for suit in SUITS]
```

在创建这副牌时，我们用 make_logged_card()替代了 make_card()。上述操作完成后，就可以用一致的方式从许多类中获得详细的调试信息了。

7.3.5 延伸阅读

❑ 在考虑多重继承时，必须思考一下包装器是否是一种更好的设计。请参阅 7.2 节。

7.4 利用 Python 的鸭子类型

在大部分涉及继承的设计中，超类和一个或多个子类之间存在一种很清晰的关系。7.2 节和 6.7 节讨论了涉及子类–超类关系的扩展。

Python 没有抽象超类的正式机制。但是，标准库具有支持创建抽象类的 abc 模块。

当然，该模块并不是必需的。Python 依赖鸭子类型来定位类中的方法。"鸭子类型"这个名字源自：

"当看到一只鸟，它走路像鸭子，游泳像鸭子，叫声像鸭子，那么这只鸟就可以被称为鸭子。"

这句话最初引自 James Whitcomb Riley。我们有时候将其作为**溯因推理**（abductive reasoning）的一种概括：从一个观测得到包含该观测的更为完整的理论。在 Python 类关系中，如果两个对象具有相同的方法和属性，那么与具有一个公共超类的效果相同。即使除了 object 类之外没有公共超类的定义，它也是有效的。

可以将方法和属性的集合称为类的签名。签名可以唯一地标识类的属性和行为。在 Python 中，签名是动态的，匹配只是在对象的命名空间中查找名称。

如何利用鸭子类型？

7.4.1   准备工作

通常很容易创建一个超类并确保所有的子类都扩展这个超类。但在某些情况下，这种方法可能非常不方便。例如，如果一个应用程序分散在多个模块中，就很难提取出一个公共的超类并将其独自放在一个单独的模块中，以便被广泛包含。

相反，有时候更容易避免使用一个公共的超类，而简单地使用鸭子测试检查两个类是否等价——如果两个类具有相同的方法和属性，那么它们实际上是某个没有用 Python 代码正式实现的超类的成员。

本实例将使用一对简单的类来演示鸭子测试。这两个类将模拟掷一对骰子。虽然问题很简单，但是我们可以轻松创建各种实现。

7.4.2   实战演练

(1) 定义一个类以及必要的方法和属性。在本例中，该类有一个保留最后一掷结果的 dice 属性，还有一个改变骰子状态的 roll() 方法。

```
class Dice1:
    def __init__(self, seed=None):
        self._rng = random.Random(seed)
        self.roll()
    def roll(self):
        self.dice = (self._rng.randint(1,6),
            self._rng.randint(1,6))
        return self.dice
```

(2) 定义其他具有相同方法和属性的类。下面有一个更复杂的定义，它创建了一个与 Dice1 类具有相同签名的类。

```
class Die:
    def __init__(self, rng):
        self._rng= rng
    def roll(self):
        return self._rng.randint(1, 6)
class Dice2:
    def __init__(self, seed=None):
```

```
        self._rng = random.Random(seed)
        self._dice = [Die(self._rng) for _ in range(2)]
        self.roll()
    def roll(self):
        self.dice = tuple(d.roll() for d in self._dice)
        return self.dice
```

该类引入了一个附加属性_dice。这种变化不会改变 dice 属性和 roll() 方法的广播接口。

此刻，这两个类可以自由互换：

```
def roller(dice_class, seed=None, *, samples=10):
    dice = dice_class(seed)
    for _ in range(samples):
        yield dice.roll()
```

我们可以按如下方式使用该函数：

```
>>> from ch07_r03 import roller, Dice1, Dice2
>>> list(roller(Dice1, 1, samples=5))
[(1, 3), (1, 4), (4, 4), (6, 4), (2, 1)]
>>> list(roller(Dice2, 1, samples=5))
[(1, 3), (1, 4), (4, 4), (6, 4), (2, 1)]
```

由 Dice1 和 Dice2 构建的对象非常相似，很难区分。

当然，我们可以打破常规，查找 _dice 属性来区分这两个类，也可以使用__class__来区分这两个类。

7.4.3　工作原理

当我们编写一个 namespace.name 形式的表达式时，Python 将在给定的命名空间中查找 name。该算法的工作原理如下。

(1) 在对象的 self.__dict__ 集合中搜索 name。使用__slots__，某些类定义将节省空间。关于这种优化的更多信息，请参阅 6.5 节。这通常是查找属性值的方法。

(2) 在对象的 self.__class__.__dict__ 集合中搜索 name。这通常是查找方法的方式。

(3) 正如 7.2 节和 7.3 节所指出的，搜索可以继续遍历类的所有超类。该搜索按照已定义的方法解析顺序完成。

搜索有两种基本结果。

❑ 值是不可调用的对象。这就是值，是属性的典型情况。

❑ 属性的值是类的绑定方法。对于普通的方法和特性（property）都是如此。关于特性的更多信息，请参阅 6.8 节。必须执行绑定方法。对于简单的方法，参数在方法名之后的() 中。对于特性，不存在具有方法参数值的()。

 我们没有具体介绍描述符的用法。对于最常见的用例，描述符并不重要。

其实质是通过 __dict__（或__slots__）对名称的集合进行搜索。如果对象有一个公共的超类，那么肯定会找到一个匹配的名称。如果对象没有公共的超类，则无法保证，必须要靠严谨的设计和良好的测试覆盖率。

7.4.4   补充知识

在讨论 decimal 模块时，我们看到了一个数字类型的示例，它与其他所有数值类型都不同。为了很好地实现这一点，numbers 模块包含了将类注册为 Number 类层次结构的一部分的概念。这将在不使用继承的情况下把新类注入到层次结构中。

codecs 模块使用类似的技术添加新的数据编码。我们可以定义一个新的编码，并在不使用 codecs 模块中定义的任何类的情况下注册它。

之前我们注意到，搜索类的方法涉及描述符的概念。Python 在内部使用描述符对象创建对象的可获取（gettable）和可设置（settable）的特性。

描述符对象必须实现一些特殊方法的组合，比如__get__、__set__ 和__delete__。当属性出现在表达式中时，__get__ 将用于找到该值。当属性出现在赋值语句的左侧时，则使用__set__ 方法。在 del 语句中，使用__delete__ 方法。

描述符对象充当中介，因此可以在各种上下文中使用简单的属性。我们很少直接使用描述符，可以使用 @property 装饰器构建描述符。

7.4.5   延伸阅读

- ❏ 7.2 节实例中隐含了鸭子类型问题，如果利用鸭子类型，就说明两个类是不一样的。当绕过继承时，也就隐式地说明 is-a 关系不成立。
- ❏ 在 7.3 节，还可以利用鸭子类型创建可能没有简单继承层次结构的复合类。由于 mixin 设计模式使用起来非常简单，因此很少需要鸭子类型。

7.5   管理全局单例对象

Python 环境包含了许多隐含的全局对象。这些对象提供了一种处理其他对象的集合的简便方法。因为集合是隐含的，所以可以避免显式初始化代码。

一个例子是隐含的随机数生成对象，它是 random 模块的一部分。在执行 random.random() 时，我们实际上使用了 random.Random 类的一个实例，该实例是 random 模块的一个隐含部分。

其他例子如下。

- ❏ 可用数字类型的集合。默认情况下，可用的数字类型集合只有 int、float 和 complex。但是，我们可以添加更多的数字类型，并与现有类型无缝配合。这涉及可用数字类型的全局注册表。
- ❏ 可用的数据编码/解码方法的集合。codecs 模块列出了可用的编码器和解码器。这也涉及一个隐式注册表。可以把编码和解码方案添加到这个注册表中。
- ❏ webbrowser 模块具有已知浏览器的注册表。在大多数情况下，操作系统的默认浏览器是用户首选的和正确使用的浏览器，但应用程序可能启动用户首选浏览器之外的浏览器。我们也可以注册一个对应用程序来说唯一的新浏览器。

如何使用这种隐含的全局对象？

7.5.1 准备工作

一般来说，隐含的对象可能会引起一些混淆。隐含的对象背后的思想是，提供一组功能作为单独的函数，而不是对象的方法。然而，这样做的好处是允许独立模块共享一个公共对象，而无须编写任何在模块之间明确协调的代码。

作为一个简单的例子，我们将定义一个具有全局单例对象的模块。第 13 章将深入研究模块。

本例中的全局对象是一个计数器，可以用于累计来自多个独立模块或对象的数据。我们将使用简单的函数为该对象提供一个接口。

本实例的设计大纲如下所示：

```
for row in source:
    count('input')
    some_processing()
print(counts())
```

这种设计意味着两个函数将引用一个全局计数器。

❑ count()：递增计数器并返回当前值。

❑ counts()：提供所有不同的计数器值。

7.5.2 实战演练

处理全局状态信息的方法有两种。一种方法使用模块全局变量，因为模块是单例对象。另一种方法使用类级（静态）变量，因为类定义是单例对象。我们将展示这两种方法。

1. 模块全局变量

(1) 创建一个模块文件。该文件是一个包含定义的 .py 文件，我们称之为 counter.py。

(2) 如有必要，为全局单例对象定义一个类。在本例中，可以使用如下定义。

```
from collections import Counter
```

在某些情况下，可能会使用 types.SimpleNamespace。在其他情况下，可能需要具有方法和属性的更复杂的类。

(3) 定义全局单例对象唯一的实例。

```
_global_counter = Counter()
```

在实例名称前使用_来降低其可见性。在技术上，该实例不是私有的。但是，许多 Python 工具和实用程序将忽略它。

(4) 定义所有包装函数。

```
def count(key, increment=1):
    _global_counter[key] += increment
```

```
def counts():
    return _global_counter.most_common()
```

我们定义了两个使用全局对象 _global_counter 的函数。这两个函数封装了计数器的实现细节。

现在可以编写在各种场合使用 count() 函数的应用程序。但是，计数事件完全集中在这个对象中。例如：

```
>>> from ch07_r04 import count, counts
>>> from ch07_r03 import Dice1
>>> d = Dice1(1)
>>> for _ in range(1000):
...     if sum(d.roll()) == 7: count('seven')
...     else: count('other')
>>> print(counts())
[('other', 833), ('seven', 167)]
```

我们从核心模块导入了 count() 函数和 counts() 函数，还导入了 Dice1 对象作为一个方便的对象，可以使用它来创建一系列事件。当创建 Dice1 的实例时，提供一个初始化来强制使用特定的随机种子。这样就会生成可重复的结果。

然后可以使用对象 d 创建随机事件。对于该示例，我们将事件分为两个简单的桶，标记为 seven 和 other。count() 函数使用了一个隐含的全局对象。

当模拟完成后，可以使用 counts() 函数转储结果。这将访问模块中定义的全局对象。

这种方法的好处在于多个模块可以共享 ch07_r04 模块中的全局对象。所有这一切只需一个 import 语句，不需要进一步协调或间接开销。

2. 类级静态变量

(1) 定义一个类，并在 __init__ 方法之外提供一个变量。该变量是类的一部分，但不是每个实例的一部分。它由类的所有实例共享。

```
from collections import Counter
class EventCounter:
    _counts = Counter()
```

我们在类级变量名称前使用了一个_，以降低其公开性。这表明该属性是可能更改的实现细节。它不是类的可见接口的一部分。

(2) 添加通过该变量更新和提取数据的方法。

```
def count(self, key, increment=1):
    EventCounter._counts[key] += increment
def counts(self):
    return EventCounter._counts.most_common()
```

本例没有使用 self 来说明变量赋值和实例变量。在赋值语句的右侧使用 self.name 时，该名称可以由对象、类或任何超类来解析。这是搜索类的一般规则。

在赋值语句的左侧使用 self.name 时，将创建一个实例变量。必须使用 Class.name 确保更新类级变量，而不是创建一个实例变量。

各种应用程序组件都可以创建对象，但对象都共享一个类级值。

```
>>> from ch07_r04 import EventCounter
```

```
>>> c1 = EventCounter()
>>> c1.count('input')
>>> c2 = EventCounter()
>>> c2.count('input')
>>> c3 = EventCounter()
>>> c3.counts()
[('input', 2)]
```

在本例中，我们创建了三个对象，c1、c2 和 c3。由于三个对象共享同一个在 EventCounter 类中定义的公共变量，因此每个对象都可以增加该共享变量的值。这些对象可以是单独的模块、单独的类或单独的函数的一部分，但仍然共享一个共同的全局状态。

7.5.3 工作原理

Python 的导入机制使用 sys.modules 映射跟踪已加载的模块。如果模块在该映射中，那么它将不会再次加载。这意味着在模块中定义的任何变量将是一个单例：只有一个实例。

共享全局单例变量的方法有两种。

❑ 显式使用模块名称。可以简单地在模块中创建一个 Counter 实例，并通过 counter.counter 共享它。这种方法有效，但暴露了一个实现细节。

❑ 使用包装函数，如本实例所示。这种方法需要更多的代码，但是可以在不破坏应用程序其他部分的情况下实现更改。

这些函数提供了一种识别全局变量相关功能，同时封装实现细节的方法。这让我们自由考虑更改实现细节。只要包装函数具有相同的语义，就可以自由地改变实现。

由于我们通常为一个类只提供一个定义，因此 Python 导入机制往往会保证类定义是一个正确的单例对象。如果错误地复制了类定义，并将其粘贴到一个应用程序使用的两个或更多模块中，那么我们将不会在这些类定义之间共享一个全局对象。这是一个很容易避免的错误。

如何在这两种机制之间选择？选择基于让多个类共享全局状态而造成的混淆程度。如前例所示，三个变量共享一个共同的 Counter 对象。隐含共享的全局状态可能会令人困惑。

7.5.4 补充知识

共享的全局状态与面向对象编程思想背道而驰。面向对象编程的一个目标是将各个对象的所有状态变化封装起来。当拥有共享的全局状态时，就已经偏离了该目标：

❑ 使用包装函数隐含共享对象；

❑ 使用类级变量隐藏对象被共享的事实。

当然，另一种选择是显式地创建一个全局对象，并以更明显的方式使其成为应用程序的一部分。这可能意味着将对象作为初始化参数提供给整个应用程序中的对象。这在复杂的应用程序中会是相当大的负担。

拥有一些共享的全局对象更具吸引力，因为应用程序将变得更简单。当这些对象用于诸如审计、日志记录和安全性等普遍性功能时，可能会有所帮助。

这是一种容易被滥用的技术。依赖于太多全局对象的设计会令人感到困惑，而且还会隐藏一些微妙的 bug，因为对象在类中的封装可能难以辨别。此外，由于对象之间的隐含关系，还可能难以编写单元测试用例。

7.6 使用更复杂的结构——列表映射

第 4 章介绍了 Python 提供的基本数据结构，其实例分别讨论了各种数据结构。

本节将讨论一种常见的组合数据结构——从键到列表的映射。该结构用于累积由给定键标识的对象的详细信息。本节实例将一个包含详细信息的扁平（flat）列表转换为一种复杂结构，该结构的其中一列包含从其他列获取的值。

7.6.1 准备工作

我们将使用一个虚构的 Web 日志，该日志已经由原始 Web 格式转换为 CSV 格式。这种转换通常用选择各种句法组的正则表达式完成。解析过程的更多相关信息，请参阅 1.7 节。

原始数据如下所示：

```
[2016-04-24 11:05:01,462] INFO in module1: Sample Message One
[2016-04-24 11:06:02,624] DEBUG in module2: Debugging
[2016-04-24 11:07:03,246] WARNING in module1: Something might have gone wrong
```

文件中的每行都有一个时间戳、一个严重性级别、一个模块名称和一些文本。经过解析，数据实际上是一个事件的扁平列表，如下所示：

```
>>> data = [
    ('2016-04-24 11:05:01,462', 'INFO', 'module1', 'Sample Message One'),
    ('2016-04-24 11:06:02,624', 'DEBUG', 'module2', 'Debugging'),
    ('2016-04-24 11:07:03,246', 'WARNING', 'module1', 'Something might have gone
wrong')
]
```

我们想遍历整个日志，创建按模块组织所有消息的列表，而不是按时间顺序。这种重组可以让分析变得更简单。

7.6.2 实战演练

(1) 从 `collections` 导入 `defaultdict`。

```
from collections import defaultdict
```

(2) 使用 `list` 函数作为 `defaultdict` 的默认值。

```
module_details = defaultdict(list)
```

(3) 遍历数据，追加与每个键相关联的列表。`defaultdict` 对象将使用 `list()` 函数为每个新键构建一个空列表。

```
for row in data:
    module_details[row[2]].append(row)
```

结果是一个字典，该字典将模块名称映射到包含该模块名称的所有日志行的列表。数据如下所示：

```
{
    'module1': [
        ('2016-04-24 11:05:01,462', 'INFO', 'module1', 'Sample Message One'),
        ('2016-04-24 11:07:03,246', 'WARNING', 'module1', 'Something might have gone
wrong')
        ],
    'module2': [
        ('2016-04-24 11:06:02,624', 'DEBUG', 'module2', 'Debugging')
    ]
}
```

该映射的键是模块名称，映射的值是包含该模块名称的行的列表。现在可以将分析集中在一个特定的模块上。

7.6.3　工作原理

当找不到键时，映射有两种选择。

❑ 当键缺失时，内置的 dict 类抛出异常。

❑ defaultdict 类在键缺失时执行创建默认值的函数。在许多情况下，该函数为 int 或 float，用于创建一个默认数值。在本例中，该函数为 list，它创建一个空列表。

我们也可以使用 set 函数为缺失的键创建一个空集（set）对象。这将适用于从键到共享该键的对象集的映射。

7.6.4　补充知识

在研究 Python 3.5 的类型推断功能时，需要一种描述这种结构的方法：

```
from typing import *
def summarize(data) -> Mapping[str, List]:
    the body of the function.
```

上例使用 Mapping[str, List]表明结果是从字符串键到字符串列表的映射。

还可以构建一个作为内置 dict 类的扩展的版本：

```
class ModuleEvents(dict):
    def add_event(self, event):
        if event[2] not in self:
            self[event[2]] = list()
        self[event[2]].append(row)
```

我们定义了该类特有的方法 add_event()。如果键（event[2]中的模块名称）不在字典中，则将添加空列表。在 if 语句之后，可以添加一个后置条件来断言键在字典中。

使用该类的示例如下所示：

```
module_details = ModuleEvents()
for row in data:
    module_details.add_event(row)
```

所得结构与 defaultdict 非常相似。

7.6.5 延伸阅读

- ❑ 4.9 节讨论了有关映射用法的基础知识。
- ❑ 4.15 节讨论了使用默认值的其他情况。
- ❑ 6.6 节讨论了使用 defaultdict 类的其他例子。

7.7 创建具有可排序对象的类

在模拟纸牌游戏时，通常必须能够按照定义的顺序对 Card 对象排序。当纸牌形成一种序列时，称之为顺子，这是在游戏中得分的重要手段。这种规则也适用于扑克 (*Poker*)、*Cribbage*、*Pinochle* 等游戏。

前面大多数的类定义没有包含给对象排序所必需的功能。许多实例根据 __hash__()计算的内部散列值将对象保存在映射或集中。

为了将元素保存在一个有序集合中，需要实现<、>、<=、>=、==和!=的比较方法。这些比较基于每个对象的属性值。

如何创建可比较的对象？

7.7.1 准备工作

Pinochle 游戏通常使用一副 48 张的纸牌。这些纸牌有 6 种牌面大小 ——9、10、Jack、 Queen、King 和 Ace，还有标准的 4 种花色。这 24 张牌中的每一张都在这副牌中出现两次。我们必须谨慎地使用诸如字典或集等数据结构，因为每张纸牌在 *Pinochle* 中不是唯一的，可以重复。

7.3 节使用两个类来定义纸牌。Card 类的层次结构定义了每张纸牌的基本功能。第二组 mixin 类为每张纸牌提供了游戏特定的功能。

我们需要为这些纸牌添加功能来创建可排序的对象。为了支持 7.8 节，我们将研究 *Pinochle* 游戏所使用的纸牌。

该设计的前两个要素如下：

```
from ch07_r02 import AceCard, Card, FaceCard, SUITS
class PinochlePoints:
    _points = {9: 0, 10:10, 11:2, 12:3, 13:4, 14:11}
    def points(self):
        return self._points[self.rank]
```

我们导入了现有的 Card 层次结构，还定义了一个用于计算在游戏中使用的每一张牌的点数的规则，即 PinochlePoints 类。该类具有一个从每张纸牌的牌面大小到可能令人困惑的点数的映射。

10 为 10 点，Ace 为 11 点，但 King、Jack 和 Queen 分别为 4 点、3 点和 2 点。这可能会让新玩家感到困惑。

因为在顺子规则中 Ace 的牌面大小大于 King，所以设置 Ace 的牌面大小为 14。这样就稍微简化了处理过程。

为了使用有序的纸牌集合，需要向纸牌添加另一个功能。我们需要定义比较操作。用于对象比较的特殊方法有 6 种。

7.7.2　实战演练

(1) 本实例将使用 mixin 设计方案。因此，需创建一个新类来保存比较功能。

```
class SortedCard:
```

这个类和 PinochlePoints 类将加入 Card 类的层次结构，用于创建最终的复合类定义。

(2) 定义 6 种比较方法。

```
def __lt__(self, other):
    return (self.rank, self.suit) < (other.rank, other.suit)

def __le__(self, other):
    return (self.rank, self.suit) <= (other.rank, other.suit)

def __gt__(self, other):
    return (self.rank, self.suit) > (other.rank, other.suit)

def __ge__(self, other):
    return (self.rank, self.suit) >= (other.rank, other.suit)

def __eq__(self, other):
    return (self.rank, self.suit) == (other.rank, other.suit)

def __ne__(self, other):
    return (self.rank, self.suit) != (other.rank, other.suit)
```

我们写出了所有的 6 种比较。首先将 Card 的相关属性转换为元组，然后依赖 Python 内置的元组比较功能来处理细节。

(3) 编写复合类定义。这些类由一个基本类和两个 mixin 类构建，用于提供附加的功能。

```
class PinochleAce(AceCard, SortedCard, PinochlePoints):
    pass

class PinochleFace(FaceCard, SortedCard, PinochlePoints):
    pass

class PinochleNumber(Card, SortedCard, PinochlePoints):
    pass
```

最后一个类包含的元素带有 3 个单独且基本独立的功能集：基本 Card 功能、mixin 比较功能以及 mixin Pinochle 的特定功能。

(4) 创建一个函数，该函数将从前面定义的类创建单个纸牌对象。

```
def make_card(rank, suit):
    if rank in (9, 10):
        return PinochleNumber(rank, suit)
    elif rank in (11, 12, 13):
        return PinochleFace(rank, suit)
    else:
        return PinochleAce(rank, suit)
```

尽管点数规则非常复杂，但是复杂度却隐藏在 PinochlePoints 类中。构建复合类作为 Card 类和 PinochlePoints 类的基础子类将得到正确的纸牌模型，而且没有太多明显的复杂性。

现在可以制作响应比较运算符的纸牌了：

```
>>> from ch07_r06a import make_card
>>> c1 = make_card(9, '♡')
>>> c2 = make_card(10, '♡')
>>> c1 < c2
True
>>> c1 == c1
True
>>> c1 == c2
False
>>> c1 > c2
False
```

建立一副 48 张纸牌的函数如下所示：

```
SUITS = '\u2660\u2661\u2662\u2663'
Spades, Hearts, Diamonds, Clubs = SUITS
def make_deck():
    return [make_card(r, s) for _ in range(2)
        for r in range(9, 15)
        for s in SUITS]
```

SUITS 的值为 4 个 Unicode 字符。我们也可以分别设置每个花色字符串，但这种方法似乎稍微简单一些。make_deck() 函数内的生成器表达式构建了每张纸牌的两个副本。这些纸牌只有 6 种牌面大小和 4 种花色。

7.7.3　工作原理

Python 使用特殊方法处理大量对象。Python 语言中几乎所有可见的行为都是源于某个特殊的方法名称。本实例利用了 6 种比较运算符。

例如有如下代码：

```
c1 <= c2
```

上述代码的等价形式如下：

```
c1.__le__(c2)
```

这种转换适用于所有表达式运算符。

仔细研究"Python 语言参考"中的 3.3 节之后，可以把特殊方法分为几个组：

- ❏ 基本定制；
- ❏ 自定义属性访问；
- ❏ 自定义类创建；
- ❏ 自定义实例和子类检查；
- ❏ 模拟可调用对象；
- ❏ 模拟容器类型；
- ❏ 模拟数字类型；
- ❏ with 语句上下文管理器。

在本实例中，我们只研究了上述分类中的第一种，其他分类遵循类似的设计模式。

创建该类层次结构实例的过程如下所示。第一个例子将创建一副 48 张牌的 *Pinochle*：

```
>>> from ch07_r06a import make_deck
>>> deck = make_deck()
>>> len(deck)
48
```

前 8 张牌说明了它们是从所有牌面大小和花色组合中构建起来的：

```
>>> deck[:8]
[ 9 ♠, 9 ♡, 9 ◇, 9 ♣, 10 ♠, 10 ♡, 10 ◇, 10 ♣]
```

这副牌的下半部分与上半部分相同：

```
>>> deck[24:32]
[ 9 ♠, 9 ♡, 9 ◇, 9 ♣, 10 ♠, 10 ♡, 10 ◇, 10 ♣]
```

由于 deck 变量是一个简单的列表，我们可以对列表对象进行洗牌，并从中选择 12 张纸牌。

```
>>> import random
>>> random.seed(4)
>>> random.shuffle(deck)
>>> sorted(deck[:12])
[ 9 ♣, 10 ♣, J ♠, J ◇, J ◇, Q ♠, Q ♣, K ♠, K ♠, K ♣, A ♡, A ♣]
```

上述代码中重要的部分是 sorted() 函数的使用。因为我们定义了适当的比较运算符，所以可以对 Card 实例进行排序，并按预期的顺序显示。

7.7.4 补充知识

形式逻辑表明，我们只需要实现两种比较。只要有任意两种比较，就可以派生出其他比较。例如，只执行小于（__lt__()）和等于（__eq__()）操作，就可以很容易地计算出缺失的 3 种比较：

$$a \leqslant b \equiv a < b \vee a = b$$

$$a \geqslant b \equiv a > b \vee a = b$$

$$a \neq b \equiv \neg (a = b)$$

显然，Python 并没有做高级代数运算。我们需要认真地做代数运算，或者如果不确定逻辑，那么可以把全部的 6 种比较都写出来。

假设每个 Card 都与另一个 Card 进行比较。尝试如下语句：

```
>>> c1 = make_card(9, '♡')
>>> c1 == 9
```

我们将得到一个 AttributeError 异常。

如果需要这种功能，就必须修改比较运算符来处理两种类型的比较：

❏ Card 与 Card

❏ Card 与 int

我们通过使用 isinstance() 函数区分参数类型来实现。

每种比较方法都会变成如下形式：

```
def __lt__(self, other):
    if isinstance(other, Card):
        return (self.rank, self.suit) < (other.rank, other.suit)
    else:
        return self.rank < other
```

上述代码使用牌面大小和花色来处理 Card 与 Card 的比较情况。对于其他所有情况，用 Python 的一般规则来比较牌面大小和其他值。如果由于未知的原因，另一个值是 float，那么 self.rank 将会使用 float() 转换。

7.7.5　延伸阅读

❏ 请参阅 7.8 节，该节依赖于对这些纸牌的排序。

7.8　定义有序集合

在模拟纸牌游戏时，玩家的手牌可以建模为一个纸牌的集或一个纸牌的列表。对于大多数传统的只有一副牌的游戏，集非常有效，因为任何给定的纸牌只有一个实例，而且 set 类可以非常快速地确认给定纸牌是否在集中。

然而，在对 *Pinochle* 游戏建模时，我们遇到了一个具有挑战性的问题。*Pinochle* 的一副牌是 48 张，包括两套 9、10、Jack、Queen、King 和 Ace。简单的集不能很好地建模，我们需要一个多重集（multiset）或包（bag）。这种数据结构是允许有重复元素的集。

这些操作仍然限于成员测试。例如，我们可以多次添加 Card(9,'◊') 对象，也可以多次删除它。创建多重集的方法有很多种。

❏ 可以使用列表。追加元素的成本几乎是固定的，复杂度可表征为 $O(1)$。搜索元素可能存在性能不佳的问题。成员测试的复杂度往往随着集合的大小变化，复杂度为 $O(n)$。

❏ 可以使用映射。映射的值是重复元素出现的次数的整数计数。这种方法只需要为映射中的每个对象提供默认的 __hash__() 方法。实现方式有 3 种。

■ 定义 dict 的子类。

■ 使用 defaultdict。请参阅 7.6 节，该实例使用 defaultdict(list) 创建每个键的值列

表，列表的 `len()` 值是键出现的次数。实际上，这种结构是一种多重集。

- 使用 Counter。这种方法很简单。我们已经在很多实例中讨论了 `Counter`，更多示例请参阅 4.15 节、6.8 节以及 7.5 节。

❑ 可以使用有序列表。插入元素并维护顺序的开销比插入列表略高一些，复杂度为 $O(n \log_2 n)$。但是，搜索的开销比无序列表要小一些，复杂度为 $O(\log_2 n)$。`bisect` 模块提供了一组用于有序列表的函数，但是需要具有一整套比较方法的对象。

如何构建有序的对象集合？如何使用有序集合来构建多重集或包？

7.8.1　准备工作

7.7 节定义了可排序的纸牌对象。这对使用 `bisect` 模块至关重要。该模块中的算法需要在对象之间进行一整套的比较。

我们将定义一个多重集来保存 12 张牌的 *Pinochle* 手牌。由于重复的原因，将有不止一张纸牌具有给定牌面大小和花色。

为了将一手牌看作一种集，还需要为 hand 对象定义一些集合运算符，即定义集的成员和子集运算符。

我们希望 Python 代码等同于以下公式：

$$c \in H$$

其中 c 是一张纸牌，$H = \{c_1, c_2, c_3, \cdots\}$ 是一手牌。

我们也希望代码相当于：

$$\{J, Q\} \subset H$$

$\{J, Q\}$ 代表一对特定的纸牌，我们称之为 *Pinochle*。H 表示一手牌。

我们需要两个导入语句：

```
from ch07_r06a import *
import bisect
```

第一个导入语句从 7.7 节中引入了可排序的纸牌定义。第二个导入语句引入了用于维护具有重复项的有序集的各种 `bisect` 函数。

7.8.2　实战演练

(1) 定义一个类，添加可以从任何可迭代数据源中加载集合的初始化方法。

```
class Hand:
    def __init__(self, card_iter):
        self.cards = list(card_iter)
        self.cards.sort()
```

可以使用该方法从列表或生成器表达式中构建一个 Hand。如果列表不为空，则需要对元素进行排序。`self.cards` 列表的 `sort()` 方法将依赖于由 Card 对象实现的各种比较运算符。

从技术上讲，我们只关心作为 `SortedCard` 子类的对象，因为比较方法定义在这些对象中。

(2) 定义一个方法，向手牌中添加纸牌。

```
def add(self, aCard: Card):
    bisect.insort(self.cards, aCard)
```

我们使用 bisect 算法确保纸牌正确地插入到 self.cards 列表中。

(3) 定义一个方法，在手牌中查找给定纸牌的位置。

```
def index(self, aCard: Card):
    i = bisect.bisect_left(self.cards, aCard)
    if i != len(self.cards) and self.cards[i] == aCard:
        return i
    raise ValueError
```

我们使用 bisect 算法查找给定的纸牌。bisect.bisect_left() 的文档建议进行附加的 if 测试，以便正确地处理边界情况。

(4) 定义实现 in 运算符的特殊方法。

```
def __contains__(self, aCard: Card):
    try:
        self.index(aCard)
        return True
    except ValueError:
        return False
```

当用 Python 编写 card in some_hand 时，执行它就等价于执行 some_hand.__contains__(card)。我们使用 index() 方法来查找该纸牌或抛出异常。异常将被转换为 False 返回值。

(5) 定义一个迭代器遍历手牌。这是 self.cards 集合的一个简单代理。

```
def __iter__(self):
    return iter(self.cards)
```

当用 Python 编写 iter(some_hand) 时，执行它就相当于执行 some_hand.__iter__()。

(6) 定义两个手牌实例之间的子集操作。

```
def __le__(self, other):
    for card in self:
        if card not in other:
            return False
    return True
```

Python 没有 $a \subset b$ 或 $a \subseteq b$ 符号，所以<和<=临时用于比较集。当编写 pinochle <= some_hand 语句查看手牌是否包含特定的纸牌组合时，相当于执行了 pinochle.__le__(some_hand)。子集是 self 实例变量，目标 Hand 是另一个参数值。

in 操作符通过 __contains__() 方法实现。上述过程说明了如何通过特殊方法来实现简单的 Python 语法。

可以用如下方式来使用 Hand 类：

```
>>> from ch07_r06b import make_deck, make_card, Hand
>>> import random
>>> random.seed(4)
>>> deck = make_deck()
```

```
>>> random.shuffle(deck)
>>> h = Hand(deck[:12])
>>> h.cards
[ 9 ♣, 10 ♣, J ♠, J ◇, J ◇, Q ♠, Q ♣, K ♠, K ♠, K ♣, A ♡, A ♣]
```

从结果来看，这些纸牌在手牌中具有正确的顺序。这是按照上述方法创建手牌的必然结果。

以下是使用子集运算符<=比较特定模式与整个手牌的示例：

```
>>> pinochle = Hand([make_card(11,'◇'), make_card(12,'♣')])
>>> pinochle <= h
True
```

Hand 是一个支持迭代的集合。可以使用生成器表达式来引用整个 Hand 中的 Card 对象：

```
>>> sum(c.points() for c in h)
56
```

7.8.3 工作原理

Hand 集合包装一个内部 list 对象并对该对象应用一个重要约束。这些元素按照排序顺序保存。这增加了插入新元素的开销，但降低了搜索元素的开销。

用于查找元素位置的核心算法是 bisect 模块的一部分，所以避免了编写和调试。算法并不是很复杂，但是使用现有代码似乎更高效。

模块的名称 bisect 源自于将有序列表一分为二来查找元素的思想，其实质在于：

```
while lo < hi:
    mid = (lo+hi)//2
    if x < a[mid]: hi = mid
    else: lo = mid+1
```

上述代码在列表 a 中搜索给定值 x，lo 的值最初为零，hi 的值最初为列表的大小 len(a)。

首先，找出中间点。如果目标值 x 小于中间点的值 a[mid]，那么它一定在列表的前半部分中：改变 hi 的值，以便只考虑前半部分。

如果目标值 x 大于或等于中间点的值 a[mid]，那么 x 一定位于列表的后半部分：改变 lo 的值，以便只考虑后半部分。

由于列表在每次操作中都被分成了一半，因此需要 $O(\log_2 n)$ 个步骤才能让 lo 和 hi 的值在应该具有目标值的位置上收敛。

如果我们有一手 12 张的牌，那么第一次比较扔出 6 张牌，第二次比较再扔出 3 张牌，第三次比较扔出了最后 3 张牌中的一张，第四次比较将找到纸牌的位置。

如果我们使用一个普通的列表，按照随机的到达顺序存储纸牌，那么找到一张纸牌将平均进行 6 次比较。最糟糕的情况是，这张牌是 12 张纸牌中的最后一张，需要检查所有的 12 张纸牌。

使用 bisect 的比较次数总是 $O(\log_2 n)$。这是一般情况也是最坏的情况。

7.8.4 补充知识

collections.abc 模块定义了各种集合的抽象基类。如果希望 Hand 的行为更像其他类型的集合，可以利用这些定义。

我们可以为这个类定义添加大量集合运算符，使其更像内置的 MutableSet 抽象类定义。

MutableSet 是 Set 的一个扩展。Set 类是由 3 个类定义构建的复合对象：Sized、Iterable 和 Container。这意味着它必须定义以下方法：

- ❑ __contains__()
- ❑ __iter__()
- ❑ __len__()
- ❑ add()
- ❑ discard()

我们还需要提供一些其他的方法，这些方法是可变集合的一部分。

- ❑ clear()、pop()：这两个方法将从集合中删除元素。
- ❑ remove()：不同于 discard()，当试图删除缺失元素时它会引发异常。

为了具有独特的类似于集的功能，还需要一些额外的方法。我们根据 __le__() 提供了一个子集的示例。还需要提供以下子集比较方法：

- ❑ __le__()
- ❑ __lt__()
- ❑ __eq__()
- ❑ __ne__()
- ❑ __gt__()
- ❑ __ge__()
- ❑ isdisjoint()

这些方法通常不是简单的单行定义。为了实现核心的比较集，经常先编写两个比较方法，然后使用逻辑来基于这两个比较方法构建其他比较方法。

由于 __eq__() 比较简单，因此假设我们已经具有==和<=运算符的定义。其他定义如下：

$x \neq y \equiv \neg(x = y)$

$x < y \equiv (x \leq y) \wedge \neg(x = y)$

$x > y \equiv \neg(x \leq y)$

$x \geq y \equiv \neg(x < y) \equiv \neg(x \leq y) \vee (x = y)$

为了进行集合操作，需要提供以下内容。

- ❑ __and__()和__iand__()。这两个方法实现了 Python &操作符和&=赋值语句。这相当于两个集合的交集，或者 $a \cap b$。
- ❑ __or__()和__ior__()。这两个方法实现了 Python |操作符和|=赋值语句。这相当于两个集合的并集，或者 $a \cup b$。
- ❑ __sub__()和__isub__()。这两个方法实现了 Python -操作符和-=赋值语句。这相当于两个集合的差集，往往写成 $a - b$。
- ❑ __xor__()和__ixor__()。这两个方法实现了 Python ^操作符和^=赋值语句。这相当于两个集合的对称差，常写为 $a \Delta b$。

抽象类允许每个操作符有两个版本。有以下两种情况。

❏ 例如，如果提供了 `__iand__()`，那么语句 `A &= B` 将被求值为 `A.__iand__(B)`。这种实现可能是高效的。

❏ 如果不提供 `__iand__()`，那么语句 `A &= B` 将被求值为 `A = A.__and__(B)`。这可能有点低效，因为我们将创建一个新的对象。新对象被赋予标签 A，旧的对象将从内存中删除。

对于内置的 `Set` 类，有 20 多种方法需要提供正确的替换。一方面，这需要很多代码。另一方面，Python 允许以透明的方式扩展内置的类，使用具有相同语义的相同运算符。

7.8.5 延伸阅读

❏ 定义 *Pinochle* 纸牌的实例，请参阅 7.7 节。

7.9 从映射列表中删除元素

从列表中删除元素会产生一个有趣的后果。具体来说，当元素 `list[x]` 被删除时，将会发生以下两种情况之一。

❏ 元素 `list[x+1]` 占据了 `list[x]` 的位置。

❏ 元素 `x+1 == len(list)` 占据了 `list[x]` 的位置，因为 x 是列表中的最后一个索引。

除了删除元素之外，这些都是副作用。因为元素可以在列表中移动，所以一次删除多个元素具有一定的挑战性。

当列表包含具有特殊方法 `__eq__()` 的定义的元素时，列表的 `remove()` 方法可以删除每个元素。当列表元素没有简单的 `__eq__()` 测试时，从列表中删除多个元素将更具挑战性。

如何从列表中删除多个元素？

7.9.1 准备工作

本实例将使用一种**字典–列表**（list-of-dict）结构，其中用到了一些数据，包括歌曲名称、作者和时长，如下所示：

```
>>> source = [
...     {'title': 'Eruption', 'writer': ['Emerson'], 'time': '2:43'},
...     {'title': 'Stones of Years', 'writer': ['Emerson', 'Lake'], 'time': '3:43'},
...     {'title': 'Iconoclast', 'writer': ['Emerson'], 'time': '1:16'},
...     {'title': 'Mass', 'writer': ['Emerson', 'Lake'], 'time': '3:09'},
...     {'title': 'Manticore', 'writer': ['Emerson'], 'time': '1:49'},
...     {'title': 'Battlefield', 'writer': ['Lake'], 'time': '3:57'},
...     {'title': 'Aquatarkus', 'writer': ['Emerson'], 'time': '3:54'}
... ]
```

为了运行这种数据结构，还需要使用 pprint 函数：

```
>>> from pprint import pprint
```

使用 for 语句可以轻松遍历列表。关键问题是，如何删除所选元素？

```
>>> data = source.copy()
>>> for item in data:
...     if 'Lake' in item['writer']:
...         print("remove", item['title'])
remove Stones of Years
remove Mass
remove Battlefield
```

本示例不能简单地使用 del item 语句，因为它对源集合 data 没有影响。该语句只能通过删除 item 变量和关联对象，来删除原始列表中元素的局部变量副本。

想要正确删除列表中的元素，就必须使用列表中的索引位置。下面是一个简单的方法，但是明显不起作用：

```
>>> data = source.copy()
>>> for index in range(len(data)):
...     if 'Lake' in data[index]['writer']:
...         del data[index]
Traceback (most recent call last):
  File "/Library/Frameworks/Python.framework/Versions/3.5/lib/python3.5/doctest.
py", line 1320, in __run
    compileflags, 1), test.globs)
  File "<doctest __main__.__test__.chapter[5]>", line 2, in <module>
    if 'Lake' in data[index]['writer']:
IndexError: list index out of range
```

不能简单地根据列表的原始大小来使用 range(len(data))。当元素被删除时，列表长度将变小，索引值将超出正常范围。

在删除包含简单相等测试的元素时，应当使用如下代码：

```
while x in list:
    list.remove(x)
```

但问题是，我们没有实现__contains__()，因此不能用 Lake in item['writer']识别元素。当然，可以使用一个实现 __eq__()的 dict 的子类作为 self['writer']中的字符串参数值。但是这种方法显然违反了相等的语义，因为它只检查了一个字段。

我们不能扩展这些类的内置功能。该用例特定于问题域，而不是字典–列表结构的一般功能。

与基本的 while in...remove 循环相似，需要编写如下代码：

```
>>> def index(data):
...     for i in range(len(data)):
...         if 'Lake' in data[i]['writer']:
...             return i
>>> data = source.copy()
>>> position = index(data)
>>> while position:
...     del data[position] # 或者 data.pop(position)
...     position = index(data)
```

我们编写了一个函数 index()，该函数可以找出目标值的第一个实例。该函数的结果只有一个值，能够提供两种信息：

□ 当返回值不为 None 时，元素存在于列表中；
□ 返回值是列表中元素的正确索引。

index() 函数冗长且不灵活。如果还有其他规则，就需要编写多个 index() 函数，或者需要使测试更加灵活。

更重要的是，当目标值在一个具有 n 个元素的列表中出现 x 次，那么该循环将会执行 x 次。遍历整个列表的平均时间复杂度为 $O(x \times n/2)$，最坏的情况是这些元素都在列表的末尾，时间复杂度为 $O(x \times n)$。

我们可以优化解决方案。首选解决方案是在 2.7 节的基础上设计一个循环来从列表结构中删除复杂的元素。

7.9.2 实战演练

(1) 将索引值初始化为零。这将建立一个遍历数据集合的变量。

```
i = 0
```

(2) 终止条件必须说明列表中的每个元素都已被检查过。此外，循环体需要删除与目标条件匹配的所有元素。这将导致一个不变条件，即 item[i] 尚未检查。在检查完该元素之后，元素可能会被保留，那么就必须递增索引 i 来重新设置尚未检查的不变条件。如果元素被删除，那么其他元素将向前移动，item[i] 将自动满足尚未检查的不变条件。

```
if 'Lake' in data[i]['writer']:
    del data[i] # 删除
else:
    i += 1 # 保留
```

删除元素时，列表将变短，索引值 i 将指向一个新的未检查元素。在保留元素时，索引值 i 将前进到下一个未检查的元素。

(3) 用终止条件包装处理过程的主体。

```
while i != len(data):
```

在 while 语句结束时，i 的值将表明所有元素都已经被检查过。

```
>>> i = 0
>>> while i != len(data):
...     if 'Lake' in data[i]['writer']:
...         del data[i]
...     else:
...         i += 1
>>> pprint(data)
[{'time': '2:43', 'title': 'Eruption', 'writer': ['Emerson']},
 {'time': '1:16', 'title': 'Iconoclast', 'writer': ['Emerson']},
 {'time': '1:49', 'title': 'Manticore', 'writer': ['Emerson']},
 {'time': '3:54', 'title': 'Aquatarkus', 'writer': ['Emerson']}]
```

上述代码将遍历一次数据，在不抛出索引错误的情况下删除所请求的元素，或者跳过应该已被删除的元素。

7.9.3 工作原理

我们的目标是检查每个元素，并将其删除或跳过。上述循环设计体现了 Python 删除列表元素的工作原理。当一个元素被删除时，列表中该元素后面的所有元素都将向前移动。

基于 range() 函数和 len() 函数的简单处理过程有两个问题。

❑ 当元素向前移动并且下一个值由 range 对象生成时，元素将被跳过。

❑ 删除元素后，索引可能会超出列表范围，因为 len() 只使用了一次，获得的是原始列表大小，而不是当前列表的大小。

由于存在这两个问题，因此循环体中不变条件的设计很重要。这反映了两种可能的状态变化。

❑ 如果元素被删除，索引不会改变，但列表本身会改变。

❑ 如果元素被保留，索引必须改变。

我们可以认为循环遍历了一次数据，具有 $O(n)$ 的复杂度。这里没有考虑每次删除的相对开销。从列表中删除索引为 0 的元素意味着剩余的每个元素都会向前移动一个位置。每次删除的开销实际上为 $O(n)$。因此，复杂度更像是 $O(n \times x)$，其中从 n 个元素的列表中删除 x 个元素。

甚至这种算法也不是从列表中删除元素的最快方法。

7.9.4 补充知识

如果我们换一个思路，放弃删除的想法，可能会更容易处理。制作元素的浅副本比从列表中删除元素要快得多，但是将使用更多的存储空间。这是常见的时间与空间的权衡问题。

第一种实现方法是使用生成器表达式，如下所示：

```
>>> data = [item for item in source if not('Lake' in item['writer'])]
```

上述代码将创建想要保留的列表元素的浅副本，不想保留的元素将被忽略。有关浅副本概念的更多信息，请参阅 4.14 节。

第二种实现方法是使用高阶函数，如下所示：

```
>>> data = list(filter(lambda item: not('Lake' in item['writer']), source))
```

filter() 函数有两个参数：一个 lambda 对象和一组原始数据。lambda 对象是函数的一种退化：只有参数和一个表达式。在本例中，表达式用于决定需要保留的元素。lambda 对象的值为 False 的元素将被拒绝。

filter() 函数是一个生成器。这意味着需要收集所有元素来创建最终的列表对象。for 语句是处理生成器的所有结果的一种方法，list() 和 tuple() 函数也可以处理来自生成器的所有元素。

第三种实现方法是编写自定义的生成器函数，它体现了过滤器（filter）的概念。这种方法将比生成器或 filter() 函数使用更多的语句，但是代码可能更清晰易懂。

生成器函数的定义如下所示：

```
def writer_rule(iterable):
    for item in iterable:
        if 'Lake' in item['writer']:
```

```
        continue
    yield item
```

我们使用了一个 for 语句来检查源列表中的每个元素。如果元素 'Lake' 在 writer 列表中，则将继续执行 for 语句，有效地拒绝该元素。如果 'Lake' 不在 writer 列表中，则将生成该元素。

调用该函数时，将会生成预期的列表。使用 writer_rule() 函数的过程如下所示：

```
>>> from ch07_r07 import writer_rule
>>> data = list(writer_rule(source))
>>> pprint(data)
[{'time': '2:43', 'title': 'Eruption', 'writer': ['Emerson']},
 {'time': '1:16', 'title': 'Iconoclast', 'writer': ['Emerson']},
 {'time': '1:49', 'title': 'Manticore', 'writer': ['Emerson']},
 {'time': '3:54', 'title': 'Aquatarkus', 'writer': ['Emerson']}]
```

上述过程把需要保留的行保存到一个新的结构中。由于只是一个浅副本，因此不会浪费大量的存储空间。

7.9.5　延伸阅读

❏ 本实例基于 2.7 节。
❏ 本实例还利用了另外两个实例：4.14 节和 4.4 节。

7

第 8 章

函数式编程和反应式编程

本章主要介绍以下实例。

❏ 使用 yield 语句编写生成器函数
❏ 使用生成器表达式栈
❏ 将转换应用于集合
❏ 选择子集——三种过滤方式
❏ 汇总集合——如何归约
❏ 组合映射和归约转换
❏ 实现 there exists 处理
❏ 创建偏函数
❏ 使用不可变数据结构简化复杂算法
❏ 使用 yield from 语句编写递归生成器函数

8.1 引言

函数式编程（functional programming）专注于编写执行数据转换的小型、富有表现力的函数。相比过程语句串或复杂、有状态对象的方法，组合函数通常可以创建更简洁、更富表达性的代码。Python 支持三种编程范式。

传统数学将许多事物定义为函数。我们可以组合多个函数，从先前的数据转换中构建出一个复杂的结果。例如，假设有两个函数 $f(x)$ 和 $g(y)$，需要将它们组合起来创建有用的结果：

$$y = f(x)$$
$$z = g(y)$$

理想情况下，可以通过这两个函数创建一个复合函数：

$$z = (g \circ f)(x)$$

使用复合函数 $(g \circ f)$ 有助于说明程序的工作方式。该函数允许我们将许多琐碎的详细信息组合为一个更大的知识块。

由于程序设计经常使用数据集合，因此经常需要将函数应用于整个集合。这种方法契合**集结构式**（set builder）或**集解析式**（set comprehension）的数学思想。

将函数应用于数据集合的常见模式有三种。

- □ 映射（mapping）：将函数应用于集合中的所有元素，$\{M(x) : x \in C\}$。我们将函数 M 应用于较大集合 C 中的每个元素 x。
- □ 过滤（filtering）：使用函数从集合中选择元素，$\{x : c \in C \text{ if } F(x)\}$。我们使用函数 F 确定是通过还是拒绝来自较大集合 C 的元素 x。
- □ 归约（reducing）：汇总集合。各种归约的细节各异，最常见的一种归约是创建集合 C 中所有元素 x 的总和，$\sum_{x \in c} x$。

我们经常结合这些模式来创建更复杂的应用程序。这种方法的关键是通过映射和过滤之类的高阶函数，将诸如 $M(x)$ 和 $F(x)$ 的小函数组合起来。组合操作可能会很复杂，即使各个部件相当简单。

反应式编程（reactive programming）的思想是在输入变得可用或输入发生变化时，执行处理规则。这种思想符合惰性编程思想。当我们定义类定义的惰性特性时，就相当于创建了反应式程序。

反应式编程基于函数式编程，因为对于输入值的改变，可能需要进行多个转换。通常，反应式编程思想清晰地表现为用于组合或堆叠（stack）为响应变化的复合函数的函数。有关反应式类设计的示例，请参阅 6.8 节。

8.2　使用 `yield` 语句编写生成器函数

前面大多数实例的设计都适用于集合的所有元素。这些实例使用 `for` 语句遍历集合中的每个元素，要么将值映射到新元素，要么规约（reduce）集合得到某种汇总值。

使用集合生成结果的方式通常有两种，一种是从集合中生成单个结果，另一种是逐步生成结果，而不是单个结果。

当集合无法整体放入内存中时，第二种方法是非常有用的。例如，在分析巨大的 Web 日志文件时，最好将文件分解为小块进行处理，而不是创建存放在内存中的集合。

如何从处理函数中分离出集合结构？当每个单独的元素可用时，是否可以立即从处理过程中生成结果？

8.2.1　准备工作

本实例的背景信息是一些包含日期时间字符串值的 Web 日志数据。我们需要解析这些日志数据，来创建正确的 `datetime` 对象。为了将注意力集中在本实例，本实例使用了一个由 Flask 生成的简化日志。日志条目的开头是文本行，如下所示：

```
[2016-05-08 11:08:18,651] INFO in ch09_r09: Sample Message One
[2016-05-08 11:08:18,651] DEBUG in ch09_r09: Debugging
[2016-05-08 11:08:18,652] WARNING in ch09_r09: Something might have gone wrong
```

7.6 节已经讨论了一些处理这种日志的示例。使用 1.7 节中的正则表达式可以将日志分解为行的集合，如下所示：

```
>>> data = [
...     ('2016-04-24 11:05:01,462', 'INFO', 'module1', 'Sample Message One'),
...     ('2016-04-24 11:06:02,624', 'DEBUG', 'module2', 'Debugging'),
...     ('2016-04-24 11:07:03,246', 'WARNING', 'module1', 'Something might have
gone wrong')
... ]
```

我们不能使用常用的字符串解析将复杂的日期时间戳转换成更有用的数据结构。但是可以编写一个生成器函数，该生成器函数可以处理日志的每一行，并生成一个更有用的中间数据结构。

生成器函数就是使用 `yield` 语句的函数。当函数包含 `yield` 语句时，它将逐步构建结果，以客户端可以使用的方式生成每个值。客户端可能是一个 `for` 语句，也可能是接收值序列的另一个函数。

8.2.2　实战演练

(1) 导入 `datetime` 模块。

```
import datetime
```

(2) 定义处理源集合的函数。

```
def parse_date_iter(source):
```

为函数名添加后缀 `_iter`，说明该函数将是一个可迭代的对象，而不是简单的集合。

(3) 包含一个 `for` 语句，访问源集合中的每个元素。

```
for item in source:
```

(4) `for` 语句的循环体可以将元素映射到一个新元素上。

```
date = datetime.datetime.strptime(
    item[0],
    "%Y-%m-%d %H:%M:%S,%f")
new_item = (date,)+item[1:]
```

在本例中，我们将单个字段从字符串映射到了 `datetime` 对象。变量 `date` 由 `item[0]` 中的字符串构建。然后将日志消息三元组映射到一个新的元组，将日期字符串替换为正确的 `datetime` 对象。由于元素的值是一个元组，因此我们创建了一个单例元组 `(date,)`，然后将其与 `item[1:]` 元组拼接起来。

(5) 使用 `yield` 语句生成新元素。

```
yield new_item
```

正确缩进后，代码的整体结构如下所示：

```
import datetime
def parse_date_iter(source):
    for item in source:
        date = datetime.datetime.strptime(
            item[0],
            "%Y-%m-%d %H:%M:%S,%f")
        new_item = (date,)+item[1:]
        yield new_item
```

parse_date_iter()函数需要一个可迭代的输入对象。集合是可迭代的对象。不过更重要的是，其他生成器也是可迭代的。我们可以利用这一点来构建生成器栈，以处理来自其他生成器的数据。

这个函数并不直接创建集合，而是生成每个元素，以便单独处理元素。这样数据处理过程就可以分块处理源集合，从而便捷地处理大量数据。在某些实例中，数据存放在内存中的集合中。随后的实例将处理来自外部文件的数据，而这种技术最有利于处理外部文件。

使用该函数的示例如下：

```
>>> from pprint import pprint
>>> from ch08_r01 import parse_date_iter
>>> for item in parse_date_iter(data):
...     pprint(item)
(datetime.datetime(2016, 4, 24, 11, 5, 1, 462000),
 'INFO',
 'module1',
 'Sample Message One')
(datetime.datetime(2016, 4, 24, 11, 6, 2, 624000),
 'DEBUG',
 'module2',
 'Debugging')
(datetime.datetime(2016, 4, 24, 11, 7, 3, 246000),
 'WARNING',
 'module1',
 'Something might have gone wrong')
```

上述示例使用 for 语句迭代 parse_date_iter() 函数的结果，一次一个元素。最后使用 pprint()函数显示每个元素。

我们也可以收集这些元素生成一个列表，如下所示：

```
>>> details = list(parse_date_iter(data))
```

在本例中，list()函数使用了由 parse_date_iter()函数产生的所有元素。使用类似 list() 的函数或 for 语句来使用生成器的所有元素是极其重要的。生成器是一种相对被动的结构，如果不主动请求数据，它不会执行任何操作。

如果不主动请求这些数据，那么将会看到如下结果：

```
>>> parse_date_iter(data)
<generator object parse_date_iter at 0x10167ddb0>
```

parse_date_iter()函数的值是一个生成器。生成器不是由元素组成的集合，而是按需产生元素的函数。

8.2.3　工作原理

编写生成器函数可以改变我们理解算法的方式，其常见模式有两种：映射和归约。映射将每个元素转换为新元素，或者计算一个派生值。归约从源集合中累计一个汇总，例如和、平均值、方差或散列值。这些模式可以与处理集合的整个循环分离，分解为逐项转换处理或过滤器。

Python 有一种叫作**迭代器**（iterator）的复杂结构，它处于生成器和集合的中心位置。迭代器从集合中提供每个值，同时执行维护处理状态所需的内部簿记（bookkeeping）。生成器函数的行为类似于迭代器，它提供了一系列值并维护自身的内部状态。

思考以下常见的 Python 代码：

```
for i in some_collection:
    process(i)
```

上述代码背后的工作原理可以用以下代码表示：

```
the_iterator = iter(some_collection)
try:
    while True:
        i = next(the_iterator)
        process(i)
except StopIteration:
    pass
```

Python 对整个集合执行 iter() 函数，以创建该集合的迭代器对象。迭代器与集合绑定，并维护一些内部状态信息。然后使用迭代器的 next() 方法获取每个值。当迭代完成时，迭代器抛出 StopIteration 异常。

Python 的每个集合都可以生成一个迭代器。由序列（Sequence）或集（Set）生成的迭代器将访问集合中的每个元素。由映射（Mapping）生成的迭代器将访问映射的每个键。我们可以使用映射的 values() 方法迭代映射的值，还可以使用映射的 items() 方法访问(key, value)二元组序列。文件（file）的迭代器将访问文件中的每一行。

迭代器的概念也可应用于函数。使用 yield 语句的函数叫作**生成器函数**（generator function）。它符合迭代器的模板。为此，生成器返回自身来响应 iter() 函数，产生下一个值来响应 next() 函数。

将 list() 应用于集合或生成器函数时，for 语句使用的基本机制将获取单个值。list() 使用 iter() 函数和 next() 函数获取元素，然后将这些元素转化为一个序列。

对生成器函数执行 next() 是有趣的。生成器函数将被求值，直到遇到 yield 语句为止，得到的值是 next() 的结果。每次执行 next() 时，函数就在 yield 语句之后恢复处理，并继续执行下一个 yield 语句。

生成两个对象的函数如下所示：

```
>>> def gen_func():
...     print("pre-yield")
...     yield 1
...     print("post-yield")
...     yield 2
```

执行 next() 的结果如下所示：

```
>>> y = gen_func()
>>> next(y)
pre-yield
1
>>> next(y)
post-yield
2
```

在第一次执行 next() 时，生成器函数执行了第一个 print() 函数，然后 yield 语句产生了一个值。该函数暂停处理，并显示了 >>> 提示符。在第二次执行 next() 时，该函数执行了两个 yield 语句之间的语句。该函数再次暂停处理，并显示了 >>> 提示符。

继续执行 next() 会发生什么情况？已经没有 yield 语句了。

```
>>> next(y)
Traceback (most recent call last):
  File "<pyshell...>", line 1, in <module>
    next(y)
StopIteration
```

StopIteration 异常在生成器函数结束时抛出。

8.2.4 补充知识

生成器函数的核心价值在于能够将复杂的处理分为两部分：

❏ 应用于数据的转换或过滤；

❏ 源数据集。

下面是使用生成器过滤数据的示例。本示例将过滤输入值，只保留素数，过滤掉所有合数。

可以将处理过程编写为 Python 函数，如下所示：

```
def primeset(source):
    for i in source:
        if prime(i):
            yield prime
```

对源集中的每个值执行 prime() 函数。如果结果是 true，则产生源值。如果结果是 false，源值将被拒绝。使用 primeset() 的示例如下：

```
p_10 = set(primeset(range(2,2000000)))
```

primeset() 函数将从源集中产生单个素数值。源集是 2 到 200 万之间的整数。结果是根据提供的值构建的 set 对象。

上述代码还缺少一个确定数字是否为素数的 prime() 函数，该函数的实现作为练习留给读者。

在数学中，经常可以看到**集结构式**或**集解析式**标记，这些标记用于描述从一个集中构建另一个集的规则。例如：

$$P_{10} = \{ i : i \in \mathbb{N} \land 2 \leqslant 1 < 2\,000\,000 \text{ if } P(i) \}$$

在上述公式中，$\mathbb{N}$ 是所有自然数的集，P_{10} 是所有满足 $P(i)$ 为 true 的 2 和 200 万之间的自然数 i 的集。上述公式定义了一个构建集的规则。

我们也可以用 Python 实现上述公式：

```
p_10 = {i for i in range(2,2000000) if prime(i)}
```

上述 Python 代码用于生成素数子集。这些子句的排列与数学抽象略有不同，但是表达式的所有基本部分依然存在。

当我们研究类似的生成器表达式时，就会发现许多程序设计都符合某些常见模式。

- 映射：$\{m(x) : x \in S\}$ 对应 (m(x) for x in S)。
- 过滤：$\{x : x \in S \text{ if } f(x)\}$ 对应 (x for x in S if f(x))。
- 归约：归约的情况有点复杂，但是常见的归约包含总和和计数。$\sum_{x \in S} x$ 对应 sum(x for x in S)。

其他常见的归约包括查找一组数据中的最大值或最小值。

我们也可以使用 yield 语句编写上述高阶函数。通用映射函数的定义如下所示：

```
def map(m, S):
    for s in S:
        yield m(s)
```

该函数对源集合 S 中的每个数据元素 s 应用函数 m()。映射函数的结果是一个结果值序列。

通用 filter 函数的类似定义如下所示：

```
def filter(f, S):
    for s in S:
        if f(s):
            yield s
```

与通用映射一样，该函数对源集合 S 中的每个元素应用函数 f()。当函数 f() 的值为 true 时，就会产生值。当函数 f() 的值为 false 时，值就会被拒绝。

使用此函数创建一个素数集的示例如下：

```
p_10 = set(filter(prime, range(2,2000000)))
```

上述代码将 prime() 函数应用于源数据集。请注意，只有 prime 而没有 () 字符，因为我们只是在命名函数，而不是执行函数。prime() 函数将检查每个单独的值。那些通过的值将被生成并组装成最终的集。那些合数将被拒绝，不会出现在最终的集中。

8.2.5　延伸阅读

- 8.3 节将组合生成器函数，从简单的组件构建复杂的处理栈。
- 8.4 节将介绍如何使用内置 map() 函数从简单函数和可迭代数据源创建复杂的处理。
- 8.5 节将介绍如何使用内置 filter() 函数从简单的函数和可迭代的数据源构建复杂的处理。
- 请参阅 https://projecteuler.net/problem=10，这里有一个具有挑战性的问题，与小于 200 万的素数相关，其中部分问题似乎显而易见，但是测试所有这些素数可能很困难。

8.3　使用生成器表达式栈

8.2 节创建了一个简单的生成器函数，对一些数据执行了单一的转换。实际上，我们经常想将多个函数应用于数据。

如何**堆叠**（stack）或组合多个生成器函数来创建复合函数？

8.3.1　准备工作

本实例的背景信息是一个记录大型帆船燃料消耗的电子表格，其内容如下。

date	engine on	fuel height
	engine off	fuel height
	Other notes	
10/25/2013	08:24	29
	13:15	27
	calm seas — anchor solomon's island	
10/26/2013	09:12	27
	18:25	22
	choppy — anchor in jackson's creek	

有关此数据的更多背景信息，请参阅 4.4 节。

数据的处理过程如下所示。9.5 节将详细讨论该处理过程。

```
>>> from pathlib import Path
>>> import csv
>>> with Path('code/fuel.csv').open() as source_file:
...     reader = csv.reader(source_file)
...     log_rows = list(reader)
>>> log_rows[0]
['date', 'engine on', 'fuel height']
>>> log_rows[-1]
['', "choppy -- anchor in jackson's creek", '']
```

我们使用 csv 模块读取了日志的详细信息。csv.reader() 是一个可迭代的对象。为了将元素收集到单个列表中，这里将 list() 函数应用于生成器函数。最后输出了列表中的第一个元素和最后一个元素，以确认最终获得一个列表–列表（list-of-lists）结构。

我们想对这个列表–列表结构应用两个转换：

❑ 将日期和两个时间转换为两个日期时间值；

❑ 将三行合并为一行，以便对数据进行简单的组织。

假设我们创建了一对有用的生成器函数，代码如下所示：

```
total_time = datetime.timedelta(0)
total_fuel = 0
for row in date_conversion(row_merge(source_data)):
    total_time += row['end_time']-row['start_time']
    total_fuel += row['end_fuel']-row['start_fuel']
```

组合生成器函数 date_conversion(row_merge(...)) 将产生一个包含起始信息、结束信息和注释的单行序列。这种结构很容易通过汇总或分析来创建简单的统计相关性和趋势。

8.3.2   实战演练

(1) 定义一个组合行的初始归约操作。解决这个问题的方法有很多，其中一种方法是将每三行组合为一组。

另一种方法是注意每组数据行的第零列中只有第一行包含数据，紧接着的两行的第零列是空的。这样就可以用一种更通用的方法来创建行的分组。这是一种**首尾合并**（head-tail merge）算法。收集数据，然后在每次到达下一组行的头部时，产生数据。

```
def row_merge(source_iter):
    group = []
    for row in source_iter:
        if len(row[0]) != 0:
            if group:
                yield group
            group = row.copy()
        else:
            group.extend(row)
    if group:
        yield group
```

该算法使用 `len(row[0])` 确定某行在分组的头部还是尾部。如果某行在分组头部，那么将生成先前的分组。处理完头部的行之后，group 集合的值被重置为分组中头部的行的列数据。

分组尾部的行只是简单地追加到 group 集合中。当所有数据处理完毕时，group 变量中将包含最终的分组。如果根本就没有数据，那么 group 最终的值将是零长度列表，应该被忽略。

稍后会介绍 copy() 方法。该方法至关重要，因为我们正在使用列表-列表数据结构，列表是可变对象。我们可以编写改变数据结构的处理过程，这样某些处理将变得难以解释。

(2) 定义对合并数据执行的各种映射操作。这些映射操作将应用于原始行中的数据。我们将使用不同的函数来转换两个时间列，并合并时间列与日期列。

```
import datetime
def start_datetime(row):
    travel_date = datetime.datetime.strptime(row[0], "%m/%d/%y").date()
    start_time = datetime.datetime.strptime(row[1], "%I:%M:%S %p").time()
    start_datetime = datetime.datetime.combine(travel_date, start_time)
    new_row = row+[start_datetime]
    return new_row

def end_datetime(row):
    travel_date = datetime.datetime.strptime(row[0], "%m/%d/%y").date()
    end_time = datetime.datetime.strptime(row[4], "%I:%M:%S %p").time()
    end_datetime = datetime.datetime.combine(travel_date, end_time)
    new_row = row+[end_datetime]
    return new_row
```

我们将组合第零列中的日期和第一列中的时间，创建一个起始 datetime 对象。类似地，组合第零列中的日期与第四列中的时间，创建一个结束 datetime 对象。

这两个函数有很多重叠，可以用列编号作为参数值把它们重构为单个函数。但是，我们现在的目标只是简单地实现功能，提高效率的重构可以随后进行。

(3) 定义应用于派生数据的映射操作。第八列和第九列包含日期时间戳。

```
def duration(row):
    travel_hours = round((row[10]-row[9]).total_seconds()/60/60, 1)
    new_row = row+[travel_hours]
    return new_row
```

将由 start_datetime 和 end_datetime 创建的值作为输入。我们已经计算了以秒为单位的时间增量。这里将秒数转换为小时数，小时数对于这组数据来说是更有用的时间单位。

(4) 包装拒绝或排除不良数据所需的过滤器。本例中有一个必须排除的标题行。

```
def skip_header_date(rows):
    for row in rows:
        if row[0] == 'date':
            continue
        yield row
```

该函数将拒绝第一列中包含 date 的所有行。continue 语句继续执行 for 语句，跳过循环体中的其他语句，也跳过 yield 语句。其他所有行将通过这个处理过程。输入是一个可迭代对象，该生成器将产生没有经过转换的行。

(5) 组合以上操作。可以编写一个生成器表达式序列或者使用内置的 map()函数。使用生成器表达式的方式如下所示。

```
def date_conversion(source):
    tail_gen = skip_header_date(source)
    start_gen = (start_datetime(row) for row in tail_gen)
    end_gen = (end_datetime(row) for row in start_gen)
    duration_gen = (duration(row) for row in end_gen)
    return duration_gen
```

该操作由一系列转换组成。每个转换都对原始数据集合中的一个值进行转换。添加操作和更改操作相对简单，因为每个操作都是独立定义的。

❑ 跳过源数据的第一行之后，tail_gen 生成器产生行。

❑ start_gen 生成器向源数据每行的末尾追加了一列，这列数据为由字符串构建的起始时间 datetime 对象。

❑ end_gen 生成器向每行追加了一个由字符串构建的结束时间 datetime 对象。

❑ duration_gen 生成器追加了一个具有行程持续时间的 float 对象。

函数 date_conversion()的输出结果是一个生成器。可以用 for 语句处理这个生成器，也可以将生成器中的元素构建成为一个列表。

8.3.3 工作原理

在编写生成器函数时，参数值可以是集合，也可以是另一种可迭代的对象。由于生成器函数是可迭代的，因此可以创建一种生成器函数流水线（pipeline）。

每个函数都可以包含一个小转换，通过改变输入的一个功能来创建输出。然后，在生成器表达式中包装这些转换。因为每个转换都与其他转换相互隔离,所以可以在不影响整个处理的情况下对其进行更改。

处理逐步进行。每个函数都将被执行,直到产生单个值。思考以下语句:

```
for row in date_conversion(row_merge(data)):
    print(row[11])
```

我们定义了一个由多个生成器构成的组合。该组合使用了多种技术。

❑ row_merge()函数是一个产生数据行的生成器。为了产生行,它将从源数据中读取 4 行,并合并为一行。每次需要另一行时,它将再读取 3 行输入来合并为输出行。

❑ date_conversion()函数是一个由多个生成器组成的复杂生成器。

❑ skip_header_date()是为产生单一值而设计的。有时,它必须从源迭代器读取两个值。如果输入行的第零列包含 date 字符,则跳过该行。在这种情况下,它会读取第二个值,从 row_merge()中获取另一行。相应地,它必须再读取 3 行输入来产生一个合并的输出行。最后,将该生成器赋值给 tail_gen 变量。

❑ start_gen、end_gen 和 duration_gen 生成器表达式将对输入的每一行应用相当简单的函数,例如 start_datetime()和 end_datetime(),最终产生包含更多有用数据的行。

示例中最后显示的 for 语句通过反复执行 next()函数从 date_conversion()迭代器收集值。创建所需结果的步骤如下所示。请注意,这些步骤适用于少量数据,其中每一步都会产生一个小改变。

(1) date_conversion()函数的结果是 duration_gen 对象。为了返回一个值,需要一个来自源数据 end_gen 的行。一旦有了数据,就可以应用 duration()函数,并产生行。

(2) end_gen 表达式需要一个来自源数据 start_gen 的行,然后就可以应用 end_datetime()函数,并产生行。

(3) start_gen 表达式需要一个来自源数据 tail_gen 的行,然后就可以应用 start_datetime()函数,并产生行。

(4) tail_gen 表达式即生成器 skip_header_date()。该函数将从源数据中读取尽可能多的行,直到找到第零列不是列标题 date 的行。它将产生一个非日期行。源数据来自 row_merge()函数的输出。

(5) row_merge()函数将从源数据中读取多个行,直到可以组合成一个适合所需模式的行集合。它将产生一个组合行,其中第零列中有一些文本,随后是第零列没有文本的行。源数据是一个原始数据的列表-列表集合。

(6) 行的集合将由 row_merge()函数内部的 for 语句处理。该处理将隐式地为集合创建一个迭代器,以便根据 row_merge()函数体的需要生成每一行。

每个数据行都将按照这些步骤进行处理。其中一些步骤将使用多个源数据行生成单个结果行,并在处理数据时重构数据。其他步骤只使用单个值。

该示例依赖于将多个元素连接为一个值序列。元素由索引位置标识。更改各个步骤的顺序将改变元素的位置。改进的方法有很多种,随后的实例将详细讨论。

这种方法的核心在于每次只处理单独的行。如果源数据是一个巨大的数据集合,那么就可以非常快速地进行处理。这种技术可以让 Python 小程序快速简单地处理大量数据。

8.3.4 补充知识

实际上，一组相互关联的生成器就是一种复合函数。我们可能有多个函数，分别定义如下：

$$y = f(x)$$
$$z = g(y)$$

可以通过将第一个函数的结果应用于第二个函数来组合这两个函数：

$$z = g(f(x))$$

随着函数数量的增加，这个表达式可能会变得非常复杂。当我们在多个地方使用这两个函数时，就违背了**不要重复自己**（Don't Repeat Yourself，DRY）原则。使用这个复杂表达式的多个副本并不是理想的方法。

我们需要一种创建复合函数的方法，如下所示：

$$z = (g \circ f)(x)$$

我们定义了一个新函数 $(g \circ f)$，该函数把两个原始函数组合为一个新的单一的复合函数。可以修改这个复合函数，添加或更改功能。

这个概念推动了复合函数 date_conversion() 的定义。该函数由多个函数组成，其中每个函数都可应用于集合中的元素。如果需要进行更改，可以编写更简单的函数，并将其放入由 date_conversion() 函数定义的流水线中。

我们可以看到流水线中的函数之间有些细微的差异，其中有一些类型转换。但是，持续时间计算并不是真正的类型转换，而是一个基于日期转换结果的单独计算。如果要计算每小时的燃料使用量，那么需要再添加更多的计算。这些附加的汇总都不是日期转换的一部分。

应该把高阶函数 data_conversion() 分成两部分，另外再编写一个函数，用于计算持续时间和燃料使用量，并将其命名为 fuel_use()。该函数可以包裹 date_conversion()。如下所示：

```
for row in fuel_use(date_conversion(row_merge(data))):
    print(row[11])
```

我们现在有一个非常复杂的计算，定义在许多非常小的（几乎）完全独立的块中。可以在不必深思熟虑其他部分工作原理的情况下修改其中一块。

用命名空间替代列表

本实例另一个重要的变化是不再避免对数据值使用简单的列表。计算 row[10]是一个潜在的灾难。我们应该将输入数据转换为某种命名空间。

可以使用 namedtuple，8.10 节将详细研究这种数据结构。

SimpleNamespace 可以在某些方面进一步简化这个处理。SimpleNamespace 是可变对象，可以更新。更改对象并不总是最好的做法。SimpleNamespace 的优点是简单，但是为可变对象的状态变化编写测试也可能会稍微麻烦一些。

像 make_namespace() 这样的函数可以提供一组名称来替代索引位置。该函数是一个生成器，必须在行合并后才能使用，但是这种使用必须在其他处理过程之前。

```
from types import SimpleNamespace
```

```
def make_namespace(merge_iter):
    for row in merge_iter:
        ns = SimpleNamespace(
            date = row[0],
            start_time = row[1],
            start_fuel_height = row[2],
            end_time = row[4],
            end_fuel_height = row[5],
            other_notes = row[7]
        )
        yield ns
```

该函数将产生一个允许用 row.date 代替 row[0] 的对象。当然，这种变化会改变其他函数的定义，包括 start_datetime()、end_datetime() 和 duration()。

每个函数都可以生成一个新 SimpleNamespace 对象，而不是更新表示每一行的值列表。我们可以编写如下函数：

```
def duration(row_ns):
    travel_time = row_ns.end_timestamp - row_ns.start_timestamp
    travel_hours = round(travel_time.total_seconds()/60/60, 1)
    return SimpleNamespace(
        **vars(row_ns),
        travel_hours=travel_hours
    )
```

该函数把行作为 SimpleNamespace 对象而不是 list 对象来处理。这些列具有清晰而有意义的名称，如 row_ns.end_timestamp，而不是隐晦的名称，如 row[10]。

从旧的命名空间构建新的 SimpleNamespace 的处理可以分为 3 个部分。

(1) 使用 vars() 函数提取 SimpleNamespace 实例中的字典。

(2) 使用 **vars(row_ns) 对象根据旧的命名空间构建一个新的命名空间。

(3) 任何其他关键字参数都提供了加载新对象的附加值，例如 travel_hours = travel_hours。

另一种方法是更新命名空间并返回已更新的对象。

```
def duration(row_ns):
    travel_time = row_ns.end_timestamp - row_ns.start_timestamp
    row_ns.travel_hours = round(travel_time.total_seconds()/60/60, 1)
    return row_ns
```

这种方法的优点在于实现稍微简单一些，缺点在于有状态对象有时候会引起混乱。修改算法时有可能无法按照正确的顺序设置属性，以便惰性（或反应式）程序可以正常运行。

虽然有状态的对象很常见，但是应该始终将其视为两种选择之一。不可变的 namedtuple 可能是比可变的 SimpleNamespace 更好的选择。

8.3.5　延伸阅读

❏ 有关生成器函数的介绍，请参阅 8.2 节。

❏ 有关燃料消耗数据集的更多信息，请参阅 4.4 节。

❑ 另一种组合操作的方法，请参阅 8.7 节。

8.4　将转换应用于集合

8.2 节讨论了如何编写生成器函数。该实例的示例组合了两个元素：转换和数据源。编写生成器的模板如下：

```
for item in source:
    new_item = some transformation of item
    yield new_item
```

上述模板并不是必须遵循的，这只是一种常见的模式。for 语句中隐藏了一个转换过程。for 语句在很大程度上是样板代码。我们可以重构这个模板，使转换函数更加明晰，并与 for 语句分离。

8.3 节定义了一个 start_datetime() 函数，该函数通过计算源数据集的两个单独列中的字符串值得到了一个新的 datetime 对象。

可以在生成器函数的函数体中使用 start_datetime() 函数，如下所示：

```
def start_gen(tail_gen):
    for row in tail_gen:
        new_row = start_datetime(row)
        yield new_row
```

上述函数将 start_datetime() 函数应用于数据源 tail_gen 中的每个元素，最后产生了相应的结果行，这样另一个函数或 for 语句就可以使用这些结果行了。

8.3 节还研究了另一种方法，可以将这些转换函数应用于更大的数据集。该例使用了一个生成器表达式，代码如下所示：

```
start_gen = (start_datetime(row) for row in tail_gen)
```

上述代码将 start_datetime() 函数应用于数据源 tail_gen 中的每个元素。另一个函数或 for 语句可以使用可迭代的 start_gen iterable 中的值。

完整的生成器函数和较短的生成器表达式在本质上是相同的，只是语法略有不同。两者都是类似于**集结构式**或**集解析式**的数学概念。该操作的数学描述如下所示：

$$s = [\, S(r) : r \in T \,]$$

在这个表达式中，S 是 start_datetime() 函数，T 是值序列 tail_gen。结果序列是 S(r) 的值，其中 r 的每个值都是集合 T 的一个元素。

生成器函数和生成器表达式都有类似的样板代码。如何简化这些代码呢？

8.4.1　准备工作

本实例的背景信息是来自 8.2 节的 Web 日志数据。数据中含有字符串形式的日期，我们想将其转换为正确的时间戳。

示例数据如下所示：

```
>>> data = [
...     ('2016-04-24 11:05:01,462', 'INFO', 'module1', 'Sample Message One'),
...     ('2016-04-24 11:06:02,624', 'DEBUG', 'module2', 'Debugging'),
...     ('2016-04-24 11:07:03,246', 'WARNING', 'module1', 'Something might have
gone wrong')
... ]
```

数据转换函数如下所示：

```
import datetime
def parse_date_iter(source):
    for item in source:
        date = datetime.datetime.strptime(
            item[0],
            "%Y-%m-%d %H:%M:%S,%f")
        new_item = (date,)+item[1:]
        yield new_item
```

该函数使用一个 for 语句检查源数据中的每个元素。第零列中的值是一个日期字符串，可以将其转换为适当的 datetime 对象。新元素 new_item 是从 datetime 对象构建的，其余元素从第一列开始。

因为该函数使用 yield 语句来产生结果，所以它是一个生成器函数。可以结合 for 语句使用该函数，如下所示：

```
for row in parse_date_iter(data):
    print(row[0], row[3])
```

上述语句收集由生成器函数产生的每个值，并打印其中两个选定值。

parse_date_iter() 函数将两个基本元素组合为单个函数，如下所示：

```
 for item in source:
    new_item = transformation(item)
    yield new_item
```

for 语句和 yield 语句基本上都是样板代码。transformation() 函数是真正有用的部分。

8.4.2 实战演练

(1) 编写应用于单行数据的转换函数。该函数不是生成器函数，不用使用 yield 语句。它只是简单地修改集合中的一个元素。

```
def parse_date(item):
    date = datetime.datetime.strptime(
        item[0],
        "%Y-%m-%d %H:%M:%S,%f")
    new_item = (date,)+item[1:]
    return new_item
```

使用该函数的方式有三种：语句、表达式和 map() 函数。显式的 for...yield 语句模式如下所示：

```
for item in collection:
    new_item = parse_date(item)
    yield new_item
```

这种方式通过 for 语句来使用单独的 parse_date() 函数处理集合中的每个元素。第二种方式是使用生成器表达式，如下所示：

```
(parse_date(item) for item in data)
```

上述表达式是一个将 parse_date() 函数应用于每个元素的生成器表达式。第三种方式是使用 map() 函数。

(2) 使用 map() 函数将转换应用于源数据。

```
map(parse_date, data)
```

我们提供了函数名称 parse_date，名称后面没有 ()。目前还没有应用该函数。我们将对象的名称提供给了 map() 函数，以便将 parse_date() 函数应用于可迭代的数据源 data。

通过 map() 使用该函数的方式如下：

```
for row in map(parse_date, data):
    print(row[0], row[3])
```

map() 函数创建了一个可迭代的对象，该对象将 parse_date() 函数应用于数据迭代中的每个元素，最终产生每个单独的元素。这样我们就无须编写生成器表达式或生成器函数了。

8.4.3　工作原理

map() 函数替代了一些常见的样板代码。假设 map() 函数的定义如下所示：

```
def map(f, iterable):
    for item in iterable:
        yield f(item)
```

或者：

```
def map(f, iterable):
    return (f(item) for item in iterable)
```

这两个定义总结了 map() 函数的核心功能。这是一种方便的简写，消除了一些将函数应用于可迭代数据源的样板代码。

8.4.4　补充知识

本例使用 map() 函数将 idex() 函数应用于一个迭代中的每个元素，这些元素都是 index() 函数的单一参数值。实际上，map() 函数的功能远不止这些。

假设有如下函数：

```
>>> def mul(a, b):
...     return a*b
```

以及两个数据源：

```
>>> list_1 = [2, 3, 5, 7]
>>> list_2 = [11, 13, 17, 23]
```

我们可以将 mul() 函数应用于从每个数据源中提取的一对数据：

```
>>> list(map(mul, list_1, list_2))
[22, 39, 85, 161]
```

还可以使用不同类型的运算符合并两个值序列。例如，可以构建一个类似内置 zip() 函数的映射。如下所示：

```
>>> def bundle(*args):
...     return args
>>> list(map(bundle, list_1, list_2))
[(2, 11), (3, 13), (5, 17), (7, 23)]
```

我们需要定义一个辅助函数 bundle()，该函数可以接收任意数量的参数，并由这些参数创建一个元组。

zip 函数的示例如下：

```
>>> list(zip(list_1, list_2))
[(2, 11), (3, 13), (5, 17), (7, 23)]
```

8.4.5 延伸阅读

- ❑ 8.3 节讨论了生成器栈。该实例从编写作为生成器函数的多个单独的映射操作中构建了一个复合函数，还在生成器栈中包含了一个过滤器。

8.5 选择子集——三种过滤方式

8.3 节编写了一个从一组数据中排除某些行的生成器函数。该函数如下所示：

```
def skip_header_date(rows):
    for row in rows:
        if row[0] == 'date':
            continue
        yield row
```

当条件为 true 时，即 row[0] 的值为 'date' 时，continue 语句将跳过 for 循环体中的其余语句。在本例中，只有一个 yield row 语句。

上述函数有两种情况。

- ❑ row[0] == 'date'：跳过 yield 语句，函数将拒绝进一步处理对应的行。
- ❑ row[0] != 'date'：yield 语句意味着对应的行将被传递给正在使用数据的函数或语句。

函数体中的 4 行代码看起来有些啰唆。for...if...yield 模式是样板代码，在这种结构中，只有条件才是真正重要的。

如何简洁地表达这种结构？

8.5.1 准备工作

本实例的背景信息是一个记录大型帆船燃料消耗的电子表格，其内容如下。

date	engine on	fuel height
	engine off	fuel height
	Other notes	
10/25/2013	08:24	29
	13:15	27
	calm seas — anchor solomon's island	
10/26/2013	09:12	27
	18:25	22
	choppy — anchor in jackson's creek	

有关此数据的更多背景信息，请参阅 4.4 节。

8.3 节定义了两个函数来重新组织这些数据。第一个函数将每组中的 3 行数据合并为 1 行，结果行共有 8 列数据。

```
def row_merge(source_iter):
    group = []
    for row in source_iter:
        if len(row[0]) != 0:
            if group:
                yield group
            group = row.copy()
        else:
            group.extend(row)
    if group:
        yield group
```

上述代码是首尾（head-tail）算法的一种变体。当 len(row[0]) != 0 时，该行是新分组的标题行，先前处理完的分组将被生成，然后基于该标题行将 group 变量的值重置为新的列表。使用 copy() 是为了避免稍后更改列表对象。当 len(row[0]) == 0 时，该行是分组的尾部，将被追加到 group 变量的值中。在数据源的末尾，通常需要处理一个完整的分组。有一种边界情况，即根本没有数据，在这种情况下，不会产生任何最终的分组。

可以使用该函数将数据由多行混乱的信息转换为单行有用的信息。

```
>>> from ch08_r02 import row_merge, log_rows
>>> pprint(list(row_merge(log_rows)))

[['date',
  'engine on',
  'fuel height',
  '',
  'engine off',
  'fuel height',
  '',
  'Other notes',
  ''],
 ['10/25/13',
```

8

```
'08:24:00 AM',
'29',
'',
'01:15:00 PM',
'27',
'',
"calm seas -- anchor solomon's island",
''],
['10/26/13',
'09:12:00 AM',
'27',
'',
'06:25:00 PM',
'22',
'',
"choppy -- anchor in jackson's creek",
'']]
```

第一行是电子表格的表头，我们想跳过这一行。本实例将创建一个生成器表达式来过滤这个多余的行。

8.5.2　实战演练

(1) 编写检验元素的判定函数。该函数检查元素并确认其是否应该通过过滤器进行进一步处理。在某些情况下，必须先确定拒绝规则，然后对规则取反，建立通过规则。

```
def pass_non_date(row):
    return row[0] != 'date'
```

使用该函数的方式有三种：语句、表达式和 filter() 函数。用于通过行的 for...if...yield 语句的显式模式如下所示：

```
for item in collection:
    if pass_non_date(item):
        yield item
```

上述模式通过一个 for 语句使用过滤器函数处理集合中的每个元素。产生选定元素，拒绝其他元素。

使用该函数的第二种方式是在生成器表达式中使用，如下所示：

```
(item for item in data if pass_non_date(item))
```

上述生成器表达式将过滤器函数 pass_non_date() 应用于每个元素。第三种方式是在 filter() 函数中使用。

(2) 使用 filter() 函数，将 pass_non_date() 函数应用于源数据。

```
filter(pass_non_date, data)
```

我们提供了函数名称 pass_non_date，而不需要名称后面的 () 字符，因为这样表达式 pass_non_date 就不会执行函数。filter() 函数将给定函数应用于可迭代的数据源 data。在本例中，data 是一个集合，但它也可以是任何可迭代的对象，包括之前的生成器表达式的结果。pass_non_date() 函数结果为 true 的每个元素将通过过滤器，其他值都将被拒绝。如下所示：

```
for row in filter(pass_non_date, row_merge(data)):
    print(row[0], row[1], row[4])
```

`filter()` 函数创建了一个可迭代对象，该对象应用 `pass_non_date()` 函数作为规则来通过或拒绝可迭代的 `row_merge(data)` 中的每个元素。上述代码将产生第零列中不包含 `date` 的行。

8.5.3 工作原理

`filter()` 函数替代了一些常见的样板代码。假设 `filter()` 函数的定义如下所示：

```
def filter(f, iterable):
    for item in iterable:
        if f(item):
            yield f(item)
```

或者：

```
def filter(f, iterable):
    return (item for item in iterable if f(item))
```

这两个定义总结了 `filter()` 函数的核心功能：通过某些数据并拒绝某些数据。这是一种方便的简写，消除了一些将函数应用于可迭代数据源的样板代码。

8.5.4 补充知识

有时很难编写一个简单的通过数据的规则。编写一个拒绝数据的规则可能会更清晰。例如，以下代码可能更容易理解：

```
def reject_date(row):
    return row[0] == 'date'
```

可以通过多种方式使用拒绝规则，其中一种是使用 `for...if...continue...yield` 模式的语句，如下所示。这段代码将使用 `continue` 跳过被拒绝的行，并生成剩余的行：

```
for item in collection:
    if reject_date(item):
        continue
    yield item
```

还可以使用 `for...if...continue...yield` 模式的变体。对于某些程序员来说，不拒绝的概念让人疑惑，它似乎是一个双重否定：

```
for item in collection:
    if not reject_date(item):
        yield item
```

使用生成器表达式也可以，如下所示：

```
(item for item in data if not reject_date(item))
```

但是，不能随意地对拒绝数据的规则使用 `filter()` 函数。`filter()` 函数仅适用于通过规则。处理这种逻辑的基本选择有两种：将逻辑包装在另一个表达式中，或者使用 `itertools` 模块中的某个函数。包装逻辑也有两种方法，其中一种方法是通过包装拒绝函数来创建通过函数。代码如下：

```
def pass_date(row):
    return not reject_date(row)
```

这样就可以创建一个简单的拒绝规则并在 `filter()` 函数中使用。另一种包装逻辑的方法是创建一个 lambda 对象：

```
filter(lambda item: not reject_date(item), data)
```

`lambda` 是一种小的匿名函数，这种简化的函数只有两个元素：参数列表和一个表达式。我们通过 lambda 对象包装 `reject_date()` 函数，创建了一种 `not_reject_date` 函数。

在 `itertools` 模块中，可以使用 `filterfalse()` 函数包装逻辑。我们可以导入 `filterfalse()` 并用它替代内置的 `filter()` 函数。

8.5.5　延伸阅读

❑ 8.3 节将类似的函数放在了生成器栈中，该实例通过编写作为生成器函数的多个单独的映射和过滤操作，构建了一个复合函数。

8.6　汇总集合——如何归约

8.1 节介绍了三种常见的处理模式：映射、过滤和归约。8.4 节给出了映射的示例，8.5 节给出了过滤的示例。通过这些实例，很容易了解这些操作成为通用操作的原因。

映射将一个简单的函数应用于集合中的所有元素。$\{M(x): x \in C\}$ 将函数 M 应用于集合 C 中的每个元素 x。可以用 Python 表示这种模式：

```
(M(x) for x in C)
```

或者，使用内置的 `map()` 函数移除样板代码并简化为：

```
map(M, c)
```

类似地，过滤使用一个函数从集合中选择元素。$\{x: x \in C \text{ if } F(x)\}$ 使用函数 F 来确定是通过还是拒绝集合 C 中的元素 x。Python 可以用多种方式表示这种模式，其中一种方式如下：

```
filter(F, c)
```

这种方式对集合 c 应用了判定函数 F()。

第三种常见的模式是归约。6.3 节和 6.7 节研究了计算多个统计值的类定义。这些定义几乎完全依赖于内置函数 `sum()`。这是一种常见的归约。

如何以能够编写多个不同种类的归约的形式来概括求和操作？如何用更通用的方式定义归约的概念？

8.6.1 准备工作

最常见的一种归约形式就是求和。其他的归约形式包括乘积、最小值、最大值、均值、方差，甚至是简单的计数。

应用于集合 C 中值的求和函数的数学定义如下所示：

$$\sum_{c_i \in C} c_i = c_0 + c_1 + c_2 + \cdots + c_n$$

我们通过将+运算符插入值序列 $C = c_0, c_1, c_2, \cdots, c_n$ 中扩展了求和的定义。在+运算符中**折叠**（folding）诠释了内置函数 sum() 的含义。

类似地，乘积的定义如下所示：

$$\prod_{c_i \in C} c_i = c_0 \times c_1 \times c_2 \times \cdots \times c_n$$

该定义对一个值序列执行了不同的**折叠**（fold）。通过折叠扩展归约涉及两个元素：二元运算符和基数值。对于求和，运算符为+，基数值为 0。对于乘积，运算符为×，基数值为 1。

我们可以定义一个通用的高阶函数 $F_{(\Diamond, \perp)}$，该函数诠释了折叠思想。折叠函数的定义包括运算符$\Diamond$的占位符和基数值$\perp$的占位符。给定集合 C 的函数值可以使用这个递归规则定义：

$$F_{(\Diamond, \perp)}(C) = \begin{cases} \perp & C = \varnothing \\ F_{(\Diamond, \perp)}(C_{0..n-1}) \Diamond C_{n-1} & C \neq \varnothing \end{cases}$$

如果集合 C 为空，则值为基数值$\perp$。在定义 sum() 时，基数值为 0。如果 C 不为空，那么首先计算集合中除最后一个值之外的所有值的折叠结果 $F_{(\Diamond, \perp)}(C_{0..n-1})$，然后在上一个折叠结果和集合中的最后一个值 C_{n-1} 之间应用运算符，例如+。对于 sum()，操作符为+。

我们用 $C_{0..n}$ 符号表示 Python 意义上的开放区间，包括索引为 0 到 $n-1$ 之间的值，但不包括索引 n 的值。这意味着 $C_{0..0} = \varnothing$ ：在 $C_{0..0}$ 范围内没有元素。

这个定义被称为**从左向右折叠**（fold left）操作，因为该定义的实际效果是在集合中从左到右执行底层操作。类似地，也可以定义**从右向左折叠**（fold right）操作。由于 Python 的 reduce() 函数是一种从左向右折叠操作，因此本实例坚持使用从左向右折叠的定义。

我们定义了一个可用于计算阶乘值的 prod() 函数：

$$n! = \prod_{1 \leqslant x < n+1} x$$

n 的阶乘的值为 1 和 n 之间的所有数字的乘积。由于 Python 使用半开区间，通过 $1 \leqslant x < n+1$ 使用或定义范围更符合 Python 风格。该定义更好地匹配了内置的 range() 函数。

使用之前定义的折叠运算符，阶乘的定义如下。我们使用乘法运算符*和基数值 1 定义了一个折叠（或归约）：

$$n! = \prod_{1 \leqslant x < n+1} x = F_{\times, 1}(i : 1 \leqslant i < n+1)$$

折叠是一种通用概念，它是 Python 的 reduce() 概念的基础。我们可以将折叠思想应用于许多算法，这有可能简化定义。

8.6.2　实战演练

(1) 从 functools 模块导入 reduce() 函数。

```
>>> from functools import reduce
```

(2) 选择运算符。对于求和，运算符为+。对于乘积，运算符为*。运算符的定义方法有多种。长版本如下所示，定义必要的二元运算符的其他方法将在随后演示。

```
>>> def mul(a, b):
...     return a * b
```

(3) 选择对应的基数值。对于求和，基数值为 0。对于乘积，基数值为 1。这样就可以定义一个计算乘积的 prod() 函数。

```
>>> def prod(values):
...     return reduce(mul, values, 1)
```

(4) 对于阶乘，需要定义将被归约的值序列。

```
range(1, n+1)
```

使用 prod() 函数的方式如下所示：

```
>>> prod(range(1, 5+1))
120
```

完整的阶乘函数如下所示：

```
>>> def factorial(n):
...     return prod(range(1, n+1))
```

一副 52 张扑克牌的排列方式的数量（即 52! 的值）如下所示：

```
>>> factorial(52)
80658175170943878571660636856403766975289505440883277824000000000000
```

一副牌的洗牌方式有多种。

5 张牌的手牌有多少种可能性？使用阶乘的二项式计算公式如下所示：

$$\binom{52}{5} = \frac{52!}{5!(52-5)!}$$

```
>>> factorial(52)//(factorial(5)*factorial(52-5))
2598960
```

结果表明，对于 5 张牌的手牌，大约有 260 万种不同的排列。（这是一种非常低效的计算二项式的方法。）

8.6.3　工作原理

假设 reduce() 函数有如下定义：

```
def reduce(function, iterable, base):
    result = base
    for item in iterable:
        result = function(result, item)
    return result
```

reduce() 函数将从左向右迭代值，并在上一组值和迭代集合中的下一个元素之间应用给定的二元函数。

3.8 节介绍了如何用折叠的递归定义优化上述的 for 语句。

8.6.4　补充知识

在设计 reduce() 函数时，需要提供一个二元运算符。定义必要二元运算符的方法有三种。一种方法是使用完整的函数定义，如下所示：

```
def mul(a, b):
    return a * b
```

另外还有两种方法。可以用 lambda 对象替代完整的函数：

```
>>> add = lambda a, b: a + b
>>> mul = lambda a, b: a * b
```

lambda 函数是一种匿名函数，只有两个基本元素：参数和返回表达式。在 lambda 函数中没有任何语句，只有一个表达式。在本例中，表达式只是简单地使用所需的运算符。示例如下：

```
>>> def prod2(values):
...     return reduce(lambda a, b: a*b, values, 1)
```

上述示例为乘法函数提供了一个 lambda 对象，而没有单独的函数定义的开销。

还可以从 operator 模块中导入运算符的定义：

```
from operator import add, mul
```

这种方法适用于所有的内置算术运算符。

请注意，使用逻辑运算符 AND 和 OR 的逻辑归约与其他算术归约有所不同。逻辑运算符存在短路现象：一旦值为 False，则 **and-reduce** 可以停止处理。类似地，一旦值为 True，则 **or-reduce** 可以停止处理。内置函数 any() 和 all() 体现了这种功能，使用内置的 reduce() 函数很难捕捉到短路功能。

1. 最大值和最小值

如何使用 reduce() 计算最大值或最小值？这个问题有点复杂，因为没有可用的基数值。不能以 0 或 1 开始，因为这些值可能超出了最大值或最小值的范围。

另外，内置的 max() 函数和 min() 函数必须对空序列抛出一个异常。这两个函数并不完全符合 sum() 函数和 reduce() 函数的工作方式。

必须使用如下函数来提供预期的特征集：

```
def mymax(sequence):
    try:
        base = sequence[0]
        max_rule = lambda a, b: a if a > b else b
        reduce(max_rule, sequence, base)
    except IndexError:
        raise ValueError
```

该函数从序列中选择第一个值作为基数值，另外还创建了一个名为 max_rule 的 lambda 对象，该对象将选择两个参数值中较大的一个。然后使用这个基数值和 lambda 对象。reduce() 函数将在非空集合中找到最大值。该函数捕获了 IndexError 异常，因此空集会抛出 ValueError 异常。

本例展示了如何创建一个更加复杂的最小值或最大值函数，它仍然基于内置的 reduce() 函数。这种方法的优点在于将一个集合归约为单个值时，可以替换样板代码中的 for 语句。

2. 潜在的滥用

请注意，折叠（在 Python 中称为 reduce()）可能会被滥用，导致性能下降。因此，必须谨慎使用 reduce() 函数。特别是使运算符在集合中折叠应该是一个简单的处理，例如加法或乘法。如果使用 reduce()，那么操作的复杂度将从 $O(1)$ 变为 $O(n)$。

如果在归约期间应用的运算符涉及对集合的排序，会发生什么？在 reduce() 中使用一个复杂度为 $O(n \log n)$ 的运算符将使整个 reduce() 的复杂度变为 $O(n^2 \log n)$。

8.7　组合映射和归约转换

本章中的其他实例分别研究了映射、过滤和归约操作。

❑ 8.4 节介绍了 map() 函数。
❑ 8.5 节介绍了 filter() 函数。
❑ 8.6 节介绍了 reduce() 函数。

许多算法涉及函数的组合。我们经常使用映射、过滤和规约生成数据的汇总。另外，我们还需要了解使用迭代器和生成器函数的局限性。这种限制是：

迭代器只能产生一次值。

如果从一个生成器函数和一个集合数据创建一个迭代器，那么迭代器将只会产生一次数据。之后，迭代器似乎是一个空序列。示例如下：

```
>>> typical_iterator = iter([0, 1, 2, 3, 4])
>>> sum(typical_iterator)
10
>>> sum(typical_iterator)
0
```

我们手动将 iter() 函数应用于一个字面量列表对象，创建了一个遍历值序列的迭代器。sum() 函数第一次使用 typical_iterator 的值时，使用了所有的 5 个值。第二次尝试对 typical_iterator

应用函数时，无值可用，迭代器好像空了。

这种一次性限制导致了一些设计注意事项。当结合使用多种生成器函数以及映射、过滤和归约时，通常需要缓存中间结果，以便对数据执行多个归约。

8.7.1 准备工作

8.3 节讨论了一组需要多个处理步骤的数据，其实例使用生成器函数合并数据行，并过滤了一些多余的行。此外，我们还对数据应用了一些映射，将日期和时间转换为更有用的信息。

本实例将在 8.3 节实例的基础上补充两个规约，以获取一些均值和方差信息。这些统计数据将有助于更全面地了解数据。

本实例的背景信息是一个记录大型帆船燃料消耗的电子表格，其内容如下。

date	engine on	fuel height
	engine off	fuel height
	Other notes	
10/25/2013	08:24	29
	13:15	27
	calm seas—anchor solomon's island	
10/26/2013	09:12	27
	18:25	22
	choppy—anchor in jackson's creek	

初始处理包括改变数据的组织结构、过滤标题行、计算某些有用值等一系列操作。

8.7.2 实战演练

(1) 从目标开始。本例预期的函数如下。

```
>>> round(sum_fuel(clean_data(row_merge(log_rows))), 3)
7.0
```

该函数说明了这种处理的三步模式。这三个步骤将定义创建归约的各个部分的方法。

a. 首先，转换数据的组织，有时也称为归一化数据。本例将使用一个名为 row_merge() 的函数。有关该函数的详细信息，请参阅 8.3 节。

b. 其次，使用映射和过滤清理和充实数据。这个步骤被定义为 clean_data() 函数。

c. 最后，使用 sum_fuel() 函数将数据归约为一个总和。归约有各种形式。我们可以计算平均值，也可以计算其他值的和。我们想要应用的归约有很多种。

(2) 如果需要，定义数据结构归一化函数。该函数是一个生成器函数。结构的变化无法通过 map() 实现。

```
from ch08_r02 import row_merge
```

如 8.3 节所示，该生成器函数将航程数据从每段航程 3 行数据重构为每段航程一行数据。当所有 3 行的列都集中在一行时，就更容易处理数据了。

(3) 定义清洗数据和充实数据的函数。该函数是一个由简单函数构建的生成器函数，组合了 map() 和 filter() 操作，从源字段中派生数据。

```
def clean_data(source):
    namespace_iter = map(make_namespace, source)
    fitered_source = filter(remove_date, namespace_iter)
    start_iter = map(start_datetime, fitered_source)
    end_iter = map(end_datetime, start_iter)
    delta_iter = map(duration, end_iter)
    fuel_iter = map(fuel_use, delta_iter)
    per_hour_iter = map(fuel_per_hour, fuel_iter)
    return per_hour_iter
```

每个 map() 或 filter() 操作都涉及一个转换或计算数据的小函数。

(4) 定义用于清洗和派生附加数据的各个函数。

(5) 将合并的数据行转换为 SimpleNamespace。这样就可以使用名称来访问数据了，如用 start_time 代替 row[1]。

```
from types import SimpleNamespace
def make_namespace(row):
    ns = SimpleNamespace(
        date = row[0],
        start_time = row[1],
        start_fuel_height = row[2],
        end_time = row[4],
        end_fuel_height = row[5],
        other_notes = row[7]
    )
    return ns
```

上述函数从源数据的选定列中构建了一个 SimpleNamspace。列 3 和列 6 被省略了，因为它们总是零长度的''字符串。

(6) filter() 所使用的删除标题行的函数如下所示。如果需要，可以扩展该函数，从源数据中删除空行或其他不良数据。应当在处理过程中尽早清除不良数据。

```
def remove_date(row_ns):
    return not(row_ns.date == 'date')
```

(7) 将数据转换成适当格式。首先，将字符串转换为日期。接下来的两个函数依赖于 timestamp() 函数，该函数将某列的日期字符串和另一列的时间字符串转换为一个 datetime 实例。

```
import datetime
def timestamp(date_text, time_text):
    date = datetime.datetime.strptime(date_text, "%m/%d/%y").date()
    time = datetime.datetime.strptime(time_text, "%I:%M:%S %p").time()
    timestamp = datetime.datetime.combine(date, time)
    return timestamp
```

基于 datetime 库可以进行简单的日期计算。两个时间戳相减将创建一个 timedelta 对象，

`timedelta` 对象具有任意两个日期时间值之间的确切秒数。

使用该函数为航程的开始时刻和结束时刻创建时间戳的方法如下所示：

```
def start_datetime(row_ns):
    row_ns.start_timestamp = timestamp(row_ns.date, row_ns.start_time)
    return row_ns

def end_datetime(row_ns):
    row_ns.end_timestamp = timestamp(row_ns.date, row_ns.end_time)
    return row_ns
```

这两个函数都将向 `SimpleNamespace` 添加一个新属性，并返回命名空间对象。因此这两个函数可以在一系列 `map()` 操作中使用。我们还可以重写这些函数，用一个不可变的 `namedtuple()` 替换可变的 `SimpleNamespace`，并保留 `map()` 操作。

(8) 计算派生时间数据。本例还可以计算航程的持续时间。如下函数必须在前两个函数之后执行。

```
def duration(row_ns):
    travel_time = row_ns.end_timestamp - row_ns.start_timestamp
    row_ns.travel_hours = round(travel_time.total_seconds()/60/60, 1)
    return row_ns
```

该函数将以秒为单位的时间差转换为以小时为单位的值，精度为十分之一小时。比该精度更准确的数据很可能是噪声。出发时间和到达时间的误差（通常）至少为一分钟，这两个值依赖于船长开始计时的时刻，在某些情况下，他可能会估算时间。

(9) 计算分析所需的其他指标，包括创建转换为浮点数的高度值。最终的计算基于另外两个计算结果。

```
def fuel_use(row_ns):
    end_height = float(row_ns.end_fuel_height)
    start_height = float(row_ns.start_fuel_height)
    row_ns.fuel_change = start_height - end_height
    return row_ns

def fuel_per_hour(row_ns):
    row_ns.fuel_per_hour = row_ns.fuel_change/row_ns.travel_hours
    return row_ns
```

每小时燃料消耗的计算依赖于前面所有的计算。航行时间由分别计算的开始时间戳和结束时间戳得出。

8.7.3 工作原理

创建一个遵循通用模板的复合操作的思路如下。

(1) 规范结构：通常需要用生成器函数读取一个结构中的数据，并以不同的结构生成数据。

(2) 过滤和清洗：可能涉及一个简单的过滤器，如本实例所示。稍后将介绍更复杂的过滤器。

(3) 通过映射或类定义的惰性特性派生数据：具有惰性特性的类是反应型对象。对源属性的任何更改都应导致计算特性的变化。

在某些情况下，我们可能希望组合基本事实与其他维度的描述。例如，可能需要查找引用数据或解码编码字段。

完成了前面的步骤，就可以获得可用于各种分析的数据。在很多时候，分析数据需要使用归约操作。最初的示例计算了燃料使用量的总和。另外两个分析数据的示例如下所示：

```
from statistics import *
def avg_fuel_per_hour(iterable):
    return mean(row.fuel_per_hour for row in iterable)
def stdev_fuel_per_hour(iterable):
    return stdev(row.fuel_per_hour for row in iterable)
```

这些函数将 mean() 函数和 stdev() 函数应用于每个数据行的 fuel_per_hour 属性。

使用这些函数的示例如下：

```
>>> round(avg_fuel_per_hour(
...     clean_data(row_merge(log_rows))), 3)
0.48
```

我们首先使用 clean_data(row_merge(log_rows)) 清洗和充实原始数据。然后对此数据应用了归约，获得了感兴趣的值。

从计算结果可知，30 英寸高的油箱大约可供航行 60 小时。在油箱装满的情况下，以每小时 6 海里的速度航行可以航行大约 360 海里。

8.7.4　补充知识

前面已经说明，只能对一个可迭代的数据源执行一个归约。如果想要计算多种平均值或者计算均值和方差，则需要使用稍微不同的模式。

为了计算数据的多个汇总，需要创建一个可以反复汇总的序列对象。

```
data = tuple(clean_data(row_merge(log_rows)))
m = avg_fuel_per_hour(data)
s = 2*stdev_fuel_per_hour(data)
print("Fuel use {m:.2f} ±{s:.2f}".format(m=m, s=s))
```

上述代码从经过清洗和充实的数据中创建了一个元组。该元组将产生一个可迭代的对象，但与生成器函数不同，元组可以多次产生可迭代的对象。可以通过使用元组对象来计算这两个汇总。

这种设计涉及大量的源数据转换。我们使用了一系列映射、过滤和归约操作，这提供了很大的灵活性。

另一种方法是创建一个类定义。可以为该类设计惰性特性。这将创建一种体现在单个代码块中的反应式设计。有关这方面的示例，请参阅 6.8 节。

还可以使用 itertools 模块中的 tee() 函数实现这种处理。

```
from itertools import tee
data1, data2 = tee(clean_data(row_merge(log_rows)), 2)
m = avg_fuel_per_hour(data1)
s = 2*stdev_fuel_per_hour(data2)
```

我们用 tee() 从 clean_data(row_merge(log_rows)) 创建了可迭代输出的两个克隆。可以用这两个克隆来计算均值和标准差。

8.7.5　延伸阅读

❑ 8.3 节介绍了组合映射和过滤的方法。
❑ 6.8 节介绍了惰性特性。另外，该实例还介绍了 map-reduce 处理的一些重要变体。

8.8　实现 there exists 处理

本章讨论的处理模式都可以用量词**所有**（for all）进行总结。它是所有处理定义的隐含部分。

❑ **映射**：对源数据中的所有元素应用 map 函数。可以使用量词明确这个处理过程：$\{M(x) \forall x : x \in C\}$。

❑ **过滤**：对源数据中的所有元素应用 filter 函数，保留函数结果为 true 的元素，也可以使用量词明确这个处理过程。如果函数 $F(x)$ 为 true，那么我们希望从集合 C 得到所有值 x：$\{x \forall x : x \in C \text{ if } F(x)\}$。

❑ **归约**：对源数据中的所有元素，使用给定的运算符和基数值计算汇总值。这个规则是一个递归，显然适用于源集合或可迭代对象的所有值：
$$F_{\Diamond, \perp}(C_{0..n}) = \begin{cases} \perp & C = \varnothing \\ F_{\Diamond, \perp}(C_{0..n-1}) \Diamond C_{n-1} & C \neq \varnothing \end{cases}$$

我们用 $C_{0..n}$ 符号表示 Python 意义上的开放区间，包括索引为 0 到 $n-1$ 之间的值，但不包括索引 n 的值。这意味着 $C_{0..0} = \varnothing$：在 $C_{0..0}$ 范围内没有元素。

更为重要的是 $C_{0..n-1} \cup C_{n-1} = C$，也就是说，当我们从范围中获取最后一个元素时，不会遗漏任何元素，因为我们总是处理集合中的所有元素。另外，我们不会处理元素 C_{n-1} 两次。它不属于 $C_{0..n-1}$ 范围，而是一个独立的元素。

如何使用当第一个值匹配某个判定时停止的生成器函数来编写处理？如何避免使用 for all，而使用 there exists 量化逻辑？

8.8.1　准备工作

这里可能需要用到另一个量词——there exists，∃。首先来看一个存在性测试的示例。

我们可能想知道一个数字是素数还是合数。我们不需要获取一个数字的所有因数来确定它不是素数，存在一个因数就足以证明了。

可以定义一个素数判定函数 $P(n)$，如下所示：
$$P(n) = \neg \exists i : 2 \leq i < n \ n \bmod i = 0$$

如果不存在一个能够整除数字 n 的值 i（值在 2 和 n 之间），那么数字 n 就是素数。可以移动否定符号 ¬，并将定义改写为如下形式：
$$\neg P(n) = \exists i : 2 \leq i < n \ n \bmod i = 0$$

如果存在一个能够整除数字 n 的值 i（值在 2 和 n 之间），那么数字 n 就是合数。我们不需要知道所有 i 值，存在一个满足判定的 i 值就足够了。

找到一个这样的数字，就可以提前中止迭代。这可能需要在 for 和 if 语句中添加 break 语句。因为不会处理所有值，所以不能轻易使用像 map()、filter() 或 reduce() 这样的高阶函数。

8.8.2　实战演练

(1) 定义一个生成器函数模板。该函数将跳过元素，直到找到所需的那个。这最终将只产生一个通过判定测试的值。

```
def find_first(predicate, iterable):
    for item in iterable:
        if predicate(item):
            yield item
            break
```

(2) 定义判定函数。简单的 lambda 对象就可以达到目的。此外，lambda 允许使用一个绑定到迭代的变量和一个没有迭代的变量。表达式如下。

```
lambda i: n % i == 0
```

我们依赖于 lambda 中的一个非局部值 n。该值对于 lambda 将是**全局**的，但对于整个函数仍然是局部的。如果 n % i 为 0，那么 i 是 n 的一个因数，n 不是素数。

(3) 使用给定范围和判定来应用函数。

```
import math
def prime(n):
    factors = find_first(
        lambda i: n % i == 0,
        range(2, int(math.sqrt(n)+1)) )
    return len(list(factors)) == 0
```

如果可迭代对象 factors 有一个元素，则 n 是合数。否则，factors 中没有值，就说明 n 是素数。实际上，不需要测试 2 和 n 之间的每一个数字来判断 n 是否为素数，只需要测试值 i 是否满足 $2 \leqslant i < \sqrt{n}$。

8.8.3　工作原理

find_first() 函数引入了 break 语句来停止对可迭代对象的处理。当 for 语句停止时，生成器将到达函数的结尾，并正常返回。

使用该生成器的值将引发 StopIteration 异常。该异常意味着生成器将不再产生值。find_first() 函数抛出了一个异常，但这不是一个错误。这只是表明可迭代对象已经完成了对输入值的处理。

在本例中，这意味着以下两种情况之一。

❏ 如果已经产生值，则该值是 n 的因数。

❏ 如果没有产生值，那么 n 就是素数。

及早从 for 语句中退出这一小小的改变使生成器函数的意义发生了显著的变化。一旦判定函数为

true，生成器 find_first() 将停止处理，而不是处理源数据中的所有值。

这种处理与过滤不同，过滤函数中所有源值都会被使用。当使用 break 语句提前离开 for 语句时，可能无法处理某些源值。

8.8.4 补充知识

在 itertools 模块中，有一个替代 find_first() 的函数。takewhile() 函数使用判定函数持续从输入中获取值。当判定变为 false 时，函数停止处理。

可以轻松地将 lambda 由 lambda i: n % i == 0 更改为 lambda i: n % i != 0。这将允许函数获取不是因数的值。任何因数值都将通过结束 takewhile() 来停止处理。

以测试 13 和 15 是否为素数为例，如下所示：

```
>>> from itertools import takewhile
>>> n = 13
>>> list(takewhile(lambda i: n % i != 0, range(2, 4)))
[2, 3]
>>> n = 15
>>> list(takewhile(lambda i: n % i != 0, range(2, 4)))
[2]
```

对于一个素数，所有测试值都通过了 takewhile() 的判定。结果是给定数字 n 的非因数列表。如果非因数集合与正在测试的值的集合相同，则 n 为素数。对于 13 的例子，两个值的集合都是 [2, 3]。

对于一个合数，某些值通过了 takewhile() 的判定。在本例中，2 不是 15 的因数。虽然 3 是一个因数，但是不会通过判定。非因数集合 [2] 与测试值集合 [2, 3] 不同。

最终的函数如下所示：

```
def prime_t(n):
    tests = set(range(2, int(math.sqrt(n)+1)))
    non_factors = set(
        takewhile(
            lambda i: n % i != 0,
            tests
        )
    )
    return tests == non_factors
```

该函数将创建两个中间集对象，tests 和 non_factors。如果所有测试值都不是因数，则数字是素数。前面介绍的函数只能基于 find_first() 创建一个中间列表对象。该列表最多只能有一个元素，因此数据结构非常小。

itertools 模块

itertools 模块中还有许多可以简化复杂 map-reduce 应用的函数。

❑ filterfalse()：内置 filter() 函数的姊妹函数。它反转了 filter() 函数的判定逻辑，拒绝判定为 true 的元素。

❑ zip_longest()：内置 zip() 函数的姊妹函数。当最短的可迭代对象结束时，内置 zip() 函数停止合并元素。zip_longest() 函数将提供一个给定的填充值来填充最短的可迭代对象，以匹配最长的可迭代对象。

❑ starmap()：对基本 map() 算法的改进。在执行 map(function, iter1, iter2) 时，每个可迭代对象中的一个元素作为位置参数提供给给定的函数。starmap() 期望可迭代对象能够提供包含参数值的元组。如下所示：

```
map = starmap(function, zip(iter1, iter2))
```

其他函数如下。

❑ accumulate()：内置 sum() 函数的变体。该函数生成在达到最终总和之前产生的每个部分的总和。

❑ chain()：按顺序组合可迭代对象。

❑ compress()：该函数使用一个可迭代对象作为数据源，另一个可迭代对象作为选择器的来源。当选择器中的元素为 true 时，相应的数据元素将通过。否则，数据元素将被拒绝。该函数是基于 true-false 值的逐项过滤器。

❑ dropwhile()：当该函数的判定为 true 时，将拒绝值。一旦判定变为 false，将通过所有剩余的值。参见 takewhile()。

❑ groupby()：该函数使用 key 函数控制分组的定义。具有相同键值的元素分组为单独的迭代器。为了使结果具有实际意义，原始数据应先按键排序。

❑ islice()：该函数就像一个切片表达式，只不过它应用于可迭代对象而不是列表。例如，使用 list[1:] 可以舍弃列表的第一行，使用 islice(iterable, 1) 可以舍弃可迭代对象中的第一个元素。

❑ takewhile()：当判定为 true 时，该函数将通过值。一旦判定变为 false，该函数将停止处理任何剩余的值。参见 dropwhile()。

❑ tee()：将单个可迭代对象分解成许多克隆。然后可以单独使用每个克隆。这是一种在单个可迭代数据源上执行多个归约的方法。

8.9　创建偏函数

在讨论类似 reduce()、sorted()、min() 和 max() 等函数时，我们注意到经常有一些永久性的参数值。例如，我们需要多次编写类似代码：

```
reduce(operator.mul, ..., 1)
```

在 reduce() 的三个参数中，只有一个参数——要处理的可迭代对象——实际上发生了变化。运算符和基数值参数基本上固定为 operator.mul 和 1。

显然可以为此定义一个全新的函数：

```
def prod(iterable):
    return reduce(operator.mul, iterable, 1)
```

不过，Python 有多种简化这种模式的方法，这样就不必重复样板语句 def 和 return 了。

如何定义提前提供某些参数的函数？

　　请注意，本实例的目标不是提供默认值。偏函数不提供覆盖默认值的方法。相反，我们想创建尽可能多的偏函数，每个都具有预先绑定的特定参数。

8.9.1　准备工作

　　某些统计建模会用到标准分数，标准分数有时也称为 **z 分数**（z-score）。标准分数的思想是将原始测量标准化为一个值，该值很容易与正态分布进行比较，也很容易与以不同单位测量的相关数字进行比较。

　　计算过程如下所示：

$$z = (x - \mu) / \sigma$$

其中 x 是原始值，μ 是总体均值，σ 是总体标准差。z 值的均值为 0，标准差为 1。因此，z 分数特别容易使用。

　　可以使用 z 分数发现远离均值的**异常值**。预计约 99.7% 的 z 值在 –3 和 +3 之间。

　　可以定义如下函数：

```
def standarize(mean, stdev, x):
    return (x-mean)/stdev
```

standardize() 函数将从原始分数 x 计算 z 分数，该函数有两种参数。

- ❏ mean 和 stdev 的值基本上是固定的。一旦计算了总体值，就必须反复将它们提供给 standardize() 函数。
- ❏ x 的值更多变。

假设在一大块文本中有一个数据样本集合：

```
text_1 = '''10   8.04
8       6.95
13      7.58
...
5       5.68
'''
```

　　我们定义了两个小函数来将该数据转换成数字对。第一个函数只是将每个文本块分成一个行序列，然后将每行分成一对文本项。

```
text_parse = lambda text: (r.split() for r in text.splitlines())
```

　　我们使用文本块的 splitlines() 方法创建一个行序列，然后将其放入生成器函数中，这样就可以把每个单独的行赋值给 r。使用 r.split() 分离每行中的两个文本块。

　　使用 list(text_parse(text_1)) 的结果如下所示：

```
[['10', '8.04'],
 ['8', '6.95'],
 ['13', '7.58'],
 ...
 ['5', '5.68']]
```

　　我们需要进一步充实这些数据，使它们更有意义，还需要将字符串转换为浮点值。为此，我们将

从每个元素创建 `SimpleNamespace` 实例：

```
from types import SimpleNamespace
row_build = lambda rows: (SimpleNamespace(x=float(x), y=float(y)) for x,y in rows)
```

`lambda` 对象通过将 `float()` 函数应用于每行中的每个字符串元素，来创建一个 `SimpleNamespace` 实例。这样就为我们提供了可用的数据。

可以将这两个 `lambda` 对象应用于数据来创建一些可用的数据集。早些时候，我们展示了 `text_1`。假设我们有第二个类似的数据集，将其赋值给 `text_2`：

```
data_1 = list(row_build(text_parse(text_1)))
data_2 = list(row_build(text_parse(text_2)))
```

这样就可以从两个类似文本块中创建数据。每个数据都包含成对出现的数据点。`Simple-Namespace` 对象具有两个属性，`x` 和 `y`，它们会赋值给每行数据。

请注意，这个处理过程创建了 `types.SimpleNamespace` 的实例。在打印时，将使用 `namespace` 类来显示它们。由于这些对象都是可变对象，因此可以使用标准化的 z 分数更新它们。

打印 `data_1`，如下所示：

```
[namespace(x=10.0, y=8.04), namespace(x=8.0, y=6.95),
namespace(x=13.0, y=7.58),
    ...,
    namespace(x=5.0, y=5.68)]
```

例如，我们将计算 x 属性的标准化值，即均值和标准差。然后，使用这些值标准化两个集合中的数据，如下所示：

```
import statistics
mean_x = statistics.mean(item.x for item in data_1)
stdev_x = statistics.stdev(item.x for item in data_1)

for row in data_1:
    z_x = standardize(mean_x, stdev_x, row.x)
    print(row, z_x)

for row in data_2:
    z_x = standardize(mean_x, stdev_x, row.x)
    print(row, z_x)
```

在每次执行 `standardize()` 时，提供 `mean_v1` 和 `stdev_v1` 值，可能会因为一些不太重要的细节而使算法变得杂乱。在一些复杂的算法中，杂乱会导致混乱，而不是清晰。

8.9.2 实战演练

除了简单地使用 `def` 语句创建一个具有参数值偏序集的函数之外，还有另外两种创建偏函数的方法：

❑ 使用 `functools` 模块的 `partial()` 函数；
❑ 创建 `lambda` 对象。

1. 使用 `functools.partial()`

(1) 从 functools 导入 partial 函数。

```
from functools import partial
```

(2) 使用 partial()创建一个对象。提供基本函数，以及需要包含的位置参数。在执行偏函数时，必须提供所有定义偏函数时未提供的参数。

```
z = partial(standardize, mean_x, stdev_x)
```

(3) 我们为前两个位置参数 mean 和 stdev 提供了值。为了得到计算结果，必须提供第三个位置参数 x。

2. 创建 `lambda` 对象

(1) 定义绑定固定参数的 lambda 对象。

```
lambda x: standardize(mean_v1, stdev_v1, x)
```

(2) 使用 lambda 对象创建一个对象。

```
z = lambda x: standardize(mean_v1, stdev_v1, x)
```

8.9.3 工作原理

这两种方法都创建了一个可调用对象，即名为 z()的函数，它具有已经绑定到前两个位置参数的 mean_v1 和 stdev_v1 值。有了这两种方法，就可以进行以下处理：

```
for row in data_1:
    print(row, z(row.x))

for row in data_2:
    print(row, z(row.x))
```

我们将 z()函数应用于每组数据。因为该函数已经应用了一些参数，所以使用起来很简单。

还可以执行以下操作，因为每一行都是一个可变对象。

```
for row in data_1:
    row.z = z(row.v1)

for row in data_2:
    row.z = z(row.v1)
```

我们更新了该行，包括了一个新的属性 z，该属性具有 z()函数的值。在复杂的算法中，像这样调整行对象可能是一种有益的简化。

创建 z()函数的两种方法有很大的区别。

❏ partial()函数绑定参数的实际值。对所使用变量的任何后续更改都不会更改已创建偏函数的定义。在创建 z = partial(standardize(mean_v1, stdev_v1))之后，改变 mean_v1 或 stdev_v1 的值不会影响偏函数 z()。

❑ lambda 对象绑定的是变量名，而不是值。对变量值的任何后续更改都将改变 lambda 的行为方式。在创建 z = lambda x: standardize(mean_v1, stdev_v1, x) 后，改变 mean_v1 或 stdev_v1 的值将改变 lambda 对象 z() 使用的值。

可以略微修改 lambda，让它绑定值而不是名称。

```
z = lambda x, m=mean_v1, s=stdev_v1: standardize(m, s, x)
```

上述表达式将提取 mean_v1 或 stdev_v1 的值来创建 lambda 对象的默认值。现在，mean_v1 和 stdev_v1 的值与 lambda 对象 z() 的操作无关。

8.9.4　补充知识

在创建偏函数时，可以提供关键字参数值以及位置参数值。大多数情况下这都没有问题，但是在某些情况下会有问题。

具体来说，reduce() 函数不能简单地转化为偏函数。这些参数的顺序不是创建偏函数的理想顺序。reduce() 函数具有以下概念性定义。请注意，该定义不是实际定义，只是一种演示。

```
def reduce(function, iterable, initializer=None)
```

如果这是实际的定义，我们可以执行以下操作：

```
prod = partial(reduce(mul, initializer=1))
```

实际上，我们不能这样做，因为实际的 reduce() 定义比上面的概念性定义更复杂一些。reduce() 函数不允许使用命名参数值，因此必须使用 lambda 技术。

```
>>> from operator import mul
>>> from functools import reduce
>>> prod = lambda x: reduce(mul, x, 1)
```

我们使用 lambda 对象定义了一个只有一个参数的函数 prod()。该函数使用有两个固定参数和一个可变参数的 reduce()。

给定 prod() 的定义，就可以定义其他依赖于计算乘积的函数。阶乘函数 factorial 的定义如下所示：

```
>>> factorial = lambda x: prod(range(2,x+1))
>>> factorial(5)
120
```

factorial() 的定义依赖于 prod()。prod() 是一种偏函数，它使用了具有两个固定参数值的 reduce()。我们使用这些定义创建了一个相当复杂的函数。

在 Python 中，函数是对象。函数可以作为另一个函数的参数。接受另一个函数作为参数的函数有时被称为**高阶函数**（higher-order function）。

类似地，函数也可以返回一个函数对象。这意味着可以创建这样一个函数：

```
def prepare_z(data):
    mean_x = statistics.mean(item.x for item in data_1)
    stdev_x = statistics.stdev(item.x for item in data_1)
    return partial(standardize, mean_x, stdev_x)
```

我们在一组(x, y)样本上定义了一个函数。首先，计算了每个样本的 x 属性的均值和标准差。然后，创建了一个偏函数，它可以根据计算出的统计信息对分数进行标准化。该函数的结果是一个可以用于数据分析的函数：

```
z = prepare_z(data_1)
for row in data_2:
    print(row, z(row.x))
```

当执行 `prepare_z()` 函数时，它返回了一个函数。我们把这个函数赋给了变量 z。该变量是一个可调用对象，即根据样本均值和标准差标准化分数的 z() 函数。

8.10 使用不可变数据结构简化复杂算法

有状态对象是面向对象编程的一个常见功能。第 6 章和第 7 章研究了许多与对象和状态相关的技术。面向对象设计的重点在于创建改变对象状态的方法。

8.3 节、8.7 节和 8.9 节研究了一些有状态的函数式编程技术。这些实例使用了 `types.Simple-Namespace`，因为这样能够创建简单的有状态的对象，而且还具有易于使用的属性名称。

在大多数情况下，我们使用的是具有定义属性的 Python `dict` 对象的对象。6.5 节是一个例外，该实例中属性由 `__slots__` 属性定义固定。

使用 `dict` 对象存储对象属性有以下几种影响。

❏ 可以简单地添加和删除属性。不仅可以设置和获取定义的属性，还可以创建新的属性。

❏ 每个对象使用比最低限度更大的内存量。这是因为字典使用散列算法来查找键和值。散列处理通常比其他结构（如 `list` 或 `tuple`）需要更多的内存。对于大量数据，这可能会成为一个问题。

有状态的面向对象编程的最重要的问题在于，编写明确的关于对象状态变化的断言有时可能是一个挑战。相对于定义关于状态变化的断言，创建具有一个可简单映射到对象类型的状态的全新对象更容易。结合 Python 的类型提示，有时可以创建更可靠、更容易测试的软件。

在创建新对象时，可以明确地获得数据项和计算之间的关系。`mypy` 项目提供了可用来分析类型提示的工具，可用于确认复杂算法中使用的对象是否被正确地使用了。

在某些情况下，也可以通过避免有状态对象来减少内存使用量。两种实现方法如下所示。

❏ 使用具有 `__slots__` 的类定义：请参阅 6.5 节。因为这些对象是可变的，所以可以使用新值更新属性。

❏ 使用不可变的 `tuple` 或 `namedtuples`：相关背景信息，请参阅 6.4 节。这些对象是不可变的。可以创建新对象，但是不能改变对象的状态。节省内存的开销与创建新对象的额外开销必须平衡。

不可变对象比可变对象稍快一些，但是，不可变对象更重要的优势在于算法设计。在某些情况下，与使用有状态对象的算法相比，编写从旧的不可变对象创建新的不可变对象的函数更简单，也更易于测试和调试。编写类型提示将有助于这种处理。

8

8.10.1 准备工作

如 8.3 节和 8.8 节所示，生成器只能处理一次。如果需要多次处理生成器，那么可迭代的对象序列必须被转换为像列表或元组这样完备的集合。

本实例需要进行多个阶段的处理。

- **数据的初始提取**：该阶段可能涉及数据库查询或读取 .csv 文件，可以实现为产生行或返回生成器函数的函数。
- **清洗和过滤数据**：可能涉及一系列只能处理源数据一次的生成器表达式。该阶段经常实现为包含多个映射和过滤操作的函数。
- **充实数据**：可能涉及一系列一次只处理一行数据的生成器表达式。通常是一系列从现有数据创建新的派生数据的映射操作。
- **规约或汇总数据**：可能涉及多个汇总。该阶段的前提是，充实数据阶段的输出必须是一个可以多次处理的集合对象。

在某些情况下，充实和汇总处理可能会有交叉。如 8.9 节所示，我们会先做一些汇总，然后再充实数据。

充实数据阶段有两种常用策略。

- **可变对象**：这意味着充实过程可以添加或设置属性值。为此，可以在设置属性时进行**及早计算**，请参阅 6.9 节，也可以用**惰性特性**来完成，请参阅 6.8 节。我们展示了使用 types.Simple-Namespace 在与类定义分开的函数中完成计算的示例。
- **不可变对象**：这意味着充实过程从旧对象创建新对象。不可变对象是由 tuple 派生的或者由 namedtuple() 创建的类型。不可变对象的优点在于非常小且非常快。另外，由于没有内部状态变化，它们非常简单。

假设在一大块文本中有一个数据样本集合：

```
text_1 = '''10  8.04
8       6.95
13      7.58
...
5       5.68
'''
```

我们的目标是创建一个包括 get、cleanse 和 enrich 操作的三步处理过程：

```
data = list(enrich(cleanse(get(text))))
```

get() 函数获取源数据，在本例中它将解析大块文本。cleanse() 函数将删除空行和其他无用的数据。enrich() 函数将对清洗过的数据进行最终的计算。我们将分别讨论这个处理过程的每个阶段。

get() 函数仅限于纯文本处理，尽量少做过滤：

```
from typing import *

def get(text: str) -> Iterator[List[str]]:
    for line in text.splitlines():
        if len(line) == 0:
```

```
        continue
    yield line.split()
```

为了编写类型提示，导入了 typing 模块。于是我们可以对函数的输入和输出做出显式的声明。get() 函数接受一个字符串 str。它产生一个 List[str] 结构。每行输入都被分解为一个值序列。

该函数将生成数据的所有非空行。这里有一个小的过滤特征，但涉及数据序列化的一个小技术问题，而不是特定于应用程序的过滤规则。

cleanse() 函数将生成命名的数据元组。该函数将应用一些规则来确保数据有效：

```python
from collections import namedtuple

DataPair = namedtuple('DataPair', ['x', 'y'])

def cleanse(iterable: Iterable[List[str]]) -> Iterator[DataPair]:
    for text_items in iterable:
        try:
            x_amount = float(text_items[0])
            y_amount = float(text_items[1])
            yield DataPair(x_amount, y_amount)
        except Exception as ex:
            print(ex, repr(text_items))
```

我们定义了一个名为 DataPair 的 namedtuple。该元组有两个属性，x 和 y。如果两个文本值可以正确地转换为 float，那么这个生成器将产生一个有用的 DataPair 实例。如果这两个文本值无法转换，则会显示错误。

请注意，这种精妙的技术是 mypy 项目的类型提示的一部分。包含 yield 语句的函数就是迭代器，可以像可迭代对象一样使用，因为迭代器就是一种可迭代对象。

我们可以在这里应用附加的清洗规则。例如，可以在 try 语句中添加 assert 语句。任何由于非预期或无效数据引起的异常都将停止处理给定的输入行。

初始 cleanse() 和 get() 处理的结果如下所示：

```
list(cleanse(get(text)))
The output looks like this:
[DataPair(x=10.0, y=8.04),
 DataPair(x=8.0, y=6.95),
 DataPair(x=13.0, y=7.58),
 ...,
 DataPair(x=5.0, y=5.68)]
```

本例将按每对数据的 y 值排序。首先需要对数据排序，然后使用附加属性值 y（排列顺序）生成排序后的值。

8.10.2　实战演练

(1) 定义充实后的 namedtuple。

```python
RankYDataPair = namedtuple('RankYDataPair', ['y_rank', 'pair'])
```

请注意，我们已将原始数据对作为数据项包含在了新的数据结构中。因为不想复制各个字段，所以把原始对象整个包含进来了。

(2) 定义充实函数。

```
PairIter = Iterable[DataPair]
RankPairIter = Iterator[RankYDataPair]

def rank_by_y(iterable:PairIter) -> RankPairIter:
```

为了清楚地说明该函数接受的类型和返回的类型，我们添加了类型提示。我们分别定义了类型提示，以使它们更简短，这样就可以在其他函数中重用了。

(3) 编写充实函数的函数体。在本例中，因为要排序，所以需要有序数据，我们将使用原始 y 属性。由于从旧对象创建了新对象，因此该函数可以生成 RankYDataPair 实例。

```
all_data = sorted(iterable, key=lambda pair:pair.y)
for y_rank, pair in enumerate(all_data, start=1):
    yield RankYDataPair(y_rank, pair)
```

使用 enumerate() 为每个值创建排序编号。默认起始值为 1 便于进行某些统计处理。在其他情况下，默认起始值为 0 更好。

整个函数如下所示：

```
def rank_by_y(iterable: PairIter) -> RankPairIter:
    all_data = sorted(iterable, key=lambda pair:pair.y)
    for y_rank, pair in enumerate(all_data, start=1):
        yield RankYDataPair(y_rank, pair)
```

我们可以在一个更长的表达式中用此来获取并清洗数据，然后再进行排序。使用类型提示比包含有状态对象的替代方法更清晰。在某些情况下，其有助于改进代码的清晰度。

8.10.3   工作原理

rank_by_y() 函数的结果是包含原始对象和充实后结果的新对象。使用生成器序列 rank_by_y()、cleanse() 和 get() 的示例如下：

```
>>> data = rank_by_y(cleanse(get(text_1)))
>>> pprint(list(data))
[RankYDataPair(y_rank=1, pair=DataPair(x=4.0, y=4.26)),
 RankYDataPair(y_rank=2, pair=DataPair(x=7.0, y=4.82)),
 RankYDataPair(y_rank=3, pair=DataPair(x=5.0, y=5.68)),
 ...,
 RankYDataPair(y_rank=11, pair=DataPair(x=12.0, y=10.84))]
```

数据按照 y 值升序排列。现在可以使用这些充实过的数据值做进一步的分析和计算。

在许多情况下，创建新对象可能比改变对象状态更能体现该算法。当然，这通常只是主观判断。

当创建新对象时，Python 类型提示最有效。因此，这种技术可以提供有力的证据，证明复杂的算法是正确的。使用 mypy 让不可变对象更具吸引力。

最后，在使用不可变对象时，有时会提高效率。这依赖于 Python 的三个特性之间的平衡。

- ❑ 元组是小型数据结构，使用它们可以提高性能。
- ❑ Python 对象之间的任何关系都涉及创建对象引用，这种数据结构也很小。许多相关的不可变对象可能比可变对象更小。
- ❑ 创建对象的开销会很大，创建过多不可变对象得不偿失。

前两个特性节省的内存必须与第三个特性的处理开销平衡。当数据量过大，限制了处理速度时，节省内存可以提高性能。

对于本例，由于数据量非常小，与通过减少内存使用量节省的开销相比，创建对象的开销要大得多。对于较大的数据集，创建对象的开销可能会小于内存不足的开销。

8.10.4　补充知识

本实例中的 `get()` 函数和 `cleanse()` 函数使用了类似的数据结构：`Iterable[List[str]]` 和 `Iterator[List[str]]`。在 `collections.abc` 模块中，`Iterable` 是通用的定义，`Iterator` 是 `Iterable` 的一个特例。

本书使用的 mypy 版本 mypy 0.2.0**-dev 非常特别，它将使用 `yield` 语句的函数定义为 `Iterator`。未来的版本可能会放松对子类关系的严格检查，从而可以对这两种情况使用同一个定义。

`typing` 模块包含 `namedtuple()` 函数的替代实现：`NamedTuple()`。这个类型定义可以指定元组内各种元素的数据类型。如下所示：

```
DataPair = NamedTuple('DataPair', [
        ('x', float),
        ('y', float)
    ]
)
```

我们使用 `typing.NamedTuple()` 和 `collection.namedtuple()` 的方式几乎完全一样。属性定义使用一个两元组的列表，而不是名称列表。两元组包含一个名称和一个类型定义。

mypy 用这个补充的类型定义来确定 `NamedTuple` 对象是否正确填充了。其他人也可以用它来理解代码并进行适当的修改或扩展。

在 Python 中，可以使用不可变对象替换一些有状态对象，不过存在一些限制。集合（如 `list`、`set` 和 `dict`）必须保持为可变对象。用不可变的**单体**（monad）替换这些集合在其他编程语言中行得通，但是 Python 不支持。

8.11　使用 `yield from` 语句编写递归生成器函数

许多算法可以巧妙地表达为递归。3.8 节讨论了一些可以进一步优化以减少函数调用次数的递归函数。

有些数据结构也涉及递归，尤其是 JSON 文档（以及 XML 和 HTML 文档）可以具有递归结构。JSON 文档可能会包含嵌套的复杂对象。

在许多情况下，使用生成器处理这些结构具有很多优势。如何编写用于递归的生成器？为何使用 `yield from` 语句可以避免编写额外的循环？

8.11.1   准备工作

本实例将研究一种在复杂数据结构中搜索有序集合以查找所有匹配值的方法。在使用复杂 JSON 文档时，通常将它们建模为 dict-of-dict 和 dict-of-list 结构。当然，JSON 文档的结构不是只有两层，dict-of-dict 其实代表 dict-of-dict-of...。同样，dict-of-list 其实代表 dict-of-list-of...。这些结构都是递归结构，这意味着搜索时必须遍历整个结构以查找一个特定的键或值。

具有这种复杂结构的文档如下所示：

```
document = {
    "field": "value1",
    "field2": "value",
    "array": [
        {"array_item_key1": "value"},
        {"array_item_key2": "array_item_value2"}
    ],
    "object": {
        "attribute1": "value",
        "attribute2": "value2"
    }
}
```

该文档有 4 个键：field、field2、array 和 object。每一个键的数据结构都与其相关联的值不同。某些值是唯一的，某些值则是重复的。这种重复性就是必须搜索整个文档找到所有实例的原因。

本实例的核心算法是深度优先搜索。该函数的输出将是标识目标值的路径列表。每个路径将是一个字段名称序列，或者字段名称与索引位置混合的序列。

在前面的示例文档中，值 value 出现在 3 个地方。

❑ ["array", 0, "array_item_key1"]：该路径从名为 array 的顶级字段开始，然后访问列表的第零项，再访问名为 array_item_key1 的字段。

❑ ["field2"]：该路径只有一个字段名称，该字段的值为目标值。

❑ ["object", "attribute1"]：该路径从名为 objec 的顶级字段开始，然后访问该字段的子字段 attribute1。

在整个文档中搜索目标值时，find_path() 函数将产生这两个路径。搜索函数的概念性定义如下所示：

```
def find_path(value, node, path=[]):
    if isinstance(node, dict):
        for key in node.keys():
            # find_path(value, node[key], path+[key])
            # 产生多个值
    elif isinstance(node, list):
        for index in range(len(node)):
            # find_path(value, node[index], path+[index])
            # 产生多个值
    else:
        # 基本数据类型值
        if node == value:
            yield path
```

find_path()处理有三种选择。

- 当节点是字典时，必须检查每个键的值。由于这些值可能是任何类型的数据，因此将对每个值递归使用 find_path()函数。最终产生一个匹配序列。
- 如果节点是列表，则必须检查每个索引位置的元素。由于这些元素可能是任何类型的数据，因此将对每个值递归使用 find_path()函数。最终产生一个匹配序列。
- 另一个选择是节点为基本数据类型值。JSON 规范列出了有效文档中可能存在的许多基本数据类型。如果节点值就是目标值，那么就找到了一个实例，并且可以产生这个单独的匹配值。

处理递归的方法有两种。一种方法如下所示：

```
for match in find_path(value, node[key], path+[key]):
    yield match
```

对于这样简单的问题来说，这种方法似乎太刻板。另一种方法更简单、更清晰一些。

8.11.2 实战演练

(1) 编写完整的 for 语句。

```
for match in find_path(value, node[key], path+[key]):
    yield match
```

为了便于调试，可能会在 for 语句的循环体中插入一个 print()函数。

(2) 在确定上述语句能够正常运行之后，用 yield from 语句替换它。

```
yield from find_path(value, node[key], path+[key])
```

完整的深度优先搜索函数 find_path()如下所示：

```
def find_path(value, node, path=[]):
    if isinstance(node, dict):
        for key in node.keys():
            yield from find_path(value, node[key], path+[key])
    elif isinstance(node, list):
        for index in range(len(node)):
            yield from find_path(value, node[index], path+[index])
    else:
        if node == value:
            yield path
```

使用 find_path()函数的示例如下：

```
>>> list(find_path('array_item_value2', document))
[['array', 1, 'array_item_key2']]
```

find_path()函数是可迭代的，可以产生许多值。我们使用所有结果创建了一个列表。在本例中，列表有一个元素['array', 1, 'array_item_key2']，该元素具有匹配元素的路径。

然后，可以使用 document['array'][1]['array_item_key2']找到目标值。

在查找不唯一的值时，结果列表可能会如下所示：

```
>>> list(find_path('value', document))
[['array', 0, 'array_item_key1'],
 ['field2'],
 ['object', 'attribute1']]
```

此结果列表有三个元素，每个元素都提供了一个具有目标值 value 的数据项的路径。

8.11.3　工作原理

yield from X 语句是如下语句的简写：

```
for item in X:
    yield item
```

使用 yield from X 语句可以编写简洁的递归算法，该算法可用作迭代器，并正确生成许多值。

该语句也可以在不涉及递归函数的情景中使用。在涉及可迭代结果的情况下使用 yield from 语句是非常明智的。上述代码是递归函数的一种简化形式，因为它保留了一个清晰的递归结构。

8.11.4　补充知识

另一种常见的定义风格是使用追加操作来构建列表。我们可以将其重写为迭代器，避免构建列表对象的开销。

在分解数字的因数时，可以定义素数因数集，如下所示：

$$F(x) = \begin{cases} \{x\} & x \text{ 是素数} \\ \{n\} \cup F\left(\dfrac{x}{n}\right) & n \text{ 是 } x \text{ 的一个因数} \end{cases}$$

如果值 x 是素数，那么只有它自己在素数因数集中。否则，必然存在 x 的最小因数——素数 n。我们可以构建一个以 n 为起点的因数集，包括 x/n 的所有因数。为了确保只找到素数因数，n 必须是素数。如果按升序搜索，那么我们将在找到合数因数之前找到素数因数。

在 Python 中，该算法有两种实现方法：一种方法是构建列表，另一种方法是生成因数。构建列表的函数如下所示：

```
import math
def factor_list(x):
    limit = int(math.sqrt(x)+1)
    for n in range(2, limit):
        q, r = divmod(x, n)
        if r == 0:
            return [n] + factor_list(q)
    return [x]
```

factor_list() 函数将搜索所有数字 n，$2 \leqslant n < \sqrt{x}$。x 的第一个因数将是它的最小因数，也将是素数。当然，我们也会浪费时间去搜索一些合数。例如，在测试了 2 和 3 之后，还将测试 4 和 6，即使它们是合数而且已测试了它们的所有因数。

factor_list() 函数构建了一个 list 对象。如果找到一个因数 n，那么它将创建一个包含该因数的列表，然后从 x // n 追加因数。如果没有找到 x 的因数，那么这个值就是素数，我们将返回一个仅有该值的列表。

可以使用 `yield from` 语句替代递归调用，将该函数重写为迭代器。重写后的函数如下所示：

```
def factor_iter(x):
    limit = int(math.sqrt(x)+1)
    for n in range(2, limit):
        q, r = divmod(x, n)
        if r == 0:
            yield n
            yield from factor_iter(q)
            return
    yield x
```

与构建列表版本一样，该函数将搜索数字 *n*。当找到一个因数时，该函数将产生因数，随后通过递归调用 `factor_iter()` 找到其他因数。如果没有找到任何因数，那么该函数只会产生该素数。

由于使用了迭代器，因此可以根据这些因数构建任意类型的集合。可以使用 collection.Counter 类创建一个多重集，而不总是创建一个**列表**。如下所示：

```
>>> from collections import Counter
>>> Counter(factor_iter(384))
Counter({2: 7, 3: 1})
```

结果表明：

$$384 = 2^7 \times 3$$

在某些情况下，这种多重集比因数列表更容易使用。

8.11.5 延伸阅读

❑ 3.8 节介绍了递归函数的核心设计模式。该实例提供了创建结果的另一种方法。

8

## 第 9 章

输入/输出、物理格式和逻辑布局

本章主要介绍以下实例。

- 使用 `pathlib` 模块处理文件名
- 使用上下文管理器读取和写入文件
- 替换文件,同时保留以前的版本
- 使用 CSV 模块读取带分隔符的文件
- 使用正则表达式读取复杂格式
- 读取 JSON 文档
- 读取 XML 文档
- 读取 HTML 文档
- 将 CSV 模块的 `DictReader` 更新为 `namedtuple` 读取器
- 将 CSV 模块的 `DictReader` 更新为 `namespace` 读取器
- 使用多个上下文读取和写入文件

9.1 引言

术语**文件**(file)有多种含义。

- **操作系统**(OS)使用文件作为组织数据字节的一种方式。字节可能代表图像、声音样本、单词,甚至可执行程序。所有不同类型的内容都被简化为字节序列。应用软件使字节具有实际意义。

  常见的操作系统文件有两种。

  - 块文件存在于磁盘、**固态硬盘**(SSD)等设备上。这种文件可以按字节块读取。操作系统可以在任意时间搜索文件中的特定字节。
  - 字符文件是一种管理设备的方法,比如网络连接,或者连接到计算机的键盘。这种文件被视为许多单个字节组成的流,这些字节在看似随机的时间点到达。在字节流中无法向前或向后查找。

- ❏ 文件这个词还定义了 Python 运行时（Python runtime）使用的数据结构。Python 文件抽象封装了各种操作系统文件实现。当打开一个文件时，在 Python 抽象、操作系统实现和磁盘或其他设备上的底层字节集合之间有一个绑定。

- ❏ 文件也可以解释为 Python 对象的集合。从这个角度来看，文件的字节表示 Python 对象，如字符串或数。文本字符串文件很常见，也很容易使用。Unicode 字符串通常通过 UTF-8 编码方案编码为字节，但是还有很多替代方案。Python 提供了诸如 `shelve` 和 `pickle` 之类的模块，将更复杂的 Python 对象编码为字节。

通常，我们会讨论对象序列化的方法。把对象写入文件时，Python 对象的状态信息被转换成一系列字节。反序列化是从字节中恢复 Python 对象的反向过程，也可以称之为状态表示，因为我们通常会将每个单独对象的状态与类定义分离开来序列化。

在处理来自文件的数据时，通常需要做两个区分。

- ❏ **数据的物理格式**：这个概念说明了什么 Python 数据结构是由文件中的字节来编码的基本问题。字节可能是 Unicode 文本。文本可以表示为**逗号分隔值（CSV）**文档或 JSON 文档。物理格式通常由 Python 库来处理。

- ❏ **数据的逻辑布局**：布局关注数据中各种 CSV 列或 JSON 字段的详细信息。在某些情况下，列可能被标记过，或者可能存在必须通过位置来解释的数据。逻辑布局通常由我们的应用程序来处理。

物理格式和逻辑布局都是解释文件数据的关键。我们将介绍一些使用不同物理格式的实例，还将介绍如何从逻辑布局的某些方面分离程序。

9.2 使用 `pathlib` 模块处理文件名

大多数操作系统使用分层路径来标识文件。文件名的示例如下所示：

/Users/slott/Documents/Writing/Python Cookbook/code

这个完整的路径名具有以下元素。

- ❏ 最前面的/意味着这个路径名是绝对路径，从文件系统的根目录开始。在 Windows 中，路径名称前面还有一个额外的字母来区分每个单独存储设备上的文件系统，例如 C:。Linux 和 Mac OS X 将所有设备视为一个单一的大型文件系统。

- ❏ Users、slott、Documents、Writing、Python Cookbook 和 code 等名称代表文件系统的目录（或文件夹）。文件系统中必须有一个顶级 Users 目录，该目录必须包含 slott 子目录，以此类推，路径中的每个名称都是如此。

- ❏ 在 Windows 中，操作系统使用 \ 分隔路径中的各个项。Python 则使用 / 分隔路径。Python 标准的分隔符 / 可以优雅地转换为 Windows 路径分隔符，一般可以忽略 Windows 的 \ 分隔符。

我们无法知道名称 code 代表什么样的对象。文件系统对象分为很多种。code 可能是命名其他文件的目录，也可能是一个普通的数据文件，还可能是一个面向流的设备的链接。附加的目录信息可以显示文件系统对象的种类。

不以 / 开始的路径是相对于当前工作目录的路径。在 Mac OS X 和 Linux 中，`cd` 命令用于设置当前工作目录。在 Windows 中，`chdir` 命令用于设置当前工作目录。当前工作目录是操作系统登录会话的一个功能，可以通过 shell 显示。

如何以不限于特定操作系统的方式来处理路径名？如何简化各操作系统的通用操作，使其尽可能统一？

9.2.1 准备工作

区分两个概念非常重要：

❑ 标识文件的路径；

❑ 文件的内容。

路径提供了可选的目录名称序列和最终的文件名。路径可以通过文件扩展名提供一些文件内容信息。目录包括文件的名称、创建时间、所有者、权限、大小以及其他详细信息。文件的内容与目录信息和名称是分离的。

文件名通常具有一个可以提示文件物理格式的后缀。以 .csv 结尾的文件很可能是可以解释为数据行和列的文本文件。文件名和物理格式之间的绑定并不是绝对的。文件后缀只是一个提示，而且有可能是错误的。

一个文件的内容可能有多个名称。多个路径可以链接到同一个文件。使用 link（`ln`）命令可以创建为文件内容提供额外名称的目录条目。在 Windows 中，可以使用 `mklink`。这种方式被称为**硬链接**（hard link），因为它是名称和内容之间的低级连接。

除了硬链接，还有**软链接**（soft link）或**符号链接**（symbolic link）［亦称**连接点**（junction point）］这一概念。软链接是一种不同类型的文件，可以很容易地将其看作对另一个文件的引用。操作系统的 GUI 显示可能会将其显示为一个不同的图标，并称其为别名（alias）或快捷方式（shortcut）来予以说明。

在 Python 中，`pathlib` 模块可以实现所有与路径相关的处理。该模块对路径进行了以下两种区分：

❑ 不确定是否引用实际文件的纯路径；

❑ 可以解析并引用一个实际文件的具体路径。

这种区分使我们能够为应用程序可能创建或引用的文件创建纯路径。我们还可以为操作系统上实际存在的文件创建具体路径。应用程序可以通过解析纯路径来创建具体路径。

`pathlib` 模块还区分了 Linux 路径对象和 Windows 路径对象。这种区分几乎是不需要的，因为大多数时候，我们不想关心路径的操作系统级细节。使用 `pathlib` 的一个重要原因是，我们希望处理过程与底层的操作系统无关。处理 `PureLinuxPath` 对象的情况可能很罕见。

本节中的所有小实例都将利用以下代码：

```
>>> from pathlib import Path
```

我们很少使用 `pathlib` 中的其他类定义。

假设 `argparse` 用于收集文件或目录名称。有关 `argparse` 的更多信息，请参阅 5.5 节。我们还将使用 options 变量，该变量具有实例使用的输入文件名或目录名称。

为了便于说明，我们通过提供下面的 Namespace 对象来展示一个模拟的参数解析。

```
>>> from argparse import Namespace
>>> options = Namespace(
...     input='/path/to/some/file.csv',
...     file1='/Users/slott/Documents/Writing/Python Cookbook/code/ch08_r09.py',
...     file2='/Users/slott/Documents/Writing/Python Cookbook/code/ch08_r10.py',
... )
```

options 对象有三个模拟参数值。input 值是一个纯路径，它不一定是一个实际的文件。file1 值和 file2 值是我计算机上的具体路径。这个 options 对象的行为与 argparse 模块创建的 options 对象相同。

9.2.2 实战演练

我们将一些常见的路径名称操作作为单独的小实例来展示，如下所示。

❑ 根据输入文件名生成输出文件名。

❑ 生成多个同级的输出文件。

❑ 创建一个目录以及多个文件。

❑ 通过比较文件日期来查找新文件。

❑ 删除文件。

❑ 查找与指定模式匹配的所有文件。

1. 通过更改输入文件名的后缀创建输出文件名

执行以下步骤，通过更改输入文件名的后缀创建输出文件名。

(1) 从输入文件名字符串创建一个 Path 对象。Path 类将解析字符串来确定路径的元素。

```
>>> input_path = Path(options.input)
>>> input_path
PosixPath('/path/to/some/file.csv')
```

在本例中，由于我使用的是 Mac OS X，因此显示为 PosixPath 类。在 Windows 计算机上，将显示 WindowsPath 类。

(2) 使用 with_suffix() 方法创建输出 Path 对象。

```
>>> output_path = input_path.with_suffix('.out')
>>> output_path
PosixPath('/path/to/some/file.out')
```

所有的文件名解析都由 Path 类无缝处理。with_suffix() 方法可以避免手动解析文件名文本。

2. 使用不同名称创建多个同级的输出文件

执行以下步骤，使用不同名称创建多个同级的输出文件。

(1) 从输入文件名字符串创建一个 Path 对象。Path 类将解析字符串来确定路径的元素。

```
>>> input_path = Path(options.input)
>>> input_path
PosixPath('/path/to/some/file.csv')
```

在本例中，由于我使用的是 Mac OS X，因此显示为 `PosixPath` 类。在 Windows 计算机上，将显示 `WindowsPath` 类。

(2) 从文件名中提取父目录和主文件名。主文件名是没有后缀的名称。

```
>>> input_directory = input_path.parent
>>> input_stem = input_path.stem
```

(3) 构建所需的输出名称。本例将 _pass 附加到文件名上。输入文件 file.csv 将产生一个名为 file_pass.csv 的输出。

```
>>> output_stem_pass = input_stem + "_pass"
>>> output_stem_pass
'file_pass'
```

(4) 构建完整的 `Path` 对象。

```
>>> output_path = (input_directory / output_stem_pass).with_suffix('.csv')
>>> output_path
PosixPath('/path/to/some/file_pass.csv')
```

我们使用/和 path 组件组装了一个新路径。该路径需要放在括号中，以确保首先执行，并创建一个新的 Path 对象。input_directory 变量的值是父级的 Path 对象，output_stem_pass 是一个简单的字符串。通过/运算符组装新路径之后，使用 with_suffix()方法来确保使用一个特定的后缀。

3. 创建一个目录和多个文件

执行以下步骤，创建一个目录和多个文件。

(1) 从输入文件名字符串创建一个 Path 对象。Path 类将解析字符串来确定路径的元素。

```
>>> input_path = Path(options.input)
>>> input_path
PosixPath('/path/to/some/file.csv')
```

在本例中，由于我使用的是 Mac OS X，因此显示为 `PosixPath` 类。在 Windows 计算机中，将显示 `WindowsPath` 类。

(2) 创建输出目录的 `Path` 对象。本例将创建一个 output 目录作为与源文件具有相同父目录的子目录。

```
>>> output_parent = input_path.parent / "output"
>>> output_parent
PosixPath('/path/to/some/output')
```

(3) 使用输出 Path 对象创建输出文件名。在本例中，输出目录将包含一个与输入文件的名称相同但后缀不同的文件。

```
>>> input_stem = input_path.stem
>>> output_path = (output_parent / input_stem).with_suffix('.src')
```

我们使用/运算符组装了一个来自父 Path 对象的新 Path 对象和一个基于文件名的主文件名的字符串。创建 Path 对象后，可以使用 with_suffix()方法为文件设置所需的后缀。

4. 比较文件日期来查找新文件

执行如下步骤，通过比较文件的日期来查找新文件。

(1) 从输入文件名字符串创建一个 Path 对象。Path 类将解析字符串来确定路径的元素。

```
>>> file1_path = Path(options.file1)
>>> file1_path
PosixPath('/Users/slott/Documents/Writing/Python Cookbook/code/ch08_r09.py')
>>> file2_path = Path(options.file2)
>>> file2_path
PosixPath('/Users/slott/Documents/Writing/Python Cookbook/code/ch08_r10.py')
```

(2) 使用每个 Path 对象的 stat() 方法来获取文件的时间戳。stat() 方法返回了一个 stat 对象，在 stat 对象内，st_mtime 属性提供文件最近的修改时间。

```
>>> file1_path.stat().st_mtime
1464460057.0
>>> file2_path.stat().st_mtime
1464527877.0
```

结果值是以秒为单位的时间戳，我们可以很容易地比较出两个值中的哪一个更新。

如果想让时间戳更容易理解，那么可以使用 datetime 模块将时间戳转换为 datetime 对象。

```
>>> import datetime
>>> mtime_1 = file1_path.stat().st_mtime
>>> datetime.datetime.fromtimestamp(mtime_1)
datetime.datetime(2016, 5, 28, 14, 27, 37)
```

可以使用 strftime() 方法格式化 datetime 对象，或者使用 isoformat() 方法来提供标准化显示。请注意，时间会将本地时区偏移隐式地应用于操作系统时间戳。取决于操作系统的配置，一台笔记本电脑也许不会显示与它访问的服务器相同的时间，因为它们可能位于不同的时区。

5. 删除文件

删除文件的 Linux 术语是**取消链接**（unlinking）。由于一个文件可能有多个链接，因此在删除所有链接之前，不会删除实际数据。

(1) 从输入文件名字符串创建一个 Path 对象。Path 类将解析字符串来确定路径的元素。

```
>>> input_path = Path(options.input)
>>> input_path
PosixPath('/path/to/some/file.csv')
```

(2) 使用 Path 对象的 unlink() 方法删除目录条目。如果这是数据的最后一个目录条目，那么操作系统将回收存储空间。

```
>>> try:
...     input_path.unlink()
... except FileNotFoundError as ex:
...     print("File already deleted")
File already deleted
```

如果文件不存在，则抛出 FileNotFoundError 异常。在某些情况下，这个异常需要用 pass 语句来静默。在其他情况下，警告信息可能很重要。缺失的文件也可能表示严重的错误。

此外，可以使用 `Path` 对象的 `rename()` 方法重命名文件，也可以使用 `symlink_to()` 方法创建新的软链接。创建操作系统级的硬链接，需要使用 `os.link()` 函数。

6. 查找与指定模式匹配的所有文件

以下是查找与指定模式匹配的所有文件的步骤。

(1) 从输入目录名称创建一个 `Path` 对象。`Path` 类将解析字符串来确定路径的元素。

```
>>> directory_path = Path(options.file1).parent
>>> directory_path
PosixPath('/Users/slott/Documents/Writing/Python Cookbook/code')
```

(2) 使用 `Path` 对象的 `glob()` 方法查找与指定模式匹配的所有文件。默认情况下，不会递归地遍历整个目录树。

```
>>> list(directory_path.glob("ch08_r*.py"))
[PosixPath('/Users/slott/Documents/Writing/Python Cookbook/code/ch08_r01.py'),
 PosixPath('/Users/slott/Documents/Writing/Python Cookbook/code/ch08_r02.py'),
 PosixPath('/Users/slott/Documents/Writing/Python Cookbook/code/ch08_r06.py'),
 PosixPath('/Users/slott/Documents/Writing/Python Cookbook/code/ch08_r07.py'),
 PosixPath('/Users/slott/Documents/Writing/Python Cookbook/code/ch08_r08.py'),
 PosixPath('/Users/slott/Documents/Writing/Python Cookbook/code/ch08_r09.py'),
 PosixPath('/Users/slott/Documents/Writing/Python Cookbook/code/ch08_r10.py')]
```

9.2.3　工作原理

在操作系统中，路径是一个目录序列（文件夹是对目录的描述）。例如，在名称/Users/slott/Documents/writing 中，根目录/包含一个名为 Users 的目录，Users 目录包含了 slott 子目录，slott 目录包含了 Documents 子目录，Documents 目录包含了 writing 子目录。

在某些情况下，可以使用简单的字符串来表示从根目录到最终目标目录的导航。但是，字符串表示使许多路径操作变成了复杂的字符串解析问题。

`Path` 类定义简化了许多对纯路径的操作。纯路径不一定反映实际的文件系统资源。对 `Path` 的操作包括以下示例。

❑ 提取父目录，以及一个包含所有目录名称的序列。

❑ 提取最终的文件名、最终文件名的主文件名和最终文件名的后缀。

❑ 用新的后缀替换原有的后缀或者用新名称替换整个名称。

❑ 将字符串转换为 `Path`，或将 `Path` 转换为字符串。许多操作系统函数和部分 Python 对象喜欢使用文件名字符串。

❑ 使用/运算符从现有的 `Path` 和字符串构建新 `Path` 对象。

具体路径代表一个实际的文件系统资源。对于具体的路径，可以对目录信息进行一些额外的操作。

❑ 确定目录条目的种类：普通文件、目录、链接、套接字、命名管道（或 fifo）、块设备或字符设备。

❑ 获取目录详细信息，其中包括时间戳、权限、所有者、大小等，也可以修改这些信息。

❑ 还可以取消链接（或删除）目录条目。

大多数关于文件目录条目的操作都可以通过 `pathlib` 模块完成。少数例外的操作可以由 `os` 或 `os.path` 模块完成。

9.2.4　补充知识

本章其余与文件相关的实例将使用 `Path` 对象来命名文件，避免尝试使用字符串来表示路径。

`pathlib` 模块的 Linux 纯路径对象和 Windows 纯路径对象之间有一些细微的区别。大多数情况下，我们不关心路径的操作系统级细节。

在两种情况下为特定的操作系统生成纯路径会有帮助。

❏ 如果在 Windows 笔记本电脑上进行开发，但是在 Linux 服务器上部署 Web 服务，则可能需要使用 `PureLinuxPath`。这样就可以在 Windows 开发机上编写在 Linux 服务器上反映实际用途的测试用例。

❏ 如果在 Mac OS X（或 Linux）笔记本电脑上进行开发，但是需要专门部署到 Windows 服务器上，则可能需要使用 `PureWindowsPath`。

示例如下所示：

```
>>> from pathlib import PureWindowsPath
>>> home_path = PureWindowsPath(r'C:\Users\slott')
>>> name_path = home_path / 'filename.ini'
>>> name_path
PureWindowsPath('C:/Users/slott/filename.ini')
>>> str(name_path)
'C:\\Users\\slott\\filename.ini'
```

请注意，在显示 `WindowsPath` 对象时，`/`字符将从 Windows 符号归一化为 Python 符号。使用 `str()` 函数可以将纯路径对象转换为适用于 Windows 操作系统的路径字符串。

如果使用通用的 `Path` 类来实现上述示例，那么将得到一个适合用户环境的实现，这个用户环境可能不是 Windows。通过使用 `PureWindowsPath`，我们绕过了用户实际操作系统的限制。

9.2.5　延伸阅读

❏ 9.4 节将介绍如何利用 `Path` 的功能创建一个临时文件，然后重命名临时文件来替换原始文件。
❏ 5.5 节介绍了一种通用方式来获取用于创建 `Path` 对象的初始字符串。

9.3　使用上下文管理器读取和写入文件

许多程序需要访问外部资源，如数据库连接、网络连接和操作系统文件。对于可靠性高的程序，可靠、干净地释放所有外部资源非常重要。

抛出异常并最终崩溃的程序仍然可以正确释放资源。正确释放资源包括关闭文件并确保所有缓冲数据正确写入了文件。

这对于长时间运行的服务器尤其重要。Web 服务器可以打开和关闭许多文件。如果服务器没有正确关闭每个文件,那么数据对象可能会留在内存中,从而减少可用于正在运行的 Web 服务的内存空间。可用内存的减少像是一种缓慢的泄漏。最终需要重新启动服务器,降低了可用性。

如何确保正确获取和释放资源?如何避免资源泄漏?

9.3.1 准备工作

举个常见的例子,外部文件就是一种昂贵且重要的资源。为了写入而打开的文件也是重要的资源,毕竟,应用程序通常以文件的形式创建有用的输出。与文件相关联的操作系统级资源必须由 Python 应用程序干净地释放出来。我们希望确保无论应用程序内发生什么情况,缓冲区都将被刷新,文件都将被正确关闭。

当使用上下文管理器时,我们可以确保应用程序正在使用的文件被正确处理。具体来说,即使处理过程中出现异常,文件最终也将关闭。

例如,我们使用一个脚本来收集目录中文件的一些基本信息。上下文管理器可以用于检测文件的更改,当文件被替换时,该技术通常用于触发处理。

我们将编写一个摘要文件,该文件包含文件名、修改日期、大小以及根据文件中字节计算的校验和。然后可以检查目录,并将其与摘要文件中的前一状态进行比较。单个文件的详细描述可以通过如下函数编制:

```python
from types import SimpleNamespace
import datetime
from hashlib import md5

def file_facts(path):
    return SimpleNamespace(
        name = str(path),
        modified = datetime.datetime.fromtimestamp(
            path.stat().st_mtime).isoformat(),
        size = path.stat().st_size,
        checksum = md5(path.read_bytes()).hexdigest()
    )
```

该函数从 path 参数中给定的 Path 对象获取文件的相对路径,也可以使用 resolve() 方法获取绝对路径名。Path 对象的 stat() 方法返回多个操作系统状态值。st_mtime 状态值是上次修改时间。表达式 path.stat().st_mtime 将获取文件的修改时间。这个表达式可以用于创建一个完整的 datetime 对象。isoformat() 方法提供了修改时间的标准化显示。

path.stat().st_size 的值是文件的当前大小。path.read_bytes() 的值是文件的所有字节,这些字节将被传递给 md5 类来使用 MD5 算法创建校验和。所得到的 md5 对象的 hexdigest() 函数将提供一个可以检测文件中任何单字节更改的值。

我们想把这个脚本应用于目录中的多个文件。如果目录正在被使用,例如文件在被频繁写入,那么我们的分析程序可能会在尝试读取由另一个进程写入的文件时发生 I/O 异常而崩溃。

我们将使用上下文管理器来确保程序即使在崩溃的罕见情况下也能提供良好的输出。

9.3.2 实战演练

(1) 由于本实例需要使用文件路径，因此导入 Path 类非常重要。

```
from pathlib import Path
```

(2) 创建一个标识输出文件的 Path 对象。

```
summary_path = Path('summary.dat')
```

(3) with 语句创建了 file 对象，并将该对象赋值给变量 summary_file。它还将 file 对象用作上下文管理器。

```
with summary_path.open('w') as summary_file:
```

summary_file 变量可以用作一个输出文件。无论 with 语句内部抛出什么异常，文件都将正确关闭并释放所有操作系统资源。

以下语句将当前工作目录中的文件信息写入打开的摘要文件。这些语句应当包含在 with 语句内并且正确缩进。

```
base = Path(".")
for member in base.glob("*.py"):
    print(file_facts(member), file=summary_file)
```

上述代码将为当前工作目录创建一个 Path 对象，并将对象保存在 base 变量中。Path 对象的 glob() 方法将生成匹配给定模式的所有文件名。前面显示过的 file_facts() 函数将生成一个包含有用信息的命名空间对象。我们可以把每个文件的摘要信息都打印输出到 summary_file 中。

本实例省略了将输出转换为更有用的标记的处理。如果数据以 JSON 标记序列化，那么这可能会简化后续处理。

当 with 语句结束时，文件将被关闭。无论抛出什么异常，都会发生这种情况。

9.3.3 工作原理

上下文管理器对象和 with 语句一起来管理重要的资源。在本例中，文件连接是一种相对重要的资源，因为它绑定了应用程序和操作系统资源。另外，它也是脚本的有用输出。

当编写 with x: 时，对象 x 是上下文管理器。上下文管理器对象响应两种方法，这两种方法由所提供对象的 with 语句调用。重要的事件如下。

- x.__enter__() 方法在上下文开始时调用。
- x.__exit__(*details) 方法在上下文结束时调用。无论上下文中抛出任何异常，__exit__() 方法都一定会被调用。异常的详细信息将提供给 __exit__() 方法。如果出现异常，上下文管理器可能希望采取不同的行为。

根据 Python 语言的设计，文件对象和其他几种对象可以使用这种对象管理器协议。

描述如何使用上下文管理器的事件序列如下所示。

(1) 执行 summary_path.open('w') 来创建一个文件对象。在本实例中，文件将被保存到 summary_file 中。

(2) 在上下文开始时，执行 summary_file.__enter__()。

(3) 在 with 语句上下文中进行处理。在本实例中，处理将向给定文件写入几行数据。

(4) 在 with 语句结束时，执行 summary_file.__exit__()。这将关闭输出文件并释放所有操作系统资源。

(5) 如果 with 语句内抛出了异常并且未被处理，那么在文件正确关闭之后重新抛出该异常。

文件关闭操作由 with 语句自动处理。即使抛出异常，也总是执行此操作。这种保证对于防止资源泄漏至关重要。

有些人喜欢对**总是**这个词吹毛求疵：他们喜欢搜索上下文管理器无法正常工作的极少数情况。例如，整个 Python 运行时环境有很低的可能性会崩溃，这将使所有的语言保证失效。如果 Python 上下文管理器没有正确关闭文件，那么操作系统将关闭该文件，但是最终的缓冲区数据可能会丢失。还有一些可能性更低的情况，比如整个操作系统崩溃，或者硬件停止工作，或者计算机在僵尸末日中被破坏。在这些情况下，上下文管理器也不会关闭这些文件。

9.3.4 补充知识

许多数据库连接和网络连接也可以作为上下文管理器。上下文管理器保证连接正确关闭并释放资源。

输入文件也可以使用上下文管理器。使用上下文管理器进行所有文件操作是公认的最佳实践。本章中的大部分实例都将使用文件和上下文管理器。

在极少数情况下，我们需要为对象添加上下文管理功能。contextlib 模块包含一个函数 closing()，该函数将调用一个对象的 close() 方法。

可以使用该函数来包裹缺少适当上下文管理器功能的数据库连接：

```
from contextlib import closing
with closing(some_database()) as database:
    process(database)
```

上述代码假设 some_database() 函数创建了一个数据库连接。该连接不能直接用作上下文管理器。通过在 closing() 函数中包裹连接，我们为该连接添加了必要的功能，使其成为连接管理器对象，这样就可以确保数据库正确关闭。

9.3.5 延伸阅读

❑ 关于多个上下文的更多信息，请参阅 9.12 节。

9.4 替换文件，同时保留以前的版本

我们可以利用 pathlib 模块的功能支持各种文件名操作。9.2 节介绍了一些最常用来管理目录、文件名和文件后缀的技术。

以安全失败（fail-safe）方式创建输出文件是一种常见的文件处理要求，也就是说，应用程序无论以任何方式出现错误或者在任何位置出现错误，都应该保留任何以前的输出文件。

思考以下场景。

(1) 在 t_0 时刻，有一个因昨天使用 long_complex.py 应用程序得到的有效文件 output.csv。

(2) 在 t_1 时刻，开始运行 long_complex.py 应用程序。它开始覆盖 output.csv 文件，预计在 t_3 时刻正常完成。

(3) 在 t_2 时刻，应用程序崩溃。部分 output.csv 文件是无用的。更糟糕的是，t_0 时刻的有效文件也不可用，因为已经被覆盖了。

显然，可以备份文件，但是这将引入一个额外的处理步骤。我们有更好的解决方案。如何以安全失败的方式创建文件？

9.4.1 准备工作

安全失败的文件输出通常意味着不会覆盖以前的文件，应用程序将使用临时名称创建新文件。如果已成功创建文件，则使用重命名操作替换旧文件。

本实例的目标是以如下方式创建文件：在重命名之前的任何时刻出现程序崩溃时，将保留原始文件。在重命名之后的任何时刻，新文件都是已经就位并且有效的。

解决该问题的方法有很多种。本实例将展示一种使用三个单独文件的方法。

- 最终将被覆盖的输出文件：output.csv。
- 文件的临时版本：output.csv.tmp。该文件的命名约定有很多种。有时在文件名中加入附加的字符，如~或#，以表示该文件是一个临时的、正在使用的文件。有时该文件在 /tmp 文件系统中。
- 文件的旧版本：name.out.old。最终的输出处理将删除所有以前的 .old 文件。

9.4.2 实战演练

(1) 导入 Path 类。

```
>>> from pathlib import Path
```

(2) 为了便于演示，提供 Namespace 对象模拟参数解析，如下所示。

```
>>> from argparse import Namespace
>>> options = Namespace(
...     target='/Users/slott/Documents/Writing/Python Cookbook/code/output.csv'
... )
```

我们为命令行参数 target 提供了一个模拟值。options 对象的行为与 argparse 模块创建的 options 类似。

(3) 为最终的输出文件创建纯路径。因为输出文件目前还不存在，所以创建纯路径。

```
>>> output_path = Path(options.target)
>>> output_path
PosixPath('/Users/slott/Documents/Writing/Python Cookbook/code/output.csv')
```

(4) 为临时输出文件创建纯路径。临时输出文件将用于创建输出文件。

```
>>> output_temp_path = output_path.with_suffix('.csv.tmp')
```

(5) 将内容写入临时文件。该步骤是应用程序的核心，通常非常复杂，本实例将该步骤简化为仅写入一个字符串。

```
>>> output_temp_path.write_text("Heading1,Heading2\r\n355,113\r\n")
```

该步骤的任何故障都不会影响原始的输出文件，因为还没有用到原始文件。

(6) 删除任何以前的 .old 文件。

```
>>> output_old_path = output_path.with_suffix('.csv.old')
>>> try:
...     output_old_path.unlink()
... except FileNotFoundError as ex:
...     pass # 不存在以前的.old 文件
```

该步骤的任何故障都不会影响原始的输出文件。

(7) 如果已存在该文件，将其重命名为 .old 文件。

```
>>> output_path.rename(output_old_path)
```

该步骤之后的任何故障，都会保留 .old 文件。作为恢复处理的一部分，这个额外文件可以被重命名。

(8) 将临时文件重命名为新的输出文件。

```
>>> output_temp_path.rename(output_path)
```

(9) 此时，通过重命名临时文件，原始输出文件已被覆盖。如果需要将处理过程回滚到以前的状态，那么 .old 文件将会被保留。

9.4.3　工作原理

本实例的处理过程涉及三个单独的操作系统操作，一个取消链接和两个重命名。在处理过程中，可能需要使用 .old 文件恢复以前的良好状态。

显示各个文件状态的时间轴如下所示。我们将内容标记为版本 1（以前的内容）和版本 2（修订后的内容）。

时　　刻	操　　作	.csv.old	.csv	.csv.tmp
t_0		版本 0	版本 1	
t_1	写入	版本 0	版本 1	处理中
t_2	关闭	版本 0	版本 1	版本 2
t_3	删除.csv.old		版本 1	版本 2
t_4	重命名 .csv 为 .csv.old	版本 1		版本 2
t_5	重命名 .csv.tmp 为 .csv	版本 1	版本 2	

虽然导致程序出错的可能性比较多，但对于有效文件并没有什么异议。

❑ 如果存在 .csv 文件，那么该文件就是当前的有效文件。

❑ 如果不存在 .csv 文件，那么 .csv.old 文件是一个可用于恢复的备份副本。

由于这些操作都不涉及实际的文件复制，因此它们都非常快速可靠。

9.4.4　补充知识

在许多情况下，输出文件可以选择根据时间戳创建目录。这种操作可以通过 `pathlib` 模块优雅地实现。例如，我们可能有一个存放旧文件归档目录：

```
archive_path = Path("/path/to/archive")
```

我们可能希望创建用于保留临时文件或正在使用文件的日期戳子目录：

```
import datetime
today = datetime.datetime.now().strftime("%Y%m%d_%H%M%S")
```

然后，可以定义一个工作目录，如下所示：

```
working_path = archive_path / today
working_path.mkdir(parents=True, exists_ok=True)
```

`mkdir()`方法将创建预期目录，`parents=True` 参数确保所有父目录也将被创建。在第一次执行应用程序时，这些设置是很方便的。`exists_ok=True` 参数也非常方便，使用该参数后现有的目录可以重用而不会抛出异常。

`parents=True` 不是默认参数值。在默认情况下 `parents=False`，当父目录不存在时，应用程序将崩溃，因为所需的文件不存在。

`exists_ok=True` 同样不是默认的。在默认情况下，如果目录已存在，则抛出 `FileExists-Error` 异常。除此之外，该参数还包含当目录存在时不抛出异常的选项。

此外，在某些情况下，使用 `tempfile` 模块创建临时文件也是恰当的。该模块可以创建独一无二的文件名。这样，复杂的服务器进程就可以在不考虑文件名冲突的情况下创建临时文件。

9.4.5　延伸阅读

❑ 9.2 节介绍了 `Path` 类的基本知识。

❑ 第 11 章将介绍一些编写单元测试的技术，这些技术可以保证本实例正常运行。

9.5　使用 CSV 模块读取带分隔符的文件

CSV 是一种常用的数据格式，逗号只是众多候选分隔符中的一种。我们可能有一个使用|字符作为数据列之间分隔符的 CSV 文件。这种泛化使得 CSV 文件的功能特别强大。

如何处理各种 CSV 格式的数据？

9.5.1　准备工作

文件内容的摘要叫作模式（schema）。区分模式的两个方面至关重要。

- ❑ **文件的物理格式**：对于 CSV，这意味着文件包含文本。文本被组织成行和列，还有行分隔符和列分隔符。许多电子表格产品使用，作为列分隔符，使用 \r\n 字符序列作为行分隔符。但是，也可以使用其他格式，还可以轻松地更改分隔列和行的标点符号。标点符号的特定组合被称为 CSV 方言（dialect）。
- ❑ **文件中数据的逻辑布局**：即当前数据列的序列。CSV 文件中的逻辑布局处理有几种常见的情况。
  - ■ 文件有一行标题。这是最理想的，很符合 CSV 模块的工作原理。最好的标题是正确的 Python 变量名。
  - ■ 文件没有标题，但列位置是固定的。在这种情况下，当我们打开文件时，可以为文件添加标题。
  - ■ 如果文件没有标题，而且列位置不固定，那么这通常是一个难以解决的严重问题。我们需要附加的模式信息，例如一个单独的列定义列表就能让文件可用。
  - ■ 文件有多行标题。在这种情况下，必须编写特殊的处理过程跳过这些行，还必须使用 Python 中更有用的结构来替代复杂的标题。
  - ■ 更难的情况是文件没有正确遵循**第一范式**（first normal form，1NF）。在第一范式中，每行独立于其他所有行。当文件不满足这种范式时，需要添加一个生成器函数，重新排列数据，使数据满足第一范式。关于规范化数据结构的其他实例，请参阅 4.4 节和 8.3 节。

本实例的背景信息是一个相对简单的 CSV 文件，该文件包含帆船日志记录的一些实时数据，即 waypoints.csv 文件。数据如下所示：

```
lat,lon,date,time
32.8321666666667,-79.9338333333333,2012-11-27,09:15:00
31.6714833333333,-80.93325,2012-11-28,00:00:00
30.7171666666667,-81.5525,2012-11-28,11:35:00
```

数据共有 4 列，为了创建更有用的信息，需要将其重新格式化。

9.5.2　实战演练

(1) 导入 csv 模块和 Path 类。

```
import csv
```

(2) 从 pathlib 导入 PathExamine，分析数据确认以下特征。

- ❑ 列分隔符：','为默认值。
- ❑ 行分隔符：'\r\n'广泛应用于 Windows 和 Linux。这种分隔符可能是 Excel 文件的一个特征，但它很常见。Python 的通用换行符特征意味着 Linux 标准的'\n'也可以用作行分隔符。
- ❑ 是否存在单行标题。如果不存在，可以单独提供此信息。

(3) 创建一个标识文件的 Path 对象。

```
data_path = Path('waypoints.csv')
```

(4) 使用 Path 对象在 with 语句中打开文件。

```
with data_path.open() as data_file:
```

有关 with 语句的更多信息，请参阅 9.3 节。

(5) 从打开的文件对象创建 CSV 读取器。这些代码应当包含在 with 语句内并正确缩进。

```
data_reader = csv.DictReader(data_file)
```

(6) 读取（和处理）各种数据行。这些代码应当包含在 with 语句内并正确缩进。本例的处理只是简单地打印数据。

```
for row in data_reader:
    print(row)
```

输出是一系列字典，如下所示：

```
{'date': '2012-11-27',
 'lat': '32.8321666666667',
 'lon': '-79.9338333333333',
 'time': '09:15:00'}
```

由于数据行已转换为字典，因此列数据并不是原始的顺序。如果使用 pprint 模块中的 pprint()，那么键将按字母顺序排序。现在可以通过引用 row['date'] 处理数据。使用列名称比使用索引位置引用列更具描述性：row[0] 让人难以理解。

9.5.3 工作原理

csv 模块在处理物理格式时，首先将行彼此分开，然后分隔每一行中的列。默认规则确保每个输入行被视为一个单独的行，列由 "," 分隔。

当使用列分隔符作为数据的一部分时，会发生什么后果？假设数据如下所示：

```
lan,lon,date,time,notes
32.832,-79.934,2012-11-27,09:15:00,"breezy, rainy"
31.671,-80.933,2012-11-28,00:00:00,"blowing ""like stink"""
```

notes 列的第一行数据中包含 "," 列分隔符。CSV 的规则允许列的值由引号包围。默认情况下，引号是 "。在这些引号包围的内容中，列分隔符和行分隔符将被忽略。

为了在引号包围的字符串中嵌入引号字符，需要使用两个引号字符。第二个示例行说明了 "blowing "like stink"" 值是如何被编码的：在被引号包围的列中使用引号字符时，使用了两个。这些引号规则意味着 CSV 文件可以表示字符的任何组合，包括行分隔符和列分隔符。

CSV 文件中的值始终为字符串。字符串值 7331 在我们看来可能是一个数，但在使用 csv 模块处理时，它只是文本。CSV 文件的这种特点使处理过程简单而又统一，但对于用户来说可能不方便。

某些 CSV 数据是从数据库或 Web 服务器等软件中导出的。这些数据往往是最容易使用的，因为不同的行往往是以统一的方式组织起来的。

当数据保存在手动创建的电子表格中时，这些数据可能揭示了桌面软件内部数据显示规则的古怪行为。例如，数据在桌面软件上显示为一个日期，但在 CSV 文件中显示为一个简单的浮点数。

日期数字问题有两种解决方案。一种方案是在源电子表格中添加一列，将日期格式化为字符串。理想情况下，这种处理是使用 ISO 规则完成的，以便日期以 YYYY-MM-DD 格式表示。另一种解决方案是将电子表格日期识别为经过某个划时代日期（epochal date）的秒数。划时代日期略有不同，但通常是 1900 年 1 月 1 日或 1904 年 1 月 1 日。

9.5.4　补充知识

正如 8.7 节所示，对于源数据，通常需要一系列的处理流程，包括源数据的清洗和转换。本实例没有需要消除的额外行，但是，每列数据需要转换为更有用的形式。

为了将数据转换为更有用的形式，我们将使用两段式设计。首先，定义一个行级的清洗函数。本例通过添加额外的列值来更新行级字典对象：

```
import datetime
def clean_row(source_row):
    source_row['lat_n']= float(source_row['lat'])
    source_row['lon_n']= float(source_row['lon'])
    source_row['ts_date']= datetime.datetime.strptime(
        source_row['date'],'%Y-%m-%d').date()
    source_row['ts_time']= datetime.datetime.strptime(
        source_row['time'],'%H:%M:%S').time()
    source_row['timestamp']= datetime.datetime.combine(
        source_row['ts_date'],
        source_row['ts_time']
        )
    return source_row
```

我们创建了新的列值，lat_n 和 lon_n，它们的值是浮点值而不是字符串。我们通过解析日期和时间值来创建 datetime.date 和 datetime.time 对象，并将日期和时间合并为 timestamp 列的值。

在拥有清洗和充实数据的行级函数之后，就可以将这个函数应用到数据源中的每一行了。可以使用 map(clean_row, reader)，或者编写一个包含这个处理循环的函数：

```
def cleanse(reader):
    for row in reader:
        yield clean_row(row)
```

以下代码可以用于从每行中提供更有用的数据：

```
with data_path.open() as data_file:
    data_reader = csv.DictReader(data_file)
    clean_data_reader = cleanse(data_reader)
    for row in clean_data_reader:
        pprint(row)
```

注入 cleanse() 函数来创建一个非常小的转换规则栈。该栈以 data_reader 开头，但是栈内只有一个元素。这是一个好的开始。随着应用软件的不断扩充，它将会进行更多的计算，转换规则栈也将进一步扩展。

经过清洗和充实的行如下所示:

```
{'date': '2012-11-27',
 'lat': '32.8321666666667',
 'lat_n': 32.8321666666667,
 'lon': '-79.9338333333333',
 'lon_n': -79.9338333333333,
 'time': '09:15:00',
 'timestamp': datetime.datetime(2012, 11, 27, 9, 15),
 'ts_date': datetime.date(2012, 11, 27),
 'ts_time': datetime.time(9, 15)}
```

我们添加了列,例如 `lat_n` 和 `lon_n`,它们的值是数值而不是字符串。我们还添加了 `timestamp` 列,该列具有一个完整的日期时间值,可以用于简单计算航点之间的航行时间。

9.5.5 延伸阅读

❑ 关于处理流水线或处理栈概念的更多信息,请参阅 8.7 节。
❑ 关于处理不满足第一范式的 CSV 文件的更多信息,请参阅 4.4 节和 8.3 节。

9.6 使用正则表达式读取复杂格式

许多文件格式缺乏 CSV 文件的优雅规则。Web 服务器日志文件就是一种难以解析的常见文件格式,这些文件往往包含复杂的数据,却没有单一的分隔符或者一致的引号规则。

8.2 节曾经处理过一个简化的日志文件,其内容如下所示:

```
[2016-05-08 11:08:18,651] INFO in ch09_r09: Sample Message One
[2016-05-08 11:08:18,651] DEBUG in ch09_r09: Debugging
[2016-05-08 11:08:18,652] WARNING in ch09_r09: Something might have gone wrong
```

这个文件中使用了多种标点符号,csv 模块无法处理这种复杂情况。

如何用 CSV 文件优雅简单的方式处理这种数据?能否将这些不规则的行转换为更规则的数据结构?

9.6.1 准备工作

解析结构复杂的文件通常需要编写一个类似于 csv 模块中 `reader()` 函数的函数。在某些情况下,创建一个类似于 `DictReader` 类的类更容易。

读取器的核心功能是一个函数,将一行文本转换为单个字段值的字典或元组。通常可以通过 re 包完成这个任务。

在开始编写函数之前,需要开发(并调试)正确解析输入文件中每一行的正则表达式。有关正则表达式的更多信息,请参阅 1.7 节。

本实例将使用以下代码。我们将为行的各种元素定义一个模式字符串,其中包含一系列正则表达式。

```
>>> import re
>>> pattern_text = (r'\[(\d+-\d+-\d+ \d+:\d+:\d+,\d+)\]'
...     '\s+(\w+)'
...     '\s+in'
...     '\s+([\w_\.]+):'
...     '\s+(.*)')
>>> pattern = re.compile(pattern_text)
```

日期时间（date-time）戳由各种数字、连字符、冒号和一个逗号组成，并被[和]包围。我们必须使用\[和\]避免与正则表达式中[和]的正常含义冲突。日期戳的后面是严重性级别，这是一组字符。in 可以忽略，不需要()来捕获匹配的数据。模块名称是用字符类 \w 总结的字符串序列，还包含_和.。模块名称后面额外的字符：也可以忽略。最后，有一条消息延伸到行尾。我们已经将重要的数据字符串包裹在()中，这样就可以将它们作为正则表达式处理的一部分来捕获。

请注意，我们还添加了\s+序列，这样是为了静默地跳过任意数量类似空格的字符。样本数据好像全部都使用一个空格作为分隔符。然而，在匹配空白时，使用\s+似乎是一种更通用的方法，因为它允许有多余的空格。

这种模式的使用效果如下所示：

```
>>> sample_data = '[2016-05-08 11:08:18,651] INFO in ch09_r09: Sample Message One'
>>> match = pattern.match(sample_data)
>>> match.groups()
('2016-05-08 11:08:18,651', 'INFO', 'ch09_r09', 'Sample Message One')
```

我们提供了一行样本数据。匹配对象 match 的 groups()方法可以返回每个字段。可以使用(?P<name>...)代替简单的(...)，将字段内容转换为带命名字段的字典。

9.6.2　实战演练

本实例分为两个部分：定义单个行的解析函数，将解析函数应用于每行输入。

1. 定义解析函数

执行以下步骤定义解析函数。

(1) 定义编译过的正则表达式对象。

```
import re
pattern_text = (r'\[(?P<date>\d+-\d+-\d+ \d+:\d+:\d+,\d+)\]'
    '\s+(?P<level>\w+)'
    '\s+in\s+(?P<module>[\w_\.]+):'
    '\s+(?P<message>.*)')
pattern = re.compile(pattern_text)
```

使用(?P<name>...)正则表达式结构为捕获的每个组提供名称。得到的字典将与 csv.DictReader 的结果相同。

(2) 定义接受一行文本作为参数的函数。

```
def log_parser(source_line):
```

（3）应用正则表达式，创建一个匹配对象。把该对象赋值给 match 变量。

```
match = pattern.match(source_line)
```

（4）如果匹配对象为 None，则该行不匹配模式，可能被静默地跳过。在一些应用程序中，应该以某种方式记录，以提供有助于调试或改进应用程序的信息。为无法解析的输入行抛出异常也是有意义的。

```
if match is None:
    raise ValueError(
        "Unexpected input {0!r}".format(source_line))
```

（5）从输入行返回一个有用的数据结构。

```
return match.groupdict()
```

该函数可用于解析每行输入。文本将被转换成为具有字段名称和值的字典。

2. 使用解析函数

（1）导入 csv 模块和 Path 类。

```
import csv
```

（2）从 pathlib 导入 PathCreate，Path 对象用于标识文件。

```
data_path = Path('sample.log')
```

（3）使用 Path 对象在 with 语句中打开文件。

```
with data_path.open() as data_file:
```

 有关 with 语句的更多信息，请参阅 9.3 节。

（4）从打开的文件对象 data_file 创建日志文件解析器。本例将使用 map() 把解析器应用于源文件中的每一行。

```
data_reader = map(log_parser, data_file)
```

（5）读取（并处理）各行数据。对于本例，处理只是简单地打印各行数据。

```
for row in data_reader:
    pprint(row)
```

输出是一系列字典，如下所示：

```
{'date': '2016-05-08 11:08:18,651',
 'level': 'INFO',
 'message': 'Sample Message One',
 'module': 'ch09_r09'}
{'date': '2016-05-08 11:08:18,651',
 'level': 'DEBUG',
 'message': 'Debugging',
 'module': 'ch09_r09'}
{'date': '2016-05-08 11:08:18,652',
```

'level': 'WARNING',

```
'level': 'WARNING',
'message': 'Something might have gone wrong',
'module': 'ch09_r09'}
```

比起一行原始文本，我们可以对这些字典做更多有意义的处理。比如，按严重性级别过滤数据，或者基于提供消息的模块创建一个 Counter。

9.6.3　工作原理

本实例所使用的日志文件是典型遵循第一范式的文件。数据被组织为代表独立实体或事件的行。每行都有数量一致的属性或列，每列都有不能进一步分解的原子性数据。与 CSV 文件不同，该文件的格式需要使用复杂的正则表达式来解析。

在日志文件示例中，时间戳包含多个单独的元素——年、月、日、小时、分钟、秒和毫秒，但是进一步分解时间戳时几乎没有任何价值。将时间戳用作一个 datetime 对象可能更有帮助，我们应当从该对象派生详细信息（如当天的时间），而不是将各个字段组合成新的复合数据。

在复杂的日志处理应用程序中，可能会有多种消息字段，需要使用不同的模式来解析这些消息类型。当我们需要这样做时，就说明日志中的不同行在格式和属性数量上是不一致的，打破了第一范式的假设。

在数据不一致的情况下，我们不得不创建更复杂的解析器，这可能包括复杂的过滤规则，以分离可能出现在 Web 服务器日志文件中的各种信息。这可能涉及解析该行的一部分，以确定使用哪个正则表达式解析该行的其余部分。

本实例依赖于使用高阶函数 map()。map() 函数将 log_parse() 函数应用于源文件的每一行。这种直接简单性保证创建的数据对象的数量将精确地匹配日志文件中的行数。

我们一般遵循 9.5 节中的设计模式，因此读取复杂日志的方式几乎与读取简单的 CSV 文件相同。实际上，主要区别在于一行代码：

```
data_reader = csv.DictReader(data_file)
```

相比之下：

```
data_reader = map(log_parser, data_file)
```

这种平行结构可以让我们在多种输入文件格式中重用分析函数。我们也可以创建一个能够在多个数据源上使用的工具库。

9.6.4　补充知识

在读取非常复杂的文件时，最常见的一种操作是将复杂的格式重写为更易于处理的格式。我们经常希望将数据保存为 CSV 格式，以备随后处理。

本实例有些类似于 9.12 节，也显示了多个打开的上下文。我们将首先读取一个文件，然后写入另一个文件。

文件写入处理如下所示：

```
import csv
data_path = Path('sample.log')
target_path = data_path.with_suffix('.csv')
with target_path.open('w', newline='') as target_file:
    writer = csv.DictWriter(
        target_file,
        ['date', 'level', 'module', 'message']
        )
    writer.writeheader()

    with data_path.open() as data_file:
        reader = map(log_parser, data_file)
        writer.writerows(reader)
```

该脚本的第一部分定义了一个给定文件的 CSV 写入器（writer）。输出文件的路径 target_path
基于输入名称 data_path。后缀从原始文件名的后缀更改为 .csv。

该文件打开时，通过 newline='' 选项关闭了换行符。这将允许 csv.DictWriter 类插入适合
于所需 CSV 方言的换行符。

创建一个 DictWriter 对象写入指定的文件。我们提供了一个列标题序列。这些标题必须与用于
将每行写入文件的键匹配。我们可以看到这些标题匹配生成数据的正则表达式的 (?P<name>...) 部分。

writeheader() 方法将列名称作为输出的第一行。这样读取文件就稍微容易一些，因为提供了列
名。CSV 文件的第一行可以是一种显式的模式定义，这种模式定义说明了文件存在哪些数据。

打开源文件，如上述实例所示。由于 csv 模块写入器的工作方式，我们可以为写入器的
writerows() 方法提供 reader() 生成器函数。writerows() 方法将使用由 reader() 函数产生的所
有数据。由打开的文件生成的所有行将依次被使用。

不需要编写任何显式的 for 语句来确保处理了所有输入行，writerows() 函数提供了这个保证。
输出文件如下所示：

```
date,level,module,message
"2016-05-08 11:08:18,651",INFO,ch09_r09,Sample Message One
"2016-05-08 11:08:18,651",DEBUG,ch09_r09,Debugging
"2016-05-08 11:08:18,652",WARNING,ch09_r09,Something might have gone wrong
```

该文件已经从复杂的输入格式转换为了更简单的 CSV 格式。

9.6.5 延伸阅读

❏ 8.2 节介绍了这种日志格式的其他处理过程。
❏ 9.5 节介绍了使用这种常用设计模式的其他应用程序。
❏ 9.10 节和 9.11 节将讨论更复杂的处理技术。

9.7 读取 JSON 文档

用于序列化数据的 JSON 格式非常流行。更多详细信息，请参阅 http://json.org。Python 的 json

模块使用 JSON 格式序列化和反序列化数据。

　　JavaScript 应用程序广泛使用 JSON 文档。在基于 Python 的服务器和基于 JavaScript 的客户端之间使用 JSON 文档交换数据是很常见的。这个两层的应用程序架构通过 HTTP 协议发送 JSON 文档进行通信。有趣的是，数据持久层也可能使用 HTTP 协议和 JSON 文档。

　　如何使用 json 模块解析 Python 中的 JSON 数据？

9.7.1　准备工作

　　我们收集了一些帆船比赛结果，将其存放在 race_result.json 中。该文件包含队伍、赛程和各个队伍完成比赛的顺序等相关信息。

　　当船没有开始比赛、没有完成比赛或被取消比赛资格时，会出现空值（null）。在这些情况下，完成位置的得分比前一个位置多一分。如果有 7 艘船，那么这个队就有 8 分。这是一个巨大的惩罚。[①]

　　该数据的模式如下所示。整个文档有两个字段。

❑ legs：显示起始港口和结束港口的字符串数组。

❑ teams：包含每个队伍详细信息的对象数组。在每个队伍对象中，包含以下数据字段。

■ name：队伍名称字符串。

■ position：表示位置的整数或 null 组成的数组。该数组中的元素顺序匹配 legs 数组中的元素顺序。

　　数据如下所示：

```
{
  "teams": [
    {
      "name": "Abu Dhabi Ocean Racing",
      "position": [
        1,
        3,
        2,
        2,
        1,
        2,
        5,
        3,
        5
      ]
    },
    ...
  ],
  "legs": [
    "ALICANTE - CAPE TOWN",
    "CAPE TOWN - ABU DHABI",
    "ABU DHABI - SANYA",
    "SANYA - AUCKLAND",
```

---

　　① 帆船比赛积分越低成绩越好。——译者注

```
        "AUCKLAND - ITAJA\u00cd",
        "ITAJA\u00cd - NEWPORT",
        "NEWPORT - LISBON",
        "LISBON - LORIENT",
        "LORIENT - GOTHENBURG"
    ]
}
```

上述数据只显示了第一支队伍，在这场比赛中共有 7 支队伍。

JSON 格式的数据看起来像一个包含列表的 Python 字典。Python 语法和 JSON 语法之间的这种重叠可以被认为是一种巧合：可以更容易地显示从 JSON 源文档构建的 Python 数据结构。

并不是所有 JSON 结构都是 Python 对象。有趣的是，JSON 文档有一个可以映射到 Python 的 None 对象的空元素（null），它们的意思类似，但语法不同。

此外，数据中的一个字符串包含 Unicode 转义序列\u00cd，而不是实际的 Unicode 字符í。这是一种常见的技术，用于编码 128 个 ASCII 字符以外的字符。

9.7.2 实战演练

(1) 导入 json 模块。

```
>>> import json
```

(2) 定义一个标识待处理文件的 Path 对象。

```
>>> from pathlib import Path
>>> source_path = Path("code/race_result.json")
```

json 模块目前并不直接使用 Path 对象。因此，读取内容作为文本对象并处理该文本对象。

(3) 通过解析 JSON 文档创建一个 Python 对象。

```
>>> document = json.loads(source_path.read_text())
```

我们使用 source_path.read_text()读取由 Path 命名的文件,然后将这个字符串提供给 json.loads()函数进行解析。

解析文档并创建一个 Python 字典之后，就可以看到数据的各个部分。例如，teams 字段包含每支队伍的所有结果。该结果是一个数组，数组中下标为 0 的元素是第一支队伍。

每支队伍的数据都将是一个具有 name 键和 position 键的字典。可以组合各种键以获得第一支队伍的名字：

```
>>> document['teams'][0]['name']
'Abu Dhabi Ocean Racing'
```

还可以通过 legs 字段查看比赛的每一个赛程的名字：

```
>>> document['legs'][5]
'ITAJAí - NEWPORT
```

请注意，JSON 源文件包含一个 Unicode 转义序列'\u00cd'。该转义序列被正确解析，Unicode 输出显示了正确的í字符。

9.7.3 工作原理

JSON 文档是使用 JavaScript 对象表示法（JavaScript Object Notation）的数据结构。JavaScript 程序可以轻松地解析 JSON 文档，其他语言必须经过更多处理才能将 JSON 转换为原生数据结构。

JSON 文档包含 3 种结构。

- **对象，对应 Python 字典**：JSON 具有类似于 Python 的语法，`{"key": "value"}`。与 Python 不同的是，JSON 只使用 `"` 作为字符串引号。JSON 标记不允许在字典值的结尾有一个额外的，。除此之外，两种表示方法是相似的。
- **数组，对应 Python 列表**：JSON 语法使用 `[item, ...]` 表示，看起来很像 Python。JSON 不允许在数组值的末尾有额外的，。
- **原始值**：包含 5 类值（字符串、数、`true`、`false` 和 `null`）。字符串被包围在 `"` 中并使用与 Python 类似的各种 `\escape` 序列。数遵循浮点值的规则。其他 3 个值是简单的字面量，与 Python 的 `True`、`False` 和 `None` 字面量类似。

JSON 没有再规定任何其他类型的数据。这意味着 Python 程序必须将复杂的 Python 对象转换为更简单的表示形式，以便可以用 JSON 格式序列化。

相反，我们经常应用其他转换从简化的 JSON 表示中重建复杂的 Python 对象。`json` 模块的一些功能可以对简单的结构应用附加的处理，来创建更复杂的 Python 对象。

9.7.4 补充知识

一般来说，一个 JSON 文件只包含一个 JSON 文档。JSON 标准没有提供在单个文件中编码多个文档的简单方法。例如，如果要分析一个 Web 日志，那么 JSON 可能不是保存大量信息的最佳格式。

我们还经常需要解决另外两个问题。

- 序列化复杂对象，以便写入文件。
- 从文件中读取的文本反序列化复杂对象。

当 Python 对象的状态被表示为文本字符的字符串时，我们就序列化（serialize）了该对象。许多 Python 对象需要保存在文件中或者传输到另一个处理中。这些转移需要使用对象状态的表示。本实例将分别介绍序列化和反序列化。

1. 序列化复杂的数据结构

我们也可以通过 Python 数据结构创建 JSON 文档。因为 Python 非常精巧灵活，所以可以轻松创建那些不能用 JSON 表示的 Python 数据结构。

如果创建的 Python 对象只限于简单的 `dict`、`list`、`str`、`int`、`float`、`bool` 和 `None` 值，那么将它们序列化为 JSON 的效果最好。如果我们足够谨慎，就可以构建能快速序列化的对象，并可以被用不同语言编写的程序广泛使用。

这些类型的值都不涉及 Python `set` 或其他类定义。这意味着我们需要将复杂的 Python 对象转换为字典，以便在 JSON 文档中表示。

例如，假设我们分析了一些数据并创建了一个 `Counter` 对象：

```
>>> import random
>>> random.seed(1)
>>> from collections import Counter
>>> colors = (["red"]*18)+(["black"]*18)+(["green"]*2)
>>> data = Counter(random.choice(colors) for _ in range(100))
Because this data is - effectively - a dict, we can serialie this very easily into JSON:
>>> print(json.dumps(data, sort_keys=True, indent=2))
{
  "black": 53,
  "green": 7,
  "red": 40
}
```

我们以 JSON 格式转储了数据，并按键的顺序排列，这样就保证了一致的输出。参数 `indent=2`
则使每个 `{}` 对象和 `[]` 数组以可视化缩进的形式显示，以便于查看文档的结构。

可以使用相对简单的操作写入文件：

```
output_path = Path("some_path.json")
output_path.write_text(
    json.dumps(data, sort_keys=True, indent=2))
```

重新读取该文档时，不会从 JSON 加载操作中获取一个 `Counter` 对象，而是只会得到一个字典实
例。这是将 Python 复杂对象简化为 JSON 的后果。

`datetime.datetime` 对象是一种不容易序列化的常用数据结构。尝试序列化该对象的结果如下
所示：

```
>>> import datetime
>>> example_date = datetime.datetime(2014, 6, 7, 8, 9, 10)
>>> document = {'date': example_date}
```

我们创建了一个只有单个字段的简单文档。该字段的值是一个 `datetime` 实例。当我们尝试将其
序列化为 JSON 格式时，会发生什么情况？

```
>>> json.dumps(document)
Traceback (most recent call last):
  ...
TypeError: datetime.datetime(2014, 6, 7, 8, 9, 10) is not JSON serializable
```

上述代码表明无法序列化的对象将抛出 `TypeError` 异常。避免这种异常的方法有两种：在构建
文档之前转换数据，或者在 JSON 序列化处理中添加一个钩子（hook）。

一种序列化复杂数据的技术可以将 `datetime` 对象转换为字符串，然后将其序列化为 JSON：

```
>>> document_converted = {'date': example_date.isoformat()}
>>> json.dumps(document_converted)
'{"date": "2014-06-07T08:09:10"}'
```

上述代码使用 ISO 格式的日期创建可序列化的字符串。读取该数据的应用程序可将字符串转换回
`datetime` 对象。

另一种技术是，提供一个在序列化过程中自动使用的默认函数。该函数必须将复杂对象转换为可
以安全序列化的对象。它通常会创建一个由字符串和数值组成的简单字典，也可能创建一个简单的字
符串值：

```
>>> def default_date(object):
...     if isinstance(object, datetime.datetime):
...         return example_date.isoformat()
...     return object
```

我们定义了 `default_date()` 函数，该函数将特殊转换规则应用于 `datetime` 对象。这些 `datetime` 对象将被转换为可以被 `json.dumps()` 函数序列化的字符串对象。

使用 `default` 参数将该函数提供给 `dumps()` 函数，如下所示：

```
>>> document = {'date': example_date}
>>> print(
...     json.dumps(document, default=default_date, indent=2))
{
  "date": "2014-06-07T08:09:10"
}
```

在任何给定的应用程序中，都需要扩展该函数来处理我们希望以 JSON 格式序列化的复杂 Python 对象。如果面对大量复杂的数据结构，那么通常需要一个更通用的解决方案，而不是将每个对象转换为可序列化的对象。许多设计模式都可以添加类型信息以及对象状态的序列化细节。

2. 反序列化复杂的数据结构

当反序列化 JSON 来创建 Python 对象时，可以使用另一个钩子将 JSON 字典中的数据转换为更复杂的 Python 对象。这个钩子名为 `object_hook`，将在 `json.loads()` 处理过程中使用，用于检查每个复杂对象是否应该从该字典创建其他内容。

我们提供的函数要么创建一个复杂的 Python 对象，要么只留下该字典对象：

```
>>> def as_date(object):
...     if 'date' in object:
...         return datetime.datetime.strptime(
...             object['date'], '%Y-%m-%dT%H:%M:%S')
...     return object
```

该函数将检查被解码的每个对象，查看其是否有一个名称为 `date` 的字段。如果有，那么整个对象的值将被替换为一个 `datetime` 对象。

我们为 `json.loads()` 函数提供一个函数，如下所示：

```
>>> source= '''{"date": "2014-06-07T08:09:10"}'''
>>> json.loads(source, object_hook=as_date)
datetime.datetime(2014, 6, 7, 8, 9, 10)
```

上述代码解析了一个很小的 JSON 文档，该文档包含 `date`，符合我们设定的条件。JSON 序列化中的字符串值构建了最终的 Python 对象。

在更广阔的情景中，上述处理日期的特殊示例不是很理想。如果存在一个 `'date'` 字段来表示日期对象，可能会导致使用 `as_date()` 函数反序列化复杂对象的问题。

更常用的方法可能会使用一些非 Python 的技术，比如 `'$date'`。另一个功能将确认特殊表示是否是该对象的唯一键。当满足这两个条件时，就可以对该对象进行特殊处理。

我们也可能希望设计应用程序类，以提供其他方法来帮助序列化。一个类可能包含一个 `to_json()` 方法，它将以统一的方式序列化对象。该方法会提供类的信息，它可以避免序列化任何派生属性或计算特性。类似地，我们可能需要提供一个静态 `from_json()`方法，用来确定给定字典对象是否是给定类的一个实例。

9.7.5　延伸阅读

❑ 9.9 节将展示使用 HTML 源代码为本实例准备数据的方法。

9.8　读取 XML 文档

XML 标记语言广泛用于组织数据。有关 XML 的详细信息，请参阅 http://www.w3.org/TR/REC-xml/。Python 有许多用于解析 XML 文档的库。

XML 之所以被称为标记语言，是因为文档内容由`<tag>`和`</tag>`结构标记，这种成对出现的标记定义了数据的结构。整个文件包括文档内容以及 XML 标记文本。

因为标记与文本混合在一起，所以必须使用一些额外的语法规则。为了在数据中包含`<`字符，我们将使用 XML 字符实体引用来避免混淆。为了能够在文本中包含`<`，我们使用了`&lt;`。类似地，用`&gt;`来代替`>`，用`&amp;`来代替`&`，用`&quot;`在属性值中嵌入`"`。

例如，一个 XML 文档包含以下元素：

```
<team><name>Team SCA</name><position>...</position></team>
```

大多数 XML 处理应用程序允许 XML 中存在额外的 `\n` 和空格，因为这样结构会更加明显：

```
<team>
    <name>Team SCA</name>
    <position>...</position>
</team>
```

标签通常围绕着内容。整个文档形成了一个大型嵌套的容器集合。换句话说，文档形成了一棵树，其中根标签包含其他所有标签及其嵌入的内容。在本示例中，标签之间的完全空白内容将被忽略。

使用正则表达式解析 XML 文档是非常困难的。我们需要更复杂的解析器来处理嵌套语法。

Python 内置的 `xml.sax` 和 `xml.parsers.expat` 可以利用两个能解析 XML-SAX 和 Expat 的二进制库。

除此之外，`xml.etree` 包中还有一个复杂的工具集。本实例重点使用 `ElementTree` 模块解析和分析 XML 文档。

如何使用 `xml.etree` 模块在 Python 中解析 XML 数据？

9.8.1　准备工作

我们收集了一些帆船比赛结果，将其存放在 race_result.xml 中，该文件包含队伍、赛程和各个队伍完成比赛的顺序等相关信息。

当船没有开始比赛、没有完成比赛或被取消比赛资格时，会出现空值（null）。在这些情况下，完成位置的得分比前一个位置多一分。如果有 7 艘船，那么这个队就有 8 分。这是一个巨大的惩罚。

根标签是文档，该文档具有以下模式。

❑ <legs>标签包含命名比赛每一个赛程的<leg>标签。在文本中，赛程的名称包含一个起始港口和一个结束港口。

❑ <teams>标签包含许多<team>标签以及每个队伍的详细信息。每个队伍信息内部都包含用标签组织的数据结构。

■ <name>标签包含队伍的名称。

■ <position>标签包含许多<leg>标签以及给定赛程的完成位置。每个赛程都已编号，编号匹配<legs>标签中的赛程定义。

数据如下所示：

```
<?xml version="1.0"?>
<results>
    <teams>
        <team>
            <name>
                Abu Dhabi Ocean Racing
            </name>
            <position>
                <leg n="1">
                    1
                </leg>
                <leg n="2">
                    3
                </leg>
                <leg n="3">
                    2
                </leg>
                <leg n="4">
                    2
                </leg>
                <leg n="5">
                    1
                </leg>
                <leg n="6">
                    2
                </leg>
                <leg n="7">
                    5
                </leg>
                <leg n="8">
                    3
                </leg>
                <leg n="9">
                    5
                </leg>
            </position>
        </team>
        ...
    </teams>
    <legs>
```

```
        ...
      </legs>
</results>
```

上述数据只显示了第一支队伍，在这场比赛中共有 7 支队伍。

在 XML 文档中，应用程序数据出现在两种位置。一种位置是标签之间。例如<name>Abu Dhabi Ocean Racing</name>。<name>是标签，<name>和</name>之间的文本是该标签的值。

此外，数据还可以作为标签的属性。例如，在<leg n="1">中，<leg>是标签，该标签有一个属性 n，值为 1。一个标签可以具有不定数量的属性。

<leg>标签包括赛程编号属性 n，以及以标签内文本形式给出的队伍在赛程中的位置。常用的方法是把重要的数据放在标签内，补充或澄清的数据放在属性中。两种规则之间的界限非常模糊。

XML 允许使用**混合内容模型**（mixed content model）。这种模型反映了 XML 与文本混合的情况，XML 标签的内部和外部都会有文本。混合内容的示例如下：

```
<p>This has <strong>mixed</strong> content.</p>
```

有些文本在<p>标签内部，有些文本在<strong>标签内部。<p>标签的内容是文本和标签的混合。

我们将使用 xml.etree 模块解析数据，这涉及从文件读取数据并将数据提供给解析器。最终得到的文档将非常复杂。

我们没有为示例数据提供正式的模式定义，也没有提供**文档类型定义**（document type definition, DTD）。所以 XML 默认为混合内容模式，而且不能根据模式或 DTD 验证 XML 结构。

9.8.2　实战演练

(1) 本实例需要使用 xml.etree 模块和 pathlib 模块。

```
>>> import xml.etree.ElementTree as XML
>>> from pathlib import Path
```

为了便于输入，将 ElementTree 模块的名称改为 XML，也可以将其重命名为 ET。

(2) 定义查找源文档的 Path 对象。

```
>>> source_path = Path("code/race_result.xml")
```

(3) 通过解析源文件创建文档的内部 ElementTree 版本。

```
>>> source_text = source_path.read_text(encoding='UTF-8')
>>> document = XML.fromstring(source_text)
```

XML 解析器不能轻易地直接处理 Path 对象。我们选择从 Path 对象读取文本，然后再解析文本。

获取文档内容后，就可以搜索相关的数据片段了。本例使用 find()方法查找给定标签的第一个实例：

```
>>> teams = document.find('teams')
>>> name = teams.find('team').find('name')
>>> name.text.strip()
'Abu Dhabi Ocean Racing'
```

我们先找到了<teams>标签，然后在该列表中找到<team>标签的第一个实例。在该<team>标签中，找到了第一个<name>标签，获取了队伍名称的值。

因为 XML 是一种混合内容模型，所以文档内容中所有的 \n、\t 和空格字符都被保存在数据中。我们很少需要这些空白内容，使用 strip() 方法删除重要内容前后所有无关的字符十分有意义。

9.8.3　工作原理

XML 解析器模块基于文档对象模型（document object model，DOM）将 XML 文档转换为相当复杂的对象。在使用 etree 模块的情况下，文档由通常代表标签和文本的 Element 对象构建。

XML 的规则还包含处理指令和注释，XML 处理应用程序通常忽略这些内容。

XML 解析器通常具有两个操作级别。对于低操作级别，解析器识别事件。解析器发现的事件包括元素开始、元素结束、注释开始、注释结束、长文本以及相似的词汇对象。对于高操作级别，这些事件用于构建文档的各种 Element。

每个 Element 实例都有一个标签、文本、属性和尾字符串（tail）。标签是<tag>中的名称。属性是标签名称后面的字段。例如，<leg n="1">标签具有标签名称 leg 和名为 n 的属性。在 XML 中，属性值始终是字符串。

文本包含在标签的起始标签和闭合标签之间。因此，在标签<name>Team SCA</name>中，"Team SCA"为 Element 的 text 属性的值，该 Element 表示<name>标签。

请注意，标签还有一个尾字符串属性：

```
<name>Team SCA</name>
<position>...</position>
```

在闭合标签</name>和起始标签<position>之间有一个 \n 字符。这就是<name>标签的尾字符串。在使用混合内容模型时，尾字符串值很重要。在使用非混合内容模型时，尾字符串值一般为空白。

9.8.4　补充知识

因为不能将 XML 文档简单地转换为 Python 字典，所以需要一种搜索文档内容的简便方法。ElementTree 模块提供了一种搜索技术，这种技术是 XML 路径语言（XML path language，XPath）的部分实现。XML 路径语言用于确定 XML 文档中的某个位置。XPath 给我们带来了很大的灵活性。

XPath 查询通常与 find()方法和 findall()方法一起使用。查找所有名称的方法如下所示：

```
>>> for tag in document.findall('teams/team/name'):
...     print(tag.text.strip())
Abu Dhabi Ocean Racing
Team Brunel
Dongfeng Race Team
MAPFRE
Team Alvimedica
Team SCA
Team Vestas Wind
```

我们查找了顶层的 `<teams>` 标签。我们需要该标签中的 `<team>` 标签。在这些 `<team>` 标签中，我们需要 `<name>` 标签。上述代码将搜索该嵌套标签结构的所有实例。

我们也可以搜索属性值。这样就可以方便地找到所有队伍在比赛特定赛程中的位置。在每个队伍 `<position>` 标签内的 `<leg>` 标签中就可以找到所需数据。

此外，每个 `<leg>` 标签都有一个属性 n 的值，该值显示了比赛赛程的编号。使用属性 n 的值从 XML 文档中提取特定数据的代码如下所示：

```
>>> for tag in document.findall("teams/team/position/leg[@n='8']"):
...     print(tag.text.strip())
3
5
7
4
6
1
2
```

上述代码显示了在比赛第 8 赛程中每个队伍的完成位置。我们找到了所有 `<leg n="8">` 标签并显示了标签中的文本。用这些文本匹配队伍名称可以发现，在这个赛程中，Team SCA 第一个完成了比赛，Dongfeng Race Team 最后一个完成比赛。

9.8.5　延伸阅读

❑ 9.9 节将展示使用 HTML 源代码为本实例准备数据的方法。

9.9　读取 HTML 文档

Web 上的大量内容都是使用 HTML 标记呈现的。浏览器非常好地渲染了数据。如何解析这些数据，并从显示的网页中提取有意义的内容？

可以使用标准库的 `html.parser` 模块，但是用处不大。该模块只能提供低级词汇扫描信息，不能提供描述原始网页的高级数据结构。

本实例将使用 Beautiful Soup 模块解析 HTML 页面。该模块可以通过 Python 包索引（python package index，PyPI）获得。请参阅 https://pypi.python.org/pypi/beautifulsoup4。

该模块必须下载并安装才能使用。使用 pip 命令通常能很好地做到这一点。

pip 命令非常简单，如下所示：

```
pip install beautifulsoup4
```

对于 Mac OS X 和 Linux 用户，需要使用 `sudo` 命令来提升用户权限：

```
sudo pip install beautifulsoup4
```

该命令将提示输入用户的密码。用户必须能够获得 root 权限。

在极少数情况下，计算机上安装了多个版本的 Python，请务必使用匹配版本的 pip。在某些情况下，可能需要使用以下命令：

```
sudo pip3.5 install beautifulsoup4
```

上述命令使用了 Python 3.5 版的 `pip`。

9.9.1 准备工作

我们收集了一些帆船比赛结果，将其存放在 Volvo Ocean Race.html 中，该文件包含队伍、赛程和各个队伍完成比赛的顺序等相关信息。这些数据是从沃尔沃海洋赛（Volvo Ocean Race）网站上采集的，在浏览器中打开时看起来很棒。

HTML 标记与 XML 非常相似，内容由`<tag>`标记包裹，`<tag>`标记显示数据的结构和表示。HTML 比 XML 先出现，XHTML 标准协调了这两种标记。但是，我们必须兼容较旧的 HTML，甚至没有正确结构化的 HTML。不完整的 HTML 使分析来自万维网的数据变得非常困难。

HTML 页面往往包含大量负载，比如代码、样式表，以及不可见的元数据。页面的内容可能充斥着广告和其他信息。通常，HTML 页面具有以下结构：

```
<html>
    <head>...</head>
    <body>...</body>
</html>
```

`<head>`标签中可能包含 JavaScript 库的链接和**层叠样式表**（cascading style sheet，CSS）文档的链接。JavaScript 库通常用于提供交互功能，层叠样式表通常用于定义内容的呈现。

网页的大部分内容都在`<body>`标签中。许多网页提供了非常复杂的内容。网页设计是一门精妙的艺术，要使网页内容在大多数浏览器上看起来都不错。但是，跟踪网页上的相关数据可能很困难，因为网页设计重点关注用户的浏览，而不是自动化工具的处理。

在本例中，比赛结果在一个 HTML 的`<table>`标签中，很容易找到。页面相关内容的整体结构如下所示：

```
<table>
    <thead>
        <tr>
            <th>...</th>
            ...
        </tr>
    </thead>
    <tbody>
        <tr>
            <td>...</td>
            ...
        </tr>
        ...
    </tbody>
</table>
```

`<thead>`标签包含表格的列标题。在`<thead>`标签中，表格行标签`<tr>`和表格标题标签`<th>`包含列标题的内容。内容有两部分。基本显示内容是表示比赛每一个赛程的数字，这是标签的内容。除了基本显示内容之外，还有一个由 JavaScript 函数使用的属性值。当光标悬停在列标题上时，将显示该属性值。JavaScript 函数弹出赛程名称。

<tbody>标签包括队伍名称和每场比赛的结果。表格行（<tr>）包含每个队伍的详细信息。队伍名称（以及图形和总体排名）显示在表格数据的前三列中。表格数据的剩余列包含比赛给定赛程的完成位置。

由于帆船比赛的相对复杂性，某些表格数据单元格包含额外的注释。这些注释作为属性添加，用于为单元格的值提供补充数据。在某些情况下，队伍没有开始一个赛程，或者没有完成一个赛程，或者从赛程中退赛。

HTML 中的一个典型的<tr>行如下所示：

```
<tr class="ranking-item">
    <td class="ranking-position">3</td>
    <td class="ranking-avatar">
        <img src="..."> </td>
    <td class="ranking-team">Dongfeng Race Team</td>
    <td class="ranking-number">2</td>
    <td class="ranking-number">2</td>
    <td class="ranking-number">1</td>
    <td class="ranking-number">3</td>
    <td class="ranking-number" tooltipster data-></td>
    <td class="ranking-number">1</td>
    <td class="ranking-number">4</td>
    <td class="ranking-number">7</td>
    <td class="ranking-number">4</td>
    <td class="ranking-number total">33<span class="asterix">*</span></td>
</tr>
```

<tr>标签包含一个定义该行样式的 class 属性。CSS 为该类数据提供样式规则。标签上的 class 属性可以帮助数据采集应用程序找到相关内容。

<td>标签也包含定义数据单元格样式的 class 属性。在本例中，class 信息说明了单元格的内容。

表格中有一个单元格没有内容，该单元格有一个 data-title 属性，JavaScript 函数使用该属性在单元格中显示附加信息。

9.9.2 实战演练

(1) 导入两个模块，bs4 和 pathlib。

```
>>> from bs4 import BeautifulSoup
>>> from pathlib import Path
```

我们只从 bs4 模块导入了 BeautifulSoup 类。该类将提供解析和分析 HTML 文档所需的所有功能。

(2) 定义一个命名源文档的 Path 对象。

```
>>> source_path = Path("code/Volvo Ocean Race.html")
```

(3) 从 HTML 内容创建 soup 结构，并将其赋给变量 soup。

```
>>> with source_path.open(encoding='utf8') as source_file:
...     soup = BeautifulSoup(source_file, 'html.parser')
```

我们使用上下文管理器访问文件。作为另一种选择，也可以使用 source_path.read_text(encodig='utf8')简单地读取文件内容，这也为 BeautifulSoup 类提供了一个打开的文件。

然后，处理 soup 变量中的 soup 结构来查找各种内容。例如，可以提取赛程详细信息，如下所示：

```
def get_legs(soup)
    legs = []
    thead = soup.table.thead.tr
    for tag in thead.find_all('th'):
        if 'data-title' in tag.attrs:
            leg_description_text = clean_leg(tag.attrs['data-title'])
            legs.append(leg_description_text)
    return legs
```

表达式 soup.table.thead.tr 先找到第一个<table>标签。然后，在<table>标签中，找到第一个<thead>标签。最后，在<thead>标签内，找到第一个<tr>标签。我们将找到的<tr>标签赋值给变量 thead。然后就可以使用 findall()方法在此容器中查找所有<th>标签了。

我们还将检查每个标签的属性来查找 data-title 属性的值。data-title 属性的值包含赛程名称信息。赛程名称内容如下所示：

```
<th tooltipster data-title="<strong>ALICANTE - CAPE TOWN</STRONG>"data-theme=
"tooltipster-shadow" data-htmlcontent="true" data-position="top">LEG 1</th>
```

data-title 属性的值包括值内的一些附加 HTML 标记。这些标记不是标准的 HTML，BeautifulSoup 解析器不会在属性值中查找这些内容。

因为需要解析 HTML，所以可以创建一个 soup 对象来解析这段文本：

```
def clean_leg(text):
    leg_soup = BeautifulSoup(text, 'html.parser')
    return leg_soup.text
```

我们从 data-title 属性的值创建了一个 BeautifulSoup 对象。该对象包含关于标签<strong>的信息和文本。我们使用 text 属性获取所有文本，不包含任何标签信息。

9.9.3 工作原理

BeautifulSoup 类基于**文档对象模型**将 HTML 文档转换为复杂的对象。所生成的结构由 Tag、NavigableString 和 Comment 类的实例构建。

通常，我们对包含网页字符串内容的标签感兴趣。这些标签是 Tag 类和 NavigableString 类的对象。

每个 Tag 实例都有一个名称、字符串和属性。名称是<和>之间的单词，属性是标签名称后面的字段。例如，<td class="ranking-number">1</td>有一个标签名称 td 和一个属性名称 class。值通常是字符串，但在少数情况下，值可以是字符串列表。Tag 对象的字符串属性是标签包围起来的内容，在本例中，该属性的值是一个非常短的字符串 1。

HTML 是一种混合内容模型。这意味着标签除了导航（navigable）文本之外还可以包含子标签。文本是混合的，可以位于任何子标签的内部或外部。当查看给定标签的子元素时，将会发现一系列标签和文字的自由混合。

只包含换行符的导航文本块是 HTML 的一种常见功能。例如：

```
<tr>
    <td>Data</td>
</tr>
```

<tr>标签内有 3 个子元素，如下所示：

```
>>> example = BeautifulSoup('''
...     <tr>
...         <td>data</td>
...     </tr>
... ''', 'html.parser')
>>> list(example.tr.children)
['\n', <td>data</td>, '\n']
```

两个换行符与<td>标签同级，并由解析器保留。这两个换行符就是围绕在子标签周围的导航文本。BeautifulSoup 解析器依赖于另一个底层处理，该底层处理可以是内置的 html.parser 模块。html.parser 最容易使用，而且涵盖了最常见的用例。除此之外，还有很多其他替代解析器可以使用，Beautiful Soup 文档列出了可用于解决特定 Web 解析问题的其他底层解析器。

底层解析器识别事件，包括元素开始、元素结束、注释开始、注释结束、长文本和类似的词汇对象。在更高的层次上，这些事件用于构建 Beautiful Soup 文档的各种对象。

9.9.4　补充知识

Beautiful Soup 的 Tag 对象表现了文档的层次结构。标签中有以下几种导航。

❑ 除了特殊的根容器[document]之外的所有标签都将有一个父标签。顶级标签<html>通常是根文档容器的唯一子标签。

❑ parents 属性是标签的所有父标签的生成器。它是通过层次结构到给定标签的路径。

❑ 所有 Tag 对象都可以有子标签。某些标签没有子标签，如<img/>和<hr/>。children 属性是标签的子标签的生成器。

❑ 有子标签的标签下可能有多个级别的标签。例如，<html>标签将整个文档作为后代。children 属性包含直接的子标签，descendants 属性生成所有子标签的子标签。

❑ 标签还可以具有兄弟标签，也就是同一容器内的其他标签。由于标签具有已定义的顺序，因此可以使用 next_sibling 和 previous_sibling 属性遍历所有兄弟标签。

在某些情况下，文档具有简单明了的组织结构，通过对 id 属性或 class 属性的简单搜索就可以找到相关数据。搜索给定结构的示例如下：

```
>>> ranking_table = soup.find('table', class_="ranking-list")
```

请注意，在查询中搜索名为 class 的属性时，必须使用 class_。提供整个文档，就可以搜索所有的`<table class="ranking-list">`标签，最终在网页中找到第一个符合条件的表格。由于我们知道结果只是符合条件的表格之一，因此这种基于属性的搜索有助于区分网页上的其他表格数据。

这个`<table>`标签的父节点如下所示：

```
>>> list(tag.name for tag in ranking_table.parents)
['section', 'div', 'div', 'div', 'div', 'body', 'html', '[document]']
```

我们显示了`<table>`标签的每个父节点的名称。请注意，其中包含 4 个嵌套的`<div>`标签，它们包裹着包含`<table>`标签的`<section>`标签。每个`<div>`标签都可能具有不同的 class 属性，该属性可以正确地定义内容和内容的样式。

`[document]`是整体的 BeautifulSoup 容器，容纳了前面解析的各种标签。这突出显示了它不是一个真正的标签，而是顶级`<html>`标签的容器。

9.9.5　延伸阅读

❑ 9.7 节和 9.8 节使用了类似的数据，示例数据是从 HTML 页面中创建的，而这些 HTML 页面就是通过本实例介绍的技术抓取的。

9.10　将 CSV 模块的 `DictReader` 更新为 `namedtuple` 读取器

当我们从 CSV 格式文件中读取数据时，结果的数据结构有两种常见的选择。

❑ 当使用 `csv.reader()`时，每行都是一个列值的简单列表。

❑ 当使用 `csv.DictReader` 时，每行都是一个字典。默认情况下，第一行内容成为行字典的键。另一种方法是提供一个键值列表。

这两种选择在引用行中的数据时都很不方便，因为涉及看起来很复杂的语法。当使用 CSV 读取器时，引用数据时就必须使用 row[2]，而 row[2]的语义非常模糊。当使用 DictReader 时，可以使用 row['date']，这种方法的语义清晰了一些，但是书写时仍然不方便。

在一些实际的电子表格中，列名称不太可能是很长的字符串。像 row['Total of all locations excluding franchisees']这样的名称用起来很不方便。

如何用更简单的语法替代复杂的语法？

9.10.1　准备工作

要提高使用电子表格的程序的可读性，一种方法是用 namedtuple 对象替换列的列表。这种方法提供了易于使用的名称，由 namedtuple 定义，而不是 .csv 文件中可能很随意的列名。

更重要的是，这种方法允许使用更优雅的语法来引用各种列。除了 row[0]，也可以使用 row.date 引用名为 date 的列。

列名称以及每列的数据类型都是数据文件模式的一部分。在某些 CSV 文件中，列标题的第一行就是文件的模式。该模式是有限制的，仅提供属性名称；数据类型是未知的，必须作为字符串处理。

添加电子表格行的外部模式有两个原因：

❏ 可以提供有意义的名字；

❏ 可以在必要时执行数据转换。

本实例的背景信息是一个简单的 CSV 文件，其中包含一些帆船日志记录的实时数据，即 waypoints.csv 文件。数据如下所示：

```
lat,lon,date,time
32.8321666666667,-79.9338333333333,2012-11-27,09:15:00
31.6714833333333,-80.93325,2012-11-28,00:00:00
30.7171666666667,-81.5525,2012-11-28,11:35:00
```

上述数据有 4 列，其中 2 列是航路点的纬度和经度，日期和时间作为单独的值分别占据一列。该数据并不理想，我们将分别讨论各种数据清洗步骤。

在本例中，列标题恰好是有效的 Python 变量名。这种情况是很少见的，但是可以简化处理过程。本实例随后的部分将介绍替代方案。

数据清洗过程中最重要的一步是把数据整理为 namedtuple。

9.10.2 实战演练

(1) 导入所需的模块和定义。本例需要使用 collections、csv 和 pathlib 模块。

```
from collections import namedtuple
from pathlib import Path
import csv
```

(2) 定义匹配实际数据的 namedtuple。本例将其命名为 Waypoint，并提供了 4 个数据列的名称。在本例中，属性恰好与列名称匹配。列名称匹配属性名称并不是必备条件。

```
Waypoint = namedtuple('Waypoint', ['lat', 'lon', 'date', 'time'])
```

(3) 定义引用数据的 Path 对象。

```
waypoints_path = Path('waypoints.csv')
```

(4) 为打开的文件创建处理上下文。

```
with waypoints_path.open() as waypoints_file:
```

(5) 为数据定义 CSV 读取器。我们称之为原始读取器。从长远来看，我们将参照 8.3 节来清洗和筛选数据。

```
raw_reader = csv.reader(waypoints_file)
```

(6) 定义一个从输入数据的元组构建 Waypoint 对象的生成器。

```
waypoints_reader = (Waypoint(*row) for row in raw_reader)
```

现在可以使用生成器表达式 waypoints_reader 来处理数据行了：

```
for row in waypoints_reader:
    print(row.lat, row.lon, row.date, row.time)
```

waypoints_reader 对象还将提供需要忽略的标题行。随后的部分将讨论过滤和转换。

表达式 (Waypoint(*row) for row in raw_reader) 将每个 row 元组的值扩展为 Waypoint 函数的位置参数值。之所以可以这样操作,是因为 CSV 文件中的列顺序匹配 namedtuple 定义中的列顺序。

上述构建过程也可以使用 itertools 模块实现。starmap() 函数可以用作 starmap(Waypoint, raw_reader),该函数也可以将每个来自 raw_reader 的元组扩展为 Waypoint 函数的位置参数。请注意,不能使用内置的 map() 函数。map() 函数假定函数只有一个参数值。我们不希望含有 4 个元素的 row 元组被用作 Waypoint 函数的唯一参数。需要将 4 个元素分成 4 个位置参数值。

9.10.3 工作原理

本实例可以分为几个部分。首先,使用 csv 模块对数据行和数据列进行基本解析。本实例将依据 9.5 节处理数据的物理格式。

其次,定义一个 namedtuple()。namedtuple() 为数据提供了一个最小的模式,但是这种说法还不够全面、详细。实际上,namedtuple() 提供了一个列名序列,并且简化了访问特定列的语法。

最后,将 CSV 读取器包装在一个生成器函数中,为每一行构建 namedtuple 对象。这只是对默认处理的一个微小改变,但是为随后的程序设计带来了更好的风格。

现在可以用 row.date 引用一个特定列,而不是 row[2] 或 row['date']。虽然这是一个很小的变化,但是可以简化复杂算法的表述。

9.10.4 补充知识

处理输入的初始示例还有另外两个问题。首先,标题行与有用的数据行混合在一起,应该用某种过滤器拒绝标题行。其次,因为数据都是字符串,所以必须执行某些转换。我们将通过扩展实例来解决这些问题。

丢弃不需要的标题行有两种常见技术。

❏ 使用显式的迭代器,丢弃第一个元素。总体思路如下:

```
with waypoints_path.open() as waypoints_file:
    raw_reader = csv.reader(waypoints_file)
    waypoints_iter = iter(waypoints_reader)
    next(waypoints_iter)  # 标题
    for row in waypoints_iter:
        print(row)
```

这段代码显示了如何从原始 CSV 读取器创建一个迭代器对象 waypoints_iter。我们可以使用 next() 函数从读取器跳过单个元素,其余的元素可以用于构建有用的数据行,也可以使用 itertools.islice() 函数来实现。

❏ 编写生成器或使用 filter() 函数来排除选定的行。

```
with waypoints_path.open() as waypoints_file:
    raw_reader = csv.reader(waypoints_file)
```

```
    skip_header = filter(lambda row: row[0] != 'lat', raw_reader)
    waypoints_reader = (Waypoint(*row) for row in skip_header)
    for row in waypoints_reader:
        print(row)
```

该示例显示了从原始 CSV 读取器创建过滤生成器 skip_header 的方法。过滤器使用简单的表达式 row[0] != 'lat' 来确定某一行是标题行还是有用数据。过滤器只让有用的行通过，标题行则被拒绝。

另外，还需要将各种数据项转换为更有用的值。我们将依照 8.10 节从原始输入数据构建一个新的 namedtuple：

```
Waypoint_Data = namedtuple('Waypoint_Data', ['lat', 'lon', 'timestamp'])
```

对于大多数项目，很明显原来的名字 Waypoint namedtuple 选择得并不是很好。需要重构代码来更改名称，以说明原始 Waypoint 元组的作用。随着设计的不断进化，这种重命名和重构将会多次发生。根据需要重命名很重要。本书不再演示重命名的过程，留给读者来重新设计这些名称。

为了进行转换，需要一个函数来处理单个 Waypoint 的各个字段。该函数将创建更有用的值，不仅涉及对纬度和经度值使用 float()，还需要仔细解析日期值。

分别处理日期和时间的过程如下。代码中有两个 lambda 对象，lambda 对象是只有一个表达式的小函数，它们将日期或时间字符串转换为日期或时间值：

```
import datetime
parse_date = lambda txt: datetime.datetime.strptime(txt, '%Y-%m-%d').date()
parse_time = lambda txt: datetime.datetime.strptime(txt, '%H:%M:%S').time()
```

可以使用这些对象从原始的 Waypoint 对象构建一个新的 Waypoint_data 对象：

```
def convert_waypoint(waypoint):
    return Waypoint_Data(
        lat = float(waypoint.lat),
        lon = float(waypoint.lon),
        timestamp = datetime.datetime.combine(
            parse_date(waypoint.date),
            parse_time(waypoint.time)
        )
    )
```

我们应用了一系列的函数，它们从现有数据结构构建了新数据结构：float()函数对纬度和经度值进行了转换，parse_date 和 parse_time **lambda** 对象以及 datetime 类的 combine()方法将日期和时间值转换为了 datetime 对象。

该函数为源数据构建了一系列更完整的处理步骤：

```
with waypoints_path.open() as waypoints_file:
    raw_reader = csv.reader(waypoints_file)
    skip_header = filter(lambda row: row[0] != 'lat', raw_reader)
    waypoints_reader = (Waypoint(*row) for row in skip_header)
    waypoints_data_reader = (convert_waypoint(wp) for wp in waypoints_reader)
    for row in waypoints_data_reader:
        print(row.lat, row.lon, row.timestamp)
```

本实例对原始读取器进行了补充，分别添加了跳过标题的过滤器函数，创建 `Waypoint` 对象的生成器，以及另一个创建 `Waypoint_Data` 对象的生成器。在 `for` 语句的循环体中，有一个简单易用的数据结构。我们可以引用 `row.lat` 而不是 `row[0]` 或 `row['lat']`。

请注意，每个生成器函数都是**惰性的**（lazy），它不会获取更多的输入，只须获取能够满足某些输出的最小要求输入即可。这组生成器函数使用的内存很少，可以处理无限大小的文件。

9.10.5   延伸阅读

❑ 9.11 节将使用可变的 `SimpleNamespace` 数据结构来实现本实例。

9.11   将 CSV 模块的 `DictReader` 更新为 `namespace` 读取器

当我们从 CSV 格式文件中读取数据时，结果的数据结构有两种常见的选择。

❑ 当使用 `csv.reader()` 时，每行都是一个列值的简单列表。

❑ 当使用 `csv.DictReader` 时，每行都是一个字典。默认情况下，第一行内容成为行字典的键。另一种方法是提供一个键值列表。

这两种选择在引用行中的数据时都很不方便，因为涉及看起来很复杂的语法。当使用 CSV 读取器时，引用数据时就必须使用 `row[2]`，而 `row[2]` 的语义非常模糊。当使用 `DictReader` 时，可以使用 `row['date']`，这种方法的语义清晰了一些，但是书写时仍然不方便。

在一些实际的电子表格中，列名称不太可能是很长的字符串。像 `row['Total of all locations excluding franchisees']` 这样的名称用起来很不方便。

如何用更简单的语法替代复杂的语法呢？

9.11.1   准备工作

列名称以及每列的数据类型都是数据的模式。列标题是嵌入 CSV 数据第一行的模式。该模式仅提供属性名称，数据类型是未知的，必须作为字符串处理。

添加电子表格行的外部模式有两个原因：

❑ 可以提供有意义的名字；

❑ 可以在必要时执行数据转换。

我们还可以使用模式来定义数据质量和清洗处理过程，但是这可能导致处理变得相当复杂。本实例只使用模式来提供列名和数据转换。

本实例的背景信息是一个简单的 CSV 文件，其中包含一些帆船日志记录的实时数据，即 waypoints. csv 文件。数据如下所示：

```
lat,lon,date,time
32.8321666666667,-79.9338333333333,2012-11-27,09:15:00
31.6714833333333,-80.93325,2012-11-28,00:00:00
30.7171666666667,-81.5525,2012-11-28,11:35:00
```

这个电子表格有 4 列，其中 2 列是航路点的纬度和经度，日期和时间作为单独的值分别占据一列。该数据并不理想，我们将分别讨论各种数据清洗步骤。

在本例中，列标题恰好是有效的 Python 变量名。这种情况可以简化处理过程。在没有列名或列名不是 Python 变量的情况下，必须将列名映射为首选属性名称。

9.11.2 实战演练

(1) 导入所需的模块和定义。本例需要使用 types、csv 和 pathlib 模块。

```
from types import SimpleNamespace
from pathlib import Path
```

(2) 导入 csv 并定义一个引用数据的 Path 对象。

```
waypoints_path = Path('waypoints.csv')
```

(3) 为打开的文件创建处理上下文。

```
with waypoints_path.open() as waypoints_file:
```

(4) 为数据定义 CSV 读取器。我们称之为原始读取器。长远来看，我们将参照 8.3 节使用多个生成器表达式来清洗和筛选数据。

```
raw_reader = csv.DictReader(waypoints_file)
```

(5) 定义一个生成器，将字典转换为 SimpleNamespace 对象。

```
ns_reader = (SimpleNamespace(**row) for row in raw_reader)
```

该步骤使用了通用的 SimpleNamespace 类。当我们需要使用更具体的类时，可以用特定于应用程序的类名替换 SimpleNamespace。该类的__init__方法必须使用匹配电子表格列名称的关键字参数。

执行完上述步骤，可以使用以下生成器表达式来处理行：

```
for row in ns_reader:
    print(row.lat, row.lon, row.date, row.time)
```

9.11.3 工作原理

本实例可以分为几个部分。首先，使用 csv 模块对数据行和数据列进行基本解析。本实例将依据 9.5 节处理数据的物理格式。CSV 格式的文档通过逗号分隔每行中的文本列，某些使用引号的规则可以使列中的数据包含逗号。这些规则都可以通过 csv 模块实现，从而避免了为此再编写一个解析器。

其次，将 CSV 读取器包装在一个生成器函数中，为每一行构建一个 SimpleNamespace 对象。这只是对默认处理的一个微小扩展，但是为随后的程序设计带来了更好的风格。现在可以用 row.date 引用一个特定列，而不是 row[2]或 row['date']。虽然这是一个很小的变化，但是可以简化复杂算法的表述。

9.11.4 补充知识

本实例可能还有另外两个问题需要解决。是否需要解决这些问题取决于数据的结构和用途。

☐ 如何处理非 Python 变量的电子表格名称？

☐ 如何把数据从文本转换为 Python 对象？

事实证明，这两个需求都可以通过数据的逐行转换函数进行优雅的处理。另外，该函数还可以处理列的重命名：

```python
def make_row(source):
    return SimpleNamespace(
        lat = float(source['lat']),
        lon = float(source['lon']),
        timestamp = make_timestamp(source['date'], source['time']),
    )
```

这个函数实际上是原始电子表格的模式定义。该函数中的每一行都提供了几条重要的信息：

☐ SimpleNamespace 中的属性名称；

☐ 源数据的转换；

☐ 映射到最终结果的源数据列名称。

本实例的目标是定义所有需要使用的辅助函数或支持函数，确保转换函数的每一行与前面显示的函数相似。该函数的每一行都是一个结果列的完整规范。另外，该函数的每一行都是按照 Python 语法编写的，这是该函数的另一个优点。

该函数可以替换 ns_reader 语句中的 SimpleNamespace。所有转换工作都可以用以下代码完成：

```python
ns_reader = (make_row(row) for row in raw_reader)
```

这个行转换函数依赖于 make_timestamp() 函数。make_timestamp() 函数将两个源列转换为一个 datetime 对象，如下所示：

```python
import datetime
make_date = lambda txt: datetime.datetime.strptime(
    txt, '%Y-%m-%d').date()
make_time = lambda txt: datetime.datetime.strptime(
    txt, '%H:%M:%S').time()

def make_timestamp(date, time):
    return datetime.datetime.combine(
            make_date(date),
            make_time(time)
        )
```

make_timestamp() 函数将时间戳创建过程分为 3 个部分。前两部分很简单，每部分只需要一个 lambda 对象就可以解决问题。这些 lambda 对象将文本转换为 datetime.date 或 datetime.time 对象。每个转换都使用 strptime() 方法来解析日期或时间字符串，并返回适当的对象类。

第三个部分也可以使用一个 lambda 对象完成，因为它也是一个单一的表达式。但是，这个表达式很长，把它包装为一个 def 语句似乎更清晰一些。该表达式使用 datetime 的 combine() 方法将日期和时间组合成一个单独的对象。

9.11.5 延伸阅读

❑ 9.10 节使用不可变的 `namedtuple` 数据结构实现了本实例，而不是 `SimpleNamespace`。

9.12 使用多个上下文读取和写入文件

我们经常需要转换数据格式。例如，可能有一个复杂的 Web 日志，需要将其转换为更简单的格式。关于复杂 Web 日志格式的相关信息，请参阅 9.6 节。我们希望只解析一次复杂的 Web 日志。

完成解析之后，我们希望使用更简单的文件格式，类似 9.10 节或 9.11 节中显示的格式。CSV 格式的文件可以通过 csv 模块来读取和解析，简化了物理格式方面的考虑。

如何转换数据格式？

9.12.1 准备工作

将数据文件从一种格式转换为另一种格式意味着程序需要有两个打开的上下文：一个用于读取，另一个用于写入。在 Python 中很容易实现这种处理。使用 with 语句上下文可以确保文件正确关闭，并且所有相关的操作系统资源都被完全释放。

本实例着眼于一个汇总许多 Web 日志文件的常见问题。源文件采用 8.2 节和 9.6 节使用过的格式。示例数据如下：

```
[2016-05-08 11:08:18,651] INFO in ch09_r09: Sample Message One
[2016-05-08 11:08:18,651] DEBUG in ch09_r09: Debugging
[2016-05-08 11:08:18,652] WARNING in ch09_r09: Something might have gone wrong
```

这些数据难以处理，解析它们需要复杂的正则表达式，而且对于大量的数据，正则表达式的处理速度也相当缓慢。

解析上述数据行中各种元素的正则表达式模式如下所示：

```
import re
pattern_text = (r'\[(?P<date>\d+-\d+-\d+ \d+:\d+:\d+,\d+)\]'
    '\s+(?P<level>\w+)'
    '\s+in\s+(?P<module>[\w_\.]+):'
    '\s+(?P<message>.*)')
pattern = re.compile(pattern_text)
```

这个复杂的正则表达式有 4 个部分。

❑ 日期时间戳被 [ ] 包围，并包含各种数字、连字符、冒号和一个逗号。它将被 ( ) 组上的 ?P<date> 前缀捕获并分配名称 date。

❑ 严重性级别，这是一系列连续的字符，由下一个 ( ) 组的 ?P<level> 前缀捕获并给出等级名称。

❑ 模块信息是一个字符序列，包括 _ 和 .。它夹在 in 和 : 之间，并被分配了名称 module。

❑ 最后，有一条消息延伸到行尾，由最后的 ( ) 内部的 ?P<message> 分配给消息。

该模式还包括连续的空白\s+，它们不被捕获在任何()组中，而是被忽略了。

当使用这个正则表达式创建 match 对象时，match 对象的 groupdict()方法将生成一个字典，其中包含每行的名称和值。这符合 CSV 读取器的工作方式，并提供了一个处理复杂数据的常用框架。

我们将在一个迭代日志数据行的函数中使用它。该函数会应用上述正则表达式，并生成组字典：

```
def extract_row_iter(source_log_file):
    for line in source_log_file:
        match = log_pattern.match(line)
        if match is None:
            # 可以在这里编写警告信息
            continue
        yield match.groupdict()
```

该函数将遍历给定输入文件中的每一行，并将正则表达式应用于每行。如果匹配，则捕获数据的相关字段。如果没有匹配，则说明该行没有遵循预期的格式，可能会得到错误信息。因为没有符合预期的数据，所以 continue 语句跳过 for 语句的其余部分。

yield 语句产生匹配数据的字典。每个字典具有 4 个命名字段和来自日志的捕获数据。数据的格式只会是文本，因此附加的转换必须单独应用。

我们可以使用 csv 模块中的 DictWriter 类生成一个 CSV 文件，并将各种数据元素整齐地分开。创建了 CSV 文件之后，处理起数据就可以比原始的日志行更简单、快速了。

9.12.2　实战演练

(1) 本实例需要 3 个组件。

```
import re
from pathlib import Path
import csv
```

(2) 匹配简单 Flask 日志的模式如下所示。其他类型的日志或 Flask 的其他配置格式，将需要不同的模式。

```
log_pattern = re.compile(
    r"\[(?P<timestamp>.*?)\]"
    r"\s(?P<levelname>\w+)"
    r"\sin\s(?P<module>[\w\._]+):"
    r"\s(?P<message>.*)")
```

(3) 为匹配行生成字典的函数如下所示。该函数将应用正则表达式模式。不匹配的行被忽略，匹配的行将生成一个由元素名称及其值构成的字典。

```
def extract_row_iter(source_log_file):
    for line in source_log_file:
        match = log_pattern.match(line)
        if match is None: continue
        yield match.groupdict()
```

(4) 为日志汇总文件定义 Path 对象。

```
summary_path = Path('summary_log.csv')
```

(5) 然后，可以打开结果上下文。因为使用了 with 语句，所以无论脚本中发生任何情况，该文件都将正确关闭。

```
with summary_path.open('w') as summary_file:
```

(6) 由于是在基于字典写入一个 CSV 文件，因此需要定义一个 csv.DictWriter。这些语句需要在 with 语句内缩进 4 个空格。我们必须从输入字典中提供预期的键。这些键将定义结果文件中列的顺序。

```
writer = csv.DictWriter(summary_file,
    ['timestamp', 'levelname', 'module', 'message'])
writer.writeheader()
```

(7) 为日志文件的源目录定义一个 Path 对象。在本例中，日志文件恰好在脚本的目录中。这种情况非常少见，最好使用一个环境变量。

```
source_log_dir = Path('.')
```

可以设想使用 os.environ.get('LOG_PATH', '/var/log') 作为一个更通用的解决方案，而不是一个硬编码的路径。

(8) 使用 Path 对象的 glob() 方法查找与所需名称匹配的所有文件。

```
for source_log_path in source_log_dir.glob('*.log'):
```

这种方法也有利于从环境变量或命令行参数中获取模式字符串。

(9) 定义一个读取每个源文件的上下文。该上下文管理器将保证输入文件正确关闭并释放资源。请注意，前面的 with 语句和 for 语句中的缩进共有 8 个空格。该步骤在处理大量文件时尤其重要。

```
with source_log_path.open() as source_log_file:
```

(10) 使用 writer 的 writerows() 方法从 extract_row_iter() 函数中写入所有有效行。该语句在 with 语句和 for 语句内都是需要缩进的。该步骤是处理过程的核心。

```
writer.writerows(extract_row_iter(source_log_file) )
```

(11) 最后可以输出一个摘要。该语句需要在外层的 with 语句和 for 语句内部缩进，它总结了前面 with 语句的处理过程。

```
print('Converted', source_log_path, 'to', summary_path)
```

9.12.3　工作原理

Python 可以很好地使用多个上下文管理器。我们很容易编写深层嵌套的 with 语句。每个 with 语句可以管理一个不同的上下文对象。

由于打开的文件是上下文对象，因此将每个打开的文件包装在一个 with 语句中最有意义，以确保文件正确关闭并且所有操作系统资源都从文件中释放。

我们使用 Path 对象表示文件系统位置。这使我们能够根据输入文件名称轻松创建输出文件名称，或者在处理文件之后重命名文件。更多相关信息，请参阅 9.2 节。

我们使用一个生成器函数组合两个操作。首先，将源文本映射到各个字段。其次，通过一个过滤器排除与预期模式不匹配的源文本。在许多情况下，可以使用 map() 函数和 filter() 函数，这样整个处理过程会更加清晰。

在使用正则表达式进行匹配时，分离操作中的映射部分和过滤部分并不容易。正则表达式可能不匹配某些输入行，这些输入行将成为一种绑定到映射的过滤。因此，使用生成器函数非常有效。

csv 的写入器有一个 writerows() 方法，该方法接受一个迭代器作为参数值，这样可以方便地为写入器提供生成器函数。写入器使用生成器产生的对象。这种方式可以处理非常大的文件，因为不会将整个文件读入内存，只需要读取足够创建一个完整数据行的文件。

9.12.4　补充知识

我们通常需要汇总从每个源文件中读取的日志文件行数、由于不匹配而丢弃的行数以及最后写入摘要文件的行数。

在这种情况下使用生成器很有挑战性。生成器可以产生大量的数据行。怎样使用生成器产生一个汇总？

答案是可以提供一个可变对象作为生成器的参数。理想的可变对象是一个 collections.Counter 实例。可以使用该对象对事件计数，包括有效记录、无效记录，甚至特定数据值出现的次数。可变对象可以由生成器和主程序共享，以便主程序将计数信息输出到日志中。

将文本转换为有用字典对象的映射过滤函数（map-filter functon）如下所示。我们编写了函数的第二个版本 counting_extract_row_iter()，以强调附加功能。

```
def counting_extract_row_iter(counts, source_log_file):
    for line in source_log_file:
        match = log_pattern.match(line)
        if match is None:
            counts['non-match'] += 1
            continue
        counts['valid'] += 1
        yield match.groupdict()
```

我们提供了一个附加参数 counts。当发现与正则表达式不匹配的行时，可以递增 Counter 中 non-match 键的值。当找到正确匹配的行时，可以递增 Counter 中 valid 键的值。这提供了一个汇总，说明了给定文件中处理的行数。

整个处理脚本如下所示：

```
summary_path = Path('summary_log.csv')
with summary_path.open('w') as summary_file:

    writer = csv.DictWriter(summary_file,
        ['timestamp', 'levelname', 'module', 'message'])
    writer.writeheader()

    source_log_dir = Path('.')
    for source_log_path in source_log_dir.glob('*.log'):
```

```
counts = Counter()
with source_log_path.open() as source_log_file:
    writer.writerows(
        counting_extract_row_iter(counts, source_log_file)
        )

print('Converted', source_log_path, 'to', summary_path)
print(counts)
```

我们做了 3 个改动。

❑ 在处理源日志文件之前创建一个空 Counter 对象。

❑ 将 Counter 对象提供给 counting_extract_row_iter()函数。该函数在处理行时会更新 Counter 对象。

❑ 处理完文件后，打印 Counter 对象的值。未修饰的输出并不是很美观，但它说明了一个重要的问题。

输出如下所示：

```
Converted 20160612.log to summary_log.csv
Counter({'valid': 86400})
Converted 20160613.log to summary_log.csv
Counter({'valid': 86399, 'non-match': 1})
```

上述输出说明了 summary_log.csv 文件将会有多大，还说明了 20160613.log 文件中出现了错误。

我们可以轻松地扩展这个函数来组合所有源文件的计数器，以便在处理过程结束时生成一个很大的输出。我们也可以使用+运算符组合多个 Counter 对象，以创建所有数据的总和。这种想法的实现过程留作读者的练习。

9.12.5 延伸阅读

❑ 关于上下文的基础知识，请参阅 9.3 节。

9

统计编程和线性回归

本章主要介绍以下实例。

❑ 使用内置统计库

❑ 计算 Counter 对象中值的平均值

❑ 计算相关系数

❑ 计算回归参数

❑ 计算自相关

❑ 确认数据是随机的——零假设

❑ 查找异常值

❑ 通过一次遍历分析多个变量

10.1 引言

数据分析和统计处理是现代编程语言的重要应用，其主题范围很广。Python 生态系统包含许多附加软件包，提供了复杂的数据探索、分析和决策功能。

本章将介绍一些基本的统计计算，这些计算可以使用 Python 的内置库和数据结构实现。本章还将介绍相关性的问题以及创建回归模型的方法。

本章也会研究随机问题和零假设。确保一组数据中真正具有可测量的统计效应至关重要。如果稍不注意，就可能会浪费大量的计算时间去分析无关紧要的噪声。

本章还将讨论一种常用的优化技术，该技术有助于快速产生结果。将设计糟糕的算法应用于非常大的数据集，会非常浪费时间。

10.2 使用内置统计库

大量的**探索性数据分析**（exploratory data analysis，EDA）涉及数据汇总。下面是几种可能很有趣的汇总。

❑ **集中趋势**（central tendency）：均值、众数和中位数等值可以表征一组数据的中心位置。

❑ **极值**（extrema）：最小值和最大值与数据的集中趋势度量一样重要。

❑ **方差**（variance）：方差和标准差用于描述数据的离散趋势。方差较大说明数据广泛分布，方差较小说明数据紧密围绕中心值。

如何在 Python 中获得基本的描述性统计信息？

10.2.1　准备工作

本实例的背景信息是一些可以用于统计分析的简单数据。原始数据文件名为 anscombe.json，它是一个 JSON 文档，含有 4 个系列的(x, y)对。

可以通过以下代码读取这些数据：

```
>>> from pathlib import Path
>>> import json
>>> from collections import OrderedDict
>>> source_path = Path('code/anscombe.json')
>>> data = json.loads(source_path.read_text(), object_pairs_hook=OrderedDict)
```

我们先使用 Path 类定义了数据文件的路径，然后使用 Path 对象从数据文件中读取文本。json.loads()使用该文本从 JSON 数据中构建 Python 对象。

我们在函数中添加了 object_pairs_hook 参数，因此可以使用 OrderedDict 类替代默认的 dict 类来构建 JSON。这种方法将保留源文档中元素的原始顺序。

可以通过如下方式检查数据：

```
>>> [item['series'] for item in data]
['I', 'II', 'III', 'IV']
>>> [len(item['data']) for item in data]
[11, 11, 11, 11]
```

完整的 JSON 文档是带键（比如 I 和 II）的子文档序列。每个子文档有两个字段——series 和 data。data 值中有一系列我们想要表征的观测值，每个观测值都包含一对值。

JSON 文档的示例如下：

```
[
  {
    "series": "I",
    "data": [
      {
        "x": 10.0,
        "y": 8.04
      },
      {
        "x": 8.0,
        "y": 6.95
      },
      ...
    ]
  },
  ...
]
```

该示例是一个典型的 JSON 文档，也是一个字典结构的列表。每个字典都有一个用键 series 标识的系列名称和一个用键 data 标识的数据值序列。data 中的列表是一个数据项序列，每个数据项都有一个 x 值和一个 y 值。

要从这种数据结构中查找一个特定的系列，有很多种方法。

- [] for...if...return 语句序列。

```
>>> def get_series(data, series_name):
...     for s in data:
...         if s['series'] == series_name:
...     return s
```

for 语句检查值序列中的每个系列。系列是一个字典，具有标识系列名称的 'series' 键。if 语句比较系列名称和目标名称，并返回第一个匹配项。如果遇到未知的系列名称，则将返回 None。

- [] 可以通过如下方式访问数据。

```
>>> series_1 = get_series(data, 'I')
>>> series_1['series']
'I'
>>> len(series_1['data'])
11
```

- [] 使用 filter 函数查找所有匹配项，并从中选择第一个匹配项。

```
>>> def get_series(data, series_name):
...     name_match = lambda series: series['series'] == series_name
...     series = list(filter(name_match, data))[0]
...     return series
```

filter() 函数检查值序列中的每个系列。lambda 对象 name_match 将比较系列的名称键和目标名称，并返回所有的匹配项。这种方法用于构建一个 list 对象。如果每个键都是唯一的，那么第一个元素就是唯一的元素。查找未知的系列名称将抛出 IndexError 异常。

现在可以通过如下方式访问数据。

```
>>> series_2 = get_series(data, 'II')
>>> series_2['series']
'II'
>>> len(series_2['data'])
11
```

- [] 还可以使用与 filter 函数类似的生成器表达式查找所有匹配项。我们将从结果序列中选出第一个匹配项。

```
>>> def get_series(data, series_name):
...     series = list(
...         s for s in data
...             if s['series'] == series_name
...         )[0]
...     return series
```

生成器表达式检查值序列中的每个系列。这种方法使用表达式 s['series'] == series_name 替代了 lambda 对象或函数，该表达式将比较系列的名称键和目标名称，并通过所有匹配项。这种方法用于构建一个 list 对象，并返回列表中的第一个元素。查找未知的系列名称将抛出 IndexError 异常。

现在可以通过如下方式访问数据。

```
>>> series_3 = get_series(data, 'III')
>>> series_3['series']
'III'
>>> len(series_3['data'])
11
```

8.8 节中有几个类似的示例。

□ 从数据中选择了一个系列之后，还需要从系列中选择一个变量。这可以通过生成器函数或生成器表达式来完成。

```
>>> def data_iter(series, variable_name):
...     return (item[variable_name] for item in series['data'])
```

系列字典包含一个具有数据值序列的 data 键。每个 data 值都是一个具有 x 和 y 这两个键的字典。data_iter() 函数将从数据中的每个字典选择一个变量。该函数将生成可用于详细分析的值序列。

```
>>> s_4 = get_series(data, 'IV')
>>> s_4_x = list(data_iter(s_4, 'x'))
>>> len(s_4_x)
11
```

在这个例子中，我们选择了系列 IV。在这个系列中，我们从每个观测值中选择了变量 x。结果列表的长度显示了该系列中有 11 个观测值。

10.2.2　实战演练

(1) 使用 statistics 模块计算均值和中位数。

```
>>> import statistics
>>> for series_name in 'I', 'II', 'III', 'IV':
...     series = get_series(data, series_name)
...     for variable_name in 'x', 'y':
...         samples = list(data_iter(series, variable_name))
...         mean = statistics.mean(samples)
...         median = statistics.median(samples)
...         print(series_name, variable_name, round(mean,2), median)
I x 9.0 9.0
I y 7.5 7.58
II x 9.0 9.0
II y 7.5 8.14
III x 9.0 9.0
III y 7.5 7.11
IV x 9.0 8.0
IV y 7.5 7.04
```

我们使用 get_series() 和 data_iter() 从给定系列的一个变量中选择样本值。mean() 函数和 median() 函数很好地完成了计算。中位数的计算方法有几种变体都可用。

(2) 使用 collections 模块计算 mode。

```
>>> import collections
```

```
>>> for series_name in 'I', 'II', 'III', 'IV':
...     series = get_series(data, series_name)
...     for variable_name in 'x', 'y':
...         samples = data_iter(series, variable_name)
...         mode = collections.Counter(samples).most_common(1)
...         print(series_name, variable_name, mode)
I x [(4.0, 1)]
I y [(8.81, 1)]
II x [(4.0, 1)]
II y [(8.74, 1)]
III x [(4.0, 1)]
III y [(8.84, 1)]
IV x [(8.0, 10)]
IV y [(7.91, 1)]
```

同样使用 get_series() 和 data_iter() 从给定系列的一个变量中选择样本值。Counter 对象优雅地完成了计算。我们实际上从这个操作中得到了一个完整的频率直方图。most_common() 方法的结果显示了值和值出现的次数。

我们也可以使用 statistics 模块中的 mode() 函数。该函数的优点在于，当没有明确的众数（mode）时，能够抛出异常；缺点则在于，不提供有助于查找多模态数据的附加信息。

(3) 使用内置的 min() 函数和 max() 函数计算极值。

```
>>> for series_name in 'I', 'II', 'III', 'IV':
...     series = get_series(data, series_name)
...     for variable_name in 'x', 'y':
...         samples = list(data_iter(series, variable_name))
...         least = min(samples)
...         most = max(samples)
...         print(series_name, variable_name, least, most)
I x 4.0 14.0
I y 4.26 10.84
II x 4.0 14.0
II y 3.1 9.26
III x 4.0 14.0
III y 5.39 12.74
IV x 8.0 19.0
IV y 5.25 12.5
```

同样使用 get_series() 和 data_iter() 从给定系列的一个变量中选择样本值。内置的 max() 函数和 min() 函数提供了极值。

(4) 还可以使用 statistics 模块计算方差和标准差。

```
>>> import statistics
>>> for series_name in 'I', 'II', 'III', 'IV':
...     series = get_series(data, series_name)
...     for variable_name in 'x', 'y':
...         samples = list(data_iter(series, variable_name))
...         mean = statistics.mean(samples)
...         variance = statistics.variance(samples, mean)
...         stdev = statistics.stdev(samples, mean)
...         print(series_name, variable_name,
```

```
...                       round(variance,2), round(stdev,2))
I x 11.0 3.32
I y 4.13 2.03
II x 11.0 3.32
II y 4.13 2.03
III x 11.0 3.32
III y 4.12 2.03
IV x 11.0 3.32
IV y 4.12 2.03
```

同样使用 `get_series()` 和 `data_iter()` 从给定系列的一个变量中选择样本值。`statistics` 模块提供了 `variance()` 和 `stdev()` 函数，可用于计算感兴趣的统计度量。

10.2.3 工作原理

上述函数是 Python 标准库中的精品。对于这些函数，我们的关注点有 3 个。

❑ `min()` 和 `max()` 函数都是内置的。

❑ `collections` 模块的 `Counter` 类可以创建频率直方图，也可以从中获得众数。

❑ `statistics` 模块的 `mean()`、`median()`、`mode()`、`variance()` 和 `stdev()` 可以提供多种统计度量。

请注意，`data_iter()` 是一个生成器函数，其结果只能使用一次。如果只需要计算一个统计汇总值，那么该函数是个不错的选择。

当要计算多个值时，需要在一个集合（collection）对象中捕获生成器的结果。在上述示例中，为了进行多次计算，我们使用 `data_iter()` 构建了一个 `list` 对象。

10.2.4 补充知识

原始数据结构 `data` 是一个可变字典序列，每个字典有两个键——`series` 和 `data`。可以使用统计汇总更新这类字典。生成的对象可以保存下来，随后进行分析或显示。

这种处理的起点如下所示：

```
def set_mean(data):
    for series in data:
        for variable_name in 'x', 'y':
            samples = data_iter(series, variable_name)
            series['mean_'+variable_name] = statistics.mean(samples)
```

对于每个数据系列，我们使用 `data_iter()` 函数提取了单独的样本，然后对这些样本应用 `mean()` 函数，最后使用一个由函数名称 `mean`、`_` 和 `variable_name` 构建的字符串键，将结果重新保存到 `series` 对象。

请注意，该函数的大部分内容都是样板代码。整个结构可以重复用于中位数、众数、最小值、最大值，等等。从 `mean()` 函数可以改变为别的函数可以看出，样板代码中有两部分内容可以改变：

❑ 用于更新系列数据的键；

❑ 对所选样本序列进行求值的函数。

我们不需要提供函数的名称，可以从函数对象中提取名称，如下所示：

```
>>> statistics.mean.__name__
'mean'
```

这意味着我们可以编写一个将大量函数应用于一组样本的高阶函数。

```
def set_summary(data, function):
    for series in data:
        for variable_name in 'x', 'y':
            samples = data_iter(series, variable_name)
            series[function.__name__+'_'+variable_name] = function(samples)
```

我们用参数名称 function 替代了特定的函数 mean()，前者可以绑定到任意的 Python 函数。处理过程将给定函数应用于 data_iter() 的结果，然后使用函数的名称、_字符和 variable_name 将汇总结果更新到系列字典。

高阶 set_summary() 函数如下所示：

```
for function in statistics.mean, statistics.median, min, max:
    set_summary(data, function)
```

该函数将使用基于 mean()、median()、max() 和 min() 的 4 个汇总信息来更新我们的文档。由于可以使用任意 Python 函数，因此除了前面显示的函数之外，还可以使用 sum() 之类的函数。

因为在不存在众数的情况下 statistics.mode() 会抛出异常，所以该函数可能需要一个 try: 语句块来捕获异常，并将有用的结果放入 series 对象。我们也可以允许传播异常，通知协作函数数据是可疑的。

更新后的 JSON 文档如下所示：

```
[
  {
    "series": "I",
    "data": [
      {
        "x": 10.0,
        "y": 8.04
      },
      {
        "x": 8.0,
        "y": 6.95
      },
      ...
    ],
    "mean_x": 9.0,
    "mean_y": 7.500909090909091,
    "median_x": 9.0,
    "median_y": 7.58,
    "min_x": 4.0,
    "min_y": 4.26,
    "max_x": 14.0,
    "max_y": 10.84
  },
  ...
]
```

可以将其保存到文件中，用于进一步的分析。使用 pathlib 处理文件名，可能需要以下代码：

```
target_path = source_path.parent / (source_path.stem+'_stats.json')
target_path.write_text(json.dumps(data, indent=2))
```

上述代码在源文件所在的同一个文件夹下创建了第二个文件。该文件的名称将具有与源文件名称相同的词干，但是该词干将使用字符串 _stats 和后缀 .json 来进行扩展。

10.3 计算 Counter 对象中值的平均值

statistics 模块包含许多有用的函数，这些函数都基于每个单独的数据样本进行处理。然而，在某些情况下，数据已被分组为桶（bin），那么可以用 collections.Counter 对象替代简单的列表，得到的结果将是 (值, 频率) 对而不是值。

如何对 (值, 频率) 对进行统计处理？

10.3.1 准备工作

均值的常用定义是所有值的总和除以值的数量，公式如下：

$$\mu_C = \frac{\sum_{c_i \in C} c_i}{n}$$

其中，数据集 C 被定义为一个独立值序列：$C = \{c_0, c_1, c_2, \cdots, c_{n-1}\}$。该集合的均值 μ_C 等于所有值的总和除以值的个数 n。

稍微改变一下公式的形式有助于归纳均值的定义。

$$S(C) = \sum_{c_i \in C} c_i$$
$$n(C) = \sum_{c_i \in C} 1$$

$S(C)$ 的值是所有值的总和。$n(C)$ 的值是使用 1 替代每个值的总和。实际上，$S(C)$ 是 c_i^1 的总和，$n(C)$ 是 c_i^0 的总和。可以使用简单的 Python 生成器表达式轻松地实现这些定义。

我们可以在很多地方重用这些定义。具体来说，现在可以用以下公式定义均值 μ_C。

$$\mu_C = S(C)/n(C)$$

我们将使用这种通用思想为已经分组到桶里的数据提供统计计算。Counter 对象可以提供值和值的频率。Counter 对象的数据结构可以描述为如下形式：

$$F = \{c_0: f_0, c_1: f_1, c_2: f_2, \cdots, c_m: f_m\}$$

值 c_i 和频率 f_i 构成了一对值。对这对值做两个小小的修改就可以对 $\hat{S}(F)$ 和 $\hat{n}(F)$ 执行类似的计算。

$$\hat{S}(F) = \sum_{c_i : f_i \in F} f_i \times c_i$$
$$\hat{n}(F) = \sum_{c_i : f_i \in F} f_i \times 1$$

我们定义了 $\hat{S}(F)$ 来使用频率和值的乘积，同样定义了 $\hat{n}(F)$ 来使用频率。我们给每个函数的名字加上了 ˆ，以表明这些函数不适用于简单的值列表。这些函数适用于 (值, 频率) 对列表。

这些定义需要用 Python 来实现。例如，可以使用 Counter 对象：

```
>>> from collections import Counter
>>> raw_data = [8, 8, 8, 8, 8, 8, 8, 19, 8, 8, 8]
>>> series_4_x = Counter(raw_data)
```

这些数据来自 10.2 节。Counter 对象如下所示：

```
>>> series_4_x
Counter({8: 10, 19: 1})
```

该对象显示了一组样本数据中的各个值及其频率。

10.3.2   实战演练

(1) 定义 Counter 的总和：

```
>>> def counter_sum(counter):
...     return sum(f*c for c,f in counter.items())
```

使用方式如下：

```
>>> counter_sum(series_4_x)
99
```

(2)定义 Counter 中值的总数：

```
>>> def counter_len(counter):
...     return sum(f for c,f in counter.items())
```

使用方式如下：

```
>>> counter_len(series_4_x)
11
```

(3)组合总和以及值的总数，计算已经放到桶中的数据的均值：

```
>>> def counter_mean(counter):
...     return counter_sum(counter)/counter_len(counter)
>>> counter_mean(series_4_x)
9.0
```

10.3.3   工作原理

Counter 对象是一个字典，其键是待计算的实际值，值是每个元素的频率。这意味着 items() 方法将产生可以用于其他计算的值和频率信息。

我们将 $\hat{S}(F)$ 和 $\hat{n}(F)$ 的定义转换为了生成器表达式。因为 Python 的设计严格遵循数学形式，所以代码以相对直接的方式遵循数学定义。

10.3.4　补充知识

为了计算方差和标准差，还需要另外两种变体。我们可以定义一个频率分布的总体均值 μ_F：

$$\mu_F = \sum_{c_i:f_i \in F} f_i \times c_i$$

其中 c_i 是 Counter 对象 F 的键，f_i 是 Counter 对象给定键的频率值。

方差 VAR_F 可以用基于均值 μ_F 的方式来定义，公式如下：

$$\text{VAR}_F = \frac{\displaystyle\sum_{c_i:f_i \in F} f_i \times (c_i - \mu_F)^2}{\left(\displaystyle\sum_{c_i:f_i \in F} f_i\right) - 1}$$

该公式首先计算值 c_i 和均值 μ_F 之间的差，然后通过该值的频率 f_i 加权，再用这些加权差的总和除以值的总数 $\hat{n}(F)$ 减 1。

标准差 σ_F 是方差的平方根。

$$\sigma_F = \sqrt{\text{VAR}_F}$$

该版本的标准差计算方法的数值稳定性较好，因此应当优先选用。该方法需要遍历数据两次，但对于某些边界情况，付出代价进行多次遍历要比错误的结果更好。

标准差计算的另一种变体不依赖于均值 μ_F。该版本的数值稳定性不如前面的版本。这种计算方法分别计算值的平方和、值的总和以及值的总数。

$$n = \sum_{c_i:f_i \in F} f_i$$

$$\text{VAR}_F = \frac{1}{n-1} \times \left(\sum_{c_i:f_i \in F} f_i \times c_i^2 - \frac{\left(\displaystyle\sum_{c_i:f_i \in F} f_i \times c_i\right)^2}{n} \right)$$

这种方法需要一个额外的求和计算。我们需要计算平方值的和 $\hat{S}^2(F) = \displaystyle\sum_{c_i:f_i \in F} f_i \times c_i^2$。

```
>>> def counter_sum_2(counter):
...     return sum(f*c**2 for c,f in counter.items())
```

给定 $\hat{n}(F)$、$\hat{S}(F)$ 和 $\hat{S}^2(F)$ 这 3 个求和函数，就可以定义分组汇总的方差 F 了。

```
>>> def counter_variance(counter):
...     n = counter_len(counter)
...     return (counter_sum_2(counter)-(counter_sum(counter)**2)/n)/(n-1)
```

counter_variance() 函数非常接近数学定义。Python 版本的定义将 $1/(n-1)$ 项作为次要优化。

可以使用 counter_variance() 函数来计算标准差。

```
>>> import math
>>> def counter_stdev(counter):
...     return math.sqrt(counter_variance(counter))
```

然后会看到如下代码:

```
>>> counter_variance(series_4_x)
11.0
>>> round(counter_stdev(series_4_x), 2)
3.32
```

还可以利用 Counter 对象的 elements()方法。这种方法虽然简单,但是将创建一个可能很大的中间数据结构。

```
>>> import statistics
>>> statistics.variance(series_4_x.elements())
11.0
```

我们使用 Counter 对象的 elements()方法创建了包括 Counter 对象中所有元素的扩展列表。可以计算这些元素的统计汇总。对于一个非常大的 Counter 对象,这种方法将产生一个非常大的中间数据结构。

10.3.5 延伸阅读

- ❑ 6.3 节从略微不同的视角讨论了该问题。该实例的目标只是隐藏一个复杂的数据结构。
- ❑ 10.9 节将解决一些效率问题。该实例将介绍通过遍历数据一次计算多种和的方法。

10.4 计算相关系数

10.2 节和 10.3 节研究了汇总数据的方法。这些实例展示了计算中心值、方差和极值的方法。

另一种常见的统计汇总涉及两组数据之间的相关程度。Python 的标准库不直接支持这种计算。

皮尔逊相关系数(Pearson's r)是一种常用的相关性度量。r 值的范围在 –1 和 +1 之间,表示数据值之间彼此相关的概率。

r 值为 0 表示数据是随机的。r 值为 0.95 表明 95% 的值相关,5% 的值不相关。r 值为 –0.95 表明 95% 的值负相关,即当一个变量增大时,另一个变量将减小。

如何确定两组数据是否相关?

10.4.1 准备工作

皮尔逊相关系数的一种表达形式如下所示:

$$r_{xy} = \frac{n \sum x_i y_i - \sum x_i \sum y_i}{\sqrt{n \sum x_i^2 - \left(\sum x_i\right)^2} \sqrt{n \sum y_i^2 - \left(\sum y_i\right)^2}}$$

该表达式依赖于大量数据集不同部分的单独汇总。$\sum z$ 运算符可以通过 Python 的 sum()函数来实现。

我们将使用 10.2 节中的数据。通过以下代码读取这些数据：

```
>>> from pathlib import Path
>>> import json
>>> from collections import OrderedDict
>>> source_path = Path('code/anscombe.json')
>>> data = json.loads(source_path.read_text(),
...     object_pairs_hook=OrderedDict)
```

我们先使用 Path 类定义了数据文件的路径，然后使用 Path 对象从数据文件中读取文本。json.loads()使用该文本从 JSON 数据中构建 Python 对象。

我们在函数中添加了 object_pairs_hook 参数，因此可以使用 OrderedDict 类替代默认的 dict 类来构建 JSON。这种方法将保留源文档中元素的原始顺序。

可以通过如下方式检查数据：

```
>>> [item['series'] for item in data]
['I', 'II', 'III', 'IV']
>>> [len(item['data']) for item in data]
[11, 11, 11, 11]
```

完整的 JSON 文档是带键（比如 I）的子文档序列。每个子文档有两个字段——series 和 data。data 值中有一列我们想要表征的观测值，每个观测值都包含一对值。

JSON 文档的示例如下：

```
[
    {
        "series": "I",
        "data": [
            {
                "x": 10.0,
                "y": 8.04
            },
            {
                "x": 8.0,
                "y": 6.95
            },
            ...
        ]
    },
    ...
]
```

这组数据有 4 个系列，每个系列都表示一个字典列表结构。在每个系列中，每个数据项都是一个具有 x 键和 y 键的字典。

10.4.2 实战演练

(1) 确定表达式需要的各种求和运算。对于该表达式，如下所示。

❑ $\sum x_i, y_i$

- ❏ $\sum x_i$
- ❏ $\sum y_i$
- ❏ $\sum x_i^2$
- ❏ $\sum y_i^2$
- ❏ $n = \sum\limits_{x_i \in X} 1 = \sum\limits_{y_i \in Y} 1$

假设每个数据的值都为 1，那么可以将总数 n 定义为源数据集中各个数据的总和，也可以视为 x_i 或 y_i。

(2) 从 math 模块导入 sqrt() 函数。

```
from math import sqrt
```

(3) 定义包装计算过程的函数。

```
def correlation(data):
```

(4) 使用内置的 sum() 函数编写各种求和运算。这些语句应当在函数定义中缩进。我们将使用 data 参数的值，即出自给定系列的值序列。输入数据必须有两个键：x 和 y。

```
sumxy = sum(i['x']*i['y'] for i in data)
sumx = sum(i['x'] for i in data)
sumy = sum(i['y'] for i in data)
sumx2 = sum(i['x']**2 for i in data)
sumy2 = sum(i['y']**2 for i in data)
n = sum(1 for i in data)
```

(5) 根据各种求和运算编写 r 的最终计算。确保适当地缩进。如需要更多帮助，请参阅第 3 章。

```
r = (
    (n*sumxy - sumx*sumy)
    / (sqrt(n*sumx2-sumx**2)*sqrt(n*sumy2-sumy**2))
    )
return r
```

现在可以确定各系列之间的相关程度了。

```
for series in data:
    r = correlation(series['data'])
    print(series['series'], 'r=', round(r, 2))
```

输出如下所示：

```
I r= 0.82
II r= 0.82
III r= 0.82
IV r= 0.82
```

所有 4 个系列具有大致相同的相关系数，但是这并不意味着这些系列是相互关联的。该结果只是说明在每个系列中，82% 的 x 值预测了一个 y 值。这几乎正好是每个系列 11 个值中的 9 个。

10.4.3　工作原理

整个公式看起来相当复杂，但是可以分解成多个单独的求和运算以及一个组合这些计算的最终计算。在 Python 中，可以非常简洁地表达每个求和操作。

通常，求和的数学符号看起来应该如下所示：

$$\sum_{x \in D} x$$

该符号可以非常直接地转化为 Python 代码。

```
sum(item['x'] for item in data)
```

最终的相关比可以稍微简化一些。当用更具 Python 风格的 $S(x)$ 替代看起来更复杂的 $\sum\limits_{x \in D} x$ 时，可以更好地观察方程式的整体形式。

$$\frac{nS(xy) - S(x)S(y)}{\sqrt{nS(x^2) - S(x)^2}\sqrt{nS(y^2) - S(y)^2}}$$

虽然看起来很简单，但这种实现并不是最理想的。每计算一种归约，这种实现都需要对数据进行 6 次遍历。作为一种概念验证，它的效果很好，其优点在于便于演示程序的工作原理。这也是创建单元测试和重构算法以优化处理的起点。

10.4.4　补充知识

这个算法虽然清晰，但效率低下。更有效的版本应当只处理一次数据。为了达到该目的，必须编写一个显式的 for 语句，只遍历一次数据。在 for 语句的循环体中进行各种求和运算。

优化算法如下所示：

```
sumx = sumy = sumxy = sumx2 = sumy2 = n = 0
for item in data:
    x, y = item['x'], item['y']
    n += 1
    sumx += x
    sumy += y
    sumxy += x * y
    sumx2 += x**2
    sumy2 += y**2
```

首先将一些结果变量初始化为 0，然后从数据源 data 累积这些结果变量值。由于只使用了一次数据值，因此该方法适用于任何可迭代的数据源。

从这些总和计算 r 的过程不变。

最重要的是，算法的初始版本和修改版本之间的并列结构被优化为能够在一次遍历中计算所有的汇总值。这两个版本明显的对称性有助于验证两件事情：

❑ 初始实现匹配相当复杂的公式；
❑ 优化实现匹配初始实现和复杂的公式。

这种对称性结合适当的测试用例说明我们的实现是正确的。

10

10.5　计算回归参数

在确定两个变量具有某种关系之后，下一步就是确定一种从自变量的值估计因变量的方法。对于大多数现实世界的数据，许多微小的因素都会导致数据围绕中心趋势随机变化。我们将估算一种最小化这些错误的关系。

在最简单的情况下，变量之间的关系是线性的。当我们绘制数据点时，它们趋向于聚集在一条直线附近。在其他情况下，可以通过计算对数或者幂运算，调整其中一个变量来创建一个线性模型。在更极端的情况下，需要通过多项式来创建模型。

如何计算两个变量之间的线性回归参数呢？

10.5.1　准备工作

估算回归线的方程如下：

$$\hat{y} = \alpha x + \beta$$

给定自变量 x，根据 α 参数和 β 参数计算因变量 $\hat{y}$ 的估计值或预测值。

我们的目标是找到 α 和 β 的值，它们能产生估计值 $\hat{y}$ 和实际值 y 之间的最小整体误差。β 的计算公式如下所示：

$$\beta = r_{xy}(\sigma_x / \sigma_y)$$

其中 r_{xy} 是相关系数，请参阅 10.4 节。σ_x 为 x 的标准差，该值由 statistics 模块直接给出。

α 的计算公式如下所示：

$$\alpha = \mu_y - \beta\mu_x$$

其中 μ_x 是 x 的均值，也由 statistics 模块直接给出。

我们将使用 10.2 节中的数据。通过以下代码读取这些数据：

```
>>> from pathlib import Path
>>> import json
>>> from collections import OrderedDict
>>> source_path = Path('code/anscombe.json')
>>> data = json.loads(source_path.read_text(),
...     object_pairs_hook=OrderedDict)
```

我们先使用 Path 类定义了数据文件的路径，然后使用 Path 对象从数据文件中读取文本。json.loads()使用该文本从 JSON 数据中构建 Python 对象。

由于我们在函数中添加了 object_pairs_hook 参数，因此可以使用 OrderedDict 类替代默认的 dict 类来构建 JSON。这种方法将保留源文档中元素的原始顺序。

可以通过如下方式检查数据：

```
>>> [item['series'] for item in data]
['I', 'II', 'III', 'IV']
>>> [len(item['data']) for item in data]
[11, 11, 11, 11]
```

完整的 JSON 文档是带键（比如 I）的子文档序列。每个子文档有两个字段——series 和 data。data 值中有一列我们想要表征的观测值，每个观测值都包含一对值。

JSON 文档的示例如下：

```
[
    {
        "series": "I",
        "data": [
            {
                "x": 10.0,
                "y": 8.04
            },
            {
                "x": 8.0,
                "y": 6.95
            },
            ...
        ]
    },
    ...
]
```

这组数据有 4 个系列，每个系列都表示一个字典列表结构。在每个系列中，每个数据项都是一个具有 x 键和 y 键的字典。

10.5.2 实战演练

(1) 导入 correlation() 函数和 statistics 模块。

```
from ch10_r03 import correlation
import statistics
```

(2) 定义一个产生回归模型的 regression() 函数。

```
def regression(data):
```

(3) 计算各种必要的值。

```
m_x = statistics.mean(i['x'] for i in data)
m_y = statistics.mean(i['y'] for i in data)
s_x = statistics.stdev(i['x'] for i in data)
s_y = statistics.stdev(i['y'] for i in data)
r_xy = correlation(data)
```

(4) 计算 β 值和 α 值。

```
b = r_xy * s_y/s_x
a = m_y - b * m_x
return a, b
```

可以使用 regression() 函数计算回归参数，如下所示：

```
for series in data:
    a, b = regression(series['data'])
    print(series['series'], 'y=', round(a, 2), '+', round(b,2), '*x')
```

输出结果显示了通过给定的 x 值预测所期望 y 值的公式。输出如下所示：

```
I y= 3.0 + 0.5 *x
II y= 3.0 + 0.5 *x
III y= 3.0 + 0.5 *x
IV y= 3.0 + 0.5 *x
```

在所有情况下，方程式都是 $\hat{y} = 3 + \dfrac{1}{2}x$。这个估计似乎很好地预测了 y 的实际值。

10.5.3 工作原理

计算 α 值和 β 值的公式并不复杂。计算 β 值的公式可以分解为两个标准差所使用的相关系数值。计算 α 值的公式使用了 β 值以及两个均值。前面的实例介绍了这些值的计算方法。相关性计算包含实际的复杂度。

该实例的核心设计技术是使用尽可能多的现有特性来构建新特性。这样就可以将测试用例传播开来，从而广泛地使用（和测试）基本算法。

10.4 节的性能分析很重要，也适用于本实例。为了获得相关系数以及各种均值和标准差，本实例的处理过程对数据分别进行了 5 次遍历。

作为一种概念证明，这种实现表明算法是有效的。这也是创建单元测试的起点。给定一个算法，然后重构代码来优化处理是有意义的。

10.5.4 补充知识

前面显示的算法虽然清晰，但效率很低。为了只处理一次数据，必须编写一个显式的 for 语句，只遍历一次数据。在 for 语句的循环体中进行各种求和运算，还需要计算从总和派生出来的一些值，包括均值和标准差。

```
sumx = sumy = sumxy = sumx2 = sumy2 = n = 0
for item in data:
    x, y = item['x'], item['y']
    n += 1
    sumx += x
    sumy += y
    sumxy += x * y
    sumx2 += x**2
    sumy2 += y**2
m_x = sumx / n
m_y = sumy / n
s_x = sqrt((n*sumx2 - sumx**2)/(n*(n-1)))
s_y = sqrt((n*sumy2 - sumy**2)/(n*(n-1)))
r_xy = (n*sumxy - sumx*sumy) / (sqrt(n*sumx2-sumx**2)*sqrt(n*sumy2-sumy**2))
b = r_xy * s_y/s_x
a = m_y - b * m_x
```

首先将一些结果变量初始化为 0，然后从数据源 data 累积这些结果变量值。由于只使用了一次数据值，因此该方法适用于任何可迭代的数据源。

r_xy 的计算与前面的例子相比没有任何变化，α 值或 β 值（即 a 和 b）的计算也没有变化。由于这些结果与前一个版本相同，因此我们相信这种优化将会得到相同的结果，但是只用遍历一次数据。

10.6 计算自相关

在许多情况下，事件会重复循环发生。如果数据与自身相关，则称之为自相关。某些数据可能具有明显的时间间隔，这是因为数据受一些可见的外部因素影响，比如季节或潮汐。某些数据的时间间隔可能难以辨别。

10.4 节讨论了测量两组数据之间相关性的方法。

如果怀疑具有周期性数据，那么如何利用前面的相关函数来计算自相关?

10.6.1 准备工作

自相关背后的核心概念是通过时间偏移 T 来建立相关性。自相关的测度有时表示为 $r_{xx}(T)$，即 x 和 x 之间的相关性，时间偏移为 T。

假设有一个便捷的相关函数 $R(x, y)$，它比较两个序列$[x_0, x_1, x_2, \cdots]$和$[y_0, y_1, y_2, \cdots]$，并返回两个序列之间的相关系数。

$$r_{xy} = R([x_0, x_1, x_2, \cdots], [y_0, y_1, y_2, \cdots])$$

通过在索引值中使用时间偏移，可以将其应用于自相关。

$$r_{xx}(T) = R([x_0, x_1, x_2, \cdots], [x_{0+T}, x_{1+T}, x_{2+T}, \cdots])$$

我们计算了 x 值之间的相关系数，x 值之间的相互偏移量为 T。如果 $T = 0$，那么将每个元素与其自身进行比较，相关系数为 $r_{xx}(0) = 1$。

本实例的背景信息是一些可能具有周期性信号的数据。数据源自 http://www.esrl.noaa.gov/gmd/ccgg/trends/。可以访问 ftp://ftp.cmdl.noaa.gov/ccg/co2/trends/co2_mm_mlo.txt 来下载原始数据文件。

该文件有一个以#开头的行组成的序言。这些行必须从数据中过滤掉。我们将使用 8.5 节中的方法来去除这些无用的行。

剩余的行以空格作为值之间的分隔符共分为 7 列。我们将使用 9.5 节中的方法来读取 CSV 数据。在本例中，CSV 中的逗号将被空格替代。因为最终得到的结果用起来有些麻烦，所以我们将使用 9.11 节中的方法，用正确转换的值创建一个更有用的命名空间。在该实例中，我们导入了 csv 模块。

```
import csv
```

处理文件物理格式的函数有两个。第一个函数过滤注释行，或者说通过不是注释的行。

```
def non_comment_iter(source):
    for line in source:
        if line[0] == '#':
            continue
        yield line
```

non_comment_iter()函数将遍历给定的源数据，并拒绝以#开头的行。所有其他行都将原封不动地通过。

non_comment_iter() 函数可用于构建处理有效数据行的 CSV 读取器。读取器需要一些额外的配置来定义数据列和所涉及 CSV 方言的详细信息。

```
def raw_data_iter(source):
    header = ['year', 'month', 'decimal_date', 'average',
              'interpolated', 'trend', 'days']
    rdr = csv.DictReader(source,
        header, delimiter=' ', skipinitialspace=True)
    return rdr
```

raw_data_iter() 函数定义 7 个列标题，还指定空格为列分隔符，并且可以跳过每列数据前面额外的空格。必须去除该函数输入中的注释行，一般使用过滤器函数 non_comment_iter()。

该函数的结果是一些数据行，形式为具有 7 个键的字典，如下所示：

```
[{'average': '315.71', 'days': '-1', 'year': '1958', 'trend': '314.62',
  'decimal_date': '1958.208', 'interpolated': '315.71', 'month': '3'},
 {'average': '317.45', 'days': '-1', 'year': '1958', 'trend': '315.29',
  'decimal_date': '1958.292', 'interpolated': '317.45', 'month': '4'},
etc.
```

因为这些值都是字符串，所以需要进行一次清洗和转换。下面是一个可以在生成器表达式中使用的行清洗函数。该函数将构建一个 SimpleNamespace 对象，因此还需要导入 SimpleNamespace 对象的定义。

```
from types import SimpleNamespace
def cleanse(row):
    return SimpleNamespace(
        year= int(row['year']),
        month= int(row['month']),
        decimal_date= float(row['decimal_date']),
        average= float(row['average']),
        interpolated= float(row['interpolated']),
        trend= float(row['trend']),
        days= int(row['days'])
    )
```

该函数通过将转换函数应用于字典中的值，把每个字典行转换为一个 SimpleNamespace 对象。因为大部分元素都是浮点数，所以我们使用了 float() 函数。还有一小部分元素是整数，我们对它们使用 int() 函数。

可以编写以下类型的生成器表达式，对每一行原始数据应用清洗函数：

```
cleansed_data = (cleanse(row) for row in raw_data)
```

上述代码将 cleanse() 函数应用于每行数据。我们通常期望这些数据行来自 raw_data_iter()。

将 cleanse() 函数应用于原始数据行将创建如下数据：

```
[namespace(average=315.71, days=-1, decimal_date=1958.208,
    interpolated=315.71, month=3, trend=314.62, year=1958),
 namespace(average=317.45, days=-1, decimal_date=1958.292,
    interpolated=317.45, month=4, trend=315.29, year=1958),
etc.
```

该数据便于使用。可以通过简单的名称来标识各个字段，数据值也已经转换为了 Python 的内置数据结构。

这些函数可以组合为表达式栈，如下所示：

```
def get_data(source_file):
    non_comment_data = non_comment_iter(source_file)
    raw_data = raw_data_iter(non_comment_data)
    cleansed_data = (cleanse(row) for row in raw_data)
    return cleansed_data
```

生成器函数 get_data() 是由一系列生成器函数与生成器表达式组成的栈。该函数返回一个产生源数据中各行的迭代器。non_comment_iter() 函数读取足够的行，生成单个非注释行。raw_data_iter() 函数将解析 CSV 行并产生具有单行数据的字典。

生成器表达式 cleansed_data 将 cleanse() 函数应用于原始数据的每个字典。每个行都是非常方便的 SimpleNamespace 数据结构，可以在其他地方使用。

这个生成器函数将所有单独的步骤绑定为一个转换流水线。当需要改变步骤时，它就是关注点，我们可以在此添加过滤器，或者替换解析函数或清洗函数。

使用 get_data() 函数的上下文如下所示：

```
source_path = Path('co2_mm_mlo.txt')
with source_path.open() as source_file:
    for row in get_data(source_file):
        print(row.year, row.month, row.average)
```

我们需要打开一个源文件，然后把它提供给 get_data() 函数。该函数将以易于统计处理的形式输出每一行。

10.6.2　实战演练

(1) 从 ch10_r03 模块导入 correlation() 函数。

```
from ch10_r03 import correlation
```

(2) 从源数据获取相关的时间序列数据项。

```
co2_ppm = list(row.interpolated
    for row in get_data(source_file))
```

本实例将使用插值数据。如果尝试使用平均数据，就会有报告间隔（reporting gap），这将迫使我们查找没有间隔的周期。插值数据则具有填充间隔的值。

我们通过生成器表达式创建了一个 list 对象，因为我们将进行多个汇总操作。

(3) 对多个时间偏移 T 计算相关性。我们将使用 1 到 20 个周期的时间偏移量。由于按月收集数据，因此我们猜测 $T = 12$ 具有最高的相关性。

```
for tau in range(1,20):
    data = [{'x':x, 'y':y}
        for x,y in zip(co2_ppm[:-tau], co2_ppm[tau:])]
    r_tau_0 = correlation(data[:60])
    print(tau, r_tau_0)
```

10

出自 10.4 节的 correlation() 函数需要一个含有 x 键和 y 键的小字典。第一步是建立这些字典的数组。我们使用 zip() 函数组合了两个数据序列。

❑ co2_ppm[:-tau]

❑ co2_ppm[tau:]

zip() 函数将组合每个 data 切片的值。第一个切片从头开始。第二个切片从 tau 位置开始。通常第二个序列会短一些,当序列耗尽时,zip() 函数将停止处理。

使用 co2_ppm[:-tau] 作为 zip() 函数的一个参数值,说明我们跳过了序列结尾的一些元素。我们跳过了从第二个序列开头省略的相同数量的元素。

我们仅使用前 60 个值来计算各种时间偏移值的自相关。数据按月提供。我们可以看到非常强的年度相关性。下面强调了这一行输出。

```
r_{xx}(τ= 1) =   0.862
r_{xx}(τ= 2) =   0.558
r_{xx}(τ= 3) =   0.215
r_{xx}(τ= 4) =  -0.057
r_{xx}(τ= 5) =  -0.235
r_{xx}(τ= 6) =  -0.319
r_{xx}(τ= 7) =  -0.305
r_{xx}(τ= 8) =  -0.157
r_{xx}(τ= 9) =   0.141
r_{xx}(τ=10) =   0.529
r_{xx}(τ=11) =   0.857
r_{xx}(τ=12) =   0.981
r_{xx}(τ=13) =   0.847
r_{xx}(τ=14) =   0.531
r_{xx}(τ=15) =   0.179
r_{xx}(τ=16) =  -0.100
r_{xx}(τ=17) =  -0.279
r_{xx}(τ=18) =  -0.363
r_{xx}(τ=19) =  -0.349
```

当时间偏移值为 12 时,$r_{xx}(12) = 0.981$。数据的所有子集几乎都有类似的自相关。这种高度的相关性证实了数据的年度周期性。

整个数据集包含近 700 个样本,时间跨度为 58 年。事实证明,周期性变化信号在整个时间跨度内并不清晰。这意味着还有一个更长的周期信号被年度变化信号掩盖了。

另一个信号的存在表明正在发生更复杂的事情。这种效应的时间尺度超过 5 年,需要进一步分析。

10.6.3 工作原理

切片是 Python 的一种优雅特性。4.4 节介绍了切分列表的基础知识。在进行自相关计算时,数组切片为我们提供了一个非常好的工具,可以在复杂度很低的情况下比较两个数据子集。

算法的基本要素如下所示:

```
data = [{'x':x, 'y':y}
    for x,y in zip(co2_ppm[:-tau], co2_ppm[tau:])]
```

这些数据对由 co2_ppm 序列两个切片的 A=a zip() 构建。co2_ppm 序列的两个切片构建用于创建临时对象 data 的预期 (x, y) 对。给定 data 对象，再使用现有的 correlation() 函数计算相关度量。

10.6.4　补充知识

可以使用类似的数组切片技术，在整个数据集中重复观察周期为 12 个月的季节性周期。在本例中，我们使用了以下代码：

```
r_tau_0 = correlation(data [: 60])
```

上述代码使用了所有可用的 699 个样本中的前 60 个样本。我们可以在任意位置开始切片，并使用任意大小的切片来确认周期是否贯穿整个数据。

我们可以创建一个模型，显示周期为 12 个月的数据行为。因为模型中有一个重复的周期，所以最有可能使用正弦函数来建模。模型可以表示为如下形式：

$$\hat{y} = A\sin(f(x-\varphi)) + K$$

因为正弦函数本身的均值为 0，所以 K 因子是给定的 12 个月周期的均值。$f(x-\varphi)$ 函数将每个月份数转换为 $-2\pi \leqslant f(x-\varphi) \leqslant 2\pi$ 范围内的值。像 $f(x) = 2\pi((x-6)/12)$ 这样的函数可能是恰当的。最后，缩放因子 A 将缩放数据以匹配给定月份的最小值和最大值。

长期模型

然而有趣的是，这个分析过程并没有确定掩盖年度振荡的长期趋势。为了确定这一趋势，有必要将每 12 个月的样本序列简化为单一的年度中心值。中位数或均值都可以用作中心值。

可以使用以下生成器表达式创建月平均值的序列：

```
from statistics import mean, median
monthly_mean = [
    {'x': x, 'y': mean(co2_ppm[x:x+12])}
        for x in range(0,len(co2_ppm),12)
]
```

该生成器将构建一个字典序列。每个字典都包含回归函数必须使用的 x 项和 y 项。x 的值是一个简单的年份和月份的替代值，该值是一个 0 到 696 的数。y 值是 12 个月的值的平均值。

回归计算如下所示：

```
from ch10_r04 import regression
alpha, beta = regression(monthly_mean)
print('y=', alpha, '+x*', beta)
```

计算结果是一条明显的直线，方程如下所示：

$$\hat{y} = 307.8 + 0.1276x$$

x 值是一个从数据集中第一个月（即 1958 年 3 月）开始计算的月份数的偏移量。例如，1968 年 3 月的 x 值为 120。年平均二氧化碳的 ppm 浓度为 y = 323.1。当年的实际平均水平为 323.27。这些值非常相似。

这个相关模型的 r^2 值为 0.98，说明了该方程与数据的拟合程度。上升的斜率就是信号，它长期主导着季节性波动。

10.6.5   延伸阅读

❏ 10.4 节介绍了计算一系列值之间相关性的核心函数。
❏ 10.5 节介绍了确定详细回归参数的更多背景信息。

10.7   确认数据是随机的——零假设

关于数据集的零假设和替代假设是一个重要的统计问题。假设有两组数据 $S1$ 和 $S2$，我们可以形成两种关于数据的假设。

❏ 零假设（null）：任何差异都是微小的随机效应，没有显著的差异。
❏ 替代假设（alternate）：差异具有统计学意义。一般来说，这种可能性小于 5%。

如果存在一些有意义的变化，那么如何评估数据是否真的是随机的？

10.7.1   准备工作

如果我们精通统计学，就可以利用统计理论来计算样本的标准差，并确定两个分布之间是否存在显著的差异。如果不擅长统计学，但是精通编程，那么可以在缺少理论知识的情况下，通过少量代码得到类似的结果。

可以通过多种方法来比较不同的数据集，查看它们是否明显不同或者差异是否随机变化。在某些情况下，我们能够对这些现象进行详细的模拟。如果使用 Python 内置的随机数生成器，那么将获得与现实世界中真正随机事件基本相同的数据。我们可以比较模拟数据和测量数据，来观察它们是否相同。

模拟技术只在合理完成模拟时才有效。例如，赌场游戏中的离散事件很容易模拟。Web 交易中某些类型的离散事件（比如购物车中的商品）也很容易模拟。但是有些现象很难准确地模拟。

在不能进行模拟的情况下，可以使用一些重采样技术。我们可以使用自助法（bootstrapping）或者交叉验证（cross-validation）混洗数据。在这些情况下，我们将使用可用于寻找随机效应的数据。

本实例将比较 10.6 节中数据的 3 个子集。这些数据来自两个相邻年份和另外一个年份，后者与其他两个年份相距很远。每年都有 12 个样本，我们可以轻松计算这些分组的均值。

```
>>> from ch10_r05 import get_data
>>> from pathlib import Path
>>> source_path = Path('code/co2_mm_mlo.txt')
>>> with source_path.open() as source_file:
...     all_data = list(get_data(source_file))
>>> y1959 = [r.interpolated for r in all_data if r.year == 1959]
>>> y1960 = [r.interpolated for r in all_data if r.year == 1960]
>>> y2014 = [r.interpolated for r in all_data if r.year == 2014]
```

我们为 3 年的数据创建了 3 个子集。每个子集都是用一个简单的过滤器创建的。这个过滤器创建了值列表，其中年份与目标值匹配。我们可以计算这些子集的统计数据，如下所示：

```
>>> from statistics import mean
>>> round(mean(y1959), 2)
315.97
>>> round(mean(y1960), 2)
316.91
>>> round(mean(y2014), 2)
398.61
```

3 个均值并不相同。我们假设 1959 年和 1960 年之间均值的差异只是没有任何意义的普通随机变化。然而，1959 年和 2014 年之间均值的差异在统计学上非常显著。

排列或混洗技术的工作原理如下。

(1) 对合并的样本数据进行排列。

(2) 1959 年和 1960 年数据之间均值的观测差为 316.91–315.97 = 0.94。我们可以称之为观察测试度量 T_{obs}。

❏ 创建两个子集 A 和 B。

❏ 计算均值之间的差 T。

❏ 对大于 T_{obs} 和小于 T_{obs} 的差 T 进行计数。

这两个计数说明了我们观测到的差与所有可能的差之间的比较结果。对于大量数据，可能会有大量的排列。在本例中，从 24 个样本中每次取 12 个样本的组合数由以下公式给出：

$$\binom{n}{k} = \frac{n!}{k!(n-k)!}$$

假设 $n = 24$，$k = 12$，计算得到的值如下：

```
>>> from ch03_r07 import fact_s
>>> def binom(n, k):
...     return fact_s(n)//(fact_s(k)*fact_s(n-k))
>>> binom(24, 12)
2704156
```

大约有超过 270 万个排列。我们可以使用 itertools 模块中的函数生成这些排列。combinations() 函数将生成各种子集。处理时间超过 5 分钟（320 秒）。

另一种方案是使用随机子集。使用 270 156 个随机样本可以在大约 35 秒内完成。仅使用 10% 的组合就可以提供足够准确的答案，来确定两个样本是否在统计学上相似，零假设是否正确，或者两个样本是否不同。

10.7.2　实战演练

(1) 导入 random 模块和 statistics 模块。shuffle() 函数是样本随机化的核心。本实例还将使用 mean() 函数。

```
import random
from statistics import mean
```

可以简单地计算高于和低于样本之间观察差的值。不过，这里将创建一个 Counter 对象来收集从 −0.001 到 +0.001 的 2000 步中的差异。这将说明差异是否符合正态分布。

```
from collections import Counter
```

(2) 定义一个接受两组独立样本的函数。这些样本将被合并，它们是从集合中抽取的随机子集。

```
def randomized(s1, s2, limit=270415):
```

(3) 计算均值之间的观测差 T_{obs}。

```
T_obs = mean(s2)-mean(s1)
print( "T_obs = m_2-m_1 = {:.2f}-{:.2f} = {:.2f}".format(
    mean(s2), mean(s1), T_obs)
)
```

(4) 初始化一个 Counter 对象来收集细节信息。

```
counts = Counter()
```

(5) 创建组合的样本空间。我们可以连接两个列表。

```
universe = s1+s2
```

(6) 使用 for 语句做大量的重采样，270 415 个样本可能需要 35 秒。通过扩展或收缩子集来平衡对精确度和计算速度的需求是非常容易的。大部分处理将嵌套在此循环内。

```
for resample in range(limit):
```

(7) 混洗数据。

```
random.shuffle(universe)
```

(8) 选择与原始数据集大小匹配的两个子集。

```
a = universe[:len(s2)]
b = universe[len(s2):]
```

基于 Python 列表索引的工作原理，我们确信两个列表完全分离了样本空间中的值。由于结束索引值 len(s2) 不包括在第一个列表中，因此这种切片清晰地分割了所有元素。

(9) 计算均值之间的差。本例将把这个值扩大 1000 倍并转换为整数，以便累积频率分布。

```
delta = int(1000*(mean(a) - mean(b)))
counts[delta] += 1
```

创建增量值直方图的另一种方法是计算高于和低于 T_{obs} 的值的个数。使用完整的直方图可以保证数据在统计学上是正常的。

(10) 在 for 循环后面，我们可以汇总 counts，显示有多少值大于观测差，有多少值小于观测差。如果其中任意一个值小于 5%，那么这就是一个统计学上的显著性差异。

```
T = int(1000*T_obs)
below = sum(v for k,v in counts.items() if k < T)
above = sum(v for k,v in counts.items() if k >= T)

print( "below {:,} {:.1%}, above {:,} {:.1%}".format(
    below, below/(below+above),
```

```
above, above/(below+above)))
```

当我们对 1959 年和 1960 年的数据执行 `randomized()` 函数时，代码如下所示：

```
print("1959 v. 1960")
randomized(y1959, y1960)
```

输出如下所示：

```
1959 v. 1960
T_obs = m_2-m_1 = 316.91-315.97 = 0.93
below 239,457 88.6%, above 30,958 11.4%
```

上述结果表明，11% 的数据高于观测差，88% 的数据低于观测差。结果在正常的统计噪声范围之内。

当我们对 1959 年和 2014 年的数据运行函数时，输出如下所示：

```
1959 v. 2014
T_obs = m_2-m_1 = 398.61-315.97 = 82.64
below 270,414 100.0%, above 1 0.0%
```

在 270 415 个数据中，只有 1 个数据高于均值的观测差 T_{obs}。从 1959 年到 2014 年的变化在统计学上是显著的，概率为 3.7×10^{-6}。

10.7.3　工作原理

计算所有 270 万个排列会给出确切的答案。使用随机子集而不是计算所有可能的排列，运行速度更快。Python 随机数生成器非常好用，它保证随机化子集将被公平分配。

我们使用了两种技术来计算数据的随机子集。

(1) 使用 `random.shuffle(u)` 混洗整个样本空间。

(2) 使用类似于 a，b = u[x:]，u[:x] 的代码对样本空间进行分割。

使用 `statistics` 模块完成两个分割的均值计算。我们可以定义一些更有效的算法，通过遍历一次数据完成样本的混洗、分割和均值计算。这种更高效的算法将省略为排列差异创建完整直方图的这一步。

上述算法将差值转换为 –1000 和 +1000 之间的值，方法如下：

```
delta = int(1000*(mean(a) - mean(b)))
```

这样就可以用 `Counter` 来计算频率分布了。这将表明大部分差异实际上是零。对于呈正态分布的数据来说，这是预料之中的。这种分布将使我们确信，在随机数生成和混洗算法中并没有隐性偏差。

可以简单地对大于和小于 T_{obs} 的值进行计数，而不是填充 `Counter` 对象。比较排列差异与观测差异 T_{obs} 的最简单形式如下：

```
if mean(a) - mean(b) > T_obs:
    above += 1
```

上述代码将对大于观测差异的重采样差异进行计数。可以通过 below = limit-above 计算观测值以下的数值。结果是一个简单的百分比值。

10.7.4   补充知识

通过改变每个随机子集均值的计算方式，可以稍微加快处理速度。

给定一个数字池 P，创建两个不相交的子集 A 和 B，使得：

$$A \cup B = P \wedge A \cap B = \varnothing$$

A 和 B 子集的并集涵盖整个样本空间 P。因为 A 和 B 之间的交集是一个空集，所以没有缺失值。

总和 S_p 可以只计算一次：

$$S_P = \sum P$$

我们只需要计算一个子集的总和 S_A：

$$S_A = \sum A$$

这意味着另一个子集的总和可以通过差集运算得到，不需要再计算第二个子集的总和。

类似地，集合 N_A 和 N_B 的大小都是恒定的。这样就可以快速地计算出均值 μ_A 和 μ_B。

$$\mu_A = S_A/N_A$$
$$\mu_B = (S_P - S_A)/N_B$$

重采样循环发生了微小的变化，如下所示：

```
a_size = len(s1)
b_size = len(s2)
s_u = sum(universe)
for resample in range(limit):
    random.shuffle(universe)
    a = universe[:len(s1)]
    s_a = sum(a)
    m_a = s_a/a_size
    m_b = (s_u-s_a)/b_size
    delta = int(1000*(m_a-m_b))
    counts[delta] += 1
```

通过只计算一个和 s_a，我们缩短了随机重采样过程的处理时间。不需要计算另一个子集的和，因为可以通过整个样本空间中值的和 s_u 与当前子集的和 s_a 的差来计算另一个子集的和 m_b。然后，不必使用 mean() 函数，直接通过固定计数和总和计算均值。

这种优化使得快速做出统计决策变得非常容易。使用重采样意味着不需要依赖于复杂的统计理论知识，可以重采样现有的数据来表明给定的样本符合零假设或超出预期，并且需要一个替代假设。

10.7.5   延伸阅读

❑ 该处理过程可以应用于其他统计决策过程，包括 10.5 节和 10.6 节中的实例。

10.8   查找异常值

我们经常会在统计数据中发现可以描述为异常值的数据点。异常值偏离其他样本，可能表示不良数据或新发现。顾名思义，异常值是罕见的事件。

异常值可能是数据采集中的简单错误。它们可能代表软件 bug 或者未正确校准的测量设备。也许是因为服务器崩溃导致无法读取日志记录，或者因为用户输入的数据不正确导致时间戳错误。

异常值还可能令人感兴趣的一个原因是有其他一些难以检测的信号，它们可能是新颖的、罕见的，或者在设备的精确校准之外。在 Web 日志中，这可能会为应用程序提供一个新的用例，或者表明一种新的黑客攻击的开始。

如何查找和标注潜在的异常值？

10.8.1 准备工作

查找异常值的一种简单方法是将值归一化，使其成为 z 分数。z 分数将测量值转换为测量值与以标准差为单位来测量的均值之间的比值。

$$Z_i = (x_i - \mu_x) / \sigma_x$$

其中 μ_x 是给定变量 x 的均值，σ_x 是该变量的标准差。可以使用 statistics 模块来计算这些值。

但是，这种方法可能具有误导性，因为 z 分数受限于样本数量。因此，*NIST Engineering and Statistics Handbook* 的 1.3.5.17 节建议使用以下规则检测异常值。

$$M_i = 0.6745(x_i - \tilde{x}) / \text{MAD}$$

这里使用了**绝对中位差**（median absolute deviation，MAD）而非标准差。MAD 是每个样本 x_i 与样本总体中位数 $\tilde{x}$ 之间偏差的绝对值的中位数。

$$\text{MAD} = \text{median}(x_i - \tilde{x} : x_i \in x)$$

缩放因子 0.6745 用于缩放这些分数，这样大于 3.5 的 M_i 值可以被识别为异常值。请注意，该过程类似于样本方差的计算。方差度量使用了均值，该度量使用中位数。各种文献广泛使用 0.6745 作为查找异常值的缩放因子。

本实例将使用 10.2 节中的数据，其中包括一些相对平滑的数据集和一些具有极端异常值的数据集。数据位于一个 JSON 文档中，它包含 4 个系列的 (x, y) 对。

通过以下代码读取这些数据：

```
>>> from pathlib import Path
>>> import json
>>> from collections import OrderedDict
>>> source_path = Path('code/anscombe.json')
>>> data = json.loads(source_path.read_text(),
...     object_pairs_hook=OrderedDict)
```

我们先使用 Path 类定义了数据文件的路径，然后可以使用 Path 对象从数据文件中读取文本。json.loads() 使用该文本从 JSON 数据中构建了 Python 对象。

我们在函数中添加了 object_pairs_hook 参数，因此可以使用 OrderedDict 类替代默认的 dict 类来构建 JSON。这种方法将保留源文档中元素的原始顺序。

可以通过如下方式检查数据：

```
>>> [item['series'] for item in data]
['I', 'II', 'III', 'IV']
```

```
>>> [len(item['data']) for item in data]
[11, 11, 11, 11]
```

完整的 JSON 文档是具有键（比如 I 和 II）的子文档序列。每个子文档有两个字段——series 和 data。data 值中有一列我们想要表征的观测值，每个观测值都包含一对值。

10.8.2   实战演练

(1) 导入 statistics 模块。我们需要进行大量中位数计算。另外，可以使用 itertools 的某些特性，比如 compress() 和 filterfalse()。

```
import statistics
import itertools
```

(2) 定义 absdev() 映射。该步骤将使用给定的中位数或者计算样本的实际中位数，然后返回一个生成器，提供所有样本与中位数的绝对偏差，如下所示。

```
def absdev(data, median=None):
    if median is None:
        median = statistics.median(data)
    return (
        abs(x-median) for x in data
    )
```

(3) 定义 median_absdev() 函数。该函数将查找绝对偏差值序列的中位数，也将计算用于检测异常值的 MAD 值。该函数可以计算中位数，也可以给它提供已经计算出来的中位数。

```
def median_absdev(data, median=None):
    if median is None:
        median = statistics.median(data)
    return statistics.median(absdev(data, median=median))
```

(4) 定义修正的 z 分数映射 z_mod()。该步骤将计算数据集的中位数，并用它来计算 MAD。然后，偏差值用于计算修正的 z 分数。返回的值是修正的 z 分数的迭代器。因为在数据上进行了多次遍历，所以输入不可能是可迭代的集合，而一定是一个序列对象。

```
def z_mod(data):
    median = statistics.median(data)
    mad = median_absdev(data, median)
    return (
        0.6745*(x - median)/mad for x in data
    )
```

在这个实现中，我们使用了一个常量 0.6745。在一些情况中，我们可能希望把它设为参数。可以使用 def z_mod(data, threshold=0.6745) 来允许改变这个值。

有趣的是，MAD 值有可能为零。当大多数值不偏离中位数时，可能会发生这种情况。当超过一半的点具有相同的值时，绝对中位差将为零。

(5) 基于修正的 z 映射 z_mod() 定义异常值过滤器。任何超过 3.5 的值都可以被标记为异常值。然后可以使用异常值或不使用异常值来计算统计汇总。itertools 模块的 compress() 函数可以根据

z_mod() 计算的结果，使用布尔选择器值序列从原始数据序列中选择元素。

```
def pass_outliers(data):
    return itertools.compress(data, (z >= 3.5 for z in z_mod(data)))

def reject_outliers(data):
    return itertools.compress(data, (z < 3.5 for z in z_mod(data)))
```

pass_outliers() 函数只通过异常值。reject_outliers() 函数通过非异常值。通常，我们将显示两个结果——整个数据集和排除异常值的数据集。

这些函数大部分多次引用了输入的数据参数，它是不能使用的可迭代对象。必须给这些函数一个序列对象。列表或元组就属于序列。

可以使用 pass_outliers() 来查找异常值。该函数可以方便地识别可疑的数据值。可以使用 reject_outliers() 提供移除了异常值的数据。

10.8.3　工作原理

转换操作的流水线可以归纳为如下几点。

(1) 归约总体来计算总体的中位数。

(2) 将每个值映射到总体中位数的绝对偏差。

(3) 归约绝对偏差来创建 MAD。

(4) 使用总体中位数和 MAD 将每个值映射到修正的 z 分数。

(5) 根据修正的 z 分数过滤结果。

我们在流水线中分别定义了每个转换函数。可以使用第 8 章中的实例来创建更小的函数，并使用内置的 map() 和 filter() 函数来实现这种处理。

不能轻易地使用内置的 reduce() 函数来定义中位数计算。为了计算中位数，必须使用递归的中位数查找算法。该算法将数据分割为越来越小的子集，其中一个子集包含中位数。

给定示例数据的处理过程如下所示：

```
for series_name in 'I', 'II', 'III', 'IV':
    print(series_name)
    series_data = [series['data']
        for series in data
            if series['series'] == series_name][0]

    for variable_name in 'x', 'y':
        variable = [float(item[variable_name]) for item in series_data]
        print(variable_name, variable, end=' ')
        try:
            print( "outliers", list(pass_outliers(variable)))
        except ZeroDivisionError:
            print( "Data Appears Linear")
    print()
```

我们迭代了源数据中的每个系列。series_data 计算从源数据中提取一个系列。每个系列有两个变量 x 和 y。在一组样本中，可以使用 pass_outliers() 函数来查找数据中的异常值。

except 子句处理了 ZeroDivisionError 异常。该异常是由 z_mod() 函数针对一组特定的异常数据抛出的。异常数据的输出行如下所示：

```
x [8.0, 8.0, 8.0, 8.0, 8.0, 8.0, 8.0, 19.0, 8.0, 8.0, 8.0] Data Appears Linear
```

在本例中，至少有一半的值是相同的。这个多数值将被视为中位数。该子集与中位数的绝对偏差将为零。因此，MAD 将为零。在本例中，异常值的想法值得怀疑，因为数据似乎也没有反映出典型的统计噪声。

该数据不符合通用模型，必须将不同类型的分析应用于此变量。由于数据的特殊性质，我们不得不放弃异常值这个想法。

10.8.4   补充知识

我们使用 itertools.compress() 来通过或拒绝异常值，也可以以类似的方式使用 filter() 函数和 itertools.filterfalse() 函数。我们将介绍 compress() 函数的一些优化方法，以及使用 filter() 函数替代 compress() 函数的方法。

我们对 pass_outliers 和 reject_outliers 使用了两个类似的函数定义。这种设计导致了关键程序逻辑不必要的重复，违背了 DRY 原则。这两个函数如下所示：

```
def pass_outliers(data):
    return itertools.compress(data, (z >= 3.5 for z in z_mod(data)))

def reject_outliers(data):
    return itertools.compress(data, (z < 3.5 for z in z_mod(data)))
```

pass_outliers() 和 reject_outliers() 之间的差异很小，相当于一个表达式的逻辑否定。一个函数中含有 >=，另一个函数中含有 <。这种代码差异并不总是容易验证的。如果逻辑更复杂，那么执行逻辑否定容易导致设计错误。

可以提取其中一个版本的过滤器规则来创建如下表达式：

```
outlier = lambda z: z >= 3.5
```

然后，修改 compress() 函数的两种用法，使逻辑否定更加明确。

```
def pass_outliers(data):
    return itertools.compress(data, (outlier(z) for z in z_mod(data)))

def reject_outliers(data):
    return itertools.compress(data, (not outlier(z) for z in z_mod(data)))
```

将过滤器规则暴露为单独的 lambda 对象或函数定义，有助于减少代码重复。否定也更明显。现在可以轻松地比较两个版本，以确保它们具有恰当的语义。

如果要使用 filter() 函数，那么必须对处理流水线进行彻底的改造。filter() 高阶函数需要一个判定函数，为每个原始值创建一个 true 或 false 结果。这个处理过程将合并判定阈值与修正的 z 分数计算。判定函数必须计算：

$$\frac{0.6745(x_i - \tilde{x})}{\text{MAD}} \geqslant 3.5$$

必须通过该计算确定每个 x_i 值的异常值状态。该判定函数还需要另外两个输入——总体中位数 $\tilde{x}$ 和 MAD 值。因此，过滤判定函数相当复杂，如下所示：

```
def outlier(mad, median_x, x):
    return 0.6745*(x - median_x)/mad >= 3.5
```

`outlier()` 函数可以和 `filter()` 一起使用，以通过异常值，也可以和 `itertools.filterfalse()` 一起使用，以拒绝异常值并创建一个没有错误值的子集。

为了使用 `outlier()` 函数，需要创建如下函数：

```
def pass_outliers2(data):
    population_median = median(data)
    mad = median_absdev(data, population_median)
    outlier_partial = partial(outlier, mad, population_median)
    return filter(outlier_partial, data)
```

该函数计算了两个整体归约：`population_median` 和 `mad`。给定这两个值，可以创建一个偏函数 `outlier_partial()`。该函数为前两个位置参数 `mad` 和 `population_median` 绑定了值。最终的偏函数只需要处理 `data` 值。

`outlier_partial()` 和 `filter()` 的处理过程等效于以下生成器表达式：

```
return (
    x for x in data if outlier(mad, population_median, x)
)
```

目前还不清楚该表达式是否比使用 `itertools` 模块的 `compress()` 函数具有明显的优势。但是，对于更熟悉 `filter()` 的程序员来说，该表达式可能更清晰一些。

10.8.5　延伸阅读

❑ 关于异常值检测的更多信息，请参阅 http://www.itl.nist.gov/div898/handbook/eda/section3/eda35h.htm。

10.9　通过一次遍历分析多个变量

在许多情况下，数据具有多个需要分析的变量。数据可以被填充到网格当中，每行都包含特定的结果，每个结果行的列中有多个变量。

我们可以按照列优先的顺序模式，独立地处理（一列数据中的）每个变量。这将导致多次遍历每行数据。我们也可以使用行优先的顺序模式，一次性处理每行数据的所有变量。

关注每个变量的优点在于，可以编写一个相对简单的**处理栈**。本实例将编写多个处理栈，每个变量一个，但每个处理栈都可以重用 `statistics` 模块的常用函数。

这种处理方式的缺点在于，处理非常大的数据集的每个变量时，需要从操作系统文件中读取原始数据。这部分处理可能是最耗时的。实际上，读取数据所需的时间往往会极大影响统计分析所需的时间。因为 I/O 成本非常高，所以出现了像 Hadoop 这样的专用系统试图加快对超大数据集的访问速度。如何只遍历一次数据集就获得大量的描述性统计数据？

10.9.1 准备工作

可以把需要分析的变量分为多个类别。例如，统计学家通常将变量分为以下类别。

- **连续实值数据**：这些变量通常测量为浮点值，有一个很明确的度量单位，可以接受精度受测量准确度限制的值。
- **离散数据或分类数据**：这些变量从有限域中选择值。在某些情况下，我们可以提前枚举域。在其他情况下，必须发现域的值。
- **有序数据**：这些变量提供了顺序。一般来说，序数值是一个数，但是统计汇总不适用于序数值，因为它不是真正的测量值，没有单位。
- **计数数据**：这些变量是独立离散结果的汇总。可以通过计算另一个离散计数的实值均值来将其视为连续的。

变量可以彼此独立，也可以依赖于其他变量。在研究的初始阶段，依赖可能是未知的。在之后的阶段，编写软件的一个目的就是发现依赖关系。随后，软件可以用来对依赖关系建模。

由于数据的多样性，我们需要将每个变量视为一个独特的元素。不能将它们全部视为简单的浮点值。正确认识其中的差异将产生一个类定义的层次结构。每个子类将包含一个变量的独特功能。

我们有两种总体设计模式。

- **及早**：尽可能早地计算各种汇总。在某些情况下，不必为此累积非常多的数据。
- **惰性**：尽可能晚地计算汇总。这意味着我们将累积数据，并使用特性（property）来计算汇总。

对于非常大的数据集，需要一个混合解决方案。我们将及早地计算一些汇总，并且使用特性来计算这些汇总的最终结果。

本实例将使用 10.2 节中的某些数据，其在许多类似的数据系列中只包含两个变量。变量名分别为 *x* 和 *y*，它们都是实值变量。*y* 变量依赖于 *x* 变量，因此适用相关和回归模型。

通过以下代码读取这些数据：

```
>>> from pathlib import Path
>>> import json
>>> from collections import OrderedDict
>>> source_path = Path('code/anscombe.json')
>>> data = json.loads(source_path.read_text(),
...     object_pairs_hook=OrderedDict)
```

我们先使用 Path 类定义了数据文件的路径，然后可以使用 Path 对象从数据文件中读取文本。json.loads()使用该文本从 JSON 数据中构建了 Python 对象。

由于我们在函数中添加了 object_pairs_hook 参数，因此可以使用 OrderedDict 类替代默认的 dict 类来构建 JSON。这种方法将保留源文档中元素的原始顺序。

通过如下方式检查数据：

```
>>> [item['series'] for item in data]
```

```
['I', 'II', 'III', 'IV']
>>> [len(item['data']) for item in data]
[11, 11, 11, 11]
```

完整的 JSON 文档是具有键（比如 I）的子文档序列。每个子文档有两个字段——series 和 data。data 数组中有一列我们想要表征的观测值，每个观测值都包含一对值。

10.9.2 实战演练

(1) 定义一个类来分析变量。该类应当完成所有的转换和清洗。我们将使用混合处理方法：当获取每个数据元素时，更新总和和计数；直到请求这些属性时，才计算最终的均值或标准差。

```
import math
class SimpleStats:
    def __init__(self, name):
        self.name = name
        self.count = 0
        self.sum = 0
        self.sum_2 = 0
    def cleanse(self, value):
        return float(value)
    def add(self, value):
        value = self.cleanse(value)
        self.count += 1
        self.sum += value
        self.sum_2 += value*value
    @property
    def mean(self):
        return self.sum / self.count
    @property
    def stdev(self):
        return math.sqrt(
            (self.count*self.sum_2-self.sum**2)/(self.count*(self.count-1))
            )
```

这个例子定义了 count、sum 以及平方和的汇总。我们可以扩展该类来增加更多的计算。对于中位数或众数，我们必须累积每个值，并将设计模式完全改为惰性模式。

(2) 定义处理输入列的实例。我们将创建 SimpleStats 类的两个实例。本实例选择了两个非常相似的变量，因此一个类涵盖了这两种情况。

```
x_stats = SimpleStats('x')
y_stats = SimpleStats('y')
```

(3) 定义从实际列标题到统计计算对象的映射。在某些情况下，可能不会通过名称来标识列：也可能会使用列索引。在本例中，对象序列将匹配每行中的列序列。

```
column_stats = {
    'x': x_stats,
    'y': y_stats
}
```

(4) 定义处理所有行的函数，对每行中的每列使用统计计算对象。

```
def analyze(series_data):
    x_stats = SimpleStats('x')
    y_stats = SimpleStats('y')
    column_stats = {
        'x': x_stats,
        'y': y_stats
    }
    for item in series_data:
        for column_name in column_stats:
            column_stats[column_name].add(item[column_name])
    return column_stats
```

外层的 `for` 语句处理每行数据。内层的 `for` 语句处理每行数据的每列。处理过程显然遵循了行优先的顺序。

(5) 显示各对象的结果或汇总。

```
column_stats = analyze(series_data)
for column_key in column_stats:
    print(' ', column_key,
        column_stats[column_key].mean,
        column_stats[column_key].stdev)
```

可以将分析函数应用于一系列数据值，最终将返回包含统计汇总的字典。

10.9.3 工作原理

我们创建了一个类，它可以对特定类型的列进行清洗、过滤和统计处理。当面对各种列时，需要多个类定义。这种思想能够轻松创建相关类的层次结构。

我们为每个需要分析的特定列创建了类的一个实例。在这个例子中，SimpleStats 是为一列简单的浮点值而设计的。其他设计将适用于离散数据或有序数据。

该类的外在功能是一个 add() 方法。每个单独的数据值都被提供给了这个方法。mean 和 stdev 特性计算了统计汇总信息。

该类还定义了一个处理数据转换需求的 cleanse() 方法。这个方法还可以用于处理无效数据，它可能会过滤值而不是抛出异常。必须覆盖此方法才能处理更复杂的数据转换。

我们创建了一个统计信息处理对象的集合。在本例中，集合中的两个元素都是 SimpleStats 的实例。在大多数情况下，集合中的元素可能涉及多个类，并且统计处理对象集合会相当复杂。

SimpleStats 对象集合被应用到每一行数据。for 语句使用映射的键，它们也是列名称，用于将每列的数据和恰当统计处理对象关联起来。

在某些情况下，统计汇总必须进行惰性计算。例如，为了发现异常值，我们可能需要所有的数据。查找异常值的一种常见方法需要计算中位数，通过中位数计算绝对偏差，然后计算这些绝对偏差的中位数。请参阅 10.8 节。为了计算众数，需要将所有数据值累积到一个 Counter 对象中。

10.9.4 补充知识

在本实例的设计中，默认假设所有的列是完全独立的。在某些情况下，需要组合列来派生其他数据项。这将导致一个更复杂的类定义，可能包括对其他 SimpleStats 实例的引用。为了确保按依赖顺序处理列，该处理可能变得相当复杂。

正如 8.3 节中介绍的，可能有一个多级处理涉及改进和计算得出的值。这进一步限制了列处理规则中的顺序。处理这种情况的一种方法是，为每个分析器提供其他相关分析器的引用。这种方法可能会产生一组复杂的类定义。

首先，定义两个类来分别处理日期列和时间列。然后，组合这些类来创建基于这两个列的时间戳列。

单独处理日期列的类如下所示：

```
class DateStats:
    def cleanse(self, value):
        return datetime.datetime.strptime(date, '%Y-%m-%d').date()
    def add(self, value):
        self.current = self.cleanse(value)
```

DateStats 类只实现了 add() 方法。该方法清洗数据并保留当前值。处理时间列的类如下所示：

```
class TimeStats:
    def cleanse(self, value):
        return datetime.datetime.strptime(date, '%H:%M:%S').time()
    def add(self, value):
        self.current = self.cleanse(value)
```

TimeStats 类类似于 DateStats 类，它只实现了 add() 方法。这两个类都专注于清洗源数据并保留当前值。

下面的类依赖于前两个类的结果。该类将用 DateStats 对象和 TimeStats 对象的 current 属性来获得当前可用的值。

```
class DateTimeStats:
    def __init__(self, date_column, time_column):
        self.date_column = date_column
        self.time_column = time_column
    def add(self, value=None):
        date = self.date_column.current
        time = self.time_column.current
        self.current = datetime.datetime.combine(date, time)
```

DateTimeStats 类组合了 DateStats 对象和 TimeStats 对象的结果。该类需要 DateStats 类的一个实例和 TimeStats 类的一个实例。通过这两个对象，当前经过清洗的值可用作 current 属性。

请注意，DateTimeStats 的 add() 方法不接受 value 参数，而是从另外两个清洗过的对象中收集一个值。这要求在处理这个派生列之前处理其他两列。

为了确保值可用，每行都需要一些附加处理。把基本的日期和时间处理映射到特定的列。

```
date_stats = DateStats()
time_stats = TimeStats()
column_stats = {
    'date': date_stats,
```

10

```
        'time': time_stats
    }
```

column_stats 映射可用于将两个基础数据清洗操作应用于每行数据。但是，我们还得到了在基础数据完成之后必须计算的派生数据。如下所示：

```
datetime_stats = DateTimeStats(date_stats, time_stats)
derived_stats = {
    'datetime': datetime_stats
}
```

我们构建了一个 DateTimeStats 实例，它依赖于另外两个统计过程对象：date_stats 和 time_stats。该对象的 add() 方法将从其他两个对象中分别获取 current 值。如果还有其他派生列，可以将它们收集到这个映射中。

derived_stats 映射可用于应用统计处理操作来创建和分析派生数据。整体处理循环可分为两个阶段：

```
for item in series_data:
    for column_name in column_stats:
        column_stats[column_name].add(item[column_name])
    for column_name in derived_stats:
        derived_stats[column_name].add()
```

我们计算了源数据中存在的列的统计信息，然后计算了派生列的统计信息。这个处理过程仅使用两个映射就完成了配置。我们可以修改用于更新 column_stats 映射和 derived_stats 映射的类。

使用 map()

我们使用显式的 for 语句将每个统计对象应用到相应的列数据，也可以使用生成器表达式，甚至可以尝试使用 map() 函数。关于 map() 函数的更多背景信息，请参阅 8.7 节。

另一种数据采集集合如下所示：

```
data_gathering = {
    'x': lambda value: x_stats.add(value),
    'y': lambda value: y_stats.add(value)
}
```

我们提供了一个将对象的 add() 方法应用于给定数据值的函数，而不是对象。

根据这个集合，可以使用生成器表达式：

```
[data_gathering[k](row[k]) for k in data_gathering)]
```

data_gathering[k] 函数将应用于行中每个可用的 k 值。

10.9.5 延伸阅读

❑ 关于其他适合本实例的设计选择，请参阅 6.3 节和 6.8 节。

测　试

本章将介绍以下实例。

❑ 使用文档字符串进行测试

❑ 测试抛出异常的函数

❑ 处理常见的 doctest 问题

❑ 创建单独的测试模块和包

❑ 组合 unittest 测试和 doctest 测试

❑ 涉及日期或时间的测试

❑ 涉及随机性的测试

❑ 模拟外部资源

11.1　引言

测试是创建可运行软件的核心。以下是对测试重要性的经典陈述：

任何没有经过自动测试的程序功能都等于不存在的功能。

这句话摘自《解析极限编程：拥抱变化》，作者是 Kent Beck。

可以将测试分为以下几种类型。

❑ **单元测试**（unit testing）：适用于独立的软件**单元**——函数、类或模块。对单元进行隔离测试以确认其正常工作。

❑ **集成测试**（integration testing）：组合各个单元，确保它们正确集成。

❑ **系统测试**（system testing）：测试整个应用程序或相互关联的应用程序系统，确保软件组件的聚集套件正常工作。通常适用于软件的总体验收。

❑ **性能测试**（performance testing）：确保单元符合性能目标。在某些情况下，性能测试包括对内存、线程、文件描述符等资源的研究。性能测试的目标是确保软件合理使用系统资源。

Python 有两种内置测试框架。一种是 doctest 工具，可以检查文档字符串中包含 >>> 提示符的示例。虽然该框架广泛用于单元测试，但是也可以用于简单的集成测试。

另一种测试框架使用由 unittest 模块构建的类。unittest 模块定义了 TestCase 类。该框架同样主要用于单元测试，但也可以应用于集成测试和性能测试。

当然，我们也想把这些工具结合起来。两个模块都具有允许共存的功能。我们常常利用 unittest 包的测试加载协议来合并所有测试。

此外，我们会使用 nose2 或 py.test 等工具进一步自动化测试用例搜索并添加其他功能，例如测试用例覆盖。这些项目通常对特别复杂的应用程序很有帮助。

有时候，使用 GIVEN-WHEN-THEN 风格的测试用例命名方法来总结测试是非常有效的。

- 给定（GIVEN）一些初始状态或上下文
- 当（WHEN）请求某个行为时
- 那么（THEN）被测组件有一些预期的结果或状态变化

11.2 使用文档字符串进行测试

在优秀的 Python 代码中，每个模块、类、函数和方法都包含文档字符串（docstring）。许多工具可以从文档字符串中创建有用的、翔实的文档。

示例是文档字符串的一个重要元素，可以转换为单元测试用例。示例通常符合 GIVEN-WHEN-THEN 测试模型，因为它展示了一个单元、一个请求和一个响应。

如何将示例转化为正确的测试用例？

11.2.1 准备工作

本实例将讨论两个简单的定义，一个是函数定义，一个是类定义。它们都将添加包含可用作正式测试示例的文档字符串。

下面是一个计算两个数的二项式系数的简单函数，它显示了 n 个事物在大小为 k 的分组中的组合数。例如，从一副 52 张的纸牌中分发 5 张牌的方法有多少种？计算公式如下：

$$\binom{n}{k} = \frac{n!}{k!(n-k)!}$$

可以把上述公式定义为一个 Python 函数，如下所示：

```
from math import factorial
def binom(n: int, k: int) -> int:
    return factorial(n) // (factorial(k) * factorial(n-k))
```

该函数执行一个简单的计算并返回一个值。由于没有内部状态，因此比较容易测试。我们用该函数作为一个展示单元测试工具的示例。

接下来还会介绍一个简单的类，它包含一个均值和中位数的惰性计算（lazy calculation）。该类还使用了一个内置的 Counter 对象，可以通过该对象确定众数（mode）[①]。

```
from statistics import median
from collections import Counter
```

---

① 本节未定义 mode 函数，源代码中有 mode 函数。——译者注

```
class Summary:

    def __init__(self):
        self.counts = Counter()

    def __str__(self):
        return "mean = {:.2f}\nmedian = {:d}".format(
        self.mean, self.median)

    def add(self, value):
        self.counts[value] += 1

    @property
    def mean(self):
        s0 = sum(f for v,f in self.counts.items())
        s1 = sum(v*f for v,f in self.counts.items())
        return s1/s0

    @property
    def median(self):
        return median(self.counts.elements())
```

add()方法会改变 Counter 对象的状态。由于这种状态变化，我们需要提供更复杂的示例来展示 Summary 类的实例的行为方式。

11.2.2 实战演练

本实例有两个变体。第一个用于基本上无状态的操作，比如 binom() 函数的计算。第二个用于有状态的操作，比如 Summary 类。

(1) 把示例添加到文档字符串中。

(2) 以程序（脚本）的方式运行 doctest 模块。运行方式有两种。

❑ 在命令提示符下。

```
$ python3.5 -m doctest code/ch11_r01.py
```

如果所有示例都通过测试，则没有输出。使用 -v 选项可以生成总结测试的详细输出。

❑ 添加__name__ == '__main__'。这种方式可以导入 doctest 模块并执行 testmod() 函数。

```
if __name__ == '__main__':
    import doctest
    doctest.testmod()
```

如果所有示例都通过测试，则没有输出。如果想查看输出，请使用 testmod() 函数的 verbose=1 参数来创建更详细的输出。

1. 编写无状态函数的示例

(1) 在文档字符串的开头添加摘要（summary）。

```
'''Computes the binomial coefficient.
This shows how many combinations of
*n* things taken in groups of size *k*.
```

(2) 添加参数的定义。

```
:param n: size of the universe
:param k: size of each subset
```

(3) 添加返回值的定义。

```
:returns: the number of combinations
```

(4) 模拟在 Python 的>>>提示符下使用该函数的一个示例。

```
>>> binom(52, 5)
2598960
```

(5) 使用引号闭合文档字符串。

```
'''
```

2. 编写有状态对象的示例

(1) 编写一个包含摘要的类级别文档字符串。

```
'''Computes summary statistics.

'''
```

我们留下了填充示例的空间。

(2) 编写一个包含摘要的方法级别文档字符串。add()方法如下所示。

```
def add(self, value):
    '''Adds a value to be summarized.

    :param value: Adds a new value to the collection.
    '''
    self.counts[value] += 1
```

(3) mean()方法如下所示。

```
@property
def mean(self):
    '''Computes the mean of the collection.
    :return: mean value as a float
    '''
    s0 = sum(f for v,f in self.counts.items())
    s1 = sum(v*f for v,f in self.counts.items())
    return s1/s0
```

median()方法也需要编写类似的文档字符串。

(4) 扩展类级别文档字符串的具体示例。本例将编写两个示例。第一个示例显示 add()方法没有返回值，但是改变了对象的状态。mean()方法暴露了这种状态。

```
>>> s = Summary()
>>> s.add(8)
>>> s.add(9)
>>> s.add(9)
>>> round(s.mean, 2)
8.67
>>> s.median
9
```

我们对均值的结果进行了舍入，以避免显示很长的浮点值，因为浮点值在不同的平台上可能没有完全相同的文本表示形式。当运行 doctest 时，通常没有任何响应，因为测试通过了。

第二个示例显示了 __str__() 方法的一个多行结果。

```
>>> print(str(s))
    mean = 8.67
    median = 9
```

当某些代码不工作时，会出现什么状况呢？假设我们把预期的输出改为一个错误答案（将 s.median 的预期输出改为 10）。当运行 doctest 时，输出如下所示：

```
**********************************************************************
File "__main__", line ?, in __main__.Summary
Failed example:        s.medianExpected:
    10
Got:
    9
*********************************************************************1
items had failures:
    1 of   6 in __main__.Summary
***Test Failed*** 1 failures.
Test Results(failed=1, attempted=9)
```

输出信息显示了错误所在的位置以及测试示例的预期值和实际答案。

11.2.3　工作原理

doctest 模块包括一个主程序以及若干函数，它将扫描 Python 文件中的 >>> 示例。可以利用该模块的扫描函数 testmod() 来扫描当前模块。其实，可以使用该函数扫描任何已经导入的模块。

扫描操作将查找具有如下特征模式的文本块：在 >>> 行后面紧跟着显示命令的响应行。

doctest 解析器从提示行和响应文本块中创建一个测试用例对象。常见的情况有 3 种。

❏ 没有预期的响应文本：在定义 Summary 类中 add() 方法的测试时，我们看到了这种模式。

❏ 单行响应文本：binom() 函数和 mean() 方法就是这种情况的实例。

❏ 多行响应文本：响应由下一个 >>> 提示或空行做界限。Summary 类的 str() 示例就是这种情况的实例。

doctest 模块将执行每一行带 >>> 提示的代码。doctest 模块将比较实际结果与预期结果。这种比较是一种非常简单的文本匹配。除非使用特殊注释，否则输出结果必须精确匹配预期结果。

该测试协议的简单性施加了一些软件设计要求。函数和类必须设计为从 >>> 提示中运行。因为创建非常复杂的对象作为文档字符串示例的一部分可能有些奇怪，所以必须保持足够简单的设计，以便可以交互地进行演示。保持软件简单到足以在 >>> 提示中显示通常是很有益的。

结果比较的简单性可能增加了正在显示的输出的复杂性。例如，我们舍去了均值的两位小数，因为浮点值在不同平台上的显示可能会略有不同。

同样在 Mac OS X 中，在 Python 2.6.9 中显示为 8.6666666666666661 的值在 Python 3.5.1 中显示为 8.666666666666666。这些值有 16 位有效数字，每个值大约 48 位数据，这是浮点值的实际限制。

11

11.4 节将详细讨论精确比较问题。

11.2.4　补充知识

边界情况是测试考虑的重要因素之一。**边界情况**（edge case）通常集中在计算设计的极限上。例如，二项式函数有两个边界情况。

$$\binom{n}{0} = \binom{n}{n} = 1$$

可以简单地将这些边界情况添加到示例中，以确保我们的实现是正确的，新函数如下所示：

```
def binom(n: int, k: int) -> int:
    '''Computes the binomial coefficient.
    This shows how many combinations of
    *n* things taken in groups of size *k*.

    :param n: size of the universe
    :param k: size of each subset

    :returns: the number of combinations

    >>> binom(52, 5)
    2598960
    >>> binom(52, 0)
    1
    >>> binom(52, 52)
    1
    '''
    return factorial(n) // (factorial(k) * factorial(n-k))
```

在某些情况下，我们可能需要测试超出有效值范围的值。把这些情况放入文档字符串中并不是非常理想的，因为这将混淆对应该发生的情况的解释和其他不应该发生的情况的解释。

可以在名为 `__test__` 的全局变量中添加额外的文档字符串测试用例。这个变量必须是一个映射，键为测试用例的名称，值为 doctest 示例。这些示例必须是用三重引号括起来的字符串。

因为这些示例不在文档字符串中，所以在使用内置的 `help()` 函数时不会显示它们。当使用其他工具从源代码创建文档时，这些示例也不会显示。

`__test__` 全局变量示例如下：

```
__test__ = {
'GIVEN_binom_WHEN_0_0_THEN_1':
'''
>>> binom(0, 0)
1
''',

}
```

我们编写映射时没有为键设置缩进。映射的值缩进了 4 个空格，这样有利于区分键和值，便于快速找到值。

doctest 程序可以发现这些测试用例，并把它们添加到整套测试中。这些测试用例对于测试非常重要，但是作为文档并没有太大帮助。

11.2.5　延伸阅读

❑ 11.3 节和 11.4 节将讨论另外两种 doctest 技术。这些技术很重要，因为异常通常包含回溯信息，回溯信息则包含每次运行程序时都可能发生变化的对象 ID。

11.3　测试抛出异常的函数

在优秀的 Python 代码中，每个模块、类、函数和方法都包含文档字符串。许多工具可以从文档字符串中创建有用的、翔实的文档。

示例是文档字符串的一个重要元素，可以转换为单元测试用例。doctest 对预期输出与实际输出进行简单的文本匹配。

当一个示例抛出异常时，Python 的回溯消息并不总是相同的。这些回溯消息之间的差异可能包括会发生变化的对象 ID 值或者可能会根据执行测试的上下文而轻微变化的模块行号。当涉及异常时，doctest 的逐字匹配规则是不恰当的。

如何将异常处理和生成的回溯消息转化为正确的测试用例？

11.3.1　准备工作

本实例将讨论两个简单的定义，一个是函数定义，一个是类定义。它们都将添加包含可用作正式测试示例的文档字符串。

下面是一个计算两个数的二项式系数的简单函数，它显示了 n 个事物在大小为 k 的分组中的组合数。例如，从一副 52 张的纸牌中分发 5 张牌的方法有多少种？计算公式如下：

$$\binom{n}{k}=\frac{n!}{k!(n-k)!}$$

可以把上述公式定义为一个 Python 函数，如下所示：

```
from math import factorial
def binom(n: int, k: int) -> int:
    '''
    Computes the binomial coefficient.
    This shows how many combinations of
    *n* things taken in groups of size *k*.

    :param n: size of the universe
    :param k: size of each subset

    :returns: the number of combinations

    >>> binom(52, 5)
    2598960
```

```
'''
    return factorial(n) // (factorial(k) * factorial(n-k))
```

该函数执行一个简单的计算并返回一个值。可以在__test__变量中添加额外的测试用例，说明当给定值超出预期范围时会出现的情况。

11.3.2　实战演练

(1) 在模块中创建一个全局变量__test__。

```
__test__ = {

}
```

我们留出了空间，可以插入一个或多个测试用例。

(2) 为每个测试用例提供示例的名称和占位符。

```
__test__ = {
'GIVEN_binom_WHEN_wrong_relationship_THEN_error':
'''
    example goes here.
''',
}
```

(3) 添加调用以及 doctest 指令注释 IGNORE_EXCEPTION_DETAIL。这些内容替代了"example goes here"。

```
>>> binom(5, 52)  # doctest: +IGNORE_EXCEPTION_DETAIL
```

指令以# doctest:开头，用+表示启用，-表示禁用。

(4) 添加实际的回溯消息。这些内容应当添加在 example goes here 占位符中，跟随在>>>语句之后，显示预期的响应。

```
Traceback (most recent call last):
  File "/Library/Frameworks/Python.framework/Versions/3.5/lib/python3.5/doctest.
py", line 1320, in __run
    compileflags, 1), test.globs)
  File "<doctest __main__.__test__.GIVEN_binom_WHEN_wrong_relationship_THEN_
error[0]>", line 1, in <module>
    binom(5, 52)
  File "/Users/slott/Documents/Writing/Python Cookbook/code/ch11_r01.py", line 24,
in binom
    return factorial(n) // (factorial(k) * factorial(n-k))
ValueError: factorial() not defined for negative values
```

(5) 以 File...开头的 3 行将被忽略。doctest 将检查 ValueError: 行，以确保测试产生预期的异常。

全部语句如下所示：

```
__test__ = {
'GIVEN_binom_WHEN_wrong_relationship_THEN_error': '''
    >>> binom(5, 52)  # doctest: +IGNORE_EXCEPTION_DETAIL
```

```
Traceback (most recent call last):
    File "/Library/Frameworks/Python.framework/Versions/3.5/lib/python3.5/
doctest.py", line 1320, in __run
        compileflags, 1), test.globs)
    File "<doctest __main__.__test__.GIVEN_binom_WHEN_wrong_relationship_THEN_
error[0]>", line 1, in <module>
        binom(5, 52)
    File "/Users/slott/Documents/Writing/Python Cookbook/code/ch11_r01.py", line
24, in binom
        return factorial(n) // (factorial(k) * factorial(n-k))
    ValueError: factorial() not defined for negative values
'''
}
```

现在可以使用一个命令来测试整个模块的功能，如下所示：

```
python3.5 -R -m doctest ch11_r01.py
```

11.3.3 工作原理

doctest 解析器有几个指令可用于修改测试行为。指令作为特殊注释包含在执行测试操作的代码行里。

包含异常的测试有两种处理方法。

❏ 使用 # doctest: +IGNORE_EXCEPTION_DETAIL 并提供一个完整的回溯错误消息。回溯的详细信息将被忽略，而只匹配最终的异常行和预期值。这种方法能很容易地将实际错误复制粘贴到文档中。

❏ 使用 # doctest: +ELLIPSIS 并用...替换部分回溯消息。这种方法还将省略期望输出的详细信息，并专注于包含实际错误的最后一行。

对于第二种异常示例，样板测试用例如下所示：

```
'GIVEN_binom_WHEN_negative_THEN_exception':
'''
    >>> binom(52, -5)  # doctest: +ELLIPSIS
    Traceback (most recent call last):
    ...
    ValueError: factorial() not defined for negative values
''',
```

该测试用例使用了+ELLIPSIS 指令。错误的回溯信息详情已经用无关紧要的...替代了。相关信息被完整保留，以便实际的异常信息精确匹配预期的异常信息。

doctest 将忽略开头的 Traceback...行和最后的 ValueError:...行之间的所有内容。一般来说，最后一行对于正确执行测试是很重要的，而中间的文本取决于运行测试的上下文。

11.3.4 补充知识

可以提供给单独测试的比较指令如下。

❏ +ELLIPSIS：该指令可以通过...替换信息详情来概括预期的结果。

11

❑ +IGNORE_EXCEPTION_DETAIL：该指令允许期望值包含完整的回溯消息。大部分回溯信息将被忽略，只检查最后的异常行。

❑ +NORMALIZE_WHITESPACE：在某些情况下，为了便于阅读，预期值可能会被包装为多行，或者间距与标准 Python 值略有不同。使用该指令允许使用空白为期望值提供一些灵活性。

❑ +SKIP：跳过测试。这个指令有时用于对未来版本设计的测试。可能会在功能完成之前添加测试。这个测试可以保留在未来的开发工作中，但是为了及时发布一个版本而被跳过。

❑ +DONT_ACCEPT_TRUE_FOR_1：该指令涵盖了 Python 2 中常见的一个特殊情况。在 Python 语言加入 True 和 False 之前，我们用值 1 和 0 来代替。比较预期结果与实际结果的 doctest 算法将通过匹配 True 和 1 来履行这个旧方案。该指令可以在命令行中使用 -o DONT_ACCEPT_TRUE_FOR_1 来提供。这种变化会在全局范围内适用于所有的测试。

❑ +DONT_ACCEPT_BLANKLINE：通常，空白行代表一个示例结束了。在示例输出包括一个空白行的情况下，预期结果必须使用特殊语法\<blankline\>。使用该选项可以显示预期空白行的位置，而且该示例不会以此空白行结束。在非常罕见的情况下，预期输出实际上将包含字符串\<blankline\>。这个指令确保\<blankline\>不用于表示一个空白行，而是代表它自己。在为 doctest 模块本身编写测试时，这是有意义的。

在对 testmod() 或 testfile() 函数求值时，这些指令也可以作为 optionsflags 参数提供。

11.3.5 延伸阅读

❑ 关于 doctest 的基础知识，请参阅 11.2 节。
❑ 需要使用 doctest 指令的其他特殊情况，请参阅 11.4 节。

11.4 处理常见的 doctest 问题

在优秀的 Python 代码中，每个模块、类、函数和方法都包含文档字符串。许多工具可以从文档字符串中创建有用的、翔实的文档。

示例是文档字符串的一个重要元素，可以转换为单元测试用例。doctest 对预期输出与实际输出进行简单的文本匹配。但是，有些 Python 对象在每次被引用时都不一致。

例如，所有对象的散列值都是随机的。这意味着集（set）的元素顺序或字典的键顺序是可变的。创建测试用例示例输出有几种选择。

❑ 编写可以容忍随机化的测试，通常通过将随机化转换为有序结构来实现。
❑ 设置 PYTHONHASHSEED 环境变量值。
❑ 使用 -R 选项运行 Python 来完全禁用散列随机化。

除了集中键的位置或元素的简单变化之外，还有其他几个考虑因素。

❑ id() 函数和 repr() 函数可能会暴露内部对象的 ID。不能保证这些 ID 值不会发生变化。
❑ 浮点值可能会因平台而异。
❑ 当前的日期和时间在测试用例中无法有效地使用。

❑ 使用默认种子的随机数很难预测。

❑ 操作系统资源可能不存在，也可能不在适当的状态。

本实例将重点讨论前两个问题和一些 doctest 技术。11.7 节和 11.8 节将讨论涉及日期以及随机性的测试。11.9 节将讨论如何在测试中使用外部资源。

doctest 示例需要与文本精确匹配。如何编写正确处理散列随机化或浮点值实现细节的 doctest 示例？

11.4.1 准备工作

9.5 节介绍了 csv 模块读取数据并为每行输入创建一个映射的工作原理。该实例使用了一个 CSV 文件，其中包含一些帆船日志记录的实时数据。这就是 waypoints.csv 文件。

DictReader 类产生的行如下所示：

```
{'date': '2012-11-27',
 'lat': '32.8321666666667',
 'lon': '-79.9338333333333',
 'time': '09:15:00'}
```

这对于 doctest 来说后果很严重，因为散列随机化导致这个字典中的键可能具有不同的顺序。当我们尝试编写包含字典的 doctest 示例时，经常会遇到如下问题：

```
Failed example:
    next(row_iter)
Expected:
    {'date': '2012-11-27', 'lat': '32.8321666666667',
    'lon': '-79.9338333333333', 'time': '09:15:00'}
Got:
    {'lon': '-79.9338333333333', 'time': '09:15:00',
    'date': '2012-11-27', 'lat': '32.8321666666667'}
```

预期行和实际行中的数据明显是匹配的。但是，字典值的字符串显示并不完全相同。键不会以始终如一的顺序显示。

本实例还将讨论一个实值函数，以便正确地测试浮点值。

$$\varphi(n) = \frac{1}{2}\left[1 + \mathrm{erf}\left(\frac{n}{\sqrt{2}}\right)\right]$$

这个函数是标准 z 分数的累积概率密度函数。在归一化一个变量之后，该变量 z 分值的均值为 0，标准差为 1。更多关于标准化分数概念的信息，请参阅 8.9 节。

$\varphi(n)$ 函数说明了总体样本有多少低于给定的 z 分数。例如，$\varphi(0) = 0.5$ 表示有一半总体样本的 z 分数低于 0。

该函数包含一些非常复杂的处理。单元测试必须能够反映浮点精度问题。

11.4.2 实战演练

本实例分为两个子例，其中一个讨论映射（和集）的排序，另一个讨论浮点值。

1. 为映射或集的值编写 doctest 示例

(1) 导入必需的库并定义函数。

```
import csv
def raw_reader(data_file):
    """
    Read from a given, open file.

    :param data_file: Open file, ready to be processed.
    :returns: iterator over individual rows as dictionaries.

    Example:

    """
    data_reader = csv.DictReader(data_file)
    for row in data_reader:
        yield row
```

我们在文档字符串中添加了示例标题。

(2) 用 io 包中 StringIO 类的实例替换实际的数据文件。这个步骤可以为示例提供固定的样本数据。

```
>>> from io import StringIO
>>> mock_file = StringIO('''lat,lon,date,time
... 32.8321,-79.9338,2012-11-27,09:15:00
... ''')
>>> row_iter = iter(raw_reader(mock_file))
```

(3) 在概念上，测试用例如下所示。这段代码无法正常工作，因为键是不断变化的。但是，我们可以轻松地重构这段代码。

```
>>> row = next(row_iter)
>>> row
{'time': '09:15:00', 'lat': '32.8321', etc. }
```

我们省略了输出的其余部分，因为每次运行测试时它们都会有所不同。

为了强制固定键的顺序，必须重写代码，如下所示：

```
>>> sorted(row.items())  # doctest: +NORMALIZE_WHITESPACE
[('date', '2012-11-27'), ('lat', '32.8321'),
 ('lon', '-79.9338'), ('time', '09:15:00')]
```

有序的元素将保持始终如一的顺序。

2. 为浮点值编写 doctest 示例

(1) 导入必需的库并定义函数。

```
from math import *
def phi(n):
    """
    The cumulative distribution function for the standard normal
    distribution.

    :param n: number of standard deviations
    :returns: cumulative fraction of values below n.
```

```
Examples:
"""
return (1+erf(n/sqrt(2)))/2
```

在文档字符串中为示例留下了空间。

(2) 每个示例都包含一个 round() 的显式使用。

```
>>> round(phi(0), 3)
0.399
>>> round(phi(-1), 3)
0.242
>>> round(phi(+1), 3)
0.242
```

浮点值将被舍入，因此浮点值实现细节的差异不会导致看似不正确的结果。

11.4.3 工作原理

因为散列随机化，所以用于字典的散列键是不可预测的。这是一种重要的安全功能，可以抵御巧妙的拒绝服务攻击。详细信息请访问 http://www.ocert.org/advisories/ocert-2011-003.html。

没有定义顺序的字典键有两种使用方法。

❑ 编写特定于每个键的测试用例。

```
>>> row['date']
'2012-11-27'
>>> row['lat']
'32.8321'
>>> row['lon']
'-79.9338'
>>> row['time']
'09:15:00'
```

❑ 将现有结构转换为具有固定顺序的数据结构。row.items() 值是一个可迭代的键值对序列。我们没有提前设置顺序，但是可以使用以下命令强制排序。

```
>>> sorted(row.items())
```

这样将返回一个按顺序排列的键的列表。这种方法允许我们创建一个一致的字面值，该字面值在每次执行测试时总是相同的。

大多数浮点实现都是相当一致的。然而，对于任何给定浮点数的最后几位来说，几乎都不能确保一致。通常，将值舍入为符合问题域的值更为简单，而不是相信所有 53 位都具有正确的值。

对于大多数现代处理器，浮点值通常为 32 位或 64 位值。一个 32 位值大约有 7 个十进制数字。因此，对浮点值进行舍入，使值不超过 6 个数字通常是最简单的解决方法。

将浮点值舍入为 6 个数字并不意味着可以直接使用 round(x, 6)。round() 函数不保留数字的所有位数，只保留小数点右侧的小数位数，并不考虑小数点左侧的位数。对于 round(x, 6) 来说，如果 x 的值大约为 10^{12}，那么结果将有 18 个数字。这个结果对于 32 位值来说，数字位数太多了。如果 x 的值大约为 10^{-7}，那么结果可能为 0。

11.4.4 补充知识

在使用 set 对象时，还必须注意元素的顺序。通常可以使用 sorted() 将 set 转换为 list，并实现排序。

Python dict 对象的使用场景非常广泛。

❑ 在编写使用 ** 收集参数值字典的函数时，不能保证参数的顺序。

❑ 在使用诸如 vars() 的函数从局部变量或从对象的属性创建字典时，不能保证字典键的顺序。

❑ 在编写依赖类定义内省的程序时，方法定义在一个类级别的字典对象中，无法预测它们的顺序。

在使用不可靠的测试用例时，这些问题将变得更明显。看似随机通过或失败的测试用例可能具有基于散列随机化的结果。提取键并对其进行排序就可以解决此问题。

我们也可以使用命令行选项来运行测试：

```
python3.5 -R -m doctest ch11_r03.py
```

在对特定文件 ch11_r03.py 运行 doctest 时，这个命令将关闭散列随机化。

11.4.5 延伸阅读

❑ 在 11.7 节中，需要特别注意 datetime 的 now() 方法。

❑ 11.8 节将展示如何测试涉及 random 的处理 。

11.5 创建单独的测试模块和包

我们可以在文档字符串示例中进行任意类型的单元测试。但是，如果采用这种测试方式，有些事情可能变得极其乏味。

unittest 模块的功能比简单的文档字符串示例更强大。unittest 模块提供的测试依赖于测试用例类的定义。TestCase 类的子类可以用来编写非常复杂的测试，这比完成相同测试的 doctest 示例更简单。

unittest 模块还允许在文档字符串外部包装测试。这对于那些在文档中帮助不大的个别复杂测试是有帮助的。理想情况下，doctest 的用例说明了**主流程**（happy path），即最常见的用例。通常用 unittest 来测试偏离主流程的测试用例。

如何创建更复杂的测试？

11.5.1 准备工作

测试通常可以概述为一个三段式的 GIVEN-WHEN-THEN 描述。

❑ GIVEN：一些初始状态或上下文。

❑ WHEN：请求某个行为时。

❑ THEN：被测组件有一些预期的结果或状态变化。

TestCase 类并没有原封不动地遵循这个三段式结构，而是只有其中两个部分。关于在哪里分配测试的三个部分，必须做出一些设计上的选择。

❑ setUp()方法：实现测试用例的 GIVEN 方面，也可以处理 WHEN 方面。

❑ runTest()方法：必须处理 THEN 方面，也可以处理 WHEN 方面。THEN 条件由一系列的断言证实。这些断言通常使用 TestCase 类的复杂断言方法。

选择实现 WHEN 方面的位置与重用问题有关。在大多数情况下，有很多可供选择的 WHEN 条件，每个条件都有唯一的 THEN 来确认正确的操作。对于 setUp()方法来说，GIVEN 可能是很常见的，由多个 TestCase 子类共享。每个子类都具有唯一的 runTest()方法来实现 WHEN 和 THEN 方面。

在某些情况下，WHEN 方面被分为一些常见的部分和一些特定于测试用例的部分。在本例中，WHEN 方面可能一部分在 setUp()方法中定义，一部分在 runTest()方法中定义。

本实例将为一个旨在计算某些基本描述性统计信息的类创建一些测试。我们希望提供的样本数据远远大于作为 doctest 示例输入的数据，并想使用几千个数据点，而不是两三个。

待测试的类定义的概要如下。我们只会提供方法和一些摘要，大部分代码曾经在 11.2 节中使用过。我们省略了所有实现细节。以下代码只是一个类的概要，只提供了方法的名称：

```python
from statistics import median
from collections import Counter

class Summary:
    def __init__(self):
        pass

    def __str__(self):
        '''Returns a multi-line text summary.'''

    def add(self, value):
        '''Adds a value to be summarized.'''

    @property
    def count(self):
        '''Number of samples.'''

    @property
    def mean(self):
        '''Mean of the collection.'''

    @property
    def median(self):
        '''Median of the collection.'''
        return median(self.counts.elements())

    @property
    def mode(self):
        '''Returns the items in the collection in decreasing
        order by frequency.
        '''
```

因为不关注实现细节，所以这是一种黑盒测试。代码可以被认为是一个内部不透明的黑盒子。为了强调这一点，我们省略了上述代码的实现细节。

我们既想确保在使用大量样本时该类能够正确执行，又想确保它具有很快的运行速度。我们将使用它作为整体性能测试以及单元测试的一部分。

11.5.2　实战演练

(1) 将测试代码添加到与被测代码相同的模块中。这将遵循 doctest 模式，把测试和代码捆绑在一起。使用 unittest 模块来创建测试类。

```
import unittest
import random
```

我们还将使用 random 来打乱输入数据。

(2) 创建 unittest.TestCase 的一个子类。为该类提供一个能够显示测试意图的名称。

```
class GIVEN_Summary_WHEN_1k_samples_THEN_mean(unittest.TestCase):
```

GIVEN-WHEN-THEN 风格的名称非常长。因为我们将依靠 unittest 发现 TestCase 的所有子类，所以不必多次输入这个类名。

(3) 在该类中定义一个 setUp() 方法来处理测试的 GIVEN 方面。该方法用于创建一个测试处理的上下文。

```
def setUp(self):
    self.summary = Summary()
    self.data = list(range(1001))
    random.shuffle(self.data)
```

我们创建了一个范围为 0 到 1000 的样本集合（均值是 500，中位数也是 500），并且已将数据随机排列。

(4) 定义一个 runTest() 方法来处理测试的 WHEN 方面。该方法用于执行状态更改。

```
def runTest(self):
    for sample in self.data:
        self.summary.add(sample)
```

(5) 添加断言来实现测试的 THEN 方面。该步骤用于确认状态变化是否正确。

```
self.assertEqual(500, self.summary.mean)
self.assertEqual(500, self.summary.median)
```

(6) 为了便于运行，添加主程序。

```
if __name__ == "__main__":
    unittest.main()
```

通过该步骤，我们既可以在命令提示符下运行测试，也可以在命令行运行测试。

11.5.3　工作原理

我们使用了 unittest 模块的多个部分。

❑ `TestCase` 类用于定义一个测试用例。该类可以添加一个 `setUp()`方法来创建单元，也可能是请求。该类必须至少有一个 `runTest()`来发出请求并检查响应。

在需要构建适当的测试集时，可以在文件中添加许多类定义。对于简单的类，可能只有几个测试用例。对于复杂的模块，可能有几十甚至几百个测试用例。

❑ `unittest.main()`函数包含以下功能。

- 创建一个空的 `TestSuite`，以包含所有 `TestCase` 对象。
- 使用默认加载器来检查模块，并查找所有的 `TestCase` 实例。这些实例都将被加载到 `TestSuite` 中。该处理可能是我们想要修改或扩展的。
- 然后运行 `TestSuite` 并显示结果的摘要信息。

当运行此模块时，输出如下所示：

```
.----------------------------------------------------------------------
Ran 1 test in 0.005s

OK
```

当所有测试都通过时，显示一个 `.`。这表明测试套件正在向前推进。在一行-之后是测试运行的摘要和时间。如果存在失败或异常，那么将通过计数来反映。

最后，摘要 `OK` 显示所有测试都通过了。

如果稍微更改测试，让测试运行失败，那么就可以看到以下输出：

```
F
======================================================================
FAIL: runTest (__main__.GIVEN_Summary_WHEN_1k_samples_THEN_mean)
----------------------------------------------------------------------
Traceback (most recent call last):
  File "/Users/slott/Documents/Writing/Python Cookbook/code/ch11_r04.py", line 24,
in runTest
    self.assertEqual(501, self.summary.mean)
AssertionError: 501 != 500.0
----------------------------------------------------------------------
Ran 1 test in 0.004s
FAILED (failures=1)
```

失败的测试显示 `F`，而不是代表通过测试的 `.`。之后是失败断言的回溯信息。为了演示测试失败的情况，我们把预期的均值改为 `501`，而不是实际的均值 `500.0`。

最终的摘要为 `FAILED`，包括了整个套件失败的原因：`(failures=1)`。

11.5.4 补充知识

在本实例中，`runTest()`方法有两个 THEN 条件。如果其中一个条件失败，那么测试将因为故障而停止，另一个条件则不会执行。

这是本实例测试设计的一个弱点。如果第一次测试失败，那么我们将不会获得所有必要的诊断信息。应该避免在 `runTest()`方法中使用独立的断言集合。在许多情况下，测试用例可能涉及多个相关的断言，一个故障就可以提供所需的所有诊断信息。断言的聚集程度是简单性和诊断细节之间的设计权衡。

当需要更多的诊断细节时，有两个常用选择。

❏ 使用多个测试方法代替 `runTest()`。编写多个名称以 `test_` 开头的方法，删除所有名为 `runTest()` 的方法。默认测试加载程序将在重新运行通用 `setUp()` 方法后，分别执行每个 `test_` 方法。

❏ 使用多个 `GIVEN_Summary_WHEN_1k_samples_THEN_mean` 类的子类，每个子类都有一个单独的条件。由于 `setUp()` 是通用的，因此可以被继承。

遵循第一个选择的测试类如下所示：

```
class GIVEN_Summary_WHEN_1k_samples_THEN_mean_median(unittest.TestCase):

    def setUp(self):
        self.summary = Summary()
        self.data = list(range(1001))
        random.shuffle(self.data)
        for sample in self.data:
            self.summary.add(sample)

    def test_mean(self):
        self.assertEqual(500, self.summary.mean)

    def test_median(self):
        self.assertEqual(500, self.summary.median)
```

通过重构 `setUp()` 方法来添加测试的 GIVEN 和 WHEN 条件。将两个独立的 THEN 条件分别重构为 `test_mean()` 方法和 `test_median()` 方法。该类没有 `runTest()` 方法。

由于每个测试分开运行，因此将会分别看到有关计算均值或计算中位数问题的错误报告。

1. 其他断言

`TestCase` 类定义了很多可以用于 THEN 条件的断言，最常用的断言如下。

❏ `assertEqual()` 和 `assertNotEqual()` 使用默认的 `==` 运算符来比较实际值和预期值。

❏ `assertTrue()` 和 `assertFalse()` 需要一个单一的布尔表达式。

❏ `assertIs()` 和 `assertIsNot()` 使用 `is` 比较来确定两个参数是否是对同一对象的引用。

❏ `assertIsNone()` 和 `assertIsNotNone()` 使用 `is` 比较给定值是否为 `None`。

❏ `assertIsInstance()` 和 `assertNotIsInstance()` 使用 `isinstance()` 函数来确定给定值是否为给定类（或类的元组）的成员。

❏ `assertAlmostEquals()` 和 `assertNotAlmostEquals()` 将给定值的小数位舍入为 7 位，以此来确定大部分数字（digit）是否相同。

❏ `assertRegex()` 和 `assertNotRegex()` 使用正则表达式比较给定的字符串。这种断言使用正则表达式的 `search()` 方法来匹配字符串。

❏ `assertCountEqual()` 比较两个序列来查看它们是否具有相同的元素，而不用考虑元素的顺序。该断言也可以方便地比较字典键和集合。

断言还有很多其他方法，其中一些提供了检测异常、警告和日志消息的方法，另外一些提供了更多特定类型的比较功能。

例如，Summary 类的众数方法产生一个列表。可以使用特定的 assertListEqual()断言来比较结果：

```
class GIVEN_Summary_WHEN_1k_samples_THEN_mode(unittest.TestCase):

    def setUp(self):
        self.summary = Summary()
        self.data = [500]*97
        # 再构建 903 个元素，每个元素 n 将出现 n 次
        for i in range(1,43):
            self.data += [i]*i
        random.shuffle(self.data)
        for sample in self.data:
            self.summary.add(sample)

    def test_mode(self):
        top_3 = self.summary.mode[:3]
        self.assertListEqual([(500,97), (42,42), (41,41)], top_3)
```

首先，我们构建了一个具有 1000 个值的集合，其中 97 个元素是 500，其余的 903 个是从 1 到 42 的数。这些数有一个简单的规则：数的值等于它在集合中的频率数。这个规则更容易确认结果。

setUp()方法将数据随机排列，然后使用 add()方法构建 Summary 对象。

我们还使用了 test_mode()方法，该方法可以扩展测试添加其他的 THEN 条件。本例检查了 mode 中的前 3 个值，以确保其具有预期的值分布。assertListEqual()比较 2 个 list 对象，如果任意一个参数不是列表，那么我们将得到一个更具体地显示该参数不是预期类型的错误消息。

2. 单独的测试目录

我们已经在与正在测试的代码相同的模块中显示了 TestCase 类定义。对于规模较小的类，这种方法是有帮助的。与类相关的所有内容都包含在一个模块文件中。

在较大的项目中，通常的做法是将测试文件隔离到一个单独的目录中。测试代码的规模可能（通常）非常大。测试代码比应用程序代码更多是合理的。

执行完上述步骤后，可以依靠 unittest 框架的发现应用程序完成测试。该应用程序可以搜索指定目录来查找测试文件。测试文件通常具有匹配 test*.py 模式的名称。如果为所有测试模块使用简单而一致的名称，那么就可以使用一个简单的命令找到并运行它们。

unittest 加载器将搜索目录中的每个模块来查找所有 TestCase 类派生的类，模块集合中的类集合就构成了完整的 TestSuite。该操作可以使用操作系统命令完成：

```
$ python3 -m unittest discover -s tests
```

该命令将在项目的 tests 目录中查找所有测试文件。

11.5.5　延伸阅读

❑ 11.6 节将组合 unittest 和 doctest。11.9 节将讨论外部对象的模拟。

11.6　组合 unittest 测试和 doctest 测试

在大多数情况下，我们会使用 unittest 和 doctest 测试用例的组合。有关 doctest 的示例，请参阅 11.2 节。有关 unittest 的示例，请参阅 11.5 节。

doctest 示例是模块、类、方法和函数的文档字符串的一个基本要素。unittest 用例通常位于一个单独的 tests 目录中，该目录中的文件名称匹配 test_*.py 模式。

如何将这些不同的测试结合成一个简洁的包？

11.6.1　准备工作

回过头来看一下 11.2 节中的示例。该实例为 Summary 类创建了测试，Summary 类可以执行一些统计计算。该实例在文档字符串中添加了示例。

Summary 类的开头如下所示：

```
class Summary:
    '''Computes summary statistics.

    >>> s = Summary()
    >>> s.add(8)
    >>> s.add(9)
    >>> s.add(9)
    >>> round(s.mean, 2)
    8.67
    >>> s.median
    9
    >>> print(str(s))
    mean = 8.67
    median = 9
    '''
```

我们省略了类的方法，这样就可以专注于在文档字符串中提供的示例。

在 11.5 节中，我们编写了一些 unittest.TestCase 类，来为 Summary 类提供附加的测试。我们创建的测试类的定义如下所示：

```
class GIVEN_Summary_WHEN_1k_samples_THEN_mean_median(unittest.TestCase):

    def setUp(self):
        self.summary = Summary()
        self.data = list(range(1001))
        random.shuffle(self.data)
        for sample in self.data:
            self.summary.add(sample)

    def test_mean(self):
        self.assertEqual(500, self.summary.mean)

    def test_median(self):
        self.assertEqual(500, self.summary.median)
```

该测试创建了一个 Summary 对象，这是 GIVEN 方面。然后，向 Summary 对象添加一些值，这是测试的 WHEN 方面。两种 test_ 开头的方法实现了该测试的两个 THEN 方面。

常见的项目文件夹结构如下所示：

```
git-project-name/
    statstools/
        summary.py
    tests/
        test_summary.py
```

顶级文件夹 git-project-name 的名称匹配源代码库中的项目名称。我们假设正在使用 Git，当然也可能是其他工具。

在顶级目录中，我们将遵循大型 Python 项目的常见惯例。该目录将包含一系列文件，比如描述项目的 README.rst，pip 用来安装附加软件包的 requirements.txt，或者将软件包安装到标准库中的 setup.py。

statstools 目录包含一个模块文件 summary.py，它为模块提供有趣而实际的功能。该模块的文档字符串分散在代码中。

tests 目录包含另一个模块文件 test_summary.py，它包含 unittest 测试用例。我们选择了名称 tests 和 test_*.py，以便于符合测试用例自动搜索的规则。

我们需要将所有测试组合为一个单独的综合测试套件。

即将演示的实例名称使用了 ch11_r01，而不是更有意义的名称，例如 summary。真正的项目通常具有巧妙的、有意义的名字。因为本书的内容相当多，为了匹配章节和实例大纲，所以设计了类似 ch11_r01 的名称。

11.6.2 实战演练

(1) 本实例假设 unittest 测试用例与被测试代码不在同一个文件中。因此，本实例将使用 ch11_r01 和 test_ch11_r01。

为了使用 doctest 测试，必须导入 doctest 模块。我们将组合 doctest 示例和 TestCase 类，来创建一个综合测试套件。

```
import unittest
import doctest
```

假设 unittestTestCase 类已经编写好了，我们正在为测试套件添加更多测试。

(2) 导入正在测试的模块。该模块的文档字符串包含 doctest 测试。

```
import ch11_r01
```

(3) 为了实现 load_tests 协议，在测试模块中添加以下函数。

```
def load_tests(loader, standard_tests, pattern):
    return standard_tests
```

该函数必须使用名称 load_tests，这样测试加载器才能找到它。

11

(4) 为了结合 doctest 测试，需要另一个测试加载器。我们将使用 doctest.DocTestSuite 类创建一个套件。这些测试将作为 standard_tests 的参数值添加到测试套件中。

```
def load_tests(loader, standard_tests, pattern):
    dt = doctest.DocTestSuite(ch11_r01)
    standard_tests.addTests(dt)
    return standard_tests
```

loader 参数是当前正在使用的测试用例加载器。standard_tests 值是默认加载的所有测试，通常是所有 TestCase 子类的套件。pattern 值是提供给加载器的值。

添加 TestCase 类和整体 unittest.main() 函数，创建一个综合测试模块，其中包括 unittest 的 TestCase 和所有 doctest 示例。

该操作可以通过添加以下代码完成：

```
if __name__ == "__main__":
    unittest.main()
```

我们可以运行模块并执行测试。

11.6.3　工作原理

当执行该模块内部的 unittest.main() 时，测试加载器处理只限于当前模块。加载器将找到所有扩展 TestCase 的类，这些类是提供给 load_tests() 函数的标准测试。

我们用 doctest 模块创建的测试来补充标准测试。通常可以导入被测模块，并使用 DocTestSuite 从已导入的模块构建一个测试套件。

unittest 模块自动使用 load_tests() 函数，该函数可以对给定的测试套件进行各种操作。本例用附加测试补充了测试套件。

11.6.4　补充知识

在某些情况下，模块可能相当复杂，需要多个测试模块。我们也许有几个名为 tests/test_module_feature.py 或类似名称的测试模块，这表明对复杂模块的不同功能有多个测试。

在其他情况下，我们可能有一个测试模块，它对几个不同但紧密相关的模块进行测试。一个包可以分解为多个模块。但是，一个单独的测试模块就可以覆盖被测试的包中的所有模块。

在组合很多较小的模块时，load_tests() 函数中可能有多个套件。函数体如下所示：

```
def load_tests(loader, standard_tests, pattern):
    for module in ch11_r01, ch11_r02, ch11_r03:
        dt = doctest.DocTestSuite(module)
        standard_tests.addTests(dt)
    return standard_tests
```

该函数将合并多个模块的 doctest。

11.6.5　延伸阅读

❑ 关于 doctest 的示例，请参阅 11.2 节。关于 unittest 的示例，请参阅 11.5 节。

11.7　涉及日期或时间的测试

　　许多应用程序依靠 datetime.datetime.now() 来创建时间戳。当使用该方法进行单元测试时，结果基本是不可预测的。此处存在**依赖注入**（dependency injection）问题，应用程序依赖于一个只有在测试时才想替换的类。

　　一种选择是避免使用 now() 和 utcnow()。可以创建一个产生时间戳的工厂函数，而不是直接使用 now() 和 utcnow()。出于测试的目的，可以用产生已知结果的函数替代这些函数。避免在复杂应用程序中使用 now() 方法似乎很困难。

　　另一种选择是避免直接使用整个 datetime 类。这种方法需要设计包装 datetime 类的类和模块。之后可以用为 now() 产生已知值的包装类进行测试。不过，这种方法似乎也过于复杂。

　　如何在测试中使用 datetime 时间戳？

11.7.1　准备工作

　　本实例的背景信息是一个创建 CSV 文件的函数。CSV 文件的名称将包含日期和时间，如下所示。
extract_20160704010203.json

　　长期运行的服务器应用程序可能会使用这种文件命名约定。这种名称有助于匹配文件和相关日志事件，还有助于跟踪服务器正在进行的工作。

　　我们将使用以下函数来创建这些文件：

```
import datetime
import json
from pathlib import Path

def save_data(some_payload):
    now_date = datetime.datetime.utcnow()
    now_text = now_date.strftime('extract_%Y%m%d%H%M%S')
    file_path = Path(now_text).with_suffix('.json')
    with file_path.open('w') as target_file:
        json.dump(some_payload, target_file, indent=2)
```

　　该函数使用了 utcnow() 方法。从技术上来说，可以重新设计函数并提供时间戳作为参数。在某些情况下，这种重新设计可能会有所帮助。对于重新设计，还有一个方便的方法。

　　我们将创建 datetime 模块的一个模拟版本，并将测试上下文应用于模拟版本，而不是实际版本。该测试将包含 datetime 类的一个模拟类定义。在该类中，我们将提供一个 utcnow() 的模拟方法来提供预期响应。

　　由于被测试的函数创建了一个文件，因此需要考虑操作系统的后续处理。当同名的文件已经存在时应该怎么办？应该抛出一个异常吗？应该在文件名中添加后缀吗？根据我们的设计决策，可能还需要另外两个测试用例。

- ❑ 给定一个没有冲突的目录。在这种情况下，setUp()方法可以删除以前的任何测试输出。我们可能还想创建一个 tearDown()方法在测试后删除所有输出文件。
- ❑ 给定一个具有冲突名称的目录。在这种情况下，setUp()方法将创建一个冲突的文件。我们可能还想创建一个 tearDown()方法在测试后删除所有输出文件。

本实例假设重复的文件名不重要。新文件应该简单地覆盖任何以前的文件，不发出警告或通知。这种想法很容易实现，并且通常适合现实世界的场景，有时候没有理由在不到 1 秒的时间内创建多个文件。

11.7.2　实战演练

(1) 本实例假设 unittest 测试用例与被测试的代码在同一个模块中。导入 unittest 模块和 unittest.mock 模块。

```
import unittest
from unittest.mock import *
```

unittest 模块可以直接导入。为了使用该模块的特性，必须使用名称 unittest.来进行限定。来自 unittest.mock 的各种名称都被导入了，所以这些名称可以在没有任何限定符的情况下使用。我们将使用模拟模块的一些特性，长的限定名称有些不方便。

(2) 添加需要测试的代码。这些代码在前面已经提供过了。

(3) 创建以下测试框架。我们提供了一个类定义，以及一个可用于执行测试的主脚本。

```
class GIVEN_data_WHEN_save_data_THEN_file(unittest.TestCase):
    def setUp(self):
        '''GIVEN conditions for the test.'''

    def runTest(self):
        '''WHEN and THEN conditions for this test.''''

if __name__ == "__main__":
    unittest.main()
```

此处没有定义 load_tests()函数，因为该实例不包含文档字符串测试。

(4) setUp()方法分为以下几个部分。

- ❑ 待处理的样本数据。

```
self.data = {'primes': [2, 3, 5, 7, 11, 13, 17, 19]}
```

- ❑ datetime 模块的模拟对象。该对象精确地提供了被测单元使用的功能。Mock 模块包含 datetime 类的一个 Mock 类定义。该类提供的一个模拟方法 utcnow()总是提供相同的响应。

```
self.mock_datetime = Mock(
    datetime = Mock(
        utcnow = Mock(
            return_value = datetime.datetime(2017, 7, 4, 1, 2, 3)
        )
```

```
        )
    )
```

❑ 下面给出了上述 `datetime` 对象的预期文件名。

```
self.expected_name = 'extract_20170704010203.json'
```

❑ 需要某些用来建立 GIVEN 条件的配置处理。我们将删除所有以前版本的文件，以此来确定测试断言没有使用以前测试运行的文件。

```
self.expected_path = Path(self.expected_name)
if self.expected_path.exists():
    self.expected_path.unlink()
```

(5) `runTest()` 方法将分为两部分。

❑ WHEN 处理。这将为当前模块 `__main__` 打补丁，以便 `datetime` 的引用被替换为 `self.mock_datetime` 对象。然后，在打过补丁的上下文中执行请求。

```
with patch('__main__.datetime', self.mock_datetime):
    save_data(self.data)
```

❑ THEN 处理。在本例中，我们将打开预期文件，加载内容，并确认结果是否与源数据匹配。该部分以必要的断言作为结束。如果文件不存在，则会抛出 `IOError` 异常。

```
with self.expected_path.open() as result_file:
    result_data = json.load(result_file)
self.assertDictEqual(self.data, result_data)
```

11.7.3 工作原理

`unittest.mock` 模块包含两个我们需要使用的重要组件——Mock 对象定义和 `patch()` 函数。

当创建 Mock 类的实例时，必须提供结果对象的方法和属性。当提供命名参数值时，它将被保存为结果对象的属性。简单的值变为对象的属性，基于 Mock 对象的值变为方法函数。

当创建提供 `return_value`（或 `side_effect`）命名参数值的 Mock 实例时，就创建了一个可调用对象。模拟（mock）对象的示例如下所示，它的行为与哑函数类似：

```
>>> from unittest.mock import *
>>> dumb_function = Mock(return_value=12)
>>> dumb_function(9)
12
>>> dumb_function(18)
12
```

我们创建了一个模拟对象 `dumb_function`，它的行为就像一个只能返回值 12 的可调用对象（函数）。对于单元测试，这种对象使用起来非常方便，因为结果简单而且可预测。

更重要的是，Mock 对象还具有以下功能：

```
>>> dumb_function.mock_calls
[call(9), call(18)]
```

`dumb_function()` 跟踪了每个调用。随后可以对这些调用使用断言。例如，使用 `assert_`

called_with()方法检查最后一次调用：

>>> **dumb_function.assert_called_with(18)**

如果最后一次调用确实为 dumb_function(18)，那么这个调用会静默地成功执行。如果最后一次调用与断言不匹配，则会抛出 AssertionError 异常，unittest 模块将捕获该异常并注册为测试失败。

可以使用以下代码查看更多细节：

>>> **dumb_function.assert_has_calls([call(9), call(18)])**

这个断言检查了整个调用记录，它使用 Mock 模块的 call()函数来描述函数调用提供的参数。

patch()函数可以深入模块的上下文，更改上下文中的引用。在本例中，我们用 patch()调整了当前正在运行的 __main__ 模块中的定义。在许多情况下，我们将导入另一个模块，并且需要对已导入的模块打补丁。深入正在测试的模块所使用的上下文以及对这个引用打补丁是至关重要的。

11.7.4　补充知识

本实例为 datetime 模块创建了一个模拟。

该模块只有一个元素，它是 Mock 类的实例，名为 datetime。为了进行单元测试，模拟类的行为通常与返回一个对象的函数相似。在本例中，模拟类返回了一个 Mock 对象。

用于 datetime 类的 Mock 对象具有一个单一的属性 utcnow()。在定义这个属性时，使用了特殊的关键字 return_value，以便返回一个固定的 datetime 实例。可以扩展这种模式并模拟多个属性，使其更像一个函数。同时模拟 utcnow()和 now()的例子如下所示：

```
self.mock_datetime = Mock(
    datetime = Mock(
        utcnow = Mock(
            return_value = datetime.datetime(2017, 7, 4, 1, 2, 3)
        ),
        now = Mock(
            return_value = datetime.datetime(2017, 7, 4, 4, 2, 3)
        )
    )
)
```

模拟方法 utcnow()和 now()分别创建了一个不同的 datetime 对象。这使我们可以区分它们的值，更容易确认单元测试的正确操作。

请注意，在 setUp()方法中执行 Mock 对象的所有构造。这个过程应在 patch()函数打好补丁之前完成。在 setUp()中，datetime 类是可用的。在 with 语句的上下文中，datetime 类是不可用的，将被 Mock 对象替换。

可以添加以下断言来确认被测单元正确地使用了 utcnow()函数：

self.mock_datetime.datetime.utcnow.assert_called_once_with()

该断言将检查模拟对象 self.mock_datetime，并在该对象中查看 datetime 属性（已定义为拥有 utcnow 属性）。我们期望该断言只被调用一次，不带任何参数值。

如果 save_data() 函数没有正确调用 utcnow()，那么这个断言将检测到失败。测试接口的两端都很重要，因此测试可以分为两部分。

- 被测试的单元正确使用了模拟的 datetime 结果。
- 被测试的单元对模拟的 datetime 对象发出了适当的请求。

在某些情况下，可能需要确认从未调用过的过时的或者不推荐使用的方法。可以使用以下断言来确认没有使用另一个方法：

```
self.assertFalse( self.mock_datetime.datetime.called )
```

这种测试应当在重构软件时使用。在本例中，以前的版本可能已经使用了 now() 方法。修改设计后，需要使用 utcnow() 方法。我们添加了一个测试，确保不再使用 now() 方法。

11.7.5 延伸阅读

- 关于 unittest 模块基本用法的详细信息，请参阅 11.5 节。

11.8 涉及随机性的测试

许多应用程序依靠 random 模块来创建随机值或随机排列值。在许多统计测试中，需要执行重复随机混洗或随机子集计算。在测试其中的一个算法时，生成的结果基本上是不可能预测的。

为了使 random 模块可以预测，从而编写有意义的单元测试，有以下两种选择。

- 最常见的选择是设置一个已知的种子值，前面的实例已大量使用了这种方法。
- 通过 unittest.mock 用随机性较小的对象替换 random 模块。

如何对涉及随机性的算法进行单元测试？

11.8.1 准备工作

给定一个样本数据集，就可以计算一个统计测度，比如均值或中位数。通常下一步将确定某些总体样本的统计测度的可能值，这一步骤可以通过**自助抽样**（bootstrapping）技术完成。

这种技术的思想是重复对初始数据集进行重采样。每个重采样的样本都提供了不同统计测度的估计值。整个重采样指标集表明了总体样本测度的离散情况。

确保重采样算法正常工作有助于消除处理过程中的随机性。可以使用非随机版本的 random.choice() 函数，重采样精心准备的数据集。如果能够正常运行，那么就可以认为真正随机的版本也能够正常运行。

我们的候选重采样函数如下所示。需要验证这个函数，以确保能够正确地进行重置抽样。

```
def resample(population, N):
    for i in range(N):
        sample = random.choice(population)
        yield sample
```

11

应用 resample()函数为 Counter 对象填充数据，Counter 对象跟踪特定测度（比如均值）的每个不同值。整个重采样的过程如下所示：

```
mean_distribution = Counter()
for n in range(1000):
    subset = list(resample(population, N))
    measure = round(statistics.mean(subset), 1)
    mean_distribution[measure] += 1
```

该过程将对 resample()函数求值 1000 次。最终产生大量子集，每个子集都可能具有不同的均值。这些值用于向 mean_distribution 对象填充数据。

mean_distribution 的直方图将为总体方差提供有意义的估计。这个对方差的估计将有助于显示总体样本最有可能的实际均值。

11.8.2　实战演练

(1) 定义整个测试类的大纲。

```
class GIVEN_resample_WHEN_evaluated_THEN_fair(unittest.TestCase):
    def setUp(self):

    def runTest(self):

if __name__ == "__main__":
    unittest.main()
```

添加一个主程序，以便简单地运行模块来进行测试。这种方法在使用 IDLE 等工具时非常方便。修改模块后，可以使用 F5 键进行测试。

(2) 定义模拟版本的 random.choice()函数。我们将提供模拟数据集 self.data 以及 choice()函数的一个模拟响应。

```
self.expected_resample_data.self.data = [2, 3, 5, 7, 11, 13, 17, 19]
self.expected_resample_data = [23, 29, 31, 37, 41, 43, 47, 53]
self.mock_random = Mock(
    choice = Mock(
        side_effect = self.expected_resample_data
    )
)
```

我们使用 side_effect 属性定义了 choice()函数。这将从给定的序列一次返回一个值。我们提供了 8 个与源序列不同的模拟值，以便轻松识别 choice()函数的输出。

(3) 定义测试的 WHEN 方面和 THEN 方面。本例将对__main__模块打补丁，替换对 random 模块的引用。然后，测试就可以确认结果是否具有预期的值集合，以及 choice()函数是否被多次调用。

```
with patch('__main__.random', self.mock_random):
    resample_data = list(resample(self.data, 8))

self.assertListEqual(self.expected_resample_data, resample_data)
self.mock_random.choice.assert_has_calls( 8*[call(self.data)] )
```

11.8.3　工作原理

当创建 Mock 类的实例时，必须提供结果对象的方法和属性。当提供命名参数值时，它将被保存为结果对象的属性。

当创建提供 side_effect 命名参数值的 Mock 实例时，就创建了一个可调用对象。每次调用 Mock 对象时，可调用对象将从 side_effect 列表中返回一个值。

模拟对象的示例如下，它的行为与哑函数类似：

```
>>> from unittest.mock import *
>>> dumb_function = Mock(side_effect=[11,13])
>>> dumb_function(23)
11
>>> dumb_function(29)
13
>>> dumb_function(31)
Traceback (most recent call last):
  ... (traceback details omitted)
StopIteration
```

首先，我们创建了一个 Mock 对象并命名为 dumb_function。该 Mock 对象的 side_effect 属性提供了一个具有两个不同值的短列表，这两个值将被返回。

然后，使用两个不同的参数值对 dumb_function() 进行两次评估。每次从 side_effect 列表中返回下一个值。第三次尝试时，抛出了 StopIteration 异常，测试失败。

这种行为可以让我们编写测试来检测函数或方法的某些错误用法。如果函数被调用的次数过多，那么将会抛出异常。必须使用各种可用于 Mock 对象的断言来检测其他错误用法。

11.8.4　补充知识

我们可以用模拟对象轻松地替换 random 模块的其他功能，这些对象提供了适当的行为，而且实际上不是随机的。例如，可以用一个提供已知顺序的函数替换 shuffle() 函数。遵循上述测试设计模式的示例如下：

```
self.mock_random = Mock(
    choice = Mock(
        side_effect = self.expected_resample_data
    ),
    shuffle = Mock(
        return_value = self.expected_resample_data
    )
)
```

模拟 shuffle() 的函数返回一组不同的值，可用于确认某些处理是否在正确使用 random 模块。

11.8.5　延伸阅读

❑ 4.7 节、4.9 节和 5.6 节探讨了如何通过设置随机数生成器的种子值创建可预测的值序列。

❑ 第 6 章中的多个实例都展示了替代方法，例如 6.2 节、6.3 节、6.5 节和 6.8 节。

❑ 同样，第 7 章中的多个实例也展示了替代方法，请参阅 7.2 节、7.3 节、7.4 节、7.7 节和 7.8 节。

11

11.9　模拟外部资源

11.7 节和 11.8 节展示了模拟简单对象的技术。在 11.7 节中，被模拟的对象本质上是无状态的，单个返回值就能很好地工作。在 11.8 节中，对象具有状态变化，但状态变化不依赖于任何输入参数。

对于这些简单情况，测试为对象提供了一系列请求。我们可以根据已知的、经过精心计划的状态更改序列构建模拟对象。测试用例精确地反映了对象的内部状态变化。这种测试方法有时被称为白盒测试，因为需要测试对象的实现细节来定义测试序列和模拟对象。

然而，在某些情况下，测试场景可能不涉及明确定义的状态更改序列，被测单元可能会以难以预测的顺序进行请求。这有时是黑盒测试，其中的实现细节是未知的。

如何创建具有内部状态的复杂模拟对象并使其内部状态发生变化？

11.9.1　准备工作

本实例研究如何模拟有状态的 RESTful Web 服务请求，将使用一个用于 Elastic 数据库的 API。该数据库的优点在于使用简单的 RESTful Web 服务。这些 RESTful Web 服务很容易被模拟为简单快速的单元测试。

对于本实例，我们将测试一个使用 RESTful API 创建数据库记录的函数。**表征状态转移**（representational state transfer，REST）是一种使用**超文本传输协议**（hypertext transfer protocol，HTTP）在处理之间传输对象状态表示的技术。例如，为了创建数据库记录，客户端将使用 HTTP POST 请求将对象的状态表示传输到数据库服务器。在许多情况下，JSON 标记用于表示对象的状态。

测试这个函数涉及模拟 `urllib.request` 模块的一部分。替换 `urlopen()` 函数就可以让测试用例模拟数据库活动。这样就可以测试依赖于 Web 服务的函数，而不会真正发出开销较大或缓慢的外部请求。

在我们的应用软件中使用 elastic search API 的方式有两种。

❑ 可以在笔记本电脑或某些可以访问的服务器上安装 Elastic 数据库。安装过程分为两个部分，首先安装一个正确的 **Java 开发工具包**（Java developer kit，JDK），然后再安装 ElasticSearch 软件。本实例不再详细介绍这种方法，因为还有一种更简单的方法。

在本地计算机上创建和访问对象的 URL 如下所示：

```
http://localhost:9200/eventlog/event/
```

请求将使用请求体中的多个数据项。这些请求不需要任何用于安全或身份验证的 HTTP 首部。

❑ 还可以使用托管服务，比如 http://orchestrate.io。托管服务需要注册才能获得一个 API 密钥，托管服务不用安装软件。API 密钥被授予特定应用程序的访问权限。在应用程序中，可以创建很多集合。由于不需要安装其他软件，这种方法似乎很方便。

在远程服务器上使用对象的 URL 如下所示：

```
https://api.orchestrate.io/v0/eventlog/
```

这些请求将使用许多 HTTP 首部向主机提供信息。接下来，我们将介绍该服务的详细信息。

实例中文档的数据有效载荷如下所示：

```
{
    "timestamp": "2016-06-15T17:57:54.715",
    "levelname": "INFO",
    "module": "ch09_r10",
    "message": "Sample Message One"
}
```

这个 JSON 文档表示一个日志条目，取自前面实例使用过的 sample.log 文件。可以将该文档理解为一个事件类型的特定实例，它将被保存在数据库的 eventlog 索引中。该对象具有 4 个值为字符串的属性。

9.6 节介绍了解析复杂日志文件的方法。在 9.12 节中，复杂的日志记录被保存为 CSV 文件。本实例将介绍如何使用数据库（比如 Elastic）将日志记录存入云存储。

1. 在 entrylog 集合中创建一个条目文档

我们将在数据库的 entrylog 集合中创建条目文档。HTTP POST 请求用于创建新数据项。201 Created 响应将表明数据库创建了新的事件。

为了使用 orchestrate.io 数据库服务，每个请求都有一个基础 URL。基础 URL 的定义方法如下所示：

```
service = "https://api.orchestrate.io"
```

该 URL 使用了 https 方案，因此使用**安全套接层**（secure socket layer，SSL）来确保数据在客户端和服务器之间是私密的。主机名为 api.orchestrate.io。每个请求都将具有基于该基本服务定义的 URL。

请求的 HTTP 首部如下所示：

```
headers = {
    'Accept': 'application/json',
    'Content-Type': 'application/json',
    'Authorization': basic_header(api_key, '')
}
```

Accept 首部说明了预期的响应种类。Content-Type 首部说明了请求体正在使用哪一种文档表示。这两个首部表明数据库以 JSON 形式表示对象状态。

Authorization 首部说明了 API 密钥的发送方式。该首部的值是一个非常复杂的字符串。构建经过编码的 API 密钥字符串代码非常容易，如下所示：

```
import base64
def basic_header(username, password):
    combined_bytes = (username + ':' + password).encode('utf-8')
    encoded_bytes = base64.b64encode(combined_bytes)
    return 'Basic ' + encoded_bytes.decode('ascii')
```

这段代码将用户名和密码组合为一个字符串，然后使用 UTF-8 编码方案将字符串编码为一个字节流。base64 模块创建第二个字节流。在第二个输出流中，4 字节将包含 3 个输入字节的位。字节是从简化字母表中选择的。然后将该值与关键字 'Basic ' 一起转换为 Unicode 字符。该值可用于

Authorization 首部。

通过创建 Request 对象来使用 RESTful API 非常容易。Request 类定义在 urllib.request 模块中。Request 对象组合了数据、URL 和首部，并命名了一个特定的 HTTP 方法。下面是创建一个 Request 实例的代码：

```
data_document = {
    "timestamp": "2016-06-15T17:57:54.715",
    "levelname": "INFO",
    "module": "ch09_r10",
    "message": "Sample Message One"
}

headers={
    'Accept': 'application/json',
    'Content-Type': 'application/json',
    'Authorization': basic_header(api_key, '')
}

request = urllib.request.Request(
    url=service + '/v0/eventlog',
    headers=headers,
    method='POST',
    data=json.dumps(data_document).encode('utf-8')
)
```

request 对象包括 4 个元素。

❏ url 参数的值等于基本服务 URL 加上集合的名称/v0/eventlog。路径中的 v0 是每个请求必须提供的版本信息。

❏ headers 参数包含 Authorization 首部，后者包含授权访问应用程序的 API 密钥。

❏ POST 方法将在数据库中创建一个新对象。

❏ data 参数是需要保存的文档。我们已将 Python 对象转换为 JSON 标记形式的字符串。然后使用 UTF-8 编码将 Unicode 字符编码为字节。

2. 一个典型的响应

处理过程包括发送请求和接收响应。urlopen() 函数接受 Request 对象作为参数，构建发送到数据库服务器的请求。数据库服务器的响应包括 3 个元素。

❏ 状态。状态包括一个数字代码和一个原因字符串。创建文档时，预期的响应代码为 201，字符串为 CREATED。对于许多其他请求，代码为 200，字符串为 OK。

❏ 响应也具有首部。对于一个创建请求，响应首部包括以下内容：

```
[
('Content-Type', 'application/json'),
('Location', '/v0/eventlog/12950a87ef024e43/refs/8e50b6bfc50b2dfa'),
('ETag', '"8e50b6bfc50b2dfa"'),
...
]
```

Content-Type 首部表明内容以 JSON 形式编码。Location 首部提供了可用于检索创建对象

的 URL。ETag 首部是对象当前状态的散列摘要，有助于缓存一个对象的本地副本。可能还存
在其他首部，在示例中显示为...。

❑ 响应可能有一个响应体。如果存在响应体，那么它将是一个从数据库检索得到的 JSON 编码文
档（或多个文档）。响应体必须使用响应的 `read()` 方法读取。响应体可能非常大，
`Content-Length` 首部提供了响应体的确切字节数。

3. 用于数据库访问的客户端类

我们将定义一个简单的类用于数据库访问。一个类可以为多个相关的操作提供上下文和状态信
息。当使用 Elastic 数据库时，访问类可以只创建一次请求头字典，然后在多个请求中重用。

下面将分几部分展示一个数据库客户端类的框架。首先，编写整体的类定义。

```
class ElasticClient:
    service = "https://api.orchestrate.io"
```

上述代码定义了一个类级的变量 `service`，值为协议方案和主机名。初始化方法 `__init__()`
可以构建各种数据库操作使用的首部。

```
def __init__(self, api_key, password=''):
    self.headers = {
        'Accept': 'application/json',
        'Content-Type': 'application/json',
        'Authorization': ElasticClient.basic_header(api_key, password),
    }
```

该方法获取 API 密钥并创建一组依赖于 HTTP 基本身份验证的首部。虽然 orchestrate 服务并不使
用密码，但是我们还是将其包含在内，因为示例单元测试用例使用了用户名和密码。

身份验证服务如下所示：

```
@staticmethod
def basic_header(username, password=''):
    """
    >>> ElasticClient.basic_header('Aladdin', 'OpenSesame')
    'Basic QWxhZGRpbjpPcGVuU2VzYW1l'
    """
    combined_bytes = (username + ':' + password).encode('utf-8')
    encoded_bytes = base64.b64encode(combined_bytes)
    return 'Basic ' + encoded_bytes.decode('ascii')
```

该函数可以组合用户名和密码来创建用于 HTTP Authorization 首部的值。orchestrate.Io
API 使用一个事先分配好的 API 密钥作为用户名，密码是一个零长度的字符串`''`。当有人注册
orchestrate.io 服务时，orchestrate.io 就会为其分配 API 密钥。免费的 orchestrate.io 服
务允许数量合理的事务和一个充裕的小数据库。

我们以文档字符串的形式添加了一个单元测试用例，用于验证结果是否正确。该测试用例源自
HTTP 基本身份验证（HTTP basic authentication）的维基百科页面。

最后一部分是一个方法，将数据项加载到数据库的 eventlog 集合。

```
def load_eventlog(self, data_document):
    request = urllib.request.Request(
```

11

```
        url=self.service + '/v0/eventlog',
        headers=self.headers,
        method='POST',
        data=json.dumps(data_document).encode('utf-8')
    )

    with urllib.request.urlopen(request) as response:
        assert response.status == 201, "Insertion Error"
        response_headers = dict(response.getheaders())
        return response_headers['Location']
```

该函数使用完整的 URL、HTTP 首部、方法字符串和已编码的数据这 4 个必要信息来构建一个 Reques 对象。在本例中，数据首先被编码为一个 JSON 字符串，然后使用 UTF-8 编码方案将 JSON 字符串编码为字节。

执行 urlopen() 函数将发送请求并返回一个响应对象。该对象被用作上下文管理器。即使在响应处理期间抛出异常，with 语句也可以确保资源正确释放。

POST 方法的响应状态应该是 201，其他任何状态都是有问题的。在这段代码中，使用 assert 语句来检查状态。提供一个像 Expected 201 status, got {}.format(response.status) 这样的消息可能会更好。

最后检查首部，以获取 Location 首部。Location 首部提供了一个用于查找所创建对象的 URL 片段。

11.9.2　实战演练

(1) 创建数据库访问模块。该模块包含 ElasticClient 类定义，另外还包含该类所需的其他定义。

(2) 本实例将使用 unittest 和 doctest 创建一个综合测试套件，还需要使用 unittest.mock 的 Mock 类以及 json 包。由于该模块独立于被测单元，因此需要导入包含待测试类定义的 ch11_r08_load 模块。

```
import unittest
from unittest.mock import *
import doctest
import json
import ch11_r08_load
```

(3) 创建测试用例的整体框架。我们将填充下面测试的 setUp() 方法和 runTest() 方法。该测试的名称说明测试给定了一个实例 ElasticClient，当调用 load_eventlog() 时，就发出了一个适当的 RESTful API 请求。

```
class GIVEN_ElasticClient_WHEN_load_eventlog_THEN_request(unittest.TestCase):

    def setUp(self):

    def runTest(self):
```

(4) setUp() 方法的第一部分是一个模拟上下文管理器，提供与 urlopen() 函数类似的响应。

```
def setUp(self):
    # 上下文管理器对象本身
    self.mock_context = Mock(
        __exit__ = Mock(return_value=None),
        __enter__ = Mock(
            side_effect = self.create_response
        ),
    )

    # 返回一个上下文的 urlopen() 函数
    self.mock_urlopen = Mock(
        return_value = self.mock_context,
    )
```

当调用 urlopen() 时，返回值是一个行为类似于上下文管理器的响应对象。模拟该对象的最好方法是返回一个模拟上下文管理器。模拟上下文管理器的 __enter__() 方法用于实际创建响应对象。在本例中，side_effect 属性标识了一个辅助函数，这个辅助函数用于准备调用__enter__()方法的结果。self.create_response 还没有定义，我们将在随后的步骤中定义。

(5) setUp() 方法的第二部分是一些待加载的模拟数据。

```
# 测试文档
self.document = {
    "timestamp": "2016-06-15T17:57:54.715",
    "levelname": "INFO",
    "module": "ch09_r10",
    "message": "Sample Message One"
}
```

在更复杂的测试中，我们可能想要模拟一个大型的、可迭代的文档集合。

(6) create_response() 辅助方法构建类似响应的对象。响应对象可能很复杂，因此我们定义了一个函数来创建它们。

```
def create_response(self):
    self.database_id = hex(hash(self.mock_urlopen.call_args[0][0].data))[2:]
    self.location = '/v0/eventlog/{id}'.format(id=self.database_id)
    response_headers = [
        ('Location', self.location),
        ('ETag', self.database_id),
        ('Content-Type', 'application/json'),
    ]
    return Mock(
        status = 201,
        getheaders = Mock(return_value=response_headers)
    )
```

该方法使用 self.mock_urlopen.call_args 检查对该 Mock 对象的最后一次调用。这个调用的参数是一个由位置参数值和关键字参数组成的元组。第一个[0]索引从元组中选择位置参数值。第二个[0]索引选择第一个位置参数值。得到的结果是即将加载到数据库的对象。hex()函数的值是一个字符串，包含我们丢弃的 0x 前缀。

在更复杂的测试中，该方法可能需要保存加载到数据库中的对象的缓存，以便更准确地模拟数据库式的响应。

(7) runTest() 方法对被测模块打补丁。该方法定位了从 ch11_r08_load 到 urllib.request 再到 urlopen() 函数的引用，然后将其替换为 mock_urlopen。

```
def runTest(self):
    with patch('ch11_r08_load.urllib.request.urlopen', self.mock_urlopen):
        client = ch11_r08_load.ElasticClient('Aladdin', 'OpenSesame')
        response = client.load_eventlog(self.document)

    self.assertEqual(self.location, response)

    call_request = self.mock_urlopen.call_args[0][0]
    self.assertEqual(
        'https://api.orchestrate.io/v0/eventlog', call_request.full_url)
    self.assertDictEqual(
        {'Accept': 'application/json',
         'Authorization': 'Basic QWxhZGRpbjpPcGVuU2VzYW1l',
         'Content-type': 'application/json'
        },
        call_request.headers)
    self.assertEqual('POST', call_request.method)
    self.assertEqual(
        json.dumps(self.document).encode('utf-8'), call_request.data)

    self.mock_context.__enter__.assert_called_once_with()
    self.mock_context.__exit__.assert_called_once_with(None, None, None)
```

该测试遵循 ElasticClient 首先创建 client 对象的要求。它没有使用实际的 API 密钥，而是使用了用户名和密码，这将为 Authorization 首部创建一个已知的值。load_eventlog() 的结果是一个类似响应的对象，可以检查它以确定是否具有正确的值。

所有交互将通过模拟对象来完成。可以使用各种断言来确认是否创建了正确的请求对象。该测试检查了请求对象的 4 个属性，以及是否正确使用了上下文。

(8) 还要定义 load_tests() 函数。该函数将组合 unittest 套件与 ch11_r08_load 模块文档字符串中的测试示例。

```
def load_tests(loader, standard_tests, pattern):
    dt = doctest.DocTestSuite(ch11_r08_load)
    standard_tests.addTests(dt)
    return standard_tests
```

(9) 最后提供运行完整套件的主程序。下面的代码可以轻松地将测试模块作为独立脚本运行。

```
if __name__ == "__main__":
    unittest.main()
```

11.9.3　工作原理

本实例通过组合许多 unittest 特性和 doctest 特性，创建了一个复杂的测试用例。本实例使用了以下特性。

❑ 创建上下文管理器。

❑ 使用 side-effect 特性创建动态的、有状态的测试。

❑ 模拟复杂的对象。

❑ 使用测试加载协议组合 doctest 和 unittest 用例。

下面将分别讨论这些特性。

1. 创建上下文管理器

上下文管理器协议在一个附加的间接层中包装对象。更多相关信息请参阅 9.3 节和 9.12 节。__enter__() 方法和 __exit__() 方法是必须模拟的核心功能。

模拟上下文管理器的模式如下所示：

```
self.mock_context = Mock(
    __exit__ = Mock(return_value=None),
    __enter__ = Mock(
        side_effect = self.create_response
        # 或者
        # return_value = some_value
    ),
)
```

上下文管理器对象有两个属性。__exit__() 将被调用一次。返回值 True 将静默所有异常，返回值 None 或 False 允许异常传播。

__enter__() 方法返回赋给 with 语句的对象。为了便于计算动态结果，本实例中使用了 side_effect 属性并提供了一个函数。

__enter__() 方法的一种常见替代方法是使用固定的 return_value 属性，并且每次提供相同的管理器对象。我们也可以用 side_effect 提供一个序列，在这种情况下，每次调用该方法时，都会返回序列中的另一个对象。

2. 创建动态的、有状态的测试

在许多情况下，测试可以使用一组静态的固定对象。可以在 setUp() 方法中定义模拟响应。然而在某些情况下，对象的状态可能需要在复杂测试的操作期间更改。在这种情况下，Mock 对象的 side_effect 属性可以用来跟踪状态变化。

在本实例中，side_effect 属性使用 create_response() 方法来构建动态响应。side_effect 引用的函数可以执行各种操作，比如更新用于计算复杂响应的动态状态信息。

对于测试用例的复杂程度，应当掌握好分寸，复杂的测试用例可能会引入自身的错误。保持测试用例尽可能简单是一个好主意，可以避免编写**元测试**（meta test）来测试用例。

对于意义重大的测试，确保测试可以失败非常重要。某些测试涉及无意义的赘述，有可能故意创建一个像 self.assertEqual(4, 2+2) 这样没有意义的测试。为了确保测试使用被测单元，当出现代码丢失或注入错误时，测试将失败。

3. 模拟复杂的对象

来自 urlopen() 的响应对象具有大量的属性和方法。对于我们的单元测试，只需要设置其中的一些特性。

11

使用方法如下所示：

```
return Mock(
    status = 201,
    getheaders = Mock(return_value=response_headers)
)
```

上述代码创建了一个具有两个属性的 Mock 对象。

❑ status 属性具有简单的数值。

❑ getheaders 属性使用具有 return_value 属性的 Mock 对象来创建一个方法函数。该方法函数返回动态 response_headers 值。

response_headers 值是具有 (键, 值) 对的二元组序列。响应类首部的这种表示可以非常容易地转换为字典。

对象的构建方式如下所示：

```
response_headers = [
    ('Location', self.location),
    ('ETag', self.database_id),
    ('Content-Type', 'application/json'),
]
```

上述代码将设置 3 个首部：Location、ETag 和 Content-Type。可能还需要其他首部，具体取决于测试用例。重要的是不要将测试用例与未使用的首部混淆。这种混淆可能会导致测试本身的错误。

数据库的 ID 和位置基于以下计算：

```
hex(hash(self.mock_urlopen.call_args[0][0].data))[2:]
```

上述计算使用 self.mock_urlopen.call_args 检查提供给测试用例的参数。call_args 属性的值是位置参数值和关键字参数值的一个二元组。位置参数也是一个元组。这意味着 call_args[0] 是位置参数，而且 call_args[0][0] 是第一个位置参数。参数的值是加载到数据库的文档。

许多 Python 对象都有散列值。在本例中，对象将是一个由 json.dumps() 函数创建的字符串。该字符串的散列值是个较大的数。该数的十六进制值将是一个带 0x 前缀的字符串。我们将使用 [2:] 切片忽略该前缀。相关信息请参阅 1.6 节。

4. 使用测试加载协议

复杂的模块将包含类和函数定义。模块作为一个整体需要一个描述性的文档字符串，每个类和函数也需要一个文档字符串，类中的每个方法同样需要一个文档字符串。这些文档字符串将提供模块、类、函数和方法的基本信息。

另外，每个文档字符串都可以包含一个示例。可以通过 doctest 模块来测试这些示例。相关实例请参阅 11.2 节。我们可以组合文档字符串示例测试，而不需要更复杂的单元测试。有关该操作的更多信息，请参阅 11.6 节。

11.9.4　补充知识

unittest 模块也可以用于构建集成测试。集成测试的思想是避免模拟，并在测试模式下实际使用真正的外部服务。这种方法可能速度较慢或开销较大。在所有单元测试都说明软件可以正常工作之前，通常避免采用集成测试。

例如，可以用 orchestrate.io 创建两个应用程序：一个是实际应用程序，另一个是测试应用程序。这样我们就有两个 API 密钥。使用测试密钥可以将数据库重置为初始状态，同时不会为真实数据的实际用户带来问题。

可以通过 unittest、setUpModule() 和 tearDownModule() 函数控制测试应用程序。setUp-Module() 函数在给定模块文件的所有测试之前执行。这是将数据库设置为已知状态的简便方法。

还可以使用 tearDownModule() 函数删除数据库。该函数可以方便地删除由测试创建的不需要的资源。有时，为了调试而保留资源可能会更有帮助。因此，tearDownModule() 函数可能不如 setUpModule() 函数那么有用。

11.9.5 延伸阅读

❑ 11.7 节和 11.8 节显示了本实例中使用的一些技术。

❑ 9.6 节展示了如何分析复杂的日志文件。9.12 节将复杂的日志记录写入了 CSV 文件。

❑ 有关通过切分字符串替换部分字符串的信息，请参阅 1.6 节。

❑ 本实例中的元素可以通过 doctest 模块来测试，相关示例请参阅 11.2 节。将本实例中的这些测试与 doctest 组合起来也很重要。关于相关操作的更多信息，请参阅 11.6 节。

11

第 12 章

Web 服务

本章主要介绍以下实例。
- ❑ 使用 WSGI 实现 Web 服务
- ❑ 使用 Flask 框架实现 RESTful API
- ❑ 解析请求中的查询字符串
- ❑ 使用 `urllib` 发送 REST 请求
- ❑ 解析 URL 路径
- ❑ 解析 JSON 请求
- ❑ 实施 Web 服务认证

12.1 引言

提供 Web 服务涉及解决多个相互关联的问题。在开发过程中，必须遵守许多适用的协议，每个协议都有自己独特的设计考虑。Web 服务的核心是定义 HTTP 的各种标准。

HTTP 涉及两个参与者：客户端和服务器。
- ❑ 客户端向服务器发送请求。
- ❑ 服务器将响应返回给客户端。

这种关系非常不对称。我们期望服务器能够处理来自多个客户端的并发请求。由于客户端请求异步到达，因此服务器无法轻易区分这些请求是否源自单个用户。用户会话是通过设计提供会话令牌（或 cookie）的服务器以跟踪用户的当前状态来实现的。

HTTP 协议灵活且可扩展。以网页形式提供内容是 HTTP 协议的一种流行的应用案例。网页通常编码为 HTML 文档，一般包含图形、样式表和 JavaScript 代码的链接。9.9 节介绍了 HTML 的解析。

网页内容可以进一步分解为两种内容。
- ❑ 静态内容本质上是可下载的文件。诸如 GUnicorn、NGINGX 或 Apache HTTPD 等程序能够可靠地提供静态文件。每个 URL 定义了一个文件的路径，然后服务器将文件下载到浏览器。
- ❑ 动态内容是根据需要由应用程序构建的。本章将使用 Python 应用程序构建 HTML（或可能的图形）来响应请求。

另一种非常受欢迎的 HTTP 应用案例是提供 Web 服务。在这种情况下，标准 HTTP 请求和响应将以 HTML 之外的格式交换数据。JSON 是最流行的信息编码格式之一。9.7 节介绍了 JSON 文档处理。

Web 服务可以看作使用 HTTP 提供动态内容的一个变体。客户端可以提供 JSON 格式的文档，服务器上的 Python 应用程序同样以 JSON 格式创建响应文档。

在某些情况下，Web 服务的重点非常突出。比如，可以将服务和数据库持久化捆绑到一个包中。这个过程可能涉及创建一个服务器，这个服务器具有一个基于 NGINX 的 Web 界面，以及一个使用 MongoDB 或 Elastic 的数据库。整个包（即 Web 服务加持久化）也可以称为**微服务**（microservice）。

Web 服务交换的文档为对象的状态信息编码。用 JavaScript 开发的客户端应用程序可能具有需要发送到服务器的对象状态。用 Python 开发的服务器应用程序可能会将对象状态的表示形式转移给客户端。这种设计方案叫作**资源表现层状态转化**（representational state transfer，REST）。使用 REST 处理的服务通常称为 RESTful。

为 HTML 或 JSON 处理 HTTP 的过程可以设计为许多转换函数。思路如下：

```
response = F(request, persistent state)
```

响应由 F(r, s) 函数的请求构建，F(r, s) 函数依赖于请求以及服务器数据库中的某些持久状态。

这些函数在核心服务周围形成嵌套的外壳（shell）或包装器（wrapper）。例如，核心处理可以用附加步骤包装，以确保发出请求的用户被授权改变数据库状态。总结如下：

```
response = auth(F(request, persistent state))
```

授权处理可以包装在用户认证处理中。所有这些处理可以进一步包装在一个 shell 中，确保客户端应用程序软件接受 JSON 格式的响应。使用这种多层结构可以为许多不同的核心服务提供一致的操作。整个过程如下：

```
response = JSON( user( auth( F(request, persistent state) ) ) )
```

这种设计自然适合于一系列转换函数，也为设计复杂的 Web 服务提供了一些指导。复杂的 Web 服务包含许多协议和创建有效响应的规则。

优秀的 RESTful 实现应当提供大量有关该服务的信息。提供信息的一种方法是使用 OpenAPI 规范。有关 OpenAPI（Swagger）规范的信息，请参阅 http://swagger.io/specification/。

OpenAPI 规范的核心是 JSON 模式规范。更多相关信息，请参阅 http://json-schema.org。

使用规范的两种基本思路如下。

(1) 用 JSON 格式为发送到服务的请求和服务提供的响应编写规范。

(2) 以固定的 URL 提供规范，URL 通常为/swagger.json。客户端可以查询该规范来确定服务工作原理的细节。

创建 Swagger 文档可能有点挑战性。swagger-spec-validator 可以提供一些帮助，请参阅 https://pypi.python.org/pypi/swagger-spec-validator。swagger-spec-validator 是一个 Python 包，可以用来确认 Swagger 规范是否符合 OpenAPI 要求。

本章将介绍一些创建 RESTful Web 服务并提供静态或动态内容的实例。

12.2   使用 WSGI 实现 Web 服务

许多 Web 应用程序会有多个层次。这些层次通常可以总结为 3 种常见模式。

❏ 表示层可能会在移动设备或网站上运行。该层是可见的外部视图。

❏ 应用层通常作为 Web 服务实现。该层对网页或移动表示进行处理。

❏ 持久层负责保留单个会话以及单个用户的多个会话中的数据和事务状态。该层将支持应用层。

基于 Python 的网站或 Web 服务应用程序将遵循 **Web 服务器网关接口**（Web server gateway interface，WSGI）标准。该标准使前端 Web 服务器（比如 Apache HTTPD、NGINX 或 GUnicorn）能够统一使用 Python 提供动态内容。

Python 的 RESTful API 框架种类繁多，12.3 节将介绍 Flask 框架。但是，在某些情况下，WSGI 的核心功能就能满足我们的需求。

如何根据 WSGI 标准创建支持分层结构的应用程序？

12.2.1   准备工作

WSGI 标准定义了可组合的 Web 应用程序的总体框架。该标准的思想是分别定义每个应用程序，以便其独立存在，并且可以与其他应用程序连接。整个网站由一组外壳或包装器构成。

这是一种 Web 服务器开发的简便方法。WSGI 不是一个复杂的框架，它只是一个极简的标准。我们将使用 12.3 节中的一个更好的框架来研究一些简化设计的方法。

Web 服务的本质是 HTTP 请求和响应。服务器接收来自客户端的请求并创建响应。HTTP 请求由多部分内容组成。

❏ **资源的 URL**：URL 可以像 http://www.example.com:8080/?query#fragment 一样复杂。一个 URL 包括以下几个部分。

■ 协议 http：协议以 : 结尾。

■ 主机 www.example.com：以 // 为前缀，包括一个可选的端口号。在本例中，端口号为 8080。

■ 资源的路径：在本例中，资源的路径为 / 符号。路径在某种形式上是必需的，往往比一个简单的 / 更复杂。

■ 以 ? 为前缀的查询字符串：在本例中，查询字符串只是没有值的键 `query`。

■ 以 # 为前缀的片段标识符：在本例中，片段为 `fragment`。对于 HTML 文档，片段可以是特定标签的 id 值，浏览器将滚动到指定的标签。

几乎所有 URL 元素都是可选的。我们可以利用查询字符串（或片段）提供有关请求的其他格式信息。

WSGI 标准要求 URL 已经解析过。URL 的各部分装入环境后，每个部分都将分配一个单独的键。

❏ **方法**：常见的 HTTP 方法包括 `HEAD`、`OPTIONS`、`GET`、`POST`、`PUT` 和 `DELETE`。

❏ **请求首部**：首部是支持请求的附加信息。例如，首部用于定义可以接受的内容的种类。

❑ **附加内容**：请求可能包括 HTML 表单的输入或者待上传的文件。

HTTP 响应在许多方面与请求类似。响应包含响应首部和响应体，响应首部包含像内容编码这样的细节信息，以便客户端可以正确渲染。如果服务器正在提供 HTML 内容并且正在保持服务器会话，那么 cookie 将作为每个请求和响应的一部分发送到首部中。

WSGI 旨在帮助创建应用程序组件，这些组件可用于构建更大、更复杂的应用程序。WSGI 应用程序通常作为包装器，将其他应用程序与非法请求、未经授权的用户或未经身份验证的用户隔离。为此，每个 WSGI 应用程序都必须遵循通用的标准定义。每个应用程序必须是一个函数或一个可调用对象，具有以下签名：

```
def application(environ, start_response):
    start_response('200 OK', [('Content-Type', 'text/plain')])
    return iterable_strings
```

environ 参数是包含请求信息的字典，它包含所有 HTTP 细节、操作系统上下文以及 WSGI 服务器上下文。start_response 参数是在返回响应体之前必须调用的函数，它提供了响应的状态和首部。

WSGI 应用程序函数的返回值是 HTTP 响应体，通常是字符串序列或可迭代的字符串。WSGI 应用程序可能是更大的容器的一部分，它可能会在构建响应时，将响应从服务器分发到客户端。

由于所有 WSGI 应用程序都是可调用的函数，因此它们可以轻松组合。一个复杂的 Web 服务器可能有多个 WSGI 组件，它们负责处理认证、授权、标准头文件、审计日志、性能监控等细节。这些组件通常独立于底层内容，它们是所有 Web 应用程序或 RESTful 服务的通用功能。

本节将介绍一个相对简单的 Web 服务，该服务将从一副牌（deck）或牌盒（shoe）分发纸牌。我们将依赖 6.5 节中的 Card 类定义。具有牌面大小（rank）和花色（suit）信息的核心 Card 类如下所示：

```
class Card:
    __slots__ = ('rank', 'suit')
    def __init__(self, rank, suit):
        self.rank = int(rank)
        self.suit = suit
    def __repr__(self):
        return ("Card(rank={self.rank!r}, "
         "suit={self.suit!r})").format(self=self)
    def to_json(self):
        return {
            "__class__": "Card",
            'rank': self.rank,
            'suit': self.suit}
```

我们为纸牌定义了一个基类。该类的每个实例有两个属性：rank 和 suit。我们省略了散列和比较方法的定义。根据 7.7 节，该类还需要一些特殊方法。本实例将暂时回避这些难题。

我们定义了 to_json() 方法，将复杂对象序列化为一致的 JSON 格式。该方法返回一个用字典表示 Card 的状态。如果要从 JSON 标记反序列化 Card 对象，那么还需要创建一个 object_hook 函数。不过，本实例不需要这个函数，因为我们不会接受 Card 对象作为输入。

我们还需要一个 Deck 类作为 Card 实例的容器。Deck 类的实例可以创建 Card 实例，并充当可处理纸牌的有状态对象。Deck 类的定义如下所示：

```python
import random
class Deck:
    SUITS = (
        '\N{black spade suit}',
        '\N{white heart suit}',
        '\N{white diamond suit}',
        '\N{black club suit}',
    )

    def __init__(self, n=1):
        self.n = n
        self.create_deck(self.n)

    def create_deck(self, n=1):
        self.cards = [
            Card(r,s)
                for r in range(1,14)
                    for s in self.SUITS
                        for _ in range(n)
        ]
        random.shuffle(self.cards)
        self.offset = 0

    def deal(self, hand_size=5):
        if self.offset + hand_size > len(self.cards):
            self.create_deck(self.n)
        hand = self.cards[self.offset:self.offset+hand_size]
        self.offset += hand_size
        return hand
```

create_deck() 方法使用生成器创建 13 种牌面大小和 4 种花色的所有 52 种排列。每种花色由单一的符号定义，符号为♣、◇、♡或♠。该示例使用\N{}序列说明 Unicode 字符名称。

如果在创建 Deck 实例时提供了一个 n 值，那么容器将创建每副有 52 张牌的多副牌。这种包含多副牌的牌盒有时可以通过减少洗牌时间来加快游戏速度。一旦 Card 实例序列被创建，就会使用 random 模块洗牌。对于可重复的测试用例，可以提供固定的种子。

deal() 方法将使用 self.offset 值来确定处理开始的位置。该值从 0 开始，当每手牌处理完之后递增。hand_size 参数决定了下一手牌将会有多少张牌。该方法通过增加 self.offset 值来更新对象的状态，这样纸牌只被处理一次。

下面是使用该类创建 Card 对象的一种方法：

```python
>>> from ch12_r01 import deck_factory
>>> import random
>>> import json

>>> random.seed(2)
>>> deck = Deck()
>>> cards = deck.deal(5)
>>> cards
```

```
[Card(rank=4, suit='♠'), Card(rank=8, suit='♡'),
 Card(rank=3, suit='♡'), Card(rank=6, suit='♡'),
 Card(rank=2, suit='♣')]
```

为了创建合理的测试，我们提供了固定的种子值。该脚本使用 Deck() 创建了一副牌。然后，就可以处理由这副牌中的 5 个 Card 实例组成的一手牌了。

为了将其作为 Web 服务的一部分，还需要以 JSON 格式生成有用的输出。示例如下：

```
>>> json_cards = list(card.to_json() for card in deck.deal(5))
>>> print(json.dumps(json_cards, indent=2, sort_keys=True))
[
  {
    "__class__": "Card",
    "rank": 2,
    "suit": "\u2662"
  },
  {
    "__class__": "Card",
    "rank": 13,
    "suit": "\u2663"
  },
  {
    "__class__": "Card",
    "rank": 7,
    "suit": "\u2662"
  },
  {
    "__class__": "Card",
    "rank": 6,
    "suit": "\u2662"
  },
  {
    "__class__": "Card",
    "rank": 7,
    "suit": "\u2660"
  }
]
```

我们使用 deck.deal(5) 发出了由一副牌中的 5 张牌组成的一手牌。表达式 list(card.to_json() for card in deck.deal(5)) 将使用每个 Card 对象的 to_json() 方法生成该对象的字典表示，字典结构的列表随后序列化为 JSON 标记。sort_keys=True 选项便于创建可重复的测试用例。这对于 RESTful Web 服务通常不是必需的。

12.2.2　实战演练

(1) 导入所需的模块和对象。我们将使用 HTTPStatus 类，因为它定义了常用的 HTTP 状态码。json 模块用于生成 JSON 响应。还需要使用 os 模块初始化随机数字种子。

```
from http import HTTPStatus
import json
import os
import random
```

12

(2) 导入或定义底层类 Card 和 Deck。一般来说，将它们定义为单独的模块是一个好主意。基本功能应该独立存在并在 Web 服务环境之外进行测试。Web 服务应该包装现有的可用软件。

(3) 创建所有会话共享的对象。deck 值是一个模块全局变量。

```
random.seed(os.environ.get('DEAL_APP_SEED'))
deck = Deck()
```

我们依靠 os 模块来检查环境变量。如果已经定义了环境变量 DEAL_APP_SEED，那么将使用字符串值来初始化随机数生成器。否则，将依靠 random 模块内置的随机化功能。

(4) 将目标 WSGI 应用程序定义为一个函数。该函数将通过返回一手牌来响应请求，然后创建 Card 信息的 JSON 表示形式。

```
def deal_cards(environ, start_response):
    global deck
    hand_size = int(environ.get('HAND_SIZE', 5))
    cards = deck.deal(hand_size)
    status = "{status.value} {status.phrase}".format(
     status=HTTPStatus.OK)
    headers = [('Content-Type', 'application/json;charset=utf-8')]
    start_response(status, headers)
    json_cards = list(card.to_json() for card in cards)
    return [json.dumps(json_cards, indent=2).encode('utf-8')]
```

deal_cards()函数处理 deck 中的下一组牌。操作系统环境可以定义一个 HAND_SIZE 环境变量来改变发牌数量的大小。全局 deck 对象用于执行相关处理。

响应的 status 行是一个字符串，该字符串包含 HTTP 状态为 OK 的数值 value 和 phrase。该行可以紧跟首部。该示例包括 Content-Type 首部，以向客户端提供信息，内容是一个 JSON 文档，该文档使用 utf-8 编码。最后，文档本身就是该函数的返回值。

(5) 为了演示和调试，构建运行 WSGI 应用程序的服务器是非常有用的。本实例将使用 wsgiref 模块的服务器。Werkzeug 中定义了很多优秀的服务器，像 GUnicorn 这样的服务器是更好的选择。

```
from wsgiref.simple_server import make_server
httpd = make_server('', 8080, deal_cards)
httpd.serve_forever()
```

运行服务器之后，可以打开浏览器访问 http://localhost:8080/，结果将返回 5 张纸牌。每次刷新，都会得到不同批次的纸牌。

这样做是可行的，因为在浏览器中输入 URL 会使用首部的最小集合来执行 GET 请求。由于我们的 WSGI 应用程序不需要任何特定的首部，而且响应任意 HTTP 方法，因此最后将返回一个结果。

结果是一个 JSON 文档，代表从当前的这副牌中发出的 5 张牌。每张牌都由一个类名、rank 和 suit 来表示。

```
[
  {
    "__class__": "Card",
    "suit": "\u2663",
    "rank": 6
  },
```

```
{
  "__class__": "Card",
  "suit": "\u2662",
  "rank": 8
},
{
  "__class__": "Card",
  "suit": "\u2660",
  "rank": 8
},
{
  "__class__": "Card",
  "suit": "\u2660",
  "rank": 10
},
{
  "__class__": "Card",
  "suit": "\u2663",
  "rank": 11
}
]
```

可以创建网页以及 JavaScript 程序来获取批量的纸牌。这些网页和 JavaScript 程序可以为发牌过程添加动画效果，并为纸牌添加图形。

12.2.3　工作原理

WSGI 标准定义了 Web 服务器和应用程序之间的接口。该接口基于 Apache HTTPD **通用网关接口**（common gateway interface，CGI）。CGI 的目的是运行 shell 脚本或单独的二进制文件。WSGI 是对这一遗留概念的改进。

WSGI 标准定义了包含多种信息的环境字典。

❑ 字典中的许多键反映了某些初步解析和转换数据后的请求。

■ REQUEST_METHOD：HTTP 的请求方法，比如 GET 或 POST。

■ SCRIPT_NAME：请求 URL 的路径的初始部分，通常被视为一个整体的应用程序对象或函数。

■ PATH_INFO：请求 URL 的其余部分路径，指定资源的位置。本例没有执行路径解析。

■ QUERY_STRING：请求 URL 中?之后的部分。

■ CONTENT_TYPE：HTTP 请求中 Content-Type 首部值的内容。

■ CONTENT_LENGTH：HTTP 请求中 Content-Length 首部值的内容。

■ SERVER_NAME 和 SERVER_PORT：请求中的服务器名称和端口号。

■ SERVER_PROTOCOL：客户端用于发送请求的协议版本，通常是 HTTP/1.0 或 HTTP/1.1。

❑ HTTP 首部：这些键以 HTTP_开头，包含首部名称，并且全部都大写。

通常，请求的内容并不是从服务器创建响应所需的唯一数据。经常需要附加信息，这些信息一般包括两种数据。

12

❑ **操作系统环境**：当服务启动时，环境变量为服务器提供了配置的详细信息。环境变量可以提供存放静态内容的目录路径，也可以提供用于验证用户的信息。

❑ **WSGI 服务器上下文**：这些键以 `wsgi.` 开头，始终为小写。值包括一些遵守 WSGI 标准的服务器内部状态的附加信息。有两个特别有趣的对象，分别提供文件上传和日志支持功能。

　　■ `wsgi.input`：一个类似文件的对象。由此可以读取 HTTP 请求体的字节。通常必须根据 `Content-Type` 首部解码。

　　■ `wsgi.errors`：一个类似文件的对象。可以写入错误输出。这是服务器的日志。

WSGI 函数的返回值可以是序列对象或可迭代对象。返回可迭代对象适用于非常大的文档，这些文档可以分散构建，并且可以通过一些较小的缓冲区下载。

本例中的 WSGI 应用程序不检查请求路径。任何路径都可以取回一手牌。更复杂的应用程序可能会解析路径，以确定正在请求的这手牌的张数或应发出的张数。

12.2.4　补充知识

Web 服务可以视为许多通用块，它们连接在一起并形成嵌套的层次。WSGI 应用程序的统一接口鼓励这种可重用功能的组合。

许多常用技术可以保护和产生动态内容，这些技术是 Web 服务应用程序的横切关注点（cross-cutting concern）。我们有以下两种选择。

❑ 在单个应用程序中编写大量 `if` 语句。

❑ 提取通用程序设计，并创建一个通用的包装器，将安全问题与内容构建分离。

包装器只不过是另一个 WSGI 应用程序，它并不直接产生结果，而是把产生结果的工作交给别的 WSGI 应用程序。

例如，我们可能需要一个确认预期 JSON 响应的包装器。这个包装器会区分以人为本的 HTML 和以应用为中心的 JSON 请求。

为了使应用程序更灵活，用可调用对象替代简单的函数通常很有帮助。这样做可以使各种应用程序和包装器的配置更加灵活。我们将组合 JSON 过滤器和可调用对象。该对象的概要如下所示：

```
class JSON_Filter:
    def __init__(self, json_app):
        self.json_app = json_app
    def __call__(self, environ, start_response):
        return json_app(environ, start_response)
```

通过提供另一个应用程序从该类定义创建一个可调用对象。该可调用对象将包装另一个应用程序 `json_app`。使用方法如下：

```
json_wrapper = JSON_Filter(deal_cards)
```

上述代码将包装原始的 `deal_cards()` WSGI 应用程序。现在可以将复合的 `json_wrapper` 对象用作 WSGI 应用程序。当服务器调用 `json_wrapper(environ, start_response)` 时，将调用对象的 `__call__()` 方法。在本示例中，该方法会将请求传递给 `deal_cards()` 函数。

更完整的包装器应用程序如下所示。该包装器将检查 HTTP Accept 首部是否含有字符串 json，还将检查查询字符串`?$format=json`，确认是否发出了 JSON 格式的请求。该类的实例通过配置可以引用 `deal_cards()` WSGI 应用程序。

```python
from urllib.parse import parse_qs
class JSON_Filter:
    def __init__(self, json_app):
        self.json_app = json_app
    def __call__(self, environ, start_response):
        if 'HTTP_ACCEPT' in environ:
            if 'json' in environ['HTTP_ACCEPT']:
                environ['$format'] = 'json'
                return self.json_app(environ, start_response)
        decoded_query = parse_qs(environ['QUERY_STRING'])
        if '$format' in decoded_query:
            if decoded_query['$format'][0].lower() == 'json':
                environ['$format'] = 'json'
                return self.json_app(environ, start_response)
        status = "{status.value}{status.phrase}".format(status=HTTPStatus.BAD_
REQUEST)
        headers = [('Content-Type', 'text/plain;charset=utf-8')]
        start_response(status, headers)
        return ["Request doesn't include ?$format=json or Accept
header".encode('utf-8')]
```

`__call__()` 方法检查 HTTP Accept 首部以及查询字符串。如果字符串 json 出现在 HTTP Accept 首部的任意位置，则调用给定的应用程序。更新环境，添加该包装器使用的首部信息。

如果 HTTP Accept 首部不存在或者不需要 JSON 响应，则检查查询字符串。这种备用方案可能是有帮助的，因为很难更改浏览器发送的首部。使用查询字符串是相对于 HTTP Accept 首部的一个浏览器友好的替代方案。`parse_qs()` 函数将查询字符串分解为由键和值构成的字典。如果查询字符串的键为 $format，则检查其值是否包含 json。如果包含，那么使用查询字符串中的格式信息来更新环境。

在这两种情况下，调用包装器应用程序都会修改环境。被包装的函数只需要检查 WSGI 环境的格式信息。包装对象在没有任何进一步修改的情况下返回响应。

如果没有请求 JSON，则使用简单的文本消息发送一个 `400 BAD REQUEST` 响应。该响应将提供一些指导，说明查询不被接受的原因。

`JSON_Filter` 包装器类定义的使用方法如下：

```python
json_wrapper = JSON_Filter(deal_cards)
httpd = make_server('', 8080, json_wrapper)
```

我们创建了一个引用 `deal_cards()` 函数的 `JSON_Filter` 类实例，而不使用 `deal_cards()` 创建服务器。这样做的效果几乎跟前面显示的版本一样。最重要的区别在于，这种方法需要 HTTP Accept 首部或类似 http://localhost:8080/?$format=json 的 URL。

本例有一个微妙的语义问题。GET 方法改变了服务器的状态，这通常不是好事。

因为局限于浏览器，所以很难解决问题。浏览器没有太多可用的调试支持，这意味着 print() 函数和日志消息对于调试至关重要。由于 WSGI 的工作原理，将输出重定向到 sys.stderr 至关重要。本实例使用 Flask 更容易实现，12.3 节将会详细介绍。

HTTP 支持多种方法，包括 GET、POST、PUT 和 DELETE。通常，将这些方法映射到数据库的 CRUD 操作是非常明智的，GET 完成创建，POST 完成检索，PUT 完成更新，DELETE 映射到删除。这意味着 GET 操作不会改变数据库的状态。

Web 服务的 GET 操作应该是幂等的。在没有 POST、PUT 或 DELETE 操作的情况下，一系列 GET 操作每次都应当返回相同的结果。在本实例中，每个 GET 操作返回不同的结果，这是一个使用 GET 操作分发纸牌的语义问题。

为了讲解基础知识，这种操作结果的差异性是次要的。对于庞大而复杂的 Web 应用程序来说，这种差别是一个重要的考虑因素。由于发牌服务不是幂等的，因此某种观点认为应该使用 POST 方法进行访问。

为了便于使用浏览器进行研究，本实例没有在 WSGI 应用程序中检查方法。

12.2.5　延伸阅读

- ❑ Python 有各种各样的 RESTful API 框架。12.3 节将介绍 Flask 框架。
- ❑ 了解 WSGI 标准的详细信息有 3 个途径。
  - PEP 3333：请参阅 https://www.python.org/dev/peps/pep-3333/。
  - Python 标准库：包含 wsgiref 模块，这是标准库中的参考实现。
  - Werkzeug 项目：请参阅 http://werkzeug.pocoo.org。这是一个包含许多 WSGI 实用程序的外部库，广泛用于实现 WSGI 应用程序。
- ❑ 另请参阅 http://docs.oasis-open.org/odata/odata-json-format/v4.0/odata-json-format-v4.0.html，以更多地了解 JSON 格式的 Web 服务数据。

12.3　使用 Flask 框架实现 RESTful API

12.2 节介绍了使用 Python 标准库提供的 WSGI 组件构建 RESTful API 和微服务的方法。这种方法需要大量的程序设计工作来处理一些常见的情况。

如何简化常见的 Web 应用程序设计并消除样板代码？

12.3.1　准备工作

首先安装 Flask 框架。通常使用 pip 安装最新版本的 Flask 以及 itsdangerous、Jinja2、click、MarkupSafe、Werkzeug 等其他相关项目。

安装过程如下所示：

```
slott$ sudo pip3.5 install flask
Password:
```

```
Collecting flask
  Downloading Flask-0.11.1-py2.py3-none-any.whl (80k B)
    100% |████████████████████████████████| 81k B
3.6MB/s
Collecting itsdangerous>=0.21 (from flask)
  Downloading itsdangerous-0.24.tar.gz (46k B)
    100% |████████████████████████████████| 51k B
8.6MB/s
Requirement already satisfied (use --upgrade to upgrade): Jinja2>=2.4 in
/Library/Frameworks/Python.framework/Versions/3.5/lib/python3.5/site-packages
(from flask)
Collecting click>=2.0 (from flask)
  Downloading click-6.6.tar.gz (283k B)
    100% |████████████████████████████████| 286k B
4.0MB/s
Collecting Werkzeug>=0.7 (from flask)
  Downloading Werkzeug-0.11.10-py2.py3-none-any.whl (306k B)
    100% |████████████████████████████████| 307k B
3.8MB/s
Requirement already satisfied (use --upgrade to upgrade): Markup Safe in
/Library/Frameworks/Python.framework/Versions/3.5/lib/python3.5/site-packages
(from Jinja2>=2.4->flask)
Installing collected packages: itsdangerous, click, Werkzeug, flask
  Running setup.py install for itsdangerous ... done
  Running setup.py install for click ... done
Successfully installed Werkzeug-0.11.10 click-6.6 flask-0.11.1
itsdangerous-0.24
```

示例显示，Jinja2 和 MarkupSafe 已经安装过了，缺失的元素由 pip 查找并下载安装。Windows 用户不必使用 sudo 命令。

Flask 大幅简化了 Web 服务应用程序。我们可以创建一个包含多个独立函数的模块，而不是创建一个庞大而又复杂的 WSGI 兼容函数或可调用对象。每个函数都可以处理一种特定的 URL 路径模式。

本实例同样讨论在 12.2 节中使用过的核心纸牌分发函数。Card 类定义了一张简单的纸牌，Deck 类定义了一副纸牌。

因为 Flask 处理了 URL 解析的细节，所以很容易创建一个复杂的 Web 服务。

定义一个类似 /dealer/hand/?cards=5 的路径。

该路径有 3 部分重要信息。

❑ 路径的第一部分/dealer/是整个 Web 服务。

❑ 路径的下一部分 hand/是一个特定的资源：一手牌。

❑ 查询字符串 ?cards=5 为查询定义了 cards 参数。该参数是被请求的手牌张数，被限制在 1 到 52 的范围内。超出范围的值由于查询无效将得到 400 状态码。

12.3.2   实战演练

(1) 从 flask 包中导入某些核心定义。Flask 类定义了整个应用程序，request 对象保存当前的 Web 请求。

```
from flask import Flask, request, jsonify, abort
from http import HTTPStatus
```

jsonify()函数将从 Flask 视图函数返回一个 JSON 格式的对象。abort()函数返回一个 HTTP 错误状态，并结束对请求的处理。

(2) 导入基础类 Card 和 Deck。理想情况下，这些类都是从单独的模块导入的。另外，应当可以测试 Web 服务环境之外的所有功能。

```
from ch12_r01 import Card, Deck
```

为了正确洗牌，还需要导入 random 模块。

```
import random
```

(3) 创建 Flask 对象。这是主 Web 服务应用程序。我们将调用 Flask 应用程序 dealer，并把该对象赋给一个全局变量 dealer。

```
dealer = Flask('dealer')
```

(4) 创建主应用程序中使用的所有对象。这些对象可以作为属性赋给 Flask 对象 dealer。确保创建一个与 Flask 内部属性不冲突的独特名称。另一种方法是使用模块全局变量。

有状态的全局对象必须能够在多线程环境中工作，或者明确禁用线程。

```
import os
random.seed(os.environ.get('DEAL_APP_SEED'))
deck = Deck()
```

本实例中，Deck 类的实现不是线程安全的，所以将依赖于一个单线程服务器。deal()方法应该使用 threading 模块中的 Lock 类来定义排他锁，确保正确操作并发线程。

(5) 定义一个绑定到执行特定请求的视图函数的路由（URL 模式）。路由是放置在函数前面的一个装饰器。该路由会把函数绑定到 Flask 应用程序。

```
@dealer.route('/dealer/hand/')
```

(6) 定义视图函数，该函数将取回数据或更新应用程序状态。在本例中，该函数同时执行这两项操作。

```
def deal():
    try:
        hand_size = int(request.args.get('cards', 5))
        assert 1 <= hand_size < 53
    except Exception as ex:
        abort(HTTPStatus.BAD_REQUEST)
    cards = deck.deal(hand_size)
    response = jsonify([card.to_json() for card in cards])
    return response
```

Flask 解析 URL 中?之后的字符串（查询字符串），以创建 request.args 值。客户端应用程序或浏览器可以使用类似?cards=13 的查询字符串来设置 request.args 值。该查询将为桥牌游戏提供每人 13 张的手牌。

如果来自查询字符串的值不合适，那么 abort()函数将结束处理并返回 400 HTTP 状态码。这表明该请求是不可接受的。这是一个最小的响应，没有更多详细的内容。

应用程序的核心处理是 `cards = dealer.deck.deal(hand_size)` 语句。这种操作的目的是将现有的功能包装到 Web 框架中。这些功能可以在没有 Web 应用程序的情况下进行测试。

响应由 `jsonify()` 函数处理，该函数将创建一个响应对象。响应体是一个用 JSON 标记表示的 Python 对象。如果需要向响应添加首部，那么可以通过更新 `response.headers` 来包含附加信息。

(7) 定义运行服务器的主程序。

```
if __name__ == "__main__":
    dealer.run(use_reloader=True, threaded=False, debug=True)
```

我们添加了 `debug=True` 选项，这样就可以在浏览器以及 Flask 日志文件中提供丰富的调试信息了。运行服务器之后，可以打开浏览器访问 http://localhost:5000/。结果将返回 5 张纸牌。每刷新一次，都会得到不同批次的纸牌。

这样做是可行的，因为在浏览器中输入 URL 会使用首部的最小集合来执行 GET 请求。由于我们的 WSGI 应用程序不需要任何特定的首部，而且响应任意 HTTP 方法，因此最后将返回一个结果。

结果是一个包含 5 张纸牌的 JSON 文档。每张牌都由一个类名称、`rank` 和 `suit` 信息来表示。

```
[
  {
    "__class__": "Card",
    "suit": "\u2663",
    "rank": 6
  },
  {
    "__class__": "Card",
    "suit": "\u2662",
    "rank": 8
  },
  {
    "__class__": "Card",
    "suit": "\u2660",
    "rank": 8
  },
  {
    "__class__": "Card",
    "suit": "\u2660",
    "rank": 10
  },
  {
    "__class__": "Card",
    "suit": "\u2663",
    "rank": 11
  }
]
```

如果要查看 5 张以上的纸牌，则可以修改 URL。例如，http://127.0.0.1:5000/dealer/hand /?cards=13 将返回桥牌的一手牌。

12

12.3.3 工作原理

Flask 应用程序由一个应用程序对象和多个单独的视图函数组成。本实例创建了一个单独的视图函数 deal()。应用程序通常具有很多函数。复杂的网站可能具有许多应用程序，每个应用程序又具有很多函数。

路由是 URL 模式和视图函数之间的映射。因此，路由有可能包含视图函数使用的参数。

@flask.route 装饰器是将路由和视图函数添加到 Flask 实例的关键技术。视图函数根据路由模式绑定到应用程序中。

Flask 对象的 run() 方法可以执行以下种类的处理。这并不是 Flask 的工作原理，但是提供了各种步骤的大致概要。

- ❑ 等待 HTTP 请求。Flask 遵循 WSGI 标准，请求以字典的形式到达。有关 WSGI 的更多信息，请参阅 12.2 节。
- ❑ 从 WSGI 环境创建 Flask request 对象。该对象包含请求的所有信息，包括所有 URL 元素、查询字符串元素和附加文档。
- ❑ Flask 检查各种路由，查找与请求路径匹配的路由。
  - 如果找到路由，则执行视图函数。该函数将创建一个 response 对象。该对象是视图函数的返回值。
  - 如果找不到路由，则自动发送 404 NOT FOUND 响应。
- ❑ 遵循 WSGI 模式准备状态和首部，开始发送响应。然后，以字节流的形式提供从视图函数返回的 response 对象。

Flask 应用程序可以包含许多方法，使得提供 Web 服务非常容易。Flask 将这些方法作为独立函数暴露，这些函数都隐式绑定到请求或会话。这样就使得编写视图函数更容易了。

12.3.4 补充知识

在 12.2 节中，我们将应用程序包装在一个通用测试中，该测试确认了请求是否具有两个特性之一。我们使用了以下两个规则：

- ❑ 包含 JSON 的 Accept 首部；
- ❑ 包含 $format=json 的查询字符串。

如果我们正在编写复杂的 RESTful 应用服务器，那么会经常希望将这种测试应用于所有的视图函数，而不想为了测试重复代码。

当然，可以将 12.2 节中的 WSGI 解决方案与 Flask 应用程序组合起来，构建一个复合应用程序，也可以完全使用 Flask 完成。纯 Flask 解决方案比 WSGI 解决方案要简单得多，非常值得一试。

前面介绍了 Flask 的 @flask.route 装饰器，Flask 还有许多其他装饰器，可用于定义请求和响应处理中的各个阶段。为了测试传入的请求，可以使用 @flask.before_request 装饰器。所有被该装饰器装饰的函数将在处理请求前被调用。

```
@dealer.before_request
def check_json():
    if 'json' in request.headers.get('Accept'):
        return
    if 'json' == request.args.get('$format'):
        return
    return abort(HTTPStatus.BAD_REQUEST)
```

当 @flask.before_request 装饰器没有返回值（或返回 None）时，处理过程将继续进行。接着检查路由，并执行视图函数。

在本例中，如果 Accept 首部包含 json 或者 $format 查询参数的值为 json，那么函数返回 None。这意味着将会找到正常的视图函数来处理请求。

当 @flask.before_request 装饰器返回值时，返回值就是最终结果，处理过程停止执行。在本例中，check_json() 函数会返回一个 abort() 响应，该响应将停止处理过程。abort() 响应成为了来自 Flask 应用程序的最终响应，这样返回错误消息就非常容易了。

现在可以在浏览器地址栏输入以下 URL：

http://127.0.0.1:5000/dealer/hand/?cards=13&$format=json

该 URL 将返回 13 张的一手牌，请求显式地以 JSON 格式请求结果。可以尝试为 $format 提供其他值或者完全省略 $format 键。

本例有一个微妙的语义问题。GET 方法改变了服务器的状态，这通常不是好事。

HTTP 支持一些类似数据库 CRUD 操作的方法。GET 完成创建，POST 完成检索，PUT 完成更新，DELETE 映射到删除。

Web 服务的 GET 操作应该是幂等的。在没有 POST、PUT 或 DELETE 操作的情况下，一系列 GET 操作每次都应当返回相同的结果。在本实例中，每个 GET 操作返回不同的结果。由于发牌服务不是幂等的，因此应当使用 POST 方法访问。

为了便于使用浏览器进行研究，我们避免了在 Flask 的路由中检查方法。理想情况下，路由装饰器应当如下所示：

```
@dealer.route('/dealer/hand/', methods=['POST'])
```

这样就很难使用浏览器来检查服务是否正常工作。12.5 节将介绍如何使用 POST 方法。

12.3.5 延伸阅读

❑ 有关 Web 服务的背景信息，请参阅 12.2 节。

❑ 有关 Flask 的详细信息，请参阅 http://flask.pocoo.org/docs/1.0/。

❑ 有关 Flask 框架的更多信息，请参阅 https://www.packtpub.com/web-development/learning-flask-framework。有关深入理解 Flask 的更多信息，请参阅 https://www.packtpub.com/web-development/mastering-flask。

12.4   解析请求中的查询字符串

URL 是复杂的对象，它至少包含 6 块单独的信息。可以通过可选元素向 URL 添加更多信息。例如，URL http://127.0.0.1:5000/dealer/hand/?cards=13&$format=json 包含以下几个字段。

❑ http 是协议方案。https 用于使用加密套接字的安全连接。

❑ 127.0.0.1 可以被称为授权机构，不过网络位置这个名字可能更常用。这个特定的 IP 地址指本地主机（localhost），是本地主机的一种环回。名称 localhost 被映射到了此 IP 地址。

❑ 5000 是端口号，它是授权机构的一部分。

❑ /dealer/hand/是资源的路径。

❑ cards=13&$format=json 是查询字符串，使用?符号与路径分开。

查询字符串可能相当复杂。虽然不是官方标准，但是查询字符串常常存在重复的键。尽管可能看起来有点让人困惑，但是下面的查询字符串是有效的。

```
?cards=13&cards=5
```

我们重复了 cards 键。Web 服务将提供含 13 张牌的一手牌和含 5 张牌的一手牌。

重复的键打破了 URL 查询字符串和内置 Python 字典之间简单映射的可能性。该问题的解决方案有以下几种。

❑ 字典中的每个键都必须与包含所有值的列表相关联。这对于没有重复键的常见情况来说是很尴尬的，每个列表只有一个元素。这种解决方案可通过 urllib.parse 中的 parse_qs() 实现。

❑ 每个键只保存一次，并保留第一个（或最后一个）值，丢弃其他值。这太可怕了。

❑ 不使用字典，而是将查询字符串解析为 (键, 值) 对列表。这种解决方案允许键重复。对于具有唯一键的常见情况，列表可以转换为字典。对于不常见的情况，重复的键可以以其他方式处理。这种解决方案可以通过 urllib.parse 中的 parse_qsl() 实现。

有没有更好的查询字符串处理方法呢？是否可以拥有一个更复杂的结构，对于常见的情况，它的行为类似于具有单个值的字典，而对于字段键重复且具有多个值的罕见情况，它的行为类似于更复杂的对象？

12.4.1   准备工作

Flask 依赖于 Werkzeug。当使用 pip 安装 Flask 时，pip 也将安装 Werkzeug 工具包。Werkzeug 的某种数据结构提供了一种处理查询字符串的好方法。

为了使用更复杂的查询字符串，我们将修改 12.3 节中的示例，添加另一个可以分发多手牌的路由。每手牌的张数将在允许重复键的查询字符串中指定。

12.4.2   实战演练

(1) 以 12.3 节中的示例为基础，为现有的 Web 应用程序添加一个新的视图函数。

(2) 为执行特定请求的视图函数定义路由（URL 模式）。路由是放置在函数前面的一个装饰器。该路由会把函数绑定到 Flask 应用程序。

```
@dealer.route('/dealer/hands/')
```

(3) 定义一个视图函数，该函数响应发送到特定路由的请求。

```
def multi_hand():
```

(4) 在视图函数中，使用 get() 方法提取唯一键的值或使用适合于内置 dict 类型的[]语法。这将返回单个值，从而避免出现列表只包含单个元素。

(5) 对于重复键，使用 getlist() 方法。这个方法将以列表形式返回每个值。要查找类似 ?cards= 5&cards=5 的查询字符串分发含 5 张牌的两手牌，视图函数如下所示：

```
try:
    hand_sizes = request.args.getlist('cards', type=int)
    if len(hand_sizes) == 0:
        hand_sizes = [13,13,13,13]
    assert all(1 <= hand_size < 53 for hand_size in hand_sizes)
except Exception as ex:
    dealer.logger.exception(ex)
    abort(HTTPStatus.BAD_REQUEST)

hands = [deck.deal(hand_size) for hand_size in hand_sizes]
response = jsonify(
    [
        {'hand':i,
         'cards':[card.to_json() for card in hand]
        } for i, hand in enumerate(hands)
    ]
)
return response
```

该函数将从查询字符串中获取所有 cards 键。如果这些值都是整数，并且每个值都在 1 到 52（包含 1 和 52）的范围内，则这些值是有效的，并且视图函数将返回一个结果。如果查询中没有 cards 键的值，则会分发 4 手牌，每手 13 张牌。

响应将是每手牌的 JSON 表示（一个具有两个键的小字典）：手牌（hand）ID 和手牌中的牌（card）。

(6) 定义运行服务器的主程序。

```
if __name__ == "__main__":
    dealer.run(use_reloader=True, threaded=False)
```

运行服务器之后，可以打开浏览器查看如下 URL：

http://localhost:5000/?cards=5&cards=5&$format=json

结果是一个 JSON 文件，包含两手牌，每手 5 张牌。为了强调响应的结构，我们省略了一些细节。

```
[
  {
    "cards": [
      {
```

```
        "__class__": "Card",
        "rank": 11,
        "suit": "\u2660"
      },
      {
        "__class__": "Card",
        "rank": 8,
        "suit": "\u2662"
      },
      ...
    ],
    "hand": 0
  },
  {
    "cards": [
      {
        "__class__": "Card",
        "rank": 3,
        "suit": "\u2663"
      },
      {
        "__class__": "Card",
        "rank": 9,
        "suit": "\u2660"
      },
      ...
    ],
    "hand": 1
  }
]
```

因为 Web 服务解析了查询字符串，所以向查询字符串中添加更复杂的手牌张数非常简单。本例基于 12.3 节，因此包含 `$format=json`。

如果实现了 `@dealer.before_request` 函数 `check_json()` 来检查 JSON，那么 `$format` 就是必需的。如果没有实现该函数，则忽略查询字符串中的附加信息。

12.4.3　工作原理

`Werkzeug` 的 `Multidict` 类是一个非常便捷的数据结构。该数据结构是内置字典的一个扩展，允许给定键有多个不同的值。

可以使用 `collections` 模块的 `defaultdict` 类构建类似的数据结构，定义为 `defaultdict(list)`。该定义的问题在于每个键的值都是一个列表，即使列表中只有一个元素作为值，也是如此。

`Multidict` 类的优点在于 `get()` 方法的变体。当有重复键时，`get()` 方法返回第一个值；当键只出现一次时，`get()` 方法返回唯一的值。该方法有一个默认参数，它与内置 `dict` 类的方法非常相似。

然而，`getlist()` 方法返回一个列表，该列表包含给定键的所有值。该方法是 `Multidict` 类所特有的。可以使用该方法解析更复杂的查询字符串。

一种用于验证查询字符串的常用技术是在元素通过验证时将其弹出。这种技术是通过 pop() 和 poplist() 方法实现的。这些方法将从 Multidict 类中移除键。如果在检查所有有效键后仍保留一些键，则这些附加组件可以被认为是语法错误，Web 请求将以 abort(HTTPStatus.BAD_REQUEST) 拒绝。

12.4.4 补充知识

查询字符串使用相对简单的语法规则。一个或多个键值对使用=作为键和值之间的标点符号，每个键值对之间的分隔符是&字符。为了避免在解析 URL 时引起混淆，必须对键和值编码。

URL 编码规则要求将某些字符替换为 HTML 实体。这种技术被称为百分号编码。这意味着当把&放入查询字符串的值时，它必须被编码为%26，显示这种编码的示例如下所示：

```
>>> from urllib.parse import urlencode
>>> urlencode( {'n':355,'d':113} )
'n=355&d=113'
>>> urlencode( {'n':355,'d':113,'note':'this&that'} )
'n=355&d=113&note=this%26that'
```

this&that 被编码为 this%26that。

有少数字符必须使用百分号编码规则，如下所示。这个列表来自于 RFC 3986 文档，请参阅该文档的 2.2 节。

! * ' ( ) ; : @ & = + $, / ? # [ ] %

通常，与网页相关联的 JavaScript 代码将负责编码查询字符串。如果用 Python 编写 API 客户端，则需要使用 urlencode() 函数对查询字符串进行正确的编码。Flask 将自动处理解码。

查询字符串有一个实际大小限制。例如，Apache HTTPD 有一个配置参数 LimitRequestLine，默认值为 8190。该参数将整个 URL 限制为这个大小。

在 OData 规范中，有几种建议用于查询选项的值。该规范建议 Web 服务支持以下种类的查询选项。

❑ 对于标识一个实体或一个实体集合的 URL，可以使用 $expand 选项和 $select 选项。扩展结果意味着查询将提供附加详细信息。选择查询将对集合施加附加标准。

❑ 对于标识一个集合的 URL，应当支持 $filter、$search、$orderby、$count、$skip 和 $top 选项。这些选项对于返回单个元素的 URL 没有意义。$filter 和 $search 选项接受查找数据的复杂条件。$orderby 选项定义对结果施加的特定顺序。$count 选项从根本上改变了查询，将返回元素的数量而不是元素本身。$top 和 $skip 选项用于分页数据。如果数据量很大，则通常使用 $top 选项将结果限制为将在网页上显示的特定数量。$skip 选项的值确定将显示哪个分页的数据。例如，$top=20$skip=40 将是结果的第 3 页——跳过 40 项后的前 20 项。

一般来说，所有 URL 都应该支持 $format 选项来指定结果的格式。前面的实例一直在使用 JSON 格式，但更复杂的服务可能会提供 CSV 输出，甚至 XML 输出。

12.4.5　延伸阅读

❑ 有关使用 Flask 实现 Web 服务的基础知识，请参阅 12.3 节。
❑ 12.5 节将介绍如何编写可以构造复杂查询字符串的客户端应用程序。

12.5　使用 `urllib` 发送 REST 请求

Web 应用程序有两个基本部分。

❑ **客户端**：可以是用户的浏览器，也可以是移动端应用程序。在某些情况下，一个 Web 服务器可能是其他 Web 服务器的客户端。
❑ **服务器**：提供 Web 服务和资源。12.2 节、12.3 节和 12.4 节，以及其他一些实例，例如 12.7 节和 12.8 节，都介绍了这些内容。

基于浏览器的客户端通常用 JavaScript 编写。编写移动端应用程序的语言种类非常多，其中重点是适用于 Android 设备的 Java，以及适用于 iOS 设备的 Objective-C 和 Swift。

许多用户故事涉及使用 Python 编写的 RESTful API 客户端。如何使用 Python 编写一个 RESTful Web 服务客户端？

12.5.1　准备工作

假设有一个基于 12.2 节、12.3 节或者 12.4 节的 Web 服务器。可以通过以下方式为该服务器的行为编写一个正式规范：

```
{
  "swagger": "2.0",
  "info": {
    "title": "dealer",
    "version": "1.0"
  },
  "schemes": ["http"],
  "host": "127.0.0.1:5000",
  "basePath": "/dealer",
  "consumes": ["application/json"],
  "produces": ["application/json"],
  "paths": {
    "/hands": {
      "get": {
        "parameters": [
          {
            "name": "cards",
            "in": "query",
            "description": "number of cards in each hand",
            "type": "array",
            "items": {"type": "integer"},
            "collectionFormat": "multi",
            "default": [13, 13, 13, 13]
          }
```

```
      ],
      "responses": {
        "200": {
          "description":
          "one hand of cards for each `hand` value in the query string"
        }
      }
    }
  },
  "/hand": {
    "get": {
      "parameters": [
        {
          "name": "cards",
          "in": "query",
          "type": "integer",
          "default": 5
        }
      ],
      "responses": {
        "200": {
          "description":
          "One hand of cards with a size given by the `hand` value in the query string"
        }
      }
    }
  }
}
}
```

该文档说明了如何利用 Python 的 urllib 模块来使用这些服务。它还描述了预期的响应，提供了响应处理方法的指导。

本规范中的某些字段定义了一个基 URL。以下 3 个字段提供了该信息：

```
"schemes": ["http"],
"host": "127.0.0.1:5000",
"basePath": "/dealer",
```

produces 和 consumes 字段提供有助于构建和验证 HTTP 首部的信息。请求 Content-Type 首部必须是服务器使用的**多用途互联网邮件扩展**（multipurpose internet mail extensions，MIME）类型。类似地，请求的 Accept 首部必须指定服务器生成的 MIME 类型。针对这两个字段，我们都会提供 application/json。

规范的 paths 部分提供了详细的服务定义。例如，路径 /hands 详细显示了如何对多手牌进行请求。路径的详细信息是 basePath 值的后缀。

当 HTTP 方法是 GET 方法时，则在查询字符串中提供参数。查询字符串中的 cards 参数提供纸牌数量的整数，可以多次重复该参数。

响应将至少包括所描述的响应。在本例中，HTTP 状态码将是 200，响应体具有最小的描述。可以为响应提供一个更正式的模式定义，但是本示例将省略这个定义。

12

12.5.2   实战演练

(1) 导入所需的 urllib 组件。我们将发出 URL 请求，并构建更复杂的对象，比如查询字符串。为了实现这两个功能，需要 urllib.request 和 urllib.parse 模块。由于预期的响应格式为 JSON，因此也需要导入 json 模块。

```
import urllib.request
import urllib.parse
import json
```

(2) 定义将要使用的查询字符串。在本例中，所有的值都是固定的。在更复杂的应用程序中，某些值可能是固定的，另一些值可能基于于用户输入。

```
query = {'hand': 5}
```

(3) 使用查询构建完整的 URL。

```
full_url = urllib.parse.ParseResult(
    scheme="http",
    netloc="127.0.0.1:5000",
    path="/dealer" + "/hand/",
    params=None,
    query=urllib.parse.urlencode(query),
    fragment=None
)
```

本例使用 ParseResult 对象保存 URL 的相关信息。该类并不能良好地处理缺失的元素，因此必须为没有使用的 URL 信息提供明确的 None 值。

可以在脚本中使用"http://127.0.0.1:5000/dealer/hand/?cards=5"，但是这个字符串很难改变。在发出请求时，它作为一个紧凑的消息很有用，但不是灵活、可维护和可测试程序的理想选择。

使用这个长构造器的优点在于能够为 URL 的每个部分提供明确的值。在更复杂的应用程序中，这些单独的部分都是建立在对 JSON Swagger 规范文档进行分析的基础上的。

(4) 构建最终的 Request 实例。我们将使用由各种片段构建的 URL，并显式地提供 HTTP 方法(浏览器通常用 GET 作为默认值)。另外，还可以提供明确的首部。

```
request = urllib.request.Request(
    url = urllib.parse.urlunparse(full_url),
    method = "GET",
    headers = {
        'Accept': 'application/json',
    }
)
```

我们不仅提供了 HTTP Accept 首部描述由服务器生成并由客户端接受的 MIME 类型结果，还提供了 HTTP Content-Type 首部说明由服务器使用并由客户端脚本提供的请求。

(5) 打开一个上下文来处理响应。urlopen() 函数发出请求，并处理 HTTP 协议的所有复杂性。最终产生的对象可作为一个响应进行处理。

```
with urllib.request.urlopen(request) as response:
```

(6) 我们通常对 3 个响应属性特别感兴趣。

```
print(response.status)
print(response.headers)
print(json.loads(response.read().decode("utf-8")))
```

`status` 是最后的状态码。我们期望一个正常请求的 200 HTTP 状态。`headers` 包括响应中的所有首部。例如，我们可能想检查 response.headers['Content-Type'] 的值是否真的是 application/json。

`response.read()` 的值是从服务器下载的字节。我们经常需要解码这些字节来获得正确的 Unicode 字符。utf-8 编码方案非常普遍。可以使用 json.loads() 从 JSON 文档创建一个 Python 对象。

当运行上述代码时，输出如下所示：

```
200
Content-Type: application/json
Content-Length: 367
Server: Werkzeug/0.11.10 Python/3.5.1
Date: Sat, 23 Jul 2016 19:46:35 GMT


[{'suit': '♠', 'rank': 4, '__class__': 'Card'},
 {'suit': '♡', 'rank': 4, '__class__': 'Card'},
 {'suit': '♣', 'rank': 9, '__class__': 'Card'},
 {'suit': '♠', 'rank': 1, '__class__': 'Card'},
 {'suit': '♠', 'rank': 2, '__class__': 'Card'}]
```

最开始的 200 是状态，显示一切正常。服务器提供了 4 个首部。最后，内部 Python 对象是一系列小字典，它们提供了所发纸牌的相关信息。

为了重建 Card 对象，需要使用更好的 JSON 解析器。请参阅 9.7 节。

12.5.3　工作原理

我们通过几个明确的步骤建立了请求。

(1) 查询数据以一个带有键和值的简单字典开始。

(2) urlencode() 函数将查询数据转换为查询字符串并正确编码。

(3) 整个 URL 作为 ParseResult 对象中的独立组件开始。这使得 URL 的每块信息都是可见的，并且是可改变的。对于这个特定的 API，这些块大部分是固定的。在其他 API 中，URL 的路径和查询部分可能都具有动态值。

(4) 整个请求由 URL、方法和首部字典构建。本示例没有提供单独的文档作为请求体。如果发送复杂的文档或上传文件，那么也可以通过向 request 对象提供详细信息来完成。

简单的应用程序不需要逐步组装。在简单的情况下，URL 的字面量字符串值是可以接受的。而在另一个极端，更复杂的应用程序会打印中间结果进行调试，帮助确保正确构造请求。

组装详细信息的另外一个好处是提供一个方便的单元测试途径。请参见第 11 章来了解更多信息。我们常常把 Web 客户端分解为请求构建和请求处理。可以仔细测试请求构建，以确保所有元素都正确设置。可以使用虚拟结果测试请求处理，这些虚拟结果不涉及远程服务器的实时连接。

12

12.5.4 补充知识

用户认证通常是 Web 服务的重要组成部分。对于强调用户交互且基于 HTML 的网站，人们期望服务器通过会话了解长期运行的事务序列。用户自己认证一次之后（通常使用用户名和密码），服务器将一直使用这个认证信息，直到用户注销或会话过期为止。

对于 RESTful Web 服务，很少有会话的概念。每个请求被单独处理，并且不期望服务器维持复杂的长期事务状态。这种责任被转移到了客户端应用程序。客户端需要发出适当的请求，以构建一个可以作为单个事务呈现的复杂文档。

对于 RESTful API，每个请求都可能包含身份验证信息。12.8 节将会详细介绍。现在我们将介绍通过首部提供更多详细信息。这种方法适用于我们的 RESTful 客户端脚本。

为 Web 服务器提供认证信息的方法有多种。

❑ 一些服务使用 HTTP `Authorization` 首部。当与基本认证机制一起使用时，客户端可以为每个请求提供用户名和密码。

❑ 一些服务会创建全新的首部，其名称如 `API-Key`。该首部的值可能是一个复杂的字符串，其中已编码有关请求者的信息。

❑ 一些服务会创建名称如 `X-Auth-Token` 的首部。可以在多步操作中使用，其中作为初始请求的一部分发送用户名和密码凭据。结果将包括可用于后续 API 请求的字符串值（令牌）。通常，令牌的有效期很短，必须更新。

通常，这些方法需要**安全套接层**（secure socket layer，SSL）协议。SSL 协议也可以用于 https 协议。为了处理 SSL 协议，服务器（或者有时候是客户端）必须具有正确的证书。这些证书作为客户端和服务器之间协商的一部分，设置加密的套接字对。

所有这些认证技术都具有一个共同特征——依赖于在首部中发送附加信息。它们在使用哪个首部以及发送什么信息时略有不同。在最简单的情况下，代码如下所示：

```
request = urllib.request.Request(
    url = urllib.parse.urlunparse(full_url),
    method = "GET",
    headers = {
        'Accept': 'application/json',
        'X-Authentication': 'seekrit password',
    }
)
```

这个假设的请求将用于一个 Web 服务，需要在 `X-Authentication` 首部中提供的密码。12.8 节将向 Web 服务器添加身份验证功能。

1. OpenAPI（Swagger）规范

许多服务器在固定的标准 URL 路径 `/swagger.json` 中显式地提供规范。OpenAPI 规范以前被称为 Swagger，提供接口的文件名反映了该历史。

如果网站提供，那么可以通过以下方式获取网站的 OpenAPI 规范：

```
swagger_request = urllib.request.Request(
    url = 'http://127.0.0.1:5000/dealer/swagger.json',
```

```
        method = "GET",
        headers = {
            'Accept': 'application/json',
        }
)

from pprint import pprint
with urllib.request.urlopen(swagger_request) as response:
    swagger = json.loads(response.read().decode("utf-8"))
    pprint(swagger)
```

获得规范之后，可以用它来获取服务或资源的详细信息，也可以使用规范中的技术信息来构建 URL、查询字符串和首部。

2. 将 Swagger 添加到服务器

对于小型演示服务器，需要一个额外的视图函数来提供 OpenAPI 规范。可以更新 `ch12_r03.py` 模块来响应对 `swagger.json` 的请求。

处理这个重要信息的方法有以下几种。

(1) 使用单独的静态文件，也就是本实例已经展示过的内容。这是提供所需内容的一种非常简单的方式。

可以添加的视图函数如下所示，它将发送一个文件。当然，还需要将规范放入已命名的文件中。

```
from flask import send_file
@dealer.route('/dealer/swagger.json')
def swagger():
    response = send_file('swagger.json', mimetype='application/json')
    return response
```

这种方法的缺点是规范会与实现模块分离。

(2) 将规范嵌入模块中的大量文本。例如，可以将规范提供给模块本身的文档字符串。这种方法提供了放置重要文档的可见位置，但它使得在模块级别包含文档字符串测试用例变得更加困难。

下面的视图函数将发送模块文档字符串，假设该字符串是一个有效的 JSON 文档。

```
from flask import make_response
@dealer.route('/dealer/swagger.json')
def swagger():
    response = make_response(__doc__.encode('utf-8'))
    response.headers['Content-Type'] = 'application/json'
    return response
```

这样做的缺点是需要检查文档字符串的语法是否是有效的 JSON。这是除了验证模块实现是否符合规范之外的额外验证。

(3) 以适当的 Python 语法创建 Python 规范对象，然后将其编码为 JSON 并传输。该视图函数发送一个 specification 对象，该对象必须是一个有效的 Python 对象，并可以序列化为 JSON 标记。

```
from flask import make_response
import json
@dealer.route('/dealer/swagger.json')
def swagger3():
    response = make_response(
```

12

```
        json.dumps(specification, indent=2).encode('utf-8'))
response.headers['Content-Type'] = 'application/json'
return response
```

在所有情况下，提供正式规范都有以下几个好处。

(1) 客户端应用程序可以下载规范，以便对其进行微调。

(2) 当包含示例时，规范将成为针对客户端和服务器的一系列测试用例。

(3) 服务器应用程序还可以使用规范的各种细节来提供验证规则、默认值和其他详细信息。

12.5.5   延伸阅读

❑ 12.4 节介绍了核心 Web 服务。

❑ 12.8 节将添加身份验证，以使服务更加安全。

12.6   解析 URL 路径

URL 是复杂的对象，它至少包含 6 块单独的信息。可以通过可选元素向 URL 添加更多信息。

例如，URL http://127.0.0.1:5000/dealer/hand/player_1?$format=json 包含以下几个字段。

❑ http 是协议方案。https 用于使用加密套接字的安全连接。

❑ 127.0.0.1 可以被称为授权机构，不过网络位置这个名字可能更常用。这个特定的 IP 地址指本地主机（localhost），是本地主机的一种环回。名称 localhost 被映射到了此 IP 地址。

❑ 5000 是端口号，它是授权机构的一部分。

❑ /dealer/hand/player_1 是资源的路径。

❑ $format=json 是查询字符串。

资源的路径可能相当复杂。在 RESTful Web 服务中，通常使用路径信息来识别资源的分组、独立资源甚至资源之间的关系。

如何处理复杂的路径解析？

12.6.1   准备工作

大多数 Web 服务提供对某种资源的访问。在 12.2 节、12.3 节和 12.4 节中，资源在 URL 路径上以 hand 或 hands 标识。这在某种程度上是误导。

这些 Web 服务实际上包含两个资源。

❑ 一副牌（deck），可以通过洗一副牌随机产生一手或多手牌。

❑ 一手牌（hand），被视为对请求的瞬态响应。

更麻烦的是，手牌资源是通过 GET 请求创建的，而不是更常见的 POST 请求。这是令人困惑的，因为 GET 请求从来不会改变服务器的状态。

对于简单的探索和技术探究，GET 请求是有帮助的。因为浏览器可以发出 GET 请求，所以这是探索 Web 服务设计某些方面的好方法。

重新设计可以提供对 `Deck` 类随机化实例的显式访问。一副牌的一个特征是能产生多手牌。这相当于 `Deck` 是一个集合，而 `Hands` 是集合中的一个资源。

❑ `/dealer/decks`：`POST` 请求将创建一个新的 deck 对象。这种请求的响应用于标识独特的 deck。

❑ `/dealer/deck/{id}/hands`：`GET` 请求将从给定的 deck 标识符获取一个 hand 对象。查询字符串将指定手牌有多少张牌。查询字符串可以使用 `$top` 选项来限制返回多少把手牌。还可以使用 `$skip` 选项跳过一些手牌，并为以后的手牌拿牌。

因为这些查询不能轻易地从浏览器完成，所以需要一个 API 客户端。可以使用 Chrome 浏览器的 Postman 插件。本实例将基于 12.5 节，介绍如何用客户端处理这些复杂的 API。

12.6.2　实战演练

本实例分为两个部分：服务器端和客户端。

1. 服务器端

(1) 首先，把 12.4 节作为一个 Flask 应用程序的模板。修改该实例中的视图函数。

```
from flask import Flask, jsonify, request, abort, make_response
from http import HTTPStatus
dealer = Flask('dealer')
```

(2) 导入其他模块。本例使用 `uuid` 模块为一副混洗过的牌创建唯一的键。

```
import uuid
```

本例还将使用 Werkzeug 的 `BadRequest` 响应，该对象可以提供详细的错误信息，比使用 `abort(400)` 表示错误的请求要友好。

```
from werkzeug.exceptions import BadRequest
```

(3) 定义全局状态，包括 `decks` 集合，还包括随机数生成器。在测试时，它可以提供一个特定的种子值。

```
import os
import random
random.seed(os.environ.get('DEAL_APP_SEED'))
decks = {}
```

(4) 定义一个路由（URL 模式），将其绑定到执行特定请求的视图函数。路由是放置在函数前面的一个装饰器。该路由会把函数绑定到 Flask 应用程序。

```
@dealer.route('/dealer/decks', methods=['POST'])
```

我们定义了 `decks` 资源，并将路由限制为仅处理 `POST` 请求。这缩小了该特定终端的语义（`POST` 请求通常意味着 URL 将在服务器中创建新的东西）。本例将在 `decks` 集合中创建一个新的实例。

(5) 定义支持该资源的视图函数。

```
def make_deck():
    id = str(uuid.uuid1())
    decks[id]= Deck()
    response_json = jsonify(
```

12

```
            status='ok',
            id=id
    )
    response = make_response(response_json, HTTPStatus.CREATED)
    return response
```

uuid1()函数将基于当前主机和随机种子序列生成器，创建一个通用且唯一的 ID。字符串版本的 ID 是一个十六进制字符串，例如 93b8fc06-5395-11e6-9e73-38c9861bf556。

我们将使用该字符串作为新创建的 Deck 实例的键。响应将是一个包含两个字段的小型 JSON 文档。

- □ status 字段的值将是 ok，因为一切正常。该字段允许提供包括警告（warning）或错误（error）的其他状态信息。
- □ id 字段的值为刚刚创建的 deck 实例的 ID 字符串。该字段允许服务器有多个同时进行的游戏，每个都由 deck 的 ID 区分。

响应由 make_response()函数创建，这样就可以提供 201 CREATED HTTP 状态，而不是默认值 200 OK。这个区别很重要，因为该请求改变了服务器的状态。

(6) 定义一个需要参数的路由。在本例中，路由将包括待分发的特定的 deck ID。

```
@dealer.route('/dealer/decks/<id>/hands', methods=['GET'])
```

<id>是一个路径模板，而不是一个简单的路径文本。Flask 将解析/字符并分离<id>字段。

(7) 定义包含匹配模板参数的一个视图函数。由于模板包含<id>，因此视图函数同样也有一个参数 id。

```
def get_hands(id):
    if id not in decks:
        dealer.logger.debug(id)
        return make_response(
            'ID {} not found'.format(id), HTTPStatus.NOT_FOUND)
    try:
        cards = int(request.args.get('cards',13))
        top = int(request.args.get('$top',1))
        skip = int(request.args.get('$skip',0))
        assert skip*cards+top*cards <= len(decks[id].cards), \
            "$skip, $top, and cards larger than the deck"
    except ValueError as ex:
        return BadRequest(repr(ex))
    subset = decks[id].cards[skip*cards:(skip+top)*cards]
    hands = [subset[h*cards:(h+1)*cards] for h in range(top)]
    response = jsonify(
        [
            {'hand':i, 'cards':[card.to_json() for card in hand]}
            for i, hand in enumerate(hands)
        ]
    )
    return response
```

如果 id 参数的值不是 decks 集合中的一个键，那么该函数返回 404 NOT FOUND 响应。该函数没有使用 abort() 函数，而是使用 BadRequest 来包含一个解释性的错误消息。我们也可以在 Flask 中使用 make_response() 函数。

该函数也可以从查询字符串中提取 $top、$skip 和 cards 的值。对于本示例，因为所有出现的值都是整数，所以对每个值使用 int() 函数。我们对查询参数进行了初步的检查，但是实际上需要进一步检查，请思考所有可能出现的不良参数。

subset 变量是正在分发的 deck 的一部分。我们从 skip 组 cards 开始切分 deck，该切片中只包括 top 组 cards。从该切片开始，hands 序列将 subset 分解为 top 手牌，每手牌都包含 cards。该序列通过 jsonify() 函数转换为 JSON 并返回。

默认状态为 200 OK，因为该查询是一个幂等的 GET 请求。每次发送查询都将返回相同的纸牌集合。

(8) 定义运行服务器的主程序。

```
if __name__ == "__main__":
    dealer.run(use_reloader=True, threaded=False)
```

2. 客户端
该模块类似于 12.5 节中的客户端模块。

(1) 导入使用 RESTful API 的基本模块。

```
import urllib.request
import urllib.parse
import json
```

(2) 要通过 POST 请求创建洗好的一副新牌，有一系列步骤。首先，通过手动创建 ParseResult 对象来分块定义 URL。该 URL 随后将构建为单个字符串。

```
full_url = urllib.parse.ParseResult(
    scheme="http",
    netloc="127.0.0.1:5000",
    path="/dealer" + "/decks",
    params=None,
    query=None,
    fragment=None
)
```

(3) 由 URL、方法和首部构建一个 request 对象。

```
request = urllib.request.Request(
    url = urllib.parse.urlunparse(full_url),
    method = "POST",
    headers = {
        'Accept': 'application/json',
    }
)
```

默认方法 GET 不适用于这个 API 请求。

(4) 发送请求并处理响应对象。为了便于调试，需要打印状态和首部信息。一般来说，只需要确定状态是预期的 201。

响应文档应该是一个具有两个字段（status 和 id）的 Python 字典的 JSON 序列化文档。客户端在使用 id 字段中的值之前，确认响应的状态是否为 ok。

```
with urllib.request.urlopen(request) as response:
    # print(response.status)
    assert response.status == 201
    # print(response.headers)
    document = json.loads(response.read().decode("utf-8"))

print(document)
assert document['status'] == 'ok'
id = document['id']
```

许多 RESTful API 都有 Location 首部，它提供链接到所创建对象的一个 URL。

(5) 创建一个 URL。将 ID 插入 URL 路径，并提供一些查询字符串参数。我们通过创建一个字典来建模查询字符串，然后使用 ParseResult 对象构建一个 URL。

```
query = {'$top': 4, 'cards': 13}

full_url = urllib.parse.ParseResult(
    scheme="http",
    netloc="127.0.0.1:5000",
    path="/dealer" + "/decks/{id}/hands".format(id=id),
    params=None,
    query=urllib.parse.urlencode(query),
    fragment=None
)
```

使用"/decks/{id}/hands/".format(id=id) 将 id 值插入路径。另一种方法是"/".join(["", "decks", id, "hands", ""])。请注意，空字符串是强制"/"显示在开头和结尾的一种方法。

(6) 使用完整的 URL、方法和标准首部来创建 request 对象。

```
request = urllib.request.Request(
    url = urllib.parse.urlunparse(full_url),
    method = "GET",
    headers = {
        'Accept': 'application/json',
    }
)
```

(7) 发送请求并处理响应。确认响应是否为 200 OK，然后解析响应，获取作为请求手牌的一部分纸牌的详细信息。

```
with urllib.request.urlopen(request) as response:
    # print(response.status)
    assert response.status == 200
    # print(response.headers)
    cards = json.loads(response.read().decode("utf-8"))

print(cards)
```

运行上述代码后，将创建一个全新的 Deck 实例。然后，分发 4 手牌，每手 13 张牌。该查询定义了手数和每手牌的张数。

12.6.3　工作原理

服务器端定义了两个路由，这两个路由分别用于表示集合和集合的实例。一般用复数名词 decks 定义集合路径。使用复数名词意味着 CRUD 操作专注于在集合中创建实例。

本例使用 /dealer/decks 路径的 POST 方法实现了创建操作。为了支持取回操作，可以另外编写一个视图函数处理 /dealer/decks 路径的 GET 方法。这将暴露 decks 集合中的所有实例。

如果支持删除操作，则可以使用 /dealer/decks 的 DELETE 方法。更新操作（使用 PUT 方法）似乎不符合本实例中服务器端创建随机 decks 的背景信息。

在 /dealer/decks 集合中，通过 /dealer/decks/<id> 路径来标识特定的 deck。该设计要求使用 GET 方法从给定的一副牌中取出多手牌。

其余的 CRUD 操作（创建、更新和删除）对于这种 Deck 对象来说并不重要。创建 Deck 对象后，客户端应用程序可以从一副牌中获取各种各样的手牌。

1. 切分 deck

发牌算法把一副牌（deck）切分为若干切片。这些切片应当满足如下条件：手牌（hand）数量 h 和每手牌张数 c 的乘积不应大于一副牌的大小 D。

$$h \times c \leqslant D$$

现实中，发牌还牵扯到切牌，这对于没人发牌的玩家是一种非常简单的洗牌。传统上，每个 h^{th} 纸牌被分配给每个手牌 H_n。

$$H_n = \{D_{n+h \times i} : 0 \leqslant i < c\}$$

上述公式规定手牌 $H_{n=0}$ 包含纸牌 $H_0 = \{D_0, D_h, D_{2h}, \cdots, D_{c \times h}\}$，手牌 $H_{n=1}$ 包含纸牌 $H_1 = \{D_1, D_{1+h}, D_{1+2h}, \cdots, D_{1+c \times h}\}$，以此类推。这种发牌方式似乎比简单地把下一批 c 张纸牌分发给每个玩家更公平。

没有必要采用这种发牌方式，Python 程序可以轻松地实现批量发牌。

$$H_n = \{D_{n \times c + 1} : 0 \leqslant i < c\}$$

Python 代码创建手牌 $H_{n=0}$，包含纸牌 $H_0 = \{D_0, D_1, D_2, \cdots, D_{c-1}\}$，手牌 $H_{n=1}$ 包含纸牌 $H_0 = \{D_c, D_{c+1}, D_{c+2}, \cdots, D_{2c-1}\}$，以此类推。给定一副随机的纸牌，跟其他发牌方式一样非常公平。这种方式很容易在 Python 中枚举，因为涉及列表切片。有关切片的更多信息，请参阅 4.4 节。

2. 客户端

该事务的客户端是一系列 RESTful 请求。

(1) 理想情况下，首先使用 GET 方法从 swagger.json 获取服务器的规范。因服务器而异，最简单的情况如下所示。

```
with urllib.request.urlopen('http://127.0.0.1:5000/dealer/swagger.json') as response
    swagger = json.loads(response.read().decode("utf-8"))
```

(2) 然后，用一个 POST 来创建新的 Deck 实例。这需要创建一个 request 对象，以便将方法设置为 POST。

(3) 接下来，用一个 GET 从 Deck 实例中得到手牌。可以通过将 URL 调整为字符串模板来完成。将 URL 用作独立字段的集合，而不是一个简单的字符串，这种方法非常普遍。

处理 RESTful 应用程序错误的方法有两种。

❑ 使用简单的状态响应，例如用于未找到资源的 abort(HTTPStatus.NOT_FOUND)。

❑ 对无效的请求使用 make_response(message, HTTPStatus.BAD_REQUEST)。该消息可以提供必要的详细信息。

对于其他状态码，例如 403 Forbidden，我们不想提供太多的详细信息。在授权问题上，提供太多细节往往不是一个好主意。为此，abort(HTTPStatus.FORBIDDEN)可能是适当的。

12.6.4　补充知识

应该考虑为服务器添加一些功能：

❑ 在 Accept 首部中检查 JSON；

❑ 提供 Swagger 规范。

通常使用首部来区分 RESTful API 请求和其他发送到服务器端的请求。Accept 首部可以提供 MIME 类型，用于区分 JSON 内容的请求和面向用户内容的请求。

@dealer.before_request 装饰器可以注入一个过滤每个请求的函数。该过滤器可以根据以下要求区分正确的 RESTful API 请求。

❑ Accept 首部包括一个包含 json 的 MIME 类型。通常，完整的 MIME 字符串为 application/json。

❑ 另外，可以为 swagger.json 文件添加异常处理。无论其他设置如何，都可以将其视为 RESTful API 请求。

实现该功能的附加代码如下所示：

```
@dealer.before_request
def check_json():
    if request.path == '/dealer/swagger.json':
        return
    if 'json' in request.headers.get('Accept', '*/*'):
        return
    return abort(HTTPStatus.BAD_REQUEST)
```

该过滤器仅返回不容易理解的 400 BAD REQUEST 响应。提供更明确的错误消息可能会泄露太多关于服务器实现的信息。但是，如果这些信息有帮助，则可以用make_response()替换abort()，返回更详细的错误消息。

1. 提供 Swagger 规范

良好的 RESTful API 为各种可用的服务提供 Swagger 规范。这个规范通常包装在 /swagger.json 路由中，这并不一定意味着可以使用文本文件。相反，这个路径重点用于以 Swagger 2.0 规范中的 JSON 标记形式提供详细的接口规范。

我们定义了路由 /swagger.json，并将 swagger3() 函数绑定到了这个路由。这个函数将创建一个全局对象的 JSON 表示形式，如下所示：

```
@dealer.route('/dealer/swagger.json')
def swagger3():
    response = make_response(json.dumps(specification, indent=2).encode('utf-8'))
    response.headers['Content-Type'] = 'application/json'
    return response
```

specification 对象的结构大致如下。为了突出整体结构，一些细节已经被 ... 替代。详情如下所示：

```
specification = {
    'swagger': '2.0',
    'info': {
        'title': '''Python Cookbook\nChapter 12, recipe 5.''',
        'version': '1.0'
    },
    'schemes': ['http'],
    'host': '127.0.0.1:5000',
    'basePath': '/dealer',
    'consumes': ['application/json'],
    'produces': ['application/json'],
    'paths': {
        '/decks': {...}
        '/decks/{id}/hands': {...}
    }
}
```

paths 中的两个路径对应服务器中的两个 @dealer.route 装饰器。因此，先使用 Swagger 规范设计服务器，然后构建符合规范的代码，这种设计方法往往非常有效。

注意小的语法差异，Flask 使用 /decks/<id>/hands，Swagger 规范则使用 /decks/{id}/hands。这个差异意味着不能在 Python 和 Swagger 文档之间进行简单的复制和粘贴。

/decks 路径的详细信息如下所示。这部分代码显示了来自查询字符串的输入参数，还显示了包含 deck ID 信息的 201 响应的详细信息。

```
'/decks': {
 'post': {
   'parameters': [
     {
       'name': 'size',
       'in': 'query',
       'type': 'integer',
       'default': 1,
           'description': '''number of decks to build and shuffle'''
     }
   ],
   'responses': {
     '201': {
       'description': '''Create and shuffle a deck. Returns a unique deck id.''',
       'schema': {
         'type': 'object',
```

```
            'properties': {
              'status': {'type': 'string'},
              'id': {'type': 'string'}
            }
          }
        },
        '400': {
          'description': '''Request doesn't accept a JSON response'''
        }
      }
    }
```

/decks/{id}/hands 路径具有相似的结构。它定义了查询字符串中所有可用的参数，还定义了各种响应，200 响应包含返回的纸牌，404 响应表示没有找到 ID 值。

虽然我们省略了每个路径的一些参数细节，也省略了 deck 结构的细节，但是仍然可以对 RESTful API 进行总结。

- ❏ swagger 键必须设置为 2.0。
- ❏ info 键可以提供大量信息。此示例仅满足最低要求。
- ❏ schemes、host 和 basePath 字段定义用于该服务的 URL 的一些常见元素。
- ❏ consumes 字段说明 Content-Type 首部应包括哪些内容。
- ❏ produces 字段说明必须声明的请求 Accept 首部，以及响应 Content-Type 的种类。
- ❏ paths 字段标识在服务器上提供响应的所有路径。本例显示了 /decks 和 /decks/{id}/ hands 路径。

swagger3() 函数将这个 Python 对象转换为 JSON 标记并返回。该函数实现了一个 swagger.json 文件的下载，内容指定了 RESTful API 服务器提供的资源。

2. 使用 Swagger 规范

在客户端程序中，使用简单的字面值构建 URL。示例如下：

```
full_url = urllib.parse.ParseResult(
    scheme="http",
    netloc="127.0.0.1:5000",
    path="/dealer" + "/decks",
    params=None,
    query=None,
    fragment=None
)
```

示例中的一部分可以使用 Swagger 规范。例如，可以使用 specification['host'] 和 specification['basePath'] 来替代 netloc 值和 path 值的第一部分。Swagger 规范的这种用法可以提供一定的灵活性。

Swagger 规范是适合设计决策的工具。该规范的真正目的是驱动 API 的自动化测试。通常，Swagger 规范包含详细示例，这些示例有助于阐明编写客户端应用程序的方法。

12.6.5　延伸阅读

❑ 关于 RESTful Web 服务的更多示例，请参阅 12.4 节和 12.5 节。

12.7　解析 JSON 请求

许多 Web 服务涉及创建新的持久化对象或者对现有持久化对象进行更新的请求。为了完成这些操作，应用程序需要来自客户端的输入。

RESTful Web 服务通常以 JSON 文档的形式接受输入并生成输出。有关 JSON 的更多信息，请参阅 9.7 节。

如何从 Web 客户端解析 JSON 输入？如何简单地验证输入？

12.7.1　准备工作

本实例将扩展 12.4 节中的 Flask 应用程序，添加用户注册功能，即添加一个请求纸牌的玩家（player）。玩家是一个涉及基本 CRUD 操作的资源。

❑ 客户端可以向 /players 路径发出 POST 请求来创建新玩家，包括描述玩家的文档的有效载荷（payload）。服务将验证文档，如果文档有效，则创建一个新的、持久的 Player 实例。响应包括分配给玩家的 ID。如果文档无效，则将返回一个详细说明问题的响应。

❑ 客户端可以向 /players 路径发出 GET 请求来得到玩家的列表。

❑ 客户端可以向 /players/<id> 路径发出 GET 请求来获取一个特定玩家的详细信息。

❑ 客户端可以向 /players/<id> 路径发出 PUT 请求来更新一个特定玩家的详细信息。与最初的 POST 操作一样，该操作必须验证文档的有效载荷。

❑ 客户端可以向 /players/<id> 路径发出 DELETE 请求来删除一个玩家的信息。

与 12.4 节相同，本实例将同时实现服务的客户端和服务器端。服务器端将处理基本的 POST 操作和 GET 操作。我们将 PUT 操作和 DELETE 操作的实现作为练习留给读者。

本实例需要一个 JSON 验证器。请参阅 https://pypi.python.org/pypi/jsonschema/2.5.1，该库特别好用。Swagger 规范验证器对本实例也很有帮助，请参阅 https://pypi.python.org/pypi/swagger-spec-validator。

如果安装 swagger-spec-validator 包，那么也会安装 jsonschema 的最新副本。安装过程如下所示：

```
MacBookPro-SLott:pyweb slott$ pip3.5 install swagger-spec-validator
Collecting swagger-spec-validator
  Downloading swagger_spec_validator-2.0.2.tar.gz
Requirement already satisfied (use --upgrade to upgrade):
    jsonschema in /Library/.../python3.5/site-packages
    (from swagger-spec-validator)
Requirement already satisfied (use --upgrade to upgrade):
    setuptools in /Library/.../python3.5/site-packages
    (from swagger-spec-validator)
Requirement already satisfied (use --upgrade to upgrade):
    six in /Library/.../python3.5/site-packages
```

12

```
    (from swagger-spec-validator)
  Installing collected packages: swagger-spec-validator
    Running setup.py install for swagger-spec-validator ... done
  Successfully installed swagger-spec-validator-2.0.2
```

本实例用 pip 命令安装 swagger-spec-validator 包, 安装过程检测到 jsonschema、setuptools 和 six 已经安装了。

安装过程中有一个关于使用 --upgrade 的提示。该提示可以帮助我们使用类似 pip install jsonschema --upgrade 的命令来升级包。如果 jsonschema 的版本低于 2.5.0, 则上述命令是必需的。

12.7.2 实战演练

本实例分为 3 个部分: Swagger 规范、服务器端和客户端。

1. Swagger 规范

(1) Swagger 规范的概要如下所示。

```
specification = {
    'swagger': '2.0',
    'info': {
        'title': '''Python Cookbook\nChapter 12, recipe 6.''',
        'version': '1.0'
    },
    'schemes': ['http'],
    'host': '127.0.0.1:5000',
    'basePath': '/dealer',
    'consumes': ['application/json'],
    'produces': ['application/json'],
    'paths': {
        '/players': {...},
        '/players/{id}': {...},
    }
    'definitions': {
        'player: {..}
    }
}
```

第一个字段是 RESTful Web 服务的基本样板代码。paths 与 definitions 将用服务的 URL 和模式定义来填充。

(2) 验证新玩家的模式定义如下所示。该定义应当包含在整个规范的定义内。

```
'player': {
    'type': 'object',
    'properties': {
        'name': {'type': 'string'},
        'email': {'type': 'string', 'format': 'email'},
        'year': {'type': 'integer'},
        'twitter': {'type': 'string', 'format': 'uri'}
    }
}
```

整个输入文档在形式上被描述为一种具有类型的对象。该对象有 4 个属性。

❏ Name：名称字符串。

❏ Email：具有特定格式的电子邮件地址字符串。

❏ Year：年份数字。

❏ Twitter：给定格式的 Twitter URL 字符串。

某些定义的格式是 JSON 模式规范语言（JSON schema specification language）的一部分。email 和 url 格式使用广泛。完整的格式清单还包括 date-time、hostname、ipv4、ipv6 和 uri。有关定义模式的详细信息，请参阅 http://json-schema.org/documentation.html。

(3) 用于创建新玩家或获取整个玩家集合的 players 路径如下所示。

```
'/players': {
    'post': {
        'parameters': [
                {
                    'name': 'player',
                    'in': 'body',
                    'schema': {'$ref': '#/definitions/player'}
                },
            ],
        'responses': {
            '201': {'description': 'Player created', },
            '403': {'description': 'Player is invalid or a duplicate'}
        }
    },
    'get': {
        'responses': {
            '200': {'description': 'All of the players defined so far'},
        }
    }
},
```

该路径定义了两个方法——post 和 get。post 方法有一个 player 参数。该参数是请求体，它遵循定义部分中提供的玩家模式（player schema）。get 方法没有任何参数或响应结构的形式定义。

(4) 获取特定玩家详细信息的路径定义如下所示。

```
'/players/{id}': {
    'get': {
        'parameters': [
                {
                    'name': 'id',
                    'in': 'path',
                    'type': 'string'
                }
            ],
        'responses': {
            '200': {
                'description': 'The details of a specific player',
                'schema': {'$ref': '#/definitions/player'}
            },
```

12

```
                    '404': {'description': 'Player ID not found'}
                }
            }
        },
```

　　该路径与 12.6 节中显示的某路径类似。player 键将在 URL 中提供。定义详细说明了当玩家 ID 有效时的响应。响应有一个已定义的模式，它还使用了定义部分中的玩家模式定义。

　　这个规范将是服务器端的一部分，可以由@dealer.route('/swagger.json')路由中定义的视图函数提供。创建一个包含该规范文档的文件通常是最简单的方法。

2. 服务器端

　　(1) 首先，把 12.4 节作为 Flask 应用程序的模板。我们将改变视图函数。

```
from flask import Flask, jsonify, request, abort, make_response
from http import HTTPStatus
```

　　(2) 导入其他需要使用的库。我们将使用 JSON 模式来验证，还将计算字符串的散列值作为 URL 中的外部标识符。

```
from jsonschema import validate
from jsonschema.exceptions import ValidationError
import hashlib
```

　　(3) 创建应用程序和玩家数据库。本实例将使用一个简单的全局变量。较大的应用程序可能会使用适当的数据库服务器来保存这些信息。

```
dealer = Flask('dealer')
players = {}
```

　　(4) 定义发送到整个 players 集合的路由。

```
@dealer.route('/dealer/players', methods=['POST'])
```

　　(5) 定义解析输入文档、验证内容并创建持久化 player 对象的函数。

```
def make_player():
    document = request.json
    player_schema = specification['definitions']['player']
    try:
        validate(document, player_schema)
    except ValidationError as ex:
        return make_response(ex.message, 403)

    id = hashlib.md5(document['twitter'].encode('utf-8')).hexdigest()
    if id in players:
        return make_response('Duplicate player', 403)

    players[id] = document

    response = make_response(
        jsonify(
            status='ok',
            id=id
        ),
```

```
        201
    )
    return response
```

该函数遵循常用的 4 步设计。

❑ 验证输入文档。模式被定义为整个 Swagger 规范的一部分。

❑ 创建唯一的键。该键是从数据中派生的。我们也可以使用 uuid 模块创建唯一的键。

❑ 在数据库中保存新文档。在本例中，该步骤只是一条单独的语句 players[id] = document。该步骤遵循的思想是，RESTful API 围绕已提供功能的完整实现的类和函数进行构建。

❑ 构建一个响应文档。

(6) 定义运行服务器的主程序。

```
if __name__ == "__main__":
    dealer.run(use_reloader=True, threaded=False)
```

可以添加其他方法来查看多个玩家或单个玩家。这些方法将遵循 12.6 节的基本设计。下一节将研究这些方法。

3. 客户端

该部分类似于 12.6 节中的客户端模块。

(1) 导入使用 RESTful API 的基本模块。

```
import urllib.request
import urllib.parse
import json
```

(2) 通过手动创建 ParseResult 对象，分块定义 URL。该 URL 随后将构建为单个字符串。

```
full_url = urllib.parse.ParseResult(
    scheme="http",
    netloc="127.0.0.1:5000",
    path="/dealer" + "/players",
    params=None,
    query=None,
    fragment=None
)
```

(3) 创建一个可以序列化为 JSON 文档的对象并发送给服务器。参考 swagger.json 定义该文档的模式。document 将包括所需的 4 个属性。

```
document = {
    'name': 'Xander Bowers',
    'email': 'x@example.com',
    'year': 1985,
    'twitter': 'https://twitter.com/PacktPub'
}
```

(4) 组合 URL、文档、方法和首部来创建完整的请求。使用 urlunparse() 将 URL 的各个部分整合为单个字符串。Content-Type 首部说明将为服务器提供 JSON 标记格式的文档。

```
request = urllib.request.Request(
    url = urllib.parse.urlunparse(full_url),
```

12

```
        method = "POST",
        headers = {
            'Accept': 'application/json',
            'Content-Type': 'application/json;charset=utf-8',
        },
        data = json.dumps(document).encode('utf-8')
    )
```

我们用了 charset 选项，该选项指定了从 Unicode 字符串创建字节的特定编码。由于 utf-8 编码是默认值，因此该选项不是必须提供的。该示例说明了如何为极少数使用不同编码的情况提供替代方案。

(5) 发送请求并处理 response 对象。为了便于调试，需要打印状态和首部信息。一般来说，只需要确定状态是预期的 201 CREATED。

```
with urllib.request.urlopen(request) as response:
    # print(response.status)
    assert response.status == 201
    # print(response.headers)
    document = json.loads(response.read().decode("utf-8"))

print(document)
assert document['status'] == 'ok'
id = document['id']
```

检查响应文档，确保文档包含两个预期的字段。

还可以在客户端中包含其他查询。比如，我们可能想检索所有玩家或一个特定的玩家。这些查询都将遵循 12.6 节中的设计。

12.7.3   工作原理

Flask 自动检查入站的文档并对它们进行解析。仅使用 request.json 就可以充分利用 Flask 内置的自动 JSON 解析功能。

如果输入不是 JSON，那么 Flask 框架将返回 400 BAD REQUEST 响应。当服务器应用程序引用请求的 json 属性时，就会出现这种问题。可以使用 try 语句捕获 400 BAD REQUEST 响应对象并对其进行修改，或者返回一个不同的响应。

我们使用 jsonschema 包验证了输入文档。该包将检查 JSON 文档的一些特征。

❑ 检查 JSON 文档的整体类型是否匹配模式的整体类型。在本例中，模式需要一个对象，这个对象是一个 {} JSON 结构。

❑ 对于在模式中定义并在文档中出现的每个属性，确认文档中的值是否匹配模式定义。如果匹配，则意味着该值符合已定义的某种 JSON 类型。如果还有其他验证规则，比如格式、范围规范或数组的元素数量，那么该包也会检查这些约束。这种检查会递归地遍历模式的所有级别。

❑ 如果有必备的字段列表，则该包会检查这些字段是否存在于文档中。

本实例简化了模式的细节，省略了一个常见特征，即必备属性的列表。我们还可以提供更详细的属性说明。例如，`year` 应该有一个最小值 `1900`。

本实例也简化了数据库更新处理。在某些情况下，数据库插入可能涉及更复杂的过程，例如使用数据库客户端连接来执行更改数据库服务器状态的命令。在理想情况下，将数据库处理保持在最低限度，特定于应用程序的详细信息通常从单独的模块导入，并以 RESTful API 资源呈现。

在更大的应用程序中，可能会用 `player_db` 模块来包含所有玩家的数据库处理。该模块将定义所有类和函数，通常会为 `player` 对象提供详细的模式定义。RESTful API 服务将导入这些类、函数和模式规范，并将它们暴露给外部用户。

12.7.4 补充知识

Swagger 规范允许包含响应文档的示例。这种功能通常具有以下优点。

- ❑ 从作为一部分响应的示例文档开始设计是很常见的。编写描述文档的模式规范可能很困难，但是模式验证功能有助于确保规范匹配文档。
- ❑ 规范编写完成之后，下一步是编写服务器端程序。使用模式示例文档有助于单元测试。
- ❑ 对于 Swagger 规范的用户，可以使用响应的具体示例来设计客户端，并为客户端程序编写单元测试。

可以使用以下代码来确认服务器是否具有有效的 Swagger 规范。如果抛出异常，则说明没有 Swagger 文档或文档不符合 Swagger 模式。

```
from swagger_spec_validator import validate_spec_url
validate_spec_url('http://127.0.0.1:5000/dealer/swagger.json')
```

1. Location 首部

`201 CREATED` 响应包含一个具有某些状态信息的小文档。状态信息包括分配给新创建的记录的键。

`201 CREATED` 响应通常还包含一个附加的 `Location` 首部。该首部将提供可用于恢复已创建文档的 URL。对于这个应用程序，`Location` 将是一个类似于这样的 URL：`http://127.0.0.1:5000/dealer/players/75f1bfbda3a8492b74a33ee28326649c`。

`Location` 首部可由客户端保存。完整的 URL 要比从 URL 模板和值创建 URL 更简单。

服务器端可以通过以下方法来构建 `Location` 首部：

```
response.headers['Location'] = url_for('get_player', id=str(id))
```

上述代码依赖于 Flask 的 `url_for()` 函数。这个函数接受视图函数的名称以及任何来自 URL 路径的参数，然后使用视图函数的路由来构建一个完整的 URL。这将包括当前正在运行的服务器的所有信息。插入首部后，返回 `response` 对象。

2. 附加资源

服务器应该可以响应玩家列表。将数据转换成大型 JSON 文档的最小实现如下所示：

```
@dealer.route('/dealer/players', methods=['GET'])
def get_players():
    response = make_response(jsonify(players))
    return response
```

12

更复杂的实现将支持 $top 和 $skip 查询参数对玩家列表进行分页。另外，$filter 选项有助于实现对玩家子集的搜索。

除了查询所有玩家之外，还需要实现返回单个玩家的方法。这种视图函数通常也很简单，如下所示：

```
@dealer.route('/dealer/players/<id>', methods=['GET'])
def get_player(id):
    if id not in players:
        return make_response("{} not found".format(id), 404)

    response = make_response(
        jsonify(
            players[id]
        )
    )
    return response
```

该函数将确认给定的 ID 是否是数据库中正确的键值。如果数据库中没有该键，则将数据库文档转换为 JSON 标记并返回。

3. 查询特定玩家

在数据库中查找特定值所需的客户端处理过程如下。

(1) 首先，为特定玩家创建 URL。

```
id = '75f1bfbda3a8492b74a33ee28326649c'
full_url = urllib.parse.ParseResult(
    scheme="http",
    netloc="127.0.0.1:5000",
    path="/dealer" + "/players/{id}".format(id=id),
    params=None,
    query=None,
    fragment=None
)
```

通过多条信息构建 URL。URL 是根据单独的字段创建的 ParseResult 对象。

(2) 然后，根据 URL 创建一个 request 对象。

```
request = urllib.request.Request(
    url = urllib.parse.urlunparse(full_url),
    method = "GET",
    headers = {
        'Accept': 'application/json',
    }
)
```

(3) 得到 request 对象后，发出请求并检索响应。我们需要确认响应状态是否为 200。如果是，就可以解析响应体来获取描述给定玩家的 JSON 文档了。

```
with urllib.request.urlopen(request) as response:
    assert response.status == 200
    player= json.loads(response.read().decode("utf-8"))
print(player)
```

如果玩家不存在，则 `urlopen()` 函数将抛出 403 NOT FOUND 异常。可以用一个 `try` 语句包裹上述代码来捕获 403 NOT FOUND 异常。

4. 异常处理

下面是所有客户端请求的常用模式。这段代码包含明确的 `try` 语句。

```
try:
    with urllib.request.urlopen(request) as response:
        # print(response.status)
        assert response.status == 201
        # print(response.headers)
        document = json.loads(response.read().decode("utf-8"))

    #在此处处理文档

except urllib.error.HTTPError as ex:
    print(ex.status)
    print(ex.headers)
    print(ex.read())
```

实际上，常见的异常有两类。

- **低级异常**：这类异常表示无法联系服务器。`ConnectionError` 异常是这种低级异常的常见示例，它是 `OSError` 异常的子类。
- **来自 `urllib` 模块的 `HTTPError` 异常**：该类异常意味着整个 HTTP 协议正常，但来自服务器的响应不是代表成功的状态码。代表成功的状态码的值一般在 200 到 299 的范围内。`HTTPError` 异常具有与正常的响应相似的属性，包括状态、首部和消息体。

在某些情况下，`HTTPError` 异常可能是服务器的几个预期响应之一。该异常可能并不表示存在错误或问题，而只是另一个有意义的状态码。

12.7.5　延伸阅读

- 有关 URL 处理的其他示例，请参阅 12.6 节。
- 有关查询字符串处理的其他示例，请参阅 12.5 节。

12.8　实施 Web 服务认证

安全是人们普遍关注的话题。应用程序的每个部分都有安全考虑。各部分的安全性实现涉及两个密切相关的问题。

- **认证**（authentication）：客户端必须提供一些证明身份的证据。这可能涉及签名的证书，也可能涉及凭据，比如用户名和密码，还可能涉及多个因素，例如用户应该可以访问的手机短信内容。Web 服务器必须检验认证信息。
- **授权**（authorization）：服务器必须定义权限范围，并将其分配给用户组。此外，单独的用户必须被定义为授权组的成员。

12

虽然技术上可以实现在单独用户的基础上定义授权，但是由于网站或应用程序的不断发展，这种方法往往变得非常不方便。基于组定义安全性更简单。在某些情况下，一个组（最初）只能有一个用户。

应用软件必须实施授权决策。对于 Flask，授权可以是每个视图函数的一部分。从个人到组和组到视图函数的连接定义了任何特定用户可用的资源。

令人困惑的是，HTTP 标准使用 HTTP Authorization 首部提供认证凭据。这可能导致混乱，因为首部的名称不能准确地反映其目的。

从 Web 客户端向 Web 服务器提供认证信息的方式有很多种。以下是一些备选方案。

- **证书**：加密证书，包括数字签名以及对**证书颁发机构**（certificate authority，CA）的引用。这些加密证书由**安全套接字层**（secure socket layer，SSL）交换。在某些环境中，客户端和服务器端都必须具有用于相互验证的证书。在其他环境中，服务器端提供证书的真实性，但客户端不提供，这对于 https 协议很常见。服务器端不验证客户端的证书。
- **静态 API 密钥或令牌**：Web 服务可以提供一个简单的固定密钥。使用这种方式必须保护好密钥，不能够轻易外泄，就像密码一样。
- **用户名和密码**：Web 服务器可以通过用户名和密码来识别用户。我们也可以使用电子邮件或短信进一步确认用户身份。
- **第三方身份验证**：这会涉及使用 OpenID 等服务。有关详细信息，请参阅 http://openid.net。这种方法包含一个回调 URL，以便 OpenID 提供者返回通知信息。

此外，还有一个问题——如何将用户信息加载到 Web 服务器中。某些网站基于自助式服务，用户提供一些最简单的联系信息，并被授予对内容的访问权限。

在许多情况下，网站不支持自助式服务。在允许访问之前，可能需要仔细审查用户。访问控制可能涉及访问数据或服务的合同和费用。在某些情况下，企业会为其员工购买许可证，提供能够访问给定 Web 服务套件的有限用户列表。

本实例将演示一个提供自助式服务的应用程序。该应用程序并没有定义用户集，这意味着必须提供创建不需要任何身份验证的新用户的一个 Web 服务，其他所有服务都需要正确验证用户。

12.8.1 准备工作

本实例将使用 Authorization 首部来实现基于 HTTP 的认证。该主题有两个变体。

- **HTTP 基本认证**：使用简单的用户名和密码字符串。依赖于 SSL 来加密客户端和服务器端之间的流量。
- **HTTP 摘要认证**：使用更复杂的用户名、密码以及服务器提供的随机数的散列值。服务器计算预期的散列值。如果散列值匹配，则使用相同的字节计算散列值，而且密码肯定是有效的。这种方法不需要 SSL。

Web 服务器经常使用 SSL 来确定认证的真实性。因为这种技术非常普遍，所以可以使用 HTTP 基本认证。这是 RESTful API 处理中的一个巨大的简化，因为每个请求将包含 Authorization 首部，并且在客户端和服务器端之间使用安全套接字。

1. 配置 SSL

获取和配置证书的详细信息不属于 Python 编程的范畴。OpenSSL 包提供了创建可用于配置安全服务器的自签名证书工具。例如，Comodo 集团和赛门铁克等证书颁发机构提供操作系统供应商以及 Mozilla 基金会广泛认可的受信证书。

使用 OpenSSL 创建证书包括两个部分。

(1) 创建私钥文件。通常使用操作系统级的命令完成，如下所示：

```
slott$ openssl genrsa 1024 > ssl.key
Generating RSA private key, 1024 bit long modulus
.......++++++
.......................++++++
e is 65537 (0x10001)
```

openssl genrsa 1024 命令创建了一个私钥文件，该文件的文件名为 ssl.key。

(2) 使用私钥文件创建一个证书。该步骤的一种操作方法如下所示：

```
slott$ openssl req -new -x509 -nodes -sha1 -days 365 -key ssl.key >
ssl.cert
```

该步骤要求操作者输入将被放入证书请求的信息。需要输入的内容被称为**识别名称**（distinguished name，DN）。需要输入的字段很多，但是有一些字段可以不填。某些字段有默认值。如果输入 .，则该字段将留空。

```
Country Name (2 letter code) [AU]:US
State or Province Name (full name) [Some-State]:Virginia
Locality Name (eg, city) []:
Organization Name (eg, company) [Internet Widgits Pty Ltd]:It May Be AHack
Organizational Unit Name (eg, section) []:Common Name (e.g. server
FQDN or YOUR name) []:Steven F. Lott
Email Address []:
```

openssl req -new -x509 -nodes -sha1 -days 365 -key ssl.key 命令创建了保存在 ssl.cert 中的私有证书文件。该证书是私人签名的，没有 CA。它只提供有限的功能集。

这两个步骤创建了两个文件：ssl.cert 和 ssl.key。我们将在随后的过程中使用这两个文件来保护服务器。

2. 用户和凭据

为了能够让用户提供用户名和密码，需要将这些信息存储在服务器上。关于用户凭据有一个非常重要的规则。

决不存储凭据。决不！

显然，存储明文密码是安全性灾难的一个诱因。甚至不能存储加密的密码。当用于加密密码的密钥被破坏时，所有用户的身份信息将丢失。

如果不存储密码，那么如何检查用户密码？

12

解决方案是用存储散列值替代存储密码。当首次创建密码时，服务器将保存散列值。此后，每次用户输入都将进行散列，并与保存的散列值进行比较。如果两个散列值匹配，那么密码一定是正确的。最重要的是从散列值中恢复密码极端困难。

创建密码的初始散列值有 3 个步骤。

(1) 创建一个随机的 salt 值。通常，使用来自 os.urandom() 的 16 字节的值。

(2) 使用 salt 和密码创建一个 hash 值。一般来说，该步骤需要用到 hashlib 模块，具体地说是 hashlib.pbkdf2_hmac() 函数。该步骤还需要用到一个特定的摘要算法，例如 md5 或 sha224。

(3) 保存摘要名称、salt 和散列字节。这些值通常被组合成一个类似 md5$salt$hash 的字符串。md5 是一个字面量。$分隔算法名称、salt 和 hash 值。

当需要检查密码时，将遵循类似下面这样的过程。

(1) 给定用户名，找到保留的散列字符串。散列字符串是一个由摘要算法名称、保留的 salt 值和散列字节 3 部分组成的结构。字符串中的各元素由$分隔。

(2) 使用保留的 salt 值和用户提供的密码创建一个经过计算得到的 hash 值。

(3) 如果计算得到的散列字节与保留的散列字节匹配，则摘要算法与 salt 匹配。因此，密码也一定是匹配的。

本实例将定义一个简单的类来保留用户信息以及散列密码。可以使用 Flask 的 g 对象在请求处理过程中保存用户信息。

3. Flask 视图函数装饰器

处理认证检查的方法有多种。

❑ 如果每个路由具有相同的安全性要求，那么可以使用 @dealer.before_request 来验证所有的 Authorization 首部。还需要为 /swagger.json 路由和自助式服务路由提供一些异常处理，自助式服务路由允许未经授权的用户创建新的用户名和密码凭据。

❑ 当某些路由需要认证，而某些路由不需要时，为需要认证的路由引入一个装饰器能够很好地解决问题。

Python 装饰器是一个函数，它通过包装另一个函数来扩展该函数的功能。核心技术如下所示：

```
from functools import wraps
def decorate(function):
    @wraps(function)
    def decorated_function(*args, **kw):
        # 在此处编写 function 被装饰之前的处理
        result = function(*args, **kw)
        # 在此处编写 function 被装饰之后的处理
        return result
    return decorated_function
```

装饰器的思想就是把被装饰的函数替换为一个给定的函数。本例用一个新的函数 decorated_function 替换 function。在被装饰函数的函数体内执行原始的函数。一些处理可以在函数被装饰之前完成，一些处理则可以在函数被装饰之后完成。

在 Flask 的上下文中，把装饰器放在 @dealer.route 装饰器之后。

```
@dealer.route('/path/to/resource')
@decorate
def view_function():
    return make_result('hello world', 200)
```

我们用 @decorate 装饰器包装了 view_function()。装饰器可以检查认证信息，确保用户是已知的。我们可以在这些函数中进行各种各样的处理。

12.8.2　实战演练

本实例分为 4 个部分：

❑ 定义 User 类；

❑ 定义视图装饰器；

❑ 创建服务器；

❑ 创建示例客户端。

1. 定义 User 类

该类定义提供了定义 User 对象的示例。

(1) 导入创建和验证密码所需的模块。

```
import hashlib
import os
import base64
```

其他有用的模块还包括 json，这样 User 对象就可以正确地序列化了。

(2) 定义 User 类。

```
class User:
```

(3) 由于我们将改变密码生成和验证的某些环节，因此提供两个常量作为总体类定义的一部分。

```
DIGEST = 'sha384'
ROUNDS = 100000
```

我们将使用 SHA-384 摘要算法。该算法提供了 64 字节的摘要。我们还将使用 PBKDF2（Password-Based Key Derivation Function 2）算法迭代 100 000 次。

(4) 大多数情况下，都可以通过 JSON 文档创建用户。JSON 文档会是一个可以使用 ** 转换为关键字参数值的字典。

```
def __init__(self, **document):
    self.name = document['name']
    self.year = document['year']
    self.email = document['email']
    self.twitter = document['twitter']
    self.password = None
```

请注意，我们不希望直接设置密码，而是会将设置密码与创建用户文档分开。

我们省略了其他授权细节，例如用户所属的组列表，还省略了一个显示需要更改密码的指示器。

(5) 定义设置密码 hash 值的算法。

12

```
def set_password(self, password):
    salt = os.urandom(30)
    hash = hashlib.pbkdf2_hmac(
        self.DIGEST, password.encode('utf-8'), salt, self.ROUNDS)
    self.password = '$'.join(
        [self.DIGEST,
         base64.urlsafe_b64encode(salt).decode('ascii'),
         base64.urlsafe_b64encode(hash).decode('ascii')
        ]
    )
```

我们使用 os.urandom() 构建了一个随机 salt。然后，使用给定的摘要算法、密码和 salt 构建了完整的 hash 值。最后，使用了可配置的迭代次数。

请注意，散列计算以字节而不是 Unicode 字符为单位。我们已经使用 utf-8 编码将密码编码为了字节。

我们使用摘要算法名称、salt 和编码过的 hash 值构建了一个字符串，还使用了 URL 安全的 base64 编码字节，以便可以轻松显示完整的密码散列值。密码散列值可以保存在任何类型的数据库中，因为它仅使用 A-Z、a-z、0-9、-和_字符。

请注意，urlsafe_b64encode() 创建了一个串字节值。必须解码才能查看它们代表的 Unicode 字符。这里使用了 ASCII 编码方案，因为 base64 只使用 64 个标准的 ASCII 字符。

(6) 定义检验密码散列值的算法。

```
def check_password(self, password):
    digest, b64_salt, b64_expected_hash = self.password.split('$')
    salt = base64.urlsafe_b64decode(b64_salt)
    expected_hash = base64.urlsafe_b64decode(b64_expected_hash)
    computed_hash = hashlib.pbkdf2_hmac(
        digest, password.encode('utf-8'), salt, self.ROUNDS)
    return computed_hash == expected_hash
```

我们已经把密码散列值分解为 digest、salt 和 expected_hash。由于各部分经过 base64 编码，因此必须解码来恢复原始字节。

请注意，散列计算以字节而不是 Unicode 字符为单位。我们已经使用 utf-8 编码将密码编码为了字节。将 hashlib.pbkdf2_hmac() 的计算结果与预期结果进行比较。如果它们匹配，则密码一定相同。

该类的使用方法如下所示：

```
>>> details = {'name': 'xander', 'email': 'x@example.com',
...     'year': 1985, 'twitter': 'https://twitter.com/PacktPub' }
>>> u = User(**details)
>>> u.set_password('OpenSesame')
>>> u.check_password('opensesame')
False
>>> u.check_password('OpenSesame')
True
```

该测试用例可以包含在类的文档字符串中。有关这种测试用例的更多信息，请参阅 11.2 节。

在更复杂的应用程序中，可能还需要定义用户集合。通常使用某种数据库来辅助查找用户和插入新用户。

2. 定义视图装饰器

(1) 从 `functools` 中导入 `@wraps` 装饰器。该步骤有助于定义装饰器，确保新函数具有从正在被装饰的函数中复制的原始名称和文档字符串。

```
from functools import wraps
```

(2) 为了验证密码，需要 `base64` 模块分解 `Authorization` 首部的值，还需要使用全局对象 `g` 报告错误并更新 Flask 的处理上下文。

```
import base64
from flask import g
from http import HTTPStatus
```

(3) 定义装饰器。所有装饰器都具有这个基本的大纲。下一步骤将替换 `processing here` 部分。

```
def authorization_required(view_function):
    @wraps(view_function)
    def decorated_function(*args, **kwargs):
        processing here
    return decorated_function
```

(4) 检查首部的处理步骤如下所示。请注意，每当遇到问题时，都会以 `401 UNAUTHORIZED` 状态码中止处理。为了防止黑客试探该算法，即使导致问题的根本原因不同，所有的结果也都是相同的。

```
if 'Authorization' not in request.headers:
    abort(HTTPStatus.UNAUTHORIZED)
kind, data = request.headers['Authorization'].split()
if kind.upper() != 'BASIC':
    abort(HTTPStatus.UNAUTHORIZED)
credentials = base64.decode(data)
username, _, password = credentials.partition(':')
if username not in user_database:
    abort(HTTPStatus.UNAUTHORIZED)
if not user_database[username].check_password(password):
    abort(HTTPStatus.UNAUTHORIZED)
g.user = user_database[username]
return view_function(*args, **kwargs)
```

另外，还必须满足以下条件：

- ❏ 必须存在 `Authorization` 首部；
- ❏ 首部必须指定基本认证；
- ❏ 值必须包含使用 `base64` 编码的 `username:password` 字符串；
- ❏ 用户名必须是已注册的用户名；
- ❏ 从密码计算得到的散列值必须匹配预期的密码散列值。

任意一个条件不满足都会导致 `401 UNAUTHORIZED` 响应。

3. 创建服务器

这个服务器与 12.7 节中的服务器相似，但是做了一些重要的修改。

(1) 创建本地自签名证书或从证书颁发机构购买证书。本实例假设这两个文件名是 ssl.cert 和 ssl.key。

(2) 导入构建服务器所需的模块，还需要导入 User 类定义。

```
from flask import Flask, jsonify, request, abort, url_for
from ch12_r07_user import User
from http import HTTPStatus
```

(3) 添加 @authorization_required 装饰器定义。

(4) 定义一个没有认证的路由。该路由将用于创建新用户。12.7 节定义了类似的视图函数。这个版本的视图函数需要使用接收到的文档中的密码属性。该属性的值是用于创建散列值的明文密码。在任何地方都不要保存明文密码，只保留散列值。

```
@dealer.route('/dealer/players', methods=['POST'])
def make_player():
    try:
        document = request.json
    except Exception as ex:
        # 如果文档不是 JSON，可以在此处微调错误消息
        raise
    player_schema = specification['definitions']['player']
    try:
        validate(document, player_schema)
    except ValidationError as ex:
        return make_response(ex.message, 403)

    id = hashlib.md5(document['twitter'].encode('utf-8')).hexdigest()
    if id in user_database:
        return make_response('Duplicate player', 403)

    new_user = User(**document)
    new_user.set_password(document['password'])
    user_database[id] = new_user

    response = make_response(
        jsonify(
            status='ok',
            id=id
        ),
        201
    )
    response.headers['Location'] = url_for('get_player', id=str(id))
    return response
```

创建用户后，密码单独设置。这种方法遵循一些应用程序的模式，在这些应用程序中，用户是批量加载的。该处理过程可能为每个用户提供临时密码，临时密码必须立即更改。

请注意，每个用户都分配了一个隐藏 ID。分配的 ID 是从 Twitter 用户名的十六进制摘要计算出来的。这种方式极为罕见，但它有极大的灵活性。

如果希望用户自己选择用户名，那么需要将用户名添加到请求文档中。我们将使用用户名替代计算得到的 ID 值。

(5) 定义一个需要认证的路由。12.7 节定义了类似的视图函数。这个版本的视图函数使用 `@authorization_required` 装饰器。

```
@dealer.route('/dealer/players/<id>', methods=['GET'])
@authorization_required
def get_player(id):
    if id not in user_database:
        return make_response("{} not found".format(id), 404)

    response = make_response(
        jsonify(
            players[id]
        )
    )
    return response
```

大多数其他路由将具有类似的 `@authorization_required` 装饰器。某些路由不需要身份验证，比如 `/swagger.json` 路由。

(6) `ssl` 模块定义了 `ssl.SSLContext` 类。可以使用先前创建的自签名证书和私钥文件来加载上下文，然后 Flask 对象的 `run()` 方法使用上下文。这样 URL 的协议方案将从 `http://127.0.01:5000` 改为 `https://127.0.0.1:5000`。

```
import ssl
ctx = ssl.SSLContext(ssl.PROTOCOL_SSLv23)
ctx.load_cert_chain('ssl.cert', 'ssl.key')
dealer.run(use_reloader=True, threaded=False, ssl_context=ctx)
```

4. 创建示例客户端

(1) 创建一个可以使用自签名证书的 SSL 上下文。

```
import ssl
context = ssl.create_default_context(ssl.Purpose.SERVER_AUTH)
context.check_hostname = False
context.verify_mode = ssl.CERT_NONE
```

该上下文可用于所有 `urllib` 请求，它将忽略证书上缺少的 CA 签名。

使用该上下文来获取 Swagger 规范的方法如下所示。

```
with urllib.request.urlopen(swagger_request, context=context) as response:
    swagger = json.loads(response.read().decode("utf-8"))
    pprint(swagger)
```

(2) 构建用于创建新玩家实例的 URL。请注意，协议方案必须使用 `https`。构建一个 `ParseResult` 对象来分别显示 URL 的各个部分。

```
full_url = urllib.parse.ParseResult(
    scheme="https",
    netloc="127.0.0.1:5000",
    path="/dealer" + "/players",
```

12

```
        params=None,
        query=None,
        fragment=None
)
```

(3) 创建一个将被序列化为 JSON 文档的 Python 对象。该模式与 12.7 节中的示例类似，包含了一个额外的纯文本属性。

```
password.document = {
    'name': 'Hannah Bowers',
    'email': 'h@example.com',
    'year': 1987,
    'twitter': 'https://twitter.com/PacktPub',
    'password': 'OpenSesame'
}
```

因为 SSL 使用加密套接字，所以发送这样的纯文本密码是可行的。

(4) 组合 URL、文档、方法和首部来创建完整的 request 对象。使用 urlunparse() 将 URL 的各个部分整合为单个字符串。Content-Type 首部说明将为服务器提供 JSON 标记格式的文档。

```
request = urllib.request.Request(
    url = urllib.parse.urlunparse(full_url),
    method = "POST",
    headers = {
        'Accept': 'application/json',
        'Content-Type': 'application/json;charset=utf-8',
    },
    data = json.dumps(document).encode('utf-8')
)
```

(5) 发送请求，创建一个新玩家。

```
try:
    with urllib.request.urlopen(request, context=context) as response:
        # print(response.status)
        assert response.status == 201
        # print(response.headers)
        document = json.loads(response.read().decode("utf-8"))

    print(document)
    assert document['status'] == 'ok'
    id = document['id']
except urllib.error.HTTPError as ex:
    print(ex.status)
    print(ex.headers)
    print(ex.read())
```

主流程接受一个 201 状态响应并创建用户。响应包括分配的用户 ID 和一个冗余的状态码。

如果用户是重复的，或者文档不匹配模式，则抛出 HTTPError 异常。HTTPError 异常可能会显示有用的错误消息。

(6) 使用分配的 ID 和已知的密码创建一个 Authorization 首部。

```
import base64
credentials = base64.b64encode(b'75f1bfbda3a8492b74a33ee28326649c:OpenSesame')
```

Authorization 首部的值由两个词组成：b"BASIC " + credentials。BASIC 是必需的。credentials 必须是一个 base64 编码的 username:password 字符串。在本示例中，username 是创建用户时分配的特定 ID。

(7) 查询所有玩家的 URL 如下所示。我们创建了一个 ParseResult 对象来分别显示 URL 的各个部分。

```
full_url = urllib.parse.ParseResult(
    scheme="https",
    netloc="127.0.0.1:5000",
    path="/dealer" + "/players",
    params=None,
    query=None,
    fragment=None
)
```

(8) 把 URL、方法和首部组合为一个 request 对象。该对象包含 Authorization 首部，该首部包含用户名和密码的 base64 编码。

```
request = urllib.request.Request(
    url = urllib.parse.urlunparse(full_url),
    method = "GET",
    headers = {
        'Accept': 'application/json',
        'Authorization': b"BASIC " + credentials
    }
)
```

(9) request 对象可以用于查询服务器和处理 urllib 的响应。

```
request.urlopen(request, context=context) as response:
    assert response.status == 200
    # print(response.headers)
    players = json.loads(response.read().decode("utf-8"))

pprint(players)
```

预期状态为 200。响应应该是一个包含已知 players 列表的 JSON 文档。

12.8.3　工作原理

本实例包含 3 个部分。

❑ **使用 SSL 提供安全通道**：这样就可以直接传输用户名和密码。可以使用更简单的 HTTP 基本认证方案来代替 HTTP 摘要认证方案。Web 服务可以使用的其他认证方案还有很多种，其中大部分都需要 SSL。

❑ **使用散列密码的最佳实践**：以任何形式保存密码都有安全隐患。只保存经过计算的密码散列值和随机 salt 字符串，而不保存纯密码，甚至加密密码。这样就可以保证几乎不可能通过逆向工程从散列值得到密码。

12

❑ **使用装饰器**：用于区分需要身份验证的路由和不需要身份验证的路由。装饰器使创建 Web 服务具有很大的灵活性。

在所有路由都需要认证的情况下，可以向 `@dealer.before_request` 添加密码验证算法。这将集中所有的认证验证，也意味着需要一个单独的过程来定义用户和散列密码。

最重要的是，服务器的安全检查是一个简单的 `@authorization_required` 装饰器，很容易确定它适用于所有视图函数。

12.8.4　补充知识

本实例的服务器具有相对简单的授权规则。

❑ 大多数路由需要一个合法用户。该规则可以通过视图函数中的 `@authorization_required` 装饰器来实现。

❑ 用于 `/dealer/swagger.json` 的 GET 和用于 `/dealer/players` 的 POST 不需要合法用户。该规则没有通过额外的装饰器来实现。

在许多情况下，我们有一个关于权限、组和用户的复杂配置。最小特权原则建议用户应该分成组，每个组都拥有尽可能少的权限来完成他们的目标。

这通常意味着将有一个可以创建新用户但没有使用 RESTful Web 服务访问权限的管理组。用户可以访问 Web 服务，但无法创建任何其他用户。

实现上述设计需要对数据模型进行多次更改。应该定义用户组并将用户分配给这些组。

```
class Group:
    '''A collection of users.'''
    pass

administrators = Group()
players = Group()
```

然后，可以扩展 User 的定义来添加组成员。

```
class GroupUser(User):
    def __init__(self, *args, **kw):
        super().__init__(*args, **kw)
        self.groups = set()
```

当创建 GroupUser 类的一个新实例时，也可以把它们分配给一个特定的组。

```
u = GroupUser(**document)
u.groups = set(players)
```

现在可以扩展装饰器来检查经过认证的用户的 groups 属性。带参数的装饰器比无参数装饰器更复杂一些。

```
def group_member(group_instance):
    def group_member_decorator(view_function):
        @wraps(view_function)
        def decorated_view_function(*args, **kw):
            # 检查密码并确定用户
```

```
        if group_instance not in g.user.groups:
            abort(HTTPStatus.UNAUTHORIZED)
        return view_function(*args, **kw)
    return decorated_view_function
return group_member_decorator
```

带参数的装饰器通过创建一个包含该参数的具体装饰器来工作。具体的装饰器 `group_member_decorator` 将包装给定的视图函数。上述代码将解析 Authorization 首部，查找 GroupUser 实例并检查组成员资格。

我们使用"# 检查密码并确定用户"来暂时代替检查 Authorization 首部的函数。@authorization_required 装饰器的核心功能需要提取为独立的函数，这样就可以重用了。

随后就可以使用该装饰器了，使用方法如下所示：

```
@dealer.route('/dealer/players')
@group_member(administrators)
def make_player():
    etc.
```

这种方法缩小了每个视图函数的权限范围，保证了 RESTful Web 服务遵循最小特权原则。

1. 创建命令行界面

在创建具有特殊管理员权限的站点时，经常需要创建初始管理员用户。然后，该用户可以创建所有具有非管理权限的用户。这种操作通常由管理员用户直接在 Web 服务器上运行的 CLI 应用程序完成。

Flask 通过一个装饰器来支持该功能，该装饰器定义了必须在 RESTful Web 服务环境之外运行的命令。可以用@dealer.cli.command()定义一个从命令行运行的命令。例如，这个命令可以加载初始管理员用户。我们也可以创建一个命令从列表中加载用户。

getpass 模块是另一种为管理员用户提供初始密码的方法，这种方法不会在终端上回显，因此可以确保网站的凭据得到安全的处理。

2. 构建 Authorization 首部

依赖于 HTTP 基本 Authorization 首部的 Web 服务可以通过以下两种常见方法提供支持。

❏ 使用凭据构建 Authorization 首部，并将其包含在每个请求中。为此，需要提供 username: password 字符串的正确 base64 编码。这种方法的优点在于相对简单。

❏ 使用 urllib 功能自动提供 Authorization 首部。

```
from urllib.request import HTTPBasicAuthHandler, HTTPPasswordMgrWithDefaultRealm
auth_handler = urllib.request.HTTPBasicAuthHandler(
    password_mgr=HTTPPasswordMgrWithDefaultRealm)
auth_handler.add_password(
    realm=None,
    uri='https://127.0.0.1:5000/',
    user='Aladdin',
    passwd='OpenSesame')
password_opener = urllib.request.build_opener(auth_handler)
```

我们创建了 HTTPBasicAuthHandler 的一个实例。该实例填充了所有可能需要的用户名和密码。

12

对于从多个站点收集数据的复杂应用程序，可能会向处理程序添加多个凭据集。

使用 `with password_opener(request) as response:` 替代 `with urllib.request.urlopen(request) as response:`。`Authorization` 首部通过 `password_opener` 对象被添加到请求中。

该方法的优点在于相对灵活。我们可以轻易地切换为使用 `HTTPDigestAuthHandler`，还可以添加其他用户名和密码。

域（realm）信息有时令人困惑。域是多个 URL 的容器。当服务器需要认证时，它将给出 401 状态码。该响应将包含一个 `Authenticate` 首部，该首部命名了凭据从属的域。由于域包含多个站点 URL，因此域信息往往是静态的。`HTTPBasicAuthHandler` 使用域和 URL 信息选择在授权响应中提供哪些用户名和密码。

通常需要编写技术探针来尝试连接，并在 401 响应中打印首部，以查看域字符串的内容。一旦知道了域，就可以构建 `HTTPBasicAuthHandler`。另一种方法是使用某些浏览器提供的开发者模式来检查首部，并查看 401 响应的详细信息。

12.8.5　延伸阅读

- ❑ 对于服务器而言，正确的 SSL 配置通常涉及使用由证书颁发机构签名的证书。这涉及从服务器开始的证书链，包括颁发证书的各个授权机构的证书。
- ❑ 许多 Web 服务实现使用 GUnicorn 或 NGINX 之类的服务器。这些服务器通常会处理应用程序之外的 HTTP 和 HTTPS 问题，还可以处理复杂的证书链。
- ❑ 有关详细信息，请参阅 http://docs.gunicorn.org/en/stable/settings.html#ssl 以及 http://nginx.org/en/docs/http/configuring_https_servers.html。

应用程序集成 *13*

本章主要介绍以下实例。

- ☐ 查找配置文件
- ☐ 使用 YAML 编写配置文件
- ☐ 使用 Python 赋值语句编写配置文件
- ☐ 使用 Python 类定义编写配置文件
- ☐ 设计可组合的脚本
- ☐ 使用 `logging` 模块监控和审计输出
- ☐ 将两个应用程序组合为一个复合应用程序
- ☐ 使用命令设计模式组合多个应用程序
- ☐ 管理复合应用程序中的参数和配置
- ☐ 包装和组合 CLI 应用程序
- ☐ 包装程序并检查输出
- ☐ 控制复杂的步骤序列

13.1 引言

Python 的可扩展库提供了众多计算资源。因此，Python 程序在集成组件以进行复杂的复合处理方面特别强大。

5.5 节、5.6 节和 5.7 节介绍了创建顶级应用程序脚本的具体技术。第 9 章介绍了文件系统的输入和输出。第 12 章介绍了创建服务器的方法，服务器是接收来自客户端请求的主应用程序。

上述实例展示了 Python 应用程序编程的某些方面。除此之外，还有其他一些有用的技术。

- ☐ 处理配置文件。5.5 节介绍了解析命令行参数的技术。5.7 节介绍了其他配置细节。本章将介绍一些处理配置文件的方法。可用于存储长期配置信息的文件格式有多种。
  - INI 文件格式可由 `configparser` 模块处理。
  - YAML 文件格式简单易用，但需要一个当前不属于 Python 发行版的附加模块。13.3 节将介绍这种文件格式。

- Properties 文件格式是 Java 编程中的典型格式，不需要编写太多代码就可以用 Python 处理，语法与 Python 脚本非常相似。
- 包含赋值语句的 Python 脚本文件很像 Properties 文件，使用 compile() 和 exec() 方法处理起来非常简单。13.4 节将介绍这种文件格式。
- 包含类定义的 Python 模块是使用 Python 语法的变体，但是将各种设置隔离为不同的类。这种格式可以使用 import 语句进行处理。13.5 节将讨论这种格式。
- ❏ 可以将多个应用程序组合为规模更大、更复杂的复合应用程序。本章将介绍如何设计这种应用程序。
- ❏ 本章将研究复合应用程序可能出现的复杂性，以及需要集中的一些功能，比如命令行解析。
- ❏ 本章还将扩展第 6 章和第 7 章中的一些概念，并将命令设计模式应用于 Python 程序。

13.2　查找配置文件

许多应用程序的配置选项具有层次结构。这些配置可能是内置于特定版本的默认值，也可能是服务器范围（或集群范围）的值，还可能是特定于用户的值，甚至可能是特定于程序调用的本地配置文件。

在许多情况下，为了便于更改，这些配置参数都被写入了文件。Linux 的惯例是将系统范围的配置放在 /etc 目录下，将用户的个人配置放在其主目录下，主目录通常被命名为~username。

如何支持配置文件位置的丰富层次结构？

13.2.1　准备工作

本实例是为用户分牌的 Web 服务。该服务曾在第 12 章的多个实例中讨论过。为了专注于从各种文件系统获取配置参数，本实例将省略服务的一些详细信息。

本实例将遵循 bash shell 的设计模式，bash 在以下几个位置查找配置文件。

(1) 从 /etc/profile 文件开始。

(2) 读取 /etc/profile 文件后，按以下顺序查找文件。

　a. ~/.bash_profile

　b. ~/.bash_login

　c. ~/.profile

在兼容 POSIX 的操作系统中，shell 将~扩展为登录用户的主目录，用户的主目录被定义为 HOME 环境变量的值。通常，Python 的 pathlib 模块可以自动处理这个问题。

保存程序的配置参数有以下几种方法。

- ❏ 使用类定义的优势在于具有巨大的灵活性和相对简单的 Python 语法。它可以使用普通继承来包含默认值。当有多个参数来源时，这种方法无效，因为没有更改类定义的简便方法。
- ❏ 对于映射类参数，可以使用 ChainMap 集合搜索多个字典，其中每个字典都来自不同的参数来源。

❑ 对于 SimpleNamespace 实例，types 模块提供了 SimpleNamespace 类。该类是可变的，可以从多个参数来源更新。

❑ argparse 模块中的 Namespace 实例使用起来很方便，因为它可以反映来自命令行的选项。

bash shell 设计模式使用两个独立的文件，再加上应用程序范围的默认值，实际上配置有 3 个层次。多层次的配置文件可以通过映射和 collections 模块中的 ChainMap 类实现。

随后的实例将介绍解析和处理配置文件的方法。本实例假设已经定义了 load_config_file() 函数，该函数加载具有给定文件内容的配置映射对象。

```
def load_config_file(config_file):
    '''Loads a configuration mapping object with contents
    of a given file.

    :param config_file: File-like object that can be read.
    :returns: mapping with configuration parameter values
    '''
    # 细节已省略
```

13.3 节和 13.4 节将介绍实现该函数的不同方法。

pathlib 模块有助于该处理，它提供了 Path 类定义，Path 类提供了大量关于操作系统文件的复杂信息。更多相关信息，请参阅 9.2 节。

为什么有这么多选择

在讨论这种设计时，有时会出现一个额外的话题——为什么有这么多选择？为什么不确切地指定两个位置？

答案取决于设计的情景。在创建一个全新的应用程序时，选择可以仅限于两个。然而，在替换遗留应用程序时，通常会有一个在某些方面比遗留位置更好的新位置，但是仍然需要支持遗留的位置。经过几次这样的演变之后，文件通常具有许多备选位置。

另外，由于 Linux 发行版之间的差异，通常会看到某些变体对于一个发行版是典型的，对于另一个发行版却是非典型的。当然，在 Windows 中也会有不同的文件路径。

13.2.2 实战演练

(1) 导入 Path 类和 ChainMap 类。

```
from pathlib import Path
from collections import ChainMap
```

(2) 定义一个函数来获取配置文件。

```
def get_config():
```

(3) 为各种参数来源位置创建路径。这些路径被称为纯路径，因为与文件系统无关。它们以潜在的文件名称开头。

```
system_path = Path('/etc/profile')
home_path = Path('~').expanduser()
local_paths = [home_path/'.bash_profile',
```

```
        home_path/'.bash_login',
        home_path/'.profile']
```

(4) 定义应用程序的内置默认值。

```
configuration_items = [
    dict(
        some_setting = 'Default Value',
        another_setting = 'Another Default',
        some_option = 'Built-In Choice',
    )
]
```

(5) 每个单独的配置文件都是一个从键到值的映射。各种映射对象将形成一个列表，该列表将成为最终的 ChainMap 配置映射。我们将通过追加项来组装映射列表，然后在文件加载后反转顺序。

(6) 如果存在系统范围的配置文件，那么加载该文件。

```
if system_path.exists():
    with system_path.open() as config_file:
        configuration_items.append(config_file)
```

(7) 通过迭代其他位置查找待加载的文件。该步骤将加载找到的第一个文件。

```
for config_path in local_paths:
    if config_path.exists():
        with config_path.open() as config_file:
            configuration_items.append(config_file)
        break
```

我们在代码中添加了 if-break 模式，在找到第一个文件之后将停止迭代。这种方法将循环的默认语义从 For All 修改为 There Exists。更多相关信息，请参阅 2.8 节。

(8) 反转列表并创建最终的 ChainMap。反转列表可以改变搜索顺序，首先搜索本地文件，然后搜索系统设置，最后搜索应用程序的默认设置。

```
configuration = ChainMap(*reversed(configuration_items))
```

(9) 返回最终的配置映射。

```
return configuration
```

构建 configuration 对象之后，就可以像最简单的映射一样使用最终配置了。该对象支持所有预期的字典操作。

13.2.3　工作原理

面向对象语言最优雅的功能之一是能够创建简单的对象集合。在本实例中，对象是 Path 对象。

正如在 9.2 节中提到的，Path 对象有一个 resolve() 方法，可以返回一个从纯路径 Path 构建的具体路径。本实例使用 exists() 方法确定是否可以构建一个具体路径。当 open() 方法用于读取文件时，将解析纯路径并打开相关的文件。

4.9 节介绍了使用字典的基本知识。在本实例中，我们将多个字典组合成一个链（chain）。当一个键不在链的第一个字典中时，将检查链中后续的字典。这是为映射中的每个键提供默认值的简便方法。

手动创建 `ChainMap` 的示例如下所示：

```
>>> from collections import ChainMap
>>> config = ChainMap(
...     {'another_setting': 2},
...     {'some_setting': 1},
...     {'some_setting': 'Default Value',
...      'another_setting': 'Another Default',
...      'some_option': 'Built-In Choice'})
```

`config` 对象由 3 个单独的映射构建。第一个映射可能是来自本地文件的详细信息，例如 ~/.bash_login。第二个映射可能是 /etc/profile 文件中系统范围的设置。第三个映射包含应用程序范围的默认值。

当查询该对象的值时，结果如下所示：

```
>>> config['another_setting']
2
>>> config['some_setting']
1
>>> config['some_option']
'Built-In Choice'
```

任何给定键的值取自映射链中该键的第一个实例。这种功能通过一种非常简单的方法使用本地值覆盖系统范围内的值，而系统范围内的值覆盖了内置默认值。

13.2.4　补充知识

11.9 节介绍了模拟外部资源的方法。因此，可以编写一个不会意外删除文件的单元测试。对本实例中的代码进行测试需要通过模拟 Path 类来模拟文件系统资源。单元测试的测试类概要如下所示：

```
import unittest
from unittest.mock import *

class GIVEN_get_config_WHEN_load_THEN_overrides(unittest.TestCase):
    def setUp(self):

    def runTest(self):
```

上述代码提供了单元测试的样板结构。因为涉及大量不同的对象，所以对 Path 的模拟过程相当复杂。各种对象的创建过程总结如下。

(1) 调用 Path 类创建一个 Path 对象。测试处理将创建两个 Path 对象，因此可以使用 side_effect 返回每个对象。还需要根据被测试单元中的代码确定值的顺序是否正确。

```
self.mock_path = Mock(
    side_effect = [self.mock_system_path, self.mock_home_path]
)
```

(2) 对于 system_path 值，调用 Path 对象的 exists() 方法，这将确定具体文件是否存在。然后打开文件并读取内容。

13

```
self.mock_path = Mock(
    side_effect = [self.mock_system_path, self.mock_home_path]
)
```

(3) 对于 home_path 值，调用 expanduser() 方法将~更改为正确的主目录。

```
self.mock_home_path = Mock(
    expanduser = Mock(
        return_value = self.mock_expanded_home_path
    )
)
```

(4) 然后，将扩展后的 home_path 与 / 操作符一起使用，创建 3 个替代目录。

```
self.mock_expanded_home_path = MagicMock(
    __truediv__ = Mock(
        side_effect = [self.not_exist, self.exist, self.exist]
    )
)
```

(5) 为了进行单元测试，假定不存在第一个路径，而其他两个路径确实存在，但是我们只期望读取其中一个路径，另一个路径将被忽略。

❑ 对于不存在的模拟路径，可以使用以下代码。

```
self.not_exist = Mock(
    exists = Mock(return_value=False) )
```

❑ 对于存在的模拟路径，需要使用更复杂的代码。

```
self.exist = Mock( exists = Mock(return_value=True), open = mock_open() )
```

我们还必须通过模拟模块的 mock_open() 函数来操作文件处理。这样就可以处理作为上下文管理器的文件的各种细节，但是处理也变得相当复杂。with 语句需要使用由 mock_open() 函数处理的 __enter__() 方法和 __exit__() 方法。

必须以相反的顺序组装这些模拟对象。这样就可以确保每个变量在使用之前就已经创建。以正确顺序显示对象的 setUp() 方法如下所示：

```
def setUp(self):
    self.mock_system_path = Mock(
        exists = Mock(return_value=True),
        open = mock_open()
    )
    self.exist = Mock(
        exists = Mock(return_value=True),
        open = mock_open()
    )
    self.not_exist = Mock(
        exists = Mock(return_value=False)
    )
    self.mock_expanded_home_path = MagicMock(
        __truediv__ = Mock(
            side_effect = [self.not_exist, self.exist, self.exist]
        )
    )
```

```
self.mock_home_path = Mock(
    expanduser = Mock(
        return_value = self.mock_expanded_home_path
    )
)
self.mock_path = Mock(
    side_effect = [self.mock_system_path, self.mock_home_path]
)

self.mock_load = Mock(
    side_effect = [{'some_setting': 1}, {'another_setting': 2}]
)
```

除了模拟 Path 操作之外，又增加了一个模拟模块。mock_load 对象替代了尚未定义的 load_config_file()。我们希望分离测试和路径处理，因此模拟对象使用 side_effect 属性返回两个单独的值。

以下测试说明了路径搜索的工作原理。每个测试从应用两个补丁开始，创建一个经过改进的上下文来测试 get_config() 函数。

```
def runTest(self):
    with patch('__main__.Path', self.mock_path), \
    patch('__main__.load_config_file', self.mock_load):
        config = get_config()
        # print(config)
    self.assertEqual(2, config['another_setting'])
    self.assertEqual(1, config['some_setting'])
    self.assertEqual('Built-In Choice', config['some_option'])
```

第一次使用 patch() 时，用 self.mock_path 替换 Path 类。第二次使用 patch() 时，将 load_config_file() 函数替换为 self.mock_load 函数，这个函数将返回两个配置文档。在这两种情况下，修补的上下文是当前模块，其 __name__ 值为 __main__。当单元测试位于单独的模块中时，将导入被测模块，并使用该模块的名称。

可以通过检查 self.mock_load 的调用来检查 load_config_file() 是否正确地调用了。在这种情况下，每个配置文件应该有一个调用。

```
self.mock_load.assert_has_calls(
    [
        call(self.mock_system_path.open.return_value.__enter__.return_value),
        call(self.exist.open.return_value.__enter__.return_value)
    ]
)
```

假设首先检查 self.mock_system_path 文件。请注意，调用链 Path() 返回一个 Path 对象。该对象的 open() 方法必须返回一个被用作上下文的值。上下文的 __enter__() 方法是将由 load_config_file() 函数使用的对象。

假设另一个路径是 exists() 方法将返回 True 的路径之一。检查已构建的文件名的代码如下所示：

13

```
self.mock_expanded_home_path.assert_has_calls(
    [call.__truediv__('.bash_profile'),
     call.__truediv__('.bash_login'),
     call.__truediv__('.profile')]
)
```

/运算符通过 `__truediv__`() 方法实现。每个调用构建一个单独的 `Path` 实例。可以确认 `Path` 对象总共只被调用了两次，一次是 `'/etc/profile'`，一次是 `'~'`。

```
self.mock_path.assert_has_calls(
    [call('/etc/profile'), call('~')]
)
```

需要注意的是，两个文件的 `exists`() 方法都返回了 `True`。但是，我们希望只检查其中一个文件。找到第一个文件之后，第二个文件将被忽略。下面的测试将确认是否只进行了一次检查：

```
self.exist.assert_has_calls( [call.exists()] )
```

为了使检查更完整，我们通过遍历整个上下文管理序列来检查存在的文件：

```
self.exist.open.assert_has_calls(
    [call(), call().__enter__(), call().__exit__(None, None, None)]
)
```

第一个调用的是 `self.exist` 对象的 `open`() 方法，返回值是一个上下文，该上下文将执行 `__enter__`() 方法以及 `__exit__`() 方法。在前面的代码中，为了获取配置文件的内容，我们检查了 `__enter__`() 的返回值。

13.2.5　延伸阅读

❑ 13.3 节和 13.4 节将介绍如何实现 `load_config_file`() 函数。
❑ 11.9 节介绍了一些函数的测试方法。与本实例类似，这些函数都与外部资源进行交互。

13.3　使用 YAML 编写配置文件

Python 提供了多种打包应用程序输入和配置文件的方法。本实例将介绍如何编写优雅简单的 YAML 文件。

如何以 YAML 标记形式表示配置的详细信息？

13.3.1　准备工作

Python 没有内置的 YAML 解析器。我们需要使用 pip 包管理系统，将 pyyaml 添加到库中。安装方式如下所示：

```
MacBookPro-SLott:pyweb slott$ pip3.5 install pyyaml
Collecting pyyaml
  Downloading PyYAML-3.11.zip (371kB)
    100% |████████████████████████████████| 378kB
2.5MB/s
```

```
Installing collected packages: pyyaml
  Running setup.py install for pyyaml ... done
Successfully installed pyyaml-3.11
```

YAML 语法的优雅之处在于用简单的缩进来显示文档的结构，如下所示：

```
query:
  mz:
    - ANZ532
    - AMZ117
    - AMZ080
url:
  scheme: http
  netloc: forecast.weather.gov
  path: /shmrn.php
description: >
  Weather forecast for Offshore including the Bahamas
```

该文档可被看作类似 http://forecast.weather.gov/shmrn.php?mz=ANZ532 的大量相关 URL 的规范。它包含从协议方案、网络位置、基本路径和多个查询字符串构建 URL 的信息。yaml.load() 函数可以加载该 YAML 文档，并创建以下 Python 结构：

```
{'description': 'Weather forecast for Offshore including the Bahamas\n',
 'query': {'mz': ['ANZ532', 'AMZ117', 'AMZ080']},
 'url': {'netloc': 'forecast.weather.gov',
         'path': 'shmrn.php',
         'scheme': 'http'}}
```

应用程序可以使用这种 dict-of-dict 结构自定义其操作方法。本例指定了需要查询的 URL 序列，以生成规模更大的天气简报。

我们经常使用 13.2 节的实例检查各种位置，以查找给定的配置文件。这种灵活性对于创建易于在各种平台上使用的应用程序非常重要。

本实例将构建上一个实例的缺失部分，即 load_config_file() 函数。该函数的模板如下所示。

```
def load_config_file(config_file) -> dict:
    '''Loads a configuration mapping object with contents
    of a given file.

    :param config_file: File-like object that can be read.
    :returns: mapping with configuration parameter values
    '''
    # 细节已省略
```

13.3.2　实战演练

(1) 导入 yaml 模块。

```
import yaml
```

(2) 使用 yaml.load() 函数加载 YAML 格式的文档。

```
def load_config_file(config_file) -> dict:
    '''Loads a configuration mapping object with contents
    of a given file.
```

13

```
    :param config_file: File-like object that can be read.
    :returns: mapping with configuration parameter values
    '''
    document = yaml.load(config_file)
return document
```

13.3.3   工作原理

http://yaml.org 定义了 YAML 的语法规则。YAML 提供类似 JSON 的数据结构，但具有更灵活、更人性化的语法。JSON 是更通用的 YAML 语法的一种特殊情况。

两者之间的区别在于，JSON 中的空格和换行符并不重要，因为标点符号显示了文档的结构。但是在一些 YAML 变量中，换行符和缩进决定了文档的结构，使用空格意味着换行符将与 YAML 文档有关。

JSON 语法中的主要数据结构如下。

❑ **序列**（sequence）：`[item, item, ...]`

❑ **映射**（mapping）：`{key: value, key: value, ...}`

❑ **标量**（scalar）：

 ■ **字符串**（string）：`"value"`

 ■ **数字**（number）：`3.1415926`

 ■ **文本**（literal）：`true`、`false` 和 `null`

JSON 语法是 YAML 的一种风格，这种风格被称为流风格（flow style）。在这种风格的文档中，文档结构由明确的符号标记。在语法上，需要`{...}`和`[...]`来显示结构。

YAML 提供的方案叫作块风格（block style）。文档结构由换行符和缩进定义。此外，长字符串标量值可以使用文本、引号和折叠式语法样式。YAML 语法的工作原理如下所示。

❑ **块序列**（block sequence）：用–表示序列的每一行。看起来像项目符号列表，易于阅读。示例如下：

```
zoneid:
   - ANZ532
   - AMZ117
   - AMZ080
```

加载本示例将创建一个值为字符串列表的字典，用 Python 语法可以表示为：`{zoneid: ['ANZ532', 'AMZ117', 'AMZ080']}`。

❑ **块映射**（block mapping）：可以使用简单的 `key: value` 语法将键与简单的标量联系起来。可以用 `key:` 把键单独放在一行，值以缩进的形式放在随后的行中。示例如下：

```
url:
   scheme: http
   netloc: marine.weather.gov
```

本示例将创建一个嵌套字典，用 Python 语法可以表示为：`{'url': {'scheme': 'http', 'netloc': 'marine.weather.gov'}}`。

我们也可以使用显式的键和值标记，例如?和:。当键是特别长的字符串或更复杂的对象时，这种标记就显得非常有用。

```
? scheme
: http
? netloc
: marine.weather.gov
```

YAML 的某些高级功能将利用键和值之间的这种显式分离。

❑ 对于短字符串标量值，可以将其当作纯文本，YAML 规则将仅使用去除前导空格和尾随空格之后的所有字符。所有示例都对字符串值使用这种假设。

❑ 引号可以用于字符串，这一点与 JSON 完全相同。

❑ 对于较长的字符串，YAML 引入了 | 前缀，该前缀之后的行将完整保留所有空格和换行符。YAML 还引入了>前缀，该前缀将多行字符串保留为一长串文本，任何换行符都被视为一个空格。这对于连续文本来说很常见。在这两种情况下，缩进将确定有多少文档内容是文本的一部分。

❑ 在某些情况下，值可能不明确。举例来说，美国邮政编码全部是数字，如 22102。即使 YAML 规则将其解释为数字，这种编码也应当理解为字符串。引号当然有助于说明这种情况。为了更明确地表示，值前面的本地标签 !!str 将强制指定一个数据类型。例如，!!str 22102 确保数字被视为字符串对象。

13.3.4　补充知识

YAML 还具有 JSON 缺少的大量功能。

❑ 支持注释，注释以#开头并持续到行尾，并且几乎可以在任何地方使用。JSON 不支持注释。

❑ 支持文档起始标识。新文档的开头由---行标识。这种功能允许 YAML 文件包含许多单独的对象。JSON 限制每个文件只能有一个文档。每个文件一个文档的替代方案是一种复杂的解析算法。YAML 提供了一个显式的文档分隔符和一个非常简单的解析接口。

包含两个单独文档的 YAML 文件如下所示。

```
>>> import yaml
>>> yaml_text = '''
... ---
... id: 1
... text: "Some Words."
... ---
... id: 2
... text: "Different Words."
... '''
>>> document_iterator = iter(yaml.load_all(yaml_text))
>>> document_1 = next(document_iterator)
>>> document_1['id']
1
>>> document_2 = next(document_iterator)
>>> document_2['text']
'Different Words.'
```

13

`yaml_text` 值包含两个 YAML 文档，每个文档以---开头。`load_all()`函数是一个迭代器，每次只加载一个文档。应用程序必须遍历其结果以处理流中的每个文档。

- ❑ 支持文档结束标识。`...`行表示文档结束。
- ❑ 支持复杂的映射键。JSON 映射的键被限制为标量类型——字符串、数字、`true`、`false` 和 `null`。YAML 允许更复杂的映射键。
- ❑ 更重要的是，Python 需要一个可散列的不可变对象作为映射的键。这意味着复杂的键必须转换为不可变的 Python 对象，通常转换为元组。为了创建一个 Python 特定的对象，需要使用更复杂的本地标签。示例如下。

```
>>> yaml.load('''
... ? !!python/tuple ["a", "b"]
... : "value"
... ''')
{('a', 'b'): 'value'}
```

本示例使用?和:标记映射的键和值。之所以这样做，是因为该键是一个复杂的对象。键 value 使用本地标签 `!!python/tuple` 创建一个元组来替代一个列表默认值。键的文本使用流式风格的 YAML 值`["a", "b"]`。

- ❑ JSON 没有关于集（set）的规定。YAML 允许使用 `!!set` 标签创建一个集来替代一个简单的序列。集中的元素由?前缀标识，因为它们被认为是没有值的映射的键。

    请注意，`!!set` 标记与集中的值处于相同的缩进级别，在字典的键 `data_values` 内缩进。

```
>>> import yaml
>>> yaml_text = '''
... document:
...     id: 3
...     data_values:
...        !!set
...        ? some
...        ? more
...        ? words
... '''
>>> some_document = yaml.load(yaml_text)
>>> some_document['document']['id']
3
>>> some_document['document']['data_values'] == {'some', 'more', 'words'}
True
```

`!!set` 本地标签将随后的序列修改为 `set` 对象，而不是默认的列表对象。结果集等于预期的 Python 集对象`{'some', 'more', 'words'}`。

- ❑ Python 可变对象规则必须应用于一个集的内容。由于列表实例没有散列值，因此无法构建列表对象的集。`!!python/tuple` 本地标签可以用于建立一个元组的集。
- ❑ YAML 可以创建一个 Python 二元组列表序列，也可以实现有序映射。但是，用 `yaml` 模块创建一个 `OrderedDict` 结构非常麻烦。

```
>>> import yaml
>>> yaml_text = '''
```

```
... !!omap
... - key1: string value
... - numerator: 355
... - denominator: 113
... '''
>>> yaml.load(yaml_text)
[('key1', 'string value'), ('numerator', 355), ('denominator', 113)]
```

请注意，在不指定大量详细信息的情况下，很难执行下一步并从中创建一个 OrderedDict。
下面是创建 OrderedDict 实例的 YAML。

```
!!python/object/apply:collections.OrderedDict
args:
    -   !!omap
    -   key1: string value
    -   numerator: 355
    -   denominator: 113
```

❑ args 关键字用于支持 !!python/object/apply 标签。只有一个位置参数，该参数是由一系列键和值构建的 YAML !!omap。

❑ 使用 YAML 本地标签几乎可以构建任何类的 Python 对象。任何具有 __init__() 方法的类都可以通过 YAML 来构建。
一个简单的类定义如下所示：

```
class Card:
    def __init__(self, rank, suit):
        self.rank = rank
        self.suit = suit
    def __repr__(self):
        return "{rank} {suit}".format_map(vars(self))
```

我们定义了一个具有两个位置属性的类。该对象的 YAML 描述如下所示：

```
!!python/object/apply:__main__.Card
kwds:
    rank: 7
    suit: ♣
```

我们使用 kwds 键为 Card 构造函数提供了两个基于关键字的参数值。之所以能够使用 Unicode 字符♣，是因为 YAML 文件是使用 UTF-8 编码的文本。

❑ 除了以!!开头的本地标签，YAML 还支持使用 tag: 协议方案的 URI 标签。这种方案允许全局唯一的基于 URI 的类型规范，这使得 YAML 文档在各种上下文中更容易处理。
标签包含一个权限名称、一个日期和/分隔路径形式的特定详细信息，例如标签!<tag:www.someapp.com,2016:rules/rule1>。

13.3.5　延伸阅读

❑ 请参阅 13.2 节，了解如何搜索配置文件的多个文件系统位置。我们可以轻松地将应用程序默认设置、系统范围设置和个人设置内置到不同的文件中并由应用程序组合。

13

13.4　使用 Python 赋值语句编写配置文件

Python 提供了多种可以打包应用程序输入和配置文件的方法。本实例将用简单优雅的 Python 语法编写配置文件。

许多包在单独的模块中使用赋值语句提供配置参数，特别是 Flask 项目。12.3 节和第 12 章中的很多相关实例都介绍了 Flask。

如何用 Python 模块的形式表示配置的详细信息？

13.4.1　准备工作

Python 的赋值语句特别优雅、简单、易读并且非常灵活。使用赋值语句可以从单独的模块中导入配置的详细信息。假设该模块的名称为 settings.py，该名称表明模块专注于配置参数。

由于 Python 将每个导入的模块视为一个全局**单例**对象，因此应用程序的多个部分都使用 import settings 语句，就可以获取当前应用程序的全局配置参数的一致视图。

但是在某些情况下，我们可能会选择另外几种配置文件中的一种。本实例将使用一种比 import 语句更灵活的技术来加载文件。

假设我们希望能够在一个文本文件中提供如下定义：

```
'''Weather forecast for Offshore including the Bahamas
'''
query = {'mz': ['ANZ532', 'AMZ117', 'AMZ080']}
url = {
  'scheme': 'http',
  'netloc': 'forecast.weather.gov',
  'path': '/shmrn.php'
}
```

这段文本使用了 Python 语法。这些参数包含两个变量：query 和 url。query 变量的值是一个字典，该字典只有一个键 mz，其值为一个序列。

该文本可被视为类似 http://forecast.weather.gov/shmrn.php?mz=ANZ532 的大量相关 URL 的规范。

我们经常使用 13.2 节的实例来检查各种位置，以查找给定的配置文件。这种灵活性对于创建易于在各种平台上使用的应用程序非常重要。

本实例将构建上一个实例的缺失部分，即 load_config_file() 函数。该函数的模板如下所示。

```
def load_config_file(config_file) -> dict:
    '''Loads a configuration mapping object with contents
    of a given file.

    :param config_file: File-like object that can be read.
    :returns: mapping with configuration parameter values
    '''
    # 细节已省略
```

13.4.2 实战演练

用以下代码替换 `load_config_file()` 函数中的 "# 细节已省略"一行。

(1) 使用内置的 `compile()` 函数编译配置文件中的代码。`compile()` 函数需要源文本以及源文本的文件名。文件名对于创建有用且正确的回溯消息至关重要。

```
code = compile(config_file.read(), config_file.name, 'exec')
```

(2) 在极少数情况下，代码不是来自于文件。这时，通常的做法是提供一个名称来替代文件名，例如`<string>`。

(3) 执行 `compile()` 函数创建的 `code` 对象。这个步骤需要两个上下文：全局上下文提供之前导入的所有模块以及 `__builtins__` 模块；局部上下文创建新变量。

```
locals = {}
exec(code, {'__builtins__':__builtins__}, locals)
return locals
```

(4) 当代码在脚本文件的最顶层执行时（通常在 `if __name__ == "__main__"`条件中），代码将在全局上下文和局部上下文都相同的上下文中执行。当代码在函数、方法或类定义中执行时，该上下文的局部变量与全局变量是分开的。

(5) 通过创建一个单独的 `locals` 对象，确保导入的语句不会意外地更改其他全局变量。

13.4.3 工作原理

Python 语言的细节（语法和语义）体现在 `compile()` 和 `exec()` 函数中。启动一个脚本的基本过程如下。

❑ 读取文本，然后使用 `compile()` 函数编译文本来创建一个 `code` 对象。

❑ 使用 `exec()` 函数执行 `code` 对象。

`__pycache__` 目录用于保存 `code` 对象以及未更改的需要重新编译的文本文件。这对于处理过程没有实质性的影响。

`exec()` 函数反映了 Python 处理全局变量和局部变量的方式，该函数接受了两个命名空间，这两个命名空间对通过 `globals()` 和 `locals()` 函数运行的脚本是可见的。

本实例提供了两个不同的字典。

❑ 全局对象的字典。可以通过 `global` 语句访问这些变量。最常见的用途是提供对始终是全局的导入模块的访问。例如，经常提供`__builtins__`模块。在某些情况下，应当添加其他模块。

❑ 局部变量的字典由每个赋值语句更新。局部变量字典允许捕获 `settings` 模块中创建的变量。

13.4.4 补充知识

本实例构建了一个配置文件，这个文件可以完全由一系列 name = value 赋值语句构成，这个语句由 Python 赋值语句语法直接支持。

13

此外，还可以使用有关 Python 程序设计的全部技术，但是必须做出一些工程上的权衡取舍。

虽然任何语句都可以在配置文件中使用，但是可能会导致复杂性。如果处理过于复杂，那么文件不再是配置，而是应用程序中最重要的部分。非常复杂的功能应该通过修改程序设计来完成，而不是通过配置设置来完成。由于 Python 应用程序包含源代码，因此这种方法是比较容易的。

除了简单的赋值语句之外，使用 if 语句处理选择也是非常合理的。文件可能会根据特定运行时环境的独特功能提供单独的内容。例如，可以使用 platform 包来隔离功能。

```
import platform
if platform.system() == 'Windows':
    tmp = Path(r"C:\TEMP")
else:
    tmp = Path("/tmp")
```

为了能够正常运行这段代码，platform 和 Path 应当是全局变量。这是一个超出 __builtins__ 的合理扩展。

为了使大量相关的设置更容易组织，进行一些处理也是合理的。例如，应用程序可能有多个相关文件，编写如下的配置文件会有所帮助。

```
base = Path('/var/app/')
log = base/'log'
out = base/'out'
```

log 和 out 的值由应用程序使用。base 的值仅用于确保其他两个位置位于同一目录下。

这将导致之前演示的 load_config_file() 函数发生变化。这个版本的 load_config_file() 函数添加了一些附加模块和全局类。

```
from pathlib import Path
import platform
def load_config_file_path(config_file) -> dict:
    code = compile(config_file.read(), config_file.name, 'exec')
    globals = {'__builtins__': __builtins__,
        'Path': Path, 'platform': platform}
    locals = {}
    exec(code, globals, locals)
    return locals
```

添加 Path 和 platform 意味着可以写入配置文件，而且没有 import 语句的开销，这样配置更容易组织和维护。

13.4.5　延伸阅读

❑ 请参阅 13.2 节了解如何搜索配置文件的多个文件系统位置。

13.5　使用 Python 类定义编写配置文件

Python 提供了多种打包应用程序输入和配置文件的方法。本实例将用简单优雅的 Python 语法编写配置文件。

许多包在单独的模块中使用类定义来提供配置参数。使用类层次结构就意味着可以使用继承技术简化参数的组织，特别是 Flask 项目。12.3 节和第 12 章中的一些相关实例都介绍了 Flask。

如何用 Python 类的形式表示配置的详细信息？

13.5.1　准备工作

Python 用于定义类的属性的表示方法特别优雅、简单、易读，并且非常灵活。我们可以轻松地定义一种精妙的配置格式，用于快速可靠地改变 Python 应用程序的配置参数。

我们可以基于类定义设计这种语言，这样就可以在单个模块中包装一些配置选项。应用程序可以加载模块并从模块中选择相关的类定义。

我们希望提供的定义如下所示：

```
class Configuration:
    """
    Weather forecast for Offshore including the Bahamas
    """
    query = {'mz': ['ANZ532', 'AMZ117', 'AMZ080']}
    url = {
      'scheme': 'http',
      'netloc': 'forecast.weather.gov',
      'path': '/shmrn.php'
    }
```

可以在单独的 settings 模块中创建 Configuration 类。为了使用这个配置，主应用程序应当添加以下语句：

```
from settings import Configuration
```

这行代码使用了一个固定的文件和一个固定的类名称（这个模块不是内置模块，而是自建的）。这种方法尽管缺乏灵活性，但通常比其他替代方案更有效。另外，还有其他两种支持复杂配置文件的方法：

❏ 可以使用 PYTHONPATH 环境变量列出配置模块的多个位置；

❏ 使用多重继承和 mixin 将默认值、系统范围设置和本地化设置组合到配置类定义中。

这些技术可能很有用，因为配置文件的位置遵循 Python 查找模块的规则。我们不需要自己实现配置文件的搜索。

本实例将构建前面实例的缺失部分，即 load_config_file() 函数。该函数的模板如下所示。

```
def load_config_file(config_file) -> dict:
    '''Loads a configuration mapping object with contents
    of a given file.

    :param config_file: File-like object that can be read.
    :returns: mapping with configuration parameter values
    '''
    # 细节已省略
```

13

13.5.2　实战演练

用以下代码替换 `load_config_file()` 函数中的"# 细节已省略"一行。

(1) 使用内置的 `compile()` 函数编译给定文件中的代码。`compile()` 函数需要源文本以及源文本的文件名。文件名对于创建有用且正确的回溯消息至关重要。

```
code = compile(config_file.read(), config_file.name, 'exec')
```

(2) 执行 `compile()` 函数创建的 code 对象。这个步骤需要两个上下文：全局上下文提供之前导入的所有模块以及 `__builtins__` 模块；局部上下文创建新变量。

```
globals = {'__builtins__':__builtins__,
           'Path': Path,
           'platform': platform}
locals = {}
exec(code, globals, locals)
return locals['Configuration']
```

(3) 上述代码只返回由执行模块设置的局部变量定义的 Configuration 类。任何其他变量都将被忽略。

13.5.3　工作原理

Python 语言的细节（语法和语义）体现在 `compile()` 和 `exec()` 函数中。`exec()` 函数反映了 Python 处理全局变量和局部变量的方式，该函数接受了两个命名空间。全局 namespace 实例包括 `__builtins__` 以及可以在文件中使用的类和模块。

新类将在局部变量命令空间中创建。该命名空间具有 `__dict__` 属性，可以通过字典方法访问。因此，可以按名称提取类。函数返回在整个应用程序中使用的类对象。

我们可以用任意类型的对象作为类的属性。前面的示例已经演示了映射对象。在创建类级属性时，对于对象的类型没有任何限制。

我们既可以在 class 语句内执行复杂的计算，也可以通过计算创建从其他属性派生的属性，还可以执行任意类型的语句来创建属性值，包括 if 语句和 for 语句。

13.5.4　补充知识

使用类定义意味着可以利用继承来组织配置值。我们可以轻松创建 Configuration 的多个子类，其中一个用于应用程序。配置如下所示：

```
class Configuration:
    """
    Generic Configuration
    """
    url = {
        'scheme': 'http',
        'netloc': 'forecast.weather.gov',
        'path': '/shmrn.php'
```

```
    }

class Bahamas(Configuration):
    """
    Weather forecast for Offshore including the Bahamas
    """
    query = {'mz': ['AMZ117', 'AMZ080']}

class Cheaspeake(Configuration):
    """
    Weather for Cheaspeake Bay
    """
    query = {'mz': ['ANZ532']}
```

这意味着应用程序必须从 settings 模块的可用类中选择一个适当的类。可以使用操作系统环境变量或命令行选项来指定需要使用的类名。为此，应用程序的执行方式如下所示：

python3 some_app.py -c settings.Chesapeake

这个命令将在 settings 模块中查找 Chesapeake 类。处理过程将基于特定配置类中的详细信息。为了实现这种设计，必须扩展 load_config_file() 函数。

为了选择一个可用的类，我们将为类名提供一个额外的参数。

```
import importlib
def load_config_module(name):
    module_name, _, class_name = name.rpartition('.')
    settings_module = importlib.import_module(module_name)
    return vars(settings_module)[class_name]
```

我们使用了高级的 importlib 模块，而不是手动编译和执行模块。这个模块实现了 import 语句语义。请求的模块被导入、编译和执行，生成的模块对象将被赋值给变量名 settings_module。

然后，可以查看模块的变量，并选出所请求的类。内置函数 vars() 将从模块、类甚至局部变量中提取内部字典。

load_config_file() 函数的使用方法如下所示：

```
>>> configuration = load_config_module('settings.Chesapeake')
>>> configuration.__doc__.strip()
'Weather for Cheaspeake Bay'
>>> configuration.query
{'mz': ['ANZ532']}
>>> configuration.url['netloc']
'forecast.weather.gov'
```

我们在 settings 模块中找到了 Chesapeake 配置类。

配置表示

使用这种类的问题在于，类的默认显示不是很详细。当打印配置时，结果如下所示：

```
>>> print(configuration)
<class 'settings.Chesapeake'>
```

几乎没有任何有用的信息，不足以进行调试。

13

可以使用 vars() 函数查看更多详细信息。但是，vars() 函数只显示局部变量，不显示继承变量。

```
>>> pprint(vars(configuration))
mappingproxy({'__doc__': '\\n    Weather for Cheaspeake Bay\\n    ',
              '__module__': 'settings',
              'query': {'mz': ['ANZ532']}})
```

这种方法虽然比之前的好，但是仍然不完善。

为了查看所有设置，需要一些更复杂的技术。有意思的是，我们不能简单地为这个类定义 __repr__() 方法，因为在类中定义的方法将应用于该类的实例，而不是类本身。

我们创建的每个类对象都是内置的 type 类的实例。可以使用元类来调整 type 类的行为方式，并实现更好的 __repr__() 方法，该方法可以查看所有父类的属性。

我们将用 __repr__ 扩展内置类型来更好地显示配置。

```
class ConfigMetaclass(type):
    def __repr__(self):
        name = (super().__name__ + '('
            + ', '.join(b.__name__ for b in super().__bases__) + ')')
        base_values = {n:v
            for base in reversed(super().__mro__)
                for n, v in vars(base).items()
                    if not n.startswith('_')}
        values_text = ['    {0} = {1!r}'.format(name, value)
            for name, value in base_values.items()]
        return '\n'.join(["class {}:".format(name)] + values_text)
```

类的名称可以从超类 type 的 __name__ 属性获得，其中也包括基类的名称，这样可以显示配置类的继承层次结构。

base_values 由所有基类的属性构建。每个类都按照**方法解析顺序**（method resolution order，MRO）的相反顺序进行检查。以反向 MRO 加载所有属性值意味着首先加载所有默认值，然后使用子类的值覆盖默认值。

缺少_前缀的名称将被添加，具有_前缀的名称将被忽略。

最终得到的结果值用于创建一个类似于类定义的文本表示，它不是原始类的源代码，只是原始类定义的实际效果。

使用这个元类的 Configuration 类的层次结构如下所示。基类 Configuration 包含元类并提供默认定义。子类使用特定环境或上下文所特有的值扩展这些定义。

```
class Configuration(metaclass=ConfigMetaclass):
    unchanged = 'default'
    override = 'default'
    feature_override = 'default'
    feature = 'default'

class Customized(Configuration):
    override = 'customized'
    feature_override = 'customized'
```

我们可以利用 Python 多重继承的所有功能来构建 Configuration 类定义，这样可以将不同功能的详细信息组合成单个配置对象。

13.5.5　延伸阅读

❑ 第 6 章和第 7 章介绍了类的定义。

13.6　设计可组合的脚本

许多大型应用程序实际上由多个较小的应用程序组合而成。在企业术语中，它们通常被称为包含单个命令行应用程序的应用程序系统。

一些复杂的大型应用程序包含许多命令。例如，Git 应用程序有许多单独的命令，如 `git pull`、`git commit` 和 `git push`。这些命令也可以被看作单独的应用程序，它们是整个 Git 应用程序系统的一部分。

应用程序起初可能只是单独的 Python 脚本文件的集合。在随后的进化过程中，可能需要重构脚本以组合功能，并从较旧且各自独立的脚本创建新的复合脚本。此外，还可能有另外一种途径，大型应用程序也可能被分解并重构成新的应用程序。

如何设计一个脚本使未来的组合和重构尽可能简单？

13.6.1　准备工作

我们需要区分 Python 脚本的几种功能设计。

❑ 前面已经介绍了采集输入的几个方面。
  ■ 从命令行界面和环境变量获取高度动态的输入，请参阅 5.5 节。
  ■ 从文件更改配置选项，请参阅 13.2 节、13.3 节和 13.4 节。
  ■ 读取输入文件，请参阅 9.5 节、9.6 节、9.7 节、9.8 节和 9.9 节。
❑ 产生输出的几个方面如下。
  ■ 创建日志并提供支持审计、控制和监测的其他功能。13.7 节将介绍其中一些相关内容。
  ■ 创建应用程序的主要输出。可能会使用与解析输入相同的库模块打印或写入输出文件。
❑ 应用程序的核心处理。这些功能是从各种输入解析和输出格式中分离出来的基本功能。

这种**关注点分离**思想建议，无论多么简单，任何应用程序都应设计为多个独立的函数。这些函数应该组合为一个完整的脚本，这样可以将输入和输出与核心处理过程分离开。处理过程是我们经常想要重用的部分，而输入和输出格式应当易于修改。

本实例将以创建演示掷骰子的简单应用程序为例。每个骰子序列都将遵循 *Craps* 游戏的规则。规则如下。

(1) 两个骰子的第一掷叫作**出场掷**。

　　a. 骰子的点数为 2、3 或 12 叫作立即输。序列具有单个值，例如 `[(1, 1)]`。

　　b. 骰子的点数为 7 或 11 叫作立即赢。这个序列也具有单个值，例如 `[(3, 4)]`。

(2) 其他任何数字将创建一个点数。序列以点数开始，并继续添加点数，直到点数为 7 或者再次出现第一次掷出的点数。

    a. 最后的点数为 7 代表输了，例如 [(3, 1), (3, 2), (1, 1), (5, 6), (4, 3)]。

    b. 最后的点数与第一次掷出的点数相同代表赢了。至少需要掷两次骰子。掷骰子的次数没有
       上限，例如 [(3, 1), (3, 2), (1, 1), (5, 6), (1, 3)]。

输出是一个序列。序列具有不同的结构，有些是短列表，有些是长列表。该场景最适合使用 YAML 文件。

输出由两个输入控制，即创建样本的数量，以及是否为随机数生成器设定种子值。固定的种子值更便于测试。

13.6.2 实战演练

(1) 将所有输出显示分为两大领域。

    a. 函数（或类），不执行处理但显示结果对象。

    b. 日志记录，可能用于调试、监控、审计或其他一些控制。日志记录是一个跨切面的关注点，
       将嵌入到应用程序的其余部分中。

本实例有两个输出：点数序列，以及一些确认处理是否正常工作的附加信息。对每个掷出的点数计数是确定模拟骰子均匀的一种便捷方法。

掷骰子的序列需要写入文件。因此，write_rolls() 函数使用一个迭代器作为参数。示例函数如下所示，该函数将迭代和转储 YAML 格式的文件：

```
def write_rolls(output_path, roll_iterator):
    face_count = Counter()
    with output_path.open('w') as output_file:
        for roll in roll_iterator:
            output_file.write(
                yaml.dump(
                    roll,
                    default_flow_style=True,
                    explicit_start=True))
            for dice in roll:
                face_count[sum(dice)] += 1
    return face_count
```

监控输出应当显示用于控制处理的输入参数，还应该提供说明均匀的计数。

```
def summarize(configuration, counts):
    print(configuration)
    print(counts)
```

(2) 将应用程序的基本处理设计（或重构）为一个单独的函数。

    a. 所有输入都是参数。

    b. 所有输出都由 return 或者 yield 语句产生。使用 return 语句创建单个结果。使用 yield
       语句生成一个迭代多个结果的序列。

本实例很容易将核心功能重构为一个函数，该函数生成一个迭代值的序列。输出函数使用的迭代器如下所示：

```
def roll_iter(total_games, seed=None):
    random.seed(seed)
    for i in range(total_games):
        sequence = craps_game()
        yield sequence
```

这个函数依赖 craps_game() 函数来生成请求数量的样本。每个样本都是一盘完整的游戏，显示所有的骰子记录。这个函数为低级函数提供了 face_count 计数器，用于累计总和来确认一切正常。

craps_game() 函数实现了 *Craps* 游戏规则，生成掷一次或多次骰子的点数的单个序列。这个序列包含了一盘游戏中的所有点数。稍后将介绍 craps_game() 函数。

(3) 重构设计，将所有输入采集到收集各种输入源的函数（或类）。输入源可能包括环境变量、命令行参数和配置文件，也许还包括多个输入文件的名称。

```
def get_options(argv):
    parser = argparse.ArgumentParser()
    parser.add_argument('-s', '--samples', type=int)
    parser.add_argument('-o', '--output')
    options = parser.parse_args(argv)

    options.output_path = Path(options.output)

    if "RANDOMSEED" in os.environ:
        seed_text = os.environ["RANDOMSEED"]
        try:
            options.seed = int(seed_text)
        except ValueError:
            sys.exit("RANDOMSEED={0!r} invalid".format(seed_text))
    else:
        options.seed = None
    return options
```

这个函数不但收集命令行参数，还检查环境变量的 os.environ 集合。

参数解析器将处理解析 --samples 和 --output 选项的细节。可以利用 argparse 的其他功能更好地验证参数值。

output_path 的值由 --output 选项的值创建。类似地，RANDOMSEED 环境变量的值经过验证后被添加到 options 命名空间中。options 对象的这种用法将所有的参数保存在一个地方。

(4) 编写最终的 main() 函数，使其包含之前的 3 个元素，并创建最终的主脚本。

```
def main():
    options = get_options(sys.argv[1:])
    face_count = write_rolls(options.output_path, roll_iter(options.samples,
options.seed))
    summarize(options, face_count)
```

main() 函数将应用程序的各个方面整合在一起，解析命令行和环境选项，并创建一个监控计数器。roll_iter() 函数是核心处理过程，接受各种选项，并生成点数序列。

13

roll_iter()函数的主要输出由 write_rolls()收集,并写入给定的输出路径。控制输出由单独的函数写入,以便在不影响主输出的情况下更新技术汇总。

13.6.3 工作原理

输出如下所示:

```
slott$ python3 ch13_r05.py --samples 10 --output=x.yaml
Namespace(output='x.yaml', output_path=PosixPath('x.yaml'), samples=10,
seed=None)
Counter({5: 7, 6: 7, 7: 7, 8: 5, 4: 4, 9: 4, 11: 3, 10: 1, 12: 1})
slott$ more x.yaml
--- [[5, 4], [3, 4]]
--- [[3, 5], [1, 3], [1, 4], [5, 3]]
--- [[3, 2], [2, 4], [6, 5], [1, 6]]
--- [[2, 4], [3, 6], [5, 2]]
--- [[1, 6]]
--- [[1, 3], [4, 1], [1, 4], [5, 6], [6, 5], [1, 5], [2, 6], [3, 4]]
--- [[3, 3], [3, 4]]
--- [[3, 5], [4, 1], [4, 2], [3, 1], [1, 4], [2, 3], [2, 6]]
--- [[2, 2], [1, 5], [5, 5], [1, 5], [6, 6], [4, 3]]
--- [[4, 5], [6, 3]]
```

命令行请求了 10 个样本,并指定一个输出文件 x.yaml。监控输出是一个简单的选项转储,它显示了参数的值以及 options 对象中设置的附加值。

监控输出还包括 10 个样本的计数。该输出说明点数 6、7 和 8 出现得较频繁,3 和 12 出现的频率则较低。

本实例的中心前提是关注点分离。处理过程有 3 个不同的方面。

❑ **输入**:来自命令行和环境变量的参数由 get_options()函数收集。这个函数可以从各种来源获取输入,包括配置文件。

❑ **输出**:主输出由 write_rolls()函数处理。另一个监控输出累计 Counter 对象的总和,最后转储该输出。

❑ **处理**:应用程序的基本处理转化为 roll_iter()函数。该函数可以在各种上下文中重复使用。

本实例的设计目标是将 roll_iter()函数与其他应用程序细节分离。其他应用程序可能具有不同的命令行参数或不同的输出格式,但是可以重用基本算法。

例如,另一个应用程序可能会对点数序列进行一些统计分析,包括掷骰子的次数,以及输赢的最终结果。我们可以假设这两个应用程序为 generator.py(之前讲过)和 overview_stats.py。

使用这两个应用程序创建点数序列并对其进行汇总之后,用户可以确定将创建点数序列和统计概览组合成单个应用程序是有利的。由于每个应用程序的各个方面已经分离,因此重新排列功能并创建新应用程序变得相对容易。我们现在可以从以下两个导入开始,构建一个新应用程序:

```
from generator import roll_iter, craps_rules
from overview_stats import summarize
```

构建这个新应用程序时,不会对其他两个应用程序进行任何修改,原始应用程序不受引入的任何新功能的影响。

更重要的是，新应用程序没有涉及任何代码的复制或粘贴。新应用程序导入了可以工作的软件，即修复一个应用程序所做的更改也将修复其他应用程序中的潜在 bug。

 通过复制和粘贴重用会产生技术债务。要避免复制和粘贴代码。

通过复制代码创建新应用程序将导致混乱。对一个副本进行的任何更改都不会修复另一个副本中的潜在 bug。当对一个副本进行更改时，不更新另一个副本，这将导致**代码腐烂**（code rot）。

13.6.4　补充知识

在上一节中，我们跳过了 craps_rules() 函数的详细信息。这个函数创建了一个包含一盘 *Craps* 游戏的点数序列。点数序列的长度不太容易确定。在大约 98% 的游戏中，掷骰子的次数不超过 13 次。

规则取决于两个骰子的点数总和。已获取的数据包括两个骰子的点数。为了支持这些细节，需要使用具有这两个相关特性的 namedtuple 实例。

```
Roll = namedtuple('Roll', ('faces', 'total'))
def roll(n=2):
    faces = list(random.randint(1, 6) for _ in range(n))
    total = sum(faces)
    return Roll(faces, total)
```

roll() 函数创建了一个具有骰子点数序列以及骰子总点数的 namedtuple 实例。craps_game() 函数将生成足够多的规则来返回一盘完整的游戏。

```
def craps_game():
    come_out = roll()
    if come_out.total in [2, 3, 12]:
        return [come_out.faces]
    elif come_out.total in [7, 11]:
        return [come_out.faces]
    elif come_out.total in [4, 5, 6, 8, 9, 10]:
        sequence = [come_out.faces]
        next = roll()
        while next.total not in [7, come_out.total]:
            sequence.append(next.faces)
            next = roll()
        sequence.append(next.faces)
        return sequence
    else:
        raise Exception("Horrifying Logic Bug")
```

craps_game() 函数实现了 *Craps* 的规则。如果第一掷的点数是 2、3 或 12，序列只有一个值，这盘游戏就输了。如果第一掷的点数是 7 或 11，序列也只有一个值，这盘游戏就赢了。其余的值将创建一个点数。点数序列以该点数开始。继续掷骰子，序列继续添加点数，直到结束点数为 7 或起始点数。

设计为类层次结构

roll_iter()、roll() 和 craps_game() 之间的密切关系表明，将这些函数封装到一个单独的类定义中可能会更好。将所有这些功能组合在一起的类如下所示：

```python
class CrapsSimulator:
    def __init__(self, seed=None):
        self.rng = random.Random(seed)
        self.faces = None
        self.total = None

    def roll(self, n=2):
        self.faces = list(self.rng.randint(1, 6) for _ in range(n))
        self.total = sum(self._faces)

    def craps_game(sel):
        self.roll()
        if self.total in [2, 3, 12]:
            return [self.faces]
        elif self.total in [7, 11]:
            return [self.faces]
        elif self.total in [4, 5, 6, 8, 9, 10]:
            point, sequence = self.total, [self.faces]
            self.roll()
            while self.total not in [7, point]:
                sequence.append(self.faces)
                self.roll()
            sequence.append(self.faces)
            return sequence
        else:
            raise Exception("Horrifying Logic Bug")

    def roll_iter(total_games):
        for i in range(total_games):
            sequence = self.craps_game()
            yield sequence
```

这个类包含模拟器的初始化以及随机数生成器。随机数生成器或者使用给定的种子值，或者使用内部算法选择的种子值。roll() 方法将设置 self.total 和 self.faces 实例变量。

craps_game() 为一盘 *Craps* 游戏产生一个点数序列。该函数使用 roll() 方法以及实例变量 self.total 和 self.faces 跟踪骰子的状态。

roll_iter() 方法生成游戏序列。请注意，这个方法的签名与前面的 roll_iter() 函数不完全相同。这个类分离了随机数字初始化和游戏创建算法。

作为练习，请重写 main()，以使用 CrapsSimulator 类。由于方法名称与原始函数名称相似，因此重构应该不是很复杂。

13.6.5　延伸阅读

❑ 关于使用 argparse 获取用户输入的背景信息，请参阅 5.5 节。

❑ 关于查找配置文件的详细信息，请参阅 13.2 节。

❑ 13.7 节将介绍 `logging` 模块。

❑ 13.8 节将介绍如何组合遵循本实例设计模式的应用程序。

13.7　使用 `logging` 模块监控和审计输出

13.6 节讨论了应用程序的 3 个方面：

❑ 采集输入；

❑ 产生输出；

❑ 连接输入和输出的基本处理。

应用程序产生以下几种输出：

❑ 主输出，帮助用户做出决定或者采取行动；

❑ 监控信息，确认程序是否正常运行；

❑ 审计摘要，跟踪持久性数据库中状态变化的历史记录；

❑ 错误消息，标识应用程序错误的原因。

把这几种不同方面的输出都混合在写入标准输出的 print() 请求中是不太合理的。事实上，这可能会导致混乱，因为太多不同的输出被混合成单个流。

操作系统提供两种输出文件：标准输出和标准错误。在 Python 中，这些输出以名称为 sys.stdout 和 sys.stderr 的文件出现。默认情况下，print() 方法写入 sys.stdout 文件。可以通过修改 print() 方法，把监控信息、审计摘要和错误消息写入 sys.stderr。这是朝正确方向迈出的重要一步。

Python 提供了 `logging` 包，可用于将辅助输出定向到一个单独的文件，也可用于格式化和过滤辅助输出。

如何正确使用 `logging`？

13.7.1　准备工作

13.6 节讨论了一个生成 YAML 文件的应用程序。本实例将讨论一个处理原始数据并生成统计汇总的应用程序。这个应用程序名为 overview_stats.py。

按照分离输入、输出和处理过程的设计模式，应用程序的 main() 函数如下所示：

```
def main():
    options = get_options(sys.argv[1:])
    if options.output is not None:
        report_path = Path(options.output)
        with report_path.open('w') as result_file:
            process_all_files(result_file, options.file)
    else:
        process_all_files(sys.stdout, options.file)
```

这个函数将从各种来源获取选项。如果已经提供了输出文件名，那么就使用 with 语句上下文创建输出文件。然后，这个函数将处理所有命令行参数文件，作为收集统计信息的输入。

如果没有提供输出文件名，那么这个函数将写入 sys.stdout 文件。这样将显示输出，该输出可以使用操作系统 shell 的>运算符重定向来创建一个文件。

main()函数依赖于 process_all_files()函数。process_all_files()函数遍历每个参数文件，并从每个参数文件中收集统计信息。process_all_files()函数如下所示：

```python
def process_all_files(result_file, file_names):
    for source_path in (Path(n) for n in file_names):
        with source_path.open() as source_file:
            game_iter = yaml.load_all(source_file)
            statistics = gather_stats(game_iter)
            result_file.write(
                yaml.dump(dict(statistics), explicit_start=True)
            )
```

process_all_files()函数将 gather_stats()应用于 file_names 迭代中的每个文件。最终得到的集合将写入给定的 result_file 文件。

 上述函数将处理和输出合并在一个理想的设计中。13.8 节将会解决这个设计缺陷。

基本处理包含在 gather_stats()函数中。给定一个文件路径，gather_stats()函数将读取并汇总该文件中的游戏数据。然后，将得到的汇总对象写入整体显示，或者追加到一个 YAML 格式的汇总序列中。

```python
def gather_stats(game_iter):
    counts = Counter()
    for game in game_iter:
        if len(game) == 1 and sum(game[0]) in (2, 3, 12):
            outcome = "loss"
        elif len(game) == 1 and sum(game[0]) in (7, 11):
            outcome = "win"
        elif len(game) > 1 and sum(game[-1]) == 7:
            outcome = "loss"
        elif len(game) > 1 and sum(game[0]) == sum(game[-1]):
            outcome = "win"
        else:
            raise Exception("Wait, What?")
        event = (outcome, len(game))
        counts[event] += 1
    return counts
```

这个函数包含了 4 个终止游戏的规则，并确定点数序列适用哪个规则。首先，它打开给定的源文件，并使用 load_all()函数遍历所有 YAML 文档。每个文档都是一盘游戏，表示为一对骰子的点数序列。

这个函数使用第一次和最后一次的骰子点数来确定游戏的整体结果。列举事件所有逻辑组合的规则有 4 个。在事件中，如果我们的推理有错误，则会抛出异常，提醒我们某个特殊情况不符合设计要求。

游戏被简化为结果和长度的单独事件，这些信息都将累积到一个 Counter 对象中。游戏的结果和长度是我们计算的两个值，这些值可以用作更复杂的统计分析。

我们几乎分离了所有与文件相关的关注点。gather_stats()函数可以与任何可迭代的游戏数据源一起使用。

应用程序的输出如下所示。该输出是一个 YAML 文档，可用于进一步处理。

```
slott$ python3 ch13_r06.py x.yaml
---
? !!python/tuple [loss, 2]
: 2
? !!python/tuple [loss, 3]
: 1
? !!python/tuple [loss, 4]
: 1
? !!python/tuple [loss, 6]
: 1
? !!python/tuple [loss, 8]
: 1
? !!python/tuple [win, 1]
: 1
? !!python/tuple [win, 2]
: 1
? !!python/tuple [win, 4]
: 1
? !!python/tuple [win, 7]
: 1
```

我们需要把日志记录功能插入这些函数，以显示正在读取的文件，以及处理文件时的错误或问题。

此外，我们还将创建两个日志：一个日志包含详细信息，另一个日志只有所建文件的最小摘要。第一个日志可以定向到 sys.stderr，当程序运行时，将显示在控制台上。另一个日志将追加到一个长期有效的 log 文件中，涵盖应用程序的所有用途。

满足不同需求的一种方法是创建两个日志记录器，每个日志记录器具有不同的意图，也具有不同的配置。另一种方法是创建一个日志记录器，并使用 Filter 对象区分每个日志记录器的内容。本实例将专注于创建两个不同的日志记录器，因为这样更易于开发和进行单元测试。

每个日志记录器都具有各种反映消息严重性的方法。logging 包定义的严重性级别如下。

- 调试（DEBUG）：这些消息通常不显示，因为它们的目的是支持调试。
- 信息（INFO）：这些消息提供有关正常处理的信息。
- 警告（WARNING）：这些消息表示处理可能会出现问题。警告的最合理用例是当函数或类已被弃用时——这些函数或类还能正常工作，但是应该及早替换。这些信息通常应当显示。
- 错误（ERROR）：处理无效，输出不正确或不完整。对于长期运行的服务器，一个请求可能有问题，但是服务器还可以继续运行。
- 严重（CRITICAL）：严重的错误级别。一般来说，这由长期运行的服务器所使用，表示服务器本身不能再运行，而且即将崩溃。

与严重性级别相关的方法名称与严重性级别相似。例如，可以用 logging.info()来写入一条信息级消息。

13

13.7.2　实战演练

(1) 首先，在现有函数中实现基本的日志记录功能。这意味着需要导入 `logging` 模块。

```
import logging
```

应用程序的其余部分还将使用其他包。

```
import argparse
import sys
from pathlib import Path
from collections import Counter
import yaml
```

(2) 创建两个日志记录器对象作为模块的全局变量。创建日志记录器的函数可以在创建全局变量的脚本中的任何位置使用。一个位置是脚本的头部，在 `import` 语句之后。另一个常见的选择是接近尾部，但在任何 `__name__` == `"__main__"` 脚本处理过程之外。应当始终创建这些变量，即使将模块作为库导入，也应如此。

日志记录器具有分层次的名称。我们将使用应用程序名称和带有内容的后缀来命名记录器。`overview_stats.detail` 日志记录器包含处理的详细信息；`overview_stats.write` 记录器标识文件读取和文件写入，这与审计日志的思想相似，因为该文件会在输出文件集合中写入跟踪状态变化。

```
detail_log = logging.getLogger("overview_stats.detail")
write_log = logging.getLogger("overview_stats.write")
```

现在不需要配置这些记录器。如果不再进一步设置，那么两个记录器对象将默认接受单独的日志条目，但不会进一步处理数据。

(3) 重写 `main()` 函数，汇总处理过程的两个方面。使用 `write_log` 日志记录器对象显示新文件的创建时间。

```
def main():
    options = get_options(sys.argv[1:])
    if options.output is not None:
        report_path = Path(options.output)
        with report_path.open('w') as result_file:
            process_all_files(result_file, options.file)
        write_log.info("wrote {}".format(report_path))
    else:
        process_all_files(sys.stdout, options.file)
```

我们添加了 `write_log.info("wrote {}".format(result_path))`，将一条信息级消息写入记录文件写入的日志中。

(4) 重写 `process_all_files()` 函数，以在读取文件时提供注释。

```
def process_all_files(result_file, file_names):
    for source_path in (Path(n) for n in file_names):
        detail_log.info("read {}".format(source_path))
        with source_path.open() as source_file:
            game_iter = yaml.load_all(source_file)
            statistics = gather_stats(game_iter)
```

```
result_file.write(
    yaml.dump(dict(statistics), explicit_start=True)
)
```

我们添加了 `detail_log.info("read {}".format(source_path))`，将一条信息级消息写入记录文件读取的详细日志中。

(5) `gather_stats()` 函数可以添加一个跟踪正常操作的日志行。另外，我们还添加了一个记录逻辑错误的日志条目。

```
def gather_stats(game_iter):
    counts = Counter()
    for game in game_iter:
        if len(game) == 1 and sum(game[0]) in (2, 3, 12):
            outcome = "loss"
        elif len(game) == 1 and sum(game[0]) in (7, 11):
            outcome = "win"
        elif len(game) > 1 and sum(game[-1]) == 7:
            outcome = "loss"
        elif len(game) > 1 and sum(game[0]) == sum(game[-1]):
            outcome = "win"
        else:
            detail_log.error("problem with {}".format(game))
            raise Exception("Wait, What?")
        event = (outcome, len(game))
        detail_log.debug("game {} -> event {}".format(game, event))
        counts[event] += 1
    return counts
```

`detail_log` 日志记录器用于收集调试信息。如果将整个日志记录级别设置为包含调试消息，那么我们将看到这个额外的输出。

(6) `get_options()` 函数也添加了调试日志记录行。可以通过在日志中显示选项来帮助诊断问题。

```
def get_options(argv):
    parser = argparse.ArgumentParser()
    parser.add_argument('file', nargs='*')
    parser.add_argument('-o', '--output')
    options = parser.parse_args(argv)
    detail_log.debug("options: {}".format(options))
    return options
```

(7) 可以添加一个简单的配置来查看日志条目。这是检查日志记录的第一步，只是确认有两个日志记录器并且已正确使用。

```
if __name__ == "__main__":
    logging.basicConfig(stream=sys.stderr, level=logging.INFO)
    main()
```

这个日志记录配置构建了默认的处理对象，这个处理对象只是打印给定流上的所有日志消息。该处理对象被分配给了根日志记录器，它将适用于根日志记录器的所有子记录器。因此，在前面的代码中创建的两个日志记录器都将重定向到同一个流。

运行这个脚本的示例如下：

13

```
slott$ python3 ch13_r06a.py -o sum.yaml x.yaml
INFO:overview_stats.detail:read x.yaml
INFO:overview_stats.write:wrote sum.yaml
```

日志有两行，每行都有一个 INFO 严重性级别。第一行来自 overview_stats.detail 日志记录器。第二行来自 overview_stats.write 日志记录器。默认配置将所有日志记录器发送到 sys.stderr。

(8) 为了将不同的日志记录器路由到不同的目的地，需要一个比 basicConfig() 函数更复杂的配置。我们将使用 logging.config 模块。dictConfig() 方法可以提供一整套配置选项。最简单的方法是用 YAML 格式编写配置，然后使用 yaml.load() 函数将配置转换为 dict 内部对象。

```
import logging.config
    config_yaml = '''
version: 1
formatters:
    default:
        style: "{"
        format: "{levelname}:{name}:{message}"
        #   Example: INFO:overview_stats.detail:read x.yaml
    timestamp:
        style: "{"
        format: "{asctime}//{levelname}//{name}//{message}"

handlers:
    console:
        class: logging.StreamHandler
        stream: ext://sys.stderr
        formatter: default
    file:
        class: logging.FileHandler
        filename: write.log
        formatter: timestamp

loggers:
    overview_stats.detail:
        handlers:
        -   console
    overview_stats.write:
        handlers:
        -   file
        -   console
root:
    level: INFO
'''
```

YAML 文档用三引号字符串包围，这样就可以根据需要写出尽可能多的文本。我们使用 YAML 在大块文本中定义了 5 项内容。

❏ version 键的值必须为 1。

❏ formatters 键的值定义了日志格式。如果未指定日志格式，则默认格式只显示消息体，而没有任何严重性级别或日志记录器信息。

■ default 格式化器反映了由 basicConfig() 函数创建的格式。

- timestamp 格式化器是一个更复杂的格式，包括记录的日期时间戳。为了使文件更容易解析，它使用了列分隔符 //。

☐ handlers 键定义了两个记录器的两个处理器。console 处理器写入 sys.stderr 流。我们指定了该处理器将使用的格式化器。此定义与 basicConfig() 函数创建的配置类似。

file 处理器写入一个文件。打开文件的默认模式是 a，将追加到文件，文件的大小没有上限。其他处理器可以交替使用多个文件，每个文件的大小有限制。我们提供了一个明确的文件名，并且格式化器将比控制台显示更多的细节。

☐ loggers 键为应用程序即将创建的两个日志记录器提供了配置。任何名称以 overview_stats.detail 开头的日志记录器都只能由 console 处理器处理。任何名称以 overview_stats.write 开头的记录器都将由 file 处理器和 console 处理器处理。

☐ root 键定义了顶层日志记录器。它的名称为 ''（空字符串），以备在代码中引用。设置根日志记录器的级别将为该记录器的所有子记录器设置级别。

(9) 使用配置包裹 main() 函数，如下所示。

```
logging.config.dictConfig(yaml.load(config_yaml))
main()
logging.shutdown()
```

(10) 上述代码将在已知状态下启动日志记录，然后执行应用程序的处理。最后，完成所有日志记录的缓冲并正确关闭所有文件。

13.7.3　工作原理

将日志记录引入应用程序有 3 个方面：
- ☐ 创建日志记录器对象；
- ☐ 在重要的状态变化附近放置日志请求；
- ☐ 配置整个日志记录系统。

创建日志记录器的方法有很多种，也可以不创建日志记录器。在默认情况下，可以使用 logging 模块本身作为日志记录器。例如，如果使用 logging.info() 方法，那么将隐式使用根日志记录器。

更常见的方法是创建一个与模块名称相同的日志记录器。

```
logger = logging.getLogger(__name__)
```

对于顶层主脚本，名称为 __main__。对于导入的模块，名称将匹配模块名称。

在更复杂的应用程序中，可能会有各种不同的日志记录器。在这些情况下，简单地在模块之后命名日志记录器可能无法提供所需的灵活性。

日志记录器有两种命名方式。在大型应用程序中，最好选择其中之一并坚持使用。

- ☐ 遵循包和模块的层次结构。这意味着特定于某个类的日志记录器可能有一个类似 package.module.class 的名称。同一模块中的其他类将共享一个通用的父日志记录器名称。然后可以为整个包、一个特定模块或一个类设置日志记录级别。
- ☐ 遵循基于功能或用例的层次结构。顶层名称将区分日志的功能或目的。顶层日志记录器的名

称可能为 `event`、`audit` 或者 `debug`。这样一来，所有的审计日志记录器都将具有以 `audit.` 开头的名称。这样可以轻松地将给定父文件夹中的所有日志记录器路由到特定的处理器。

本实例使用了第一种命名方式。日志记录器的名称与软件架构相似。在所有重要的状态变化附近放置日志记录请求简单明了。日志的各种有趣的状态变化如下。

- □ 对持久性资源的任何更改都可以包含信息级消息。任何操作系统层面的更改（通常是对文件系统的更改）都适合记录日志。同样，数据库更新和更改 Web 服务状态的请求都应该被记录。
- □ 每当出现持续状态变化的问题时，应该有一个错误级消息。任何操作系统级异常在被捕获和处理时都可以被记录。
- □ 在长时间的复杂计算中，在导入赋值语句之后记录调试级消息可能会有所帮助。在某些情况下，该消息仅是一个提示，说明复杂计算可能需要分解为多个函数，以便分开测试。
- □ 对内部应用程序资源的任何更改均应得到一条调试级消息，这样就可以通过日志跟踪对象状态变化。
- □ 当应用程序进入错误状态时，应有日志记录。这种情况通常由异常导致。在某些情况下，将会使用 `assert` 语句检测程序的状态，并在出现问题时抛出异常。某些异常被划为异常级别。然而，某些异常只需要调试级消息，因为异常被静默或转换了。某些异常可能被划为错误级别或严重级别。

日志记录的第三个方面是配置日志记录器，以便将请求路由到相应的目的地。默认情况下，根本就没有配置，日志记录器将静静地创建日志事件，但不会显示它们。

通过最小配置，可以在控制台查看所有日志事件。这可以通过 `basicConfig()` 方法实现，在覆盖了大量简单用例的情况下，没有任何真正的麻烦。我们可以使用文件名来提供命名文件，而不是一个流。也许最重要的功能是提供一种简单的方法，通过从 `basicConfig()` 方法在根日志记录器上设置日志记录级别来启用调试。

本实例中的示例配置使用了两个常用的日志处理器，`StreamHandler` 类和 `FileHandler` 类。类似的处理器还有十几个，每个处理器都具有用于收集和发布日志消息的功能。

13.7.4   延伸阅读

- □ 本实例应用程序的补充部分，请参阅 13.6 节。

13.8   将两个应用程序组合为一个复合应用程序

13.6 节讨论了一个简单的应用程序，它通过模拟一个过程来创建统计信息集合。13.7 节讨论了一个汇总统计信息集合的应用程序。本实例将组合这两个应用程序来创建一个复合应用程序，它既能创建统计数据又能汇总统计数据。

组合这两个应用程序的常见方法有以下几种。

- □ shell 脚本可以先运行模拟应用程序，然后再运行分析应用程序。
- □ Python 程序可以代替 shell 脚本，使用 `runpy` 模块运行每个程序。

❑ 可以根据每个应用程序的基本功能构建一个复合应用程序。

13.6 节仔细研究了应用程序的 3 个方面：

❑ 采集输入；

❑ 产生输出；

❑ 连接输入和输出的基本处理。

本实例将讨论一种设计模式，这种设计模式可以将多个 Python 语言组件组合为一个更大规模的应用程序。

如何组合多个应用程序来创建一个复合应用程序呢？

13.8.1　准备工作

在 13.6 节和 13.7 节中，我们遵循了分离采集输入、产生输出和基本处理的设计模式。这种设计模式的目标是将核心处理集中在一起，并将它们组合和重组为更高层次的结构。

请注意，两个应用程序之间有一个细微的不匹配之处。可以借用数据库工程以及电气工程中的一个词来描述，即阻抗失配（impedance mismatch）。在电气工程中，这是一个电路设计问题，通常使用变压器来解决。变压器可以用于匹配电路元件之间的阻抗。

在数据库工程中，这种问题表现在数据库具有规范化的平面文件[①]，但是编程语言使用了结构丰富的复杂对象。对于 SQL 数据库，这是一个常见问题，如 SQLAlchemy 之类的包用作 ORM（object-relational management，对象关系管理）层。该层是纯文本数据库行（通常来自多个表）和复杂 Python 结构之间的转换器。

这个示例表现出的阻抗失配问题是构建复合应用程序的一个重要问题。模拟应用程序的运行频率高于汇总应用程序。解决这个问题的方法有以下几种。

❑ **全部重新设计**：这种方法可能不是一个明智的选择，因为两个组件应用程序已经建立了用户基础。在其他情况下，新的用例是一个机会，可以彻底修复和偿还一些技术债务。

❑ **添加迭代器**：这种方法意味着在构建复合应用程序时，将添加一个 `for` 语句来进行许多次模拟，然后将其处理为一个汇总。这种方法与原始设计意图相似。

❑ **一对一**：这意味着复合应用程序将运行模拟应用程序，并将这个单独的模拟输出提供给汇总应用程序。这种方法通过改变结构来执行更多的汇总，汇总可能需要组合成预期的单一结果。

这些选择取决于引起创建复合应用程序的用户故事，也可能取决于已建立的用户基础。对于本实例，我们假设用户已经认识到，1000 个样本的 1000 次模拟运行是标准的，并希望遵循**添加迭代器**设计方法来创建一个复合处理过程。

作为练习，读者应该探索其他设计方法。假设用户希望在一次模拟中运行 1 000 000 个样本，那么用户可能更愿意选择**一对一**设计方法。

本实例还将介绍另一种选择。本实例将执行分布在多个并发工作进程中的 100 次模拟运行。这将缩短创建 100 万个样本的时间。这种方法是**添加迭代器**复合设计的一个变体。

---

① 平面文件（flat data），指结构化的数据库存储为非结构化文件（例如 csv、txt 文件格式）。——译者注

13.8.2 实战演练

(1) 遵循将复杂过程分解为独立于输入或输出细节的函数的设计模式。有关这个设计模式的详细信息，请参阅 13.6 节。

(2) 从工作模块导入基本函数。在本例中，这两个模块具有相对乏味的名称：ch13_r05 和 ch13_r06。

```
from ch13_r05 import roll_iter
from ch13_r06 import gather_stats
```

(3) 导入其他所需模块。我们将使用 Counter 对象来准备本例中的汇总。

```
from collections import Counter
```

(4) 创建一个新函数，组合其他应用程序的现有函数。一个函数的输出是另一个函数的输入。

```
def summarize_games(total_games, *, seed=None):
    game_statistics = gather_stats(roll_iter(total_games, seed=seed))
    return game_statistics
```

在许多情况下，通过明确地叠放函数创建中间结果更有意义。当多个函数创建一种 map-reduce 流水线时，这一点尤为重要。

```
def summarize_games_2(total_games, *, seed=None):
    game_roll_history = roll_iter(total_games, counts, seed=seed)
    game_statistics = gather_stats(game_roll_history)
    return game_statistics
```

我们通过中间变量将处理过程分解成多个步骤。game_roll_history 变量是 roll_iter()函数的输出，这个生成器的输出是保存在 game_statistics 变量中的 gather_stats()函数的可迭代输入。

(5) 编写使用这个复合过程的输出格式化函数。例如，下面的示例是一个执行 summarize_games() 函数的复合过程。这个过程同样也写入输出报告。

```
def simple_composite(games=100000):
    start = time.perf_counter()
    stats = summarize_games(games)
    end = time.perf_counter()
    games = sum(stats.values())
    print('games', games)
    print(win_loss(stats))
    print("{:.2f} seconds".format(end-start))
```

(6) 使用 argparse 模块收集命令行选项。许多实例都包含该步骤的示例，比如 13.6 节。

13.8.3 工作原理

这种设计的核心特征是将应用程序的各种关注点分离为独立的函数或类。在设计这两个组件应用程序时，首先将设计划分为输入、处理和输出关注点。这样便于导入和重用处理过程，也会使两个原始应用程序保持不变。

这种设计的目的是从工作模块导入函数，避免复制和粘贴代码。从一个文件复制一个函数并将其粘贴到另一个文件中，意味着对一个文件的任何更改都不可能对另一个文件进行更改。这两个副本会慢慢背离，导致**代码腐烂**现象。

当类或函数具有多个功能时，重用的潜力就会降低。这种现象叫作**逆幂律重用**（inverse power law of reuse），类或函数的可重用性 $R(c)$ 与该类或函数中的功能数 $F(c)$ 的倒数有关：

$$R(c) \propto 1/F(c)$$

单一功能有助于重用，多种功能减少了组件重用的机会。

当我们观察 13.6 节和 13.7 节的两个原始应用程序时，会发现基本函数的功能很少。`roll_iter()` 函数模拟一盘游戏，并产生结果。`gather_stats()` 函数从数据源收集统计信息。

计数功能当然依赖于抽象层次。从小规模的角度来看，这些函数执行了很多小过程。从大规模的角度来看，这些函数需要几个辅助函数来形成一个完整的应用程序。从这个观点来看，一个独立的函数只是一个功能的一部分。

我们的重点是软件的技术功能，这与敏捷概念没有任何关系，只是多个用户故事背后的统一概念。在这个背景下，我们讨论的是软件架构的技术功能，如输入、输出、处理、操作系统资源使用、依赖关系等。

实际上，相关的技术功能与用户故事有关。这将规模问题纳入了用户感知的软件属性领域。如果用户看到多个功能，则意味着重用可能不易。

在本实例中，第一个应用程序创建文件，第二个应用程序汇总文件。用户的反馈表明，区别并不重要或者可能是令人困惑的。这将导致重新设计，来从两个原始步骤创建一个单步操作。

13.8.4　补充知识

我们将介绍另外 3 种可作为复合应用程序一部分的架构功能。

❑ **重构**：本实例没有合理地区分处理和输出。在尝试创建复合应用程序时，可能需要重构组件模块。

❑ **并发**：并行运行多个 `roll_iter()` 实例来使用多个 CPU 内核。

❑ **日志记录**：当组合多个应用程序时，组合的日志记录可能会很复杂。

1. 重构

在某些情况下，有必要重构软件来提取有用的功能。其中一个组件（`ch13_r06` 模块）包含以下函数：

```
def process_all_files(result_file, file_names):
    for source_path in (Path(n) for n in file_names):
        detail_log.info("read {}".format(source_path))
        with source_path.open() as source_file:
            game_iter = yaml.load_all(source_file)
            statistics = gather_stats(game_iter)
            result_file.write(
                yaml.dump(dict(statistics), explicit_start=True)
            )
```

这个函数将源文件迭代、详细处理和输出创建组合在一起。`result_file.write()` 输出处理是

13

一条复杂的语句，很难从这个函数中提取。

为了在两个应用程序之间正确地重用该函数，需要重构 ch13_r06 应用程序，使文件输出不再隐藏在 process_all_files() 函数中。在本例中，重构并不难。在某些情况下，如果选择错误的抽象，那么重构将非常困难。

result_file.write(...)需要用一个单独的函数代替。详细信息将作为练习。定义为单独的函数，将更容易替换。

这种重构使新函数可用于其他复合应用程序。当多个应用程序共享一个函数时，应用程序之间的输出很可能是兼容的。

2. 并发

先运行多次模拟，然后再单独执行统计汇总。这样做的根本原因在于，这是一种 map-reduce 设计。详细的模拟可以并行运行，使用多个内核和处理器。然而，最终的汇总需要通过统计归约（statistical reduction）来完成所有的模拟。

我们通常使用操作系统的功能运行多个并发进程。POSIX shell 包含可用于分支（fork）并发子进程的&运算符。Windows 有一个类似的 start 命令。我们可以直接利用 Python 生成多个并发的模拟进程。

concurrent 包中的 futures 模块能够实现这种功能。可以通过创建一个 ProcessPool-Executor 实例来构建并行的模拟处理器（processor）。我们可以向这个执行器（executor）提交请求，然后从并发请求中收集结果。

```python
import concurrent.futures

def parallel():
    start = time.perf_counter()
    total_stats = Counter()
    worker_list = []
    with concurrent.futures.ProcessPoolExecutor() as executor:
        for i in range(100):
            worker_list.append(executor.submit(summarize_games, 1000))
        for worker in worker_list:
            stats = worker.result()
            total_stats.update(stats)
    end = time.perf_counter()

    games = sum(total_stats.values())
    print('games', games)
    print(win_loss(total_stats))
    print("{:.2f} seconds".format(end-start))
```

我们初始化了 3 个对象：start、total_stats 和 worker_list。start 对象是处理开始的时间，time.perf_counter() 通常是最准确的定时器。total_stats 是收集最终统计汇总的 Counter 对象。worker_list 是一系列独立的 Future 对象，其中每个对象都是一个请求。

ProcessPoolExecutor 方法定义了一个处理上下文，其中工作进程池可用于处理请求。默认情况下，进程池具有与处理器数目相同的工作进程。每个工作进程运行一个导入给定模块的执行器，模块中定义的所有函数和类都适用于工作进程。

执行器的 submit() 方法被赋予一个函数。本实例将会有 100 个请求，每个请求将模拟 1000 盘游戏，并返回这些游戏的骰子点数序列。submit() 返回一个 Future 对象，该对象是一个工作请求的模型。

在提交所有 100 个请求后，收集结果。Future 对象的 result() 方法等待处理完成并收集生成的对象。在本实例中，生成的结果是 1000 盘游戏的统计汇总。然后合并这些结果来创建整体的 total_stats 摘要。

串行执行和并行执行的区别如下所示：

```
games 100000
Counter({'loss': 50997, 'win': 49003})
2.83 seconds
games 100000
Counter({'loss': 50523, 'win': 49477})
1.49 seconds
```

处理时间减少了一半。既然有 100 个并发请求，为什么时间没有缩短到原始时间的百分之一呢？这是因为在产生子进程、请求数据通信和结果数据通信等方面，存在着相当大的开销。

3. 日志记录

在 13.7 节中，我们研究了如何使用 logging 模块来处理监控输出、审计输出和错误输出。当构建一个复合应用程序时，必须组合每个原始应用程序的日志功能。

日志记录涉及一个三段式的实例。

(1) 创建日志记录器对象。这个步骤通常是一行类似 logger = logging.get_logger('some_name') 的代码。一般只在类或模块级别添加一次。

(2) 使用日志记录器对象收集事件。这涉及类似 logger.info('some message') 的代码行。这些行分散在整个应用程序中。

(3) 配置整个日志记录系统。在应用程序中，日志记录配置方式有两种。

❑ 尽可能在外部。在本例中，日志记录配置只在应用程序最外层的全局范围内完成。

```
if __name__ == "__main__":
    logging configuration goes only here.
    main()
    logging.shutdown()
```

这样可以确保只有一个日志记录系统配置。

❑ 在类、函数或模块中的某个位置。在本例中，多个模块都尝试配置日志记录。日志记录系统允许这样配置，但是调试时可能会非常混乱。

这些实例都遵循了第一种方式。如果所有应用程序都配置了全局范围内的日志记录，那么就很容易理解如何配置复合应用程序。

在拥有多个日志记录配置的情况下，复合应用程序可以遵循两种方式。

❑ 复合应用程序包含一个最终配置，它有意地重写所有以前定义的日志记录器。这是默认值，可以通过在 YAML 配置文档中包含 incremental: false 来明确说明。

❑ 复合应用程序保留其他应用程序的日志记录器，只修改日志记录器配置（也许是通过设置整

13

体级别）。这可以通过在 YAML 配置文档中包含 incremental: true 来完成。

在组合不隔离日志记录配置的 Python 应用程序时，incremental 配置非常有用。为了正确配置复合应用程序的日志记录，可能需要一些时间来阅读和理解每个应用程序的代码。

13.8.5　延伸阅读

❏ 13.6 节研究了可组合的应用程序的核心设计模式。

13.9　使用命令设计模式组合多个应用程序

许多复杂的应用程序都遵循类似于 Git 程序使用的设计模式。Git 程序有一个基本命令 git 以及多个子命令，例如 git pull、git commit 和 git push。

这种设计的核心在于创建一个命令集合。git 的每个功能都可以视为一个执行给定函数的类定义。当我们输入一个命令时，例如 git pull，就好像 git 正在查找一个类来实现这个命令。

如何创建密切相关的命令族（command family）？

13.9.1　准备工作

假设一个应用程序由 3 个命令构建。该应用程序基于 13.6 节、13.7 节以及 13.8 节中的应用程序。我们将有 3 个应用程序：simulate、summarize 以及一个名为 simsum 的复合应用程序。

这些功能基于 ch13_r05、ch13_r06 和 ch13_r07 模块。可以遵循命令设计模式将这些单独的模块重构为一个类层次结构。

这个设计有两个关键因素。

❏ 客户端只依赖于抽象超类 Command。

❏ Command 超类的每个子类都具有相同的接口。可以用任意一个子类替代其他子类。

完成该设计后，主应用程序脚本可以创建并执行任意一个 Command 子类。

13.9.2　实战演练

(1) 主应用程序具有一个将功能分为两类（参数解析和命令执行）的结构。每个子命令将包含捆绑在一起的处理和输出。

Command 超类如下所示：

```
from argparse import Namespace

class Command:
    def execute(self, options: Namespace):
        pass
```

我们将依靠 argparse.Namespace 为每个子类提供灵活的选项集合。这个步骤不是必需的，但是有助于实现 13.10 节中的实例。由于该实例将包含选项解析，因此最好将每个类的重点放在使用 argparse.Namespace 上。

(2) 为 Simulate 命令创建 Command 超类的一个子类。

```
import ch13_r05

class Simulate(Command):
    def __init__(self, seed=None):
        self.seed = seed
    def execute(self, options):
        self.game_path = Path(options.game_file)
        data = ch13_r05.roll_iter(options.games, self.seed)
        ch13_r05.write_rolls(self.game_path, data)
```

将 ch13_r05 模块的处理和输出包装到该类的 execute() 方法中。

(3) 为 Summarize 命令创建 Command 超类的一个子类。

```
import ch13_r06

class Summarize(Command):
    def execute(self, options):
        self.summary_path = Path(options.summary_file)
        with self.summary_path.open('w') as result_file:
            ch13_r06.process_all_files(result_file, options.game_files)
```

将文件创建和文件处理包装到该类的 execute() 方法中。

(4) 整个处理过程都可以通过 main() 函数执行。

```
from argparse import Namespace

def main():
    options_1 = Namespace(games=100, game_file='x.yaml')
    command1 = Simulate()
    command1.execute(options_1)

    options_2 = Namespace(summary_file='y.yaml', game_files=['x.yaml'])
    command2 = Summarize()
    command2.execute(options_2)
```

我们创建了两个命令、一个 Simulate 类的实例和一个 Summarize 类的实例。这些命令可以被执行，以提供模拟和汇总数据的组合功能。

13.9.3　工作原理

为各种子命令创建可互换的多态类是提供可扩展设计的便捷方式。命令设计模式（command design pattern）强烈鼓励每个子类具有相同的签名，这样就可以创建和执行任意命令了。此外，还可以添加适合框架的新命令。

里氏替换原则（liskov substitution principle，LSP）是 S.O.L.I.D 设计原则之一。Command 抽象类的任何子类都可以用来代替父类。

每个 Command 实例都有一个简单的接口，并且包含两个方法。

13

❑ __init__()方法接受一个由参数解析器创建的命名空间对象。每个类将仅从这个命名空间中选择所需的值，忽略其他任何值。这允许全局参数被不需要它的子命令忽略。

❑ execute()方法执行处理和写入输出。该方法完全基于初始化期间提供的值。

使用命令设计模式很容易确保它们可以互换。main()脚本可以创建 Simulate 类或者 Summarize 类的实例。替换原则意味着可以执行任何一个实例，因为接口是相同的。这种灵活性使得很容易解析命令行选项并创建一个可用类的实例。我们可以扩展这种思想，创建命令实例的序列。

13.9.4　补充知识

命令设计模式的一种常见扩展是提供复合命令。13.8 节介绍了一种创建复合应用程序的方法，另一种方法是定义一个实现现有命令组合的新命令。

```
class CommandSequence(Command):
    def __init__(self, *commands):
        self.commands = [command() for command in commands]
    def execute(self, options):
        for command in self.commands:
            command.execute(options)
```

这个类通过 *commands 参数接受其他 Command 类，commands 序列将组合所有位置参数值。最后，通过这些类构建一个单独的类实例。

CommandSequence 类的使用过程如下所示：

```
options = Namespace(games=100, game_file='x.yaml',
    summary_file='y.yaml', game_files=['x.yaml']
)
sim_sum_command = CommandSequence(Simulate, Summarize)
sim_sum_command.execute(options)
```

我们使用另外两个类 Simulate 和 Summarize 创建了 CommandSequence 的实例。__init__()方法将构建这两个对象的内部序列。然后，sim_sum_command 对象的 execute()方法依次执行这两个处理步骤。

这种设计虽然简单，但暴露了许多实现细节，特别是两个类名和中间文件 x.yaml 的细节。可以将这些细节封装成一个更好的类设计。

如果特别关注两个被组合的命令，那么可以创建一个稍微好点的 CommandSequence 参数子类，__init__()方法将遵循其他 Command 子类的模式。

```
class SimSum(CommandSequence):
    def __init__(self):
        super().__init__(Simulate, Summarize)
```

这个类定义将另外两个类包含到已定义的 CommandSequence 结构中。可以继续沿着这个思路，通过稍微修改选项来消除 Simulate 步骤中 game_file 输出的显式值，这个输出必须是 Summarize 步骤中 game_files 输入的一部分。

我们希望构建和使用更简单的 Namespace，其中包含以下选项：

```
options = Namespace(games=100, summary_file='y.yaml')
sim_sum_command = SimSum()
sim_sum_command.execute(options)
```

这意味着一些缺失的选项必须通过 execute()方法注入。因此，将 execute()方法添加到
SimSum 类中：

```
def execute(self, options):
    new_namespace = Namespace(
        game_file='x.yaml',
        game_files=['x.yaml'],
        **vars(options)
    )
    super().execute(new_namespace)
```

execute()方法克隆了 options，并增加了两个附加值，这些值是命令集成的一部分，但不是用
户应该提供的值。

这种设计避免了更新有状态的选项集。为了使原始选项对象保持原样，我们创建了一个副本。
vars()函数将 Namespace 暴露为一个简单的字典。然后，可以使用**关键字参数技术将字典转换为
一个新 Namespace 对象的关键字参数，这将创建一个浅副本。如果命名空间中的任何有状态对象被
更新，那么原始的 options 参数和 new_namespace 参数都可以访问相同的底层值对象。

既然 new_namespace 是一个不同的集合，那么就可以在这个 Namespace 实例中添加新的键和
值。这些键和值只会出现在 new_namespace 中，原始的 options 对象保持不变。

13.9.5 延伸阅读

❑ 13.6 节、13.7 节和 13.8 节介绍了这个复合应用程序的各个组成部分。在大多数情况下，我们
    需要组合这些实例的元素来创建有用的应用程序。
❑ 通常需要遵循 13.10 节中的实例。

13.10 管理复合应用程序中的参数和配置

在由单独的应用程序组成的复杂套件或系统中，多个应用程序共享通用功能的情况非常常见。当
然，我们可以使用继承来定义一个库模块，通过这个库模块为复杂套件中的每个应用程序提供通用的
类和函数。

创建多个应用程序的缺点在于外部 CLI 直接关联软件架构。重排软件组件变得非常麻烦，因为更
改也会改变 CLI。

在许多应用程序文件中协调通用功能可能会变得很棘手。例如，为命令行参数定义各种单字母的
缩写选项就很不容易，需要在所有单独的应用程序文件之外保留一些选项的主列表。这个列表似乎应
该放在代码中的某个地方。

除了继承之外，还有其他替代方案吗？如何确保在重构一套应用程序时不会对 CLI 意外进行更改，
或者需要额外进行复杂的设计说明？

13

13.10.1　准备工作

许多复杂的应用程序套件都遵循类似于 Git 程序使用的设计模式。Git 程序有一个基本命令 `git` 以及多个子命令，例如 `git pull`、`git commit` 和 `git push`。命令行界面的核心可以通过 `git` 命令集中，然后可以根据需要组织和重组子命令，减少对可见 CLI 的更改。

假设有一个由 3 个命令构建的应用程序。本实例基于 13.6 节、13.7 节和 13.8 节中的应用程序。我们将有 3 个应用程序以及 3 个命令：`craps simulate`、`craps summarize` 以及 `craps simsum`。

本实例依赖于 13.9 节中的子命令设计。这种设计将提供一个方便的 Command 子类层次结构。

- ❑ Command 类是抽象超类。
- ❑ Simulate 子类执行来自 13.6 节的模拟函数。
- ❑ Summarize 子类执行来自 13.7 节的汇总函数。
- ❑ SimSum 子类可以执行组合的模拟和汇总，遵循 13.8 节的设计。

此外，创建一个简单的命令行应用程序还需要适当的参数解析功能。

本实例的参数解析功能依赖于 argparse 模块的子命令解析功能。我们可以创建适用于所有子命令的通用命令选项集，还可以为每个子命令创建独特的选项。

13.10.2　实战演练

(1) 定义命令界面。这是一个用户体验设计练习。虽然大多数用户体验设计专注于 Web 和移动端应用程序，但是核心原则同样适用于 CLI 应用程序和服务器。

之前，我们注意到根应用程序是 craps，它具有以下 3 个子命令。

```
craps simulate -o game_file -g games
craps summarize -o summary_file game_file ...
craps simsum -g games
```

(2) 定义根 Python 应用程序。与本书中的其他文件一致，我们称之为 ch13_r08.py。可以在操作系统级提供一个别名或链接，使这个用户界面更符合 craps 用户的期望。

(3) 从 13.9 节中导入类定义。这包括 Command 超类、Simulate 子类、Summarize 子类和 SimSum 子类。

(4) 首先创建主参数解析器，然后创建一个子解析器构建器。subparsers 对象用于创建每个子命令的参数定义。

```
import argparse
def get_options(argv):
    parser = argparse.ArgumentParser(prog='craps')
    subparsers = parser.add_subparsers()
```

为每个命令创建一个解析器并添加该命令特有的参数。

(5) 定义 simulate 命令以及模拟过程特有的两个选项。我们还将提供一个特殊的默认值，它将初始化得到的 Namespace 对象。

```
simulate_parser = subparsers.add_parser('simulate')
```

```
simulate_parser.add_argument('-g', '--games', type=int, default=100000)
simulate_parser.add_argument('-o', '--output', dest='game_file')
simulate_parser.set_defaults(command=Simulate)
```

(6) 定义 summarize 命令以及该命令特有的参数。提供填充 Namespace 对象的默认值。

```
summarize_parser = subparsers.add_parser('summarize')
summarize_parser.add_argument('-o', '--output', dest='summary_file')
summarize_parser.add_argument('game_files', nargs='*')
summarize_parser.set_defaults(command=Summarize)
```

(7) 定义 simsum 命令，并提供唯一的默认值，以便于处理 Namespace 对象。

```
simsum_parser = subparsers.add_parser('simsum')
simsum_parser.add_argument('-g', '--games', type=int, default=100000)
simsum_parser.add_argument('-o', '--output', dest='summary_file')
simsum_parser.set_defaults(command=SimSum)
```

(8) 解析命令行中输入的值。在本例中，get_options() 函数接受的参数将是 sys.argv[1:] 的值，它包含 Python 命令的参数。为了测试，可以覆盖参数值。

```
options = parser.parse_args(argv)
if 'command' not in options:
    parser.print_help()
    sys.exit(2)
return options
```

主解析器包含 3 个子命令解析器，它们将分别处理 craps simulate、craps summarize 和 craps simsum 命令，每个子命令的选项组合略有不同。

command 选项仅通过 set_defaults() 方法设置。这将发送有关即将执行命令的有用的附加信息。本例提供了必须实例化的类。

(9) 主应用程序由 main() 函数定义，如下所示。

```
def main():
    options = get_options(sys.argv[1:])
    command = options.command(options)
    command.execute()
```

首先解析选项，每个不同的子命令为 options.command 的参数设置唯一的类值。这个类用于构建一个 Command 子类的实例。这个对象具有 execute() 方法。

(10) 实现根命令的操作系统包装器。我们有一个名为 craps 的文件，该文件具有 rx 权限，以便其他用户访问。该文件的内容如下所示。

python3.5 ch13_r08.py $*

这个 shell 脚本提供了一种简便的方法来输入 craps 命令，并且正确地执行具有不同名称的 Python 脚本。

可以创建一个 bash shell 别名，如下所示：

alias craps='python3.5 ch13_r08.py'

这个命令可以放在 .bashrc 文件中，以定义 craps 命令。

13

13.10.3　工作原理

本实例分为两个部分。

- ❑ 使用命令设计模式定义一组相关的多态类。更多相关信息，请参阅 13.9 节。
- ❑ 使用 argparse 模块的功能处理子命令。

解析器的 add_subparsers()方法是 argparse 模块的重要功能。这个方法返回一个用于构建每个子命令解析器的对象。我们将这个对象赋值给变量 subparsers。

我们还在顶层解析器中定义了一个简单的 command 参数。这个参数只能是每个子解析器定义的默认值，默认值显示了实际调用的子命令。

每个子解析器都使用子解析器对象的 add_parser()方法构建。返回的 parser 对象可以定义参数和默认值。

当执行主解析器时，它将解析在子命令之外定义的任何参数。如果存在子命令，则确定如何解析剩余的参数。

注意下面的命令：

```
craps simulate -g 100 -o x.yaml
```

这个命令在被解析后，将创建一个 Namespace 对象，如下所示：

```
Namespace(command=<class '__main__.Simulate'>, game_file='x.yaml', games=100)
```

Namespace 对象的 command 属性是作为子命令定义的一部分提供的默认值，game_file 和 games 的值分别来自 -o 选项和 -g 选项。

命令设计模式

为各种子命令创建可互换的多态类，这种设计易于重构或扩展。命令设计模式强烈鼓励每个子类都具有相同的签名，这样就可以创建和执行任意命令类。

里氏替换原则是 S.O.L.I.D 设计原则之一。Command 抽象类的任何子类都可以用来代替父类。

每个 Command 实例都有一个简单的接口，并且包含两个方法。

- ❑ __init__()方法接受一个由参数解析器创建的命名空间对象。每个类将仅从这个命名空间中选择所需的值，忽略其他任何值。这允许全局参数被不需要它的子命令忽略。
- ❑ execute()方法执行处理和写入输出。该方法完全基于初始化期间提供的值。

使用命令设计模式可以很容易确保它们可以互换。替换原则意味着 main()函数只需创建一个实例，然后执行该对象的 execute()方法。

13.10.4　补充知识

可以考虑将子命令解析器的细节放入每个类定义中。例如，Simulate 类定义了两个参数：

```
simulate_parser.add_argument('-g', '--games', type=int, default=100000)
simulate_parser.add_argument('-o', '--output', dest='game_file')
```

让 get_options()函数定义该实现类的细节似乎不太合适，也许适当封装的设计会将这些细节分配给每个 Command 子类。

还需要添加用于配置给定解析器的静态方法。新的类定义如下所示：

```
import ch13_r05
class Simulate(Command):
    def __init__(self, options, *, seed=None):
        self.games = options.games
        self.game_file = options.game_file
        self.seed = seed
    def execute(self):
        data = ch13_r05.roll_iter(self.games, self.seed)
        ch13_r05.write_rolls(self.game_file, data)
    @staticmethod
    def configure(simulate_parser):
        simulate_parser.add_argument('-g', '--games', type=int, default=100000)
        simulate_parser.add_argument('-o', '--output', dest='game_file')
```

我们添加了配置解析器的 configure() 方法。这个改动使我们更容易了解如何通过解析命令行值来创建 __init__() 参数，也让我们可以重写 get_options() 函数：

```
import argparse
def get_options(argv):
    parser = argparse.ArgumentParser(prog='craps')
    subparsers = parser.add_subparsers()

    simulate_parser = subparsers.add_parser('simulate')
    Simulate.configure(simulate_parser)
    simulate_parser.set_defaults(command=Simulate)

    # 对每个类重复类似步骤
```

这个函数利用静态方法 configure() 提供参数的详细信息。命令参数的默认值可以由 get_options() 处理，因为不涉及内部细节。

13.10.5　延伸阅读

❏ 关于本实例组件的背景信息，请参阅 13.6 节、13.7 节和 13.8 节。
❏ 关于参数解析的更多背景信息，请参阅 5.5 节。

13.11　包装和组合 CLI 应用程序

一种常见的自动化操作涉及运行多个程序，其中没有一个程序是用 Python 编写的。鉴于此，无法通过重写每个程序来创建一个 Python 复合应用程序。我们不能再按照 13.8 节来解决问题。

这个问题的解决方案是，将其他程序包装在 Python 中，以提供更高级的结构，而不是聚合功能。这种情况非常类似于编写 shell 脚本，不同之处在于使用的是 Python，而不是 shell 脚本。使用 Python 的优点在于：

❏ Python 有丰富的数据结构，shell 只有字符串和字符串数组；

13

❏ Python 有出色的单元测试框架，因此可以确保 shell 脚本的 Python 版本不会与广泛使用的服务
冲突。

如何在 Python 中运行以其他语言编写的应用程序？

13.11.1   准备工作

13.6 节设计了一个应用程序，它执行了一些处理并产生了非常复杂的结果。为了演示本实例，假
设这个应用程序不是用 Python 编写的。

该应用程序需要运行几百次，但是我们不想把不必要的命令复制粘贴到脚本中。另外，因为 shell
很难测试，数据结构也很少，所以尽量避免使用 shell。

本实例假设 ch13_r05 是一个本地二进制应用程序，可能是用 C++或 Fortran 编写的。这意味着不
能简单地导入包含该应用程序的 Python 模块，而是必须通过运行一个单独的操作系统进程来处理该应
用程序。

我们将使用 subprocess 模块在操作系统级运行一个应用程序。在 Python 中运行另一个二进制
程序有两种常见的情况。

❏ 没有任何输出，或者不在 Python 程序中收集输出。第一种情况是典型的操作系统实用程序，
当它们运行成功或失败时返回状态码。第二种情况也很典型，许多子程序都写入标准错误日
志，而父 Python 程序只是启动子进程。

❏ 需要收集和分析输出，用于取回信息或确定完成的程度。

本实例将介绍不需要捕获输出的第一种情况。13.12 节将介绍输出由 Python 包装程序仔细审查的
第二种情况。

13.11.2   实战演练

(1) 导入 subprocess 模块。

```
import subprocess
```

(2) 设计命令行。通常，该步骤应当在操作系统提示符下进行测试，以确保执行正确的操作。

```
slott$ python3 ch13_r05.py --samples 10 --output x.yaml
```

需要灵活设置输出文件名，这样才可以运行程序数百次。本实例将创建名称类似于 game_{n}.yaml
的输出文件。

(3) 编写循环遍历相应命令的语句。每个命令都可以构建为单词序列。根据空格分割 shell 命令行，
创建一个单词序列。

```
files = 100
for n in range(files):
    filename = 'game_{n}.yaml'.format_map(vars())
    command = ['python3', 'ch13_r05.py',
        '--samples', '10', '--output', filename]
```

该步骤将创建各种命令。可以使用 `print()` 函数显示每个命令，并确认已经正确定义了文件名。

(4) 通过 `subprocess` 模块执行 `run()` 函数，这将执行给定的命令。设置 `check=True`，这样如果出现任何问题，就会抛出 `subprocess.CalledProcessError` 异常。

```
subprocess.run(command, check=True)
```

(5) 为了正确测试本实例，整个序列应当转换为一个适当的函数。如果将来有更多的相关命令，那么这个函数应当是 `Command` 类层次结构中子类的一种方法。请参阅 13.10 节。

13.11.3　工作原理

Python 程序可以利用 `subprocess` 模块运行计算机上的其他程序。`run()` 函数执行了许多操作。在 POSIX 环境中（例如 Linux 或 Mac OS X），步骤大致如下。

❑ 为子进程准备 `stdin`、`stdout` 和 `stderr` 文件描述符。本例使用了默认值，这意味着子进程继承父进程正在使用的文件。如果子进程输出到 `stdout`，那么它将与父进程显示在同一个控制台上。

❑ 调用 `os.fork()` 函数将当前进程拆分为一个父进程和一个子进程。父进程将被赋予子进程的进程 ID，它可以等待子进程结束。

❑ 在子进程中，执行 `os.execl()` 函数（或类似的函数），提供子进程将执行的命令路径和参数。

❑ 子进程使用给定的 `stdin`、`stdout` 和 `stderr` 文件开始运行。

❑ 同时，父进程使用 `os.wait()` 函数等待子进程结束并返回最终状态。

❑ 由于使用了 `check=True` 选项，因此非零的状态被转换为 `run()` 函数的异常。

操作系统 shell（例如 bash）对应用程序开发人员隐藏了这些详细信息。类似地，`subprocess.run()` 函数隐藏了创建和等待子进程的详细信息。

Python 利用 `subprocess` 模块提供了许多类似 shell 的功能。最重要的是，Python 提供了一些附加功能集。

❑ 拥有更丰富的数据结构。

❑ 提供能识别问题的异常。这种功能比在 shell 脚本中插入 `if` 语句检查状态码要简单得多，也更可靠。

❑ 在不使用操作系统资源的情况下，对脚本进行单元测试。

13.11.4　补充知识

因为所有输出文件都应当以原子操作创建，所以我们将为脚本添加一个简单的清理功能。我们需要所有的数据文件，或者一个都不要，不需要不全的数据文件。

这符合 ACID 特性。

❑ **原子性（Atomicity）**：整个数据集要么全部可用，要么全部不可用。这个集合是一个独立且不可分割的工作单元。

❑ **一致性（Consistency）**：文件系统应从一个内部一致状态转移到另一个一致状态。任何摘要

13

或索引都将正确反映实际的文件。

❑ **隔离性**（Isolation）：如果并发处理数据，那么应该有多个并行过程。并发操作不应相互干扰。

❑ **持久性**（Durability）：文件写入后，应保留在文件系统上。这个特性几乎与文件无关。对于更复杂的数据库，有必要考虑可能被数据库客户端确认但事实上尚未写入服务器的事务数据。

这些特性中的大多数都相对容易实现，可以使用具有独立工作目录的操作系统进程来实现。但是，原子性需要清理操作。

为了实现清理功能，需要用一个 `try:` 块包装核心处理过程。整个函数如下所示：

```python
import subprocess
from pathlib import Path

def make_files(files=100):
    try:
        for n in range(files):
            filename = 'game_{n}.yaml'.format_map(vars())
            command = ['python3', 'ch13_r05.py',
                '--samples', '10', '--output', filename]
            subprocess.run(command, check=True)
    except subprocess.CalledProcessError as ex:
        for partial in Path('.').glob("game_*.yaml"):
            partial.unlink()
        raise
```

异常处理块有两个功能。首先，从当前工作目录下删除任何不完整的文件。其次，重新抛出原始异常，以便将故障传播到客户端应用程序。

由于处理过程已经失败，因此更重要的是抛出异常。在某些情况下，应用程序可能会定义一个新异常，这个异常对于应用程序是唯一的。抛出新异常可以代替重新抛出原始的 `CalledProcessError` 异常。

单元测试

为了进行单元测试，需要模拟两个外部对象，还需要模拟 `subprocess` 模块的 `run()` 函数。我们不想实际运行其他进程，但是希望从 `make_files()` 函数中正确地调用 `run()` 函数。

还需要模拟 `Path` 类以及该类得到的 `Path` 对象。它们将提供文件名，并调用 `unlink()` 方法。模拟的目的是确保真正的应用程序能够正确删除文件。

使用模拟对象进行测试意味着在测试时不会意外删除有用的文件。这是使用 Python 进行这种自动化测试的一个重要优点。

定义各种模拟对象的设置如下所示：

```python
import unittest
from unittest.mock import *

class GIVEN_make_files_exception_WHEN_call_THEN_run(unittest.TestCase):
    def setUp(self):
        self.mock_subprocess_run = Mock(
            side_effect = [
                None,
```

```
                subprocess.CalledProcessError(2, 'ch13_r05')]
    )
    self.mock_path_glob_instance = Mock()
    self.mock_path_instance = Mock(
        glob = Mock(
            return_value = [self.mock_path_glob_instance]
        )
    )
    self.mock_path_class = Mock(
        return_value = self.mock_path_instance
    )
```

我们定义了 self.mock_subprocess_run，它与 run() 函数相似。使用 side_effect 属性为该函数提供多个返回值。第一个响应将是 None 对象，第二个响应将是 CalledProcessError 异常。该异常需要两个参数：进程返回码和原始命令。

最后的 self.mock_path_class 响应对 Path 类请求的调用。这将返回该类的一个模拟实例。self.mock_path_instance 对象是 Path 的模拟实例。

创建的第一个 Path 实例将执行 glob() 方法。为此，使用 return_value 属性返回一个将要删除的 Path 实例列表。在本例中，返回值将是我们期望删除的一个 Path 对象。

self.mock_path_glob_instance 对象是 glob() 的返回值。如果算法正确运行，该对象应当被删除。

该单元测试的 runTest() 方法如下所示：

```
def runTest(self):
    with patch('__main__.subprocess.run', self.mock_subprocess_run), \
        patch('__main__.Path', self.mock_path_class):
        self.assertRaises(
            subprocess.CalledProcessError, make_files, files=3)
    self.mock_subprocess_run.assert_has_calls(
        [call(
            ['python3', 'ch13_r05.py', '--samples', '10',
             '--output', 'game_0.yaml'],
            check=True),
         call(
            ['python3', 'ch13_r05.py', '--samples', '10',
             '--output', 'game_1.yaml'],
            check=True),
        ]
    )
    self.assertEqual(2, self.mock_subprocess_run.call_count)
    self.mock_path_class.assert_called_once_with('.')
    self.mock_path_instance.glob.assert_called_once_with('game_*.yaml')
    self.mock_path_glob_instance.unlink.assert_called_once_with()
```

我们应用了两个补丁。

❑ 在 __main__ 模块中，对 subprocess 的引用将 run() 函数替换为 self.mock_subprocess_run 对象。这样就可以跟踪 run() 的调用次数，也可以确认 run() 是否以正确的参数调用。

❑ 在 __main__ 模块中，对 Path 的引用将被替换为 self.mock_path_class 对象。这将返回

已知的值，并允许我们确认是否只实现了预期的调用。

`self.assertRaises` 方法用于确认在特定上下文中调用 `make_files()` 方法时，是否正确抛出 `CalledProcessError` 异常。模拟的 `run()` 方法将会抛出异常，我们期望该异常是停止处理的异常。

模拟的 `run()` 函数只被调用了两次。第一次调用成功，第二次调用抛出异常。可以使用 Mock 对象的 `call_count` 属性，确认 `run()` 恰好被调用两次。

`self.mock_path_instance` 方法模拟 `Path('.')` 对象，后者是作为异常处理的一部分被创建的。该模拟对象必须执行 `glob()` 方法。测试断言检查参数值，以确保使用了 `'game_*.yaml'`。

最后，`self.mock_path_glob_instance` 是由 `Path('.').glob('game_*.yaml')` 创建的 `Path` 对象的模拟。这个对象将执行 `unlink()` 方法，这导致文件被删除。

这个单元测试说明算法与原始设计一致。测试是在不占用大量计算资源的情况下完成的。最重要的是，测试不会错误删除文件。

13.11.5　延伸阅读

- ❑ 这种自动化操作通常与其他 Python 处理过程相结合，请参阅 13.6 节。
- ❑ 我们的目标往往是创建复合应用程序，请参阅 13.10 节。
- ❑ 有关本实例的变体，请参阅 13.12 节。

13.12　包装程序并检查输出

一种常见的自动化操作涉及运行多个程序，其中没有一个程序是用 Python 编写的。鉴于此，无法通过重写每个程序来创建一个 Python 复合应用程序。为了正确地聚合功能，其他程序必须被包装为 Python 的类或模块，以提供更高级的结构。

这种情况非常类似于编写 shell 脚本。不同的是，Python 是比操作系统的内置 shell 语言更好的编程语言。

在某些情况下，Python 的优势在于能够分析输出文件。Python 程序可以转换、过滤或汇总子进程的输出。

如何在 Python 中运行以其他语言编写的应用程序并处理其输出？

13.12.1　准备工作

13.6 节设计了一个应用程序，它执行了一些处理并产生了非常复杂的结果。该应用程序需要运行几百次，但是我们不想把必要的命令复制粘贴到脚本中。另外，因为 shell 很难测试，数据结构也很少，所以尽量避免使用 shell。

本实例假设 ch13_r05 是一个本地二进制应用程序，可能是用 C++或 Fortran 编写的。这意味着不能简单地导入包含该应用程序的 Python 模块，而是必须通过运行一个单独的操作系统进程来处理该应用程序。

我们将使用 subprocess 模块在操作系统级运行一个应用程序。在 Python 中运行另一个二进制程序有两种常见的情况。

❑ 没有任何输出，或者不在 Python 程序中收集输出。

❑ 需要收集和分析输出，用于取回信息或确定完成的程度。还可能需要转换、过滤或汇总日志输出。

本实例将介绍第二种情况。13.11 节介绍了第一种情况，其中输出被忽略了。

运行 ch13_r05 应用程序的示例如下：

```
slott$ python3 ch13_r05.py --samples 10 --output=x.yaml
Namespace(output='x.yaml', output_path=Posix Path('x.yaml'), samples=10,
seed=None)
Counter({5: 7, 6: 7, 7: 7, 8: 5, 4: 4, 9: 4, 11: 3, 10: 1, 12: 1})
```

输出共有两行，它们都被写入了操作系统的标准输出文件。第一行输出有一个选项的摘要。第二行输出是一个包含文件汇总的 Counter 对象。我们希望捕获这些'Counter'行的详细信息。

13.12.2　实战演练

(1) 导入 subprocess 模块。

```
import subprocess
```

(2) 设计命令行。通常，该步骤应当在操作系统提示符下进行测试，以确保执行正确的操作。前面的实例已经显示了一个相关示例。

(3) 为将要执行的各种命令定义一个生成器。每个命令都可以构建为单词序列。首先，根据空格分割 shell 命令行，创建一个单词序列。

```
def command_iter(files):
    for n in range(files):
        filename = 'game_{n}.yaml'.format_map(vars())
        command = ['python3', 'ch13_r05.py',
            '--samples', '10', '--output', filename]
        yield command
```

这个生成器将生成一个命令字符串序列，客户端可以使用 for 语句使用每个生成的命令。

(4) 定义执行各种命令的函数，收集每个命令的输出。

```
def command_output_iter(iterable):
    for command in iterable:
        process = subprocess.run(command, stdout=subprocess.PIPE, check=True)
        output_bytes = process.stdout
        output_lines = list(l.strip() for l in output_bytes.splitlines())
        yield output_lines
```

使用 stdout=subprocess.PIPE 参数值表明父进程将从子进程收集输出。创建一个操作系统级的管道，以便父进程可以读取子进程的输出。

这个生成器将生成一个行的列表序列。每个行的列表都是应用程序 ch13_r05.py 的输出行。通常，每个列表中将有两行。第一行是参数摘要，第二行是 Counter 对象。

(5) 定义一个总的处理过程来组合两个生成器，这样生成的每个命令都被执行。

```
command_sequence = command_iter(100)
output_lines_sequence = command_output_iter(command_sequence)
for batch in output_lines_sequence:
    for line in batch:
        if line.startswith('Counter'):
            batch_counter = eval(line)
            print(batch_counter)
```

command_sequence 变量是产生多个命令的生成器。这个序列由 command_iter() 函数构建。

output_lines_sequence 是产生许多输出行列表的生成器。这个序列由 command_output_iter() 函数构建，该函数将使用给定的 command_sequence 对象运行多个命令并收集输出。

理想情况下，output_lines_sequence 中的每批数据都是一个包含两行的列表。以 Counter 开头的行具有 Counter 对象的文本表示。

使用 eval() 函数从 Counter 对象的文本表示中重新创建原始的 Counter 对象。可以使用这些 Counter 对象进行分析或汇总。

大多数实际的应用程序必须使用比内置的 eval() 更复杂的函数来解释输出。关于处理复杂行格式的信息，请参阅 1.7 节和 9.6 节。

13.12.3　工作原理

Python 程序可以利用 subprocess 模块运行计算机上的其他程序。run() 函数执行了许多操作。在 POSIX 环境中（例如 Linux 或 Mac OS X），步骤大致如下。

❑ 为子进程准备 stdin、stdout 和 stderr 文件描述符。本例让父进程收集子进程的输出。子进程将 stdout 文件生成到一个由父进程使用的共享缓冲区（管道在 Linux 中的别称）。另一方面，不用管 stderr 输出——子进程将继承父进程具有的相同连接，而错误消息将显示在由父进程使用的控制台上。

❑ 调用 os.fork() 函数和 os.execl() 函数将当前进程拆分为一个父进程和一个子进程，然后启动子进程。

❑ 子进程使用给定的 stdin、stdout 和 stderr 文件开始运行。

❑ 与此同时，父进程在等待子进程结束时，从子进程的管道中读取数据。

❑ 由于使用了 check=True 选项，因此非零的状态被转换为 run() 函数的异常。

13.12.4　补充知识

我们将为这个脚本添加一个简单的汇总功能。每批样本产生两行输出。表达式 list(l.strip() for l in output_bytes.splitlines()) 将输出文本拆分为一个两行的序列。该表达式将文本拆分为行，而且还会删除每一行中前导和尾随的空格，从而使文本更容易处理。

主脚本过滤输出行，寻找以 Counter 开头的行。这些行中的每一行都是一个 Counter 对象的文本表示，在该行上使用 eval() 函数将重建原始 Counter 的一个副本。repr() 和 eval() 函数是互逆的，repr() 函数将对象转换为文本，eval() 函数可以将文本转换回对象。虽然这种方法可能并不适用于所有类，但是适用于绝大多数类。

可以创建各种 Counter 对象的汇总。为此，构建一个生成器，处理每批数据并生成最终的摘要。函数如下所示：

```
def process_batches():
    command_sequence = command_iter(2)
    output_lines_sequence = command_output_iter(command_sequence)
    for batch in output_lines_sequence:
        for line in batch:
            if line.startswith('Counter'):
                batch_counter = eval(line)
                yield batch_counter
```

这个函数使用 command_iter() 函数创建处理命令。command_output_iter() 函数处理每个单独的命令并收集整个输出行的集合。

嵌套的 for 语句将依次遍历每个列表中的每一行，对以 Counter 开头的行执行 eval() 函数，最终得到的 Counter 对象序列是这个生成器的输出。

汇总 Counter 实例序列的处理过程如下所示：

```
total_counter = Counter()
for batch_counter in process_batches():
    print(batch_counter)
    total_counter.update(batch_counter)
print("Total")
print(total_counter)
```

total_counter 保存最终的合计结果。process_batches() 将从每个文件产生单独的 Counter 实例。这些批级对象用于更新 total_counter。最后可以打印合计结果来显示所有已创建文件中数据的聚集分布。

13.12.5　延伸阅读

❏ 本实例的另一种解决方法，请参阅 13.11 节。
❏ 这种自动化操作通常与其他 Python 处理过程相结合，请参阅 13.6 节。
❏ 我们的目标往往是创建复合应用程序，请参阅 13.10 节。

13.13　控制复杂的步骤序列

13.8 节介绍了将多个 Python 应用程序组合为一个复合应用程序的方法。13.11 节和 13.12 节研究了如何使用 Python 包装非 Python 程序。

如何有效地结合这些技术？如何使用 Python 创建更长、更复杂的操作序列？

13

13.13.1   准备工作

13.6 节介绍了第一个应用程序，该应用程序通过处理生成了非常复杂的结果。13.7 节介绍了第二个应用程序，它基于第一个应用程序的结果创建了复杂的统计汇总。

总体处理流程如下。

(1) 运行 ch13_r05 100 次，创建 100 个中间文件。

(2) 运行 ch13_r06，汇总这些中间文件。

尽量保持设计方案简单，这样就可以专注于处理过程涉及的 Python 编程技术。

本实例假设这些应用程序都不是用 Python 编写的，也许是用 Fortran、Ada 或者与 Python 不直接兼容的其他语言编写的。

13.8 节研究了如何组合 Python 应用程序。如果应用程序是用 Python 编写的，那么该实例是首选方法。如果不是，则还需要另外一些设计。

本实例使用支持扩展和修改命令序列的命令设计模式。

13.13.2   实战演练

(1) 定义一个 Command 抽象类，其他命令被定义为抽象类的子类。将子进程处理放入这个类定义，以简化子类。

```
import subprocess
class Command:
    def execute(self, options):
        self.command = self.create_command(options)
        results = subprocess.run(self.command,
            check=True, stdout=subprocess.PIPE)
        self.output = results.stdout
        return self.output
    def create_command(self, options):
        return ['echo', self.__class__.__name__, repr(self.options)]
```

execute() 方法首先创建需要执行的操作系统级命令，每个子类为被包装的命令提供不同的规则。命令被构建之后，subprocess 模块的 run() 函数就会处理这个命令。

create_command() 方法构建由操作系统执行的命令组成的单词序列。通常，options 用于自定义命令参数。这个方法的超类实现提供了一些调试信息。每个子类必须覆盖这个方法来产生有用的输出。

(2) 使用 Command 超类定义一个命令来模拟游戏并创建示例。

```
import ch13_r05

class Simulate(Command):
    def __init__(self, seed=None):
        self.seed = seed
    def execute(self, options):
        if self.seed:
            os.environ['RANDOMSEED'] = str(self.seed)
        super().execute(options)
```

```python
    def create_command(self, options):
        return ['python3', 'ch13_r05.py`,
            '--samples', str(options.samples),
            '-o', options.game_file]
```

这个类覆盖了 `execute()`方法，这样这个类就可以更改环境变量了。本例还允许集成测试设置特定的随机种子，并确认结果是否匹配一组固定的预期值。

`create_command()`方法产生在命令行中执行 `ch13_r05` 命令的那些单词，`options.samples` 的数值将转换为字符串。

(3) 使用 Command 超类定义一个命令来汇总各种模拟过程。

```python
import ch13_r06

class Summarize(Command):
    def create_command(self, options):
        return ['python3', 'ch13_r06.py',
            '-o', options.summary_file,
            ] + options.game_files
```

本例只实现了 `create_command()`。这个实现为 `ch13_r06` 命令提供参数。

(4) 给定这两个命令，主程序就可以遵循 13.6 节的设计模式。我们需要收集各选项的值，然后使用这些选项来执行命令。

```python
from argparse import Namespace

def demo():
    options = Namespace(samples=100,
        game_file='x12.yaml', game_files=['x12.yaml'],
        summary_file='y12.yaml')
    step1 = Simulate()
    step2 = Summarize()
    step1.execute(options)
    step2.execute(options)
```

演示函数 `demo()`创建了一个 Namespace 实例，并提供了可能来自命令行的参数。它还构建了两个处理步骤，最后执行了每个步骤。

本实例提供了用于执行一系列应用程序的高级脚本。这个脚本比 shell 更灵活，因为可以利用 Python 丰富的数据结构。由于使用了 Python，因此还可以添加单元测试。

13.13.3 工作原理

本实例有两个互锁的设计模式：

❏ Command 类层次结构；

❏ 使用 `subprocess.run()`函数包装外部命令。

Command 类层次结构的设计思想是，将每个单独的步骤或操作设计为一个通用抽象超类的子类。在本例中，超类为 Command，两个操作是 Command 类的子类。这种设计确保可以为所有类提供共同的功能。

13

包装外部命令有几个关键问题。一个关键问题是如何构建所需的命令行选项。在本例中，run() 函数使用一个单词列表，使得很容易将文本字符串、文件名和数值组合成一个有效的程序选项集。另一个关键问题是如何处理操作系统定义的 stdin、stdout 和 stderr 文件。在某些情况下，这些文件可以显示在控制台上。在其他情况下，应用程序可能会捕获这些文件，然后再做进一步的分析和处理。

本实例的基本思想有两个考虑因素。

(1) 每个命令的概述：包括序列、迭代、条件处理和序列的潜在变化等问题。这些问题是与用户故事相关的更高级的考虑因素。

(2) 每个命令执行方法的详细信息：包括命令行选项、输出文件和其他操作系统级的问题。这些问题主要是实施细节的技术考虑因素。

分离这两个考虑因素将更容易实现或修改用户故事。更改操作系统级的考虑因素不应该改变用户故事；处理应该更快或使用更少的内存，但是其他方面则是相同的。类似地，对用户故事的更改不应该破坏操作系统级的考虑因素。

13.13.4 补充知识

复杂的步骤序列可以包含一个或多个步骤的迭代。由于顶层脚本是用 Python 编写的，因此用 for 语句添加迭代。

```
def process_i(options):
    step1 = Simulate()
    options.game_files = []
    for i in range(options.simulations):
        options.game_file = 'game_{i}.yaml'.format_map(vars())
        options.game_files.append(options.game_file)
        step1.execute(options)
    step2 = Summarize()
    step2.execute(options)
```

process_i() 函数将多次处理 Simulate 步骤，可以使用 simulations 选项指定模拟运行的次数。每次模拟将产生预期数量的样本。

这个函数将为每个迭代的 game_file 选项设置不同的值。每个生成的文件名将是唯一的，随后会产生大量的样本文件，最终样本文件的列表也被收集到 game_files 选项中。

当执行下一步的 Summarize 类时，它将具有待处理的文件列表。赋值给 options 变量的 Namespace 对象可用于跟踪全局状态变化，并将信息提供给后续处理步骤。

构建条件处理

由于顶层程序是用 Python 编写的，因此非常容易添加附加功能。这些功能不是基于前面包装的两个应用程序，其中一个功能可能是一个可选的汇总步骤。

例如，如果 options 中没有 summary_file 选项，则跳过处理。这个版本的 process_c() 函数如下所示：

```
def process_c(options):
```

```
step1 = Simulate()
step1.execute(options)
if 'summary_file' in options:
    step2 = Summarize()
    step2.execute(options)
```

process_c()函数将有条件地处理 Summarize 步骤。如果 options 中存在 summary_file 选项，那么它将执行第二步的汇总步骤。否则，将跳过汇总步骤。

在本例和上例中，我们使用 Python 的程序设计功能扩充了两个应用程序。

13.13.5 延伸阅读

❑ 通常，这些处理步骤适用于较大或者复杂的应用程序。有关更大、更复杂的复合应用程序的更多实例，请参阅 13.8 节和 13.10 节。

13

版 权 声 明